建筑工程技术文件编制系列丛书

安全与管理及竣工图技术文件一本通

王立信　主编

中国建筑工业出版社

图书在版编目（CIP）数据

安全与管理及竣工图技术文件一本通/王立信主编. —北京：中国建筑工业出版社，2009
（建筑工程技术文件编制系列丛书）
ISBN 978-7-112-10672-1

Ⅰ. 安… Ⅱ. 王… Ⅲ. 建筑工程-文件-编制 Ⅳ. TU71

中国版本图书馆 CIP 数据核字（2009）第 012456 号

本书为“建筑工程技术文件编制系列丛书”之一。本书共分三篇。第一篇工程安全技术文件，主要内容包括：安全生产简述；政府监督管理安全技术文件；建筑施工企业安全管理技术文件；建筑施工现场安全生产管理技术文件。第二篇工程管理技术文件，主要内容包括：建筑工程施工管理技术文件；注册建造师施工管理签章文件。第三篇竣工图，主要内容包括：竣工图的编制；竣工图的内容；竣工图的折叠。

本书可供建筑施工人员、安全从业人员、资料员使用。

* * *

责任编辑：郭　栋
责任设计：赵明霞
责任校对：孟　楠　陈晶晶

建筑工程技术文件编制系列丛书
安全与管理及竣工图技术文件一本通
王立信　主编
*
中国建筑工业出版社出版、发行（北京西郊百万庄）
各地新华书店、建筑书店经销
北京红光制版公司制版
北京富生印刷厂印刷
*
开本：787×1092 毫米　1/16　印张：34¾　字数：867 千字
2009 年 4 月第一版　2009 年 4 月第一次印刷
印数：1—3000 册　定价：**72.00** 元
ISBN 978-7-112-10672-1
（17605）

本书编委会

主　　编　王立信

编写人员　王立信　郝滏阳　陈美玲　王花英　李秋雪

王建刚　郭晓冰　梁　辉　赵志刚　郝淑敏

张保民　王春娟　徐金峰　付长宏　张菊花

王　薇　王　倩　王丽云

目　录

第一篇　工程安全技术文件

第二篇 工程管理技术文件

第三篇 竣 工 图

第一篇

工程安全技术文件

工程安全技术文件

工程的安全生产管理是综合型的，安全需要真抓到位，责任到人，需要多方齐抓共管。应由：

1. 各级政府的建设行政主管部门及其委托机构。

2. 建筑施工企业安全生产的管理机构。

3. 建筑施工现场安全生产的管理机构。

遵循政府统一领导、部门依法监管、企业全面负责、群众参与监督的安全管理原则，严格按照国家或地方的法律、法规、规范、规程和标准要求，分别在工程实施过程中，按规范要求，完整、齐全、真实的记录，经汇总整理并经过有关负责人签批后形成真实、完整的工程安全技术文件。

1 安全生产简述

无危为安、无损为全。安全是人们在生产过程中永恒的追求，安全是生产过程管理工作的永恒主体之一。

安全是一种爱、安全是一种美、安全是一种情、安全是一种理、安全是一种法，安全是和谐之本，安全是生命之本，安全为天。

安全是建筑业发展的永恒主题。

事故，对于国家、企业、家庭和个人都是无法弥补的损失；事故，无情地夺走了人们的健康或生命，把人的健康变成了残疾，由财富的创造者变成了财富的消耗者；事故，警告人们一定要珍惜、关爱生命，生产一定要注重安全。

违章是事故之源，违章必害己害人。

愿人人“关注安全、关爱生命”、“以人为本、遵章守纪”、“安居乐业、国泰民安”。

1.1 安全生产的法律与法规

国家和地方各级政府自始至今都非常重视安全生产，每个历史时期，都根据当时的安全生产状况提出了相应的法律、法规和标准。建国初期，毛泽东主席作为安全生产方针提出的“在实施增产节约的同时，必须注意职工的安全、健康和必不可少的福利事业，如果只注意一个方面，忘记或稍加忽视后一方面都是错误的”。通过实施后确定为“安全为了生产，生产必须安全”的方针，后经讨论改为“生产必须安全，安全促进生产”。

安全生产的法律、法规经数十年的实施，也几经修订，改革开放以来提出了“安全第一、预防为主、综合治理”的安全生产方针。

“安全第一”是安全生产方针的基础。其含义是安全生产在各个领域中，要求其组织者、指挥者、管理者、直接参加生产的劳动者和社会实践的人们都必须牢固树立安全第一的思想，始终把安全放在首位，自觉地把贯彻安全生产方针当作应尽的职责和神圣的义务。

预防为主。预是事先计划，防是防护，是科学决策，“预防为主”是安全生产的核心，是实施安全生产的根本途径。

综合治理。是 2006 年第 16 届 5 中全会提出的安全生产“十二字方针”。即“安全第一、预防为主、综合治理。”

1.1.1 新中国成立以来国家发布的法律、法规和标准

1.1.1.1 《中华人民共和国劳动法》(1994 年 7 月 5 日)

第五十二条　用人单位必须建立、健全劳动安全卫生制度，严格执行国家劳动安全卫生规程和标准，对劳动者进行劳动安全卫生教育，防止劳动过程中的事故，减少职业

危害。

第五十三条 劳动安全卫生设施必须符合国家规定的标准。

新建、改建、扩建工程的劳动卫生设施必须与主体工程同时设计、同时施工、同时投入生产和使用。

第五十四条 用人单位必须为劳动者提供符合国家规定的劳动安全卫生条件和必要的劳动防护用品，对从事有职业危害作业的劳动者应当定期进行健康检查。

第五十五条 从事特种作业的劳动者必须经过专门培训并取得特种作业资格。

第五十六条 劳动者在劳动过程中必须严格遵守安全操作规程。

劳动者对用人单位管理人员违章指挥、强令冒险作业，有权拒绝执行；对危害生命安全和身体健康的行为，有权提出批评、检举和控告。

第五十七条 国家建立伤亡事故和职业病统计报告和处理制度。县级以上各级人民政府劳动行政部门、有关部门和用人单位应当依法对劳动者在劳动过程中发生的伤亡事故和劳动者的职业病状况，进行统计、报告和处理，

第五十八条 国家对女职工和未成年工实行特殊劳动保护。

未成年工是指年满16周岁未满18周岁的劳动者。

第五十九条 禁止安排女职工从事矿山井下、国家规定的第四级体力劳动强度的劳动和其他禁忌从事的劳动。

第六十条 不得安排女职工在经期从事高处、低温、冷水作业和国家规定的第三级体力劳动强度的劳动。

第六十一条 不得安排女职工在怀孕期间从事国家规定的第三级体力劳动强度的劳动和孕期禁忌从事的劳动。对怀孕7个月以上的女职工，不得安排其延长工作时间和夜班劳动。

第六十二条 女职工生育享受不少于90天的产假。

第六十三条 不得安排女职工在哺乳未满一周岁的婴儿期间从事国家规定的第三级体力劳动强度的劳动和哺乳期禁忌从事的其他劳动，不得安排其延长工作时间和夜班劳动。

第六十四条 不得安排未成年工从事矿山井下、有毒有害、国家规定的第四级体力劳动强度的劳动和其他禁忌从事的劳动。

第六十五条 用人单位应当对未成年工定期进行健康检查。

1.1.1.2 《中华人民共和国刑法》(1997年3月14日)

第一百三十三条 违反交通运输管理法规，因而发生重大事故，致人重伤、死亡或者使公私财产遭受重大损失的，处3年以下有期徒刑或者拘役；交通运输肇事后逃逸或者有其他特别恶劣情节的，处3年以上7年以下有期徒刑；因逃逸致人死亡的，处7年以上有期徒刑。

第一百三十四条 2006年6月29日第十届全国人大22次会议通过《刑法修正案(六)》将刑法第134条修改为："在生产、作业中违反有关安全管理的规定，因而发生重大伤亡事故或者造成其他严重后果的，处3年以下有期徒刑或者拘役；情节特别恶劣的，处3年以上7年以下有期徒刑。""强令他人违章冒险作业，因而发生重大伤亡事故或者造成其他严重后果的，处5年以下有期徒刑或者拘役；情节特别恶劣的，处5年以上有期

徒刑。”

第一百三十五条 2006年6月29日第十届全国人大22次会议通过《刑法修正案(六)》将刑法第135条修改为:“安全生产设施或者安全生产条件不符合国家规定,因而发生重大伤亡事故或者造成其他严重后果的,对直接负责的主管人员和其他直接责任人员,处3年以下有期徒刑或者拘役;情节特别恶劣的,处3年以上7年以下有期徒刑。”

第一百三十六条 违反爆炸性、易燃性、发射性、毒害性、腐蚀性物品的管理规定,在生产、储存、运输、使用中发生重大事故,造成严重后果的,处3年以下有期徒刑或者拘役;后果特别严重的,处3年以上7年以下有期徒刑。

第一百三十七条 建设单位、设计单位、施工企业、工程监理单位违反国家规定,降低工程质量标准,造成重大安全事故的,对直接责任人员,处5年以下有期徒刑或者拘役,并处罚金;后果特别严重的,处5年以上10年以下有期徒刑,并处罚金。

第一百三十九条 2006年6月29日第十届全国人大22次会议通过《刑法修正案(六)》在刑法第139条后增加一条,作为第139条之一:“在安全事故发生后,负有报告职责的人员不报或者谎报事故情况,贻误事故抢救;情节严重的,处3年以下有期徒刑或者拘役;情节特别严重的,处3年以上7年以下有期徒刑。”

第三百九十七条 国家机关工作人员滥用职权或者玩忽职守,致使公共财产、国家和人民利益遭受重大损失的,处3年以下有期徒刑或者拘役;情节特别严重的,处3年以上7年以下有期徒刑。本法另有规定的,依照规定。

国家机关工作人员徇私舞弊,犯前款罪的,处5年以下有期徒刑或者拘役;情节特别严重的,处5年以上10年以下有期徒刑。本法另有规定的,依照规定。

1.1.1.3 《中华人民共和国建筑法》(1997年11月1日)

第三十六条 建筑工程安全生产管理必须坚持安全第一、预防为主的方针,建立健全安全生产的责任制度和群防群治制度。

第三十七条 建筑工程设计应当符合按照国家规定制定的建筑安全规程和技术规范,保证工程的安全性能。

第三十八条 建筑施工企业在编制施工组织设计时,应当根据建筑工程的特点制定相应的安全技术措施;对专业性较强的工程项目,应当编制专项安全施工组织设计,并采取安全技术措施。

第三十九条 建筑施工企业应当在施工现场采取维护安全、防范危险、预防火灾等措施;有条件的,应当对施工现场实行封闭管理。

施工现场对毗邻的建筑物、构筑物和特殊作业环境可能造成损害的,建筑施工企业应当采取安全防护措施。

第四十条 建设单位应当向建筑施工企业提供与施工现场相关的地下管线资料,建筑施工企业应当采取措施加以保护。

第四十一条 建筑施工企业应当遵守有关环境保护和安全生产的法律、法规的规定,采取控制和处理施工现场的各种粉尘、废气、废水、固体废物以及噪声、振动对环境的污染和危害的措施。

第四十二条 有下列情形之一的,建设单位应当按照国家有关规定办理申请批准手续：

（一）需要临时占用规划批准范围以外场地的；

（二）可能损坏道路、管线、电力、邮电、通信等公共设施的；

（三）需要临时停水、停电、中断道路交通的；

（四）需要进行爆破作业的；

（五）法律、法规规定需要办理报批手续的其他情形。

第四十三条 建设行政主管部门负责建筑安全生产的管理，并依法接受劳动行政主管部门对建筑安全生产的指导和监督。

第四十四条 建筑施工企业必须依法加强对建筑安全生产的管理，执行安全生产责任制度，采取有效措施，防止伤亡和其他安全生产事故的发生。

建筑施工企业的法定代表人对本企业的安全生产负责。

第四十五条 施工现场安全由建筑施工企业负责。实行施工总承包的，由总承包单位负责。分包单位向总承包单位负责，服从总承包单位对施工现场的安全生产管理。

第四十六条 建筑施工企业应当建立健全劳动安全生产教育培训制度，加强对职工安全生产的教育培训；未经安全生产教育培训的人员，不得上岗作业；

第四十七条 建筑施工企业和作业人员在施工过程中，应当遵守有关安全生产的法律、法规和建筑行业安全规章、规程，不得违章指挥或者违章作业。作业人员有权对影响人身健康的作业程序和作业条件提出改进意见，有权获得安全生产所需的防护用品。作业人员对危及生命安全和人身健康的行为有权提出批评、检举和控告。

第四十八条 建筑施工企业必须为从事危险作业的职工办理意外伤害保险，支付保险费。

第四十九条 涉及建筑主体和承重结构变动的装修工程，建设单位应当在施工前委托原设计单位或者具有相应资质条件的设计单位提出设计方案；没有设计方案的，不得施工。

第五十条 房屋拆除应当由具备保证安全条件的建筑施工企业承担，由建筑施工企业负责人对安全负责。

第五十一条 施工中发生事故时，建筑施工企业应当采取紧急措施减少人员伤亡和事故损失，并按照国家有关规定及时向有关部门报告。

1.1.1.4 中华人民共和国安全生产法

2002年6月29日，第九届全国人大常务委员会第二十八次会议通过“中华人民共和国安全生产法”。从生产经营单位的安全生产保障、从业人员的权利和义务、安全生产的监督管理、生产安全事故的应急救援与调查处理、法律责任等方面界定了法律依据。

1.1.1.5 国务院发布的相关文件

(1) 国务院1956年5月24日发布（56）国议周字第40号关于《工厂安全卫生规程》、《建筑安装工程安全技术规程》和《工人职员伤亡事故报告规程》的决议。

决议中指出：有的企业还没有认真地建立安全生产责任制度，在检查和布置生产工作的时候，常常忽视检查和布置安全工作；有的企业非但不去积极解决劳动安全卫生方面的问题，甚至错误地将安全技术措施经费移作他用；有的企业只片面强调完成生产任务，不注意工人的安全和健康，滥行加班加点；有的企业把“打破常规”错误地理解为可以不要操作规程，个别基层领导人员甚至带头违反操作规程，冒险作业；有的企业在发生伤亡事故以后，缺乏认真分析、严肃处理和采取必要的改进措施。这是对于工人群众利益漠不关心的官僚主义态度，是根本违反社会主义企业的管理原则的。（见《工厂安全卫生规程》）

(2)《关于加强企业生产中安全工作的几项规定》（国经薄字 244 号）

该“规定”是国务院 1963 年 3 月 30 日发布的，主要有五项内容，即安全生产责任制、安全技术措施计划、安全生产教育、安全生产检查、伤亡事故调查处理，简称“五项规定”。明确提出了“管生产必须管安全”的原则和做到“五同时”，即在计划、布置、检查、总结、评比生产的同时要计划、布置、检查、总结、评比安全工作。强调了对伤亡事故和职业病处理必须坚持“三不放过”原则，即“事故原因不清不放过，事故责任者和群众没有受到教育不放过，没有防范措施不放过”。

(3) 1979 年又提出贯彻“安全第一，预防为主”的方针。1985 年 1 月 3 日，国务院批准成立了全国安全生产委员会，正式确定了“安全第一，预防为主”的方针。

(4) 国务院国发（1979）100 号文

即国务院批转国家劳动总局、卫生部《关于加强厂矿企业防尘防毒工作的报告》规定，企业劳动保护技术措施经费，每年在固定资产更新和技术改造资金中提取 10%～20%，用于改善劳动条件，不得挪用。

(5) 国务院发布（1983）85 号文

即《国务院批转劳动人事部、国家经委、全国总工会关于加强安全生产和劳动安全监察工作报告的通知》中指出：“在安全第一，预防为主的思想指导下搞好安全生产，是经济管理、生产管理部门和企业领导的本职工作，也是不可推卸的责任。我们决不能用无谓的牺牲为代价来换取生产成果。今后必须坚持贯彻‘管生产必须管安全’的原则。特别是当前在经济体制改革中要加强安全生产工作，讲效益必须讲安全。那种人为地把安全与生产割裂开来的做法是完全错误的。对于不关心工人疾苦、劳动安全、卫生，玩忽职守的官僚主义者，要进行坚决斗争，对于单纯追求产量，强令工人冒险蛮干，不管人身安全者，要查明情况，绳之以法，如果谁在宽容这种恶劣行为，就是对人民的渎职行为。”

(6) 国务院发布的其他有关安全生产法规

1)《建筑安装工程安全技术规程》共分九章一百一十二条。分为总则、施工的一般安全要求、施工现场、脚手架、土石方工程、机电设备和安装拆除工程、防护用品、附则。

2)《企业职工伤亡事故报告和处理规定》共分五章二十六条。分为总则、事故报告、事故调查、事故处理、附则。

(7)《关于进一步加强安全生产工作的决定》（国发［2004］2 号）

2004 年 1 月 9 日，国务院作出《关于进一步加强安全生产工作的决定》（国发［2004］2 号），进一步明确了安全生产工作的指导思想、目标任务、工作重点和政策措施，建设部以建质［2004］47 号“建设部关于贯彻落实国务院《关于进一步加强安全生产工作的决定》的意见”。意见指出：要充分认识安全生产重要意义，明确指导思想以及工作目标、健全和完善安全生产机制，依法加强安全生产监督管理、强化安全生产各项基础工作，落实企业安全生产主体责任、加强安全生产工作的组织领导，构建和完善齐抓共管的工作格局。

(8) 为了规范生产安全事故的报告和调查处理，落实生产安全事故责任追究制度，防止和减少生产安全事故，国务院第 493 号令《生产安全事故报告和调查处理条例》于 2007 年 6 月 1 日执行。本条例适用于生产经营活动中发生的造成人身伤亡或者直接经济损失的生产安全事故的报告和调查处理；不适用于环境污染事故、核设施事故、国防科研生产事故的报告和调查处理。

为了更正确的执行《生产安全事故报告和调查处理条例》国务院还发布了《生产安全事故报告和调查处理条例》的释义。

1.1.1.6 建设部及其系统发布的相关文件

(1) 关于印发《关于进一步规范房屋建筑和市政工程生产安全事故报告和调查处理工作的若干意见》的通知（建质［2007］257 号）。见附件 9。

(2) 建筑安装生产监督管理规定

为了加强建筑安全生产的监督管理，保护职工人身安全、健康和国家财产，1991 年 7 月 9 日建设部令第 13 号发布《建筑安装生产监督管理规定》。规定了各级人民政府建设行政主管部门及其授权的建筑安全生产监督机构，对于建筑安全生产所实施的行业监督管理原则。

(3) 建筑业企业职工安全培训教育暂行规定

1997 年 11 月发布建筑法第五章专门对建筑安全生产管理进行了规定。为了贯彻安全第一、预防为主的方针，加强建筑业企业职工安全培训教育工作，增强职工的安全意识和安全防护能力，减少伤亡事故的发生，建设部以建教［1997］83 号制定了《建筑业企业职工安全培训教育暂行规定》。

(4) 施工现场安全防护用具及机械设备使用监督管理规定

为加强对施工现场使用的安全防护用具及机械设备的监督管理，防止因不合格产品流入施工现场而造成伤亡事故，确保施工安全，以建建［1998］164 号制定了《施工现场安全防护用具及机械设备使用监督管理规定》。

(5) 特种设备安全监察条例

为了加强特种设备的安全监察，防止和减少事故，保障人民群众生命和财、产安全，促进经济发展 2003 年 6 月 1 日起实行的《特种设备安全监察条例》。从特种设备的生产、使用，检验检测、监督检查、法律责任等方面界定了法律依据。

(6) 建筑施工附着升降脚手架管理暂行规定

为贯彻“安全第一，预防为主”的方针和《中华人民共和国建筑法》，加强建筑施工附着升降脚手架的管理，保证施工安全，以建建［2000］230 号制定了《建筑施工附着升降脚手架管理暂行规定》。

(7) 建设工程安全生产管理条例

2004 年 2 月 1 日国家根据《中华人民共和国建筑法》、《中华人民共和国安全生产法》制定了《建设工程安全生产管理条例》。

(8) 安全生产许可证条例

为了严格规范安全生产条件，进一步加强安全生产监督管理，防止和减少生产安全事故，2004 年 1 月 13 日国务院第 397 号公布《安全生产许可证条例》。规定了我国生产领域内施行安全生产许可制度。

2004年建设部128号令发布《建筑施工企业安全生产许可证管理规定》，界定了在建筑企业内：安全生产条件、安全生产许可证的申请与颁发、监督管理和处罚原则。同时规定自2004年1月13日起1年内向建设主管部门申请办理建筑施工企业安全生产许可证；逾期不办理安全生产许可证，或者经审查不符合该管理规定的安全生产条件，未取得安全生产许可证，继续进行建筑施工活动的，将根据条例予以处罚。

2008年7月3日住房和城乡建设部印发了《建筑施工企业安全生产许可证动态监管暂行办法》的通知（建质［2008］121号）。

(9) 建筑施工企业主要负责人、项目负责人和专职安全生产管理人员安全生产考核管理暂行规定

为了提高建筑施工企业主要负责人、项目负责人和专职安全生产管理人员的安全生产知识水平和管理能力，保证建筑施工安全生产，根据《安全生产法》、《建设工程安全生产管理条例》和《安全生产许可证条例》等法律法规，以建质［2004］59号制定了《建筑施工企业主要负责人、项目负责人和专职安全生产管理人员安全生产考核管理暂行规定》。

1.1.1.7 建设系统发布的其他有关安全生产文件

(1) 建筑安装工人安全技术操作规程

由国家建筑工程总局制定的《建筑安装工人安全技术操作规程》，1980年6月1日颁布执行。规程分土木建筑、设备安装、机械施工三大部分，共40章832条。主要内容包括四方面，一是安全技术设施标准；二是安全技术操作标准，三是设备安全装置标准；四是施工组织及安全的一般要求。

(2) 关于加强劳动保护工作的决定

国家建筑工程总局于1981年4月9日发布的《关于加强劳动保护工作的决定》中提出了《十项措施》：

①按规定使用安全“三宝”；

②机械设备防护装置一定要齐全有效；

③塔吊等起重设备必须有限位保险装置，不准“带病”运转，不准超负荷作业，不准在运转中维修保养；

④架设电线线路必须符合当地电业局规定，电气设备必须全部接零接地；

⑤电动机械和电动手持工具要装置漏电掉闸装置；

⑥脚手架材料及脚手架的搭设必须符合规程要求；

⑦各种缆风绳及其设置必须符合规程要求；

⑧在建工程的楼梯口、电梯井口、预留洞口、通道口，必须有防护措施；

⑨严禁赤脚或穿高跟鞋、拖鞋进入施工现场，高处作业不准穿硬底和带钉易滑的鞋靴；

⑩施工现场的悬崖、陡坡等危险地区应有警戒标志，夜间要设红灯示警。

为了更好地坚持贯彻执行近年来提出的“安全第一、预防为主、综合治理”的方针，建立健全安全生产责任制和群防群治制度，贯彻落实有关安全生产的法律、法规、规章、

标准、规范和规程。全国人大、建设部以及各地建设行政主管部门都相继颁发了有关安全生产的实施办法，有的省市还制定了安全生产的标准化手册，按照规范化的方式规定了当地建设行政主管部门的“建设工程安全生产监督管理、施工企业管理层建筑施工企业安全生产管理、建筑工程施工现场的安全管理”指导安全生产工作。

附：法律、法规和其他要求名目

法律、法规和其他要求名目表

序号	标准名称	标准号
一	国际公约	
1	建筑业安全与卫生公约	国际劳工第167号
2	职业安全与卫生及工作环境公约	国际劳工第155号
二	法律法规	
1	中华人民共和国宪法（第42、43、48条）	2004-3-14修订
2	中华人民共和国刑法（第31～139、397条）	1997-3-14修订
3	中华人民共和国安全生产法	主席令第70号 2002-11-1
4	中华人民共和国消防法	主席令第4号
5	中华人民共和国劳动法	主席令第28号
6	中华人民共和国工会法	主席令第57号
7	中华人民共和国妇女权益保障法	主席令第58号
8	中华人民共和国未成年人保护法	主席令第50号
9	中华人民共和国食品卫生法	主席令第59号
10	中华人民共和国建筑法	主席令第91号
11	中华人民共和国放射性污染防治法	主席令第6号
12	中华人民共和国职业病防治法	主席令第61号
13	中华人民共和国道路交通安全法	主席令第8号
14	中华人民共和国环境保护法	主席令第22号
15	中华人民共和国水污染防治法	主席令第66号
16	中华人民共和国大气污染防治法	主席令第32号
17	中华人民共和国环境噪声污染防治法	主席令第77号
18	中华人民共和国固体废物污染环境防治法	主席令第31号
19	中华人民共和国尘肺病防治条例	国发［1997］105号
20	建设工程安全生产管理条例	国务院令第393号
21	中华人民共和国工伤保险条例	国务院令第375号
22	安全生产许可证条例	国务院令第397号
23	危险化学品安全管理条例	国务院令第344号
24	特种设备安全监察条例	国务院令第373号
25	建设工程质量管理条例	国务院令第279号
26	特别重大事故调查程序暂行规定	国务院令第34号
27	企业职工伤亡事故报告和处理规定	国务院令第75号
28	女职工劳动保护规定	国务院令第9号

续表

序号	标 准 名 称	标 准 号
29	安全生产事故报告和调查处理条例	国务院令第 493 号
30	《安全生产事故报告和调查处理条例》释义	国务院令第 493 号
31	建筑施工企业安全生产许可证管理规定	建设部令第 128 号
32	施工企业安全生产评价标准	JGJ/T 77—2003
33	建筑施工安全检查标准	JGJ/T 59—99
34	建筑施工现场环境与卫生标准	JGJ 146—2004
35	建筑机械使用安全技术规范	JGJ 33—2001
36	龙门架及井架物料提升机安全技术规程	JGJ 88—92
37	建筑施工门式钢管脚手架安全技术规程	JGJ 128—2000
38	建筑施工扣件式钢管脚手架安全技术规程	JGJ 130—2001
39	建筑施工高处作业安全技术规程	JGJ 80—91
40	施工现场临时用电安全技术规范	JGJ 46—2005
41	高处作业吊篮安全规则	JGJ 5027—2000
42	塔式起重机械操作使用规程	JGJ/T 100—1999
43	关于印发《塔式起重机拆装管理暂行规定》的通知	建建［1997］第 86 号
44	施工现场安全防护用具及机械设备使用监督管理规定	建建［1998］第 164 号
45	关于进一步加强建筑工地食堂卫生管理工作的通知	卫监督发［2005］94 号
46	城市建筑垃圾管理规定	建设部令第 139 号
47	建筑施工企业安全生产管理机构设置及专职安全生产管理人员配备办法	建质［2004］213 号
48	危险性较大工程安全专项施工方案编制及专家论证审查办法	建质［2004］213 号
49	关于特种作业人员安全技术培训考核工作的意见	安监管人字［2002］124 号
50	建筑业企业职工安全培训教育暂行规定	建教［1997］83 号
51	建筑施工企业主要负责人、项目负责人和专职安全生产管理人员安全生产考核管理暂行规定	建质［2004］59 号
52	特种设备作业人员监督管理办法	国质监总令第 70 号
53	工程重大事故报告和调查程序规定	建设部令第 3 号
54	厂内机动车辆监督检验规程	国质检锅［2002］16 号
55	关于开展起重安全专项治理的通知	国质检锅联［2003］170 号
56	建设部关于加强意外伤害保险工作的指导意见	建质［2003］107 号
57	气瓶安全监察规定	国家质检局 46 号
58	机关、团体、企业、事业单位消防安全管理规定	公安部 61 号
59	工作场所空气中有害物质监测的采样规范	GBZ 159—2004

续表

序号	标准名称	标准号
60	建筑项目职业病危害分类管理办法	卫生部22号
61	职业病诊断与鉴定管理办法	卫生部24号
62	职业健康管理办法	卫生部令23号
63	职业病目录	卫法监发［2002］108号
64	女职工禁忌劳动范围的规定	劳安字［1996］2号
65	女职工保健工作规定	卫妇发［1993］11号
66	劳动防护用品管理规定	劳部发［1996］138号
67	劳动保护用品配备标准	国经贸安全［2002］189号
68	企业职工伤亡事故分类	GB 6441—86
69	常用危险化学品的分类及标志	GB 13690—92
70	劳动防护用品选用规则	GB 11651—89
71	高处作业分级	GB 3608—83
72	体力劳动强度分级	GB 3869—1997
73	安全标志	GB 2894—1996
74	建筑设计防火规范（2008年修订版）	GB 50016—2006
75	建筑灭火器配置设计规范	GB 50140—2005
76	密目式安全立网	GB 16909—1997
77	安全帽	GB 2811—2007
78	安全网	GB 5725—1997
79	安全带	GB 6095—1985
80	重大危险源辨识	GB 18218—2000
81	漏电保护器安全和运行	GB 13955—92
82	建筑卷扬机	GB/T 1955—1998
83	塔式起重机安全规程	GB 5144—2006
84	施工升降机安全规程	GB 10055—2007
85	建筑卷扬机安全规程	GB 13329—1991
86	起重吊运指挥信号	GB 5082—1985
87	污水综合排放标准	GB 8978—1996
88	大气污染物综合排放标准	GB 16297—1996
89	建筑施工场界噪声限值	GB 12523—90
90	职业健康安全管理体系规范	GB/T 28001—2001
91	国家危险废物名录	环发［1998］089号
92	建筑拆除工程安全技术规范	JGJ 147—2004
93	建筑施工木脚手架安全技术规范	JGJ 164—2008
94	建筑施工模板安全技术规范	JGJ 162—2008
95	建筑施工碗扣式钢管脚手架安全技术规范	JGJ 166—2008

1.2 安全生产的现状和问题

法律是上层建筑的组成部分，为其赖以建立的经济基础服务。实践证明，在安全生产工作中，加强法制建设，增强法制观念，依法治理安全，是唯一正确的方法，是极其必要的。不认真执法将会降低政府的公信度，是很可怕的。新中国成立以来，我国安全生产形势，在实施中虽然有个别时段也有波动，但总体是安全工作有了很大的改善，取得了显著成绩。但是，当前还存在不少问题，安全生产还不稳定，伤亡事故还没有得到有效的控制。虽然有着各种原因，如：我国公民对安全的重视程度还不够，企业的科学管理水平还不高，技术力量还比较薄弱等，最重要的还是没有认真执行以法治安全，安全法制观念淡薄较为严重，主要表现为：

1. 有法不依，以权代法，以言代法

有法不依、以权代法、以言代法的表现是多方面的，地方政府和不少主管领导、企业领导以及承包者无视或不够重视安全法规，由于安全的相对性、复杂性和负经济效益性等特性，因此在安全生产中忽视安全的实例屡见不鲜。如有的强调生产忙，任务急，无暇抓安全；有的为追求产值、利润，抢进度、拼体力、拼设备，安全制度得不到落实，安全生产没有切实的保障；有的搞安全防护怕花钱，在隐患面前态度消极，甚至将"侥幸"当经验；还有的对违章指挥不以为然，甚至拍着胸作赌注："没关系，出了事故我负责!"等等。有法不依、有章不循，是酿成事故的祸根。

2. 违法不究，执法不严

违法不究，执法不严的主要表现为地方政府和各级领导在事故发生后有的花钱消灾；有的大事化小，小事化了，草率处理了事；也有的以种种借口久拖不理；也有的发生事故后紧张了一阵子，开大会、发通报、作检讨。但对追查责任时，姑息迁就，甚至"分担责任"。因为，有些人总认为生产中发生事故是情有可原的，是一般性错误，说什么"不是故意的吗"，"为了生产，本意是好的吗"等等。

产生这些问题的原因是多方面的，对政府官员来说当前的主要问题是官员不作为。"官员不作为是最可怕的，反正我不去得罪那么多人，事情赶上了算我倒霉，赶不上我就没事"。这里面最主要的还是腐败、为升迁要政绩。

产生的这些问题，唯一的办法是加强对制度执行力度的监督和检查，认真执行好政策是关键。

3. 经营承包、租赁，只求短期效益，不顾生产安全

经营承包、租赁，只求短期效益，不顾生产安全的主要表现为：有些企业的承包、租赁合同中，没有安全生产内容或仅有笼统性的伤亡指标，没有安全生产措施。这样必然出现拼设备、拼体力，以包代管，放松安全管理，恶化安全生产。还有的总分包合同中写有"发生一切事故由分包方自理，总包方概不负责"的内容。这种"生死合同"是违反国家法律、法规和政策的。根据我国《合同法》的规定，这种不合法的合同是无效合同，从订立的时候起，就没有法律的约束力。

4. 法制意识淡薄

法制意识淡薄主要表现为：重生产重效益不注重安全问题，有不懂法和不知法的问

题，也有习惯势力影响问题。因此，大力加强安全法制建设，实行以法治安全，用法律手段指导、约束和规范企业安全生产行为，是强化安全生产管理的一项重要内容。

执行“安全第一、预防为主、综合治理”方针的关键是思想重视，认识到安全生产是关系到人生命安全的大事，建国以来屡屡出现阶段性的安全形势紧迫的关键是领导重视程度出现松懈，群众思想麻痹，当然还有经济利益方面的问题。

1.3 安全生产必须做好的几项工作

1.3.1 关于建立必须的安全生产法律制度

安全生产法律制度主要包括：安全生产法规、安全技术规范、安全生产规章制度等。

（1）安全生产法规：是指国家关于改善劳动条件，实现安全生产，为保护劳动者在生产过程中的安全和健康而采取的各种措施的总和，是必须执行的法律规范。例如：

国家法律：如：中华人民共和国劳动法；中华人民共和国刑法（节选）；中华人民共和国建筑法；中华人民共和国安全生产法；中华人民共和国工会法；中华人民共和国消防法；中华人民共和国环境保护法；中华人民共和国环境噪声污染防治法；中华人民共和国固体废物污染环境防治法；中华人民共和国行政处罚法；中华人民共和国职业病防治法；中华人民共和国行政许可法。

行政性法规：如：建设工程安全生产管理条例；安全生产许可证条例；特种设备安全监察条例；特别重大事故调查程序暂行规定（国务院第 34 号令）；国务院关于特大安全事故行政责任追究的规定（国务院第 302 号令）；企业职工伤亡事故报告和处理规定（国务院第 75 号令）；国务院关于进一步加强安全生产工作的决定（国发［2004］3 号）。

国际劳工组织公约：建筑业安全卫生公约（国际劳工组织 167 号公约）。

（2）安全技术规范：是指人们关于合理利用自然力、生产工具、交通工具和劳动对象的行为规则。如：操作规程、技术规范、标准和规定等。安全技术规范是强制性的标准。因为，违反规范往往给个人、企业和社会造成严重危害。为了维护和有利于社会秩序、企业生产秩序和工作秩序，便把遵守安全技术规范确定为法律义务，有时把它直接规定在法律文件中，使之具有法律规范的性质。

（3）安全生产规章制度：是指国家各主管部门及其地方政府的各种法规性文件，制定的各方面的条例、办法、制度、规程、规则和章程等。具有不同的约束力和法律效力。企业制定的规章制度是为了保证国家法律的实施和加强企业内部管理，进行正常而有秩序地生产而制定的相应措施与办法。因此，企业的规章制度有两个特点：一是制定时必须服从国家法律、法规，不能凌驾于国家法律、法规之上；二是在本企业内具有约束力，全体员工必须遵守。例如：

部门的规章：如：建筑施工企业安全生产许可证管理规定（建设部 128 号令）；工程建设重大事故报告和调查程序规定（建设部 3 号令）；建筑安全生产监督管理规定（建设部 13 号令）；建筑工程施工许可管理办法（建设部 71 号令）；建设工程施工现场管理规定（建设部 15 号令）；实施工程建设强制性标准监督规定（建设部 81 号令）；建设行政处罚程序暂行规定（建设部 66 号令）；建筑业企业资质管理规定（建设部 87 号令）。

地方法规、规章。如：×××建筑条例；×××建设工程安全生产监督管理规定等。

国家或地方的规范性文件。如：建设部关于贯彻落实国务院《关于进一步加强安全生产工作的决定》的意见（建质［2004］47号）；建筑施工企业主要负责人、项目负责人和专职安全生产管理人员安全生产考核管理暂行规定（建质［2004］59号）；建筑业企业职工安全培训教育暂行规定（建教［1997］83号）；施工现场安全防护用具及机械设备使用监督管理规定（建建［1998］164号）；建筑施工附着升降脚手架管理暂行规定（建建［2000］230号）；

《×××建筑工程施工许可管理办法》；《×××省级文明工地评定及管理办法》；《×××建筑工程文明工地检查评分办法》等。

1.3.2 关于加强法制和安全生产的宣传教育

要采取各种有效形式，加强法制宣传教育，提高国家工作人员和广大员工的安全法制观念，使他们认识安全与法制的关系，懂得有关安全法规和国家颁发的各种行政、经济法规，一样具有法律约束力，违反法规的行为就是违法行为。做到人人学法、知法、懂法、守法，确保安全生产。安全生产教育一定要让广大职工知道“出了事故才知道安全的重要，才后悔不已”那一切都晚了。

1.3.3 关于执法原则与安全管理

执法的根本特点，就在于法律、法规以及标准的严肃性和强制性，执法不严，甚至执行不下去，等于有法不依，法规就等于一句空话。严肃认真执行安全法规，就是对劳动者的安全健康和国家财产负责，也是为保障社会主义建设顺利进行的重要措施。国务院办公厅在有关文件中，曾指出：“如发现领导违章指挥，要撤职检查，视检查情况重新任命；发现工人违章作业，立即撤岗，重新培训。由于违章指挥、违章作业造成事故的，要视责任大小、情节轻重，给予政纪、党纪处分，直至追究刑事责任，决不能姑息迁就。”

安全管理着重要解决好建筑业的“五大伤害”。即高空坠落、触电事故、物体打击、机械伤害和施工坍塌。

1.3.4 关于建立国家和地方政府、施工企业、施工现场三级安全生产保障体系

建立三级安全生产体系，加强安全生产监督、施工企业安全管理、建筑工程施工现场安全的管理。其管理要点为：

（1）安全生产监督管理方面的安全生产管理制度，层级监督管理，安全生产考核，许可证监督管理，安全生产培训管理，事故预警、应急救援、报告和调查处理，安全生产现场、责任主体监督检查，文明工地管理等；

（2）施工企业安全管理方面的机构、制度、目标管理，安全施工方案及其措施，安全培训与安全检查，安全事故应急预案及救援，分包企业管理等。

（3）从建筑工程施工现场安全管理方面的现场安全生产管理、生产投入、现场目标指标管理，安全教育培训，施工组织设计与专项方案，重大危险源管理及安全检查，现场文明施工，现场分项工程安全生产，现场应急救援，施工现场的必备安全资料。

1.3.5 关于做好安全培训工作

1.3.5.1 安全培训工作基本要求

一要保证安全教育培训的范围，应包括：企业法定代表人、企业专职安全管理人员、企业其他管理人员和技术人员、企业特种工种、企业的其他职工和企业待岗、转岗、换岗的职工；

二要保证培训的时间，应满足国家或地方建设行政主管部门规定的培训时间。

三要加强安全教育培训管理。做到统一计划、统一培训、统一教材、统一考试、统一发证、统一师资。

保证安全教育培训内容适合不同管理层和操作层的安全工作需要；具有完善的安全教育培训管理制度；保证培训的师资质量。

1.3.5.2 培训对象及时间

企业经营主要负责人。是企业安全生产的第一责任人，对企业的安全生产工作全面负责。

企业安全生产管理人员。是企业专门负责安全生产管理的人员，是国家有关安全生产法律、法规、方针、政策在本单位的具体贯彻执行者，是本单位安全生产规章制度的具体落实者，是企业安全生产的“保护神”。

(1) 企业法定代表人、主管安全副经理和项目负责人每年接受安全培训的时间不得少于30学时。

(2) 企业专职安全管理人员每年接受安全专业技术业务培训的时间不得少于40学时。

(3) 企业其他管理人员和技术人员每年接受安全培训的时间不得少于20学时。

(4) 企业特殊工种作业人员在通过专业技术培训取得岗位操作证后，每年仍须接受有针对性的安全培训，时间不得少于20学时。

(5) 施工企业新进场的工人，必须接受公司、项目、班组的三级安全培训教育，经考核合格后，方可上岗。公司级培训教育的时间不得少于15学时。

(6) 企业待岗、转岗、换岗的职工，在重新上岗前必须接受一次安全培训，时间不得少于20学时。

(7) 企业其他职工每年接受安全培训的时间不得少于15学时。

1.3.5.3 安全教育培训内容

(1) 国家和地方有关安全生产的方针、政策、法规、标准、规范、规程，企业的安全规章制度等；

(2) 专业技术、业务知识教育培训；

(3) 文化素质的教育培训；

(4) 安全操作规程及岗位培训教育；

(5) 事故案例和警示教育；

(6) 项目危险源的识别与分阶段专项安全教育。

2 政府监督管理安全技术文件

安全生产是指在生产经营活动中，为避免发生造成人员伤亡和财产损失而采取相应的事故预防和控制措施，以保证从业人员的人身安全，保证生产经营活动得以顺利进行的相关活动。安全生产监督管理由各级政府的建设行政主管部门及其委托的安全监督管理机构实施，属于“政府行为”。安全生产由政府统一领导，部门依法监管。

《建筑工程安全生产监督管理工作导则》规定：建筑工程的安全生产监督管理，是指建设行政主管部门及建设工程安全生产监督机构依据法律、法规和工程建设强制性标准，对建设工程安全生产实施监督管理，督促各方主体履行相应安全生产责任，以控制和减少建筑施工事故的发生，保障人民生命财产安全、维护公众利益的行为。

建筑工程安全生产监督管理应坚持“以人为本”的理念，贯彻“安全第一、预防为主”的方针，依靠科学管理和技术进步，遵循属地管理和层级监督相结合、监督安全保证体系运行与监督工程实体防护相结合、全面要求与重点监管相结合、监督执法与服务指导相结合，强调管理与自律并重、强制与引导并重、治标与治本并重、现场管理与技术文件管理并重等。

安全生产监督管理部门和其他负有安全生产监督管理职责的部门对生产建设工程相关责任主体实施监督管理职责时，应遵循以下基本原则：

（1）坚持“有法必依、执法必严、违法必究”；

（2）坚持以事实为依据，以法律为准绳；

（3）坚持预防为主；

（4）坚持行为监察与技术监察相结合；

（5）坚持监察与服务相结合；

（6）坚持教育与惩罚相结合。

简言之，就是各级建设行政主管部门、国家赋予其对当地所辖实施建设（筑）工程的其相关责任主体的建设、监理、勘察设计、施工企业及其施工现场进行的监督与管理。

2.1 各级政府监督管理工作的实施

2.1.1 政府监督管理的安全生产责任

2.1.1.1 政府有关部门的安全生产责任

《安全生产法》规定负有安全生产监督管理职责的部门，必须严格、规范地依法履行监督管理职责，安全生产监督管理部门的监督管理职责是：

（1）采取多种形式，加强对有关安全生产的法律、法规和安全生产知识的宣传，提高职工的安全生产意识；

（2）进行不同形式的安全检查。县级以上地方各级人民政府应当根据所辖本行政区域的安全生产状况，组织有关部门按照职责分工，对所辖行政区域内易发生重大生产安全事故的相关责任主体进行严格检查，发现事故隐患，及时处理；

（3）严格依法对涉及安全生产的事项进行审查批准并加强监督检查；

（4）对相关责任主体执行有关法律、法规和标准的情况进行监督检查，进入施工现场进行安全生产检查，查阅有关资料，向有关单位和人员了解情况，对事故隐患进行处理，对安全生产违法行为进行处理，对不符合国家标准或者行业标准的设施、设备和器材进行处理，部门之间的相互配合等；

（5）接受监察机关的监督；

（6）建立举报制度；

（7）制定有关奖励制度，对报告重大事故隐患或者举报安全生产违法行为的有功人员，给予奖励；

（8）配合地方政府制定应急救援体系；

（9）事故报告。负有安全生产监督管理职责的部门接到事故报告后，应当立即按照国家有关规定上报事故情况，不得隐瞒不报、谎报或者拖延不报；

（10）积极支援事故抢救；

（11）组织事故调查；

（12）对事故进行发布；

（13）依法实施行政处罚。

2.1.1.2　各级政府监督管理人员的安全生产责任

行政执法部门的职责决定其行政执法人员的职责。安全生产监督管理人员主要有以下职责：

1. 宣传安全生产法律、法规和国家有关方针和政策

安全生产工作事关国家和人民群众的生命财产安全，做好安全生产工作，需要广大职工积极主动地参与。安全生产监督管理人员熟悉国家法律、法规和方针政策，安全生产监督管理人员作为国家公务人员，宣传法律、法规和方针政策是其应尽的义务。

2. 监督检查相关责任主体执行安全生产法律、法规和标准

负有安全生产监督管理职责的部门依法对相关责任主体执行有关安全生产的法律、法规和国家标准或者行业标准的情况进行监督检查，这也是安全生产监督管理人员履行监督检查职责的基础。可以通过进行现场生产、作业场所或者营业场所进行检查，调阅有关资料，向相关单位和人员了解情况。检查执行安全生产法律、法规和标准情况。

3. 严格履行有关行政许可的审查工作

国家赋予各级建设行政主管部门及其委托的安全监督机构对有关行政许可进行审查批准。

（1）有关行政许可证，如安全生产许可、建筑施工许可、危险化学品的经营许可、主要负责人的安全资格、安全设施的设计审查与竣工验收等等，这些都要求负有安全生产监督管理职责的部门严格依法把关做好审查工作。

（2）审查中对符合条件的，建议行政许可部门颁发行政许可，对不符合条件的，建议

行政许可部门不予颁发许可；对于不符合有关法律、法规和国家标准或者行业标准规定的安全生产条件的，一律不得批准或者验收通过。在安全生产上是不能搞所谓的“先批准，后整改”的。

(3) 严肃处理未依法取得批准或者未经验收合格擅自从事有关活动的单位，无论是在日常监督检查中发现，还是经单位或者个人举报并经查实，都应当立即予以取缔依法予以处理。

“依法予以处理”，是指在予以取缔的同时，必须依照《安全生产法》和其他有关法律、法规的规定，进行相应的处理，主要包括：应当给予相应的行政处罚的，给予行政处罚；应当对有关责任人员给予相应的行政处分的，给予行政处分；认为涉嫌犯罪，需要追究有关单位和有关人员刑事责任的，依照《行政执法机关移送涉嫌犯罪案件规定》移送有关司法机关处理。对不再具备安全生产条件的单位，应当撤销原批准。

4. 依法处理安全生产违法行为，实施行政处罚

(1) 负有安全生产监督管理职责的部门对检查中发现的安全生产违法，应当当场立即予以纠正或者要求限期改正；

(2) 对依法应当给予行政处罚的行为，依照法律、行政法规的规定做出行政处罚。实施行政处罚应当执行程序，除当场行政处罚，按照简易程序由安全生产监督管理人员代表行政执法机构对违法行为做出行政处罚外，大多数行政处罚都需执行一般程序，即立案调查、做出处罚决定，实施行政处罚，有些还要进行听证。在整个过程中，安全生产监督管理人员对行政处罚只是建议，最终做出决定的是行政执法部门。但是，行政处罚的多少，是否要给予行政处罚，给予什么样的行政处罚，很大程度上取决于安全生产监督管理人员。

(3) 对于很多轻微的安全生产违法，不需要实施行政处罚，可以由安全生产监督管理人员代表行政执法部门当场予以纠正或者要求限期改正。

(4) 行政处罚决定大部分由行政执法机关做出，安全生产监督管理人员仅有行政处罚建议权。从根本上说，安全生产监督管理人员对安全生产违法行为有处理权，一方面表现在直接的处理，另一方面表现在间接的建议。

对难以立即纠正的，如未建立安全生产责任制、未按要求建立安全生产管理机构、安全生产资金投入不到位等，有权要求生产经营单位在一定的限期内改正；

5. 依法处理不符合法律法规和标准要求的有关设施、设备和器材

(1) 相关责任主体用于工程的设施、设备、器材是否符合保障安全生产的国家标准或者行业标准的要求，直接关系到的安全生产。因此，《安全生产法》和其他有关安全生产的法律、行政法规都明确要求相关责任主体使用于工程的设施、设备、器材应当符合保障安全。

(2) 负有安全生产监督管理职责的部门，安全生产监督管理人员在检查中发现生产经营单位的设施、设备、器材不符合保障安全生产国家标准或者行业标准的，代表或者建议负有安全生产监督管理部门对其实施采取查封或者扣押措施。查封或者扣押后，经调查确认，该实施行政处罚的，依法实施行政处罚；该移送其他执法部门处理的，及时移送其他执法部门处理。

赋予负有安全生产监督管理职责的部门这项职权，是为了防止生产经营单位继续使用不能保障安全生产的设施、设备和器材，给安全生产造成威胁。查封主要适用于不可移动

的设施、设备及器材等。

(3) 对于查封或扣押，必须谨慎、严肃对待。一定要做到有依据。

例如，对于“三无”产品的设备、器材以及其他不需要检验、检测就可以发现其不符合有关保障安全生产的国家标准或者行业标准的设施、设备、器材等，当然属于“有根据”；

对于需要检验、检测后才能判断其是否符合要求的设施、设备、器材等，应当以检验、检测的结果来确定是否属于“有根据”。

负有安全生产监督管理职责的部门采取查封、扣押措施后应当根据实际情况，在15日内依法做出相应的处理决定：对设备、器材等，能够修理、更换的，责令予以修理、更换；不能修理、更换的，予以没收或者销毁；对于有关设施，能够整改的，责令整改，不能整改的，责令停产停业；需要给予行政处罚的，依法做出处罚决定。总之，一要做出处理，不能不了了之；二要及时处理，不能一再拖延。

6. 正确处理事故隐患，防止事故发生

(1) 负有安全生产监督管理职责的部门对检查中发现的事故隐患，应当责令立即排除；

(2) 重大事故隐患排除前或者排除过程中无法保证安全的，应当责令从危险区域内撤出作业人员，责令暂时停产停业或者停止使用；重大事故隐患排除后，经审查同意，方可恢复生产经营和使用。实际上，对生产经营单位的现场检查，由安全生产监督管理人员履行。

(3) 事故隐患轻微的，安全生产监督管理人员可以直接责令立即排除；比较重大的事故隐患，应责令立即排除，如立即排除难以做到的，应责令立即从危险区域内撤出作业人员，暂时停产停业或者停止使用，同时向行政执法部门报告。需要注意的是这里的“责令暂时停产停业”只是一种临时性的行政强制措施，而不是正式的行政处罚，因此，不需要经过行政处罚法规定的有关程序。重大事故隐患排除后，负有安全生产监督管理职责的部门应当对隐患排除情况和安全生产条件依法进行审查，经审查同意后，才能恢复生产经营或者使用相关的设备、器材等。

7. 接受行政监察机关的监督

《行政监察法》规定，监察机关是人民政府行使监察职能的机关，依法对国家行政机关、国家公务员和国家行政机关任命的其他人员实施监察。《安全生产法》第六十一条规定，监察机关依照行政监察法的规定，对负有安全生产监督管理职责的部门及其工作人员履行安全生产监督管理职责实施监察。安全生产监督管理人员是国家公务员，应当自觉接受监察机关的监督。

8. 对发生的安全事故必须及时报告

发生生产安全事故后，及时报告是负有安全生产监督管理职责的部门的职责，不论通过何种途径知道事故已经发生，安全生产监督管理人员都应当及时报告，不得与相关责任主体相互勾结，隐瞒不报、谎报或者拖延不报。

9. 参加安全事故应急救援与事故调查处理

发生生产安全事故，安全生产监督管理人员应当积极参与政府及其有关部门组织的应急救援，服从应急救援领导机构和指挥部门的指挥，协助政府做好人员的疏散工作及其他相关工作。服从政府及其有关部门的安排，积极参与事故调查工作。

10. 忠于职守，坚持原则，秉公执法

《安全生产法》第五十八条规定："安全生产监督检查人员应当忠于职守，坚持原则，秉公执法。""安全生产监督检查人员执行监督检查任务时，必须出示有效的监督执法证件；对涉及被检查单位的技术秘密和业务秘密，应当为其保密。"这是对安全生产监督检查人员应当具备的道德素质和执行监督检查任务时应当遵守的义务的规定。

(1) 忠于职守。是安全生产监督检查人员应当具备的最基本的道德素质。忠于职守，是指安全生产监督检查人员应当充分认识自己肩负的重大职责，对工作尽职尽责，积极、主动、认真、谨慎地依法履行各项安全生产监督检查职责，完成各项工作任务。

因失职、渎职而造成生产安全事故的，应当依法承担相应的法律责任；构成犯罪的，还要依法追究其刑事责任。

(2) 坚持原则。是指安全生产监督检查人员依法履行监督检查职责时，在是与非、对与错、合法与违法等原则问题上要旗帜鲜明，不能含糊，不能动摇，不能让步。要始终坚持把国家和人民的利益放在首位，把维护法律的权威和尊严放在首位，过好"权力关"、"人情关"、"利益关"，顶住可能来自各个方面的压力和形形色色的诱惑，对监督检查中发现的有关安全生产问题，坚决依法处理；没有得到处理的，绝不放过。

(3) 秉公执法。是指安全生产监督检查人员履行监督检查职责时，对一切相关责任主体，都应当不折不扣、不偏不倚地执行有关安全生产的法律、法规，公正无私，不徇私情。首先，必须严格按照有关法律、法规和国家标准、行业标准规定的安全生产条件，认真对相关责任主体涉及安全生产的事项进行审查。

11. 法律、行政法规规定的其他职责。是指执法者对与安全事故有关的其他法律、行政法规规定的职责也应认真执行。

2.1.2 各级政府监督管理机构的监督管理的工作范围

为加强建筑工程安全生产监管，完善管理制度，规范监管行为，提高工作效率，依据《建筑法》、《安全生产法》、《建设工程安全生产管理条例》、《安全生产许可证条例》等有关法律、法规，制定了《建筑工程安全生产监督管理工作导则》。

《建筑工程安全生产监督管理工作导则》规定：

(1) 导则适用于县级以上人民政府建设行政主管部门对建筑工程新建、改建、扩建、拆除和装饰装修工程等实施的安全生产监督管理。

(2) 所称建筑工程安全生产监督管理，是指建设行政主管部门依据法律、法规和工程建设强制性标准，对建筑工程安全生产实施监督管理，督促各方主体履行相应安全生产责任，以控制和减少建筑施工事故发生，保障人民生命财产安全、维护公众利益的行为。

(3) 各级政府的建设行政主管部门及其委托的安全生产监督管理机构监督管理工作范围包括：建筑工程安全生产监督管理制度；安全生产层级监督管理；对施工企业的安全生产监督管理；对监理单位的安全生产监督管理；对建设、勘察、设计和其他单位的安全生产监督管理；对施工现场的安全生产监督管理。

2.1.2.1 各级政府监督需健全完善和检查落实的管理制度

（1）各级建设行政主管部门应健全完善和必须检查落实的安全生产监督管理制度包括：建筑施工企业安全生产许可制度；建筑施工企业“三类人员”安全生产任职考核制度；建筑工程安全施工措施备案制度；建筑工程开工安全条件审查制度；施工现场特种作业人员持证上岗制度；施工起重机械使用登记制度；建筑工程生产安全事故应急救援制度；危及施工安全的工艺、设备、材料淘汰制度；法律法规规定的其他有关制度。

（2）各级建设行政主管部门在本行政区域内建立的安全生产工作制度包括：建设工程安全生产形势分析制度；建设工程安全生产联络员制度；建设工程安全生产预警提示制度；建设工程重大危险源公示和跟踪整改制度；建设工程安全生产监管责任层级监督与重点地区监督检查制度；建设工程安全重特大事故约谈制度；建设工程安全生产监督执法人员培训考核制度；建设工程安全监督管理档案评查制度；建设工程安全生产信用监督和失信惩戒制度。

（3）建设行政主管部门应结合部门和地区的工作实际，不断创新安全监管机制，健全监管制度，改进监管方式，提高监管水平。

2.1.2.1-1 建筑施工企业安全生产许可制度

（1）建筑施工企业安全生产许可制度，是国家为严格安全生产，保障人民生命财产安全，维护公共利益而制定的条例。条例规定在辖区范围内全面实行建筑施工安全生产许可制度。凡从事土木工程、建筑工程、线路管道和设备安装工程及装修工程的新建、扩建、改建和拆除等有关活动的建筑施工企业，未取得国家或省建设行政主管部门颁发的安全生产许可证的，不得从事建筑施工活动。

（2）安全生产许可证控监管理要点

1）企业取得安全生产许可证，应当具备的安全生产条件：

①建立、健全安全生产责任制，制定完备的安全生产规章制度和操作规程；

②安全投入符合安全生产要求；

③设置安全生产管理机构，配备专职安全生产管理人员；

④主要负责人和安全生产管理人员经考核合格；

⑤特种作业人员经有关业务主管部门考核合格，取得特种作业操作资格证书；

⑥从业人员经安全生产教育和培训合格；

⑦依法参加工伤保险，为从业人员缴纳保险费；

⑧厂房、作业场所和安全设施、设备、工艺符合有关安全生产法律、法规、标准和规程的要求；

⑨有职业危害防治措施，并为从业人员配备符合国家标准或者行业标准的劳动防护用品；

⑩依法进行安全评价；

⑪有重大危险源的检测、评估、监控措施和应急预案；

⑫有生产安全事故应急救援预案、应急救援组织或者应急救援人员，配备必要的应急救援器材、设备；

⑬法律、法规规定的其他条件。

2）安全生产许可证的有效期为3年。安全生产许可证有效期满需要延期的，企业应当于期满前3个月向原安全生产许可证颁发管理机关办理延期手续。

企业在安全生产许可证有效期内，严格遵守有关安全生产的法律法规，未发生死亡事故的，安全生产许可证有效期届满时，经原安全生产许可证颁发管理机关同意，不再审查，安全生产许可证有效期延期3年。

3）企业不得转让、冒用安全生产许可证或者使用伪造的安全生产许可证。

4）企业取得安全生产许可证后，不得降低安全生产条件，并应当加强日常安全生产管理，接受安全生产许可证颁发管理机关的监督检查。

安全生产许可证颁发管理机关应当加强对取得安全生产许可证的企业的监督检查，发现其不再具备规定的安全生产条件时，应当暂扣或者吊销安全生产许可证。

（3）违反《安全生产许可证条例》的处罚规定

1）违反《安全生产许可证条例》规定，未取得安全生产许可证擅自进行生产的，责令停止生产，没收违法所得，并处10万元以上50万元以下的罚款；造成重大事故或者其他严重后果，构成犯罪的，依法追究刑事责任。

2）违反《安全生产许可证条例》规定，安全生产许可证有效期满未办理延期手续，继续进行生产的，责令停止生产，限期补办延期手续，没收违法所得，并处5万元以上10万元以下的罚款；逾期仍不办理延期手续，继续进行生产的，依照第（3）款中1）的规定处罚。

3）违反《安全生产许可证条例》规定，转让安全生产许可证的，没收违法所得，处10万元以上50万元以下的罚款，并吊销其安全生产许可证；构成犯罪的，依法追究刑事责任；接受转让的，也按本条规定处罚。

冒用安全生产许可证或者使用伪造的安全生产许可证的，依照第（3）款中1）的规定处罚。

（4）监控要点

1）安全生产许可证条例的执行情况。工程项目必须全部执行安全生产许可证条例。

2）取得证书前后应具备的安全生产条件是否有变化。

3）许可证的时效性（是否过时）。

4）被检单位有无违犯安全生产许可证条例的行为，是否受到过处罚。

5）检查各级建设行政主管部门及其委托的安全监督管理机构，对安全生产许可制度监督管理的到位情况。

2.1.2.1-2 建筑施工企业“三类人员”安全生产任职的考核制度

（1）建筑施工企业“三类人员”是指建筑施工企业主要负责人、项目负责人、专职安全生产管理人员。

1）建筑施工企业主要负责人，是指对本企业日常生产经营活动和安全生产工作全面负责、有生产经营决策权的人员，包括企业法定代表人、经理、企业分管安全生产工作的副经理等；

2）建筑施工企业项目负责人，是指由企业法定代表人授权，负责建设工程项目管理的负责人等；

3）建筑施工企业专职安全生产管理人员，是指在企业专职从事安全生产管理工作的人员，包括企业安全生产管理机构的负责人及其工作人员和施工现场专职安全生产管理人员。

“三类人员”必须经国家或省建设行政主管部门安全生产考核，取得安全生产考核合格证书后，方可担任相应职务。

（2）为了提高建筑施工企业主要负责人、项目负责人和专职安全生产管理人员的安全生产知识水平和管理能力，保证建筑施工安全生产，国家制定了建筑施工企业主要负责人、项目负责人和专职安全生产管理人员安全生产考核管理暂行规定。

制度规定在中华人民共和国境内凡从事建设工程施工活动的建筑施工企业管理人员以及实施对建筑施工企业管理人员安全生产考核管理的，必须遵守建筑施工企业主要负责人、项目负责人和专职安全生产管理人员安全生产考核管理暂行规定。

（3）对“三类人员”的管理要求

1）建筑施工企业管理人员应当具备相应文化程度、专业技术职称和一定安全生产工作经历，并经企业年度安全生产教育培训合格后，方可参加建设行政主管部门组织的安全生产考核。安全生产考核合格的，由建设行政主管部门在 20 日内核发建筑施工企业管理人员安全生产考核合格证书；对不合格的，应通知本人并说明理由，限期重新考核。

建筑施工企业管理人员取得安全生产考核合格证书后，应当认真履行安全生产管理职责，接受建设行政主管部门的监督检查。

建设行政主管部门应当加强对建筑施工企业管理人员履行安全生产管理职责情况的监督检查，发现有违反安全生产法律法规、未履行安全生产管理职责、不按规定接受企业年度安全生产教育培训、发生死亡事故，情节严重的，应当收回安全生产考核合格证书，并限期改正，重新考核。

2）建筑施工企业管理人员变更姓名和所在法人单位，应在一个月内到原安全生产考核合格证书发证机关办理变更手续。

3）建筑施工企业管理人员遗失安全生产考核合格证书，应在公共媒体上声明作废，并在一个月内到原安全生产考核合格证书发证机关办理补证手续。

4）任何单位和个人不得伪造、转让、冒用建筑施工企业管理人员安全生产考核合格证书。

5）建筑施工企业管理人员安全生产考核合格证书有效期为三年。有效期满需要延期的，应当于期满前 3 个月内向原发证机关申请办理延期手续。

建筑施工企业管理人员在安全生产考核合格证书有效期内，严格遵守安全生产法律法规，认真履行安全生产职责，按规定接受企业年度安全生产教育培训，未发生死亡事故的，安全生产考核合格证书有效期届满时，经原安全生产考核合格证书发证机关同意，不再考核，安全生产考核合格证书有效期延期 3 年。

（4）监控要点

1）是否经过考核并取得合格证书，有无考核档案；

2）证书的真实性，证书的时效性；

3）履行职责情况；

4）是否接受年度安全生产教育培训。

5）检查各级建设行政主管部门及其委托的安全监督管理机构，对建筑施工企业“三类人员”安全生产任职考核制度监督管理的到位情况。

2.1.2.1-3 建筑工程安全施工措施备案制度

（1）安全施工技术措施是以改善劳动条件、保护职工的安全和健康、防止伤亡事故、预防职业病和职业中毒为目的，从技术上采取的措施。

实行建筑工程安全施工措施备案制度，目的是认真贯彻执行安全生产法规政策，建立健全安全生产责任制，加强对建筑工程安全生产实施监督管理，控制和减少建筑施工事故发生，保障人民生命财产安全，维护社会稳定。

在办理建设工程安全监督备案手续时，对建设工程安全生产措施方案进行审查，内容要符合实际，审核审批程序和签字齐全。《危险性较大工程安全专项施工方案编制及专家论证审查办法》中规定的涉及深基坑、地下暗挖工程、高大模板工程等危险性较大工程的专项施工方案要经过专家论证。

对未提供安全施工措施资料或安全施工措施资料审查不合格的，建设行政主管部门不予颁发施工许可证。

（2）凡在所辖行政区域内各类新建、改建、扩建的房屋建筑工程（包括与其配套的线路管道和设备安装工程、装修工程）、市政基础设施工程和拆除工程等，均须进行安全施工措施备案。

依法批准开工报告的建设工程，建设单位应当自开工报告批准之日起 15 日内，将保证安全施工的措施资料报送当地建设（筑）行政主管部门或安全监督机构备案。

建设单位依法确定施工企业后，在申请领取施工许可证前应当将建设工程有关安全施工措施资料报送工程所在地的建设行政主管部门或其委托的安全监督机构备案。

（3）建筑工程安全施工措施备案的主要内容：

1）建设工程开工安全生产条件审查表。

2）建设工程安全施工措施备案申报表；

3）施工企业资质等级证书复印件。

4）施工企业安全生产许可证复印件。

5）工程中标通知书复印件。

6）施工合同和监理合同复印件。

7）建筑工程意外伤害保险单复印件。

8）项目负责人、专职安全管理人员安全知识考核合格证书复印件。

9）甲、乙双方各级管理人员安全生产责任制。

10）相关各方履行安全责任的建设项目安全生产协议书；

11）相关各方安全管理机构及人员名单。

12）施工现场及毗邻区域内供水、排水、供气、供热、通信、广播电视等地下管线资料，气象和水文观测资料，相邻建筑物和构筑物、地下工程的有关资料。

13）施工现场平面布置图。

14）安全施工措施费用协议书；安全作业环境条件协议书。

15）施工组织设计和安全技术措施。

16）各项专项施工方案计划，危险性较大工程的专项施工方案编审及专家审查论证计划表；

17）施工现场临时用电施工组织设计。

18）施工现场防火、防汛、防毒、防尘、防爆、防雷安全技术措施。

19）施工企业编制的事故应急预案。

20）拆除工程的安全施工措施备案，建设单位除了提交相关保证安全施工的措施资料，并同时提供以下材料，向当地建设行政主管部门或安全监督机构备案。

①拟拆除建筑物、构筑物及可能危及毗邻建筑的说明；

②拆除施工组织方案（包括：安全技术措施）；

③堆放、清除废弃物的措施。

（4）建设行政主管部门对审核合格的建筑工程安全施工措施资料，向建设单位出具备案受理通知书。

对建设单位不履行规定的安全责任，未报送安全施工措施资料或未经备案的，各地建设行政主管部门不予发放施工许可证。

（5）监控要点

1）认真执行建筑工程安全施工措施备案制度，是否在规定时间内备案，有无违背。

2）对安全施工措施备案提供资料的真实性、正确性进行检查，必须保证真实、正确。

3）备案内容与施工现场实际的符合性。

4）有无不备案而已经发放了施工许可证。

5）检查各级建设行政主管部门及其委托的安全监督管理机构，对建筑工程安全施工措施备案制度监督管理的到位情况。

2.1.2.1-4 建筑工程开工安全条件审查制度

（1）建筑工程开工安全条件审查制度是为加强建设工程安全生产的监督管理，从源头上防止安全事故的发生，提高建设工程安全生产水平。建筑工程开工安全条件审查制度各级安监机构在办理建设工程安全生产监督备案手续时，经审查安全生产措施方案符合要求，必须到施工现场对安全生产条件、生活设施、围挡等安全生产、文明施工情况进行现场勘验，经勘验合格后办理备案手续。

（2）凡在所辖行政区域内各类新建、改建、扩建的房屋建筑工程（包括与其配套的线路管道和设备安装工程、装修工程）、市政基础设施工程和拆除工程等，均须按照本制度进行开工安全生产条件审查。

（3）凡通过开工安全生产条件审查，并办理了安全施工措施备案手续的工程项目，安全监督机构应在七个工作日内到施工现场对建设单位提供的审查结果进行复查。

各级建设行政主管部门负责其辖区内的建设工程开工安全生产条件的审查，审查工作可由委托的安全生产监督管理机构具体负责。

（4）安全生产条件审查程序：

1）工程开工前，施工企业如实填写《建设工程开工安全生产条件审查表》（见附件），并报建设单位。总承包的工程由总包施工企业负责填报；

2）建设单位或建设单位委托的监理单位对施工企业提交的《建设工程开工安全生产条件审查表》及相关资料进行审查，并签署意见。

3）安全生产审查由建设单位向当地安全生产监督管理部门申请。

（5）开工安全生产条件审查内容：

1）施工企业是否持有安全生产许可证；

2）工程项目安全生产责任体系建立情况。是否按规定组建了项目安全生产管理机构，并按规定配置了专职安全生产管理人员，项目负责人、专安全生产管理人员是否已取得安全生产考核合格证书；

3）施工现场安全生产管理制度建立情况。包括安全生产责任制和目标考核奖惩制度、安全生产资金保障制度、安全教育培训制度、特种作业持证上岗制度、消防安全管理制度、环境卫生管理制度、安全生产检查制度、安全技术交底制度、伤亡事故报告制度；

4）参建各方、总包和分包的安全责任是否明确，是否按规定签订了安全生产协议书；

5）是否按规定编制了施工组织设计，各项专项施工方案是否齐全；

6）现场文明施工、安全技术措施费是否有使用计划；

7）拟进入施工现场的机械设备、设施计划情况；

8）施工现场“三通一平”、“八牌三图”设置情况；

9）施工现场围挡、大门、道路、临时设施等是否符合规定要求；

10）是否针对性地制定了安全生产事故应急救援预案。

（6）复查不符合开工安全生产条件的建设工程项目，安全监督机构下发整改通知书限期整改；复查符合开工安全生产条件的建设工程项目，安全监督机构进行安全监督方案交底。

（7）监控要点

1）认真执行建筑工程开工安全条件审查制度，有无违背，是否所有工程全部进行了审查。

2）对开工安全条件提供资料的真实性、正确性进行核查。

3）复查合格的建设工程安监机构是否进行了监督方案交底。

4）施工现场实际和审查内容是否一致。

5）检查各级建设行政主管部门及其委托的安全监督管理机构，对建筑工程开工安全条件审查制度监督管理的到位情况。

2.1.2.1-5 施工现场特种作业人员持证上岗制度

（1）特种作业是指对操作者本人、他人和周围设施的安全有重大危害因素的作业。包括电工作业、金属焊接切割作业、登高架设作业、锅炉作业、爆破作业、起重机械作业、企业内机动车辆驾驶等。

（2）施工现场特种作业人员范围

建筑起重和垂直运输机械的司机、司索、起重指挥、起重吊装（安装）工、电工、焊工、厂内机动车辆驾驶、登高架设、高空悬挂等作业人员等。特种作业人员，必须全部持《特种作业操作证》上岗。用人单位应当为特种作业人员建立管理档案，确保持证上岗。

（3）施工现场特种作业人员持证上岗制度应包括的基本内容：

1）凡所辖行政区域内从事建筑施工的特种作业人员均必须持证上岗。施工现场特种作业人员必须取得特种作业操作资格证书后，方可持证上岗作业。

2）用人单位应聘用取得《特种作业操作证》的人员从事相关特种作业，制订特种作业操作规程，按规定配置劳动保护用品，对特种作业人员进行严格管理，并结合工程项目特点，建立特殊工种用工名录，加强安全教育、培训和安全技术交底。

3）特种作业人员应当在取得《特种作业操作证》后，方可从事相应的工作；施工企业不得安排未取得《特种作业操作证》的作业人员从事特殊工种作业。

4）特种作业人员应当严格执行特种作业操作规程和有关安全规章制度，按章操作，拒绝违章指挥。

5）特种作业人员作业时应随身携带证件，自觉接受用人单位、安全管理部门的监督检查。

6）特种作业人员作业时，发现事故隐患或者不安全因素，应向现场安全管理人员和单位有关负责人报告。

7）实行特种作业操作证复审制度。复审不合格的应当重新参加考试，逾期未申请复审或考试不合格的，建议有关部门对其《特种作业操作证》予以注销。

8）作业人员未取得《特种作业操作证》上岗作业，或者用人单位未对特种设备作业人员进行安全教育和培训的，按照《建设工程安全生产管理条例》的规定对用人单位和相关责任人员予以处罚。

(4) 监控要点

1）应参加工程建设特种人员的工种种类必须齐全，施工现场特种作业人员应全数执行持证上岗制度。必须逐一全数检查特种作业操作证书。

2）施工现场特种作业人员是否全部经过培训，有无没有经过培训而上岗的人员。

3）检查各级建设行政主管部门及其委托的安全监督管理机构，对施工现场特种作业人员持证上岗制度监督管理的到位情况。

2.1.2.1-6　施工起重机械使用登记制度

(1) 施工起重机械使用登记制度是为了加强对建筑施工起重机械设备（简称起重机械）的安全监督管理，预防重大设备事故的发生，保障人民群众生命财产安全，在施工起重机械安装、验收、检验合格后，应向建设行政主管部门及其所属安监机构进行登记。

(2) 施工起重机械使用登记范围

1）起重机械是指各类塔式起重机、门式起重机、施工升降机、物料提升机、高处作业吊篮和整体提升脚手架等。凡在辖区内进行房屋建筑工程和市政工程施工中起重机械均应进行登记管理。

2）各级建设（筑）行政主管部门负责辖区内的起重机械登记管理工作，具体工作可委托当地建筑安全生产监督管理机构实施。

(3) 施工起重机械使用登记制度应包括的内容：

1）起重机械都必须进行登记管理。起重机械登记包括产权登记和使用登记，分别由起重机械产权单位和使用单位申请办理。

起重机械产权登记编号，应实行一机一号终身编号制度，直至设备报废或不再使用。

2）起重机械产权登记手续由设备产权单位在购机后到企业注册所在地的登记部门办理。起重机械登记部门应当对符合登记条件的设备进行编号，向产权单位核发《建筑施工起重机械设备产权登记证》。产权单位办理产权登记手续时，应当向登记部门提交以下资料：

①《建筑施工起重机械设备产权登记申报表》；

②设备产权单位法人营业执照副本及复印件或所有权人身份证复印件；

③产品制造许可证复印件。未实行产品制造许可证的产品应当提供省级及以上有关部门的产品鉴定证书复印件；

④产品出厂合格证原件及复印件；

⑤设备购销合同或发票复印件。

3）办理产权登记时，除应提交第2）款规定的资料外，还应提交以下相关资料：

①技术改造、大修情况资料；

②事故记录和累计运转记录等资料；

③超过使用年限的必须提供检验检测机构出具的性能试验和结构应力测试合格报告。

4）凡列入使用登记范围的起重机械自安装验收或安装质量监督检验合格之日起30日内，使用单位必须到工程所在地登记部门办理使用登记手续，取得《建筑施工起重机械设备使用登记证》。使用单位办理使用登记手续时，应当向登记部门提交以下资料：

①《建筑施工起重机械设备使用登记申报表》；

②产权登记证原件；

③起重机械安装承包合同原件及复印件；

④起重机械安装单位安全生产许可证、起重设备安装工程专业承包资质证书原件及复印件；

⑤起重机械安装质量验收合格证明文件原件及复印件或起重机械安装质量监督检验合格报告原件及复印件。

5）使用登记证应当置于或附着于设备的显著位置。

6）产权单位应当建立起重机械登记管理档案，并加强日常安全使用管理，接受建设行政主管部门的监督检查。起重机械产权变更时，应当将设备登记档案资料一并移交给新的产权单位。

(4）起重机械设备登记注意事项

1）办理产权登记和使用登记手续时，申请单位提交的资料必须齐全、合法，并对其真实性负责。申请单位提交的复印件应加盖单位公章。原件由登记部门核查后退还，其余文件资料由登记部门存档。

2）有下列情况之一的不予登记：

①属国家和省级明令淘汰的、禁止使用的起重机械；

②不符合国家规定的检验检测期限要求，超过安全技术标准规定使用年限，未通过性能试验和结构应力测试的；

③达到《建筑施工起重机械设备安全监督管理规定》所规定报废条件的；

④磨损严重、基础部件已损坏，再进行维修不能达到使用安全要求的；

⑤存在严重事故隐患，没有改造、维修价值的；

⑥按照有关规定检验不合格的。

3）外省进入施工驻地使用的起重机械，产权单位须持原省登记手续至工程所在地登记部门办理产权登记转换手续，同时应提交起重设备有关原始出厂资料及设备改造大修资料。之前未办理登记手续均需按地方政府对起重机械使用登记的有关规定办理。

4）施工现场使用的起重机械在拆除前一周内，使用单位必须到工程所在地登记部门办理使用注销手续。办理注销手续应提供该起重机械使用登记证原件，并填写当地建设行政主管部门制订的“建筑施工起重机械设备使用登记注销表”。

办理注销手续后，使用登记证由原登记部门收回。使用单位对重新使用的起重机械凭注销表和产权登记证到下一工程所在地登记部门重新登记。

5）建筑施工起重机械使用登记，由于各地对这一制度执行均有其地方政府规定，不尽统一，因此，凡由某地转到其他地区使用的起重机械均应按当地政府的相关规定进行使用前的登记。

6）起重机械租赁、使用等单位未按规定办理起重机械产权登记和使用登记的，由建设行政主管部门依照有关法律法规进行处罚。

7）《建筑施工起重机械设备产权登记申报表》、《建筑施工起重机械设备使用登记申报表》、《建筑施工起重机械设备产权登记证》、《建筑施工起重机械设备使用登记证》、《建筑施工起重机械设备使用登记注销表》均按省级建设行政主管部门规定的格式统一制作。

8）起重机械实行按季度和年度进行统计汇总和上报制度。建设（筑）行政主管部门或其委托的安全监督机构应于每季度末将起重机械进行统计汇总，填写《建筑施工起重机械设备使用登记汇总表》报各级建设行政主管部门委托的安全监督管理机构，经汇总后上报。

（5）监控要点

1）属于应进行使用登记的施工起重机械应全部进行使用登记。

2）办理产权登记和使用登记手续时，应提交的资料必须齐全、合法。

3）对属国家和省级明令淘汰的、禁止使用的起重机械，绝对不能进行使用登记。

2.1.2.1-7　建设工程安全事故应急救援制度

建立健全生产安全事故应急救援体系和应急救援预案并定期组织演练。

（1）建设工程生产安全事故应急救援制度是为了切实防范建筑施工安全事故发生，及时做好安全事故发生后的救援工作而制定实施的制度。

适用于辖区内发生的建筑施工安全事故的应急救援工作。建设行政主管部门应制定本辖区内建筑工程重特大安全事故应急救援专项预案。

（2）各地建设行政主管部门及其委托的安全监督机构负责所辖行政区域内建筑安全事故应急救援预案的监督管理。

（3）各施工企业应制订本单位的重特大安全事故的应急预案，并根据项目特点（特别是危险性较大工程的特点）制订项目部安全生产事故应急预案。

建筑施工安全事故应急救援预案由工程承包单位编制。实行工程总承包的，由总承包单位编制；实行联合承包的，由承包各方共同编制。

（4）应急救援预案应包括的内容：

1）建设工程的基本情况，含规模、结构类型、工程开工、竣工日期；

2）建筑施工项目经理部基本情况，含项目经理、安全负责人、安全员等姓名；

3）施工现场安全事故救护组织，包括具体责任人的职务、联系电话等；

4）救援器材、设备的配备；

5）安全事故救护单位，包括建设工程所在市、县医疗救护中心、医院的名称、电话，行驶路线等。

6）建设工程施工安全事故应急救援预案应当作为安全施工措施备案的附件材料报工程所在地安全监督机构备案。

7）建设工程施工安全事故应急救援预案应当告知现场施工作业人员。施工期间，其内容应当在施工现场显著位置予以公示。

8）应急救援预案制定单位应当组织与实施应急救援预案有关的人员进行培训，定期组织应急救援预案的演习。

9）各地建设（筑）行政主管部门及其委托的安全监督机构应定期对施工企业的安全生产预案情况进行抽查；到施工现场监督检查时，应同时检查项目部的安全生产事故应急预案情况；检查重点是：救援组织及人员落实情况，通信联系方式情况，救援设备、器材准备情况，与工程项目特点结合的情况，救援时的安全通道和预演情况等。

10）发生死亡事故时，施工企业应以最快的速度报告当地建设（筑）行政主管部门及其委托的安全监督机构；发生死亡 3 人（含 3 人）以上事故、或情况不明的大规模的倒塌、坍塌事故时，工程所在地的建设（筑）行政主管部门，应立即向当地政府和上一级建设行政主管部门报告，并立即启动《建设工程重特大事故应急救援预案》。

（5）监控要点

1）建设工程生产安全事故应急救援制度，安全监督机构执行定期或不定期抽检，每次检查的不同结果均应予以记录或公示。

2）应急救援预案应与工程实际相适应，应按预案要求进行演练。

3）应急救援预案的执行情况。

4）检查各级建设行政主管部门及其委托的安全监督管理机构，对建设工程生产安全事故应急救援制度监督管理的到位情况。

2.1.2.1-8 危及施工安全的工艺、设备、材料淘汰制度

危及施工安全的工艺、设备、材料是指不符合生产安全要求，可能导致生产安全事故发生，致使人民生命和财产遭受重大损失的工艺、设备和材料。

（1）危及施工安全的工艺、设备、材料淘汰制度是为了加强建筑工程施工工艺、设备、材料的安全管理，防止和减少生产安全事故的发生，而制定的制度。

对严重危及施工安全的工艺、设备、材料实行淘汰制度，淘汰的工艺、设备、材料不得在施工现场使用。

危及施工安全的工艺、设备、材料淘汰制度适用于辖区内对危及施工安全的工艺、设备、材料实行淘汰的制度。

（2）淘汰危及施工安全的工艺、设备、材料范围：

1）建设部发文公布的；

2）国务院其他有关部门发文公布的；

3）省、市有关部门发文公布的；

4）施工企业自认为危及施工安全的工艺、设备、材料等。

(3) 与建设工程有关的建设、施工、勘察、设计、监理等各方主体，不得使用国家明令淘汰、禁止使用的危及施工安全的工艺、设备、材料。

(4) 禁止出租检测不合格的机械设备和施工机具及配件；禁止购买使用劣质产品或经检测不合格的机械设备、设施和材料。

(5) 各地建设（筑）行政主管部门及其委托的安全监督机构要加强监管，一经发现施工现场使用国家明令淘汰的、禁止使用的危及施工安全的工艺、设备、材料，必须立即制止，依法严肃查处。

(6) 监控要点

1）被淘汰且危及施工安全的工艺、设备、材料不得用于工程。

2）对每一个施工企业均应进行危及施工安全的工艺、设备、材料制度的执行状况进行分析，有问题应及时纠正。

3）检查各级建设行政主管部门及其委托的安全监督管理机构，对危及施工安全的工艺、设备、材料淘汰制度监督管理的到位情况。

2.1.2.1-9　法律法规规定的其他有关制度

按工程实际根据法律法规规定据实建立相关制度并认真执行。

2.1.2.2　各级政府监督需建立的安全生产工作制度

各级政府的建设行政主管部门或其委托的建设安全监督机构，应在本行政区域内应建立以下安全生产工作制度。在工作实施中建立安全生产工作制度是为了通过对辖区内的经常性的安全形势分析，建立联络沟通信息，发生问题提出警告，有问题及时整改，发生重大安全事故进行领导约谈，进行安全培训考核保持经常性的安全意识，建立信用对失信进行惩处，建立档案总结经验提高管理水平，所有这些目的只有一个，杜绝或减少安全事故发生。

2.1.2.2-1　建设工程安全生产形势分析制度

安全生产形势分析是各级建设行政主管部门掌握安全生产状况必须进行的工作之一。安全生产形势分析是防止安全事故的重要措施，各级建设行政主管部门应当每月对所辖区域内建筑工程安全生产状况进行多角度、全方位分析，找出事故多发类型、原因和安全生产管理薄弱环节，找出安全生产问题的主要方面，从而制定相应措施，并发布建筑工程安全生产形势分析报告。

(1) 建设工程安全生产形势分析制度是为及时了解和掌握各地建筑施工安全生产工作情况，研究控制安全生产事故的对策和措施，提高建设（筑）行政主管部门安全生产监管水平而制定的制度。

(2) 建筑安全生产形势分析会议一般每季度召开一次，遇特殊情况可召开专题分析会。

（3）安全生产形势分析的原则

事前分析，体现预测性和前瞻性；事后分析，体现总结性；科学分析判断，提出解决问题的办法，增强安全生产工作的预见性和主动性。

（4）分析会议应研讨的主要内容是：各地区汇报建筑安全生产工作情况，分析建筑安全生产形势，总结阶段性工作；

研究分析事故的类型、原因及安全生产管理的薄弱环节；研究加强和改进建筑安全生产工作的措施，布置下一阶段工作；发布建筑工程安全生产形势分析报告或会议纪要。

（5）建筑工程安全生产形势分析会议由当地建设行政主管部门组织召开，具体工作可由建设行政主管部门委托的安全生产监督管理机构负责。

出席会议人员应包括：各级建设行政主管部门主管领导及各级相关安全负责人、安全监察站站长、安全生产联络员、企业主管领导安全科长等相关人员参加。

（6）分析制度的执行要务

1）安全生产形势分析制度是否建立，是否认真执行了安全生产形势分析制度，对安全生产形势分析是否正确。

2）安全生产形势分析后提出的预防措施是否执行。

3）形势分析会是否按规定时间、拟定工作内容、应参加人员进行，执行是否认真。

2.1.2.2-2 建设工程安全生产联络员交流制度

安全生产联络员在规定的时间内相互交流可以互通信息，又可改进工作是一项了解现状控制事故的有效方法之一。应在辖区内设置安全生产联络员，定期或不定期召开会议，加强工作信息动态交流，研究控制事故的对策、措施，部署和安排重大工作。

（1）建设工程安全生产联络员交流制度是为了加强我市建筑安全生产工作的信息交流，促进建筑施工安全生产管理工作，而制定的制度。

（2）建设（筑）行政主管部门的建筑施工安全部门负责人、安全监察站站长和市主要骨干企业的安全科长担任建筑施工安全生产联络员，填写联络员登记表，报当地建设行政主管部门备案后予以公布。联络员工作如有变化，应及时调整。

（3）安全生产联络员的工作职责：

1）收集、整理、传递本地区建筑施工安全生产重要信息；

2）分析本地区建筑施工安全生产形势，及时反馈本地区建筑施工安全生产动态；

3）督促本地区建筑施工安全事故快报、事故处罚等情况上报工作；

4）提出改进本地区或者我市建筑施工安全生产监管工作的建议；

5）按时参加联络员会议，并向会议通报本地区安全生产形势和重点工作进展情况；

6）向所在单位领导汇报联络员会议精神，提出贯彻落实会议精神的建议。

（4）联络员会议制度：

1）当地建设行政主管部门负责会议的组织工作，具体工作可由当地建设行政主管部门委托的建筑安全监察机构负责实施。联络员会议分为季度会议、临时会议两种形式。

季度会议的内容主要是：分析建筑施工安全生产形势，总结阶段性工作，提出工作思路、意见和建议，研究加强与改进联络员工作的重大事项。季度会议由全部联络员参加。重大事故发生时，或有重要工作需要部署时，可召开临时会议。临时会议的议题主要是：

通报重大事故情况，研究控制事故的对策、措施，部署和安排重要工作。临时会议可由部分联络员或者全部联络员参加。

2）每次联络员会议后及时发布会议纪要。

3）联络员因故不能参加联络员会议，应事先请假，并委派代表参加。

（5）联络员信息传递制度：

1）各联络员每季度初10日内应向当地建设行政主管部门委托的建筑安全监察机构书面报送上一季度本地区建筑安全生产形势的分析报告，建筑安全监察机构汇总后上报。报告内容应包括建筑施工安全生产形势综述、重大措施和重要活动，典型经验与做法，存在问题的原因分析与对策、建议等。

2）各联络员对需提交会议讨论的重大事项应及时向当地建筑安全监察机构报告，有关意见、建议一般在联络员会议上提出。

3）当地建筑安全监察机构通过文件、简报、地方网站、安监机构网站、电子邮箱等方式向联络员传递有关信息和保持日常联系。

4）联络员所在单位应为联络员的工作创造条件。

（6）联络员交流制度的执行要务

1）联络员的职责是否认真执行。

2）联络员的信息传递制度是否顺畅。

3）联络员会议提出的问题是否认真执行或改正了。

4）联络员的人选确立是否合适。

（7）为了便于联络建筑施工安全生产联络员应进行登记，登记参考用表如下。

建筑施工安全生产联络员登记表

填报单位：　　　　　　　　　　　　（盖章）

姓　　名		性　　别	
政治面貌		出生年月	
工作单位			
职　　务		职　　称	
通讯地址			
邮　　编		电子邮箱	
办公电话		手　　机	
家庭电话		传　　真	
工　作　简　历			

2.1.2.2-3 建设工程安全生产预警提示制度

在重大节日、重要会议、特殊季节、恶劣天气到来和施工高峰期之前，认真分析和查找本行政区域建筑工程安全生产薄弱环节，预防特定时限内突发的生产安全事故及其伤亡事故，提高应急救援能力，降低生命和财产损失，深刻吸取以往年度同时期曾发生事故的教训，有针对性地提早作出符合实际的安全生产工作部署。

(1) 建设工程安全生产预警提示制度为了贯彻落实“安全第一，预防为主、综合治理”的方针，及时分析和查找本行政区内建筑安全生产薄弱环节，研究控制事故的对策、措施，而制定的制度。

(2) 有下列情况时，各级建设（筑）行政主管部门及其委托的安全监督机构必须发出建筑工程安全生产预警提示：

1) 重大节日：元旦、春节、“五一”国际劳动节、“十一”国庆节；

2) 重要会议：重大的国际性会议、国家、省、市召开党代会、人大、政协会议等；

3) 特殊季节：夏季、雨季、汛期、冬季严寒；

4) 恶劣天气：台风、冰雹、大雪、连续降雨、连续高温、连续严寒等；

5) 施工高峰期之前；

6) 本行政区域内发生建筑施工重特大事故、外地发生有特别影响的重特大安全事故和同一原因造成多起事故等。

(3) 各级建设（筑）行政主管部门及其委托的安全监督机构要做好预警提示的基础工作，及时了解、收集上级有关政策、文件精神，搜集、整理有关天气、气象、水文、工程建设等方面情况资料。

(4) 建筑工程安全生产预警提示应认真分析和查找本地区、本单位建筑工程安全生产薄弱环节，深刻吸取已发生事故的教训，有针对性地提前作出符合本地区、本单位实际情况的安全生产工作布置，确保预警提示制度有效执行。

(5) 各级建设（筑）行政主管部门及其委托的安全监督机构应采取召开会议、下发预警通知、群发短信、上网公示等方法进行安全预警提示。

(6) 在检查中发现没有按预警提示措施进行现场防护的应及时纠正，并按有关法律、法规依法处罚。发现应急预案不完善，无应急队伍、设施、设备、器材，未及时演练等应按有关规定处理。

(7) 各级建设（筑）行政主管部门及其委托的安全监督机构在预警提示发出后，要组织抽查，监督预警提示的落实情况，要将特定时期的安全生产作为监管重点，增加检查的数量、频率。督促各建筑施工企业、监理单位、建设单位等各方责任主体对建筑安全生产预警提示工作要做到有部署、有落实、有检查，及时消除安全生产隐患，并做好记录档案。

(8) 制度的建立与执行要务

1) 特定时段内安全生产预警提示的执行状况。

2) 在特定时段内的监管重点是否执行。

3) 安全生产预警提示资料应依序归档，是否执行。

2.1.2.2-4 建设工程重大危险源公示和跟踪整改制度

开展辖区内的建筑工程重大危险源的普查登记工作，掌握重大危险源的数量和分布状况，经常性的向社会公布建筑工程重大危险源名录、整改措施及治理情况。

建设工程重大危险源公示和跟踪整改制度为了认真贯彻"安全第一、预防为主、综合治理"的安全生产方针，准确掌握重大危险源的数量和颁布情况，强化对建设工程重大危险源的监控，提高施工现场安全生产管理水平，杜绝重特大事故发生，而制定的办法。

Ⅰ 重大危险源的辨识

（1）重大危险源是指施工现场可能导致重大事故发生的设备、设施、场所；具有一定危险程度的分部分项工程，可能会产生不可容许或不可接受危险的作业；施工现场存在的符合国家标准《重大危险源辨识》（GB 18218—2000）重大危险源分类中规定的重大危险源。主要包括：

1）基坑支护与降水工程

基坑支护工程是指开挖深度超过 5m（含 5m）的基坑（槽）并采用支护结构施工的工程；或基坑虽未超过 5m，但地质条件和周围环境复杂、地下水位在坑底以上等工程。

2）土方开挖工程

土方开挖工程是指开挖深度超过 5m（含 5m）的基坑、槽的土方开挖。

3）模板工程

各类工具式模板工程，包括滑模、爬模、大模板等；水平混凝土构件模板支撑系统及特殊结构模板工程。

4）起重吊装工程

5）脚手架工程

高度超过 24m 的落地式钢管脚手架；附着式升降脚手架，包括整体提升与分片式提升；悬挑式脚手架；门型脚手架；挂脚手架；吊篮脚手架；卸料平台。

6）拆除、爆破工程

采用人工、机械拆除或爆破拆除的工程。

7）其他危险性较大的工程

建筑幕墙的安装施工；预应力结构张拉施工；隧道工程施工；桥梁工程施工（含架桥）；特种设备施工；网架和索膜结构施工；6m 以上的边坡施工；大江、大河的导流、截流施工；港口工程、航道工程；30m 及以上高空作业；采用新技术、新工艺、新材料，可能影响建设工程质量安全，已经行政许可，尚无技术标准的施工；对工地周边设施和居民安全可能造成影响的分部分项工程；其他专业性强、工艺复杂、危险性大、交叉等易发生重大事故的施工部位及作业活动。

（2）施工总承包单位和分包单位应根据工程特点和施工范围，在工程开工前，对可能出现的危险因素进行辨识，按相关评价标准评价出重大危险源，制定安全监控措施和管理方案，按有关程序审批后，报当地建设工程安全监督管理机构备案。

Ⅱ 重大危险源的控制与管理

（1）施工企业应制定重大危险源的管理制度，建立安全管理体系，明确具体责任，落实重大危险源工程专项施工方案的编制、审批以及过程监控、检查和验收。

（2）施工企业必须在施工前，对存在重大危险源的分部分项工程应编制专项施工方案，建立重大危险源安全管理档案和台账。专项施工方案除应包括相应的安全技术措施外，还应当包括监控措施、应急救援方案等内容。

（3）专项施工方案应由施工企业专业工程技术人员编制，施工企业技术部门的专业技术人员及监理单位专业监理工程师进行审核，审核合格，由施工企业技术负责人、监理单位总监理工程师签字。对建设部《危险性较大工程安全专项施工方案编制及专家论证审查办法》中规定的深基坑等达到一定规模的危险性较大工程，施工企业应当组织专家组进行论证审查。经审批的专项施工方案确需修改时，应按原审批程序重新审批。

（4）施工企业应按重大危险源专项施工方案严格进行技术交底，并有书面记录和签字，确保作业人员清楚掌握施工方案的技术要领。

（5）施工企业应对参与重大危险源工程施工的有关人员进行生理、心理状况的分析，合理安排好重大危险源工程的施工。

（6）施工企业应按照方案施工，凡涉及验收的项目，方案编制人员应参加验收，并及时形成验收记录台账。

（7）施工企业应建立重大危险源公示制度，公示施工中不同阶段、不同时段的重大危险源，并在施工工地设置危险源的警戒线和警示标记。醒目位置挂设“重大危险源公示牌”，公示牌应注明危险源、施工部位、防护措施和责任人等内容，并定期把整改措施和治理情况报送当地安全监督机构。

（8）监理单位应加强对重大危险源专项施工方案或安全监控措施进行审核，监督施工企业建立和完善重大危险源的公示、监控、整改以及专项施工方案的实施，对重大危险作业进行旁站监理。

Ⅲ 重大危险源的论证审查

（1）建筑施工企业应当组织专家组进行论证审查的工程

1）深基坑工程

开挖深度超过5m（含5m）或地下室三层以上（含三层），或深度虽未超过5m（含5m），但地质条件和周围环境及地下管线极其复杂的工程。

2）地下暗挖工程

地下暗挖及遇有溶洞、暗河、瓦斯、岩爆、涌泥、断层等地质复杂的隧道工程。

3）高大模板工程

水平混凝土构件模板支撑系统高度超过8m，或跨度超过18m，施工总荷载大于$10kN/m^2$，或集中线荷载大于15kN/m的模板支撑系统。

4）30m及以上高空作业的工程 。

5）大江、大河中深水作业的工程。

6）城市房屋拆除爆破和其他土石大爆破工程。

(2) 专家论证审查工作应由施工总承包企业组织进行，如建设单位直接发包的专业工程，则由专业承包企业组织进行，建设单位做好协调、管理工作。建筑施工企业可委托建筑安全服务中介机构组织实施专家论证审查工作。

(3) 进行论证审查的专家组成员应不少于5人，专家组人员应从地方发布的专家库中分类聘请。

(4) 施工企业应在论证审查会5天前将安全专项方案送达至专家手中。

(5) 论证会应邀请建设、设计、监理、监督等单位人员参加。

(6) 专家组论证、审查后，填写《危险性较大工程安全专项施工方案论证审查报告》。

(7) 施工企业应将《工程安全专项施工方案专家论证意见书》报当地安全监督机构备案。

Ⅳ　重大危险源的监督检查

(1) 各地建设（筑）行政主管部门及其安全监督机构应积极开展重大危险源的普查登记工作，建立本地区重大危险源台账，对列入监控范围的重大危险源，应重点跟踪监控。

(2) 重大危险源跟踪监督检查的主要内容有：

1) 重大危险源的公示情况；

2) 需专家论证审查的安全专项施工方案是否已按规定论证审查；

3) 危险性较大工程专项施工方案实施过程的监控情况；

4) 每次监督检查发现问题后的整改、治理情况。

(3) 各地建设（筑）行政主管部门及其安全监督机构在重大危险源的跟踪检查过程中发现的问题，应发出整改通知书或停工通知书，责令立即整改。

(4) 各地应将本地区建筑工程重大危险源的情况通过网络、媒体等方式向社会公示，并结合督查的实际情况定期向社会公布或者通报建筑工程重大危险源的跟踪检查、整改措施和治理情况。

(5) 重大危险源监督制度的执行要务

1) 施工现场对重大危险源的辨识是否具有监控措施和管理方案。

2) 施工现场对重大危险源是否制定管理制度、建立安全管理体系、明确具体责任，落实重大危险源施工方案的编制、过程控制、检查和验收。

3) 施工现场对重大危险源是否组织专家进行了论证审查。

4) 施工现场对重大危险源是否进行过普查登记。

2.1.2.2-5　建设工程安全生产监管责任层级监督与重点地区监督检查制度

监督检查下级建设行政主管部门和安监机构安全生产责任制的建立和落实情况、贯彻执行安全生产法规政策和制定各项监管措施情况；根据安全生产形势分析，结合重大事故暴露出的问题及在专项整治、监管工作中存在的突出问题，确定重点监督检查地区。

(1) 建设工程安全生产监管责任层级监督与重点地区监督检查制度目的是为了加强建筑工程安全生产的监督管理，增强各级建设（筑）行政主管部门的安全生产责任意识而制定的制度。

(2) 安全生产监管责任层级监督

1）建筑工程安全生产监管责任层级监督，是指建设（筑）行政主管部门及其委托的安全监督机构对下级建设（筑）行政主管部门及其委托的安全监督机构贯彻执行安全生产法律法规、建立和落实安全生产责任制、制定各项安全生产监管措施等情况的监督检查。每年应根据实施实际进行层级监督检查工作。

2）建筑工程安全生产重点地区监督检查，是指建设（筑）行政主管部门及其委托的安全监督机构对下级建设（筑）行政主管部门及其委托的安全监督机构根据安全生产形势分析，将重大安全事故频发和安全监管不力的地区确定为安全生产重点监督检查地区而实施的监督检查。

3）建筑工程安全生产监管责任层级监督检查的主要内容是：

①履行安全生产监督管理职责情况。

②建立完善和贯彻执行安全生产法律法规和各项监管措施的情况。

③建立和执行《建筑工程安全生产监督管理工作导则》规定的安全生产监督管理制度情况。

④制定和落实安全生产控制指标情况。

⑤建筑工程特重大伤害未遂事故、重大伤亡事故调查处理、事故防范措施、重大事故隐患督促整改情况。

⑥开展建筑工程安全生产专项整治和执法情况。

⑦上级建设（筑）行政主管部门规定的其他事项。

4）建筑工程安全生产监管责任层级监督检查的主要方式是：

①听取下级建设（筑）行政主管部门的工作汇报。

②询问有关人员安全生产监督管理情况。

③查阅有关规范性文件、安全生产责任书及工作完成情况、安全生产控制指标、监督执法案卷（安全检查材料）和有关会议记录等文件资料。

④抽查有关企业和施工现场，检查监督管理工作实效。

⑤对下级履行安全生产监管职责进行综合评价，并反馈监督检查意见。

5）开展建筑工程安全生产监督责任层级监督检查，应与安全生产检查、行政执法检查、事故调查和安全生产责任书考核相结合，对下级履行安全生产监管职责情况进行综合评价，并反馈监督检查意见，具体实行百分制考核。

(3) 确认为重点地区的监督检查

1）各地有下列行为之一的，应当列入辖区内建设工程安全生产重点监督检查地区：

①发生三级以上（含三级）重大安全事故，或者30日内连续发生二起四级重大安全事故的。

②在建设部、省、市安全生产监督管理部门安全生产监管责任层级监督检查或者安全生产检查中，有两个以上（含两个）工程项目存在重大安全隐患被停工整改或同一工程项目被两次停工整改的。

③在市建设局组织的安全生产形势分析中被认定专项整治、日常安全监管工作存在突出问题的。

2）确定重点监督检查地区后，应当书面通知当地建设（筑）行政主管部门，并向当地人民政府通报。

3）建筑工程安全生产重点地区监督检查期限为3个月，自下发重点地区监督检查的通知书之日起计算。

4）对于重点监督检查地区，有关地方建设局可采取下列措施加强监督指导：

①要求当地建设（筑）行政主管部门就存在的问题作专题安全生产形势分析报告，汇报安全生产情况，提出扭转安全生产被动局面的措施。

②要求当地建设（筑）行政主管部门就存在的问题召开辖区内专题安全生产工作会议。

③组织相关人员对当地存在的问题每月至少进行一次专项检查、整治。

④组织当地建设（筑）行政主管部门安全监管人员和有关施工企业、监理单位和建设单位人员进行安全生产法律法规、标准规范的教育培训。

5）重点监督检查期满前，当地建设行政主管部门应组织有针对性的安全检查，并将监督检查结果向当地人民政府通报。

（4）层级监督与重点地区监督检查制度的执行要务

1）必须是根据实际分析结果确认的辖区内重点监督检查地区。

2）应保证辖区内重点监督检查地区的检查频率、检查时间和检查方法与辖区内重点监督检查地区实际相吻合。

3）辖区内重点监督检查地区的检查内容应全面和完整。

2.1.2.2-6 建设工程安全生产重特大事故约谈制度

（1）建设工程安全重特大事故约谈制度是为了进一步加强建筑工程安全生产监督管理工作，强化落实安全生产责任制，切实贯彻“安全第一、预防为主、综合治理”的方针而制定的制度。上级建设行政主管部门领导与事故发生地建设行政主管部门负责人及发生事故工程的建设单位、施工企业等有关责任主体的负责人约见谈话，分析事故原因和安全生产形势，研究工作措施。事故发生地建设行政主管部门负责人要与发生事故工程的建设单位、施工企业等有关责任主体的负责人进行约谈告诫，并将约谈告诫记录向社会公示。

（2）有下列情形的实施约谈：

1）发生一次死亡3人（含）以上事故的；

2）发生一次死亡2人事故两起（含）以上的；

3）对事故控制不力，同期上升幅度较大，安全生产形势严峻的；

4）不执行国家安全生产方针政策和安全生产法律、法规、规章以及上级机关有关安全生产的决定、命令、指示导致产生不良后果，或经上级机关指出仍不改正的；

5）对社会影响较大的事件等其他情形。

（3）各级建设行政主管部门约谈小组由分管领导、建管、法规、安监等部门负责人组成，必要时邀请有关新闻媒体参加。

（4）约谈前，各级建设行政主管部门向被约谈单位发出约谈通知书（见×××相关表式与应用指导）。被约谈单位按照约谈通知书要求准备书面材料，内容包括：安全生产现状，重特大事故发生后采取的措施和下一步工作打算等。

（5）约谈按以下程序进行：

1）被约谈单位负责人对事故的情况或存在的问题作说明。内容包括：原因及处理经过；责任划分；应吸取的教训和采取的措施。

2）约谈小组成员就有关情况提出询问；

3）约谈小组成员讨论处理建议；

4）形成书面约谈记录。

（6）处理意见主要包括以下方式：

1）责令作出书面检查；

2）通报批评；

3）依法追究单位和个人责任；

4）实施行政处罚、不良行为记录；

5）按照有关规定向有关部门提出对责任单位和责任人的处理建议。

（7）被约谈单位应当在约谈后5日内向省级建设行政主管部门写出书面整改报告。

（8）约谈的有关内容视具体情况向社会公布，必要时抄送同级人民政府和有关部门。

（9）对无故不接受约谈或约谈后不采取改进措施的，依据有关规定从严查处。

（10）重特大事故约谈制度的执行要务

1）分析约谈制度执行的严肃性。

2）分析约谈公示制度是否执行。

3）分析约谈对所在地领导及当事建设施工企业对安全生产认识的提高程度。

2.1.2.2-7　建设工程安全生产监督执法人员培训考核制度

各级建设行政主管部门对安全生产监督执法人员定期进行安全生产法律、法规和标准、规范的培训并进行考核，考核合格的持证上岗。

（1）建设工程安全生产监督执法人员培训考核制度是为了进一步增强建筑工程安全生产监督执法人员依法行政和依法管理意识，提高建筑工程安全生产监督执法队伍整体素质，保证安全生产法律、法规、标准、规范的正确实施，强化建筑工程安全生产的监督管理而制定的制度。

（2）建筑工程安全生产监督执法人员是指各级建设（筑）行政主管部门及其安全监督机构从事建筑工程安全生产监督管理、行政执法的工作人员。

（3）建筑工程安全生产监督执法人员应当具有国家行政执法和建筑工程安全监督执法资格证件。

（4）建筑工程安全生产监督执法人员培训是指以提高执法水平为目的进行的安全生产法律、法规、标准、规范和安全专业技术培训。

（5）培训分为资格培训、年度培训、不定期培训

资格培训，包括行政执法资格和建筑工程安全监督专业知识培训。“监督执法人员”经培训考核合格后，才能上岗任职。

年度培训，包括“监督执法人员”补充更新专业知识、法律法规的再教育。年度培训成绩作为年度考核和继续教育的重要内容。“监督执法人员”必须经年度考核合格，才能继续在岗任职。

不定期培训，根据国家和省、市安全生产工作的要求和在岗“监督执法人员”的工作需要，实施的针对性较强的法规和专业知识，以及安全生产形势教育等的培训。培训可作

为继续教育的内容。

(6) 建筑工程安全生产监督执法人员的资格培训考核和年度培训工作，由当地建设行政主管部门制定年度培训考核计划，统一安排实施。不定期培训由各市、县建设（筑）行政主管部门负责实施。

(7) 各地建设（筑）行政主管部门应将安全生产监督执法人员培训工作纳入年度工作计划，认真组织安排监督执法人员参加培训和考核。

(8) 建筑工程安全生产监督执法人员培训考核可以采取自学和集中培训、统一考核相结合形式。每年培训时间不少于20学时。

(9) 培训工作应有计划、有步骤地进行

1) 制定培训方案。培训方案包括培训类别、人数、使用教材、培训内容、教师基本情况、时间、地点等。

2) 认真组织培训，培训必须按照上报的计划进行。

3) 做好培训总结，总结学员参训情况、收集学员反馈信息。

(10) 各级建设（筑）行政主管部门对建筑工程安全生产监督执法人员的培训和考核应建立档案。

(11) 监督执法人员必须认真参加培训和考核。未经培训和考核不合格的人员，不得上岗。

(12) 监督执法人员培训考核制度的执行要务

1) 建设工程安全生产监督执法人员培训考核的师资、时间、培训人员数量、培训内容、培训教材应符合国家标准的要求。

2) 应复查培训考核的真实性，有无走过场现象，复检培训效果。

2.1.2.2-8 建设工程安全生产监督管理档案评查制度

(1) 建设工程安全生产监督管理档案评查制度是为了加强建筑工程安全生产的监督管理，规范建筑工程安全监督管理档案工作而制定的制度。

(2) 建筑工程安全监督管理档案，是指建设（筑）行政主管部门及其安全监督机构对建筑工程安全生产监督管理过程中的各类行政执法文书、记录、证据材料等收集、整理形成的档案技术文件。

各级建设（筑）行政主管部门负责辖区范围内建筑工程安全监督管理档案的评查工作。

(3) 建筑工程安全监督综合管理档案包括：

1) 有关上级部门文件或本部门下发或上报的安全生产方面的文件、报告等；

2) 监督检查、行政处罚、事故处理等行政执法文书、记录、证据等材料；

3) 有关行政许可、依法审批或备案形成的资料；

4) 日常安全监督工作形成的其他书面材料，照片、影像等材料。

(4) 各地建设工程安全监督机构应按照工程项目安全监督工作程序，建立健全单位工程、标段工程的安全监督档案和安全监督活动过程中形成的照片、影像等其他资料。

(5) 各地建设工程安全监督机构应当设置专职（兼职）建筑工程安全监督管理档案人员，建立健全档案管理的使用、收发、保管等各项制度。

建筑工程安全监督管理档案应当及时整理、分类有序，综合管理档案以单位工程、标段工程档案装订存档，保证档案资料的真实、准确、完整。

(6) 建筑工程安全监督管理档案评查，采取平时评查与年度评查、自查与抽查相结合的方式。评查以资料的真实性、完整性为重点。

各地建设（筑）主管部门或其委托的建设工程安全监督机构应当对建筑工程安全监督管理档案定期进行自我评查，一般于每季度末和年终进行。

(7) 建筑工程安全监督管理档案评查重点：

1) 安全监督检查的记录、整改回复、复查记录；

2) 行政处罚的主体、对象、违法事实、证据、程序、手续、案卷；

3) 安全事故处理的程序、证据材料、原因分析、责任认定、事故通报；

4) 安全技术措施和专项施工方案备案审查记录；

5) 重大危险源普查、登记、监控记录；

6) 当地建筑工程安全生产方面的文件、报告等其他材料。

(8) 建筑工程安全监督管理档案评查实行等级制，分为“优良、合格、不合格”三个等级。优良：各类记录齐全、行为规范、卷宗清晰；合格：各类记录基本齐全、行为规范、卷宗基本清晰；不合格：各类记录不全，或反映出行为不规范，或卷宗不清晰。

(9) 每次评查应对评查情况、评查等级、存在的问题以及改进意见，书面记录在案，并由评查人签名。评查中发现的问题，应及时反馈给承办部门，承办部门应及时进行整改。评定等级每年进行一次。

(10) 评查中发现的好做法、好经验应予以推广。

(11) 档案评查制度的执行要务

1) 资料评查应以资料的齐全、规范、清晰、真实性、完整性和准时性综合进行评查。

2) 资料汇总原则上按一个承包单位的施工现场为单元进行。当一个承包单位的施工现场建筑物组成较多时，可由施工企业的总工程师按照工程特点划分为几个单元进行资料汇总。

2.1.2.2-9 建设工程安全生产信用监督和失信惩戒制度

将建设工程安全生产各方责任主体和从业人员安全生产不良行为记录在案，并利用网络、媒体等向全社会公示，加大安全生产社会监督力度。

(1) 建设工程安全生产信用监督和失信惩戒制度是为了加强建筑安全生产的监督管理，督促建筑工程安全生产各方责任主体认真履行安全生产职责而制定的制度。

(2) 信用监督和失信惩戒范围，包括建设、勘察、设计、监理、施工等有关单位及从业人员。

(3) 信用监督和失信惩戒是将建筑工程安全生产各方责任主体和从业人员安全生产不良行为记录在案，并利用网络、媒体等进行公布，充分发挥安全生产社会公众监督作用，规范各方责任主体安全生产行为。

(4) 各地建设（筑）行政主管部门或其委托的安全监督机构负责记录安全生产不良行为，保存好各种原始资料备查。

(5) 各级建设（筑）行政主管部门及其委托的安全监督机构应及时通过“建筑市场信

用管理系统”通报各方主体的安全生产不良行为。

(6) 各级建设（筑）行政主管部门及其委托的安全监督机构应加大对发生安全生产不良行为的单位和个人整改情况的监督力度，确保安全生产不良行为得到整改。

(7) 各建设（筑）行政主管部门及其委托的安全监督机构要依法行政，对发生安全生产不良行为的单位和个人严格按有关规定进行处罚。

(8) 信用监督和失信惩戒制度的执行要务

1) 安全生产信用监督和失信惩戒制度是否认真履行安全生产职责。

2) 信用监督和失信惩戒范围是否全面，是否包括了建设、勘察、设计、监理、施工等有关单位及从业人员。

2.1.2.3 监督管理的机制创新与健全制度

各级政府的建设行政主管部门或其委托的建设安全监督机构，应结合部门和地方的工作实际，进一步提高安全生产管理水平，应改变思维方式、改变观念、去伪存真、适应规律、坚持持久，不断总结经验、分析完善使其不断创新安全监管机制，健全监管制度，改进监管方式，提高监管水平。

2.1.3 建设工程安全生产层级监督管理

2.1.3.1 层级监督管理的监督与检查

建设工程安全生产层级监督管理是上级建设行政主管部门对下级的建设行政主管部门进行的安全生产的监督与检查。

2.1.3.1-1 层级监督与检查的内容

(1) 履行安全生产监管职责情况。

(2) 建立完善建筑工程安全生产法规、标准情况。

(3) 建立和执行安全生产监督管理制度情况。检查建立和执行安全生产监督管理制度应包括“不同制度应包括的主要内容、不同制度的执行程序、保证制度执行的措施；安全生产监督管理制度落实的全面性、正确性、真实性和完整性”。

(4) 制定和落实安全生产控制指标情况。

(5) 建筑工程特大伤害未遂事故、事故防范措施、重大事故隐患督促整改情况。

(6) 开展建筑工程安全生产专项整治和执法情况。

(7) 其他有关事项。

注：安全生产监督管理制度包括：建筑施工企业安全生产许可制度；建筑施工企业“三类人员”安全生产任职考核制度；建筑工程安全施工措施备案制度；建筑工程开工安全条件审查制度；施工现场特种作业人员持证上岗制度；施工起重机械使用登记制度；建筑工程生产安全事故应急救援制度；危及施工安全的工艺、设备、材料淘汰制度；法律法规规定的其他有关制度。

2.1.3.1-2 层级监督与检查的方式

各级政府的建设行政主管部门对下级建设行政主管部门层级监督检查的主要方式：

（1）听取下级建设行政主管部门的工作汇报。

（2）询问有关人员安全生产监督管理情况。

（3）查阅有关规范性文件，安全生产责任书、安全生产控制指标、监督执法案卷和有关会议记录等文件资料。

（4）抽查有关企业和施工现场，检查监督管理实效。

（5）对下级履行安全生产监管职责情况进行综合评价，并反馈监督检查意见。

2.1.3.1-3 监督管理有关制度的执行与完善

1. 建筑施工企业安全生产许可证制度

（1）实行安全生产许可证制度全面性、正确性如何，有无企业未取得安全生产许可证而已经从事生产活动。

（2）企业申请安全生产许可证，应具备的安全生产条件执行是否完全符合以下条件：

1）建立、健全安全生产责任制，制定完备的安全生产规章制度和操作规程；

2）安全投入符合安全生产要求；

3）设置安全生产管理机构，配备专职安全生产管理人员；

4）主要负责人和安全生产管理人员经考核合格；

5）特种作业人员经有关业务主管部门考核合格，取得特种作业操作资格证书；

6）从业人员经安全生产教育和培训合格；

7）依法参加工伤保险，为从业人员缴纳保险费；

8）厂房、作业场所和安全设施、设备、工艺符合有关安全生产法律、法规、标准和规程的要求；

9）有职业危害防治措施，并为从业人员配备符合国家标准或者行业标准的劳动防护用品；

10）依法进行安全评价；

11）有重大危险源检测、评估、监控措施和应急预案；

12）有生产安全事故应急救援预案、应急救援组织或者应急救援人员，配备必要的应急救援器材、设备；

13）法律、法规规定的其他条件。

（3）安全生产许可证颁发有无不符合第（2）款要求而颁发安全生产许可证的；安全生产许可证办理时间是否符合自收到申请之日起45日内审查完毕完成的规定。

（4）安全生产许可证执行国务院安全生产监督管理部门规定统一的式样。

（5）安全生产许可证有效期执行是否符合以下规定：

1）安全生产许可证的有效期为3年。安全生产许可证有效期满需要延期的，企业应当于期满前3个月向原安全生产许可证颁发管理机关办理延期手续。

2）企业在安全生产许可证有效期内，严格遵守有关安全生产的法律法规，未发生死亡事故的，安全生产许可证有效期届满时，经原安全生产许可证颁发管理机关同意，不再审查，安全生产许可证有效期延期3年。

（6）安全生产许可证颁发管理机关应当建立、健全安全生产许可证档案管理制度，并定期向社会公布企业取得安全生产许可证的执行情况如何。

(7) 条例规定企业不得转让、冒用安全生产许司证或者使用伪造的安全生产许可证。本辖区内有无违背。

(8) 企业取得安全生产许可证后，不得降低安全生产条件，并应当加强日常安全生产管理，接受安全生产许可证颁发管理机关的监督检查。本辖区内有无违背。对不再具备上述规定的安全生产条件的，是否按要求执行暂扣或者吊销安全生产许可证。

(9) 对违反《安全生产许可证条例》规定的处罚执行情况如何。

“条例”施行前已经进行生产的企业，应当自本条例施行之日起1年内，依照《安全生产许可证条例》的规定向安全生产许可证颁发管理机关申请办理安全生产许可证；逾期不办理安全生产许可证，或者经审查不符合“条例”规定的安全生产条件，未取得安全生产许可证，继续进行生产的执行情况。

冒用安全生产许可证或者使用伪造的安全生产许可证的处罚执行情况。

2. 建筑施工企业“三类人员”安全生产任职考核制度

(1) 建筑施工企业“三类人员”是指建筑施工企业主要负责人、项目负责人、专职安全生产管理人员。建筑施工企业主要负责人，是指对本企业日常生产经营活动和安全生产工作全面负责、有生产经营决策权的人员，包括企业法定代表人、经理、企业分管安全生产工作的副经理等；建筑施工企业项目负责人，是指由企业法定代表人授权，负责建设工程项目管理的负责人等；建筑施工企业专职安全生产管理人员，是指在企业专职从事安全生产管理工作的人员，包括企业安全生产管理机构的负责人及其工作人员和施工现场专职安全生产管理人员。

“三类人员”必须经国家或省建设行政主管部门安全生产考核，取得安全生产考核合格证书后，方可担任相应职务。

制度规定在中华人民共和国境内凡从事建设工程施工活动的建筑施工企业主要负责人、项目负责人、专职安全生产管理人员、建筑施工企业管理人员以及实施对建筑施工企业管理人员安全生产考核管理的均必须遵守建筑施工企业主要负责人、项目负责人和专职安全生产管理人员安全生产考核管理暂行规定。

(2) 检查“三类人员”的控管情况，有无不符合下列情况的“三类人员”。

1) 建筑施工企业管理人员应当具备相应文化程度、专业技术职称和一定安全生产工作经历，并经企业年度安全生产教育培训合格后，方可参加建设行政主管部门组织的安全生产考核。安全生产考核合格的，由建设行政主管部门在20日内核发建筑施工企业管理人员安全生产考核合格证书；对不合格的，应通知本人并说明理由，限期重新考核。

建筑施工企业管理人员取得安全生产考核合格证书后，应当认真履行安全生产管理职责，接受建设行政主管部门的监督检查。

建设行政主管部门应当加强对建筑施工企业管理人员履行安全生产管理职责情况的监督检查，发现有违反安全生产法律法规、未履行安全生产管理职责、不按规定接受企业年度安全生产教育培训、发生死亡事故，情节严重的，应当收回安全生产考核合格证书，并限期改正，重新考核。

2) 建筑施工企业管理人员变更姓名和所在法人单位，应在一个月内到原安全生产考核合格证书发证机关办理变更手续。

3) 建筑施工企业管理人员遗失安全生产考核合格证书，应在公共媒体上声明作废，并在一个月内到原安全生产考核合格证书发证机关办理补证手续。

4）任何单位和个人不得伪造、转让、冒用建筑施工企业管理人员安全生产考核合格证书。

5）建筑施工企业管理人员安全生产考核合格证书有效期为三年。有效期满需要延期的，应当于期满前3个月内向原发证机关申请办理延期手续。

建筑施工企业管理人员在安全生产考核合格证书有效期内，严格遵守安全生产法律法规，认真履行安全生产职责，按规定接受企业年度安全生产教育培训，未发生死亡事故的，安全生产考核合格证书有效期届满时，经原安全生产考核合格证书发证机关同意，不再考核，安全生产考核合格证书有效期延期3年。

(3)“三类人员”是否经过考核并取得合格证书，有无考核档案；取得证书的“三类人员”，检查证书的真实性、证书的时效性。

(4)“三类人员”履行职责情况。

(5)“三类人员”是否接受年度安全生产教育培训。

3. 安全施工措施备案制度

(1) 安全施工措施备案制度建设单位是否在依法确定施工企业后，申请领取施工许可证前按规定向工程所在地建设（筑）行政主管部门或其委托的安全监督机构进行备案。

凡在辖区内的各类新建、改建、扩建的房屋建筑工程（包括与其配套的线路管道和设备安装工程、装修工程）、市政基础设施工程和拆除工程等，均须按照安全施工措施备案制度进行备案。

(2) 建筑工程安全施工措施备案制度应提供的主要内容是否符合下列要求：

1）建设工程安全施工措施备案申报表，需提供如下资料：

①施工企业资质等级证书复印件。

②施工企业安全生产许可证复印件。

③工程中标通知书复印件。

④施工合同和监理合同复印件。

⑤建筑工程意外伤害保险单复印件。

⑥项目负责人、专职安全管理人员安全知识考核合格证书复印件。

⑦甲、乙双方各级管理人员安全生产责任制。

⑧甲、乙双方安全管理协议书。

⑨甲、乙双方安全管理机构及人员名单。

⑩施工现场及毗邻区域内供水、排水、供气、供热、通信、广播电视等地下管线资料，气象和水文观测资料，相邻建筑物和构筑物、地下工程的有关资料。

⑪施工现场平面布置图。

⑫甲、乙双方签订的安全施工措施费用协议书。

⑬甲、乙双方签订的安全作业环境条件协议书。

⑭施工企业编制的施工组织设计和安全技术措施。

⑮施工企业编制的施工现场临时用电施工组织设计。

⑯施工企业编制的施工现场防火、防汛、防毒、防尘、防爆、防雷安全技术措施。

⑰施工企业编制的事故应急预案。

2）拆除工程的安全施工措施备案，建设单位除了提交本条第 1）款规定的相关保证安全施工的措施资料，并同时提供以下材料，向当地建设（筑）行政主管部门或安全监督机构备案。

①拟拆除建筑物、构筑物及可能危及毗邻建筑的说明；

②拆除施工组织方案（包括安全技术措施）；

③堆放、清除废弃物的措施。

3）建设工程承发包合同（合同中应明确安全文明施工措施费用内容）和监理合同；

4）建设工程相关各方履行安全责任的建设项目安全生产协议书；

5）施工企业安全生产许可证、项目负责人及专职安全生产管理人员的安全生产考核合格证书；

6）建设单位项目负责人和现场安全监督人员名单；

7）施工组织设计中的安全技术措施；

8）各项专项施工方案计划，危险性较大工程的专项施工方案编审及专家审查论证计划表；

9）工程意外伤害保险协议；

10）施工单位编制的工程项目安全事故应急预案；

（3）建设（筑）行政主管部门对审核合格的建筑工程安全施工措施资料，应在备案表填写审查意见并加盖公章。有无未提供安全施工措施资料或安全施工措施资料审查不合格的，建设（筑）行政主管部门已颁发施工许可证。

对不按规定备案擅自开工的建设单位，是否按照《建设工程安全生产管理条例》等有关规定，予以相应处罚。

4. 建设工程开工安全条件审查制度

（1）建设工程开工安全条件审查制度是建设工程安全生产监督管理的重要环节，是从源头上防止安全事故的发生，提高建设工程安全生产水平的方法之一。

凡在辖区内的各类新建、改建、扩建的房屋建筑工程（包括与其配套的线路管道和设备安装工程、装修工程）、市政基础设施工程和拆除工程等，均须按照本制度进行开工安全生产条件审查。

各级建设（筑）行政主管部门或其委托的安全生产监督机构负责辖区内的建设工程开工安全生产条件的审查工作。

（2）开工安全生产条件审查内容是否符合下列要求：

1）施工企业是否持有安全生产许可证；

2）工程项目安全生产责任体系建立情况。是否按规定组建了项目安全生产管理机构，并按规定配置了专职安全生产管理人员，项目负责人、专安全生产管理人员是否已取得安全生产考核合格证书；

3）施工现场安全生产管理制度建立情况。包括安全生产责任制和目标考核奖惩制度、安全生产资金保障制度、安全教育培训制度、特种作业持证上岗制度、消防安全管理制度、环境卫生管理制度、安全生产检查制度、安全技术交底制度、伤亡事故报告制度；

4）参建各方、总包和分包的安全责任是否明确，是否按规定签订了安全生产协议书；

5）是否按规定编制了施工组织设计，各项专项施工方案是否有计划；

6）现场文明施工、安全技术措施费是否有使用计划；

7）拟进入施工现场的机械设备、设施计划情况；

8）施工现场“三通一平”、“八牌三图”设置情况；

9）施工现场围挡、大门、道路、临时设施等是否符合规定要求；

10）是否针对性地制定了安全生产事故应急救援预案。

（3）当地建设（筑）行政主管部门或其委托的安全生产监督机构是否按建设工程开工安全条件审查制度在规定时间内到施工现场对建设单位提供的审查结果全数进行了复查。

（4）对复查符合开工安全生产条件的建设工程项目，安全监督机构是否进行了安全监督方案交底。

5. 施工现场特种作业人员持证上岗制度

（1）施工现场特种作业人员持证上岗制度是为了加强对施工现场特种作业人员的安全监督管理，预防安全事故的发生，保障施工现场人员生命和财产安全而制定的制度。

特种作业人员，是指建筑起重和垂直运输机械的司机、司索、起重指挥、起重吊装（安装）工、电工、焊工、厂内机动车辆驾驶、登高架设、高空悬挂等作业人员。

（2）特种作业人员必须具备基本条件必须按下列规定执行

1）年龄满18周岁；

2）工作认真负责，身体健康，无妨碍从事相应特种作业的疾病和生理缺陷；

3）具有本工种作业所需的文化程度，具备相应特种作业的安全技术知识和技能；

4）符合相应特种作业特点需要的其他条件。

（3）施工现场特种作业人员持证上岗检查要点

1）施工现场从事特种作业的人员，是否按照有关规定经过专门的安全作业培训，是否经考核合格取得《特种作业操作证》，特种作业的人员上岗是否全部取得《特种作业操作证》。

2）施工企业用人是否使用取得《特种作业操作证》的作业人员从事特殊工种作业，对特种作业人员是否进行严格管理，制定了相应管理制度，按规定配备了劳动保护用品，并结合工程项目特点建立了特殊工种用工名录，是否进行了安全教育、培训和安全技术交底，建立特种作业人员管理档案。

3）特种作业资格操作证书是否按规定接受了发证机关的复审。未参加复审或复审不合格的证书为无效证书，应建议有关部门对其《特种作业操作证》予以注销。

4）特种作业人员取得特种作业操作证后遗失的，是否及时到发证机关进行了补办。

5）特种作业人员作业时是否携带有效证件，自觉接受建设（筑）行政主管部门或其委托的安全监督机构的监督检查。

6）特种作业人员未按照规定持证上岗作业或者施工企业未对特种作业人员进行安全教育和培训的，建设（筑）行政主管部门或其委托的安全监督机构是否按照《建设工程安全生产管理条例》等规定对施工企业和相关责任人予以处罚。

（4）特种作业人员作业时，发现事故隐患或不安全因素，应向现场安全管理人员和单位有关负责人报告。

6. 施工起重机械使用登记制度

（1）施工起重机械使用登记制度是为了加强对建筑施工起重机械设备的安全监督管

理，预防重大设备事故的发生，保障人民群众生命财产安全而制定的制度。

起重机械是指各类塔式起重机、门式起重机、施工升降机、物料提升机、高处作业吊篮和整体提升脚手架等。凡在辖区内进行的房屋建筑工程和市政工程施工中的起重机械，均应进行登记管理。

(2) 在辖区内使用的起重机械都必须进行登记管理。起重机械登记包括产权登记和使用登记，分别由起重机械产权单位和使用单位申请办理。

(3) 施工起重机械使用登记制度是否执行了如下规定

1) 施工起重机械使用登记制度执行起重机械产权登记编号，实行一机一号终身编号制度，直至设备报废或不再在所在地使用。

2) 起重机械产权登记手续由设备产权单位在购机后到企业注册所在地的登记部门办理。起重机械登记部门应当对符合登记条件的设备进行编号，向产权单位核发《建筑施工起重机械设备产权登记证》。产权单位办理产权登记手续时，应当向登记部门提交以下资料：

①《建筑施工起重机械设备产权登记申报表》；

②设备产权单位法人营业执照副本及复印件或所有权人身份证复印件；

③产品制造许可证复印件。未实行产品制造许可证的产品应当提供省级及以上有关部门的产品鉴定证书复印件；

④产品出厂合格证原件及复印件；

⑤设备购销合同或发票复印件。

3) 实施前已购置使用的起重机械办理产权登记时，除应提交上述规定的资料外，还应提交以下相关资料：

①技术改造、大修情况资料；

②事故记录和累计运转记录等资料；

③超过使用年限的必须提供检验检测机构出具的性能试验和结构应力测试合格报告。

4) 凡列入使用登记范围的起重机械自安装验收或安装质量监督检验合格之日起 30 日内，使用单位必须到工程所在地登记部门办理使用登记手续，取得《建筑施工起重机械设备使用登记证》。使用单位办理使用登记手续时，应当向登记部门提交以下资料：

①《建筑施工起重机械设备使用登记申报表》；

②产权登记证原件；

③起重机械安装承包合同原件及复印件；

④起重机械安装单位安全生产许可证、起重设备安装工程专业承包资质证书原件及复印件；

⑤起重机械安装质量验收合格证明文件原件及复印件 1 份或起重机械安装质量监督检验合格报告原件及复印件。

5) 办理产权登记和使用登记手续时，申请单位提交的资料必须齐全、合法，并对其真实性负责。申请单位提交的复印件应加盖单位公章。原件由登记部门核查后退还，其余文件资料由登记部门存档。

6) 有下列情况之一的不予登记：

①属国家和省级明令淘汰的、禁止使用的起重机械；

②超过安全技术标准规定使用年限且未通过性能试验和结构应力测试的；

③达到《建筑施工起重机械设备安全监督管理规定》所规定报废条件的；

④磨损严重、基础部件已损坏，再进行维修不能达到使用安全要求的；

⑤存在严重事故隐患，没有改造、维修价值的；

⑥按照有关规定检验不合格的。

(4) 起重机械登记管理档案检查

1) 产权单位应当建立起重机械登记管理档案，并加强日常安全使用管理，接受建设(筑) 行政主管部门的监督检查。起重机械产权变更时，应当将设备登记档案资料一并移交给新的产权单位。

2) 外省的起重机械进入辖区内使用，产权单位须持原省登记手续至工程所在地登记部门办理产权登记转换手续，同时应提交起重设备有关原始出厂资料及设备改造大修资料。之前未办理登记手续和使用登记的仍需按规定办理。

(5) 施工现场使用起重机械注意事项

施工现场使用的起重机械在拆除前一周内，使用单位必须到工程所在地登记部门办理使用注销手续。办理注销手续应提供该起重机械使用登记证原件，并填写《建筑施工起重机械设备使用登记注销表》。

办理注销手续后，使用登记证由原登记部门收回。使用单位对重新使用的起重机械凭注销表和产权登记证到下一工程所在地登记部门重新登记。

(6) 施工现场使用起重机械租赁、使用等单位未按规定办理起重机械产权登记和使用登记的，由建设(筑) 行政主管部门依照有关法律法规进行处罚。

7. 建设工程生产安全事故应急救援制度

(1) 建设工程生产安全事故应急救援制度是为了切实防范建筑施工安全事故发生，及时做好安全事故发生后的救援工作而制定的制度。

适用于辖区内发生的建筑施工安全事故的应急救援。

(2) 检查应急救援预案是否包括如下内容：

1) 建设工程的基本情况，含规模、结构类型、工程开工、竣工日期；

2) 建筑施工项目经理部基本情况，含项目经理、安全负责人、安全员等姓名；

3) 施工现场安全事故救护组织，包括具体责任人的职务、联系电话等；

4) 救援器材、设备的配备；

5) 安全事故救护单位，包括建设工程所在市、县医疗救护中心、医院的名称、电话，行驶路线等。

(3) 检查如下应急救援预案的备案、公示和演习

1) 建设工程施工安全事故应急救援预案应当作为安全施工措施备案的附件材料报工程所在地安全监督机构备案。

2) 建设工程施工安全事故应急救援预案应当告知现场施工作业人员。施工期间，其内容应当在施工现场显著位置予以公示。

3) 应急救援预案制定单位应当组织与实施应急救援预案有关的人员进行培训，定期组织应急救援预案的演习。

(4) 检查应急救援预案的内容和启动

1）各地建设（筑）行政主管部门及其委托的安全监督机构应定期对施工企业的安全生产预案情况进行抽查；到施工现场监督检查时，应同时检查项目部的安全生产事故应急预案情况；检查重点是：救援组织及人员落实情况，通信联系方式情况，救援设备、器材准备情况，与工程项目特点结合的情况，救援时的安全通道和预演情况等。

2）发生死亡事故时，施工企业应以最快的速度报告当地建设（筑）行政主管部门及其委托的安全监督机构；发生死亡 3 人（含 3 人）以上事故、或情况不明的大规模的倒塌、坍塌事故时，工程所在地的县（市、区）建设（筑）行政主管部门，应立即向当地政府和建设行政主管部门报告。建设行政主管部门接报后，立即启动《建设工程重特大事故应急救援预案》。

8. 危及施工安全的工艺、设备、材料淘汰制度

(1) 危及施工安全的工艺、设备、材料淘汰制度是为了加强建筑工程施工工艺、设备、材料的安全管理，防止和减少生产安全事故的发生而制定的制度。

适用于辖区内对危及施工安全的工艺、设备、材料实行的淘汰。

危及施工安全的工艺、设备、材料是指不符合生产安全要求，可能导致生产安全事故发生，致使人民生命和财产遭受重大损失的工艺、设备和材料。

(2) 检查如下淘汰危及施工安全的工艺、设备和材料，不得用于工程：

1）建设部发文公布的；

2）国务院其他有关部门发文公布的；

3）省、市有关部门发文公布的；

4）施工企业自认为危及施工安全的工艺、设备、材料等。

(3) 执行危及施工安全的工艺、设备、材料淘汰制度必须做好如下工作：

1）与建设工程有关的建设、施工、勘察、设计、监理等各方主体，不得使用国家明令淘汰、禁止使用的危及施工安全的工艺、设备、材料。

2）禁止出租检测不合格的机械设备和施工机具及配件；禁止购买使用劣质产品或经检测不合格的机械设备、设施和材料。

3）各地建设（筑）行政主管部门及其委托的安全监督机构要加强监管，一经发现施工现场使用国家明令淘汰的、禁止使用的危及施工安全的工艺、设备、材料，必须立即制止，依法严肃查处。

9. 法律法规规定的其他有关制度

按工程实际根据法律法规规定据实建立相关制度并认真执行。

2.1.3.1-4　监督管理工作制度的执行与完善

(1) 安全生产形势分析制度的执行与完善情况

检查建筑工程安全生产形势分析制度是否建立、执行情况如何、对执行中存在的缺陷是否已完善，是否达到制度建立时要求的定期对本行政区域内建筑工程安全生产状况进行多角度、全方位分析，找出事故多发类型、原因和安全生产管理薄弱环节，制定相应措施的目的，是否发布建筑工程安全生产形势分析报告。

(2) 安全生产联络员制度的执行与完善情况

检查建筑工程安全生产联络员制度是否建立、执行情况如何、对执行中存在的缺陷是

否已完善，是否达到制度建立时要求的在本行政区域内各市、县及有关企业中设置安全生产联络员，定期召开会议，加强工作信息动态交流，研究控制事故的对策、措施，部署和安排重大工作的目的。

（3）安全生产预警提示制度的执行与完善情况

检查建筑工程安全生产预警提示制度是否建立、执行情况如何、对执行中存在的缺陷是否已完善，是否达到制度建立时要求的在重大节日、重要会议、特殊季节、恶劣天气到来和施工高峰期之前，认真分析和查找本行政区域建筑工程安全生产薄弱环节，深刻吸取以往年度同时期曾发生事故的教训，有针对性地提早作出符合实际的安全生产工作部署的目的。

（4）重大危险源公示和跟踪整改制度的执行与完善情况

检查建筑工程重大危险源公示和跟踪整改制度是否建立、执行情况如何、对执行中存在的缺陷是否已完善，是否达到制度建立时要求的开展本行政区域建筑工程重大危险源的普查登记工作，掌握重大危险源的数量和分布状况，经常性的同社会公布建筑工程重大危险源名录、整改措施及治理情况的目的。

（5）安全生产监管责任层级监督与重点地区监督检查制度的执行与完善情况

检查建筑工程安全生产监管责任层级监督与重点地区监督检查制度是否建立、执行情况如何、对执行中存在的缺陷是否已完善，是否达到制度建立时要求的监督检查下级建设行政主管部门安全生产责任制的建立和落实情况、贯彻执行安全生产法规政策和制定各项监管措施情况；根据安全生产形势分析，结合重大事故暴露出的问题及在专项整治、监管工作中存在的突出问题，确定重点监督检查地区的目的。

（6）安全重特大事故约谈制度的执行与完善情况

检查建筑工程安全重特大事故约谈制度是否建立、执行情况如何、对执行中存在的缺陷是否已完善，是否达到制度建立时要求的上级建设行政主管部门领导要与事故发生地建设行政主管部门负责人约见谈话，分析事故原因和安全生产形势，研究工作措施。事故发生地建设行政主管部门负责人要与发生事故工程的建设单位、施工企业等有关责任主体的负责人进行约谈告诫，并将约谈告诫记录向社会公示的目的。

（7）安全生产监督执法人员培训考核制度的执行与完善情况

检查建筑工程安全生产监督执法人员培训考核制度是否建立、执行情况如何、对执行中存在的缺陷是否已完善，是否达到制度建立时要求的对建筑工程安全生产监督执法人员定期进行安全生产法律、法规和标准、规范的培训，并进行考核，考核合格的方可上岗的目的。

（8）安全监督管理档案评查制度的执行与完善情况

检查建筑工程安全监督管理档案评查制度是否建立、执行情况如何、对执行中存在的缺陷是否已完善，是否达到制度建立时要求的对建筑工程安全生产的监督检查、行政处罚、事故处理等行政执法文书、记录、证据材料等立卷归档的目的。

（9）安全生产信用监督和失信惩戒制度的执行与完善情况

检查建筑工程安全生产信用监督和失信惩戒制度是否建立、执行情况如何、对执行中存在的缺陷是否已完善，是否达到制度建立时要求的将建筑工程安全生产各方责任主体和从业人员安全生产不良行为记录在案，并利用网络、媒体等向全社会公示，加大安全生产社会监督力度的目的。

2.1.3.2 各级安监机构的层级监督管理

2.1.3.2-1 各级安监机构的内部管理制度

1. 健全和完善行政执法责任制

(1) 各级安监机构要梳理执法依据，主要包括：《建筑法》、《安全生产法》、《特种设备安全监察条例》、《建设工程安全生产管理条例》、《安全生产许可证条例》、《工程建设重大事故报告和调查程序规定》、《建筑安全生产监督管理规定》、《建设工程施工现场管理规定》、《实施工程建设强制性标准监督规定》、《建筑施工企业安全生产许可证管理规定》等。

(2) 分解执法职权。根据安监机构和执法岗位的配置，将其法定职权分解到具体执法机构和执法岗位。

(3) 确定执法责任。根据有权必有责的要求，确定不同部门、不同岗位上的执法人员的具体执法责任，并依法确定其应当承担责任的种类和内容。

(4) 建立健全行政执法评议考核机制和过错责任追究制，要结合不同部门、不同岗位的具体情况和特点，指定评议考核方案，明确评议考核的具体标准。在行政执法评议考核中，要将内部评议和外部评议相结合，每年相关行政管理相对人可以通过召开座谈会、发放执法评议卡、设立公众意见箱等方式对市、县级安监机构进行考核（每年不少于两次）。

2. 安监机构的内部制度

安监机构内部制度齐全，责任到位并有效落实。

3. 安监机构的规章制度

安监机构的规章制度主要包括：《行政执法责任制度》、《岗位责任制度》、《档案管理制度》、《财务会计管理制度》、《会议学习制度》、《计算机网络使用管理制度》、《安监员责任考核、奖惩制度》、《职工出勤与请假管理办法》、《安全保卫制度》等。

(1) 行政执法责任制度

①贯彻执行国家、省、市有关安全生产、文明施工的法律、法规、方针、政策及安全技术规范。

②制定全市建设行业安全生产、文明施工的规章、制度和监督管理实施办法。

③负责对建筑业企业安全生产许可的查验、考核工作。

④协助制定全市建设行业安全生产、文明施工的工作规划目标，与企业签订年度《建设工程安全生产目标管理责任书》并监督企业落实。

⑤监督建设工程各方主体安全生产行为，督查指导施工现场（生产车间）的安全生产、文明施工工作，监督企业落实安全生产责任制和安全技术措施，签发《事故隐患整改通知书》、《停工指令书》，责令其限期改正，对违反安全生产法律法规有关规定或造成事故的，予以行政处罚。

⑥负责全市范围内建设工程施工现场安全防护用品、设备及机具的监督管理工作。

⑦组织、参与建筑施工安全技术开发与推广应用，监督检查企业安全生产作业环境及安全施工措施费用使用。

⑧组织开展行政辖区内的安全宣传、教育和培训考核工作，监督检查企业有关人员持证上岗。

⑨负责行政辖区内的建设职工伤亡事故的统计、报告工作，组织或参与伤亡事故的调查处理，通报重大伤亡事故。

⑩负责全市建筑业从业人员意外伤害保险工作的监督管理。

⑪负责市级文明工地的审定及省级文明工地的推荐工作。

⑫负责对企业资质年检、申报晋升企业资质等级和报评先进企业的安全业绩进行评价。

⑬负责行政辖区内各县（市）区建筑工程施工安全监督站的业务指导工作。

⑭完成领导交办的其他工作。

（2）岗位责任制度

1）安监机构内业管理职责范围

①负责全站的文秘、档案管理和后勤工作。

②负责全市建设职工伤亡事故统计报表的汇总和上报工作。

③负责全市建筑业从业人员的意外伤害保险管理工作。

④负责全市建筑业施工企业“三类人员”能力考核及管理工作。

⑤负责全市建筑业施工企业的安全生产许可证查验、发放与管理工作。

⑥负责组织全市省、市级文明工地的申报、验收、汇总、公布、发证等工作。

⑦负责全市建设工程安全生产指挥中心管理工作。

⑧负责安全信息、宣传、教育和培训考核管理工作。

⑨负责全市建筑起重机械设备登记（备案）管理工作。

⑩负责全站安全监督管理信息化及网络管理工作。

⑪负责全站行政事务工作。

⑫负责对施工安全事故投诉举报登记与监督处理工作。

⑬完成领导交办的其他工作。

2）安监机构现场监督职责范围

①认真贯彻执行国家、省、市有关安全生产的法律、法规、方针、政策及技术规范、标准。组织全组人员学习专业知识，不断提高思想业务素质。

②负责对建设工程施工现场建设、开发、勘察、设计、施工、监理及其他有关单位安全生产责任的监督检查。

③认真落实总站的各项工作计划，制定监督科工作计划。

④负责对报监建设工程施工现场进行安全生产监督检查及责任监管区域内其他建设工程安全生产进行督查；监督检查方式采取日常巡查、随机抽查、重点监督和专项治理检查等形式；对检查中发现的安全生产事故隐患，责令立即排除，签发《事故隐患整改通知书》；对存有重大安全生产事故隐患及逾期整改不力的施工现场，有权责令其暂时停工整改，签发《停工指令书》，依据有关法规、规章对安全生产违法、违规行为，实施行政处罚。

⑤参与组织建筑施工安全新技术的开发与推广应用；监督检查施工企业用于安全生产所需资金的使用情况；负责建设工程施工现场安全防护用品、设备及机具的监督管理。

⑥负责省级文明工地的前期监督管理和推荐以及市级文明工地管理工作。

⑦负责施工现场起重机械设备监督管理工作。

⑧参与建设工程施工现场伤亡事故的调查处理。

⑨完成上级交办的其他工作。

3）安监机构市政、拆除工作职责范围

①认真贯彻执行国家、省、市有关安全生产的法律、法规、方针、政策及技术规范、标准。组织全组人员学习专业知识，不断提高思想业务素质。

②认真落实总站的各项工作计划，制定市政、拆除组工作计划。

③负责市主城区市政、拆除工程施工现场的安全生产、文明施工的监督管理。

④负责各县（市）区安监机构的业务督导与管理。

⑤负责省级文明工地验收后的监督管理。

⑥负责全站法规建设及执法程序管理等。

⑦其他临时交办的工作任务。

（3）档案管理制度

档案管理制度通常应包括：档案管理原则、档案保存期限、归档范围、整理立卷、档案借阅规定等，可根据实际制定。

（4）财务会计管理制度

财务会计管理制度通常包括：费用开支预算制度、银行结算制度、现金管理制度、财产清查制度、职工就医制度等，可根据实际制定。

（5）会议学习制度

会议制度通常包括：各类会议的召开时间、会议纪律、对会议的几点要求等，可根据实际制定。

学习制度通常包括：内部日常学习、专业培训。

（6）计算机网络使用管理制度

为加强微机管理，提高微机利用率，保持微机设备的正常运转，特制定本制度，望遵照执行：

①各站室要明确专人操作。

②不准随意使用从外面带来的软盘或U盘，以免传染病毒。

③不准在微机上传播黄色、淫秽、反动的图片和文字。

④不准在微机上玩游戏。

⑤不准自行对微机进行拆卸和添加硬件。

⑥各站室操作员要根据要求定期更新、录入数据。

⑦操作员要按照正确的操作程序来完成工作，不准野蛮操作。

（7）安监员责任考核、奖惩制度（略）

（8）职工出勤与请假管理办法（略）

（9）安全保卫制度（略）

开展建筑工程安全生产监督责任层级监督检查，应与安全生产检查、行政执法检查、事故调查和安全生产责任书考核相结合，对下级履行安全生产监管职责情况进行综合评价，并反馈监督检查意见，具体实行百分制考核。见表2.1.3.2-1。

各市、县建设（筑）行政主管部门安全生产监管责任考核表（百分制） 表 2.1.3.2-1

序号	考核内容	标准分	扣减分	实得分
1	监督管理工作制度（导则）	10分	按《导则》要求制定的17项监督管理工作制度，缺1项扣1分，缺5项以上扣10分	
2	安全生产责任制	10分	未建立部门安全生产职责、扣5分，未与相关单位签订安全生产目标责任书扣5分	
3	年度安全生产目标控制	15分	未进行目标责任分解扣5分；发生1起1人死亡事故扣3分；发生2起1人死亡事故扣5分；发生3人（含3人）以上死亡事故扣10分；百亿元产值死亡率超过3.0，扣10分	
4	建筑施工安全专项整治	10分	未制定年度专项整治方案扣10分；未有效组织开展专项整治扣3～5分	
5	事故与事故隐患查处	15分	未组织督促施工企业开展事故隐患大排查的扣5分；对事故上报不及时扣5分；对事故处置不及时扣10分；对事故处置不力扣5分	
6	安全生产大检查	10分	未制定年度安全生产大检查计划扣5分；检查后未发通报扣5分；对查出的重大隐患未跟踪检查扣10分	
7	安全质量标准化工作	10分	未组织开展安全质量标准化工作扣10分；未开展“示范工程”活动扣5分	
8	文明工地、平安工地、环境卫生综合整治	10分	未组织开展文明工地、平安工地、环境卫生综合整治缺1项扣5分；每1项开展不力扣3分；受到省、市通报批评的扣10分	
9	年度安全监管制度落实情况	10分	有一项未落实的扣3分	

2.1.3.2-2 各级安监机构的档案、资料管理

（1）施工现场安全管理资料必须完整、真实、准确、有针对性、指导性和可操作性，并能及时记录和反映施工安全生产情况。

（2）必须具备以下工作的档案记录

1）工程监督档案（包括报监、日常监督、处罚等）；

2）安全培训工作档案；

3）“三类人员”考核档案；

4）企业安全生产许可证档案；

5）文明工地监督档案；

6）事故调查处理档案；

7）安全生产责任目标落实情况档案；

8）各类文件、会议资料档案；

9）其他档案。

（3）档案要完整、齐全，分类存放。不得对档案进行涂改、损坏，坚持做好“七防”即：防高温、防盗、防水、防虫、防潮、防光、防火。

2.1.4 对施工企业的安全生产监督管理

2.1.4.1-1 安全生产监督管理的内容

各级政府的建设行政主管部门或其委托的建设安全监督机构，对施工企业安全生产监督管理的主要内容是：

(1)《安全生产许可证》办理情况。

(2) 建筑工程安全防护、文明施工措施费用的使用情况。

(3) 设置安全生产管理机构和配备专职安全管理人员情况。

(4) 三类人员经主管部门安全生产考核情况。

(5) 特种作业人员持证上岗情况。

(6) 安全生产教育培训计划制定和实施情况。

(7) 施工现场作业人员意外伤害保险办理情况。

(8) 职业危害防治措施制定情况，安全防护用具和安全防护服装的提供及使用管理情况。

(9) 施工组织设计和专项施工方案编制、审批及实施情况。

(10) 生产安全事故应急救援预案的建立与落实情况。

(11) 企业内部安全生产检查开展和事故隐患整改情况。

(12) 重大危险源的登记、公示与监控情况。

(13) 生产安全事故的统计、报告和调查处理情况。

(14) 其他有关事项。

2.1.4.1-2 安全生产监督管理的方式

各级政府的建设行政主管部门或其委托的建设安全监督机构，对施工企业安全生产监督管理的方式主要是：

(1) 日常监管

1) 听取工作汇报或情况介绍。

2) 查阅相关文件资料和资质资格证明。

3) 考察、问询有关人员。

4) 抽查施工现场或勘察现场，检查履行职责情况。

5) 反馈监督检查意见。

(2) 安全生产许可证动态监管

1) 对于承建施工企业未取得安全生产许可证的工程项目，不得颁发施工许可证。

2) 发现未取得安全生产许可证施工企业从事施工活动的，严格按照《安全生产许可证条例》进行处罚。

3) 取得安全生产许可证后，对降低安全生产条件的，暂扣安全生产许可证。限期整改，整改不合格的，吊销安全生产许可证。

4) 对于发生重大事故的施工企业，立即暂扣安全生产许可证，并限期整改。生产安全事故所在地建设行政主管部门（跨省施工的，由事故所在地省级建设行政主管部门）要及时将事故情况通报给发生事故施工企业的安全生产许可证颁发机关。

5）对向不具备法定条件施工企业颁发安全生产许可证的，以及向承建施工企业未取得安全生产许可证的项目颁发施工许可证的，要严肃追究有关主管部门的违法发证责任。

2.1.5 对监理单位的安全生产监督管理

2.1.5.1-1 安全生产监督检查的内容

各级政府的建设行政主管部门或其委托的建设安全监督机构，对工程监理单位安全生产监督检查的主要内容是：

（1）将安全生产管理内容纳入监理规划的情况，以及在监理规划和中型以上工程的监理细则中制定对施工企业安全技术措施的检查方面情况。

（2）审查施工企业资质和安全生产许可证、“三类人员”及特种作业人员取得考核合格证书和操作资格证书情况。

（3）审核施工企业安全生产保证体系、安全生产责任制、各项规章制度和安全监管机构建立及人员配备情况。

（4）审核施工企业应急救援预案和安全防护、文明施工措施费用使用计划情况。

（5）审核施工现场安全防护是否符合投标时承诺和《建筑施工现场环境与卫生标准》（JGJ 146—2004）等标准要求情况。

（6）复查施工企业施工机械和各种设施的安全许可验收手续情况。

（7）审查施工组织设计中的安全技术措施或专项施工方案是否符合工程建设强制性标准情况。

（8）定期巡视检查危险性较大工程作业情况。

（9）下达隐患整改通知单，要求施工企业整改事故隐患情况或暂时停工情况；整改结果复查情况；向建设单位报告督促施工企业整改情况；向工程所在地建设行政主管部门报告施工企业拒不整改或不停止施工情况。

（10）其他有关事项。

2.1.5.1-2 安全生产监督检查的方式

各级政府的建设行政主管部门或其委托的建设安全监督机构，对监理单位安全生产监督检查的主要方式是：

（1）听取工作汇报或情况介绍。

（2）查阅相关文件资料和资质资格证明。

（3）考察、问询有关人员。

（4）抽查施工现场或勘察现场，检查履行职责情况。

（5）反馈监督检查意见。

2.1.6 对建设、勘察、设计和其他单位的安全生产监督管理

2.1.6.1-1 对建设单位安全生产监督检查的内容

各级政府的建设行政主管部门或其委托的建设安全监督机构，对建设单位安全生产监督检查的主要内容是：

(1) 申领施工许可证时，提供建筑工程有关安全施工措施资料的情况；按规定办理工程质量和安全监督手续的情况。

(2) 按照国家有关规定和合同约定向施工企业拨付建筑工程安全防护、文明施工措施费用的情况。

(3) 向施工企业提供施工现场及毗邻区域内地下管线资料，气象和水文观测资料，相邻建筑物和构筑物、地下工程等有关资料的情况。

(4) 履行合同约定工期的情况。

(5) 有无明示或暗示施工企业购买、租赁、使用不符合安全施工要求的安全防护用具、机械设备、施工机具及配件、消防设施和器材的行为。

(6) 其他有关事项。

2.1.6.1-2 对勘察、设计单位安全生产监督检查的内容

各级政府的建设行政主管部门或其委托的建设安全监督机构，对勘察、设计单位安全生产监督检查的主要内容是：

(1) 勘察单位按照工程建设强制性标准进行勘察情况；提供真实、准确的勘察文件情况；采取措施保证各类管线、设施和周边建筑物、构筑物安全的情况。

(2) 设计单位按照工程建设强制性标准进行设计情况；在设计文件中注明施工安全重点部位、环节以及提出指导意见的情况；采用新结构、新材料、新工艺或特殊结构的建筑工程，提出保障施工作业人员安全和预防生产安全事故措施建议的情况。

(3) 其他有关事项

2.1.6.1-3 对其他有关单位安全生产监督检查的内容

各级政府的建设行政主管部门或其委托的建设安全监督机构，对其他有关单位安全生产监督检查的主要内容是：

(1) 机械设备、施工机具及配件的出租单位提供相关制造许可证、产品合格证、检测合格证明的情况；

(2) 施工起重机械和整体提升脚手架、模板等自升式架设设施安装单位的资质、安全施工措施及验收调试等情况；

(3) 施工起重机械和整体提升脚手架、模板等自升式架设设施的检验检测单位资质和出具安全合格证明文件情况。

2.1.6.1-4 对建设、勘察、设计和其他有关单位安全生产监督检查的方式

各级政府的建设行政主管部门或其委托的建设安全监督机构，对建设、勘察、设计和其他有关单位安全生产监督检查的主要方式是：

(1) 听取工作汇报或情况介绍。

(2) 查阅相关文件资料和资质资格证明。

(3) 考察、问询有关人员。

(4) 抽查施工现场或勘察现场，检查履行职责情况。

(5) 反馈监督检查意见。

2.1.7 对施工现场的安全生产监督管理

2.1.7.1-1 对工程项目开工前的安全生产条件审查

各级政府的建设行政主管部门或其委托的建设安全监督机构，对工程项目开工前的安全生产条件审查包括：

(1) 在颁发项目施工许可证前，建设单位或建设单位委托的监理单位，应当审查施工企业和现场各项安全生产条件是否符合开工要求，并将审查结果报送工程所在地建设行政主管部门。审查的主要内容是：施工企业和工程项目安全生产责任体系、制度、机构建立情况，安全监管人员配备情况，各项安全施工措施与项目施工特点结合情况，现场文明施工、安全防护和临时设施等情况。

(2) 建设行政主管部门对审查结果进行复查。必要时，到工程项目施工现场进行抽查。

2.1.7.1-2 对工程项目开工后安全生产的监督与管理

各级政府的建设行政主管部门或其委托的建设安全监督机构，对工程项目开工后安全生产的监督与管理包括：

(1) 工程项目各项基本建设手续办理情况、有关责任主体和人员的资质和执业资格情况。

(2) 施工、监理单位等各方主体按本导则相关内容要求履行安全生产监管职责情况。

(3) 施工现场实体防护情况，施工企业执行安全生产法律、法规和标准规范情况。

(4) 施工现场文明施工情况。

(5) 其他有关事项

2.1.7.1-3 对施工现场安全生产情况的监督检查可采取的方式

各级政府的建设行政主管部门或其委托的建设安全监督机构，对施工现场安全生产情况的监督检查可采取下列方式：

(1) 查阅相关文件资料和现场防护、文明施工情况。

(2) 询问有关人员安全生产监管职责履行情况。

(3) 反馈检查意见，通报存在问题。对发现的事故隐患，下发整改通知书，限期改正；对存在重大安全隐患的，下达停工整改通知书，责令立即停工，限期改正。对施工现场整改情况进行复查验收，逾期未整改的，依法予以行政处罚。

(4) 监督检查后，建设行政主管部门作出书面安全监督检查记录。

(5) 工程竣工后，将历次检查记录和日常监管情况纳入建筑工程安全生产责任主体和从业人员安全信用档案，并作为对安全生产许可证动态监管的重要依据。

(6) 建设行政主管部门接到群众有关建筑工程安全生产的投诉或监理单位等的报告时，应到施工现场调查了解有关情况，并作出相应处理。

(7) 建设行政主管部门对施工现场实施监督检查时，应当有两名以上监督执法人员参加，并出示有效的执法证件。

(8) 建设行政主管部门应制定本辖区内年度安全生产监督检查计划，在工程项目建设的各个阶段，对施工现场的安全生产情况进行监督检查，并逐步推行网格式安全巡查制度，明确每个网格区域的安全生产监管责任人。

2.1.8 对建筑施工企业许可证和管理人员安全生产考核

2.1.8.1 对安全生产许可证的监督管理

1. 安全生产许可证审批

(1) 企业申请。企业申请安全生产许可证时，向企业所在市建设行政主管部门报送所列材料，并同时在安监信息系统上申报。

(2) 设区市建设行政主管部门对申请材料及系统中所提交的内容进行查验，确认企业系统中所填写内容与申请材料各项内容及有关证件、凭证原件相符。

不符合要求的企业将其资料退回更正或补全后可再次申报。

(3) 省级建设行政主管部门的审批窗口对申报资料进行查看并受理。

(4) 省级建设行政主管部门的审批窗口将受理的申报资料转交省级建设行政主管部门的质量安全处，质量安全处委托省级安监总站抽调专家对申报资料进行审查，必要时到企业及施工现场进行抽查。

涉及铁路、交通、水利等有关专业工程时，可以征求铁路、交通、水利等有关部门的意见。

(5) 专家将填写的审查结果录入安监信息系统，一并提交质安处。

(6) 质安处将专家审查结果提交处务会研究后报厅领导审批。

(7) 省建设行政主管部门将审批结果公告，发放证书。

对符合规定安全生产条件的，省建设行政主管部门自作出准予颁发申请人安全生产许可证的决定之日起 10 个工作日内，向申请人颁发统一印制的安全生产许可证；不符合规定安全生产条件的，作出不予颁发安全生产许可证决定的，应当在 10 个工作日内书面通知申请人并说明理由。

2. 档案建立与管理办法

安全生产许可证申报的 13 项材料装订成册实行各市分别统一管理，省安监总站对申请办理安全生产许可证的企业各留存一份申报表进行备案管理。

省安监总站对各市归档管理的申报材料进行不定期抽查的方式进行监督。

3. 安全生产许可证的监督检查

(1) 日常监督检查、综合查验程序

1) 各市建设行政主管部门加强对本行政区域内取得安全生产许可证的建筑施工企业及外省进冀建筑施工企业的建筑活动的日常监督管理。除暂扣、吊销企业安全生产许可证的行政处罚由省建设行政主管部门决定外，其余种类的行政处罚由各级建设行政主管部门按照《建筑法》、《建设工程安全生产管理条例》、《实施细则》等法律法规和规范性文件实施。

2) 暂扣、吊销安全生产许可证的条件及程序

①因安全生产问题对同一企业三个以上（含三个）项目或同一项目二次以上（含二次）做出限期整改、责令停工等处理的（包括外省进冀建筑施工企业），应于做出最后一次处理之日起 3 个工作日内报告省建设行政主管部门。省建设行政主管部门应在接到报告

之日起5个工作日内，重新复核违法违规企业的安全生产条件，发现其不再具备法定安全生产条件的，应依法暂扣其安全生产许可证，并限期整改；安全生产许可证暂扣期间，拒不整改或经整改仍未达到规定安全生产条件的，处吊销安全生产许可证的处罚。

②取得安全生产许可证的建筑施工企业在本地区发生伤亡事故，省建设行政主管部门或其委托的事故发生地建设行政主管部门应立即到事故现场调查了解情况，省建设行政主管部门应于事故发生之日起5个工作日内暂扣企业（包括总承包企业和发生事故的分包企业）的安全生产许可证。

③取得安全生产许可证的建筑施工企业在外埠发生伤亡事故的，工程所在地省级人民政府建设行政主管部门和其他有关部门应当在事故发生之日起5个工作日内将事故基本情况、企业违法违规事实（包括询问笔录）和暂扣安全生产许可证的建议，书面通报企业安全生产许可证颁发管理机关。颁发管理机关应当在接到通报之日起5个工作日内作出暂扣安全生产许可证等行政处罚。

④建筑施工企业转让安全生产许可证的，没收违法所得，处10万元以上50万元以下的罚款，并吊销其安全生产许可证。

⑤企业安全生产许可证被暂扣期间，不得承揽新的工程项目，不具备安全生产条件或发生死亡事故的在建项目停工整改，整改合格后方可继续施工。企业安全生产许可证被吊销后，该企业不得进行任何施工活动，且一年之内不得重新申请安全生产许可证。

(2) 日常监督检查、综合查验内容及结果的记录

1) 各市安监站提供已取得安全生产许可证的建筑施工企业名单。

2) 查验所需材料及落实情况（详见《安全生产许可证综合查验表》)。

4. 对企业的违法事实和处理意见

各级建设部门及交通、水利等部门对企业违法事实和处理意见的报告、抄告程序

(1) 各级建设行政主管部门在对本行政区域内取得安全生产许可证的建筑施工企业及外省进冀建筑施工企业从事建筑活动的日常监督检查中，发现企业有不符合安全生产许可证条件或违反建设部《建筑施工企业安全生产许可证管理规定》和《实施细则》行为的，应及时逐级向省建设行政主管部门报告。

(2) 对同级交通、水利等有关部门抄告的从事专业建设工程的建筑施工企业违反建设部《建筑施工企业安全生产许可证管理规定》和《实施细则》行为的违法事实、处理意见，应及时逐级向省建设行政主管部门报告。

(3) 县级以上交通、水利等有关部门，对从事专业建设工程的建筑施工企业从事的建筑活动实施监督检查时，发现企业有违反建设部《建筑施工企业安全生产许可证管理规定》和《实施细则》行为的，应将其违法事实、处理建议抄告同级建设行政主管部门。

5. 安全生产许可证变更、增证、补证、注销、撤销、延期程序

(1) 变更程序

建筑施工企业变更名称、地址、法定代表人等，应当在变更后10日内，到省建设厅办理安全生产许可证变更手续。

1) 企业填写《建筑施工企业安全生产许可证变更申请表》，并提交相关的证明材料，报市主管部门；

2) 市建设行政主管部门查验，报省建设行政主管部门；

3）省建设行政主管部门核准后，对符合要求的企业予以变更，换发证书。

申请安全生产许可证变更时，企业应同时履行网上和纸质材料申请程序。

变更时应在数据库中保存变更记录备查，并将相应纸质材料归档留存。

（2）增证程序

1）安全生产许可证增证程序与变更程序相同。

2）增加副本后的数量要求：

特级、一级企业：一正五副；

二级企业：一正三副；

三级、劳务企业：一正两副。

（3）补证程序

1）企业填写《建筑施工企业安全生产许可证补证申请表》，并提交相关的证明材料（企业在省级公众媒体上刊登遗失声明等），报市主管部门；

2）市建设行政主管部门查验，报省建设行政主管部门；

3）省建设行政主管部门核准后，对符合要求的企业予以补发证书。

（4）注销程序

1）对符合《实施细则》第十九条情形之一的，省安监总站根据企业申请和综合查验结果，提出注销安全生产许可证的建议，报省建设行政主管部门批准。

2）省建设行政主管部门收回被注销的企业安全生产许可证，并在河北省建设信息网公告。

（5）撤销程序

1）对符合《实施细则》第十八条的情形之一的，建设行政主管部门给与撤销决定，收回已颁发的安全生产许可证，并在省建设信息网公告。

2）对被撤销的建筑施工企业的合法权益造成损害的，建设行政主管部门应当依法给予赔偿。

（6）延期程序

1）安全生产许可证有效期满需要延期的，企业应当于期满前 3 个月向省建设行政主管部门提出延期申请，并提交《实施细则》第五条规定的文件、资料以及原安全生产许可证。

2）经查实建筑施工企业在安全生产许可证有效期内，严格遵守有关安全生产法律、法规和规章，未降低安全生产条件，未发生死亡事故的，经省建设行政主管部门批准直接办理延期手续。

3）对于属以上情况以外的建筑施工企业，省建设行政主管部门须对其安全生产条件重新进行审查，审查合格的，予以办理延期手续。

2.1.8.2 对建筑施工企业管理人员的安全生产考核

2.1.8.2-1 安全生产考核工作程序

（1）建筑施工企业管理人员应按要求填写《×××建筑施工企业管理人员安全生产知识考试申请表》，向企业所在地建设行政主管部门提出申请。

（2）建筑施工企业管理人员按要求参加安全生产知识考试。

(3) 建筑施工企业管理人员考试合格后，按规定填写《×××建筑施工企业管理人员安全生产考核申请表》一式三份，需提供下列资料：

1) 建筑施工企业管理人员任职文件、专业技术职称证书或执业资格证书（项目负责人须有建筑施工企业项目经理资质证书或建造师职业资格证书复印件）；

2) 最高学历证明书（复印件）、业绩证明材料；

3) 国家或省建设行政主管部门规定的其他材料；

(4) 各建筑施工企业自检、核查后报市建设行政主管部门。

(5) 市级建设行政主管部门对经上报的建筑施工企业管理人员进行安全生产管理能力考核。

(6) 市级建设行政主管部门根据规定进行查验，将查验结果加盖查验章报至省级建设行政主管部门的审批窗口（自受理之日起7个工作日）；

(7) 省级安监总站受省级建设行政主管部门的委托，聘请有关专家对申报材料进行审核，提出审核意见；

(8) 经站领导审核后报省级建设行政主管部门的质量安全处审批；

(9) 考核结果分合格、不合格。考核合格的颁发安全生产考核合格证书，不合格的不予发证并书面通知申请人（自受理之日起20个工作日），并在省建设信息网上公布考核结果。

（注：工作程序同时履行网上申请和纸质材料报送手续。）

2.1.8.2-2 档案建立与管理办法

(1) 对已取得建筑施工企业安全生产考核合格证书的人员档案管理采用电子文档及纸制档案双重管理。

(2) 电子文档管理：省安监总站对已经取得安全生产考核证书人员的电子文档，对其姓名、单位、证书编号、发证时间、发证单位进行整理，形成完整的建筑施工企业管理人员安全生产考核证书档案。

(3) 纸制档案管理：经过审批的安全生产考核证书申报材料，各市建设行政主管部门负责保管，保存期为三年以上。考核申请表分别由省安监总站、市建设行政主管部门保存管理。

2.1.8.2-3 安全生产考核证书监督管理

1. 日常监督检查的程序

各级政府的建设行政管理部门及所属安全监督机构负责对本行政区域内建筑施工企业管理人员安全生产考核合格证书的日常监督检查和管理。

各级政府的建设行政主管部门在对本行政区域内及外省进冀建筑施工企业管理人员安全生产考核合格证书进行日常监督检查中，发现持证人有违反《暂行规定》和《实施细则》行为的，及时将违法事实逐级向省建设行政主管部门报告。省建设行政主管部门将按《规定》对持证人进行相应的处罚，并将处理结果通告原报告或抄报部门。

2. 日常监督检查的内容

(1) 证件和持证人员身份的核实；

(2) 证件的使用情况；

(3) 持证人员安全生产知识及安全生产法律、法规、规程、标准的掌握情况；

（4）履行安全生产管理职责的情况。

各地要加强安全生产考核合格证书的综合监督管理，将日常检查结果记入考核合格证管理档案。证书持有人有下列情形之一的，由省建设行政主管部门对其安全生产考核合格证书予以吊销：

一是违反安全生产法律法规，未履行安全生产管理职责，对有关部门检查指出的问题拒不整改的；

二是违反安全生产法律法规，未履行安全生产管理职责，导致发生死亡事故的。

2.1.8.2-4 吊销程序

（1）各级安监机构对违反有关法律、法规规定的证书持有人给予限期改正、吊销证书等行政处罚的，报省安监总站。

（2）省级安监总站审查后提出处罚建议，报省建设行政主管部门实施。

（3）省级建设行政主管部门应将结果在省级的建设信息网公告。安全生产考核合格证书的变更、补证、延期、注销程序。

1. 变更程序

建筑施工企业管理人员变更姓名、职务和企业单位的，应在变更之日起1个月内到省建设行政主管部门办理变更手续。

（1）企业填写《建筑施工企业管理人员安全生产考核合格证书变更申请表》，提交相关证明材料并加盖市建设行政主管部门公章，报省建设行政主管部门；

（2）省级建设行政主管部门审核无误后给予变更，并换发证书。

申请变更时，企业应同时履行网上和纸质材料申请程序。

取得证书后变换工作岗位的，必须经重新考核合格后，方可上岗。

2. 补证程序

建筑施工企业管理人员遗失安全生产考核合格证书的，应当在1个月内到省建设行政主管部门办理补证手续。

（1）申请人填写《建筑施工企业管理人员安全生产考核合格证书补办申请表》，由企业签署意见，并提交相关的证明材料，报省建设行政主管部门。

（2）申请人在公共媒体上刊登遗失声明；

（3）省级建设行政主管部门审核无误后，予以补发证书。

3. 延期程序

（1）申请人应当于证书有效期满前3个月向省建设行政主管部门提出延期申请，填写《建筑施工企业管理人员安全生产考核合格证书延期申请表》。

（2）申请人在证书有效期内严格遵守安全生产法律法规，认真履行安全生产职责，按规定参加安全生产教育培训考核合格，未发生死亡事故，证书有效期届满时，根据省安监总站监督检查结果，经省建设行政主管部门同意，不再审查，直接办理延期手续。

（3）对于以上规定情况以外的申请人，省建设行政主管部门应当对其安全生产知识和管理能力重新进行审查，审查合格的，同意办理延期。

（4）对申请延期的申请人审查合格或有效期满经省建设行政主管部门同意不须再审查可直接办理延期手续的申请人，省建设行政主管部门收回原证书后，予以换发新证书。

4. 注销程序

(1) 根据省安监总站的监督检查结果或申请人申请，提出注销证书的建议，报省建设行政主管部门批准。

(2) 省建设行政主管部门收回被注销的证书，并在省建设信息网予以公告。

2.2 政府监督管理工作技术文件

2.2.1 工程开工前需申报的相关手续

全国绝大多数省、市为了“提高工效，方便为民”实行了“行政审批统一办公”制度。将工程中可以集中报批的手续统一办理，仅以某市为例，需统一办理子项手续附后，供读者参阅。

2.2.1.1 建设工程手续办理情况一览表

1. 资料表式

建设工程手续办理情况一览表

请用碳素笔认真填写所发表格　　　　工程编号

工程名称		建设单位		施工单位	
工程地址		联系人及联系电话		联系人及联系电话	
造价/面积					
①集中收费		②质量安全监督注册		③稽查备案	
费用名称	办理情况	资料名称	办理情况	资料名称	办理情况
劳保基金		注册登记表		建设工程项目登记表、计划书	
意外伤害保险		建设单位现场代表见证取样备案		规划许可证	
质监费		施工单位质保、安保体系表		工程施工合同（副本）	
农民工保证金		施工图设计文件审查报告		工程监理合同（副本）	
印花税		平、立、剖面		中标备案书	
		全套施工蓝图（盖章）		外埠施工企业进冀备案	
		地质报告（原件）		施工企业资质证（盖章）	
		质量责任书		工程设计合同、资质证	
		安全备案表		工程勘察合同、资质证	
		建筑工程项目安全生产条件现场审查内容及标准		招标代理合同、资质证	
				责任书、承诺书	
				土地证、图审表	
				建设资金证明	
经办人： 办理时间： 年 月 日		经办人： 办理时间： 年 月 日		经办人： 办理时间： 年 月 日	

2. 实施要点

该表是省级以下建设行政主管部门执行“统一办公”时办理建设工程手续时应提供的可供参照的相关技术文件。通常应包括集中收费项目，质量、安全监督注册项目，稽查备案等，均应由经办人分别填写办理日期（年、月、日）。

2.2.1.2 建筑工程安全监督机构开工前的现场勘验

2.2.1.2-1 工程开工前施工现场勘验须知

建筑工程开工前当地的安全监督机构必须到施工现场进行开工前的勘验，以确认施工现场是否满足安全施工的现场条件。为了更好地服务企业、服务项目，安全监督机构在建设单位向当地建设行政主管部门领取需办理的相关手续及表式时，发给建设单位施工现场勘验须知，事先通知建设（须知转施工单位办）单位开工前的施工现场勘验须知，今将工程建设项目开工前安全生产条件勘验有关内容说明如下：

（1）工程建设项目在招投标完成后，由建设单位组织，按照《建筑工程项目安全生产条件现场审查内容及标准》内容准备完毕，经逐项核实，建设单位项目负责人、监理单位总监理工程师、施工企业项目负责人签字后，即可向市安监总站申请开工前安全生产条件的现场勘验。所提供的资料复印件必须注明“与原件一致”，并加盖单位公章。

（2）在进行开工前安全生产条件勘验时，建设单位项目负责人，总监理工程师、监理工程师、施工企业安全机构负责人、项目负责人、专职安全员应到现场，且必须人证相符。

依据当地建设行政主管部门《建筑施工企业安全生产管理机构设置及专职安全生产管理人员配备暂行办法》的要求，工程建设项目必须按照下列条件配备专职安全员，1万m^2以下（市政工程造价500万元以下）的工程项目配备一名专职安全员，1万m^2以上（市政工程造价500万元以上）配备二名专职安全员，5万m^2（市政工程造价1000万元）及其以上配备三名专职安全员。

（3）按照施工承包合同及相关规定，建设单位在开工前应首先拨付安全防护、文明施工措施费总额的60％到施工企业（须附银行转账凭证）。

（4）施工企业编制的安全施工方案（安全技术措施）必须由专业技术人员编制，符合专家论证要求的按规定进行专家论证，经施工企业相关部门审核，由企业技术负责人审批后，报总监理工程师审批签字。

按照当地建设行政主管部门《危险性较大建设工程安全专项施工方案编制及专家论证审查办法》，凡深基坑超过5m（含5m）、地下暗挖工程、大模板工程、高处作业超过30m（含30m）的，施工企业必须组织专家进行论证后再审批。

（5）按照当地建设行政主管部门制订的《建设工程安全监理规程》的要求，监理单位应在开工前，针对工程建设项目特点编制安全监理规划和安全监理实施细则，完成对施工企业编制的各种专项施工方案和措施的审批工作。

（6）市级安监机构接到建设单位申请后，2个工作日内派员到施工现场进行核查验收，符合开工前安全生产条件要求的予以备案，对不符合要求的将作退卷处理，建设单位须重新组织勘验。

注：该安全生产条件勘验须知是建设单位在开工前领取申报资料时，当地安全生产监督机构对建设单位在开工前

现场的安全生产条件进行勘验的通知内容。当施工企业对施工现场的安全生产条件准备完成且符合勘验须知时，即可提出开工前现场的安全生产条件勘验申请。

2.2.1.2-2 建设工程安全监督备案现场勘验表

1. 资料表式

建设工程安全监督备案现场勘验表

工程名称		工程造价	
工程地址		建筑面积	
结构类型		层　数	
计划开竣工日期		施工的职工人数	
施工总承包单位	资质等级	安全许可证编号	
标　　牌		防护用具	
围挡封闭		职工宿舍	
道路硬化		食　　堂	
材料堆放		厕　　所	
现场保洁		淋 浴 室	
安全标志		办 公 室	
防　　火		卫生与防疫	
防尘防噪		污水、泥浆排放	
其　　他			
项目经理		勘 验 人	
勘验意见			

勘验日期

2. 实施要点

(1) 本表为当地建设行政主管部门委托的安全监督机构对建设工程安全监督备案现场进行勘验时的用表，应按表列子项逐一进行检查，对检查发现中的问题，应通知施工企业予以纠正。对各项检查结果应用简练的文字填记表中。

(2) 表内检查内容的控制标准、检查方法见“施工组织设计编制标准及相关参考资料”的相关内容，应与施工组设计相对应。

2.2.1.3 建筑工程项目安全生产条件现场审查内容及标准

1. 资料表式

建筑工程项目安全生产条件现场审查内容及标准

工程名称： 工程地址：

<table>
<tr><td colspan="2">建设单位</td><td></td><td>负责人</td><td></td><td>电话</td><td></td></tr>
<tr><td colspan="2">监理单位</td><td></td><td>总监理工程师</td><td></td><td>电话</td><td></td></tr>
<tr><td colspan="2">施工企业</td><td></td><td>项目负责人</td><td></td><td>电话</td><td></td></tr>
<tr><td colspan="2">内　容</td><td colspan="4">标　准　及　要　求</td><td>复查结果</td></tr>
<tr><td rowspan="5">建设单位</td><td rowspan="4">三通一平</td><td colspan="4">1. 施工用电采用TN—S系统设置到位</td><td></td></tr>
<tr><td colspan="4">2. 道路做硬化处理且畅通</td><td></td></tr>
<tr><td colspan="4">3. 给水、排水网络畅通</td><td></td></tr>
<tr><td colspan="4">4. 施工场地平整</td><td></td></tr>
<tr><td>安全措施费用</td><td colspan="4">按合同约定拨付到位，有拨付计划和转账凭证</td><td></td></tr>
<tr><td rowspan="2">监理单位</td><td>监理安全规划</td><td colspan="4">安全监理方案制定</td><td></td></tr>
<tr><td>对企业安全生产条件审查情况</td><td colspan="4">1. 安全施工措施及专项施工方案按要求审查批准。
2. 对施工企业资质、安全生产许可证、三类人员及特种作业人员取得考核合格证书和操作资格证书、安全生产保证体系、安全生产责任制、各项规章制度、安全监管机构建立及人员配备情况、应急救援预案和安全防护、文明施工措施费用使用计划等审核情况记录。
3. 对进入施工现场机械设备、安全防护用品用具安全许可验收手续复查记录。对临时设施的检查结果</td><td></td></tr>
<tr><td rowspan="8">施工单位</td><td rowspan="5">施工企业和项目安全生产责任体系，制度、机构建立人员配备及办理意外伤害保险</td><td colspan="4">企业及项目安全责任体系、文件及上墙</td><td></td></tr>
<tr><td colspan="4">安全管理制度（不少于十三种）</td><td></td></tr>
<tr><td colspan="4">安全管理机构建立文件（现场安全生产领导小组）</td><td></td></tr>
<tr><td colspan="4">配备专职安全管理人员及特种作业人员的花名册和上岗证件</td><td></td></tr>
<tr><td colspan="4">已为职工办理意外伤害保险</td><td></td></tr>
<tr><td rowspan="2">安全施工措施</td><td colspan="4">施工组织设计安全技术措施</td><td></td></tr>
<tr><td colspan="4">施工用电、基坑支护、模板工程、现场防护、起重机械、脚手架等专项施工方案，符合施工特点，按程序审批</td><td></td></tr>
<tr><td>文明施工</td><td colspan="4">四周围挡使用硬质材料。临街主干道2.5米，其他街道1.8米，书写标语，大门设置企业标志、灯光等、门口设置八牌三图、报栏、板报等。
消防设备按规定布置，标有负责人。
临建选址和结构符合安全要求。
办公室、宿舍不低于2.6米，食堂不低于2.8米，食堂、宿舍生活区符合卫生标准。
厕所水冲式并有专人负责清理</td><td></td></tr>
<tr><td colspan="2">建设单位负责人</td><td></td><td>监理单位负责人</td><td></td><td>施工企业负责人</td><td></td></tr>
<tr><td colspan="7">建筑工程施工安全监督机构签署复查意见：
年　月　日</td></tr>
</table>

注：该表为某地建设行政主管部门制订的建筑工程项目安全生产条件现场审查内容及标准，供参阅。

2. 实施要点

（1）该表是受监建筑工程项目安全生产条件现场审查的内容与标准，应分别对建设单位、监理单位和施工企业进行表列内容的审查。

（2）审查内容应逐项进行并应全部分别符合表列内容和标准方可认定建筑工程项目安全生产条件现场审查，才能发放施工许可证。

（3）对建设单位、监理单位和施工企业的审查，建筑工程施工安全监督机构应签署复查意见。

2.2.1.4 建设工程施工安全生产备案表

1. 资料表式

封页

建设工程施工安全生产

备

案

表

×××建筑工程施工安全监督总站制

内页

建设单位 章 年 月 日			工程名称			
			工程地点		结构形式	
			建筑面积		地下面积	
			层　数		地下层数	
			建筑高度		造　价	
			跨　度		长　度	
			联系人		联系电话	
安全保证体系	性别	年龄	学　历	职　务	专　业	安全培训情况
监理单位 章 年 月 日			法人代表		资质等级	
			联系人		联系电话	
			工程名称			
工地监理姓名	性别	年龄	学　历	职务（职称）	专　业	安全培训情况
施工企业 章 年 月 日			计划施工工期	自	至	
			资质等级		安全生产许可证编号	
			法人代表		项目经理	
			联系人		联系电话	
			公司地址			
			公司电话			

现场安全保证体系人员名单

姓　名	性别	年龄	职　称	职　务	专　业	安全生产考核合格证书编号

分包企业情况

企业名称	资质类别	资质等级	安全生产许可证号	负　责　人

分包企业安全保证体系

姓　名	性别	年龄	职　称	职　务	专　业	安全生产考核合格证书编号

续表

<table>
<tr><td colspan="7">分包企业情况</td></tr>
<tr><td>企业名称</td><td>资质类别</td><td>资质等级</td><td colspan="2">安全生产许可证号</td><td colspan="2">负　责　人</td></tr>
<tr><td></td><td></td><td></td><td colspan="2"></td><td colspan="2"></td></tr>
<tr><td></td><td></td><td></td><td colspan="2"></td><td colspan="2"></td></tr>
<tr><td></td><td></td><td></td><td colspan="2"></td><td colspan="2"></td></tr>
<tr><td colspan="7">分包企业安全保证体系</td></tr>
<tr><td>姓　名</td><td>性别</td><td>年龄</td><td>职　称</td><td>职　务</td><td>专　业</td><td>安全生产考核合格证书编号</td></tr>
<tr><td></td><td></td><td></td><td></td><td></td><td></td><td></td></tr>
<tr><td></td><td></td><td></td><td></td><td></td><td></td><td></td></tr>
<tr><td></td><td></td><td></td><td></td><td></td><td></td><td></td></tr>
<tr><td colspan="2">安全生产文明施工目标</td><td colspan="5"></td></tr>
<tr><td>审查意见</td><td colspan="6"></td></tr>
<tr><td colspan="7">领导审核：
（公　章）
年　　月　　日</td></tr>
<tr><td>需提交的资料</td><td colspan="6">1. 工程中标通知书；
2. 工程施工合同；
3. 施工现场总平面布置图；
4. 施工企业、分包企业资质证、安全生产许可（资格）证及复印件；
5. 施工现场“三通一平”证明原件；
6. 施工企业为职工办理意外伤害保险手续原件及复印件；
7. 临时设施规划方案、安全防护设施设置方案、施工进度计划、安全措施费用计划；
8. 安全技术措施、专项安全施工组织设计（方案、措施）并经审批签字；
9. 施工现场安全生产目标及实现目标的相关措施；
10. 施工现场安全防护用具及机械设备配备情况；
11. 项目经理及安全管理人员特种作业人员名册及证件复印件</td></tr>
</table>

注：此表一式六份：市（县、市、区）安监机构、建设、监理、施工企业、分包企业、项目部各一份。

2. 实施要点

（1）安全施工备案制度建设单位在依法确定施工企业后，申请领取施工许可证前按规定向工程所在地建设（筑）行政主管部门或其委托的安全监督机构进行备案。

凡在辖区内各类新建、改建、扩建房屋建筑工程（包括与其配套的线路管道和设备安装、装修工程）、市政基础设施工程和拆除工程等，均须按照安全施工措施备案制度进行备案。

(2) 建设（筑）行政主管部门对审核合格的建筑工程安全生产备案表中填写审查意见并在领导审核栏中加盖公章。

对不按规定备案擅自开工的建设单位，是否按照《建设工程安全生产管理条例》等有关规定，予以相应处罚。

(3) 表列子项

工程地点：按建设与施工企业合同书中的工程地点填写。

结构形式：按施工图设计标注的工程结构形式，填写图注的结构形式。

建筑面积：按施工图设计标注的建筑面积，填写图注或施工预算核计的建筑面积。

地下面积：按施工图设计标注的工程地下面积，填写图注的工程地下面积。

层数：按施工图设计标注的建筑物的层数，填写图注的建筑工程层数。

地下层数：按施工图设计标注的工程±0.000的地下层数，填写图注的工程地下层数。

建筑高度：按施工图设计标注的工程建筑高度，填写图注的工程建筑高度。

造价：按施工图设计预算的工程造价填写。

跨度：按施工图设计标注工程的跨度，填写图注工程的跨度。

长度：按施工图设计标注工程的长度，填写图注工程的长度。

联系人：指建设单位委派的工程负责人，填写联系人名称。

安全保证体系：指建设单位派驻现场的安全保证体系人员的姓名，照实际填写。

性别、年龄、学历、职务、专业：指建设单位派驻现场的安全保证体系人员的姓名、性别、年龄、职称、职务、专业，照实际填写。

安全培训情况：指建设单位派驻现场的安全保证体系人员的安全培训情况。

监理单位（章、年、月、日）：指建设与监理单位合同书中的监理单位名称及其代表，签章有效。

法人代表：指建设与监理单位合同书中的法人代表姓名，填写法人代表姓名。

资质等级：指监理单位的资质等级，照实际填写。

联系人：指监理单位委派的工程负责人，填写联系人姓名。

工地监理姓名：指监理单位委派现场的监理人员姓名，填写监理人员姓名。

性别、年龄、学历、职务（职称）、专业：指监理单位派驻现场的安全保证体系人员的性别、年龄、学历、职务（职称）、专业，照实际填写。

安全培训情况：指监理单位派驻现场的监理工程师或其安全保证体系人员的安全培训情况。

施工企业（章、年、月、日）：指建设与施工企业合同书中施工企业名称及其代表，签字有效。

计划施工工期自　　至　　：指施工合同确定的计划施工工期的起止日期。

资质等级：指施工企业的资质等级，照实际填写。

安全生产许可证编号：指施工企业开工前申请备案当地建设行政主管部门批准的安全生产许可证编号，填写安全生产许可证编号。

法人代表：指建设与施工企业合同书中的法人代表姓名，填写法人代表姓名。

项目经理：指工程招投标书中施工企业确定该项目的工程项目经理，填写项目经理姓名。

联系人：通常指施工企业委派的工程负责人，填写联系人姓名。

公司地址：按建设与施工企业合同书中的施工企业的公司地址，填写公司地址的路、街及门牌号。

现场安全保证体系人员名单：指分包该工程的具有相应资质的分包企业派驻现场的安全保证体系人员名单，照实际填写。

姓名、性别、年龄、职称、职务、专业：指分包该工程分包企业的安全保证体系人员的姓名、性别、年龄、职称、职务、专业，照实际填写。

安全生产考核合格证书编号：指分包该工程具有相应资质的分包企业安全生产考核合格的证书编号，填写证书编号。

分包企业安全保证体系：指分包该工程的具有相应资质的分包企业安全保证体系的以下情况，照实际填写。

姓名、性别、年龄、职称、职务、专业：指分包该工程的分包企业的安全保证体系人员的姓名、性别、年龄、职称、职务、专业，照实际填写。

安全生产考核合格证书编号：指分包该工程具有相应资质的分包企业安全生产考核合格的证书编号，填写证书编号。

分包企业情况：指分包该工程的具有相应资质的分包企业的以下情况，照实际填写。

企业名称：指分包企业的企业名称，照实际填写。

资质类别：指分包企业的资质类别，照实际填写。

资质等级：指分包企业的资质等级，照实际填写。

安全生产许可证号：指分包企业的安全生产许可证号，照实际填写。

负责人：指分包企业的负责人，照实际填写。

安全生产文明施工目标：按施工企业编制的施工组织设计的文明施工目标填写。

审查意见：指备案表中相关事项的审查意见。由批准备案表的当地建设行政主管部门或其委托的安全监督机构填写审查意见。

领导审核：指批准备案表的当地建设行政主管部门或其委托的安全监督机构按备案表中的相关内容的审查结果由主管领导填写领导审核结论。

需提交的资料：指下列 11 项需提交的资料。

（1）工程中标通知书；

（2）工程施工合同；

（3）施工现场总平面布置图；

（4）施工企业、分包企业资质证、安全生产许可（资格）证及复印件；

（5）施工现场“三通一平”证明原件；

（6）施工企业为职工办理意外伤害保险手续原件及复印件；

（7）临时设施规划方案、安全防护设施设置方案、施工进度计划、安全措施费用计划；

（8）安全技术措施、专项安全施工组织设计（方案、措施）并经审批签字；

（9）施工现场安全生产目标及实现目标的相关措施；

（10）施工现场安全防护用具及机械设备配备情况；

（11）项目经理及安全管理人员特种作业人员名册及证件复印件。

2.2.1.5 工程建设项目监督管理注册登记表

1. 资料表式

工程建设项目监督管理注册登记表

建设单位（章）： 年 月 日 编号：

<table>
<tr><td colspan="2">工程名称</td><td></td><td colspan="2">工程地址</td><td colspan="2"></td></tr>
<tr><td colspan="2">结构类型</td><td></td><td colspan="2">建筑面积</td><td colspan="2"></td></tr>
<tr><td colspan="2">工程造价</td><td>万元</td><td colspan="2">层 数</td><td colspan="2"></td></tr>
<tr><td colspan="2">计划开工日期</td><td>年 月 日</td><td colspan="2">计划竣工日期</td><td colspan="2">年 月 日</td></tr>
<tr><td colspan="2">工程批准号</td><td></td><td colspan="2">建筑规划许可证号</td><td colspan="2"></td></tr>
<tr><td colspan="2">提交施工图</td><td></td><td colspan="2">套 张</td><td colspan="2">中标书、施工合同</td></tr>
<tr><td colspan="2">建设单位</td><td></td><td>联系人</td><td></td><td>电话</td><td></td></tr>
<tr><td colspan="2">勘察单位</td><td></td><td>联系人</td><td></td><td>电话</td><td></td></tr>
<tr><td colspan="2">设计单位</td><td></td><td>联系人</td><td></td><td>电话</td><td></td></tr>
<tr><td colspan="2">监理单位</td><td></td><td>联系人</td><td></td><td>电话</td><td></td></tr>
<tr><td rowspan="5">施工单位</td><td>名 称</td><td></td><td colspan="2">营业执照号</td><td colspan="2"></td></tr>
<tr><td>电 话</td><td></td><td colspan="2">资质等级</td><td colspan="2"></td></tr>
<tr><td>法人代表</td><td></td><td colspan="2">安全生产许可证书编号</td><td colspan="2"></td></tr>
<tr><td>项目经理</td><td></td><td colspan="2">联系电话</td><td colspan="2"></td></tr>
<tr><td>质量检查员</td><td></td><td colspan="2">安全检查员</td><td colspan="2"></td></tr>
<tr><td>审批部门意见</td><td colspan="6">（章）
年 月 日</td></tr>
</table>

注：本表一式五份，建设单位、施工企业各一份，监督管理部门三份。

2. 实施要点

（1）工程建设项目监督管理注册登记表是建设工程项目接受政府监督的注册登记表。该表的内容包括：工程概况、计划开、竣工日期、工程批准号、规划许可证号、提交的施工图、中标书、施工合同、相关责任主体的联系方式等。

（2）该表审批部门必须签署审批部门意见并加盖公章。

（3）表列子项

工程地址：按建设与施工企业合同书中的工程地点填写。

结构类型：按施工图设计标注的工程结构形式，填写图注的结构形式。

建筑面积：按施工图设计标注的建筑面积，填写图注的建筑面积。

工程造价：按施工图设计预算的工程造价填写。

层数：按施工图设计标注的建筑物的层数，填写图注的建筑工程层数。

计划开工日期（年、月、日）：指施工合同确定的计划施工工期的开工日期。

计划竣工日期（年、月、日）：指施工合同确定的计划施工工期的竣日期。

工程批准号：指有权批复建设工程项目建设行政主管部门批准的受监工程的批准号。

建筑规划许可证号：指当地建设行政主管部门按总体规划要求批准的受监工程的建筑规划许可证号。

提交施工图（套、张）：指建设单位提交给施工、监理单位的合计施工图的套、张数。

中标书、施工合同：中标书指当地招投标机构按招投标规定进行的招投标经专家评审确认的中标单位，由招投标机构发给的中标书；施工合同指建设单位与根据招投标机构确认的中标的施工企业签订的施工合同书。

建设单位：指与施工、设计、监理等单位签订的合同书中的建设单位名称。

联系人：指建设单位委派的工程负责人，填写联系人姓名。

电话：指建设单位委派的工程负责人的联系电话，填写联系电话号码。

勘察单位：指签订合同书中的勘察单位名称。

联系人：指勘察单位委派的工程负责人，填写联系人姓名。

电话：指勘察单位委派的工程负责人的联系电话，填写联系电话号码。

设计单位：指签订合同书中的设计单位名称。

联系人：指设计单位委派的工程负责人，填写联系人姓名。

电话：指设计单位委派的工程负责人的联系电话，填写联系电话号码。

监理单位：指签订合同书中的监理单位名称。

联系人：指监理单位委派的工程负责人，填写联系人姓名。

电话：指监理单位委派的工程负责人的联系电话，填写联系电话号码。

施工单位：指签订合同书中的施工企业名称。

名称：指施工企业的单位名称，按全称填写。

营业执照号：指施工企业的营业执照号，填写营业执照号码。

电话：指施工企业委派的工程负责人的联系电话，填写联系电话号码。

资质等级：指施工企业经核准的资质等级，填写经核准的资质等级级别。

法人代表：指建设与施工企业合同书中的法人代表姓名，填写法人代表姓名。

安全生产许可证书编号：指施工企业开工前申请备案当地建设行政主管部门批准的安全生产许可证编号，填写安全生产许可证编号。

项目经理：指工程招投标书中施工企业确定的该项目工程的项目经理，填写项目经理姓名。

联系电话：指施工企业委派的工程负责人的联系电话，填写联系电话号码。

质量检查员：指施工企业委派的工程质量检查员，填写质量检查员姓名。

安全检查员：指施工企业委派的工程安全检查员，填写安全检查员姓名。

审批部门意见（章）：指注册登记表中相关事项的审查意见。由批准注册登记表的当地建设行政主管部门或其委托的安全监督机构填写审查意见。

2.2.1.6 施工企业现场质量、安全保证体系审查登记表

1. 资料表式

施工企业现场质量、安全保证体系审查登记表

施工企业（章）： 年 月 日 编号：

施工企业名称				施工企业主管部门	
工程名称				建筑面积（m^2）	
现场质量保证体系机构人员名单					
姓 名	年龄	专 业	职务（职称）	责任分工	职称证件编号
			项目经理		
			技术负责人		
			质量检查员		
现场安全保证体系机构人员名单					
姓 名	年龄	专 业	职务（职称）	责任分工	职称证件编号
			项目经理		
			安全技术负责人		
			安全检查员		
审核部门意见： （章） 年 月 日					

注：1. 本表一式四份，建设单位、施工企业各一份、监督管理部门二份；

2. 项目经理、安全技术负责人、安全检查员设专人负责（1万m^2以下设一名专职安检员，1～5万m^2设2～3名专职安检员，5万m^2以上设专职安全管理组），主要工种必须要兼职安全员；

3. 项目经理、技术负责人、质量检查员及主要工种必须设专人负责。

2. 实施要点

（1）施工企业现场质量、安全保证体系审查登记表是施工企业派驻施工现场的质量安全保证体系的人员的审查登记表。

（2）该表分别填记现场质量保证体系机构人员名单和现场安全保证体系机构人员名单，应分别按表列内容填记，填写应真实、正确。

（3）表列子项

施工企业（章）：指受监施工企业在此处加盖公章。

编号：由施工企业按受监工程序列形成的文件编号填写。

施工企业名称：指与建设单位签订合同书中的施工企业名称。

施工企业主管部门：填写受监工程施工企业的主管部门名称。

工程名称：按建设与施工企业合同书中的工程名称填写或按委托单上的工程名称。

建筑面积（m^2）：按施工图设计标注的建筑面积，填写图注的建筑面积。

现场质量保证体系机构人员名单：

姓名、年龄、专业、职务（职称）：指现场质量保证体系机构人员名单中的姓名、年龄、专业、职务（职称）。

责任分工：指现场质量保证体系机构人员名单中的某一姓名所分担的工作。

职称证件编号：指现场质量保证体系机构人员名单中的某一姓名的职称证件编号。

项目经理：指工程招投标书中施工企业确定的该项目工程的项目经理，填写项目经理姓名。

技术负责人：指施工企业派至施工现场从事技术工作的负责人。

质量检查员：指施工企业派至施工现场从事质量检查的人员。

现场安全保证体系机构人员名单：

姓名、年龄、专业、职务（职称）：指现场安全保证体系机构人员名单中的姓名、年龄、专业、职务（职称）。

责任分工：指现场安全保证体系机构人员名单中的某一人员所分担的工作。

职称证件编号：指现场安全保证体系机构人员名单中的某一人员的职称证件编号。

项目经理：指工程招投标书中施工企业确定的该项目工程的项目经理，填写项目经理姓名。

安全技术负责人：指施工企业派至施工现场从事安全技术工作的负责人。

安全检查员：指施工企业派至施工现场从事安全检查的人员。

审核部门意见（章）：指审查登记表中相关事项的审查意见。由批准审查登记表的当地建设行政主管部门或其委托的安全监督机构填写审查意见。

2.2.1.7 建设单位现场代表资格审查登记表有见证取样和送检见证人备案书

1. 资料表式

建设单位现场代表资格审查登记表
有见证取样和送检见证人备案书

建设单位（章）： 年 月 日 编号：

<table>
<tr><td colspan="2">建设单位名称</td><td colspan="2"></td><td>工程名称</td><td></td></tr>
<tr><td colspan="6">现 场 代 表 名 单</td></tr>
<tr><td>姓 名</td><td>年龄</td><td>专 业</td><td>职务（职称）</td><td>责任分工</td><td>职称证件编号</td></tr>
<tr><td></td><td></td><td></td><td></td><td></td><td></td></tr>
<tr><td></td><td></td><td></td><td></td><td></td><td></td></tr>
<tr><td></td><td></td><td></td><td></td><td></td><td></td></tr>
<tr><td></td><td></td><td></td><td></td><td></td><td></td></tr>
<tr><td></td><td></td><td></td><td></td><td></td><td></td></tr>
<tr><td colspan="6">有见证取样和送检见证人名单</td></tr>
<tr><td>姓 名</td><td>年龄</td><td>专 业</td><td colspan="2">工作单位</td><td>见证取样证编号</td></tr>
<tr><td></td><td></td><td></td><td colspan="2"></td><td></td></tr>
<tr><td></td><td></td><td></td><td colspan="2"></td><td></td></tr>
<tr><td></td><td></td><td></td><td colspan="2"></td><td></td></tr>
<tr><td></td><td></td><td></td><td colspan="2"></td><td></td></tr>
<tr><td></td><td></td><td></td><td colspan="2"></td><td></td></tr>
<tr><td colspan="3">有见证取样和送检印章</td><td colspan="3">见 证 人 签 字</td></tr>
<tr><td colspan="3"></td><td colspan="3"></td></tr>
<tr><td>备注</td><td colspan="5"></td></tr>
</table>

注：本表一式三份，建管办、建设单位、施工企业各一份。

2. 实施要点

(1) 该表是建设单位为工程实施派驻施工现场的代表，需进行资格审查登记和有见证取样和送检见证人备案的表式。应在表上加盖有见证取样和送检印章，并经本人在表上签字。

(2) 建设单位派驻现场代表和确认的有见证取样和送检见证人应保证其人员素质，且应专业齐全，真正能够代表建设单位处理工程中出现的相关问题。

(3) 建设单位派驻现场的代表，能代表建设单位处理且胜任其相关工作，应由建设单位出具委托书，明确职务和分工，人员数量能应适应现场工作需要；有见证取样和送检见证人应经批准，并保证其人员素质，能秉公办事，认真工作。

(4) 表列子项

1) 建设单位（章）：指受监建设单位在此处加盖公章。

2) 编号：由建设单位按受监工程序列形成的文件编号填写。

3) 建设单位名称：指与施工、设计、监理等单位签订的合同书中的建设单位名称。

4) 工程名称：按建设与施工企业合同书中的工程名称填写或按委托单上的工程名称。

5) 现场代表名单

姓名、年龄、专业、职务（职称）：指现场代表名单中某一代表的姓名、年龄、专业、职务（职称），照实际填写。

责任分工：指派驻施工现场代表名单中某一代表的姓名、年龄、专业、职务（职称）中的责任分工，填写某一代表责任分工的名称。

职称证件编号：指现场代表名单中某一代表的姓名、年龄、专业、职务（职称）中的职称证件编号，填写某一代表的职称证编号。

有见证取样和送检见证人名单：

姓名、年龄、专业：指有见证取样和送检见证人名单中某一人员的姓名、年龄、专业。

工作单位：指有见证取样和送检见证人名单中某一姓名、年龄、专业人员的工作单位。

见证取样证编号：指当地行政主管部门或其委托的质量监督机构发给见证取样人的见证取样证编号。

有见证取样和送检印章：指当地行政主管部门或其委托的质量监督机构发给见证取样人的有见证取样和送检印章。

见证人签字：指被批准执行见证人的人员签字，填写签字人姓名。

2.2.1.8 建设工程劳保基金预缴、结算协议书

该协议书是建筑业企业劳保基金管理办公室，就工程劳保基金开工前预缴及竣工后的多退少补事项，双方达成的协议条款。是在“统一办公”时集中收费的项目之一，应缴劳保基金应分别在开工前预缴和竣工后结算，应按协议书规定的时日内完成。

封页

建设工程劳保基金预缴、结算

协

议

书

编　　号：（　　　）第　　　号

工程名称：______________________

建设单位：______________________

施工企业：______________________

内页

根据×××人民政府通知的文件精神，×××建筑业企业劳保基金管理办公室（甲方）和________________（乙方），就乙方________________工程劳保基金开工前预缴及竣工后的多退少补事项，双方达成如下协议。

第一条　乙方________________工程项目，暂定建安工程总造价__________元，按规定，应向甲方预先缴纳劳保基金__________元。

（大写）　　佰　　拾　　万　　仟　　佰　　拾　　元

第二条　乙方工程竣工后，应于20日内主动与甲方结算实际应缴劳保基金，对劳保基金增减部分，实行多退少补。

甲方应退还劳保基金＝预缴劳保基金-应缴劳保基金

乙方应补交劳保基金＝应缴劳保基金-预缴劳保基金

第三条　对于工程竣工后劳保基金的增减部分，甲方应在乙方全部结算资料送达十日内结清。乙方逾期不缴纳和甲方逾期不退还，双方均有权从逾期日起，按应补缴或应退还金额每日加收5‰的滞纳金。

第四条　乙方在工程竣工验收之日起20日内，未按本协议期限与甲方结算劳保基金的，甲方可根据施工企业提供的结算资料与乙方结算实际应缴劳保基金，并每日加收5‰的滞纳金。

第五条　凡本协议发生的或与本协议有关的一切争议，协议双方一致同意提请×××仲裁委员会按照规则进行仲裁（或×××劳保基金管理领导小组按规定进行调解）。

第六条　本协议经双方签章后生效，至工程竣工后应缴或应退劳保基金结清后失效。本协议一式两份，甲、乙双方各执一份。

甲方：（章）　　　　乙方（章）

负责人：（签章）　　　　负责人：（签章）

开户行：　　　　开户行：

账　号：　　　　账　号：

电　话：　　　　电　话：

年　　月　　日

2.2.1.9 建设工程执法守法承诺书

1. 承诺书及备案报送资料

封页

建设工程执法守法

承

诺

书

建筑市场稽查站监制

内页

建设单位工程建设执法、守法承诺

为认真贯彻落实《中华人民共和国建筑法》、《建设工程质量管理条例》等法律、法规，增强遵纪守法意识，依法进行工程建设，特向市建筑市场稽查站承诺如下：

(1) 增强法制观念，认真遵守有关工程建设的法律、法规，服从建设行政主管部门的管理。

(2) 严格按照建筑程序办事，依法进行工程报建、工程招投标，依法办理工程质量监督、开工许可证，按时缴纳劳保基金。

(3) 严格按计划、规划、报建实施，不无故超范围，不无故扩大工程规模。对确需变更的，报经有关部门批准后实施。

(4) 严格遵守招投标管理法，杜绝压级压价、肢解发包工程和明招暗定行为，不以任何借口肢解已发包工程、自行安排施工队伍。

(5) 认真签定施工合同，不搞合同外合同及假合同，并在履行过程中，与施工企业互相监督。

(6) 所有工作人员，不得以任何借口向施工企业施加压力，推销合同外的建筑材料、构配件、工具和设备。

(7) 不以任何理由向施工企业索钱索物及进行高档娱乐活动，主动拒绝施工企业的行贿行为。

(8) 工程决算以造价站审定后的结算为依据，及时与施工企业办理工程结算，及时支付工程款，包括各项工程变更。不得以任何形式进行账外结算，更不得收受回扣。

(9) 未尽事宜，按有关法律、法规和规定执行，如有违犯，愿接受监督部门、执法机关的处罚。

建设单位：(签章)　　　　法人代表：(签章)

联系电话：

年　　月　　日

建筑施工企业执法、守法承诺

为认真贯彻落实《中华人民共和国建筑法》、《建设工程质量管理条例》等法律、法规，依法进行工程建设，维护建筑市场秩序，增强遵纪守法约束，特向市建筑市场稽查站承诺如下：

(1) 认真学习《建筑法》及各项有关法律、法规，不断加强职工思想教育，增强守法意识，服从各级建设行政主管部门的管理。

(2) 严格遵守工程建设程序，按规章办事，依法办理企业资质年审、企业安全资质认证、项目经理部资质等各项施工手续。

(3) 严格企业管理，绝不出卖企业资质、营业执照等证件，不向高资质企业挂靠。

(4) 遵纪守法，公平竞争，以实力取胜，认真组织工程投标，对所承接的工程认真组织实施，自行完成，杜绝转包及违法分包。

(5) 认真签定工程承包合同，并在履行过程中与建设方互相监督，共同遵守。

(6) 在建设单位手续不完备的情况下决不开工，并督促、协助建设单位尽快办理开工手续。

(7) 启用合格的项目部，精心组织施工，加强施工现场管理，争创文明工地，严格按操作规程办事，杜绝使用劣质建材、决不偷工减料。接受管理部门的质量监督和安全监督。

(8) 按时支付农民工工资，决不以任何理由、任何借口拖欠。

(9) 不以任何形式向管理部门和建设单位行贿，自觉抵制不正之风，树立全新的质量过关、技术过硬、作风正派的企业形象。

(10) 未尽事宜按有关法律、法规和规定执行，如有违犯，愿依据有关处罚条例接受处罚。

施工企业：(签章) 法人代表：(签章)

联系电话：

年 月 日

建筑市场稽查执法守法承诺

为维护《中华人民共和国建筑法》、《建设工程质量管理条例》等法律、法规的严肃性，规范建筑市场行为，认真履行建筑市场稽查职责，特向建设市场各方主体和社会各界承诺如下：

(1) 认真贯彻《中华人民共和国建筑法》、《建设工程质量管理条例》等有关法律法规，增强法律意识，严格依法行政。

(2) 认真执行"稽查工作人员执法守则"及"稽查工作程序"，严格履行稽查职责。

(3) 严格按行政处罚程序，对违法工程进行查处，任何人不得以任何借口违反规定私自处理。

(4) 依法对所有建筑工程进行稽查管理，按规定审查、留存资料，办理稽查备案手续时间不得超过半天。

(5) 加强执法队伍廉政建设，严肃执法形象，稽查人员不得单独进行项目调查，更不得向被调查单位施加压力索要好处，如有发生，给予严肃处理。

(6) 未尽事宜，按有关法律、法规和规定执行，望各建设单位、施工企业监督。特设举报电话：

建筑市场稽查站：

承办人：(签章)

联系电话：

年 月 日

工程建设项目稽查备案
报 送 资 料

需审查（原件）留存备案（复印件）的证件：

（1）建设单位：

发改委计划书、土地证、规划许可证、图审备案书、招标代理合同和资质证、工程勘察合同和资质证、工程设计合同和资质证、工程监理合同（副本）、建设资金证明、（施工许可证）（竣工备案）。

（2）施工企业：

中标备案书、工程施工合同（副本）、企业资质证（加盖红章）、承诺书、外埠施工企业进冀备案。

注：此承诺书一式三份，稽查监督部门、建设单位、施工企业各一份。

2. 实施要点

（1）这是一份建设单位、施工企业、当地建筑市场稽查对建设工程的执法守法的承诺书。约束双方认真执行相关法律、法规、规范、标准，要求建设单位及其法人代表必须分别签章；建筑施工企业及其法人代表必须分别签章；建筑市场稽查及其承办人均必须签章。

（2）工程建设项目稽查备案报送资料应分别由建设单位和施工企业提供。

建设单位应提供：发改委计划书、土地证、规划许可证、图审备案书、招标代理合同和资质证、工程勘察合同和资质证、工程设计合同和资质证、工程监理合同（副本）、建设资金证明、（施工许可证）（竣工备案）。

施工企业应提供：中标备案书、工程施工合同（副本）、企业资质证（加盖红章）、承诺书、外埠施工企业进入施工驻地城市的建设行政主管部门备案文件。

注：这份建设、施工企业和当地建筑市场稽查机构签订的承诺书，只是某市的一份表式，仅供参考。

2.2.2 政府监督管理过程控制技术文件

2.2.2.1 安全生产许可证相关表单

1. 申报说明

安全许可证首次申请和延期申请所需附件材料：

（1）企业法人营业执照；

（2）建筑业企业资质证书；

（3）建筑施工企业有职称的工程技术和经济管理人员名单；

（4）企业安全生产责任制及规章制度和文件，包括：各级安全生产责任制目录、各项安全生产规章制度目录、各工种、机械设备操作规程目录；

（5）安全生产投入的有关资料：安全投入管理办法（或规章制度）、年度安全投入计划、安全投入台账、安全投入实物清单、发票、合格证等；

(6) 安全生产管理机构设置和人员配备，包括：企业设置安全生产管理机构的文件、安全生产管理机构工作职责、安全生产管理机构负责人的任命文件、安全生产管理机构成员明细表；

(7) 企业“三类人员”安全生产考核合格名单及证书；

(8) 企业特种作业人员名单及证书

(9) 企业年度安全培训教育材料，包括：安全培训教育计划、安全培训考核记录、安全培训考试卷（样卷）；

(10) 企业参加工伤保险及意外伤害保险证明；

(11) 职业危害防治措施文件，包括：水泥作业防护措施、电焊作业防护措施、防水作业防护措施、其他作业防护措施；

(12) 安全防护用具、设备清单，包括：安全防护用具清单、安全防护服装清单、机械设备及施工机具清单、起重机械设备检测证明；

(13) 施工现场危险部位预防监控措施和应急预案，包括：大型基坑支护与降水工程、大型土石方开挖工程、大型模板工程、大型起重吊装工程、脚手架工程；

(14) 生产安全事故应急救援预案，包括：企业生产安全事故应急救援预案、救援人员名单、救援器材、设备清单、救援演练记录；

(15) 施工现场检查报告。

2. 安全许可证变更所需附件材料

(1) 安全生产许可证复印件（原件收回）；

(2) 变更企业名称、单位地址应有企业变更后的资质证书、企业法人营业执照复印件（验原件）；

(3) 企业主要负责人变更，新的主要负责人应先通过建筑施工企业主要负责人安全考核，并应提供公司正式任命文件或董事会决议及变更后主要负责人的安全考核合格证书及变更后的资质证书，企业法人营业执照。

2.2.2.1-1　建筑施工企业安全生产许可证首次申请和延期申请表

封页

建筑施工企业安全生产许可证申请表

企业名称：

填报日期：　　　　年　月　日

申请类别：首次申请［　　］延期申请［　　］

中华人民共和国建设部制

内页

填　表　说　明

一、本表用于建筑施工企业首次申请或者申请延期安全生产许可证。

二、本表应使用黑色钢笔或签字笔填写，或使用计算机打印，字迹要工整，不得涂改。

三、申请编号、申请时间、受理编号、受理时间由发证机关填写，本表第一至第五部分由企业填写。表中“证书有效期”一栏，请填写证书有效期的截止时间。企业应如实逐项填写，不得有空项。如遇没有的项目请填写“无”。

四、本表一律用中文填写，数字均使用阿拉伯数字。

五、本表在填写时如需加页，一律使用 A4 型纸。

六、本表所需附件材料请按第七项所列目录顺序用 A4 型纸单独装订成册；企业在申请时，需要交验附件材料中涉及的所有证件、凭证原件。

七、本表可在建设部网站（www.cin.gov.cn）或建筑安全生产监督管理信息系统（www.jzaq.net）下载后用 A4 型纸打印。

内页

企业法定代表人声明

本人　　　　（法定代表人）　　　　　　　　　　（身份证号码）郑重声明：本企业填报的《建筑施工企业安全生产许可证申请表》及附件材料的全部内容是真实的，无任何隐瞒和欺骗行为。本企业此次申请建筑施工企业安全生产许可证，如有隐瞒情况和提供虚假材料以及其他违法行为，本企业和本人愿意接受建设主管部门及其他有关部门依据有关法律法规给予的处罚。

企业法人代表：
（签名）　　　　　　　　　　（企业公章）

年　　月　　日

一、企业基本情况

企业名称			
注册地址（邮编）			
营业执照注册号		组织机构代码	
经济类型		设立时间	
联系电话		传真电话	
电子邮箱		职工年平均人数	
资质类别及等级（已办理资质的填写）	资质序列		
	主项资质		
	增项资质		
	资质证书编号		

二、企业主要负责人简况

法　定　代　表　人					
姓　　名		性别		最高学历	
职　　务		职称		专　　业	
固定电话				移动电话	
安全生产考核合格发证单位				发证时间	
证书编号				证书有效期	
经　　理					
姓　　名		性别		最高学历	
职　　务		职称		专　　业	
固定电话				移动电话	
安全生产考核合格发证单位				发证时间	
证书编号				证书有效期	
分管安全生产副经理					
姓　　名		性别		最高学历	
职　　务		职称		专　　业	
固定电话				移动电话	
安全生产考核合格发证单位				发证时间	
证书编号				证书有效期	

三、项目负责人简况

序号	姓　名	级别	专　业	安全生产考核合格情况			
				发证单位	发证时间	证书编号	证书有效期

四、专职安全生产管理人员简况

法定代表人					
姓名		性别		最高学历	
职务		职称		专业	
固定电话				移动电话	
安全生产考核合格发证单位				发证时间	
证书编号				证书有效期	

序号	姓名	专业	安全生产考核合格情况			
			发证单位	发证时间	证书编号	证书有效期

注：本表应包含企业安全生产管理机构人员和施工现场专职安全管理人员。

五、特种作业人员简况

序号	姓名	专业	安全生产考核合格情况			
			发证单位	发证时间	证书编号	证书有效期

六、安全生产许可证审批情况

<table>
<tr><td>承办司局
或处室意见</td><td colspan="3">

负责人签字：　　　　　（公章）
年　月　日</td></tr>
<tr><td>安全生产许可
证颁发管理机
关审批意见</td><td colspan="3">

负责人签字：　　　　　（公章）
年　月　日</td></tr>
<tr><td colspan="4">安全生产许可证正本、副本载明的内容</td></tr>
<tr><td>单位名称</td><td colspan="3"></td></tr>
<tr><td>单位地址</td><td colspan="3"></td></tr>
<tr><td>经济类型</td><td></td><td>主要负责人</td><td></td></tr>
<tr><td>发证日期</td><td></td><td>证书编号</td><td></td></tr>
<tr><td>证书有效期</td><td colspan="3">年　月　日至　　年　月　日</td></tr>
<tr><td>许可范围</td><td colspan="3">建筑施工</td></tr>
</table>

七、附件材料目录

（一）各级安全生产责任制和安全生产规章制度目录及文件，操作规程目录；

（二）保证安全生产投入的证明文件；

（三）设置安全生产管理机构和配备专职安全生产管理人员的文件；

（四）主要负责人、项目负责人、专职安全生产管理人员安全生产考核合格名单及证书（复印件）；

（五）本企业特种作业人员名单及操作资格证书（复印件）；

（六）本企业管理人员和作业人员年度安全培训教育材料；

（七）从业人员参加工伤保险以及施工现场从事危险作业人员参加意外伤害保险有关证明；

（八）施工起重机械设备检测合格证明；

（九）职业危害防治措施；

（十）危险性较大分部分项工程及施工现场易发生重大事故部位、环节的预防监控措施和应急预案；

（十一）生产安全事故应急救援预案。

2.2.2.1-2 建筑施工企业安全生产许可证变更申请表

安全生产许可证变更申请表

<table>
<tr><td rowspan="7">变更前企业基本情况</td><td>企业名称</td><td colspan="3"></td></tr>
<tr><td>详细地址</td><td colspan="3"></td></tr>
<tr><td>营业执照字号</td><td colspan="3"></td></tr>
<tr><td>主项资质类别及等级</td><td colspan="3"></td></tr>
<tr><td>资质证书编号</td><td colspan="3"></td></tr>
<tr><td>安全生产许可证编号</td><td colspan="3"></td></tr>
<tr><td>企业法人代表（签字）</td><td></td><td>考核合格证号</td><td></td></tr>
<tr><td colspan="5">申请变更事项：</td></tr>
<tr><td colspan="5">所附证明材料：</td></tr>
<tr><td colspan="3">经手人签字：

（申请企业盖章）
年 月 日</td><td colspan="2">市级建设行政主管部门意见：

（章）
年 月 日</td></tr>
<tr><td colspan="5">省级建设行政主管部门意见：

（章）
年 月 日</td></tr>
</table>

2.2.2.1-3 建筑施工企业安全生产许可证丢证补证申请表

安全生产许可证丢证补证申请表

<table>
<tr><td rowspan="7">企业基本情况</td><td>企业名称</td><td colspan="3"></td></tr>
<tr><td>详细地址</td><td colspan="3"></td></tr>
<tr><td>营业执照字号</td><td colspan="3"></td></tr>
<tr><td>主项资质类别及等级</td><td colspan="3"></td></tr>
<tr><td>资质证书编号</td><td colspan="3"></td></tr>
<tr><td>安全生产许可证编号</td><td colspan="3"></td></tr>
<tr><td>企业法人代表（签字）</td><td></td><td>考核合格证号</td><td></td></tr>
<tr><td colspan="5">申请办理事项：</td></tr>
<tr><td colspan="5">所附证明材料：</td></tr>
<tr><td colspan="3">经手人签字：

（申请企业盖章）
年 月 日</td><td colspan="2">市级建设行政主管部门意见：

（章）
年 月 日</td></tr>
<tr><td colspan="5">省级建设行政主管部门意见：

（章）
年 月 日</td></tr>
</table>

2.2.2.1-4 建筑施工企业安全生产许可证增证申请表

安全生产许可证增证申请表

<table>
<tr><td rowspan="7">企业基本情况</td><td>企业名称</td><td colspan="3"></td></tr>
<tr><td>详细地址</td><td colspan="3"></td></tr>
<tr><td>营业执照字号</td><td colspan="3"></td></tr>
<tr><td>主项资质类别及等级</td><td colspan="3"></td></tr>
<tr><td>资质证书编号</td><td colspan="3"></td></tr>
<tr><td>安全生产许可证编号</td><td colspan="3"></td></tr>
<tr><td>企业法人代表（签字）</td><td></td><td>考核合格证号</td><td></td></tr>
<tr><td colspan="2">申请前许可证数量：</td><td colspan="3">申请增证数量：</td></tr>
<tr><td colspan="2">经手人签字：
（申请企业盖章）
年 月 日</td><td colspan="3">市级建设行政主管部门意见：
（章）
年 月 日</td></tr>
<tr><td colspan="5">省级建设行政主管部门意见：
（章）
年 月 日</td></tr>
</table>

2.2.2.1-5 建筑施工企业安全生产许可证注销申请表

安全生产许可证注销申请表

<table>
<tr><td rowspan="7">变更前企业基本情况</td><td>企业名称</td><td colspan="3"></td></tr>
<tr><td>详细地址</td><td colspan="3"></td></tr>
<tr><td>营业执照字号</td><td colspan="3"></td></tr>
<tr><td>主项资质类别及等级</td><td colspan="3"></td></tr>
<tr><td>资质证书编号</td><td colspan="3"></td></tr>
<tr><td>安全生产许可证编号</td><td colspan="3"></td></tr>
<tr><td>企业法人代表（签字）</td><td></td><td>考核合格证号</td><td></td></tr>
<tr><td colspan="5">申请注销原因：</td></tr>
<tr><td colspan="5">相关证明材料：</td></tr>
<tr><td colspan="2">经手人签字：
（申请企业盖章）
年 月 日</td><td colspan="3">市级建设行政主管部门意见：
（章）
年 月 日</td></tr>
<tr><td colspan="5">省级建设行政主管部门意见：
（章）
年 月 日</td></tr>
</table>

2.2.2.1-6 安全许可证相关表单填表说明

（1）企业名称：指组织机构代码证确定的机构名称；

（2）组织机构代码：企业申报事项时，此项为必填项，填写组织机构代码证号码；

（3）注册地址：以组织机构代码证确定的地址，其中地市、区县采用选择框方式填写；

（4）经济类型：有限责任企业、国有企业、集体企业、股份合作企业、联营企业、股份有限企业、私营企业、港澳台投资企业、外商投资企业、其他企业；

（5）资质序列：01 施工总承包、012 专业承包、013 劳务分包；

（6）施工总包序列类别：01101 房屋建筑工程、01101 公路工程、01102 铁路工程、01103 港口与航道工程、01104 水利水电工程、01105 电力工程、01106 矿山工程、01107 冶炼工程、01108 化工石油工程、01109 市政公用工程、01110 通信工程、01111 机电安装工程；

（7）专业承办序列类别：01201 地基与基础工程、01202 土石方工程、01203 建筑装修装饰工程、01204 建筑幕墙工程、01205 预拌商品混凝土、01206 混凝土预制构件、01207 园林古建筑工程、01208 钢结构工程、01209 高耸构筑物工程、01210 电梯安装工程、01211 消防设施工程、01211 建筑防水工程、01213 防腐保温工程、01214 附着升降脚手架、01215 金属门窗工程、01216 预应力工程、01217 起重设备安装工程、01218 机电设备安装工程、01219 爆破与拆除工程、01220 建筑智能化工程、01221 环保工程、01222 电信工程、01223 电子工程、01224 桥梁工程、01225 隧道工程、01226 公路路面工程、01227 公路路基工程、01228 公路交通工程、01229 铁路电务工程、01230 铁路铺轨架梁工程、01231 铁路电气化工程、01232 机场场道工程、01233 机场空管工程及航站楼弱电系统工程、01234 机场目视助航工程、01235 港口与海岸工程、01236 港口装卸设备安装工程、01237 航道工程、01238 通航建筑工程、01239 通航设备安装工程、01240 水上交通管制工程、01241 水工建筑物基础处理工程、01242 水工金属结构制作与安装工程、01243 水利水电机电设备安装工程、01244 河湖整治工程、01245 堤防工程、01246 水工大坝工程、01247 水工隧洞工程、01248 火电设备安装工程、01249 送变电工程、01250 核工程、01251 炉窑工程、01252 冶炼机电设备安装工程、01253 化工石油设备管道安装工程、01254 管道工程、01255 无损检测工程、01256 海洋石油工程、01257 城市轨道交通工程、01258 城市及道路照明工程、01259 体育场地设施工程、01260 特种专业工程、01261 城市燃气供热工程、01262 住宅室内装饰装修专业、01263 城市垃圾处理工程、01264 城市道路桥梁工程、01265 城市给水排水工程；

（8）劳务分包序列类别：01301 木工作业、01302 砌筑作业、01303 抹灰作业、01304 石制作业、01305 油漆作业、01306 钢筋作业、01307 混凝土作业、01308 脚手架作业、01309 模板作业、01310 焊接作业、01311 水暖电安装作业、01312 钣金作业、01313 架线作业；

（9）资质等级：01001 特级、01002 一级、01003 二级、01004 三级、01005 不分等级、01101 监控系统工程分项、01102 交通安全设施分项、01103 收费系统工程分项、01104 通信、监控、收费综合系统工程分项、01105 通信系统工程分项、01201 暂二级、

01202 暂三级；

（10）填写人员时必须提供 18 位身份证号；

（11）“三类人员”考核证书有效期限：3 年；

（12）最高学历：博士、硕士、本科、大专、中专、高中、初中、小学、无；

（13）企业负责人、项目负责人、专职安全生产人员、特殊作业人员中的“安全生产考核合格发证单位”、“发证时间”、“有效日期”、“证书编号”为选添。

2.2.2.2　安全生产许可证综合查验表

1. 资料表式

安全生产许可证综合查验表

企业基本情况	企业名称		
	资质证书编号		
	安全生产许可证编号		
	企业法人代表	考核合格证号	
查验内容查验结果备注企业的安全生产责任制、安全生产规章制度、安全操作规程的落实情况			
企业保证安全生产投入的管理办法、规章制度、年度安全投入计划、实际安全生产投入台账、实物投入清单			
企业安全管理机构和专职安全生产管理人员配备、持证上岗、履行职责情况			
本企业特种作业人员持证上岗情况；企业管理人员和作业人员年度安全培训教育计划及落实情况			
企业安全防护用具、安全防护服装、机械设备、施工机具的配备和施工起重机械设备检测检验情况			
危险性较大的分部分项工程及施工现场易发生重大事故的部位、环节的预防监控措施、应急预案落实情况			
生产安全事故应急救援预案规定的救援人员及救援器材、设备配备和救援演练情况			
有关部门或单位报告、抄告、举报情况			
企业诚信记录（伤亡事故情况、与安全生产有关的行政处罚和受奖情况、主管部门组织实施的安全检查情况）			
综合查验结论			

检查单位：　　　　检查组长：　　　　检查日期：

2. 实施要点

（1）本表为省、市、县级安全监督管理机构，日常监督检查安全生产许可证综合查验时的用表，考核内容应按表列子项逐一进行。

（2）表内检查内容的控制标准见 2004 年 1 月 13 日中华人民共和国国务院第 397 号公布的“安全生产许可证条例”中的相关内容。

2.2.2.3 重大危险源管理账单

1. 资料表式

重大危险源管理账单

序号	重大危险源	施工现场	监控措施	应急措施	备注

2. 实施要点

（1）重大危险源管理账单是地区建设行政主管部门安全生产管理实施对重大危险源管理进行登记的记录册，以对重大危险源进行监控。该表的内容包括：序号、重大危险源、施工现场、监控措施、应急措施、备注。

重大危险源管理应填写重大危险源管理台账。

（2）表列子项

1）重大危险源：指施工组织设计中确认的重大危险源，按实际填写。

2）施工现场：指施工组织设计中确认的重大危险源所在的施工现场，按实际填写。

3）监控措施：指施工组织设计中确认的重大危险源采取的监控措施，按实际填写。

4）应急措施：指施工组织设计中确认的重大危险源采取的应急措施，按实际填写。

2.2.2.4　建设工程安全隐患整改通知与报告

2.2.2.4-1　建设工程安全隐患整改通知书

1. 资料表式

建设工程安全隐患整改通知书

（　　）安患字第（　　）号

____________________：

经检查，你单位施工的____________________________项目，违反《建设工程安全生产管理条例》、《建筑施工安全检查标准》、《　　省建设工程施工安全规程》等标准规范，存在如下安全隐患：____________________________

____

____

____

根据《建设工程安全生产管理条例》、《　　建筑工程施工安全监督管理暂行规定》，限于______年____月____日前整改完毕，并将整改报告书报（　　　）。

签发人：　　　　　　　　　　　　　　　　（公章）

施工企业接受人：　　　　　　　　　　　　年　　月　　日

监理单位签收人：

注：本通知书一式三份，签发部门、施工企业、监理单位各一份。

2. 实施要点

该表是建设行政主管部门进行安全检查后在施工现场发现工程安全存在隐患时，向施工企业发出的建设工程安全隐患整改通知书，施工企业收到整改通知书后，必须立即对其隐患进行整改，整改符合要求后应填写建设工程安全隐患整改报告书，报当地建设行政主管部门。

2.2.2.4-2 建设工程安全隐患整改报告书

1. 资料表式

建设工程安全隐患整改报告书

<table>
<tr><td>施工企业</td><td></td><td>工程名称</td><td></td></tr>
<tr><td>隐患整改通知书编号</td><td colspan="3"></td></tr>
<tr><td>整改情况</td><td colspan="3">项目负责人：（签字）
企业负责人：（签字）
（公章）
年 月 日</td></tr>
<tr><td>监理单位意见</td><td colspan="3">总监理工程师：（签字）
（公章）
年 月 日</td></tr>
</table>

注：整改情况要有整改人、整改时间、整改措施等内容。

2. 实施要点

（1）该表是施工企业的企业负责人和项目负责人、现场总监理工程师对安全隐患整改通知书中提出的问题进行整改并符合要求后，向当地建设行政主管部门送交的一份整改报告书。整改报告书的整改情况要有整改人、整改时间、整改措施等内容。

（2）表列子项

1）隐患整改通知书编号：指当地行政主管部门发给的隐患整改通知书编号，填写该通知书编号。

2）整改情况：指按当地行政主管部门发给的隐患整改通知书中提出问题的整改情况。由项目负责人和企业负责人分别签字并加盖公章。

3）监理单位意见：指监理单位对该整改情况的意见，应说明同意或不同意，为什么。总监理工程师签字并加盖公章。

2.2.2.5 建设工程安全监督停工整改与复工通知

2.2.2.5-1 建设工程安全监督停工整改通知书

1. 资料表式

建设工程安全监督停工整改通知书

（ ）安停字第（ ）号

______________：

经检查，你单位施工的______________________________项目，违反《建设工程安全生产管理条例》、《建筑施工安全检查标准》、《 省建设工程施工安全规程》等标准规范，存在如下重大安全隐患：______________________________

____

____

____

根据《建设工程安全生产管理条例》、《 省建筑工程施工安全监督管理暂行规定》，必须立即停工整改，待整改完毕，将整改报告书报（ ）。经检查验收合格后方可复工。

签发人：（公章）

施工企业接受人：年 月 日

监理单位签收人：

注：本通知书一式三份，签发部门、施工企业、监理单位各一份。

2. 实施要点

该表是建设行政主管部门进行安全检查后在施工现场发现工程安全存在重大安全隐患时，向施工企业发出的建设工程安全监督停工整改通知书，施工企业收到停工整改通知书后，必须立即对其重大安全隐患进行整改，整改符合要求并经验收合格后方可复工。

2.2.2.5-2 建设工程安全监督复工通知书

1. 资料表式

建设工程安全监督复工通知书

______________（单位）：

你单位报送的______________________项目整改报告书收悉，经我站复查认为：

安全隐患已整改完毕，同意复工。

特此通知！

安全监督员： 审批站长：

（公章）

年 月 日

施工企业签收人： 签收时间： 年 月 日

监理单位签收人： 签收时间： 年 月 日

2. 实施要点

该表是安全监督机构的安全监督员、地方安检站长经对施工企业报送的项目整改报告书经现场审查安全隐患已整改完毕，同意复工后签发的建设工程安全监督复工通知书。

2.2.2.6　重大生产安全事故的约谈签到、约谈记录与约谈汇报通知

2.2.2.6-1　×××房屋建筑与市政工程建设重大生产安全事故约谈签到表

1. 资料表式

×××房屋建筑与市政工程建设重大生产安全事故约谈签到表

年　月　日

<table>
<tr><td>约谈事故项目</td><td colspan="4"></td></tr>
<tr><td rowspan="22">参
加
人
员</td><td>单　位</td><td>姓　名</td><td>单　位</td><td>职　务</td></tr>
<tr><td rowspan="5">施工企业</td><td></td><td></td><td></td></tr>
<tr><td></td><td></td><td></td></tr>
<tr><td></td><td></td><td></td></tr>
<tr><td></td><td></td><td></td></tr>
<tr><td></td><td></td><td></td></tr>
<tr><td rowspan="3">监理单位</td><td></td><td></td><td></td></tr>
<tr><td></td><td></td><td></td></tr>
<tr><td></td><td></td><td></td></tr>
<tr><td rowspan="3">建设单位</td><td></td><td></td><td></td></tr>
<tr><td></td><td></td><td></td></tr>
<tr><td></td><td></td><td></td></tr>
<tr><td rowspan="5">市、县
建设主管部门与
安监机构</td><td></td><td></td><td></td></tr>
<tr><td></td><td></td><td></td></tr>
<tr><td></td><td></td><td></td></tr>
<tr><td></td><td></td><td></td></tr>
<tr><td></td><td></td><td></td></tr>
<tr><td rowspan="5">省级主管部门</td><td></td><td></td><td></td></tr>
<tr><td></td><td></td><td></td></tr>
<tr><td></td><td></td><td></td></tr>
<tr><td></td><td></td><td></td></tr>
<tr><td></td><td></td><td></td></tr>
</table>

2. 实施要点

（1）本表为房屋建筑或市政工程建设中发生的重大生产安全事故时，建设行政主管部门约谈事故发生单位时约谈人员签到的表式。应逐项按表列内容填写。

（2）表内检查内容控制标准见“建设行政主管部门对安全事故约谈规定”中的相关内容。

（3）约谈参加人员包括：施工企业，监理单位，建设单位，市、县建设主管部门与安监机构，省级主管部门的负责人及相关人员。

（4）表列子项

1）约谈事故项目：指约谈的发生重大生产安全事故的项目名称。

2）施工企业、监理单位、建设单位：分别填写施工企业、监理单位、建设单位参加约谈人员的姓名、单位、职务。

3）市、县建设主管部门与安监机构：分别填写市、县建设主管部门与安监机构参加约谈人员的姓名、单位、职务。

4）省级主管部门：分别填写省级主管部门参加约谈人员的姓名、单位、职务。

2.2.2.6-2 ×××房屋建筑与市政工程建设重大生产安全事故约谈记录表

1. 资料表式

×××房屋建筑与市政工程建设
重大生产安全事故约谈记录表

年 月 日

<table>
<tr><td>约谈事故项目</td><td colspan="3"></td></tr>
<tr><td>事故发生时间</td><td></td><td>事故地点</td><td></td></tr>
<tr><td>事故级别</td><td></td><td>伤亡人数</td><td></td></tr>
<tr><td>建设单位</td><td colspan="3"></td></tr>
<tr><td>施工企业</td><td></td><td>资质等级</td><td></td></tr>
<tr><td>监理单位</td><td></td><td>资质等级</td><td></td></tr>
<tr><td>建设主管部门</td><td colspan="3"></td></tr>
<tr><td>主持人</td><td></td><td>记录人</td><td></td></tr>
<tr><td>参加人</td><td colspan="3"></td></tr>
<tr><td colspan="4">约　谈　记　录</td></tr>
<tr><td colspan="4">一、事故主要经过与应急救援情况：

二、事故主要原因分析：

三、事故发生后，建设主管部门采取的主要措施：

四、事故责任分析与处理意见或建议：

五、省级建设行政主管部门与安监机构提出的防范事故、完善监管、严格执法的相关要求：</td></tr>
<tr><td>被约谈单位
确认签字</td><td colspan="3">

年 月 日</td></tr>
</table>

2. 实施要点

(1) 本表为房屋建筑或市政工程建设中发生的重大生产安全事故时，建设行政主管部门约谈事故发生单位时约谈人员记录的表式。应逐项按表列内容填写。

(2) 表内检查内容的控制标准见“建设行政主管部门对安全事故约谈规定”中的相关内容。

(3) 表列子项

1) 约谈事故项目：填写被约谈事故的项目名称。

2) 事故发生时间：填写被约谈事故的发生时间，填写年、月、日、时。

3) 事故地点：填写被约谈事故的发生地点。

4) 事故级别：指按《生产安全事故报告和调查处理条例》规定的划分原则确认的事故级别，填写被约谈事故的事故级别。

5) 伤亡人数：填写被约谈事故的伤亡人数。

6) 建设单位：指与施工、设计、监理等单位签订的合同书中的建设单位，填写建设单位名称。

7) 施工企业：指签订合同书中的施工企业名称，填写施工企业名称。

8) 资质等级：指施工企业经核准的资质等级，填写经核准的资质等级级别。

9) 监理单位：指签订合同书中的监理单位名称。

10) 资质等级：指监理单位经核准的资质等级，填写经核准的资质等级级别。

11) 建设主管部门：指省、市级建设主管部门，填写省、市级建设主管部门名称。

12) 主持人：指省、市级建设主管部门主持约谈事故的主持人，填写约谈事故的主持人姓名。

13) 记录人：指省、市级建设主管部门主持约谈事故的记录人，填写约谈事故的记录人姓名。

14) 参加人：指省、市级建设主管部门主持约谈事故的参加人，填写约谈事故的参加人姓名。

15) 约谈记录：分别详细记录：事故主要经过与应急救援情况；事故主要原因分析；事故发生后，建设主管部门采取的主要措施；事故责任分析与处理意见或建议；省级建设行政主管部门与安监机构提出的防范事故、完善监管、严格执法的相关要求。

16) 被约谈单位确认签字：指事故发生单位参加约谈的负责人，填写参加约谈负责人的姓名。

注：建设工程安全重特大事故约谈制度。

发生四级以上重大事故后，省级建设行政主管部门领导与事故发生地建设行政主管部门负责人及发生事故工程的建设单位、施工企业等有关责任主体的负责人约见谈话，分析事故原因和安全生产形势，研究工作措施。事故发生地建设行政主管部门负责人要与发生事故工程的建设单位、施工企业等有关责任主体的负责人进行约谈告诫，并将约谈告诫记录向社会公示。

2.2.2.6-3 事故约谈汇报通知书

1. 资料表式

事故约谈汇报通知书

____________________：

根据《×××（建筑施工企业安全生产许可证管理规定）实施细则》有关规定，企业发生工程建设死亡事故后，事故发生地建设行政主管部门、事故企业负责人、项目负责人、监理单位负责人要及时到省级建设厅安全生产领导小组办公室约谈汇报，省建设行政主管部门将对企业安全生产条件进行复查，请携带公司全部安全生产许可证正、副本，于规定时间参加事故约谈汇报，并接受对企业安全生产条件的复查。

年　　月　　日

2. 实施要点

（1）本表为房屋建筑或市政工程建设中发生的重大生产安全事故时，建设行政主管部门约谈事故发生单位时要求其进行汇报的通知书。应逐项按表列内容填写。

（2）表内检查内容的控制标准见“建设行政主管部门对安全事故约谈规定”中的相关内容。

2.2.2.7 伤亡事故举报登记表

1. 资料表式

伤亡事故举报登记表

年 月 日

<table>
<tr><td>序 号</td><td colspan="2"></td><td>日 期</td><td colspan="2"></td></tr>
<tr><td>举报事故单位</td><td colspan="2"></td><td>工程名称</td><td colspan="2"></td></tr>
<tr><td>死亡人数</td><td colspan="2"></td><td>伤亡人数</td><td colspan="2"></td></tr>
<tr><td>举报人姓名</td><td colspan="2"></td><td>联系人电话</td><td colspan="2"></td></tr>
<tr><td colspan="6">详细内容：</td></tr>
<tr><td colspan="6">调查情况：</td></tr>
<tr><td colspan="6">调查处理结果：</td></tr>
<tr><td>承办人</td><td></td><td>处室负责人</td><td></td><td>监管单位领导</td><td></td></tr>
</table>

2. 实施要点

(1) 本表为某施工企业发生伤亡事故被举报后，接受举报人举报的监管单位，依序进行的举报登记的表式，应将举报内容根据调查情况和调查处理结果逐一填记表内。

(2) 表列子项

1) 举报事故单位：指向各级政府或监管单位提出事故举报的单位，填写举报单位名称。

2) 工程名称：指被举报发生事故工程的工程名称，填写发生事故工程的工程名称全称。

3) 死亡人数：指被举报发生事故工程的死亡人数，填写发生事故工程的死亡人数。

4) 伤亡人数：指被举报发生事故工程的伤亡人数，填写发生事故工程的伤亡人数。

5) 举报人姓名：填写举报人姓名。

6) 联系人电话：指接受举报的监管单位的联系人电话。

7) 详细内容：指举报人对举报的事故发生的详细内容。

8) 调查情况：指举报人对举报的事故发生的调查情况。

9) 调查处理结果：指举报人对举报的事故发生的调查处理结果。

10) 承办人：指各级政府或监管单位接受举报后委托负责承办的承办人姓名。

11) 处室负责人：指各级政府或监管单位接受举报后负责承办的处室负责人姓名。

12）监管单位领导：指各级政府或监管单位接受举报后负责承办的监管单位领导人姓名。

2.2.2.8 安全生产层级监督检查表

1. 资料表式

安全生产层级监督检查表 表 2.2.2.8

受检单位：

序号	检 查 内 容	检查结果
1	安全生产监督管理有关制度执行、完善的情况	
2	结合实际，在本级机关建立有关安全生产工作制度的情况	
3	履行安全生产监管职责情况	
4	贯彻执行国家和省级有关行政和技术法规以及有关标准、规范的情况	
5	制定和落实安全生产控制指标情况	
6	建筑工程特大伤害未遂事故、事故防范措施、重大事故隐患督促整改情况	
7	开展建筑工程安全生产专项整治和执法情况	
8	日常监督和工程备案情况	
9	对违法违规行为的查处、安全事故调查处理、行政责任追究规定执行情况和事故的处理情况	

检查单位： 检查组长： 检查日期：

2. 实施要点

（1）本表为建设行政主管部门监督机构中的层级监督检查的用表，通过层级监督检查发现监管部门过程控制中的存在问题，一旦发现应立即纠正，以提高自身素质。

（2）表内检查内容的控制标准、检查方法见建设工程安全生产层级监督管理的相关内容。

（3）检查结果应按实际检查结果填写。要实事求是，应文字简练，能说明情况。

2.2.2.9 建设工程安全监督管理机构工作考核表

1. 资料表式

建设工程安全监督管理机构工作考核表

________市

项　　目	检查情况
1. 落实年度安全生产责任目标，及时总结上报完成情况	
2. 重大事故起数和死亡人数不高于辖区前三年的平均值，未发生三级以上重大事故	
3. 宣传贯彻上级有关安全生产的文件和要求	
4. 认真执行建筑施工企业安全生产许可证及企业“三类人员”的考核管理制度，严格工作程序，实现规范化管理	
5. 按要求建立建设工程安全生产监督管理信息系统，并能保证信息传递和反馈及时、准确、全面、完整	
6. 对各方责任主体的日常监督检查、专项督导检查情况	
7. 安监机构内部建设，制度齐全，责任到位，并有效落实，档案管理的标准化、规范化	
8. 安监员依法监督，未出现以权谋私、违法违纪事件	
9. 监督管理工作不断开拓创新，积极推广安全生产先进技术和经验	
10. 掌握所辖县级安监机构、安监员及工作基本情况，及时解决存在的问题，检查结果评价	

评价检查单位：　　　　检查组长：　　　　检查日期：

2. 实施要点

（1）本表为省、市、县级安全监督管理机构的工作考核用表，考核内容应按表列子项逐一进行，通过工作考核发现安全生产的管理、控制、效果、问题等，对发现问题应立即纠正，不断提高管理水平。

（2）表内检查内容的控制标准、检查方法见建设工程安全监督管理机构工作考核的相关内容。

（3）检查结果应按实际检查结果填写。要实事求是，应文字简练，能说明情况。

2.2.2.10 建筑施工企业管理人员安全生产考核证书监督检查表

1. 资料表式

建筑施工企业管理人员安全生产考核证书
监 督 检 查 表

<table>
<tr><td>工程名称</td><td></td><td colspan="2">建筑面积</td><td colspan="2"></td></tr>
<tr><td>建筑施工企业名　　称</td><td></td><td colspan="2">企业级别</td><td colspan="2"></td></tr>
<tr><td colspan="2">检查结果</td><td colspan="4"></td></tr>
<tr><td colspan="2" rowspan="3">至少配备人员数量</td><td colspan="2">企　　业</td><td colspan="2">现　　场</td></tr>
<tr><td>应</td><td>实</td><td>应</td><td>实</td></tr>
<tr><td></td><td></td><td></td><td></td></tr>
<tr><td colspan="2">证书和持证人员身份的核实</td><td colspan="4"></td></tr>
<tr><td colspan="2">证书单位与建筑施工企业名称是否一致</td><td colspan="4"></td></tr>
<tr><td colspan="2">证书类别与工作岗位是否一致</td><td colspan="4"></td></tr>
<tr><td colspan="2">持证人员安全生产知识及安全生产法律、法规、规程、标准的掌握情况</td><td colspan="4"></td></tr>
<tr><td colspan="2">履行安全生产管理职责的情况</td><td colspan="4"></td></tr>
<tr><td colspan="2">持证人员参加年度安全培训情况</td><td colspan="4"></td></tr>
<tr><td colspan="2">检查情况汇总</td><td colspan="4"></td></tr>
</table>

检查单位：　　　　　　　　检查组长：　　　　　　　　检查日期：

2. 实施要点

（1）本表为省、市、县级安全监督管理机构的日常监督检查建筑施工企业管理人员安全生产考核证书监督检查用表，考核内容应按表列子项逐一进行。

（2）表内检查内容的控制标准见“建筑业企业职工安全培训教育暂行规定”中的相关内容。

（3）检查结果应按实际检查结果填写。要实事求是，应文字简练，能说明情况。

2.2.2.11 工程建设重大质量安全事故快报表单

1. 资料表式

工程建设重大质量安全事故快报表单

□质量 □安全

填报单位：(盖章) 报告日期： 年 月 日

事故基本信息					
序　　号		事故发生时间	年 月 日 时 分		
天气气候		事故发生地点	省 市 区		
发生地域类型		发生区域类型			
事故发生部位		事故类型			
事故简要经过 原因初步分析					
工　程　概　况					
工程名称					
工程类别		工程专业			
工程规模(平方米/延米)		工程造价（万元）			
结构类型		形象进度			
工程性质		投资主体			
本工程第几次事故		承包形式			
开工日期		计划竣工日期			
基本建设程序 履行情况	□立项 □用地许可证 □规划许可证 □招标投标 □施工图审查 □施工许可证 □质量监督 □安全监督				
负责该工程安全生产监管单位					
建设单位名称		资质证书编号		资质等级	
勘察单位名称		资质证书编号		资质等级	
设计单位名称		资质证书编号		资质等级	
监理单位名称		资质证书编号		资质等级	
监理总监姓名		注册证书编号		资质等级	

续表

<table>
<tr><td colspan="6">施工总承包单位</td></tr>
<tr><td>名　称</td><td></td><td>资质等级</td><td></td><td>企业性质</td><td></td></tr>
<tr><td>资质证书编号</td><td></td><td colspan="2">安全生产许可证编号</td><td colspan="2"></td></tr>
<tr><td>法定代表人</td><td></td><td colspan="2">安全考核合格证编号</td><td colspan="2"></td></tr>
<tr><td>项目经理姓名</td><td></td><td colspan="2">安全考核合格证编号</td><td colspan="2"></td></tr>
<tr><td>专职安全人员姓名</td><td></td><td colspan="2">安全考核合格证编号</td><td colspan="2"></td></tr>
<tr><td>本年度第几次事故</td><td></td><td colspan="2">企业注册地</td><td colspan="2">省　市</td></tr>
<tr><td colspan="6">专业施工分包单位</td></tr>
<tr><td>名　称</td><td></td><td>资质等级</td><td></td><td>企业性质</td><td></td></tr>
<tr><td>资质证书编号</td><td></td><td colspan="2">安全生产许可证编号</td><td colspan="2"></td></tr>
<tr><td>法定代表人</td><td></td><td colspan="2">安全生产考核合格证编号</td><td colspan="2"></td></tr>
<tr><td>项目经理姓名</td><td></td><td colspan="2">安全生产考核合格证编号</td><td colspan="2"></td></tr>
<tr><td>专职安全人员姓名</td><td></td><td colspan="2">安全生产考核合格证编号</td><td colspan="2"></td></tr>
<tr><td>本年度第几次事故</td><td></td><td colspan="2">企业注册地</td><td colspan="2">省　市</td></tr>
<tr><td colspan="6">劳 务 承 包</td></tr>
<tr><td>名　称</td><td></td><td>资质等级</td><td></td><td>企业性质</td><td></td></tr>
<tr><td>资质证书编号</td><td></td><td colspan="2">安全生产许可证编号</td><td colspan="2"></td></tr>
<tr><td>法定代表人</td><td></td><td colspan="2">安全生产考核合格证编号</td><td colspan="2"></td></tr>
<tr><td>项目经理姓名</td><td></td><td colspan="2">安全生产考核合格证编号</td><td colspan="2"></td></tr>
<tr><td>专职安全人员姓名</td><td></td><td colspan="2">安全生产考核合格证编号</td><td colspan="2"></td></tr>
<tr><td>本年度第几次事故</td><td></td><td colspan="2">企业注册地</td><td colspan="2">省　市</td></tr>
</table>

<table>
<tr><td colspan="6">事故人员伤亡情况</td></tr>
<tr><td colspan="3">死亡人员数量（人）</td><td colspan="3">重伤人员数量（人）</td></tr>
<tr><td>总人数</td><td>施工人员人数</td><td>非施工人员人数</td><td>总人数</td><td>施工人员人数</td><td>非施工人员人数</td></tr>
<tr><td></td><td></td><td></td><td></td><td></td><td></td></tr>
</table>

<table>
<tr><td colspan="9">施工伤亡人员情况</td></tr>
<tr><td>姓　名</td><td>性别</td><td>年龄</td><td>工种</td><td>用工形式</td><td>文化程度</td><td>从业时间</td><td>承包形式</td><td>伤亡情况</td></tr>
<tr><td></td><td></td><td></td><td></td><td></td><td></td><td></td><td></td><td></td></tr>
<tr><td></td><td></td><td></td><td></td><td></td><td></td><td></td><td></td><td></td></tr>
<tr><td></td><td></td><td></td><td></td><td></td><td></td><td></td><td></td><td></td></tr>
</table>

填报人：　　　　　　　　主管领导签章：　　　　　　　　单位负责人签章：

2. 实施要点

本表为工程建设重大质量安全事故发生后的快报表单，快报内容应按表列子项逐一进行。伤亡事故快报应真实，不得虚报或瞒报。

(1) 该表内容主要包括：

1) 事故基本信息即事故发生的时间、地点、类型、类别经过原因等；

2) 工程概况即工程名称、结构类型、形象进度、开工时间与此相关的负责安全监管的单位名称及资质；

3) 事故人员的伤亡情况包括：死亡人员数量（人）、重伤人员数量（人）、施工伤亡人员情况等；

(2) 表内检查内容的控制标准见 2007 年 6 月 1 日实施的中华人民共和国国务院令第 493 号《生产安全事故报告和调查处理条例》、《生产安全事故报告和调查处理条例》释义中的相关内容。

2.2.2.12 政府安全生产的监督检查

2.2.2.12-1 施工企业安全生产监督检查表

1. 资料表式

施工企业安全生产监督检查表

企业名称：

序号	检 查 项 目	检查结果
1	《安全生产许可证》办理及对工程分包企业审查《安全生产许可证》情况	
2	建筑工程安全防护、文明施工措施费用的使用情况	
3	设置安全生产管理机构和配备专职安全管理人员情况	
4	三类人员经主管部门安全生产考核情况	
5	特种作业人员持证上岗情况	
6	安全生产教育培训计划制定和实施情况	
7	施工现场作业人员意外伤害保险办理情况	
8	职业危害防治措施制定情况，安全防护用具和安全防护服装的提供及使用管理情况	
9	施工组织设计和专项施工方案编制、审批、专家论证等程序及现场实施情况	
10	生产安全事故应急救援预案的建立与落实情况	
11	企业内部安全生产检查开展和事故隐患整改情况	
12	重大危险源的登记、公示与监控情况	
13	生产安全事故的统计、报告和调查处理情况	

检查单位： 检查人： 日期：

2. 实施要点

(1) 本表为建设行政主管部门监督机构对施工企业安全生产监督时的检查用表，应按表列子项逐一进行检查，对检查中发现的问题，应通知施工企业予以纠正。

(2) 表内检查内容的控制标准、检查方法见《建筑工程安全生产监督管理工作导则》中“安全生产监督管理制度和建设工程安全生产层级监督管理”中的相关内容。

2.2.2.12-2 监理单位安全生产监督检查表

1. 资料表式

监理单位安全生产监督检查表

监理单位名称：

序号	检查项目	检查结果
1	将安全生产管理内容纳入监理规划的情况，以及在监理规划和中型以上工程的监理细则中制定对施工企业安全技术措施的检查方面情况	
2	审查施工总分包企业资质和安全生产许可证、三类人员及特种作业人员取得考核合格证书和操作资格证书情况	
3	审核施工企业安全生产保证体系、安全生产责任制、各项规章制度和安全监管机构建立及人员配备情况	
4	审核施工企业应急救援预案和安全防护、文明施工措施费用使用计划情况	
5	审核施工现场安全防护是否符合投标时承诺和《建筑施工现场环境与卫生标准》等标准要求情况	
6	复查施工企业施工机械和各种设施的安全许可验收手续情况	
7	审查施工组织设计中的安全技术措施或专项施工方案是否符合工程建设强制性标准情况，是否按要求进行了专家论证	
8	对现场安全生产旁站式监督及定期巡视检查危险性较大工程作业情况	
9	发现重大事故隐患，下达隐患整改通知单，要求施工企业整改事故隐患情况或暂时停工情况；整改结果复查情况；向建设单位报告督促施工企业整改情况；向工程所在地建设行政主管部门报告施工企业拒不整改或不停止施工情况	

检查单位： 检查人： 日期：

2. 实施要点

(1) 本表为当地建设行政主管部门或其委托的安全监督机构对监理单位安全生产监督检查时用表，应按表列子项逐一进行检查，对检查中发现的问题，应通知监理单位予以纠正。

(2) 表内检查内容的控制标准、检查方法见《建筑工程安全生产监督管理工作导则》中“安全生产监督管理制度和建设工程安全生产层级监督管理”中的相关内容。

(3) 检查结果填写应依据检查总体状况及其发现问题实事求是填写，绝不可弄虚作假。

2.2.2.12-3　建设单位安全生产监督检查表

1. 资料表式

建设单位安全生产监督检查表

建设单位名称：

序号	检 查 项 目	检查结果
1	申领施工许可证时，提供建筑工程有关安全施工措施资料的情况；按规定办理安全监督手续的情况	
2	按照国家有关规定和合同约定向施工企业拨付建筑工程安全防护、文明施工措施费用的情况	
3	向施工企业提供施工现场及毗邻区域内地下管线资料，气象和水文观测资料，相邻建筑物和构筑物、地下工程等有关资料的情况	
4	履行合同约定工期的情况	
5	有无明示或暗示施工企业购买、租赁、使用不符合安全施工要求的安全防护用具、机械设备、施工机具及配件、消防设施和器材的行为	

检查单位：　　　　　　　　　检查人：　　　　　　　　　日期：

2. 实施要点

(1) 本表为当地建设行政主管部门或其委托的安全监督机构对建设单位安全生产监督检查时用表，应按表列子项逐一进行检查，对检查中发现的问题，应通知建设单位予以纠正。

(2) 表内检查内容的控制标准、检查方法见《建筑工程安全生产监督管理工作导则》中“安全生产监督管理制度和建设工程安全生产层级监督管理”中的相关内容。

(3) 检查结果填写应依据检查总体状况及其发现问题实事求是填写，绝不可弄虚作假。

2.2.2.12-4　勘察设计单位安全生产监督检查表

1. 资料表式

勘察设计单位安全生产监督检查表

企业名称：

序号	检 查 项 目		检查结果
1	勘察单位	按照工程建设强制性标准进行勘察情况	
		提供真实、准确的勘察文件情况	
		采取措施保证各类管线、设施和周边建筑物、构筑物安全的情况	
2	设计单位	按照工程建设强制性标准进行设计情况	
		在设计文件中注明施工安全重点部位、环节以及提出指导意见的情况	
		采用新结构、新材料、新工艺或特殊结构的建筑工程，提出保障施工作业人员安全和预防生产安全事故措施建议的情况	

检查单位：　　　　　　　　　检查人：　　　　　　　　　日期：

2. 实施要点

(1) 本表为当地建设行政主管部门或其委托的安全监督机构对勘察设计单位安全生产监督检查时的用表，应按表列子项逐一进行检查，对检查中发现的问题，应通知勘察设计单位予以纠正。

(2) 表内检查内容的控制标准、检查方法见《建筑工程安全生产监督管理工作导则》中“安全生产监督管理制度和建设工程安全生产层级监督管理”中的相关内容。

（3）检查结果填写应依据检查总体状况及其发现的问题实事求是填写，绝不可弄虚作假。

2.2.2.12-5 其他有关单位安全生产监督检查表

1. 资料表式

其他有关单位安全生产监督检查表

企业名称：

序号	检 查 项 目	检查结果
1	机械设备、施工机具及配件的出租单位提供相关制造许可证、产品合格证、检测合格证明的情况	
2	施工起重机械和整体提升脚手架、模板等自升式架设设施安装单位的资质，安全生产许可证、安全施工措施及验收调试等情况	
3	施工起重机械和整体提升脚手架、模板等自升式架设设施的检验检测单位资质和出具安全合格证明文件情况	

检查单位： 检查人： 日期：

2. 实施要点

（1）本表为当地建设行政主管部门或其委托的安全监督机构对其他有关单位安全生产监督检查时的用表，应按表列子项逐一进行检查，对检查中发现的问题，应通知其他有关单位予以纠正。

（2）表内检查内容的控制标准、检查方法见《建筑工程安全生产监督管理工作导则》中“安全生产监督管理制度和建设工程安全生产层级监督管理”中的相关内容。

（3）检查结果填写应依据检查总体状况及其发现问题实事求是填写，绝不可弄虚作假。

2.2.2.13 建设工程安全监督检查记录表

1. 资料表式

建设工程安全监督检查记录表

年 月 日 星期

工程名称		形象进度	
施工企业			
监理单位			
施工安全监督检查记录			
检查意见	检查人员： 年 月 日		

项目负责人：（签字） 施工现场监理人员：（签字）

年 月 日 年 月 日

本表一式三份，施工企业、监理单位、检查单位各一份。

2. 实施要点

本表为当地建设行政主管部门或其委托的安全监督机构对建设工程安全监督检查时的用表，应按表列施工安全检查记录和检查意见分别予以记录，尤其对重大危险源、“三宝”、“四口”等已表露隐患的不安全因素应予以详细记录，对检查中发现的问题，应通知施工（监理）单位予以纠正。

2.2.2.14　建设工程安全监督竣工综合评定报告书

1. 资料表式

建设工程安全监督竣工综合评定报告书

<table>
<tr><td>工程名称</td><td colspan="2"></td><td>地　址</td><td colspan="2"></td></tr>
<tr><td>面　积</td><td></td><td>类　别</td><td></td><td>结构类型</td><td></td></tr>
<tr><td>建设单位</td><td colspan="2"></td><td>负责人</td><td colspan="2"></td></tr>
<tr><td>监理单位</td><td colspan="2"></td><td>总　监</td><td colspan="2"></td></tr>
<tr><td>施工企业</td><td colspan="2"></td><td>项目经理</td><td colspan="2"></td></tr>
<tr><td>开工时间</td><td colspan="2"></td><td>竣工时间</td><td colspan="2"></td></tr>
<tr><td>施工现场安全生产情况概述</td><td colspan="5"></td></tr>
<tr><td>综合评定意见</td><td colspan="5"></td></tr>
<tr><td colspan="6">安全监督员签字　　　　年　月　日</td></tr>
<tr><td colspan="6">站长（签字）　　　　（公章）
年　月　日</td></tr>
</table>

2. 实施要点

（1）本表为当地建设行政主管部门或其委托的安全监督机构对建设工程的安全监督，在工程完工后进行竣工综合评定时填写的报告书，应按表列子项逐一进行评定。

（2）该表应对建设工程安全监督竣工综合情况进行评定，填写综合评定意见，责任安全监督员签字并由建设行政主管部门委托的安全监督机构的主要负责人签字并加盖公章。报告书签字均需本人签字有效，代签或打印姓名均视为无效。

（3）工程安全生产情况竣工综合评定填表说明

1）工程竣工后，安全监督小组根据历次检查记录和日常监管情况写出《建筑工程安全监督竣工综合评定报告书》，纳入建筑工程安全生产责任主体和从业人员安全信用档案，并作为对安全生产许可证动态监管的重要依据。报告书应包括以下内容：

①工程名称、地址、规模、类别、结构类型，参建各有关单位及负责人名称，开工日期，竣工验收日期；

②项目安全生产情况概述（包括项目安全保证体系建立与运行情况、项目施工过程中存在的主要问题及解决情况）；

③综合评定意见。对施工全过程安全生产情况做出综合评价，包括下发隐患整改通知

书、停工整改通知书次数、是否获得省、市级文明工地等。

2）安全监督小组综合评定较差的工程项目，经安全监督机构有关负责人审定后，应通报承建该项目的企业和项目经理，以后该企业和项目经理所承担的工程项目应作为重点项目进行监督检查。

3）工程竣工后，经过安全生产综合评定的，监督机构应及时返还工程项目部项目经理负责人、专职安全管理人员等有关人员的安全生产考核证书。

2.2.2.15 政府监督管理安全技术文件目录

2.2.2.15-1 政府监督管理应建立的安全制度文件目录

政府监督管理应建立的安全制度文件目录

序号	资料名称	应用表式编号	说明
1	建设工程安全生产形势分析制度		
2	建设工程安全生产联络员交流制度		
3	建设工程安全生产预警提示制度		
4	建设工程重大危险源公示和跟踪整改制度		
5	建设工程安全生产监管责任层级监督与重点地区监督检查制度		
6	建设工程安全重特大事故约谈制度		
7	建设工程安全生产监督执法人员培训考核制度		
8	建设工程安全监督管理档案评查制度		
9	建设工程安全生产信用监督和失信惩戒制度		

2.2.2.15-2 监督管理施工前申报相关手续技术文件

监督管理施工前申报相关手续技术文件

序号	资料名称	应用表式编号	说明
1	建设工程手续办理情况一览表		
2	建筑工程监督机构开工前的现场勘验		
(1)	建筑工程施工安全监督机构工程建设项目开工前安全生产条件勘验须知		
(2)	建设工程安全监督备案现场勘验表		
3	建筑工程项目安全生产条件现场审查内容及标准		
4	建设工程施工安全生产备案表		
5	工程建设项目监督管理注册登记表		
6	施工企业现场质量、安全保证体系审查登记表		
7	建设单位现场代表资格审查登记表有见证取样和送检见证人备案书		
8	建设工程劳保基金预缴、结算协议书		
9	建设工程执法守法承诺书		

2.2.2.15-3 监督管理安全控制汇整存留技术文件

监督管理安全控制汇整存留技术文件

序号	资 料 名 称	应用表式编号	说明
1	安全生产许可证相关表单		
(1)	建筑施工企业安全生产许可证首次申请和延期申请表		
(2)	建筑施工企业安全生产许可证变更申请表		
(3)	建筑施工企业安全生产许可证丢证补证申请表		
(4)	建筑施工企业安全生产许可证增证申请表		
(5)	建筑施工企业安全生产许可证注销申请表		
(6)	安全许可证相关表单填表说明		
2	安全生产许可证综合查验表		
3	重大危险源管理账单		
4	建设工程安全隐患整改通知与报告		
(1)	建设工程安全隐患整改通知书		
(2)	建设工程安全隐患整改报告书		
5	建设工程安全监督停工整改与复工通知		
(1)	建设工程安全监督停工整改通知书		
(2)	建设工程安全监督复工通知书		
6	重大生产安全事故约谈签到、约谈记录与约谈汇报通知		
(1)	×××房屋建筑与市政工程建设重大生产安全事故约谈签到表		
(2)	×××房屋建筑与市政工程建设重大生产安全事故约谈记录表		
(3)	事故约谈汇报通知书		
7	伤亡事故举报登记表		
8	安全生产层级监督检查表		
9	建设工程安全监督管理机构工作考核表		
10	建筑施工企业管理人员安全生产考核证书监督检查表		
11	工程建设重大质量安全事故快报表单		
12	政府监督过程检查技术文件		
(1)	施工企业安全生产监督检查表		
(2)	监理单位安全生产监督检查表		
(3)	建设单位安全生产监督检查表		
(4)	勘察设计单位安全生产监督检查表		
(5)	其他有关单位安全生产监督检查表		
13	建设工程安全监督检查记录表		
14	建设工程安全监督竣工综合评定报告书		

3 建筑施工企业安全管理技术文件

3.1 安全生产内业资料管理

企业在安全生产管理过程中要按规定做好记录，留存相关资料，并及时进行归档。企业必备的安全生产管理记录如下。

3.1.1 清单与台账表

3.1.1.1 文件/资料清单

1. 资料表式

文件/资料清单　　　表 3.1.1.1

序号	文件名称	文件编号	发文单位	接收人	接收日期	备　注

2. 实施要点

（1）文件/资料清单是建设施工企业安全生产管理实施中对收发文件/资料的登记册。文件/资料清单填写应真实。该表的内容包括：序号、文件名称、文件编号、发文单位、接收人、接收日期、备注。

（2）表列子项

1）文件名称：指收集到的文件的文件名称，照实际填写。

2）文件编号：指收集到的文件的文件编号，照实际填写。

3）发文单位：指收集到的文件的发文单位，填写发文单位全称。

4）接收人：指收集到的文件的接收人，填写接收人的姓名。

5）接收日期：指收集到的文件的接收日期，按年、月、日填写。

3.1.1.2 工伤事故台账表

1. 资料表式

工 伤 事 故 台 账

序号	姓　名	性别	年龄	工种	级别	参加工作时间	从事本工种时间	文化程度	事故类别	伤害程度	发生时间	发生地点	备　注

2. 实施要点

（1）工伤事故台账是建设施工企业安全生产管理实施对工伤事故进行概况登记的记录册。工伤事故台账填写下列内容应真实、可靠。该表的内容包括：序号、姓名、性别、年龄、工种、级别、参加工作时间、从事本工种时间、文化程度、事故类别、伤害程度、发生时间、发生地点、备注。

（2）表列子项

1）姓名：按该受工伤事故职工的真实姓名填写。

2）性别：指该受工伤事故职工的性别。

3）年龄：指该受工伤事故职工的年龄。

4）工种：指该受工伤事故职工的工种。

5）级别：指该受工伤事故职工的级别。

6）参加工作时间：指该受工伤事故职工的参加工作时间。

7）从事本工种时间：指该受工伤事故职工的从事本工种时间。

8）文化程度：指该受工伤事故职工的文化程度。

9）事故类别：指该受工伤事故职工的事故类别。

10）伤害程度：指该受工伤事故职工的伤害程度。

11）发生时间：指该受工伤事故职工的发生时间。

12）发生地点：指该受工伤事故职工的发生地点。

3.1.1.3 设备管理台账表

1. 资料表式

设 备 管 理 台 账

单位：

序号	设备名称	型 号	编 号	数 量	购置时间	上次大修时间	上次中修时间	运转时间

2. 实施要点

（1）设备管理台账是建设施工企业安全生产管理实施对设备管理进行概况登记的记录册。设备管理台账填写下列内容应真实、可靠。该表的内容包括：序号、设备名称、型号、编号、数量、购置时间、上次大修时间、上次中修时间、运转时间。

（2）表列子项

1）设备名称：指应登记记入设备管理台账的设备名称。

2）型号：指应登记记入设备管理台账的设备型号。

3）编号：指应登记记入设备管理台账的设备编号。

4）数量：指应登记记入设备管理台账的设备数量。

5）购置时间：指应登记记入设备管理台账的设备购置时间。

6）上次大修时间：指应登记记入设备管理台账的设备上次大修时间。

7）上次中修时间：指应登记记入设备管理台账的设备上次中修时间。

8）运转时间：指应登记记入设备管理台账设备的已运转时间。

3.1.1.4 安全生产费用投入

施工企业依据《建设工程安全生产管理条例》规定，必须保证本单位安全生产条件所需资金的投入，对列入建设工程概算的安全作业环境及安全施工措施所需费用，应当用于施工安全防护用具及设施的采购和更新、安全施工措施的落实、安全生产条件的改善，不得挪作他用。施工企业应当制定有关措施保证安全生产资金的提取和使用，做到专款专用。

施工企业应当制定企业安全生产资金使用计划，建立安全防护、文明施工措施费用使用台账，对于购置安全防护、文明施工设施的相关票据留存，以备待查。

3.1.1.4-1 安全费用投入清单（一）

1. 资料表式

安全费用投入清单（一）

单位：

名称		规格	数量	金额（元）	相关票据证号
一、安全技术措施费用（安全防护设施费用）	安全帽	平顶有筋			
		玻璃钢			
	安全带				
	密目式安全网				
	安全网				
	闸箱	总配电箱			
		分配电箱			
		开关箱			
	漏电保护器				
	电缆				
	扣件	对接、旋转、直角			
	脚手板				
	钢管				
	绝缘手套				
	绝缘鞋				
	安全警示标志牌				
	安全设施搭设人工费				
	小计				

2. 实施要点

（1）安全费用投入清单是建设施工企业安全生产管理实施对安全费用投入进行记录的清单表。安全费用投入包括：安全技术措施费用（安全防护设施费用），应按表列名称项下的子项分别记录。

应分别记入安全技术措施费用（安全防护设施费用）的安全费用投入涉及的产品、材料、费用等的规格、数量、金额（元）、相关票据证号等，从而确认安全费用投入状况。

（2）安全生产投入费用组成与计算

1）建筑工程安全防护、文明施工措施费用是由文明施工费、环境保护费、临时设施费、安全施工费组成。

2）依法进行招投标的项目，招标人或具有资质的中介机构编制招标文件时，应当按照有关规定并结合工程实际单独列出安全防护、文明施工措施项目清单。投标人应当根据现行标准规范，结合工程特点、工期进度和作业环境要求，在施工组织设计文件中制定相应的安全防护、文明施工措施，并按照招标文件要求结合自身的施工技术水平、管理水平对工程安全防护、文明施工措施项目清单单独报价。投标人对安全防护、文明施工措施的报价，不得低于国家规定的费用标准计算所需费用总和的 90%；低于该标准的，在招标时由评标专家对该部分费用进行详细评审。如低于成本价，招标人不应将其确定为中标单位。

3）建设单位申请领取施工许可证时，应当将施工合同中约定的安全防护、文明施工措施费用支付计划作为保证工程安全的具体措施提交建设行政主管部门；未提交的，建设行政主管部门不予核发施工许可证。

4）施工企业应当确保安全防护、文明施工措施费用专款专用，在财务管理中单独列出安全防护、文明施工措施项目费用清单备查。

安全生产资金有保障是做好安全生产的基础，必须认真做好建筑工程安全防护、文明施工措施费使用管理制度的实施。

5）如遇特殊情况，应由项目部根据实际发生需要，以书面形式报请企业主管负责人批准，由企业财务部门紧急调动资金安排使用。

3.1.1.4-2 安全费用投入清单（二）

1. 资料表式

安全费用投入清单（二）

单位：

<table>
<tr><th colspan="3">名　　称</th><th>规　　格</th><th>数　量</th><th>金额（元）</th><th>相关票据证号</th></tr>
<tr><td rowspan="4">二、安全教育培训费用</td><td colspan="2">安全员培训学习的费用</td><td></td><td></td><td></td><td></td></tr>
<tr><td colspan="2">特种作业人员培训学习的费用</td><td></td><td></td><td></td><td></td></tr>
<tr><td colspan="2">员工日常安全培训的费用</td><td></td><td></td><td></td><td></td></tr>
<tr><td colspan="2">小　　计</td><td></td><td></td><td></td><td></td></tr>
<tr><td rowspan="12">三、文明施工增加的费用</td><td rowspan="10">办公室及宿舍等五小设施等</td><td>大门</td><td></td><td></td><td></td><td></td></tr>
<tr><td>围挡</td><td></td><td></td><td></td><td></td></tr>
<tr><td>场地硬化</td><td></td><td></td><td></td><td></td></tr>
<tr><td>临建板房</td><td></td><td></td><td></td><td></td></tr>
<tr><td>床铺</td><td></td><td></td><td></td><td></td></tr>
<tr><td>食堂设施</td><td></td><td></td><td></td><td></td></tr>
<tr><td>消防设施</td><td></td><td></td><td></td><td></td></tr>
<tr><td>绿化</td><td></td><td></td><td></td><td></td></tr>
<tr><td>导向牌</td><td></td><td></td><td></td><td></td></tr>
<tr><td>其他</td><td></td><td></td><td></td><td></td></tr>
<tr><td rowspan="2">省市级文明工地的申报费用</td><td>省级</td><td></td><td></td><td></td><td></td></tr>
<tr><td>市级</td><td></td><td></td><td></td><td></td></tr>
<tr><td colspan="3">小　　记</td><td></td><td></td><td></td><td></td></tr>
<tr><td colspan="3">四、安全专职机构的日常费用及工器具费用</td><td></td><td></td><td></td><td></td></tr>
<tr><td colspan="3">五、用于安全生产奖励的费用</td><td></td><td></td><td></td><td></td></tr>
<tr><td colspan="3">六、其他</td><td></td><td></td><td></td><td></td></tr>
<tr><td colspan="3">总　　计</td><td></td><td></td><td></td><td></td></tr>
</table>

2. 实施要点

安全费用投入清单是建设施工企业安全生产管理实施对安全费用投入进行记录的清单表。安全费用投入包括：安全教育培训费用、文明施工增加的费用、安全专职机构的日常费用及工器具费用、用于安全生产奖励的费用及其他等，应按表列名称项下的子项分别记录。

应分别记入安全技术措施费用（安全防护设施费用）的安全费用投入涉及的产品、材料、费用等的规格、数量、金额（元）、相关票据证号等。

3.1.1.5　安全生产投入费用的使用

（1）根据工程项目特点，按工程造价总额，根据当地建设行政主管部门规定的比率提取安全技术措施费，用于应当具备的安全生产条件所必需的资金投入，确保安全技术措施的实现。

（2）为保证安全生产所需资金的投入，在制定年度生产计划的同时，制定安全生产资金计划。安全生产资金计划的范围，包括安全生产措施费用、安全教育培训及劳动保护费用。

安全生产资金在拨付工程款时预留，按项目部购买安全设施发票支付安全措施费用，确保专款专用，保证安全生产资金正确使用。

（3）制定企业安全培训计划和培训经费计划，对特种岗位人员，定期进行岗位培训和安全教育培训。

在招投标的过程中，应当对安全生产费用、劳动保护费用在工程措施费中详细列明。

（4）企业的财务部门负责岗位培训资金的落实。

（5）项目经理按照批准的安全生产资金计划，负责现场实施。安全生产资金使用应当专项管理，杜绝因生产资金紧张挤占安全措施资金的现象。

（6）项目施工生产过程中，应当对安全生产资金及劳动保护费用使用情况，明细记载。现场专职安全管理人员应当按照安全生产措施、安全教育培训、劳动保护费用建立登记台账，并负责向企业财务部门报送相关的资料。

（7）安全生产措施资金的使用，应当符合下列条件：

1）为建立健全安全生产责任制，规定完备的安全生产规章制度和操作规程的资金投入；

2）保证施工项目安全生产条件所需资金的投入；

3）设置安全生产机构，配备专职安全生产管理人员的费用开支；

4）特种作业人员的培训考核费用；

5）管理人员和作业人员安全生产教育培训及考核费用；

6）依法参加工伤保险，依法为施工现场从事危险作业的人员办理意外伤害保险，为从业人员交纳的保险费；

7）施工现场的办公、生活区及作业场所和安全防护费用支出；

8）职业危害防范措施费用，为作业人员配备符合国家标准或者行业标准的安全防护用具和安全防护服装费用；

9）支付危险性较大的分部分项工程及施工现场易发生重大事故的部位、环节的预防、监控措施费用和应急预案费用；

10）支付安全事故应急救援预案、应急救援组织或者应急救援人员，配备必要的应急救援器材、设备费用；

（8）工程施工项目不得以工期紧张、资金紧张等为由，挤占安全生产资金，降低安全生产条件。财务、审计、安全部门和工会组织应对安全生产资金的实际使用情况进行监督，对违反规定的行为，责令限期整改。

附：中华人民共和国建设部《建筑工程安全防护、文明施工措施费用及使用管理规定》（二〇〇五年六月七日）

建筑工程安全防护、文明施工措施费用及使用管理规定

第一条 为加强建筑工程安全生产、文明施工管理，保障施工从业人员的作业条件和生活环境，防止施工安全事故发生，根据《中华人民共和国安全生产法》、《中华人民共和国建筑法》、《建设工程安全生产管理条例》、《安全生产许可证条例》等法律法规，制定本规定。

第二条 本规定适用于各类新建、扩建、改建的房屋建筑工程（包括与其配套的线路管道和设备安装工程、装饰工程）、市政基础设施工程和拆除工程。

第三条 本规定所称安全防护、文明施工措施费用，是指按照国家现行的建筑施工安全、施工现场环境与卫生标准和有关规定，购置和更新施工安全防护用具及设施、改善安全生产条件和作业环境所需要的费用。安全防护、文明施工措施项目清单详见附表。

建设单位对建筑工程安全防护、文明施工措施有其他要求的，所发生费用一并计入安全防护、文明施工措施费。

第四条 建筑工程安全防护、文明施工措施费用是由《建筑安装工程费用项目组成》（建标［2003］206号）中措施费所含的文明施工费，环境保护费，临时设施费，安全施工费组成。

其中安全施工费由临边、洞口、交叉、高处作业安全防护费，危险性较大工程安全措施费及其他费用组成。危险性较大工程安全措施费及其他费用项目组成由各地建设行政主管部门结合本地区实际自行确定。

第五条 建设单位、设计单位在编制工程概（预）算时，应当依据工程所在地工程造价管理机构测定的相应费率，合理确定工程安全防护、文明施工措施费。

第六条 依法进行工程招投标的项目，招标方或具有资质的中介机构编制招标文件时，应当按照有关规定并结合工程实际单独列出安全防护、文明施工措施项目清单。

投标方应当根据现行标准规范，结合工程特点、工期进度和作业环境要求，在施工组织设计文件中制定相应的安全防护、文明施工措施，并按照招标文件要求结合自身的施工技术水平、管理水平对工程安全防护、文明施工措施项目单独报价。投标方安全防护、文明施工措施的报价，不得低于依据工程所在地工程造价管理机构测定费率计算所需费用总额的90%。

第七条 建设单位与施工企业应当在施工合同中明确安全防护、文明施工措施项目总费用，以及费用预付、支付计划，使用要求、调整方式等条款。

建设单位与施工企业在施工合同中对安全防护、文明施工措施费用预付、支付计划未作约定或约定不明的，合同工期在一年以内的，建设单位预付安全防护、文明施工措施项目费用不得低于该费用总额的50%；合同工期在一年以上的（含一年），预付安全防护、文明施工措施费用不得低于该费用总额的30%，其余费用应当按照施工进度支付。

实行工程总承包的，总承包单位依法将建筑工程分包给其他单位的，总承包单位与分包单位应当在分包合同中明确安全防护、文明施工措施费用由总承包单位统一管理。安全防护、文明施工措施由分包单位实施的，由分包单位提出专项安全防护措施及施工方案，经总承包单位批准后及时支付所需费用。

第八条 建设单位申请领取建筑工程施工许可证时，应当将施工合同中约定的安全防护、文明施工措施费用支付计划作为保证工程安全的具体措施提交建设行政主管部门。未提交的，建设行政主管部门不予核发施工许可证。

第九条 建设单位应当按照本规定及合同约定及时向施工企业支付安全防护、文明施工措施费，并督促施工企业落实安全防护、文明施工措施。

第十条 工程监理单位应当对施工企业落实安全防护、文明施工措施情况进行现场监理。对施工企业已经落实的安全防护、文明施工措施，总监理工程师或者造价工程师应当及时审查并签认所发生的费用。监理单位发现施工企业未落实施工组织设计及专项施工方案中安全防护和文明施工措施的，有权责令其立即整改；对施工企业拒不整改或未按期限要求完成整改的，工程监理单位应当及时向建设单位和建设行政主管部门报告，必要时责令其暂停施工。

第十一条 施工企业应当确保安全防护、文明施工措施费专款专用，在财务管理中单独列出安全防护、文明施工措施项目费用清单备查。施工企业安全生产管理机构和专职安全生产管理人员负责对建筑工程安全防护、文明施工措施的组织实施进行现场监督检查，并有权向建设主管部门反映情况。

工程总承包单位对建筑工程安全防护、文明施工措施费用的使用负总责。总承包单位应当按照本规定及合同约定及时向分包单位支付安全防护、文明施工措施费用。总承包单位不按本规定和合同约定支付费用，造成分包单位不能及时落实安全防护措施导致发生事故的，由总承包单位负主要责任。

第十二条 建设行政主管部门应当按照现行标准规范对施工现场安全防护、文明施工措施落实情况进行监督检查，并对建设单位支付及施工企业使用安全防护、文明施工措施费用情况进行监督。

第十三条 建设单位未按本规定支付安全防护、文明施工措施费用的，由县级以上建设行政主管部门依据《建设工程安全生产管理条例》第五十四条规定，责令限期整改；逾期未改正的，责令该建设工程停止施工。

第十四条 施工企业挪用安全防护、文明施工措施费用的，由县级以上建设主管部门依据《建设工程安全生产管理条例》第六十三条规定，责令限期整改，处挪用费用20%以上50%以下的罚款；造成损失的，依法承担赔偿责任。

第十五条 建设行政主管部门的工作人员有下列行为之一的，由其所在单位或者上级主管机关给予行政处分；构成犯罪的，依照刑法有关规定追究刑事责任：

（一）对没有提交安全防护、文明施工措施费用支付计划的工程颁发施工许可证的；

（二）发现违法行为不予查处的；

（三）不依法履行监督管理职责的其他行为。

第十六条 建筑工程以外的工程项目安全防护、文明施工措施费用及使用管理可以参照本规定执行。

第十七条 各地可依照本规定，结合本地区实际制定实施细则。

第十八条 本规定由国务院建设行政主管部门负责解释。

第十九条 本规定自2005年9月1日起施行。

附件：建设工程安全防护、文明施工措施项目清单

建设工程安全防护、文明施工措施项目清单

类别	项目名称	具体要求
文明施工与环境保护	安全警示标志牌	在易发伤亡事故（或危险）处设置明显的、符合国家标准要求的安全警示标志牌
	现场围挡	(1) 现场采用封闭围挡，高度不小于1.8m； (2) 围挡材料可采用彩色、定型钢板，砖、混凝土砌块等墙体
	五板一图	在进门处悬挂工程概况、管理人员名单及监督电话、安全生产、文明施工、消防保卫五板；施工现场总平面图
	企业标志	现场出入的大门应设有本企业标识或企业标识

续表

类别	项目名称		具体要求
文明施工与环境保护	场容场貌		（1）道路畅通； （2）排水沟、排水设施通畅； （3）工地地面硬化处理； （4）绿化
	材料堆放		（1）材料、构件、料具等堆放时，悬挂有名称、品种、规格等标牌； （2）水泥和其他易飞扬细颗粒建筑材料应密闭存放或采取覆盖等措施； （3）易燃、易爆和有毒、有害物品分类存放
	现场防火		消防器材配置合理，符合消防要求
	垃圾清运		（1）施工现场应设置密闭式垃圾站，施工垃圾、生活垃圾应分类存放 （2）施工垃圾必须采用相应容器或管道运输
临时设施	现场办公生活设施		（1）施工现场办公、生活区与作业区分开设置，保持安全距离； （2）工地办公室、现场宿舍、食堂、厕所、饮水、休息场所符合卫生和安全要求
	施工现场临时用电	配电线路	（1）按照TN-S系统要求配备五芯电缆、四芯电缆和三芯电缆； （2）按要求架设临时用电线路的电杆、横担、瓷夹、瓷瓶等，或电缆埋地的地沟； （3）对靠近施工现场的外电线路，设置木质、塑料等绝缘体的防护设施
		配电箱开关箱	（1）按三级配电要求，配备总配电箱、分配电箱、开关箱三类标准电箱。开关箱应符合一机、一箱、一闸、一漏。三类电箱中的各类电器应是合格品； （2）按两级保护的要求，选取符合容量要求和质量合格的总配电箱和开关箱中的漏电保护器
		接地保护装置	施工现场保护零线的重复接地应不少于三处
安全施工	临边洞口交叉高处作业防护	楼板、屋面、阳台等临边防护	用密目式安全立网全封闭，作业层另加两边防护栏杆和18cm高的踢脚板
		通道口防护	设防护棚，防护棚应为不小于5cm厚的木板或两道相距50cm的竹笆。两侧应沿栏杆架用密目式安全网封闭
		预留洞口防护	用木板全封闭；短边超过1.5m长的洞口，除封闭外四周还应设有防护栏杆
		电梯井口防护	设置定型化、工具化、标准化的防护门；在电梯井内每隔两层（不大于10m）设置一道安全平网
		楼梯边防护	设1.2m高的定型化、工具化、标准化的防护栏杆，18cm高的踢脚板
		垂直方向交叉作业防护	设置防护隔离棚或其他设施
		高空作业防护	有悬挂安全带的悬索或其他设施；有操作平台；有上下的梯子或其他形式的通道
其他（由各地自定）			

注：本表所列建筑工程安全防护、文明施工措施项目，是依据现行法律法规及标准规范确定。如修订法律法规和标准规范，本表所列项目应按照修订后的法律法规和标准规范进行调整。

3.1.2 建筑工程开工前安全备案

（1）施工企业应当在建设单位领取施工许可证前，向工程所在地的建筑施工安全监督管理机构办理建设工程安全生产备案手续。在办理安全生产备案手续时，认真填写《建设工程施工安全生产备案表》（见2.2.1.4，P71），如实提供相关资料和证件，所制定的安全技术措施、专项安全施工组织设计要符合现场实际情况，要有针对性，编制人、审核人、监理工程师要签字盖章；

当涉及深基坑、地下暗挖工程、高大模板工程的专项施工方案，施工企业应当组织专家进行论证、审查。

(2) 建筑施工企业在办理建设工程安全生产备案手续时，施工现场的生活设施、围挡等安全生产、文明施工设施要符合有关规定要求，达到规定的安全生产条件，并通过当地安监机构的勘验方可开工。

3.1.3 建筑施工企业的安全管理

3.1.3.1 安全生产许可证申请实施说明与执行原则

1. 安全生产许可证申请实施说明

企业安全生产许可证企业进行生产经营活动前，应依法向安全生产许可证颁发管理机关申请领取安全生产许可证。

2. 企业安全生产许可证执行原则

(1) 企业必须取得安全生产许可证；

(2) 企业取得安全生产许可证后，不得降低安全生产条件；

(3) 企业取得安全生产许可证后，不得转让安全生产许可证，并应当加强日常安全生产管理；

(4) 接受安全生产许可证颁发管理机关的监督检查。

(5) 安全生产许可证有效期满需要延期的，企业应于期满前3个月向原安全生产许可证颁发管理机关办理延期手续。

3.1.3.2 企业“三类人员”安全生产考核

(1) 建筑施工企业主要负责人（包括企业法定代表人、经理、企业分管安全生产工作的副经理等）、项目负责人、专职安全生产管理人员等，应具备相应的文化程度、专业技术职称和一定的安全生产工作经历，必须经建设行政主管部门考核合格，取得安全生产考核合格证后，方可担任相应职务。

(2) 建筑施工企业管理人员取得安全生产考核合格证书后，应当严格遵守安全生产法律法规，认真履行安全生产管理职责，接受企业年度安全生产教育培训和建设行政主管部门及安监机构的监督检查。

(3) 建筑施工企业管理人员安全生产考核合格证有效期届满时，应当于期满前3个月内向原发证机关申请办理延期手续。

(4) 建筑施工企业安全生产考核用表见表3.1.3.2-1～3.1.3.2-4。

注：审批事项业务关系

(1) 安全生产许可证与“三类人员”安全生产考核的关系在进行安全生产许可证相关申报案卷审批时，需核实申报案卷所提供三类人证书信息是否与三类人安全生产考核的审批结果一致。

(2) 安全生产许可证与建筑业施工企业资质审批关系：

1) 在进行安全生产许可证相关申报案卷审批时，需核实企业所提供的企业资质证书信息是否与建筑业施工企业资质审批结果一致。

2) 能够通过建筑业施工企业资质审批结果，统计出未办理安全生产许可证的企业数量。

3.1.3.2-1 安全生产管理人员台账

1. 资料表式

安全生产管理人员台账 表 3.1.3.2-1

序号	姓 名	类 别	身份证号码	安全考核证书编号	单 位
1					
2					
3					
4					
5					
6					
7					
8					
9					
10					
11					
12					
13					
14					
15					
16					
17					

2. 实施要点

(1) 安全生产管理人员台账是建设施工企业安全生产管理实施对安全生产管理人员进行概况登记的记录册。该表的内容包括：序号、姓名、类别、身份证号码、安全考核证书编号和单位。

(2) 表列子项

1) 姓名：按安全生产管理人员的真实姓名填写。

2) 类别：指该姓名的安全生产管理人员从事的工作类别，照实际填写。

3) 身份证号码：指该姓名的安全生产管理人员身份证号码。

4) 安全考核证书编号：指该姓名的安全生产管理人员安全考核证书编号。

5) 单位：指该姓名的安全生产管理人员所在的处、室或部门。

3.1.3.2-2 企业“三类人员”安全考核证书管理台账

1. 资料表式

企业“三类人员”安全考核证书管理台账　　表 3.1.3.2-2

序号	姓 名	类 别	身份证号码	证书编号	单 位
1					
2					
3					
4					
5					
6					
7					
8					
9					
10					
11					
12					
13					
14					
15					
16					
17					

2. 实施要点

(1) 企业“三类人员”安全考核证书管理台账是建设施工企业安全生产管理实施对企业“三类人员”安全考核证书进行概况登记的记录册。该表的内容包括：序号、姓名、类别、身份证号码、证书编号和单位。

(2) 表列子项

1) 姓名：按企业“三类人员”安全考核证书管理的真实姓名填写。

2) 类别：指该姓名的企业“三类人员”安全考核证书管理从事的工作类别，照实际填写。

3) 身份证号码：指该姓名的企业“三类人员”安全考核证书管理身份证号码。

4) 证书编号：指该姓名的企业“三类人员”安全考核证书管理安全考核证书编号。

5) 单位：指该姓名的企业“三类人员”安全考核证书管理所在的处、室或部门。

3.1.3.2-3 建筑施工企业“三类人员”安全生产知识考试报名表

1. 资料表式

建筑施工企业“三类人员”安全生产知识考试报名表 **表 3.1.3.2-3**

所属地市： 所属区县：

姓　　名		性　　别		照片
出生年月		身份证号		
职　　务		企业名称		
专　　业		组织机构代码		
选择人员类别		申请类别	□首次申请 □延期申请	

2. 实施要点

(1) 建筑施工企业“三类人员”安全生产知识考试报名表每一个属于“三类人员”的均填写一份。

(2) 必须认真填写出生年月、身份证号并粘贴本人照片。

(3) 首次申请或延期申请，可按其实际在□内打✓。

3.1.3.2-4 特殊工种人员培训花名册

1. 资料表式

特殊工种人员培训花名册

姓　名	性别	出生年月	参加工作时间	文化程度	工种	发证时间	复检时间	有效期	证书编号	身份证号

2. 实施要点

（1）特殊工种人员培训花名册是建设施工企业安全生产管理实施对特殊工种人员培训进行概况登记的记录册。该表的内容包括：姓名、性别、出生年月、参加工作时间、文化程度、工种、发证时间、复检时间、有效期、证书编号和身份证号。

（2）表列子项

1）姓名：按特殊工种人员培训的真实姓名填写。

2）性别：填写该姓名的特殊工种人员的性别。

3）出生年月：填写该姓名的特殊工种人员的出生年月。

4）参加工作时间：填写该姓名的特殊工种人员的参加工作时间。

5）文化程度：填写该姓名的特殊工种人员的文化程度。

6）工种：填写该姓名的特殊工种人员的工种。

7）发证时间：填写该姓名的特殊工种人员的发证时间。

8）复检时间：填写该姓名的特殊工种人员的复检时间

9）有效期：填写该姓名的特殊工种人员的有效期。

10）证书编号：填写该姓名的特殊工种人员管理安全考核证书编号。

11）身份证号：填写该姓名的特殊工种人员管理身份证号码。

3.1.3.2-5 “三类人员”安全生产考核首次申请和延期申请表单

1. 资料表式

封页

×××建筑施工企业主要负责人
项目负责人和专职安全生产管理人员
安全生产考核申请表

城 市 名 称：

企 业 名 称：

申请人名称：

身份证件号：

申 请 时 间：

申 请 类 别：

×××建设厅制

内页

基 本 情 况

姓 名		性别		出生日期		照片
身份证号码				考核证书号		
人员类别				证件有效期限（年）		
参加考试时间				考试成绩		
所在企业名称						
企业联系电话				资质等级		
通信地址				邮政编码		
电子邮箱						
毕业院校						
毕业时间		专业		职 称		
学 历		学位		职业资格		
参加工作时间				累计从事安全生产管理工作年限		
接受安全教育、培训及考核情况						
证书使用情况						

工 作 简 历

序号	聘用起止时间	工作单位	职 务
1			
2			
3			
4			

安全生产业绩

受表彰情况	
受处罚情况	
企业审核意见	（公章） 年 月 日

续表

市主管部门意见	管理能力考核： （公章） 年 月 日	安全生产考核： （公章） 年 月 日
省主管部门审核意见	管理能力考核： （公章） 年 月 日	安全生产考核： （公章） 年 月 日

2. 实施要点

(1)“三类人员”安全生产考核表格填写说明：

1）所属市、所属区县：根据登录用户所在地市调出，可以通过选择框修改；

2）性别：男、女；

3）身份证号码：为必填项，并校验合法性；

4）企业名称：指组织机构代码证确定的机构名称；

5）组织机构代码：企业申报事项时，此项为必填项，填写组织机构代码证号码；

6）人员类别：企业主要负责人、项目负责人和专职安全生产管理人员；

7）通信地址：其中地市、区县采用选择框方式填写；

(2)“三类人员”安全生产考核所需附件材料：

1）建筑施工企业管理人员安全生产考核申请表（一式三份）；

2）建筑施工企业管理人员任职文件；

3）专业技术职称证书或职业资格证书［项目负责人须有建筑施工企业项目经理资质证书或建造师执业资格证书（复印件）］；

4）最高学历证明书（复印件）；

5）安全生产知识考试合格证明书；

6）业绩证明材料；

7）国家或省建设行政主管部门规定的其他材料。

3.1.3.2-6　"三类人员"安全生产考核合格证书变更申请表

1. 资料表式

"三类人员"安全生产考核合格证书变更申请表　　表 3.1.3.2-6

<table>
<tr><td>企业名称</td><td></td><td>所属市</td><td></td></tr>
<tr><td colspan="4">申请变更事项：</td></tr>
<tr><td colspan="4">所附证明材料：</td></tr>
<tr><td colspan="2">经手人签字：
（申请企业盖章）
年　月　日</td><td colspan="2">市级建设行政主管部门意见：
（章）
年　月　日</td></tr>
<tr><td colspan="4">省级建设行政主管部门意见：
（章）
年　月　日</td></tr>
</table>

变更人员名单

序号	姓　名	性别	身份证号	职　务	职　称	证书编号	发证时间
1							
2							
3							
4							
5							

2. 实施要点

"三类人员"安全生产考核证书变更所需附件材料：

1）安全生产考核证书原件（收回）；

2）若变更企业名称应提供企业变更后的资质证书、企业法人营业执照复印件（验原件）；

3）人员调动应有原单位的解聘书和现单位的聘用合同复印件（验原件）、人事档案关系转移证明，以及新聘用单位为其办理的养老保险、医疗保险等手续的有效证明复印件（验原件）；

4）项目负责人变更时应先变更项目经理（注册建造师）资格证书；

5）变更职务应提供所在企业的任职文件原件。

3.1.3.2-7 "三类人员"安全生产考核合格证书丢证补证申请表

资料表式

"三类人员"安全生产考核合格证书丢证补证申请表　　表 3.1.3.2-7

<table>
<tr><td>企业名称</td><td></td><td>所属市</td><td></td></tr>
<tr><td colspan="4">申请办理事项：</td></tr>
<tr><td colspan="4">所附证明材料：</td></tr>
<tr><td colspan="2">企业法人签字：

（申请企业盖章）
年　月　日</td><td colspan="2">市级建设行政主管部门意见：

（章）
年　月　日</td></tr>
<tr><td colspan="4">省级建设行政主管部门意见：

（章）
年　月　日</td></tr>
</table>

三类人员补证人员名单

序号	姓　名	性别	出生日期	身份证号	职　务	职　称	证书编号	发证时间

3.1.3.2-8 “三类人员”安全生产考核合格证书注销申请表

1. 资料表式

“三类人员”安全生产考核合格证书注销申请表 表 3.1.3.2-8

<table>
<tr><td>企业名称</td><td></td><td>所属市</td><td></td></tr>
<tr><td colspan="4">申请注销事项：</td></tr>
<tr><td colspan="4">相关证明材料：</td></tr>
<tr><td colspan="2">经手人签字：

（申请企业盖章）
年 月 日</td><td colspan="2">市级建设行政主管部门意见：

（章）
年 月 日</td></tr>
<tr><td colspan="4">省级建设行政主管部门意见：

（章）
年 月 日</td></tr>
</table>

注 销 人 员 名 单

序号	姓 名	性别	身份证号	职 务	职 称	证书编号	发证时间

2. 实施要点

注销、撤销、吊销、暂扣：直接由省级建设行政主管部门专人进行操作。

3.1.3.3 施工起重机械设备产权、使用

资料表式

3.1.3.3-1 建筑施工起重机械设备产权登记证

建筑施工起重机械设备产权登记证

产权登记编号			
设备名称		制造许可证号	
制造厂家		出厂日期	
规格型号（含起重量）		出厂编号	
设备产权人		联系电话	

登记部门：

登记日期：　　年　月　日

3.1.3.3-2 建筑施工起重机械设备产权登记申报表

建筑施工起重机械设备产权登记申报表

设备名称		制造许可证号	
规格型号（含起重量）		出厂编号	
制造厂家		出厂日期	
厂家地址		产权单位地址	
法人（产权人）		联系电话	
设备检测单位（新购除外）		检测日期	
企业简介（包括起重机械设备拥有量、设备安全管理体系及保证措施，设备维修保养制、点检制以及起重机械各项管理制度的贯彻落实情况，内容可另附页）： 产权单位（章）： 年　月　日			
登记部门意见： 登记部门（章）： 年　月　日			

3.1.3.3-3 建筑施工起重机械设备使用登记证

资料表式

建筑施工起重机械设备使用登记证

使用登记编号			
设备名称		制造许可证号	
规格型号（含起重量）		出厂编号	
使用单位		工程名称	
项目经理		联系电话	
安装单位		资质等级	
安装日期		验收日期	
安装检测单位		检测日期	

登记部门：

（公章）

登记日期： 年 月 日

3.1.3.3-4 建筑施工起重机械设备使用登记申报表

1. 资料表式

建筑施工起重机械设备使用登记申报表

使用单位（章）： 联系人： 联系电话：

设备名称		制造许可证	
规格型号（含起重量）		出厂编号	
制造厂家		设备产权人	
设备安装单位		资质证书编号	
		安全生产许可证编号	
设备安装日期		验收日期	
工程名称		工程地点	
项目经理		联系电话	
设备安装检测单位		检测日期	
设备使用中特种作业人员名单（含司机、指挥工、司索工及在使用中顶升扶墙的安装维修工等）			
姓 名	工 种	资格证编号	备 注
监理单位意见： 监理单位（章）： 年 月 日			
登记部门意见： 登记部门（章）： 年 月 日			

2. 实施要点

(1) 施工起重机械首次投入使用前，应在当地建设行政主管部门或建设行政主管部门委托的安监机构进行登记，登记标记应当置于或者附着于该设备的显著位置。

(2) 已经登记的起重机械设备在新的建设工程项目使用前，按有关规定进行检验检测，并到当地建设行政主管部门或建设行主管部门委托的安监机构办理使用备案手续后方可使用。

外省的起重机械进入工程所在地境内使用时，产权单位须持原省登记手续至工程所在地登记部门办理产权登记转换手续，同时应提交起重设备有关原始出厂资料及设备改造大修资料。

(3) 起重机械租赁、使用等单位未按规定办理起重机械产权登记和使用登记的，由建设（筑）行政主管部门依照有关法律法规进行处罚。

3.1.3.3-5 建筑施工起重机械设备使用登记注销表

1. 资料表式

建筑施工起重机械设备使用登记注销表

使用单位（章）：

<table>
<tr><td>设备名称</td><td></td><td>规格型号</td><td></td></tr>
<tr><td>工地名称</td><td></td><td>工地地址</td><td></td></tr>
<tr><td>工地项目经理</td><td></td><td>电　话</td><td></td></tr>
<tr><td>使用登记编号</td><td colspan="3"></td></tr>
<tr><td>计划拆除时间</td><td colspan="3"></td></tr>
<tr><td rowspan="2">拆除单位</td><td rowspan="2"></td><td>资质证书编号</td><td></td></tr>
<tr><td>安全生产许可证编号</td><td></td></tr>
<tr><td colspan="4">拆除特种作业人员名单</td></tr>
<tr><td>姓　名</td><td>工　种</td><td>资格证编号</td><td>备　注</td></tr>
<tr><td></td><td></td><td></td><td></td></tr>
<tr><td></td><td></td><td></td><td></td></tr>
<tr><td></td><td></td><td></td><td></td></tr>
<tr><td></td><td></td><td></td><td></td></tr>
<tr><td>拆除方案</td><td colspan="3">有/没有</td></tr>
<tr><td colspan="4">监理单位审查意见：

监理单位（章）：
年　月　日</td></tr>
<tr><td colspan="4">登记部门意见：

登记部门（章）：
年　月　日</td></tr>
</table>

2. 实施要点

（1）施工现场使用的起重机械在拆除前一周内，使用单位必须到工程所在地登记部门办理使用注销手续。办理注销手续应提供该起重机械使用登记证原件，并填写《建筑施工起重机械设备使用登记注销表》。

（2）办理注销手续后，使用登记证由原登记部门收回。使用单位对重新使用的起重机械凭注销表和产权登记证到下一工程所在地登记部门重新登记。

3.1.3.3-6　建筑施工起重机械设备使用登记汇总表

1. 资料表式

建筑施工起重机械设备使用登记汇总表

________县（市）（章）：　　　　　　　　　　　　　　　　　　填表日期：年　　月　　日

机种		本季度登记数量	本年度累计登记数量	起重量代号
塔式起重机	400kN·m 以下			
	400～600kN·m			
	600～800kN·m			
	800kN·m 以上			
门式起重机	10t 以下			
	10～20t 以下			
	20t 以上			
施工升降机	1000kg 以下			
	1000kg 以上			
物料提升机	1000kg 以下			
	1000kg 以上			
高处作业吊　篮	2～4kN			
	5～8kN			
	9～12.5kN			
整体提升脚手架	75kN（含）以下			
	75kN 以上			

注：此表由各县（市）级建设（筑）行政主管部门每季度末填写后，报市级安监站。

2. 实施要点

起重机械实行按季度和年度进行统计汇总和上报制度。县（市、区）建设（筑）行政主管部门或其委托的安全监督机构应于每季度末将本县（市、区）起重机械进行统计汇总，填写《建筑施工起重机械设备使用登记汇总表》。

3.1.3.4　危及施工安全的工艺、设备、材料淘汰

危及施工安全的工艺、设备、材料实行淘汰制度，施工企业要及时收集国家各相关部门有关危及施工安全的工艺、设备、材料的名目录，下发到施工现场，严格按要求淘汰，

并建立监督检查机制，杜绝淘汰的工艺、设备、材料在现场使用。

3.1.3.5 企业安全生产风险抵押金

企业按省级建设行政主管部门规定的《省级建筑施工企业安全生产风险抵押金交纳标准》和当地有关规定交纳企业安全生产风险抵押金。

3.1.3.6 工伤保险和意外伤害保险

企业必须按有关规定按时交纳工伤保险费。

企业必须按规定为施工现场从事危险作业的人员办理意外伤害保险，支付意外伤害保险费。实行总承包的工程，由总承包单位支付意外伤害保险费。

3.1.4 建筑施工企业安全管理机构

3.1.4.1 安全生产领导组织

安全生产企业应成立安全生产领导组织，企业主要负责人任组长，各相关部门负责人任成员，负责企业安全生产的规划和管理，研究解决安全生产中的重大决策和问题。

3.1.4.2 安全生产管理机构设置和人员配备

建筑施工企业及其所属的分公司、区域公司等分支机构应当各自独立设置安全生产管理机构，负责本企业（分支机构）的安全生产管理工作。建筑施工企业必须在建设工程项目中设立安全生产管理机构，派驻专职安全生产管理人员。建设工程项目应当成立由项目经理负责的安全生产管理小组。施工作业班组应当设置兼职安全巡查员。

安全生产管理机构设置和人员配备按省级建设行政主管部门关于《建筑施工企业安全生产管理机构设置及专职安全生产管理人员配备暂行办法》文件执行。

建筑施工企业除设立专职安全生产管理机构外，还应明确生产、技术、材料、设备、教育、财务、劳资、工会、保卫等职能部门在安全生产方面的职责，建立起“纵向到底、横向到边”的安全生产管理网络。建筑施工企业应为所属的安全生产管理机构提供所需的活动经费，配备必需的工具，确保其正常开展工作。

3.1.5 建筑施工企业安全管理制度

3.1.5.1 各级安全生产岗位责任制度

各级安全生产岗位责任制度企业经理、主管生产副经理、企业技术负责人、企业各职能部门负责人、分公司经理、项目经理、项目技术负责人、工长、安全员、班组长、各工种工人等，都应按不同的岗位职责分别建立健全安全生产责任制。

3.1.5.1-1 企业经理

（1）依法对本单位的安全生产工作全面负责。认真贯彻安全生产的各项方针、政策及法律、法规，履行安全生产第一责任人职责。

（2）组织建立健全安全生产责任制度和安全生产教育培训制度，按照分级管理的原则，逐级实施考核。

(3) 组织制定安全生产规章制度和操作规程，并督促执行。

(4) 保证本单位安全生产条件所需资金的投入的有效实施，重视劳动保护和职业病防治。

(5) 主持召开安全生产会议，分析安全生产形势，调度安全生产工作，协调解决安全生产中的重大问题。

(6) 组织制定安全生产规划和目标，督促有关奖惩政策的落实兑现。

(7) 督促检查的安全生产工作，及时消除生产安全事故隐患。组织制定并实施生产安全事故应急救援预案。

(8) 督促安全生产措施落实到位，确保安全设施、工艺技术、安全管理及人员素质符合安全生产要求。

(9) 主持重大伤亡事故的调查分析，及时、如实报告生产安全事故，落实上级事故调查组的处理意见，对事故责任人实行责任追究。

(10) 对所承担的建设工程进行定期和专项安全检查，并做好安全检查记录。

3.1.5.1-2　主管生产副经理

对企业安全生产工作负主要责任，从组织、管理、指挥、协调生产方面负领导责任。

(1) 在经理领导下，负责组织、管理、协调安全生产工作，在施工过程中，对国家财产和职工的安全健康负主要责任。

(2) 结合单位特点具体组织有关部门制定各项安全管理规定和安全生产责任制，检查指导各级各部门执行安全管理规定和落实安全生产责任制情况。

(3) 每月组织召开安全生产专题会议，分析安全生产状况，总结经验教训，制定防范措施，研究解决安全生产、消防、环境保护、文明施工等工作中存在的问题。

(4) 检查安全保障体系运行的有效性，提高安全检查机构和安检队伍的素质，支持安检人员的工作，使其发挥应有的作用，使安全生产处于受控状态。

(5) 负责计划、布置、检查、总结、评比安全工作和文明施工工作，组织安全竞赛活动，总结推广好的典型，对安全生产有突出贡献者，建议给予表扬和奖励。

(6) 负责组织定期或不定期的安全检查和文明施工检查，对重大险情隐患，制定整改措施并负责实施。

(7) 组织重大伤亡事故和重大未遂事故的调查分析，按照“四不放过”的原则进行处理和上报。

(8) 按权限组织调查、分析、处理伤亡事故。

注：分管行政工作副经理

(1) 负责完善在劳动、教育、生活、卫生等方面涉及安全生产管理的各项规章制度。

(2) 负责指导分管部门，制定在劳动、教育、生活、卫生等方面涉及安全生产的管理目标及工作措施，落实分管工作范围内的安全生产责任制，并督促做好分级考核。

(3) 负责审核职工年度安全生产培训计划，协调解决培训中的问题，督促落实培训计划。

(4) 指导、协调有关部门做好对劳务作业队伍的资质情况及特种作业人员持证上岗情况实施监督检查。

(5) 指导、协调有关部门落实职业卫生管理规定，做好职业病防治，预防和减少作业场所职业危害，定期组织职工健康体检，保护职工身体健康。

(6) 督促有关部门做好职工食堂的卫生管理工作，防止食物中毒。

(7) 督促有关部门做好小车班的安全教育工作，防止交通安全事故发生。

(8) 督促有关部门做好水、暖电管理，搞好水暖电设施维护，保持设施安全。

3.1.5.1-3 企业技术负责人（总工程师）

对企业安全生产技术工作负全面领导责任，负责审批工程项目的施工组织设计、施工方案，负责安全技术检查、指导工作，及时协调生产中遇到的安全技术问题。

(1) 对劳动保护和安全生产在技术工作上负领导责任。

(2) 负责审批施工组织设计、专项安全技术方案，在采用新技术、新工艺、新设备时，必须审查安全技术措施的适用性和可行性，督促其贯彻执行。

(3) 在检查施工技术工作的同时，负责安全技术的检查、指导工作。及时解决生产中的安全技术问题，对主管的职能部门，进行安全责任制教育，并检查执行情况。

(4) 组织有关部门对劳动保护工作、消除粉尘、噪声、改善劳动条件的实施措施，进行督促和检查。

(5) 参与重大伤亡事故的调查，组织有关人员对重大事故发生原因进行分析，提出技术鉴定意见和改进措施。

3.1.5.1-4 分公司经理

对分公司安全生产工作负具体领导责任。

工程项目相关人员的岗位责任制，负责在各自业务范围内做好安全生产工作。

3.1.5.2 各管理部门安全生产管理责任制度

企业中的安全、生产、技术、材料、设备、教育、劳资、财务、保卫、工会等各职能部门，应在其职能范围内分别建立健全安全生产责任制。

3.1.5.2-1 安全生产管理部门

贯彻有关安全生产的方针、政策、法律、法规，制定公司安全生产、文明施工与环境保护管理制度，制定年度安全生产工作计划及措施，组织安全检查，参加事故调查，对安全责任制的落实情况进行监督检查，对现场安全生产进行指导。

3.1.5.2-2 工程生产管理部门

编制生产计划的同时，要列入安全生产的指标和措施，布置生产工作时，要有相应的安全措施内容，合理安排施工生产任务，协调指导施工，以防引起不安全因素。

3.1.5.2-3 技术管理部门

制定安全技术操作规程，编制施工组织设计时要同时制定安全技术措施，编制安全专项施工方案，采用新材料、新设备、新技术、新工艺时制定安全技术措施。

3.1.5.2-4　设备管理部门

组织对各种机械设备的安全检查，定期组织对机械设备的维护和保养，设备修理时要制定安全技术措施，负责组织机手技术培训和技术考核。

3.1.5.2-5　教育培训部门

编制职工安全教育培训计划，组织安全教育培训，协助有关部门做好新工人的三级安全教育。

3.1.5.2-6　劳资管理部门

组织新工人三级安全教育，组织工人技术培训及特殊工种人员的培训工作，合理安排劳动组织，根据气候变化安排作息时间，控制加班加点，做好工人劳动保护工作。

3.1.5.2-7　财务管理部门

确保安全防护、文明施工措施费专款专用，保证安全教育费用及劳动防护用品、安全设施、防暑降温费用的开支。

3.1.5.2-8　保卫部门

制定消防工作制度及措施，进行防火宣传教育和检查，检查消防器材的配备及使用，定期对消防设施进行维护。

3.1.5.2-9　工会

负责对职工健康和职业病防治进行管理，制定职工体检计划，定期组织体检，制定职业病防治措施，对职工劳动保护及职业病防治措施落实情况进行监督检查。

3.1.5.3　安全生产管理制度

3.1.5.3-1　安全生产教育培训制度

主要内容应包括：安全教育的目的、内容、形式、方法及要求。培训教育的对象包括职工安全教育，新工人的三级教育，变换工种教育，特殊工种人员的培训及安全教育，采用新工艺、新技术、新设备时进行的安全教育，施工现场的周教育，节假日前后的法纪教育等。

（1）依照国家和省级安全管理规定和企业安全生产实际需要，编制员工安全培训、教育需求计划。根据各项目部安全培训需求计划，编制员工安全培训教育计划，报总经理批准后组织实施。

（2）新入厂职工必须进行公司、项目部、班组三级教育，教育后要填写三级教育记录卡，并进行考试，合格后方可上岗作业。

三级教育的内容为：

1）公司级教育：各职能部门按照教育培训计划分头组织实施。安全生产方面的教育主要包括党和国家有关安全生产的方针、政策、法律、法规、标准、规定及自身编制的安全生产管理制度；本企业安全生产形势及历史上发生的重大事故教训，发生事故后如何抢救、排险、保护现场和及时报告等（培训教育时间不得少于15学时）。

2）项目部级教育：由项目部主管生产领导组织技术和安全管理人员实施安全生产教育。教育的主要内容包括本项目生产特点、设备特点、安全基本知识、预防事故的方法及本项目安全生产制度、规定、安全注意事项，本工种的安全技术操作规程，防护用具使用基本知识等（培训教育时间不得少于15学时）。

3）班组级教育：由班组长或班组安全员进行。教育的主要内容包括本班组作业特点、安全操作规程及岗位责任，班组安全活动及纪律，爱护及正确使用安全防护设施及个人劳保防护用品，易发生事故的不安全因素及其防范对策等（培训教育时间不得少于20学时）。

（3）特种作业人员，包括电工、焊工、架子工、起重信号工、起重机械司机、厂内机动车驾驶员等，必须经有关主管部门培训考核，取得岗位资格证后方可上岗作业（时间不少于20学时），并按规定参加年检、培训、考核。

（4）工人调换工种必须进行换岗教育。换岗前，批准换岗的有关部门领导要对换岗工人进行新岗工种的操作规程等方面的教育，未经教育不准上岗（时间不得少于20学时）。

（5）采用新工艺、新设备、制造新产品时必须由采用新工艺、新设备、制造新产品的有关单位和部门，按照新工艺、新设备、新产品的安全技术规定（程）进行安全教育，考试合格后方准上岗。

（6）公司主要负责人、项目管理人员、专职安全管理人员，每年必须参加建设主管部门组织的安全培训，培训时间分别不少于30学时、30学时、40学时，一般管理人员由公司组织安全培训，培训时间不少于20学时，不断提高安全管理水平和法制观念。

（7）各基层单位每年冬闲季节组织一次各工种安全技术操作规程的学习，不断提高工人的操作技能（学习时间不少于20学时）。

（8）项目经理、工长，对所属工地的职工每周一进行一次安全生产教育。

（9）施工班组由班组长组织实施班前教育，针对班组的施工生产场所、工作内容、工具设备、操作方法等注意事项，对全组职工进行教育，防止事故发生。

（10）各单位在雨季、冬季，要根据季节的变化，进行雨季防雨、防雷电、防洪及冬季防冻、防滑、防煤气中毒的季节性安全教育。

（11）节假日前后，各单位要根据具体情况对所属职工节前进行法纪教育，节后开收心会，教育职工集中精力搞好安全生产。

（12）员工参加各类培训均应填写《培训教育记录》并报综合部备案。

（13）管理人员和专业技术人员经培训取得的岗位证书由公司综合部集中保管，技术工人岗位证书经公司综合部登记备案后交本人保管。

（14）制定安全生产教育培训考核

1）考核内容（考核分教育经费投入、安全教育计划的编制和落实）：

①安全教育培训经费投入（一般占考核全部内容所需经费投入的40%）；

②安全教育计划的编制（一般占考核全部内容所需经费投入的20%）；

③安全教育计划落实（一般占考核全部内容所需经费投入的40%）。

2）责任追究按职责划分原则进行。

3.1.5.3-2　建筑工程安全防护、文明施工措施费使用管理制度

施工企业应当建立建筑工程安全防护、文明施工措施费使用管理制度，对建筑工程安全防护、文明施工措施费使用进行有效控制和管理，将建筑工程安全防护、文明施工措施费切实用于施工现场安全生产、文明施工上，建立建筑工程安全防护、文明施工措施费使用台账，保证专款专用。

建筑工程安全防护、文明施工措施费使用管理的详细规定见3.1.5节的“安全生产投入”。

3.1.5.3-3　建设项目安全管理制度

建设项目安全管理制度是做好安全生产的基础，必须认真做好建设项目安全管理制度的实施。通常建设项目安全管理制度应包括如下内容：

(1) 工程中标后，公司根据工程性质、规模组建项目组织机构，聘任项目部经理和项目部组成人员。项目经理必须持安全生产考核合格证书（B类）上岗，专职安全员由公司派驻，持安全生产考核合格证书（C类）上岗，项目专职安全员的配备：1万m^2以下设1名专职安全管理人员，1万m^2以上设2名专职安全管理人员，5万m^2以上分专业设置安全管理人员。

(2) 施工现场建立以项目经理为中心，以工程技术、安全、质量、材料、设备、财务等相关人员，组成的安全生产保证体系，建立安全生产责任制，明确各自安全管理职责，确保安全责任落实。

(3) 项目部选择劳务分包队伍和专业分包队伍时，应在企业评价确定的择优合格分包方中选用，签订分包合同和安全生产协议，分包单位员工少于50人要设置兼职安全管理人员，人数超过50人时设置专职安全管理人员，协助项目部专职安全管理人员搞好现场安全生产工作的监督检查，保证分包单位与其相应的施工现场安全生产环境和生活环境、劳动保护和职业病防治的管理纳入公司制度管理。

(4) 施工现场应根据企业所制定的年度安全生产目标和指标，并结合本项目的实际情况制定本项目部伤亡控制指标、文明施工的目标和指标，并将目标管理内容按月进行分解，责任到人，同时制定目标的考核办法和安全生产奖惩措施，对目标、指标的完成情况分级考核，且与经济收入挂钩。

(5) 施工现场建立健全特种作业人员台账及证书复印件（验原件）并实施动态管理，调出人员应及时在台账中标明，其特种作业操作证应及时撤出，确保现场的实际操作人员相符。

(6) 施工现场的施工组织设计，其中必须包括保证安全生产的安全技术措施和预防职业病的技术措施，企业技术负责人审批签发后方可实施；对达到一定规模的危险性较大的分部、分项工程应编制专项施工方案，企业技术负责人审批签发后方可实施，项目专职安全员进行现场监督，确保安全技术措施落实到位。

(7) 按照企业制定的安全检查制度，公司主管部门进行定期安全检查、季节性安全检查、临时性安全检查、节假日安全检查、专项安全检查，项目部进行周安全检查，安全员进行日常安全检查，对检查中发现的事故隐患能立即整改的应立即整改，不能立即整改的

应及时签发隐患整改通知书，建立登记、整改、复查记录台账，按照定人、定时间、定措施、定经费的原则进行整改，落实整改责任人和监督人，在隐患没有排除前，必须采取可靠的防护措施，确保施工人员的人身安全和国家财产不受损失。

3.1.5.3-4 安全生产检查制度

安全生产检查制度通常应包括：安全检查的内容，安全检查的形式，安全检查的方法及要求，对检查中发现的事故隐患的整改要求等。

安全生产检查制度是为了发现并消除施工过程中存在的不安全因素，宣传落实安全法律、法规与企业规章制度，纠正“三违”，提高各级管理人员与从业人员安全生产自觉性与责任感，掌握安全生产动态，达到持续改进的目的。

注：三违：违章作业、违章指挥、违犯劳动纪律。

（1）安全检查的形式：

1）施工企业对所属工程项目的安全检查；

2）施工企业对各项目部、分包单位的安全检查；

3）班组组织的安全自检自查。

（2）安全检查的类型

通常包括：日常安全检查、定期安全检查、专业安全检查，季节性及节假日前后安全检查。

1）日常安全检查：各施工班组的班前、班后安全检查，各级专职安全员及班组兼职安全员日常巡回检查，各级管理人员在检查生产的同时检查安全。

2）定期安全检查：

①公司组成由主管安全副总经理任组长，安全管理部、工程部、党委工作部、综合部参加的检查组，每月在定期安全检查的时日内对所属各项目部进行一次全面大检查。

②项目部每周五由项目经理为组长组织施工员、安全员、材料员、劳资员、分包单位负责人、技术员等组成检查组对项目部所属各分项工程、各工种、设备、设施等施工现场的安全生产、文明施工进行安全大检查。

3）专业性安全检查：对施工机械、施工用电、脚手架、安全防护设施、消防器材等专业安全问题的检查，项目部要组织专业人员进行安装完成后的验收检查和使用过程的定期检查，对各专业的安全技术培训和安全技术措施的落实情况进行检查。

4）季节性及节假日前后安全检查：各项目部在雨期、冬期、暑期前由项目经理牵头，各专业技术人员（安全、机械、电气、土建）参加，进行安全检查。雨期重点对脚手架、龙门架、塔吊、电气设备、施工用电线路及设施安全进行检查；暑期主要对防暑降温用品的发放与使用，工作时间的调整，卫生防疫工作的开展情况，防雷电措施的落实情况等进行检查；冬期重点检查机械设备、施工用电、预防煤气和防冻外加剂等、中毒及防滑、防冻措施等。

（3）安全检查内容

应根据施工生产的特点、法律、法规、标准规范和企业规章制度的要求，以及安全检查目的确定，包括安全意识、安全制度、机械设备、安全设施、安全教育培训、操作行为、劳动防护用品的使用、文明施工、安全事故处理等项目。

（4）根据安全检查的形式和具体内容

明确检查的牵头和参与部门及专业人员并进行分工，各专业均要填写《安全检查记录表》，检查方、被检查方负责人均要签字，对检查的安全问题要制定措施，责任落实到人，限期整改。

（5）对检查中发现的安全事故隐患，要签发隐患整改通知单，规定整改的要求和期限，必要时责令停工立即整改，对不能立即整改的要建档登记，在隐患未整改前必须采取可靠的防护措施。

（6）对各级各类检查中发现的违章指挥，违章作业行为应立即进行制止并责令有关人员进行改正。

（7）公司每次安全检查完毕要进行总结并发通报，各基层单位检查也要总结讲评，对《安全检查记录表》、《事故隐患整改通知单》所列问题的纠正、整改措施实施情况和有效性进行跟踪复查、验证，合格后销案并做好记录。

（8）分包单位要按公司检查制度要求进行日常安全检查，并接受总承包单位的安全监督检查。

3.1.5.3-5　安全技术措施管理制度

主要内容应包括：安全技术措施管理的目的，安全技术措施的种类、内容，安全技术措施编制、审批程序，安全技术措施的编制要求，对安全技术措施落实情况的监督检查等。

（1）工程技术人员、有关业务人员，必须熟悉、掌握安全生产的有关法律、法规、技术标准，在管理施工技术的同时，管理好安全技术工作。总工程师及项目技术负责人对各级施工生产的安全技术负责。

（2）施工组织设计或施工方案中，必须编制安全技术措施。

（3）安全技术措施的内容要全面、有针对性，根据工程特点、施工方法、劳动组织和作业环境等具体情况提出具体内容要求。

（4）对于专业性较强的工程项目，如土方工程、基坑支护、模板工程、脚手架工程、施工用电、物料提升机、外用电梯、塔式起重机、起重吊装等必须单独编制专项施工方案。

（5）对于结构复杂，作业危险性大，特殊性较强的工程如：爆破、沉箱、沉井、烟囱、水塔以及拆除工程等，除编制专项安全施工方案外，还应有设计计（验）算和详图。

（6）必须按照公司编制施工组织设计（施工方案）的权限规定，按各部门、各人员的职责、编制、审批安全技术措施。

注：施工组织设计或施工方案中对危险性较大建设工程安全专项施工方案编制及专家论证应按省级建设行政主管部门规定的审查办法执行。

（7）施工方案审批后，必须遵照执行，不得随意变更。如遇特殊情况，需要变更时，应由编制人员出具变更通知书，审批人签字后方可生效。

（8）施工现场的施工负责人，在分项工程施工前必须向分项作业负责人作书面安全技术交底，各持一份，工地安全员根据安全技术交底内容检查落实情况。安全技术交底的内容应符合施工、安装和生产的具体情况，交底内容要全面，有针对性和可操作性。

（9）施工现场架体、设备安装完毕后，必须由项目经理、技术负责人组织工长、项目安全员、施工安装负责人共同验收，确认符合标准、规范等要求后，认真填写验收单，履行签字手续，方可投入使用。

（10）各项验收单的填写必须符合现场实际情况，内容要量化。存在问题必须经整改后重新验收。

3.1.5.3-6 防护用品使用管理制度

防护用品使用管理制度主要内容应包括：防护用品使用管理的目的，防护用品的种类、范围，防护用品的采购、进场验收，防护用品的发放及使用，防护用品的更换要求，以及对防护用品使用情况的监督检查等。

（1）防护用品的种类及发放范围：

1）防护用品种类有：防护服、防寒服、防寒鞋、安全帽、防水雨鞋、手套、防尘（毒）口罩、防护眼镜、雨衣、绝缘鞋、绝缘手套、阻燃服、防护帽、耐油皮鞋、防辐射服、毛巾、肥皂等，以及新技术、新工艺、新材料、新设备施工需对从业人员进行防护的用品；

2）发放范围及使用年限：见公司职工劳动保护用品发放标准一览表。

（2）防护用品必须采购国家颁发“生产许可证”的厂家生产的、符合国家标准规定的产品，产品必须有产品检验合格证，严禁假冒、伪劣不合格产品进入施工现场。

（3）要严格防护用品的进场验收制度，对成批购买的防护用品要按国家标准规定的抽样数量检测，发现不合格产品马上作退货处理。

（4）严格遵守防护用品的发放范围和使用年限规定，按规定及时发放、更换从业人员安全防护用品。

（5）加强正确使用劳动防护用品的管理，经常教育员工正确佩戴和使用。

（6）安全管理部、工会对劳动防护用品的发放及使用情况进行监督检查，凡质量达不到要求的防护用品不得发放，不按规定发放和使用劳动防护用品的问题要及时纠正。

（7）防护用品仓库布局要合理，要分类存放，做到防火、防腐、防锈蚀，标识齐全、明显；仓库管理要做到：管理科学化、摆放规格化、整洁卫生化。

3.1.5.3-7 安全生产责任考核奖惩制度

安全生产责任考核奖惩制度主要内容应包括：安全生产责任考核的目的，考核内容，考核办法，针对不同考核结果进行奖励、处罚的规定等。

（1）安全生产奖惩及责任追究坚持以安全生产管理目标为依据，以完善安全生产责任制为前提，在认真考核的基础上，使业绩突出者受惩，出现过失者受惩，造成事故者承担相应责任，在安全生产管理方面建立起职责明确、功过分明、奖惩严明的激励和约束机制。

（2）奖惩及责任追究制度涵盖承担安全生产职责的相关领导、各职能部门、各分公司、各项目部。

（3）安全生产管理目标的制定及分解

1）安全生产管理目标：

①杜绝重大伤亡、火灾、设备事故。

②因工伤亡控制指标：死亡率、重伤、负伤频率均应控制在国家规定的范围内。

③安全管理人员、特种作业人员持证上岗率、操作人员培训教育率，均应达到100%。

④为从事危险作业的职工办理意外伤害保险，投保率应达到100%。

⑤施工现场使用的防护用品及机械设备合格率应达到100%。

⑥制定本单位重大安全事故应急救援预案，健全应急救援组织；配备应急救援人员、救援器材和设备，定期进行预演活动，以保证应急救援工作正常进行。

⑦文明工地创建应按实际情况确定。

2）根据上级主管部门的要求，结合企业的实际情况，应在年初制定年度安全生产管理目标。

3）应将年度安全生产管理目标和指标进行分解，落实到有关责任部门、分公司、项目部等；各职能部门、各分公司、项目部都应根据下达的目标和指标，制定切实可行的措施，保证目标实现。

4）对项目部下达的安全生产目标及指标，由承包领导小组列入工程项目承包协议条款。

（4）安全生产责任制考核

1）经理对施工企业的安全生产总负责，按要求履行安全生产等职责。上级主管部门签定年度安全生产责任状，完成上级下达的安全生产目标和指标，接受上级主管部门的考核。

2）副经理、三总师和其他承担安全生产职责的领导，对分管工作范围内的安全生产工作负领导责任，完成分担的安全目标和指标，接受经理对其履行安全生产职责的考核。

3）各职能部门负责人对本部门承担的安全生产管理负全部责任，完成本部门安全生产管理目标和指标，接受分管领导和本部绩效考核小组对其履行职责情况的考核。

4）各职能部门的工作人员，对其岗位工作中涉及安全生产的管理职责负直接责任，完成本岗位安全生产管理目标和指标，接受部门负责人和本部绩效考核小组对其履行职责情况的考核。

5）分公司经理和项目部经理对分公司和项目部安全生产目标和指标总负责，接受上级领导部门的考核。

6）分公司和项目部有关领导、管理人员和生产班组，按照职责分工对所承担的安全生产职责负直接责任，完成分公司或项目部下达的安全生产目标和指标，接受分公司或项目部考核。

7）对各级人员的考核时间：

①对经理的考核按上级主管部门的安排进行。

②对公司副总经理、三总师和承担安全生产职责的其他领导、各职能部门负责人、部门工作人员的考核，按已拟定的考核时间进行。

③对分公司经理的考核按年度进行。

④对项目部经理的考核应每月进行一次，工程竣工交验后进行一次总考评。

⑤分公司、项目部对其有关人员的考核，由分公司、项目部根据实际情况自行确定。

(5) 安全生产奖惩及责任追究

1) 经理应全面履行职责，实现安全生产管理目标和指标。造成重大安全事故发生时，按有关法律、法规和上级有关规定，追究经理责任。

2) 副经理、三总师和承担安全生产管理职责的其他领导，全面履行岗位职责，完成承担的安全生产管理目标和指标。奖励按已拟定的办法执行。

由于副经理、三总师和承担安全生产管理职责的其他领导未能认真履行管理职责，未完成管理目标和指标的，由于分管工作原因，给企业造成重大安全事故的，除按法律、法规和上级有关规定追究责任进行处罚。

3) 职能部门负责人全面履行安全生产管理职责，完成本部门安全生产管理目标和指标的，奖励按已拟定的办法执行。

由于部门负责人未能履行安全生产管理职责，未完成管理目标和指标的，由于部门负责人原因，给企业造成重大安全生产事故的，除按法律、法规和上级有关规定追究责任并进行有关处罚。

4) 分公司经理认真履行安全生产管理职责，全面完成安全生产管理目标和指标的，年终按承包合同规定兑现奖励。未完成安全生产管理目标和指标的，按承包合同规定实施处罚；发生重大安全生产事故或给企业造成重大影响和损失的，除按法律、法规和上级有关规定追究责任并进行有关处罚。

5) 项目经理认真履行安全生产管理职责，全面完成安全生产管理目标和指标的，按项目承包协议规定兑现奖励。未完成安全生产管理目标和指标的，按承包协议规定实施处罚；发生重大安全生产事故或给企业造成重大影响和损失的，除按法律、法规和上级有关规定追究责任并进行有关处罚。

6) 创优争先，在文明施工中做出显著成绩，获得省级样板文明工地称号的，公司予以奖励，奖励标准按年度安全生产责任状奖励标准执行。

7) 对施工企业有下列行为之一的应按国家规定的法律、法规等进行处罚：

①未按规定设立安全生产管理保证体系的；

②分公司负责人、项目部负责人、专职安全生产管理人员、作业人员或特种作业人员，未按照规定经安全教育培训或经考核不合格而从事相关工作的；

③未在施工现场的危险部位和有关设施、设备上设置明显的安全警示标志或者未按照国家有关规定在施工现场设置消防通道、消防水源、配备消防设施和灭火器材的；

④安全设备的安装、使用、改造和报废不符合国家标准或者行业标准的；

⑤未对施工现场使用的安全设备进行经常性维护、保养和定期检查的；

⑥未向作业人员提供符合国家标准或者行业标准的安全防护用品的；

⑦未按照规定在施工起重机械和整体提升脚手架、模板等自升式架设设施验收合格后登记的；

⑧使用国家明令淘汰、禁止使用的危及施工安全的工艺、设备、材料的；

8) 对各分公司、项目部违反安全生产有关法律、法规规定等进行处罚：

①对建筑工程施工存在事故隐患，不采取措施予以消除的；

②未建立安全检查制度、未定期组织安全检查或检查无记录的。

9) 分公司、项目负责人未履行法律、法规规定的安全生产管理职责，有以下行为之一的责令限期整改；逾期未改正的，责令停业整顿。

①未落实安全生产责任制的；

②未落实安全生产规章制度和操作规程的；

③未保证安全生产投入有效实施的；

④未督促检查安全生产工作，及时消除生产安全事故隐患的；

⑤未组织制定并实施生产安全事故应急救援预案的。分公司负责人、项目负责人有本条违法行为，导致发生生产安全事故，构成犯罪的依法追究刑事责任；尚不够刑事处罚的，按照《安全生产法》第八十一条第二款规定给予处罚。

10）分公司、项目部负责人或其他管理人员有下列行为之一的，应按有关规定给予处罚：

①违章指挥或强令作业人员违章冒险作业的；

②对作业人员屡次违章作业熟视无睹，未予制止的；

③对重大事故隐患或已发现的事故隐患，未及时采取措施消除的；

④拒不执行建筑施工安全监督管理机构或安全监督员的安全监督指令的；

⑤拒绝、阻碍建筑施工安全生产监督管理部门或建筑施工安全监督员监督检查的；

⑥对生产安全事故隐瞒不报、谎报或者拖延不报的；

⑦伪造、故意破坏事故现场，阻碍、干涉事故调查工作，拒绝接受调查取证，提供有关情况和资料的；

⑧对查封或者扣押的设施、设备、器材、擅自启封或使用的。

11）施工现场违反文明施工有关规定、无防治扬尘污染的措施，有下列行为之一的，责令限期整改，逾期未改正的，责令停工整顿：

①施工现场大门口及主要道路和作业场地未按规定进行硬化处理的；

②施工现场构件、施工料具未按照施工现场平面布置图设置堆放管理的；

③施工垃圾随意堆放抛撒，不及时清理、清运的；

④在建工程外侧未使用密目式安全立网封闭施工的。

12）施工现场违反安全生产、文明施工有关法律法规规定，有下列行为之一的，责令限期整改，逾期未改正，情节严重，造成后果的，停止施工：

①施工现场未设置施工标志牌、环保标志牌、施工现场总平面布置图、现场安全标志平面图的；

②施工作业区与办公、生活区未分开设置，达不到安全距离或办公、生活区的选址不符合安全性要求的；

③职工的生活设施（食堂、宿舍、厕所）不符合安全、卫生要求的；

④施工运输车辆带泥驶出工地，污染路面的；

⑤施工现场未按规定设置防护设施或防护设施不符合标准的。

13）违反安全生产有关法规、法律规定有下列行为之一的，责令限期整改；逾期未改正的，责令停产整顿并按相关规定进行处罚：

①施工前未对有关安全施工的技术要求作出详细说明，进行书面安全技术交底的；

②未根据不同施工阶段和周围环境及季节、气候的变化，在施工现场采取相应的安全施工措施，或者在城市市区内的建设工程施工现场未实施封闭围挡的；

③在尚未竣工的建筑物内设置员工宿舍的；

④施工现场临时搭建的建筑物不符合安全使用要求的；

⑤未对因建设工程施工可能造成损害的毗邻建筑物、构筑物和地下管线等采取专项防护措施的；

⑥安全防护工具、机械设备、施工机具及配件在进入施工现场前未经查验或者查验不合格即投入使用的；

⑦使用未经验收或者验收不合格的施工起重机械和整体提升脚手架、模板等自升式架设设施的；

⑧委托不具有相应资质的单位承担施工现场安装、拆卸施工起重机械和整体提升脚手架、模板等自升式架设设施的；

⑨在施工组织设计中未编制安全技术措施、施工现场临时用电方案或专项施工方案的。

14）施工现场违反安全生产有关规定，有下列情形之一的，责令限期整改，并对责任人按相关规定予以处罚；情节严重的，依法追究责任人的责任。

①施工现场作业人员不佩戴或不正确佩戴安全帽的；

②施工现场高处作业，在无防护状态下不使用或不正确使用安全带；

③洞口及临边未按规定进行防护或防护设施不符合标准的；

④施工现场在用的安全网（包括平网和立网）有破损不合格不进行撤换的；

⑤施工现场临时用电未实行“一机一闸一箱一漏”或未形成保护接零系统的；

⑥施工机具无安全防护装置或安全防护装置损坏继续使用的；

⑦塔式起重机、物料提升机和施工电梯无安全保险装置或安全保险装置失灵，继续使用的；

⑧作业人员违章作业的；

⑨防护设施被私自拆除或因施工拆除后未及时维修的。

15）工伤事故、设备事故、火灾事故等的处罚原则

单位发生上述事故均应按国家规定的法律、法规进行处罚；对发生事故拖延报告，隐瞒不报，谎报以及故意破坏事故现场的责任者按相关规定进行处罚，情节严重的移交司法机关依法追究法律责任。

3.1.5.3-8 易燃易爆、有毒有害物品保管制度

易燃易爆、有毒有害物品保管制度主要内容应包括：对易燃易爆、有毒有害物品设置专库专账，专人管理，严格出入库检查登记手续；储存易燃易爆、有毒有害物品的仓库做好重点防火，严禁烟火；库房内外设置防火标志及相应的消防器材，要留有消防通道。

（1）仓库保管员必须做到“四懂四会”，即“懂本岗位火灾危险性，懂预防火灾的措施，懂扑救火灾的方法，懂逃生方法”，“会报警，会使用消防器材，会扑救初期火灾，会组织疏散逃生”。

（2）储存易燃易爆、有毒有害物品的仓库是重点防火部位，必须做到严禁吸烟，严禁烟火。

（3）对易燃易爆、有毒有害物品，必须设置专库专账，设专人管理，并严格出入库检

查登记手续。

（4）存放分类、分堆，易燃可燃物品、有毒有害危险品应标明名称性质。

（5）受阳光照射容易燃烧、爆炸的化学及有毒物品不得存放在露天库。

（6）储存易燃可燃有毒物品的库房，不得动用明火，必要时须采取可靠的安全措施经有关领导同意开具动火证，并在专人监护下方能动火。

（7）库存照明灯泡不得大于60W，灯头高出货架50cm以上距离。

（8）库存内外设置防火标志，仓库院内要留存不得小于3.5m宽的消防通道，并结合储存物品性质，设置相应消防器材。

3.1.5.3-9 职工伤亡事故报告制度

职工伤亡事故报告制度主要内容应包括：工伤的分类及确认，事故报告程序及时间要求，事故现场的保护、清理，事故的调查程序，事故的处理，事故的统计等。

（1）职工发生伤亡事故后，负伤者或最早发现者，应立即向直接领导报告，直接领导接到报告后，应用电话、手机立即将事故简况报告公司安全管理部、主管经理；公司视伤害程度，重伤以上事故分别报告当地建设行政主管部门、安监站、公安局、总工会、安全生产监督管理单位等有关部门。事故正式快速报告四级重大事故10小时，三级重大事故4小时，二级重大事故1小时报上述各级部门，报告内容主要包括事故发生的时间、地点、工程与企业名称，伤亡人数及人员情况，事故简要经过，初步原因分析及事故发生后采取的措施等。

（2）事故发生后要本着实事求是的态度进行严肃认真及时、准确地调查，并对事故调查的全过程负责。

1）轻伤事故：由施工企业安全管理部门组织技术、劳动、工会等人员进行调查。查清事故原因，确定事故责任，提出处理意见，落实处理决定，填写《伤亡事故登记表》，由安全管理部门留存。

2）重伤事故：由施工企业负责组织，项目部派员参加调查、分析。查清事故原因，确定事故责任，提出处理意见，拟定整改措施。由施工企业安全管理部门填写《职工死亡、重伤事故调查报告书》，于事故发生后7日内上报有关部门。

3）死亡事故：施工企业协同当地建设行政主管部门及有关单位进行调查。必须对事故现场进行勘察、拍照或录像。收集伤亡事故当事人和现场有关人员的陈述和证言。索取有关当事人、生产、技术和诊断资料。分析事故原因，查清事故责任，拟定整改方案，提出处理意见。施工企业填写《职工死亡，重伤事故调查报告书》，应在事故发生后15日内按程序上报有关部门。

（3）发生事故的项目和现场人员必须严格保护好现场。如因抢救负伤人员或为防止事故扩大而必须移动现场设备、设施时，现场领导和现场人员要共同负责弄清现场情况，做出标记，记明数据，并画出事故的详图。对故意破坏、伪造事故现场者要严肃处理，情节严重的依法追究法律责任。

（4）事故现场调查结束，依照程序批准后方可清理现场。

1）轻伤事故现场清理，由项目经理报施工企业安全管理部批准。

2）重伤事故现场清理，由项目经理报经施工企业主管领导批准。

3）死亡事故现场清理，由施工企业报请上级有关部门批准。

（5）对事故的处理，必须坚持按照“事故原因不清不放过、事故责任者和群众没有受到教育不放过、没有防范措施事故隐患没有整改不放过、对于事故的有关领导和责任者不查处不放过”的“四不放过”原则进行。

1）真实、客观地查清事故原因。

2）公正、实事求是的查明事故的性质和责任。

3）严肃认真地制定并落实预防类似事故重复发生的防范措施。

（6）对事故责任者，要根据事故情节及造成后果的严重程度，分别给予经济处罚、行政处分，对触犯刑律的依法追究其刑事责任。

1）经济处罚：按施工企业《安全生产奖惩和责任追究制度》的规定执行。

2）行政处分：行政处分分为：警告、记过、记大过、降级、撤职、留厂察看、开除。

（7）有下列情形之一的事故责任者，应给予处罚或处分，对触犯刑律的，移交司法机关依法追究其刑事责任。

1）玩忽职守，违反安全生产责任制，违章指挥，违章作业，违反劳动纪律而造成事故的。

2）扣压、拖延执行“事故隐患通知书”造成事故的。

3）对新工人或新调换岗位的工人不按规定进行安全培训、考核而造成事故的。

4）组织临时性任务，不制定安全措施，也不对职工进行安全教育而造成事故的。

5）分配有职业禁忌症人员到禁止其作业岗位工作而造成事故的。

6）因设备、设施、工具有缺陷或原材料、辅助材料不合格而造成事故的。

7）因施工场地环境不良而造成事故的。

8）因不按规定发放和使用劳动防护用品而造成事故的。

（8）重大事故的划分和经济损失程度具体分类分级标准按国家、行业有关法规、标准执行。

3.1.5.3-10 班组安全活动制度

班组安全活动制度主要内容应包括：班组长、班组兼职安全员的职责，班组活动的内容，班组活动的频次及时间要求，对班组活动效果的检查等。

（1）班组长要根据工作要求和本班组人员特点合理安排工作。

（2）班组必须设有兼职安全员，协助班组长教育、检查、督促本班组人员做好安全工作。

（3）班组长或兼职安全员，要认真组织工人学习安全技术操作规程并检查其执行情况，教育工人自觉遵章守纪，反对违章指挥和违章操作。

（4）组织好安全生产活动，开好班前安全会，并认真做好活动记录。

（5）班组每变换一次工作内容或同类工作变换工作地点，都要有针对性地进行安全交底，并做好记录。

（6）经常自检现场安全生产情况，及时发现和纠正各种不安全因素，不能解决的要采取临时控制措施，并及时报告领导处理，同时做好记录。

（7）班组发生工伤事故要及时报告，并组织全组人员认真分析，采取防范措施。发生重大事故要保护好现场，立即上报，并组织好抢救工作，协助做好事故调查工作。

（8）要对本班组的新工人做好入厂安全教育，并认真填写教育记录卡。

3.1.5.3-11　现场消防管理制度

现场消防管理制度主要内容应包括：消防器材、设备的管理，施工现场的消防器材配备及防火要求，施工现场动火的管理，火灾隐患的整改，防火宣传教育等。

（1）消防器材、设备由各分公司、项目部统一购置管理，保证每个工地、仓库等部位和生产重要环节必须设有足够的消防器材。

（2）消防器材由专（兼）职消防员负责检查保养，更换药品。保证消防器材保持完好性能。

（3）消防器材不能挪作他用，违者视情节给予批评和按《中华人民共和国治安管理处罚条例》给予处罚。

（4）明火作业须使用消防器材的班组，使用前要通过专（兼）职消防员同意，方能使用。

（5）项目经理是本工程安全防火工作第一责任人，要将防火工作列入施工管理计划。

（6）经常对职工进行防火教育。施工现场作业场所禁止吸烟，吸烟要到吸烟室。违者视情节给予批评或经济处罚。

（7）对于30m以上高层建筑施工，要随层做消防水源管道，用50mm立管，设加压泵，每层留有消防水源接口，加压泵必须单独敷设电源。

（8）电气焊割作业，必须严格遵守操作规范，注意清理现场可燃物品。在高处焊割时，除清理地面现场外，还要选派责任心强的人进行现场防火监护。

（9）工地电动机械设备必须设专人检查，发现问题及时修理。不准在高压线下面搭设临建或堆放可燃材料，以免引起火灾。

（10）进入冬期施工，对工地上的各种火源要加强管理，各种生产生活用火的设施，动用和增减必须经项目经理或消防人员的批准，不得在建筑物内随意点火取暖。

（11）凡明火作业，要严格执行动火审批手续，工作前由用火班向项目部消防负责人提出申请，经有关人员检查现场和防火措施，作好技术交底后，方可发给“准用动火证”，作业后要严格清理和检查现场，防止留下火种隐患。

（12）现场如需用电炉子，用前必须经当地电业管理部门批准，否则一律不准使用。

（13）施工企业消防主管部门每月到现场检查消防安全，各分公司、项目部消防主管部门要每半月对仓库、现场等进行一次消防工作检查，班组防火负责人坚持每日班前、班后进行自查，以落实各项防火措施，及时消除火险隐患。

（14）专兼职消防员定期对本片消防器材进行维修保养，保证消防器材性能良好。

（15）分公司、项目部每半年对兼职消防员进行一次专业训练，专（兼）职消防员对义务消防小组成员每季度进行一次业务培训，并经常向职工进行上岗前、在岗中的消防知识教育。

（16）凡公安消防部门提出的火险隐患，能整改的必须马上保质保量按期整改；对一时因故不能马上整改的，必须有应急措施；如无正当理由逾期不改者，要追究有关人员或有关领导责任。

(17) 把安全防火列入生产会议内容，分析防火工作形势，通报防火工作情况，针对不同季节、生产情况确定防火重点。

(18) 周一为安全防火教育日，总结上一周的防火工作情况，组织职工学习防火知识。

(19) 凡对安全防火工作有特殊贡献的，经领导批准给予精神和物质奖励。

(20) 凡在火警、火灾事故中报警早、救火有功者，核实后给予一定奖励。

(21) 对违反操作规程和失职而造成火警、火灾事故的主要责任者，要依据情节后果按有关规定给予适当处罚，年终不能评为先进生产（工作）者。

(22) 对发生火警事故的单位，直接领导也向样根据情节后果给予适当处罚，年终不能评为先进工作者。

3.1.5.3-12　文明施工、环境保护管理制度

文明施工、环境保护管理制度主要内容应包括：文明施工、环境保护的目的，文明施工、环境保护目标的制定及分解，现场文明施工、环境保护措施，现场文明施工、环境保护的管理等。

(1) 项目经理是施工现场文明施工第一责任人，全面负责施工现场文明施工管理工作。

(2) 确定文明施工管理目标，并将目标管理责任明确分工，分解到人，各负其责，分工协作，齐抓共管，确保文明施工管理目标的实现。

(3) 创建省、市级文明工地的项目工程，要在工程开工时列入计划，并及时向当地安监站提出申请，接受安监站的监督考核。

(4) 项目经理部要根据现场实际，结合上级规定和公司有关制度，制定项目的文明施工管理措施，并组织落实，主要包括：

1) 施工现场文明施工管理措施。

2) 施工现场治安防范措施。

3) 施工现场消防工作安全措施。

4) 施工现场保健急救措施。

5) 施工现场防粉尘、防噪声及施工不扰民措施

6) 施工现场宿舍保暖、防煤气中毒，消暑和防蚊虫叮咬措施。

7) 门卫制度、食堂、厕所卫生责任制等项制度。

(5) 检查制度。施工企业在检查安全生产的同时检查文明施工管理工作，并按部颁标准和省评分办法对受检工地做出评价，检查结果应与管理人员的奖金挂钩。

(6) 持证上岗制度。施工现场实行持证上岗制度。进入施工现场应佩戴工作卡，特种作业人员及安全管理人员必须持证（或复印件）上岗。工地食堂应有卫生许可证，炊事人员有健康证。

(7) 施工现场围栏作业

1) 在市区主要路段的工地周围应用彩钢板连续设置不低于 2.5m 围挡，在一般路段的工地周围应用硬质材料连续设置不低于 1.8m 的围挡。围挡要坚固、美观。

2) 临街墙面正中书写企业名称或宣传标语。

3) 施工现场进出口按规定设置标准的大门，门头设置企业标志，门柱书写宣传标语，

门头要加设灯箱，夜晚要亮。

4）在大门进口处设置八牌三图。适当位置设置宣传栏、读报栏、黑板报、安全标语等。

5）现场门口设警卫室，警卫人员佩戴标志证明。非施工人员不得擅自进入施工现场。

（8）施工现场管理

1）工地主要道路、加工场所、机械基础等要做硬化处理。施工现场的道路要畅通，排水设施要完善，保证无浮土，不积水。

2）进入施工现场的安全防护用品，必须选购符合国家、行业规定、具有《产品生产许可证》、《出厂产品合格证》、《产品准用证》的产品。

3）建筑物主体施工必须使用合格的密目式安全网封闭严密。

4）建筑材料、构件、料具要按总平面图布局堆放整齐，并挂定型标识牌。建筑废料，建筑垃圾要设固定存放点，分类堆放并及时清理。易燃易爆物品要分类存放，严禁混放和露天存放。

5）施工机械设备要按总平面布置图规定的位置设置，挂统一规定的安全操作规程牌。中小型机械要搭设符合标准的防护棚，棚内地面必须硬化，有排水措施。

6）保持场容场貌的整洁，做到活儿完场地清。

7）施工现场要建立消防组织，分清职责，配备足够的灭火器材和义务消防人员，高层建筑要配置专用的消防管道和器具，要有满足消防要求的电源、水源。

8）现场动火要办理动火手续，动火时要设专人监护。

9）施工现场要设置吸烟室，禁止随意吸烟。

10）温暖季节搞好绿化布置。

（9）现场生活及办公设施

1）施工现场的施工工作区与办公、生活区要有明显的划分界限，并设置坚固美观的导向牌。

2）禁止在在建工程中安排职工住宿。

3）宿舍要坚固、美观、保温、通风，按季节设置保暖、防煤气中毒、消暑和防蚊虫叮咬措施。宿舍设置单人床或上下双层床，禁止职工睡通铺，生活用品要放置整齐，保持宿舍周围的环境卫生和安全。

4）宿舍内严禁使用电炉或私自拉挂电源线。

5）现场会议室（办公室）要整齐悬挂镶于框内的岗位责任制度。

6）施工现场应设水冲式厕所，高层建筑应设临时厕所，严禁随地大小便，厕所要设纱门、纱窗，并符合卫生要求。

7）食堂室内高度不低于2.8m，设透气窗，墙面抹灰刷白，地面抹水泥砂浆，灶台镶贴瓷砖。设置排水设施，设有防尘、防蝇、防鼠害设施并符合卫生要求。

8）现场应设淋浴室，夏季能保证职工按时洗浴并符合卫生要求。

9）现场生活区建立职工活动室，保证职工业余时间的学习和娱乐。

10）现场要设立饮水处，保证供应卫生饮水。

11）工地应配备保健医药箱，并设置专用的急救器材和经过培训的急救人员，小的外伤能够自行处理，大的伤情能够及时正确的处置。要经常开展卫生防病宣传教育，提高职工的安全、卫生防病意识。

(10) 施工现场的治安综合治理

1) 加强对职工的政治思想教育和治保教育，在施工现场内严禁赌博、酗酒、传播淫秽物品和打架斗殴。

2) 加强对施工人员的管理。掌握人员底数，及时按有关部门的要求办理暂住证。

3) 将现场治安保卫责任分解到人，措施落实到位，严防盗窃、破坏等治安案件的发生。

(11) 防治环境污染的措施

1) 妥善处理泥浆污水，未经处理不得直接排入城市排水设施和河流。

2) 除设有符合规定的装置外，不得在现场熔融沥青或者焚烧油毡、油漆以及其他会产生有毒有害烟尘和恶臭气体的物质。

3) 使用密封式的圈筒管道或者采取其他措施，处理高处废弃物，严禁由高处向下抛散。

4) 采取有效措施控制施工过程中的扬尘。

5) 施工现场的有毒有害废弃物应做妥善处理，禁止将有毒有害废弃物用做土方回填。

6) 运输散体、流体建筑材料或清运垃圾等，载体要严密，装运要适量，运输中不得撒漏飞扬，污染市容。建筑垃圾要清运到当地规定的地点卸放。

7) 由于受技术、条件限制，对环境的污染不能控制在规定范围内的单位，事先报请当地人民政府的建设行政管理部门和环境保护行政主管部门批准。

(12) 建筑施工噪声污染防治

建筑施工噪声是指在建筑施工过程中产生的干扰周围生活环境的声音。

1) 在城市市区范围内向周围生活环境排放建筑施工噪声，应当符合国家规定的建筑施工环境噪声排放标准。

2) 对可能产生环境噪声污染的城市建筑施工项目，必须在开工 15 日以前到当地环保部门领取《建筑施工噪声排放申报登记表》，并按要求如实申报该工程的项目名称、施工场所和期限、可能产生的环境噪声值以及所采取的环境噪声污染防治措施的情况。

3) 施工项目必须取得环保部门发放的《建筑施工噪声排放许可证》，并严格按照排放许可证规定的要求施工。

4) 对产生噪声、振动的施工机械，应当采取有效控制措施，减轻噪声。

5) 在城市市区噪声敏感区域内，禁止夜间（晚 22：00 至次日早 6：00）进行产生环境噪声污染的建筑施工作业。因特殊需要必须连续工作的，提前五日向当地环保部门审批夜间施工许可证事宜，批准后，夜间作业还必须公告附近居民。

6) 严格执行《建筑施工现场环境保护规程》的规定。

①合理摆放施工机械，把噪声降低到最低点。

②严格按规定时间施工。

③夜间施工必须经环境保护部门批准并公告周围居民。

④施工现场不得产生与施工无关的噪声。

⑤在居民区施工，起床时不得吹哨、敲钟及大声喧哗。

⑥施工现场不得焚烧任何废弃物。

⑦饮水锅炉及炉灶必须符合消烟降尘规定。

⑧夜间照明设备要避免照射居民住房。

3.1.5.3-13　分包企业、供应单位的管理制度

分包企业、供应单位的管理制度是制定对分包企业的选用、管理规定，并与分包企业签订有效合同和安全生产管理协议等。制定对安全设施所需材料、设备及防护用品的供应单位的控制要求和规定，审查供应单位的生产许可证或行业有关部门规定的证书，建立分供方名录，定期考察评价，建立信誉度档案。

(1) 作为总承包单位对施工现场安全负责，分包单位向总包单位负责，服从总包单位对施工现场的管理。

(2) 总承包单位应做好以下安全管理，承担以下责任：

1) 不得将工程分包给没有取得安全生产许可证的分包单位。

2) 在施工过程中，对分包单位执行国家法规及落实企业安全生产管理规章制度情况进行监督、检查。

3) 及时与分包单位签定安全生产目标管理责任状，落实安全生产责任。

4) 检查分包单位对职工的安全教育记录。

5) 负责审批专项安全技术方案。

6) 负责对施工现场的定期安全检查，监督分包单位文明施工、安全生产、劳动保护，消防、等工作的落实情况，发现隐患责令改正。

7) 按企业《生产安全事故报告和调查处理制度》规定调查、处理分包单位发生的因工伤亡事故。

(3) 分包单位要认真贯彻执行国家有关安全生产法律、法规和行业安全技术规范、标准及企业安全生产管理规章制度，并认真做好以下工作，承担以下责任：

1) 及时与签定安全生产目标管理责任状，努力完成责任目标指标。

2) 按《安全生产教育培训考核制度》要求，加强对职工的安全培训教育工作。

3) 按规定办理意外伤害保险。

4) 搞好日常安全自检工作，并接收安全监督检查，完成检查中发现的安全问题和事故隐患的整改工作。

5) 认真搞好安全技术措施的编制，并报总工程师批准，严格按方案组织施工。

6) 确保安全技术措施费的足额投入，保证安全防护及劳动保护用品的资金来源。

7) 及时报告因工伤亡事故，配合上级有关部门及对事故的取证、调查、处理工作。并承担因工伤亡事故的全部费用。

8) 搞好文明施工、消防、防雷、综合治理、劳动保护等工作。

(4) 对物资供应单位的管理

1) 应对物资供应商进行评价，评价内容如下：

①企业资质；

②资源能力；

③产品质量；

④经营资格；

⑤资金信誉；

⑥储运能力；

⑦物资供应单位的历史信誉状况；

⑧环保要求及安全的符合性。

2）物资供应商的管理

①对物资供应实行动态管理，项目部应每月对物资供应商的履约结果进行一次评价，并保留记录。

②连续两个月被评为不合格的物资供应商，应依照采购合同的规定采取处罚或索赔措施，直至终止合同。

③因违约而终止合同的物资供应商，项目经理部应向工程部提供名单，保留其不良记录（评价结果），两年内施工企业所属项目部不得采购其物资。

3.1.5.3-14　危险源辨识、评价及重大危险源管理制度

危险源辨识、评价及重大危险源管理制度是对企业生产过程中的各个活动和部位进行危险源辨识、评价，识别出重大危险源，制定管理措施进行有效控制，降低事故风险。对重大危险源按国家、省有关要求，报主管部门备案。

（1）危险源可能产生于：

危险物质的意外释放（事故发生的物理本质）；

物的故障：是指机械设备、装置、元部件等由于设计制造等原因，性能低下而不能实现预定的功能；

人的失误：是指人的行为结果偏离了被要求的标准，没有完成规定的功能；

环境因素。

（2）危险源辨识、评价及重大危险源的监测、监控职责分工：

1）责任领导是主管安全工作副总经理，负责审批公司的重大危险源；

2）企业责任部门为安全管理部，负责对施工企业职业健康安全管理体系覆盖范围内的活动、产品、服务过程中可能涉及人员安全及财产损失的危险源进行识别、评价，确定重大危险源，并及时更新，建立施工企业《重大危险源及控制计划清单》；

3）综合部负责施工企业内固定办公场所的危险源识别与评价，评价为重大危险源的报安全管理部确认；

4）项目经理部负责所属施工区域内危险源的识别与评价，经评价为重大危险源的报安全管理部确认；

（3）危险源的辨识：

1）主要通过现场调查的方法来持续识别危险源；

2）危险源调查应包括：常规和非常规的活动；所有进入作业场所人员的活动；所有作业场所内的设施；

3）项目经理部组成后，结合本工程实际情况，对本工程区域、过程中所有可能涉及人员安全及财产损失范围内的危险源进行调查、评价；在施工过程中对新出现的或有改变的危险源进行调查评价，并保持有关记录；

4）参加危险源辨识与评价的人员应具备相应的能力。

（4）对危险源进行定性和定量评价（具体评价方法见《职业健康安全管理体系规范》GB/T 28001—2001 中“理解与实施”第四条——风险评价及风险控制策划）

（5）重大危险源的判定：辨识、评价出重大危险源，是施工企业制定职业健康安全管理措施的基础，是为了能够采取措施以防范重大危害事故。

1）定性评价方法主要通过以下因素直接评价：

①不符合法律、法规和其他要求的；

②相关方有合理抱怨和要求的；

③曾发生过事故且未采取有效防范措施的；

④直接观察到可能导致危害的错误且无适当控制措施的；

2）通过作业条件危险性定量评价，总分大于国家规定的分值高度危险的，评价为重大危险源；

3）依据作业条件危险性定量评价，未列为重大危险源的，各相关部门（或人员）要组织整改，维持现有的运行控制，加强管理。

（6）认真落实重大危险源控制措施，安全管理部应监督、协调各项部经理部对评价出的重大危险源进行有效控制，方法如下：

1）制定目标、指标及管理方案；

2）制定管理程序；

3）加强培训与教育；

4）制定应急预案；

5）加强现场监督检查；

6）保持现有措施。

（7）安全管理部对重大危险源的控制实施监督、指导。

（8）安全管理部每年至少组织一次重大危险源的重新评价工作。

3.1.5.3-15 污染物控制管理制度

污染物控制管理制度是对企业生产过程中所产生的施工扬尘、污水、噪声、固体废弃物、有毒有害废弃物、运输遗撒、光污染等污染物进行有效控制，降低对外界环境的影响。

（1）扬尘控制措施：

1）各项目经理部、工地为防止车辆车轮带泥沙出场，应将场内主要道路硬化或在门口设专职人员对进出车辆的车轮进行清理；

2）各施工现场的料具场地要平整夯实，其他裸露地面尽量进行绿化，施工现场的办公区和生活区应当进行绿化和美化；

3）各项目经理部，要将细颗粒材料入库或严密遮盖存放，运输或卸运时防止遗撒飞扬，以减少扬尘；

4）各项目经理部，进行现场搅拌混凝土的搅拌站应封闭，必要时在搅拌机上设置喷雾除尘装置；

5）各项目经理部及机关本部热水锅炉、炊事炉灶等应使用清洁燃料；

6）各施工现场土方存放要采取覆盖、固化或绿化洒水等措施，遇有四级以上大风天气停止土方施工；

7）各相关方车辆运输砂石、土方、渣土和垃圾时，应当按照当地人民政府的有关规定，不超载、严密覆盖，运输和卸运防止遗撒；

8）各项目经理部高层或多层建筑清理建筑垃圾，要使用专用的垃圾道或采用容器吊运，严禁随意凌空抛撒造成扬尘，施工垃圾要及时清运，清运时适量洒水，减少扬尘。

（2）城市建筑施工期间，施工现场场界噪声限值（依据《建筑施工场界噪声限值》GB 12523—90）

标准值	土方阶段——昼间 75dB（A）、夜间 55dB（A） 打桩阶段——昼间 85dB（A）、夜间禁止施工 结构阶段——昼间 70dB（A）、夜间 55dB（A） 装修阶段——昼间 65dB（A）、夜间 55dB（A）
备　注	6：00——22：00 为昼间 22：00——6：00 为夜间

（3）噪声控制措施：

1）各项目经理部施工应安排在 6：00—22：00 间进行，若因工艺等技术原因需连续施工，必须经过环境或建设管理部门批准。取得合法夜间施工手续；

2）土方施工前，各施工场界围挡应建设完毕；

3）各项目经理部禁止夜间使用打桩机；

4）各项目经理部要加强泵送混凝土设备的维护保养，保证其平稳运行；

5）各项目经理部要尽量选用环保型振捣棒；振捣棒使用完毕后，及时清理保养；振捣时，禁止振钢筋或钢模板；要防止振捣棒空转；

6）各项目经理部人员在模板、脚手架支设、拆除、搬运时必须轻拿轻放；钢模板、钢管修理时，禁止使用大锤敲打；使用电锯切割模板、钢管时，应及时在锯片上刷油，且模板、锯片送速不能太快；

7）各项目经理部在敏感区域施工时，应对噪声影响区域的作业层采用有效的降噪措施；

8）各项目经理部要对施工现场的木工棚作封闭处理。

（4）废水控制措施：

1）经市政部门批准后，各施工现场的施工污水应排入市政污水管网。各项目经理部禁止未经沉淀处理的污水直接排入城市排水设施和河道、市政雨水管网；

2）现场搅拌站污水及运输车辆、混凝土输送泵的冲洗污水、水磨石作业污水、乙炔污水应先排入沉淀池，经沉淀后方可外排或二次利用，沉淀池应及时清理；

3）各工地食堂设隔油池，生活污水经隔油池沉淀后排入污水管网，派专人及时清理隔油池；

4）各工地厕所建化粪池，化粪池应派专人联系环卫部门及时清理。

（5）废弃物管理：

1）废弃物的标识：

各项目部及机关本部均应建立本单位的废弃物清单，并在临时和固定存放点按四种类别设立醒目的标识，标明此处所存放的废弃物种类、名称等，垃圾存放点原则上应封闭。

2）废弃物的存放：

①各个产生废弃物的单位应设置废弃物临时置放点，并在临时存放场地分开存放；

②有毒有害废弃物单独分类封闭存放，废电池与其他有毒有害废弃物分开存放；

③在场内运输废弃物时，应确保不遗撒，不混放；

④废弃物委托处理：

对于施工、生活、办公中产生的废弃物，由项目经理部自行委托有准运证件的单位运输，公司固定办公场所废弃物运输由综合部委托办理。

（6）施工现场夜间照明严禁强光灯具直射居民区等敏感区，夜间电弧焊作业对敏感区要采取遮挡措施。

3.1.5.3-16 机械设备管理制度

机械设备管理制度是对机械设备的采购、进场验收、安装验收、使用、维修、改造和报废进行有效控制和管理，制定具体要求和措施；

对起重设备、锅炉、压力容器等特种设备的采购、使用应进行重点控制，按规定到有关部门进行登记和备案，定期组织检验检测，对其安装、拆除等环节进行严格控制，特种设备的司机及有关作业人员须经过有关部门的专门培训，做到持证上岗；在使用中制定相应安全管理措施。

（1）机械设备购置计划经主管领导批准之后，要认真选择生产厂家，该厂家必须具备相应的资质，严禁购置三无产品和已淘汰产品。

（2）机械设备订货合同必须明确规定所购机械设备的名称、品种、规格、型号、质量等级以及售后服务等相关内容。

（3）机械设备到货后，必须按国家相关标准做好验收工作。

（4）进入施工现场的施工机械设备和特种机械设备的安装、拆除必须由具备相应资质的单位进行该项作业；遵照有关规定，组织有关人员进行验收，报技术检验、检测部门进行技术检测，按照国家及地方规定要求到建设行政主管部门办理使用备案手续后方可使用。

（5）施工现场中小型施工机械设备的安装，必须按照规范要求保证安装质量，保证机械性能良好，安全装置齐全、灵敏、可靠，并符合环境保护的相关要求。

（6）机械设备的使用贯彻管用结合、人机固定的使用原则，按机械设备的性能合理安排、正确使用，凡执行持证上岗操作的机械设备，必须坚持定人、定机、定岗位的“三定”原则。

（7）机械设备操作人员必须做到“四懂、三会”，即“懂原理、懂构造、懂性能、懂用途，会操作、会维修、会排除故障”，严格遵守操作规程，持证上岗。

（8）机械设备的大、中修是平衡性修理和恢复性修理，对磨损差异大已影响使用，其性能、精度、技术状况使产品受到影响的设备，及时做好大、中修计划，禁止机械设备带病运转。

（9）对大、中修机械设备要严格执行修复验收制度，特别是相应的安全装置，必须达到原设计要求，配置齐全，灵敏可靠。

(10) 对机械设备进行技术改造，必须经过技术、经济、安全论证，保证机械设备安全、有效运转。

(11) 对磨损严重已达到报废标准的机械设备，坚决报废；对特种机械设备，严格遵守国家规定的强制性报废标准，坚决执行。

3.1.5.3-17 特种设备安全管理制度

(1) 该规定所指特种设备是指卷扬提升设备、塔吊、电梯、井架等专用设备；

(2) 企业自购的以上设备进入施工现场，需由工地设备员和安全员组织进场验收，主要检查各种安全装置是否齐全，有无锈蚀和老化现象以及机容、机况是否完好；租赁的机械设备及配件，应当具有生产（制造）许可证、产品合格证，出租单位应当对出租的机械设备及配件的安全性能进行检测，在签定租赁协议时应出具检测合格证明。

(3) 以上设备的安装和拆卸工作必须由取得行政主管部门颁布的拆装许可证的专业队伍负责，并由经过专业培训，取得操作证的专业人员进行操作和维修。

1) 拆装前由安装技术负责人按照现场实际情况编写拆装方案。

2) 安装完毕后，安装单位应组织进行自检，出具自检合格证明，并向施工企业进行安全使用说明，办理验收手续并签字（塔吊、施工电梯集团公司设备主管部门参加）。自检合格后报技术监督局复检，合格后才能使用。

(4) 项目部安全人员应加强对上述设备的日常检查，并接受集团公司的安全检查和设备检查，及时处理发现的问题。

(5) 现场机械设备的安全作业和检查按照国家规范和省、市有关规定执行。

(6) 特种设备的使用达到国家规定的检验检测期限的，必须经具有专业资质的检验检测机构检测；经检测不合格的，不得继续使用。

3.1.5.3-18 职业卫生管理制度

(1) 施工企业、项目部应当建立、健全职业卫生责任制，明确专人负责，加强对职业卫生的管理，提高职业病预防、控制水平，对本单位产生的职业病危害承担责任。

(2) 加强职业卫生知识宣传，增强职工预防职业病意识。

(3) 施工企业、项目部必须采用有效的职业病防护设施，并为劳动者提供个人使用的职业病防护用品。凡在有毒、有害场所作业，项目部要根据有毒、有害物质的种类、毒害传播途径，有针对性地对员工进行劳动防护。防护措施达不到国家标准的，不得安排员工作业。

(4) 在水泥库、混凝土搅拌站倒运水泥，白灰场筛白灰、建筑物室内清理地面等扬尘环境下作业的人员，必须戴防尘口罩，必要时应安排轮换作业，预防发生尘肺病。

(5) 焊工作业，操作时必须戴电焊面罩。不戴电焊面罩不准实施焊接作业。

(6) 夏季施工应积极采取防暑措施：

1) 适当调整作业时间，回避高温作业；

2) 暑期施工要给员工发放防暑降温用品，保证员工有开水喝，有条件的可为员工供应绿豆汤、清凉饮料。

(7) 工地现场设有食堂的项目部，要保证菜蔬食品卫生，餐具清洁干净，无鼠害。

(8) 不得安排未成年工从事接触职业病危害的作业；不得安排孕期、哺乳期的女职工从事对本人和胎儿、婴儿有危害的作业。

(9) 不得违章指挥和强令劳动者进行没有职业病防护措施的作业。

(10) 施工企业和项目部发现职业病危害隐患，应当及时报告。发生职业病危害事故时，应当立即采取应急救援和控制措施，并及时报告所在地卫生行政部门和有关部门。

3.1.5.3-19　劳务工使用与管理制度

(1) 项目部依法分包劳务作业任务时，必须选择有营业执照、有劳务资质、有安全生产许可证的劳务公司。证照不全的劳务队伍不得使用。

(2) 项目部选择劳务队伍应遵守以下准则：

1) 劳务分包方的专业管理人员和特种作业人员应持有岗位证书或职业资格证书。

2) 工程质量达到设计要求，无重大质量事故。

3) 工程进度符合工期要求。

4) 料具使用无浪费现象，施工现场达到“三清”。

5) 近三年内安全生产无事故。

6) 遵纪守法，无违章违纪不良记录。

7) 能与总承包单位密切合作，有团队精神。

(3) 项目部依据准则填写《劳务分包方评价表》，评价合格的报施工企业综合管理部门备案。

(4) 劳务队伍进场前，项目部与劳务公司签订劳务分包合同，在劳务分包合同中，明确各自安全生产管理职责，并报总包单位综合部备案。

(5) 劳务公司进场时，项目部对劳务公司进场人员及有效证件，进行查验核实，并留有记录。

(6) 劳务队伍进场后，项目部应对作业人员进行入场教育，并留存教育记录。教育内容包括：

1) 劳务分包工程概况；

2) 质量、工期、安全、文明施工要求；

3) 安全生产常识及环保要求；

4) 劳动纪律；

5) 其他应注意事项等。

(7) 项目部对首次使用的劳务队伍，应明确试用期。施工期满后进行考核，并填写《劳务分包方考核表》。考核内容如下：

1) 人员技术素质；

2) 工程质量情况；

3) 工程进度情况；

4) 料具使用情况；

5) 安全施工情况；

6) 遵纪守法情况；

7) 合作态度。

在试用期内满足不了施工生产要求的，应予以辞退或要求劳务公司更换队伍。

（8）项目部违反劳务工使用和管理规定，造成经济损失或不良影响的，要承担全部责任，情节严重的，追究有关领导的责任。

3.1.5.3-20 其他有关制度

其他有关制度，应根据地区特点按照工作需要制定其有关制度。

3.2 施工企业安全生产管理技术文件

3.2.1 目标管理的制定分解与考核

1. 目标制定

施工企业应在每年年初制定年度安全生产管理目标，包括职工伤亡控制指标和施工现场安全达标、文明施工目标；目标制定时要充分考虑主管部门的目标、指标要求，同时还应结合企业实际情况，本着科学、务实、发展的原则，制定出适合本企业的年度目标、指标。

2. 目标分解

企业年度安全生产管理目标出台后，各级部门、各分公司、项目部要根据企业安全生产责任制的要求，将目标进行分解，分解到各个部门、各个岗位，落实到人。

各级部门、各分公司、项目部要在企业确定的目标和指标范围内，制定本部门、分公司、项目部的安全生产管理目标及切实可行的措施，保证目标实现。

3. 目标考核

企业应建立安全生产考核制度，定期对各级部门、各分公司、项目部安全生产管理目标的完成情况进行考核，要制定考核规定和考核办法，形成考核记录和考核结论。

企业进行安全生产管理目标考核要客观、公正，考核结果要与被考核人的职务、工资、奖金挂钩，充分调动职工的安全生产管理积极性。

3.2.2 安全施工方案和安全技术措施

施工企业应当在施工组织设计中编制安全技术措施和施工现场专项施工方案，并附具验算结果，经施工企业技术负责人、总监理工程师审批签字后实施，由专职安全生产管理人员进行现场监督。

3.2.2.1 工程安全技术措施和施工方案

所有工程项目必须编制施工组织设计（施工方案），在施工组织设计中应当根据工程施工特点制定相应的安全技术措施；按照有关标准的规定对专业性较强的工程项目，编制专项施工方案或技术措施，主要包括：

（1）基坑支护与降水工程；

（2）土石方开挖工程；

（3）模板工程；

（4）脚手架工程；

（5）施工用电；

(6) 物料提升机；

(7) 外用电梯；

(8) 塔式起重机；

(9) 起重吊装工程；

(10) “三宝”、“四口”安全防护；

(11) 拆除、爆破工程。

上述所列工程中涉及深基坑、地下暗挖工程、高大模板工程的专项施工方案，施工企业还应当按照建设部和省有关规定组织专家进行论证、审查。

注：地基基础和附着设计，孔洞临边防护，水下施工，人工挖孔桩施工均应编制专项安全施工组织设计。

3.2.2.2 季节性施工安全技术措施

施工企业应当根据不同季节的施工特点编制有针对性的季节性施工安全技术措施。在高温、严冬和阴雨天气中施工的工程，应单独编制季节性施工安全技术措施。

3.2.2.3 安全施工方案和安全技术措施编制的要求

(1) 在工程施工前编制安全技术措施和施工方案；

(2) 针对工程不同的结构特点和不同的施工方法，针对劳力组织、施工场地、周围环境及施工季节性的特点等，从技术上和管理上提出相应的安全措施。

(3) 所有安全施工方案（安全技术措施）内容应充分考虑人、机、物、环境等因素，应全面、具体。

安全施工方案应包括：工程概况、控制程序、控制目标、组织结构、职责权限、规章制度、资源配置、安全措施、过程控制要求、检查评价、奖惩制度等。

(4) 安全施工方案（安全技术措施）应当由技术人员编制，符合专家论证要求的按规定进行专家论证，经施工企业相关部门审核，由企业技术负责人、总监理工程师审批签字后方可实施。

(5) 经过审批的安全施工方案（安全技术措施），不得随意修改。

(6) 当施工条件发生重大变化，需对安全施工方案（安全技术措施）进行修改时，应提出修改申请，并重新经有关人员审核审批后方可实施。

3.2.2.4 安全技术措施和施工方案的监督检查

企业技术部门、安全生产管理部门应当对安全技术措施和施工方案编制及其执行落实情况进行定期及不定期的监督检查。

3.2.2.5 安全技术措施和施工方案的专家论证

编制工程安全技术措施和施工方案，符合专家论证要求的按规定进行专家论证。专家论证的审查办法，可参考《河北省危险性较大建设工程安全专项施工方案编制及专家论证审查办法》。

附：

河北省危险性较大建设工程安全专项施工方案编制及专家论证审查办法

第一条 为加强建设工程的安全技术管理，防止建筑施工安全事故，保障人身和财产安全，依据国务院《建设工程安全生产管理条例》、建设部《危险性较大工程安全专项施工方案编制及专家论证审查办法》和《河北省建设工程安全生产监督管理规定》，结合本省实际，制定本办法。

第二条 在本省行政区域内从事危险性较大建设工程（以下简称“危险性工程”）的安全专项施工方案编制、建设工程安全生产专家论证审查（以下简称“专家论证审查”）活动，以及对该活动实施监督管理，适用本办法。

第三条 本办法所称的危险性工程，是指依照《建设工程安全生产管理条例》第二十六条的规定，应当在施工前单独编制安全专项施工方案的七项分部、分项工程。

危险性工程包括：

（一）基坑支护与降水工程。包括：

1. 开挖深度在5m以上的基坑、槽并采用支护结构施工的工程；

2. 基坑虽不足5m，但地质条件和周围环境复杂、地下水位在坑底以上的有关基坑支护与降水工程。

（二）深度在5m以上的基坑、槽的土方开挖工程。

（三）各类工具式模板工程。包括：

1. 滑模、爬模、大模板等有关模板工程；

2. 水平混凝土构件模板支撑系统以及特殊结构模板工程。

（四）起重吊装工程。

（五）脚手架工程。包括：

1. 高度超过24m的落地式钢管脚手架；

2. 整体提升、分片式提升等附着式升降脚手架；

3. 悬挑式脚手架；

4. 门式脚手架；

5. 挂脚手架；

6. 吊篮脚手架；

7. 卸料平台。

（六）采用人工、机械或者爆破方式的拆除工程。

（七）其他危险性工程。包括：

1. 建设幕墙的安装施工；

2. 预应力结构张拉施工；

3. 隧道工程施工；

4. 桥梁工程施工（含架桥）；

5. 特种设备施工；

6. 网架和索膜结构施工；

7. 6m以上的边坡施工；

8. 大江、大河的导流、截流施工；

9. 港口工程、航道工程；

10. 采用新技术、新工艺、新材料，可能影响建设工程质量安全，已经行政许可，尚无技术标准的施工。

第四条　对前条所列工程，施工企业应当指定专业工程技术人员编制附安全验算结果的安全专项施工方案，经本单位技术部门的专业技术人员初审后，交监理单位专业监理工程师进行审核。

经审核合格的安全专项施工方案，由施工企业技术负责人、监理单位总监理工程师签字后实施。

第五条　属于下列危险性工程，其安全专项施工方案及其安全验算结果，在施工企业技术负责人、监理单位总监理工程师签字前，施工企业还应当组织安全生产专家进行论证审查：

（一）深基坑工程。包括：

1. 开挖深度在5m以上的工程；

2. 地下室在三层以上的工程；

3. 开挖深度虽不足5m、但地质条件和周围环境以及地下管线极其复杂的工程。

（二）地下暗挖工程。包括：

1. 地下暗挖施工工程；

2. 遇有溶洞、暗河、瓦斯、岩爆、涌泥、断层等复杂地质条件的隧道工程。

（三）高大模板工程。包括：

1. 水平混凝土构件模板支撑系统高度超过8m的工程；

2. 跨度在18m以上，施工总荷载大于10kN/m^{2}的工程；

3. 集中线荷载大于15kN/m的模板支撑系统工程；

（四）在30m以上高空作业的工程。

（五）在大江、大河中进行深水作业的工程。

（六）城市房屋拆除爆破和其他土石大爆破工程。

第六条　省建设行政主管部门应从本省行政区域内的建设工程勘察、设计单位，建筑施工企业，工程监理单位以及大中专院校、建设科研单位聘请安全生产专家，或者聘请部分省外有影响的安全生产专家，建立省建设工程安全生产专家网，并向聘请的安全生产专家颁发聘用证书。

省建设行政主管部门应当对安全生产专家进行建设工程安全生产法律法规和专业技术的考试、考核。

安全生产专家的条件和具体管理措施由省建设行政主管部门另行规定。

第七条　施工企业在组织专家论证审查前，应当制定专家论证审查方案，并根据工程规模和技术复杂程度，从建设工程安全专家网中选取5名以上专业构成满足论证审查需要、且与本单位无隶属关系的专家，组成专家组进行论证审查。

建设工程的建设、勘察、设计、监理等有关单位的相关人员应当参加专家论证审查。

第八条　施工企业组织专家论证审查时，应当向安全生产专家组提供以下资料：

（一）工程概况资料；

（二）工程施工组织资料；

（三）施工图纸；

（四）危险性工程的专项施工方案、方案的说明以及相应附件资料；

（五）编制安全专项施工方案所依据的标准、规范、规程等。

第九条　安全生产专家应当严格按照有关法规及技术标准、规范对安全专项施工方案进行论证审查，提出由参加论证审查的安全生产专家签字的论证审查书面报告，并对论证审查结果承担法律责任。

第十条　施工企业应当将专家论证审查报告作为安全专项施工方案的附件。

第十一条　建设工程安全监督机构在办理建设工程安全备案手续时，应当查验施工企业提供的经专家论证审查的安全专项施工方案以及论证审查报告。

第十二条　各级建设行政主管部门及其所属的建设工程安全监督机构，应当对施工企业组织对危险性工程安全专项施工方案专家论证审查情况以及专家论证审查活动进行监督检查，及时纠正应当论证审查而不论证审查，以及不按照法律、法规及工程建设强制性标准进行论证审查的行为。

监督检查可采取巡查等方式进行。

第十三条 建设单位应当依照经过专家论证审查的安全专项施工方案，按照国家、省有关规定和双方约定及时拨付施工所需的安全防护费用，并督促施工企业按照安全专项施工方案组织施工。

第十四条 经过专家论证审查的安全专项施工方案，确需修改设计文件的，由建设工程设计单位进行修改，并对修改的设计文件承担相应责任。

第十五条 施工企业应当根据专家论证审查报告对安全专项施工方案进行完善，并经施工企业技术负责人、工程监理单位总监理工程师签字后，方可实施。

施工企业必须严格按照安全专项施工方案组织施工，由专职安全生产管理人员进行现场监督。

第十六条 工程监理单位应当依法审查安全专项施工方案是否符合工程建设强制性标准，并对施工企业是否按照安全专项施工方案组织施工的情况采取旁站形式实施重点监控，发现施工企业不按照安全专项施工方案组织施工或者存在安全事故隐患的，应当要求施工企业立即整改；情况严重的，应当要求施工企业暂时停止施工，并及时报告建设单位。

对施工企业拒不整改或者不停止施工的，工程监理单位应当及时向工程所在地建设行政主管部门或者所属的建设工程安全监督机构报告。

第十七条 各级建设行政主管部门及其所属的建设工程施工安全监督机构应当加强对本行政区域内各方市场主体落实安全专项施工方案情况的监督检查，纠正不落实安全专项施工方案及施工安全技术措施的行为。

第十八条 在危险性工程设计、施工中，鼓励和推广应用经过省级以上有关部门鉴定的计算软件进行设计计算。

第十九条 本办法自2007年5月15日起施行。

附件1：

需论证审查的危险性较大工程
安全专项施工方案主要内容（参考）

深基坑支护方案

一、工程概况

（一）地质、水文、气候条件。

（二）周围环境状况：临近建（构）筑物状况；地下室状况（分布位置、结构简图、对沉降缝或者变形缝敏感度等）。

（三）基坑开挖范围、深度，开挖作业步骤，开挖方法、安排。

（四）基坑作业时间：从开挖开始至回填完成所需的时间。

二、基坑支护方案选择

三、基坑支护方案具体设计

（一）具体参数选用以及验算：支护体的验算，对已有和待建建（构）筑物的影响。

（二）支护方案实施步骤。

（三）支护方案实施中的安全措施。

四、基坑支护实施后的监控以及应急方案

（一）监控措施：

1. 对象：边坡、坑底、临近建（构）筑物；

2. 方法；

3. 安排；

4. 数据采集和分析、反馈。

（二）可预见的异常情况分析及应急预案。

地下暗挖工程施工方案

一、工程概况

（一）工程地质、水文地质情况。

（二）地下暗挖、隧道工程影响范围内的各种不良地质、特殊地质地段的具体情况、围岩类别等。

二、施工方案的选择以及相应技术措施

（一）选择的施工方案以及采取的相应技术措施；

（二）监控和量测措施；

（三）针对溶洞、暗河、瓦斯、岩爆、涌泥、断层等不良地质条件，结合现场具体施工条件所采取的具体安全技术措施；

（四）保障洞口加强段施工安全所采取的具体措施；

（五）开挖、锚杆、喷射混凝土、钢拱架、二次砌衬施工以及临时支护、超前支护所采取的具体安全技术措施；

（六）工程施工中采取的通风、照明、排水以及防火等各项安全技术措施。

三、对涌泥、涌水、岩爆等可能发生的突发事件的分析以及应急措施和抢救方案

四、附件

地质勘察报告，具体选用参数及验算结果等。

高大模板工程施工方案

一、工程概况

工程总体概况简要说明，模板工程涉及结构的层高、跨度、构件的尺寸等详尽情况的叙述。

二、施工准备

（一）配模设计图或者方案。

（二）需用三大工具的具体尺寸、规格、数量。

（三）基层的承载力情况。

三、支、拆脚手架以及模板的具体安全技术措施

四、附件

架体以及模板的承载力及其变形验算、支撑体系图等。

30m及其以上高空作业工程施工方案

一、工程概况

包括高处作业范围、内容、特点、持续时间。

二、高处作业临边防护措施

三、攀登与悬空作业措施

四、交叉作业措施

五、支撑体、防护体的设计与计算

六、高处作业防护体搭设及拆除方案

大江、大河中深水作业的工程施工方案

一、工程概况

包括江、河的具体位置，周围地貌、地质情况、水流量等。

二、截流或者导流的具体措施

（一）截流或者导流挡墙的设计及具体方案；

（二）截流或者导流挡墙具体施工安全技术措施。

三、截流或者导流挡墙的拆除措施

四、其他涉及深水作业的安全设施设计计算、具体施工安全技术措施

五、可预见的异常情况分析以及应急方案

六、附件

相关计算书、设计图等。

城市房屋拆除爆破和其他土石大爆破工程施工方案

一、工程概况

（一）爆破工程以及爆破作业周围环境状况调查情况。

（二）爆破工程设计和施工等级情况。

（三）爆破评估（价）情况。

二、爆破工程设计文件的主要内容及其要求

三、施工中采取的相应安全技术及其管理措施

四、可预见的异常情况分析及其应急方案

五、附件

设计文件，设计、施工企业资质证明以及相关人员资格证明，爆破评估资料等。

附件2：

危险性较大工程安全专项施工方案论证审查大纲（参考）

一、概述

二、论证审查内容

（一）审查安全专项施工方案编制是否符合国家和行业有关的标准、规范；计算数据取值是否准确，计算是否正确。

（二）安全专项施工方案是否符合工程项目的具体情况，各项安全技术是否具有较强的针对性。

三、论证审查形式

现场勘查、会议讨论审查。

四、论证审查依据

现行的国家和行业有关的安全生产法律、法规以及标准、规范。

五、论证审查组织成立论证审查专家委员会，设主任委员、副主任委员和秘书长，由主任委员主持论证审查。

六、论证审查基本程序

（一）成立专家组，选定主任委员、副主任委员以及秘书长；

（二）专家组通过论证审查大纲；

（三）施工企业介绍工程概况、现场施工组织情况以及需要论证的危险性较大工程的具体情况；

（四）专家组成员勘察施工现场，查阅有关图纸及其资料；

（五）施工企业对需要论证的危险性较大工程安全专项施工方案作说明；

（六）专家组对施工方案予以评审；

（七）形成专家论证审查报告；

（八）宣读结果；

（九）专家签字。

附件 3:

危险性较大工程安全专项施工方案论证审查报告

<table>
<tr><td colspan="2">工程名称</td><td colspan="4"></td></tr>
<tr><td colspan="2">施工企业</td><td colspan="4"></td></tr>
<tr><td colspan="2">专项方案名称</td><td colspan="4"></td></tr>
<tr><td>论证审查意见</td><td colspan="5">

年　月　日</td></tr>
<tr><td rowspan="2">签字</td><td>主任委员</td><td></td><td>副主任委员</td><td colspan="2"></td></tr>
<tr><td colspan="5">委员</td></tr>
</table>

3.2.3 安全生产教育培训

施工企业必须依照国家和本省规定的内容和时间，对从业人员进行安全生产教育和培训。未经安全生产教育和培训或者培训后考核不合格的从业人员，不得上岗作业。

安全生产教育培训应建立职工教育培训档案，对企业培训进行实施记录。

成功企业的经验告诉我们，凡是企业能够将全年收入的 2%用作职工培训，这样做的结果，由于企业员工的素质相对较高，这些企业多半是一个成功的企业。因此，做好企业对职工的培训是企业成功的必须走的路径之一。

3.2.3.1 职工教育培训档案

1. 资料表式

职工教育培训档案 表 3.2.3.1

<table>
<tr><td>姓 名</td><td></td><td>性 别</td><td></td><td>工作岗位</td><td></td><td>学 历</td><td></td></tr>
<tr><td>专 业</td><td></td><td>职 称</td><td></td><td>身份证号码</td><td colspan="3"></td></tr>
<tr><td rowspan="9">教育培训情况</td><td colspan="2">内 容</td><td>时 间</td><td colspan="2">考核成绩</td><td colspan="2">备 注</td></tr>
<tr><td colspan="2"></td><td></td><td colspan="2"></td><td colspan="2"></td></tr>
<tr><td colspan="2"></td><td></td><td colspan="2"></td><td colspan="2"></td></tr>
<tr><td colspan="2"></td><td></td><td colspan="2"></td><td colspan="2"></td></tr>
<tr><td colspan="2"></td><td></td><td colspan="2"></td><td colspan="2"></td></tr>
<tr><td colspan="2"></td><td></td><td colspan="2"></td><td colspan="2"></td></tr>
<tr><td colspan="2"></td><td></td><td colspan="2"></td><td colspan="2"></td></tr>
<tr><td colspan="2"></td><td></td><td colspan="2"></td><td colspan="2"></td></tr>
<tr><td colspan="2"></td><td></td><td colspan="2"></td><td colspan="2"></td></tr>
</table>

2. 实施要点

(1) 职工教育培训档案是建设施工企业安全生产管理实施对职工教育培训建立的档案资料之一。该表的内容包括：姓名、性别、工作岗位、学历、专业、职称、身份证号码、教育培训情况（包括：内容、时间、考核成绩、备注）。

(2) 表列子项

1) 姓名：按接受职工教育培训的人员姓名填写。

2) 性别：按接受职工教育培训人员的性别填写。

3) 工作岗位：填写接受职工教育培训人员的工作岗位。

4) 学历：填写接受职工教育培训人员的学历。

5) 专业：填写接受职工教育培训人员从事的专业。

6) 职称：填写接受职工教育培训人员的职称。

7) 身份证号码：填写接受职工教育培训人员的身份证号码。

8) 教育培训情况（包括：内容、时间、考核成绩、备注）：填写接受职工教育培训人员的教育培训情况包括：培训内容、培训时间、考核成绩。

3.2.3.2 企业培训记录

1. 资料表式

企业培训记录 **表3.2.3.2**

年　月　日

培训项目				
组织部门				
培训对象				
培训时间			培训地点	
应参培人数			实际参培人数	
培训内容				
授课教师				
时间安排				
培训情况记录及总结：				

填表人：　　　　审核人：

2. 实施要点

企业培训记录是建筑施工企业安全生产管理实施对企业某一专项培训状况的记录与总结。该表的内容包括：培训项目、组织部门、培训对象、培训时间、培训地点、应参培人数、实际参培人数、培训内容、授课教师、时间安排、培训情况记录及总结、填表人、审核人。

(1) 培训管理

由企业培训部门结合各职能部门负责组织管理培训工作，培训可采取内部培训或外送培训等形式。

(2) 培训对象及时间要求

1）企业法定代表人、主管安全副经理和项目负责人每年接受安全培训的时间不得少于 30 学时；

2）企业专职安全管理人员每年接受安全专业技术业务培训的时间不得少于 40 学时；

3）企业其他管理人员和技术人员每年接受安全培训的时间不得少于 20 学时；

4）企业特殊工种作业人员在通过专业技术培训取得岗位操作证后，每年仍须接受有针对性的安全培训，时间不得少于 20 学时；

5）施工企业新进场的工人，必须接受公司、项目、班组的三级安全培训教育，经考核合格后，方可上岗。公司级培训教育的时间不得少于 15 学时；

6）企业待岗、转岗、换岗的职工，在重新上岗前必须接受一次安全培训，时间不得少于 20 学时；

7）企业其他职工每年接受安全培训的时间不得少于 15 学时。

（3）培训内容

1）国家和地方有关安全生产的方针、政策、法规、标准、规范、规程，企业的安全规章制度等；

2）专业技术、业务知识教育培训；

3）文化素质的教育培训；

4）安全操作规程及岗位培训教育；

5）事故案例和警示教育等。

（4）培训记录

企业要做好培训教育记录，建立职工安全教育培训档案及相关台账。

注：相关台账主要包括：安全生产管理人员台账、企业“三类人员”安全考核证书管理台账、特殊工种人员培训花名册等。

（5）对安全生产管理人员、企业“三类人员”、特殊工种人员，接受安全教育培训后应建立相关台账。

（6）表列子项

1）培训项目：填写施工企业安全生产对某一专项培训的项目。

2）组织部门：填写某一专项培训项目负责组织的部门。

3）培训对象：填写某一专项培训项目需要培训的人员。

4）培训时间：填写某一专项培训项目培训的起止时间。

5）培训地点：填写某一专项培训项目培训的地点。

6）应参培人数：填写某一专项培训项目的应参培人数。

7）实际参培人数：填写某一专项培训项目实际的参培人数。

8）培训内容：填写某一专项培训项目培训的内容。

9）授课教师：填写某一专项培训项目的授课教师。

10）时间安排：填写某一专项培训项目的时间安排。

11）培训情况记录及总结：填写某一专项培训项目的培训情况记录及总结，应实事求是，认真总结，文句精炼。

12）填表人：填写该表的填表人姓名。

13）审核人：填写该表的审核人姓名。

3.2.4 安全生产检查

安全检查是建筑施工企业安全生产管理实施的内容之一。安全生产检查应填写安全检查记录。

3.2.4.1 安全检查记录

1. 资料表式

安全检查记录 表 3.2.4.1

<table>
<tr><td>受检单位</td><td></td><td>检查部门</td><td></td></tr>
<tr><td>检查内容</td><td></td><td>检查日期</td><td></td></tr>
<tr><td colspan="4">检查记录（存在问题）

检查人： 日期：</td></tr>
<tr><td colspan="4">整改意见

受检负责人： 日期：</td></tr>
<tr><td colspan="4">整改效果

验证人： 日期：</td></tr>
</table>

2. 实施要点

（1）安全检查记录是建筑施工企业安全生产管理实施对安全检查进行的记录。该表的内容包括：受检单位、检查部门、检查内容、检查日期、检查记录（存在问题）、检查人、日期、整改意见、受检负责人、日期、整改效果、验证人、日期。

（2）制度检查与分析评价

施工企业和施工现场应严格执行安全生产检查制度，及时发现并消除不安全因素，做好检查记录。每次进行安全生产检查后，应进行定量分析和安全评价，通报检查结果。

（3）安全生产检查要点

1）检查中发现问题和事故隐患，应立即定人员、定时间、定措施进行整改；

不能立即进行整改的，要建立登记、整改、检查、消项制度。在隐患未消除前，必须采取可靠的防患措施，如有危及作业人员人身安全的紧急险情，应立即停止作业。

2）建设工程停工后又复工的，施工企业在复工前应采取措施，对施工现场的安全设施和机械设备等重新进行检查维修，消除事故隐患。

3）施工企业应在雨期、高温季节、冬期等季节要做好季节性安全检查工作。

4）施工企业在组织安全检查时，应对本单位使用的分包队伍安全生产情况同时进行检查。

（4）表列子项

1）受检单位：指被接受安全检查的单位名称，填写受检单位全称。

2）检查部门：指本次安全检查的检查单位名称，填写检查单位的全称。

3）检查内容：指本次安全检查的检查内容，填写实际的检查内容。

4）检查日期：指本次安全检查的检查日期，填写实际的检查日期。

5）检查记录（存在问题）：填写本次安全检查的过程记录，包括检查情况及存在问题。

6）检查人、日期：填写本次安全检查的检查人姓名，由检查人填写检查日期。

7）整改意见：填写本次安全检查提出的整改意见，由受检负责人填写。

8）受检负责人、日期：填写本次安全检查受检负责人姓名，由受检负责人填写日期。

9）整改效果：填写本次安全检查提出的整改意见的整改效果，由验证人填写。

10）验证人、日期：填写本次安全检查的验证人姓名，同时由验证人填写日期。

3.2.4.2 限期/停工整改指令书

1. 资料表式

限期/停工整改指令书 **表 3.2.4.2**

工程名称		检查项目	
存在问题			
处理意见			
工地负责人（签字）		检查单位（签章）	

2. 实施要点

（1）限期/停工整改指令书是建筑施工企业安全生产管理实施对施工现场进行安全检查，发现存在问题后，根据其发现存在问题的程度下达的限期/停工整改指令书。该表的内容包括：工程名称、检查项目、存在问题、处理意见、工地负责人（签字）、检查单位（签章）。

（2）表列子项

1）工程名称：指被下达限期/停工整改指令书的工程名称，按合同书中签订的工程名称填写。

2）检查项目：指本次检查发现存在问题后被下达限期/停工整改指令书的检查项目，照实际填写。

3）存在问题：指本次检查被检项目存在的问题，照实际填写。

4）处理意见：指本次检查被检项目存在问题的处理意见，照实际填写。

5）工地负责人（签字）：一般由工地技术负责人签字。

6）检查单位（签章）：照实际检查单位名称填写，检查单位应签章。

注：指令书下达当确定为限期时可将其停工划去，当确定为停工时可将其限期划去。

3.2.5　危险源辨识与安全生产预警

危险源辨识是指识别危险源的存在并确定其特性的过程。

3.2.5.1　建设工程重大危险源备案

1. 资料表式

建设工程重大危险源备案表　　表 3.2.5.1

工程名称		工程地点		
结构层次		建筑面积		
项目经理		联系电话		
安全员		联系电话		
建设单位		项目负责人		
监理单位		总监理工程师		
序号	重大危险源	监控措施	方案是否需论证	预计实施时间
施工企业意见： 项目经理：　　　　（章） 年　月　日		监理单位意见： 总监理工程师：　　　　（章） 年　月　日		

注：1. 本表由施工总承包单位填写，开工前报送建设工程安全监督管理机构。如有变更，应重新报送。填写不下可另附页。

2. 本表一式三份，安监、监理、施工企业各一份。

2. 实施要点

重大危险源管理应填写重大危险源管理备案表。

(1) 建筑施工企业的危险源大概可分为以下几类：高处坠落、物体打击、触电、坍塌、机械伤害、起重伤害、中毒和窒息、火灾和爆炸、车辆伤害、粉尘、噪声、灼烫、其他等。

(2) 施工企业应根据本单位在建工程特点，在基础、结构、装饰装修等阶段施工前，对分部分项工程及易发生事故的部位，如高处及洞口和临边作业、高处悬空作业、土方开挖和基坑支护、模板支撑系统、高层脚手架、临时用电系统等易发生高处坠落、坍塌和触电等事故的关键环节和部位进行危险源识别，对施工过程及周围环境因素进行安全分析，找出安全生产管理中的薄弱环节，制定安全防护措施。应按要求，对可能存在的重大危险源进行辨识，建立重大危险源台账，制定严密的安全监控措施，重点进行监督检查，并报建设行政主管部门及安监机构备案。

(3) 安全生产预警

施工企业要根据本单位在建工程特点，定期发出安全生产预警，如在重大节日、雨期汛期施工、冬期施工、恶劣天气到来和施工高峰期前，认真分析建筑工程中高处作业、悬空作业、土方开挖和基坑支护、模板支撑系统、高层脚手架、临时用电系统的危险因素，深刻汲取本地区施工企业以往同时期发生事故的教训，针对以往事故多发类型、原因和在建工程中存在的安全生产薄弱环节，及时向建筑工程项目部发出安全生产预警提示，提前制定安全生产防护措施，加强检查，严防重大事故的发生。

(4) 表列子项

1) 结构层次：指重大危险源可能发生在的结构层次，按实际填写。

2) 重大危险源：指施工组织设计中确认的重大危险源，按实际填写。

3) 监控措施：指施工组织设计中确认的重大危险源采取的监控措施，按实际填写。

4) 方案是否需论证：指重大危险源应急方案是否需要论证，按实际填写。

5) 预计实施时间：指重大危险源应急方案预计实施时间，按实际填写。

6) 施工企业意见：指施工企业对重大危险源应急方案的实施意见。

7) 监理单位意见：指监理单位对重大危险源应急方案的实施意见。

附：建筑工程重大危险源安全监控管理主要内容参考

一、重大危险源的辨识

(一) 所称重大危险源是指：施工现场可能导致重大事故发生的设备、设施、场所；具有一定危险程度的分部分项工程，可能会产生不可容许或不可接受危险的作业；施工现场存在的符合国家标准《重大危险源辨识》(GB 18218—2000) 重大危险源分类中规定的重大危险源。主要包括：

1. 基坑支护与降水工程

基坑支护工程是指开挖深度超过 5m (含 5m) 的基坑 (槽) 并采用支护结构施工的工程；或基坑虽未超过 5m，但地质条件和周围环境复杂、地下水位在坑底以上等工程。

2. 土方开挖工程

土方开挖工程是指开挖深度超过 5m (含 5m) 的基坑、槽的土方开挖。

3. 模板工程

各类工具式模板工程，包括滑模、爬模、大模板等；水平混凝土构件模板支撑系统及特殊结构模板工程。

4. 起重吊装工程

5. 脚手架工程

高度超过24m的落地式钢管脚手架；附着式升降脚手架，包括整体提升与分片式提升；悬挑式脚手架；门型脚手架；挂脚手架；吊篮脚手架；卸料平台。

6. 拆除、爆破工程

采用人工、机械拆除或爆破拆除的工程。

7. 其他危险性较大的工程

建筑幕墙的安装施工；预应力结构张拉施工；隧道工程施工；桥梁工程施工（含架桥）；特种设备施工；网架和索膜结构施工；6m以上的边坡施工；大江、大河的导流、截流施工；港口工程、航道工程；30m及以上高空作业；采用新技术、新工艺、新材料，可能影响建设工程质量安全，已经行政许可，尚无技术标准的施工；对工地周边设施和居民安全可能造成影响的分部分项工程；其他专业性强、工艺复杂、危险性大、交叉等易发生重大事故的施工部位及作业活动。

（二）施工总承包单位和分包单位应根据工程特点和施工范围，在工程开工前，对可能出现的危险因素进行辨识，按相关评价标准评价出重大危险源，制定安全监控措施和管理方案，按有关程序审批后，报当地建设工程安全监督管理机构备案（见附件一）。

二、重大危险源的控制与管理

（一）施工企业应制定重大危险源的管理制度，建立安全管理体系，明确具体责任，落实重大危险源工程专项施工方案的编制、审批以及过程监控、检查和验收。

（二）施工企业必须在施工前，对存在重大危险源的分部分项工程应编制专项施工方案，建立重大危险源安全管理档案和台账。专项施工方案除应包括相应的安全技术措施外，还应当包括监控措施、应急救援方案等内容。

（三）专项施工方案应由施工企业专业工程技术人员编制，施工企业技术部门的专业技术人员及监理单位专业监理工程师进行审核，审核合格，由施工企业技术负责人、监理单位总监理工程师签字。对建设部《危险性较大工程安全专项施工方案编制及专家论证审查办法》中规定的深基坑等达到一定规模的危险性较大工程，施工企业应当组织专家组进行论证审查。经审批的专项施工方案确需修改时，应按原审批程序重新审批。

（四）施工企业应按重大危险源专项施工方案严格进行技术交底，并有书面记录和签字，确保作业人员清楚掌握施工方案的技术要领。

（五）施工企业应对参与重大危险源工程施工的有关人员进行生理、心理状况的分析，合理安排好重大危险源工程的施工。

（六）施工企业应按照方案施工，凡涉及验收的项目，方案编制人员应参加验收，并及时形成验收记录台账。

（七）施工企业应建立重大危险源公示制度，公示施工中不同阶段、不同时段的重大危险源，并在施工工地设置危险源的警戒线和警示标记。醒目位置挂设“重大危险源公示牌”（见附件二），公示牌应注明危险源、施工部位、防护措施和责任人等内容，并定期把整改措施和治理情况报送当地安全监督机构。

（八）监理单位应加强对重大危险源专项施工方案或安全监控措施进行审核，监督施工企业建立和完善重大危险源的公示、监控、整改以及专项施工方案的实施，对重大危险作业进行旁站监理。

三、重大危险源的论证审查

（一）建筑施工企业应当组织专家组进行论证审查的工程

1. 深基坑工程

开挖深度超过5m（含5m）或地下室三层以上（含三层），或深度虽未超过5m（含5m），但地质条件和周围环境及地下管线极其复杂的工程。

2. 地下暗挖工程

地下暗挖及遇有溶洞、暗河、瓦斯、岩爆、涌泥、断层等地质复杂的隧道工程。

3. 高大模板工程

水平混凝土构件模板支撑系统高度超过 8m，或跨度超过 18m，施工总荷载大于 $10kN/m^2$，或集中线荷载大于 15kN/m 的模板支撑系统。

4. 30m 及以上高空作业的工程

5. 大江、大河中深水作业的工程

6. 城市房屋拆除爆破和其他土石大爆破工程

（二）专家论证审查工作应由施工总承包企业组织进行，如建设单位直接发包的专业工程，则由专业承包企业组织进行，建设单位做好协调、管理工作。建筑施工企业可委托建筑安全服务中介机构组织实施专家论证审查工作。

（三）进行论证审查的专家组成员应不少于 5 人，专家组人员应从扬州市建设局公布的专家库中分类聘请。

（四）施工企业应在论证审查会 5 天前将安全专项方案送达至专家手中。

（五）论证会应邀请建设、设计、监理、监督等单位人员参加。

（六）专家组论证、审查后，填写《工程安全专项施工方案专家论证意见书》（见附件三）。

（七）施工企业应将《工程安全专项施工方案专家论证意见书》报当地安全监督机构备案。

四、重大危险源的监督检查

（一）各地建设（筑）行政主管部门及其安全监督机构应积极开展重大危险源的普查登记工作，建立本地区重大危险源台账，对列入监控范围的重大危险源，应重点跟踪监控。

（二）重大危险源跟踪监督检查的主要内容有：

1. 重大危险源的公示情况；

2. 需专家论证审查的安全专项施工方案是否已按规定论证审查；

3. 危险性较大工程专项施工方案实施过程的监控情况；

4. 每次监督检查发现问题后的整改、治理情况。

（三）各地建设（筑）行政主管部门及其安全监督机构在重大危险源的跟踪检查过程中发现的问题，应发出整改通知书或停工通知书，责令立即整改。

（四）建筑工程重大危险源的情况通过网络、媒体等方式向社会公示，并结合督查的实际情况定期向社会公布或者通报建筑工程重大危险源的跟踪检查、整改措施和治理情况。

3.2.5.2　应急救援演练记录

为提高企业对建设工程重大质量安全事故的应急救援能力，确保科学、及时、有序地组织事故应急救援工作，最大限度地减少人员伤亡和财产损失，企业要结合自身实际情况，制定生产安全事故应急预案，应进行应急救援演练且应填写演练记录。

1. 资料表式

应急救援演练记录 表 3.2.5.2

<table>
<tr><td>演练名称</td><td></td><td>演练时间</td><td></td></tr>
<tr><td>组 织 人</td><td></td><td>演练地点</td><td></td></tr>
<tr><td colspan="4">记录内容：

记录人：</td></tr>
<tr><td>参加部门</td><td colspan="3"></td></tr>
</table>

2. 实施要点

(1) 应急救援演练记录是建筑施工企业安全生产管理实施对在施工现场进行应急救援演练时的记录。该表的内容包括：演练名称、演练时间、组织人、演练地点、记录内容、记录人、参加部门等。

(2) 应建立应急救援体系

各项目经理部应根据本工程实际情况，及时建立生产安全事故应急救援体系，建立应急救援组织，制定施工现场专项应急预案，并定期培训演练，能熟练掌握救援方法和技能，随时处置危险状况；并保证人员、装备及经费落实到位。

应急救援应成立以企业经理为组长、主管安全经理为副组长，各相关职能部门负责人参加的应急领导小组；

领导小组可下设应急办公室、专家组、应急救援组、设备物资保障组、警卫治安组、医疗急救组等应急小组。

(3) 应急救援预案演练的目的

1) 进行必要的应急救援预案演练，其作用主要表现在以下几个方面：一是检验预案的实用性、可用性、可靠性；二是检验全体人员是否明确自己的职责和应急行动程序，以及反应队伍的协同反应水平和实战能力；三是提高人们避免事故、防止事故、抵抗事故的能力，提高对事故的警惕性；四是取得经验以改进所制定的行动方案。演练分为室内演练(组织指挥演练)和现场演练，包括单项演练、多项演练和综合演练。生产经营单位在进行演练时，应让熟悉施工现场的作业人员参加应急计划的演习和操练；与施工现场无关的人员，如高级应急官员、政府监察员，也应作为观察员监督整个演练过程。

2) 演练时应注意的几个问题：

①演练前要制定详细计划，演练时要尽可能结合现场实际，确保演练效果：

②要针对演练中可能出现的意外情况，另行制定一套方案，遇紧急情况后。现场应有紧急安全疏散口，疏散时应由专人负责；

③每一次演练后，应核对该计划是否被全面执行，并注意发现预案中存在的不足和缺陷，进一步加以补充或修改，使其更加完善。

(4) 应急求援的主要内容

1) 应急准备

定期对参与应急救援所有人员进行专项应急知识培训，使其掌握必要的救援知识和救援能力，提高应急能力；定期对应急器材、设备、工具进行检查和维护；定期组织专项应急演练，并对演练效果进行评价。应急抢险救援工作需要多部门配合的，要与公安、卫生、消防、民政等政府有关部门及时沟通，密切配合，共同开展应急抢险救援工作。

2) 应急响应

事故或险情发生后，事故发生单位应遵循“迅速、准确”的原则，在第一时间上报应急办公室，应急办公室及时上报应急指挥部。应急指挥部接到事故报告后，根据预案要求，及时启动应急救援体系，并向上级有关部门报告。按事故(险情)的级别，启动相应应急预案，进行必要的抢险救援。当超出企业应急救援能力时，向上级有关部门请求支援，并全力协助公安、消防、卫生等专业抢险力量开展事故应急处理工作。

3) 应急结束

按照“谁启动、谁结束”的原则，当重大事故或险情得到有效处置后，由应急指挥部决定应急结束，并通知相关单位和部门。应急状态结束后，各有关单位应及时做出书面报告。

（5）应急救援演练的有关要求

为了能在事故发生后，迅速、准确、有效地进行处理，必须制定好“事故应急救援预案”，做好应急救援的各项准备工作，对全体职工进行经常性的应急救援常识教育，落实岗位责任制和各项规章制度。同时还应建立以下相应制度：

1）值班制度。建立 24 小时值班制度，夜间由行政值班和生产调度负责，遇有问题及时处理。

2）检查制度。每月由企业应急救援指挥领导小组结合生产安全工作，检查应急救援工作情况，发现问题及时整改。

3）例会制度。每季度由事故应急救援指挥领导小组组织召开一次指挥组成员和各救援队伍负责人会议，检查上季度工作，并针对存在的问题，积极采取有效措施，加以改进。

（6）应急救援的其他事项

1）对应急救援器材和装备，要随时保持良好状态，各部门、项目经理部要进行经常性维护、保养和检查，保证随时投入使用。

2）事故发生后，应急救援指挥部成员，必须尽快赶赴现场，就地设立办公地点，按照职责划分立即开展抢险救援工作。

3）在抢险救援期间，应急救援指挥部成员及参加救援工作的所有人员，不得擅离职守，以免遗误事故救援时机。

（7）应急救援预案的管理与修订

当应急演练或应急实施结束后，由企业应急领导小组召集各部门、各项目经理部对应急预案进行评审，并根据评审结论组织修订。

（8）表列子项

1）演练名称：指本次演练的演练名称，通常演练包括：火灾、爆炸、危害化学品泄漏、坍塌、水患、机动车辆伤害等。

2）演练时间：指本次演练的演练时间，按实际演练的年、月、日、时填写。

3）组织人：指本次演练的演练组织负责人，填写组织人姓名。

4）演练地点：指本次演练的演练地点，照实际演练地点填写。

5）记录内容：指本次演练的演练内容，照实际演练的内容填写。

6）记录人：指记录本次演练的记录人，填写记录人姓名。

7）参加部门：指参加本次演练的相关部门，照实际填写。

3.2.6　职业病防治与劳保用品管理

职业病防治与劳保用品管理是建筑施工企业安全生产管理实施，对职业病危害及处理与劳保用品的管理均应进行记录。

3.2.6.1　劳保用品的管理

劳保用品管理的主要工作为劳动保护用品发放和安全生产劳动保护工作检查，劳动保护用品发放和安全生产劳动保护工作均应填写劳动保护用品发放记录和安全生产劳动保护工作检查记录。

3.2.6.1-1 劳动保护用品发放记录

1. 资料表式

劳动保护用品发放记录 **表 3.2.6.1-1**

工程名称	应发劳动保护用品	人数	发放时间	备 注

领用人： 日期： 发放人： 日期：

2. 实施要点

(1) 劳动保护用品发放记录是建设施工企业安全生产管理实施对劳动保护用品发放进行登记的记录册。该表的内容包括：工程名称、应发劳动保护用品、人数、发放时间、备注。

(2) 劳保用品的管理要点

1) 认真贯彻执行有关加强劳动保护工作的方针、政策和规章制度，指导和监督管理人员的各项工作。

2) 对进入施工现场（工作场所）的劳保用品，必须有《安全生产许可证》、《出厂合格证》、《产品检测报告》等证书，不合格的劳保用品不得进入施工现场。

企业要对施工过程中使用的劳保用品进行定期抽查，发现隐患或不符合要求的要立即停止使用。

3) 做好劳保用品资金管理工作，保证专款专用，及时进行采购，确保施工生产的需要。

4) 对劳保用品的发放及使用加强管理，建立劳保用品发放及使用台账，对劳保用品的使用情况进行监督检查；同时要根据各类劳保用品的出厂时间，及时进行报废和更换。

(3) 表列子项

1) 工程名称：指该劳动保护用品发放用于该工程的工程名称，按合同书中签订的工程名称填写。

2）应发劳动保护用品：指该劳动保护用品发放用于该工程的劳动保护用品的名称，照实际填写。

3）人数：指该劳动保护用品发放用于该工程的应发给的人员数量，照实际填写。

4）发放时间：指该劳动保护用品实际发放的时间，照实际填写。

3.2.6.1-2 安全生产劳动保护工作检查记录

1. 资料表式

安全生产劳动保护工作检查记录 表 3.2.6.1-2

单位名称		时 间	
检查人员			
存在问题： 记录人：			
处理结果： 记录人： 年 月 日			

2. 实施要点

（1）安全生产劳动保护工作检查记录，是建筑施工企业安全生产管理实施，对施工现场进行的安全生产劳动保护工作检查时的记录。该表的内容包括：单位名称、时间、检查人员、存在问题、记录人、处理结果、记录人、年、月、日等。

（2）安全生产劳动保护工作检查内容通常包括：劳动保护（职业选择权、劳动报酬、休假、安全卫生保护、职业技能培训、社会保险和福利、劳动争议处理权利及其他劳动权利）、劳动保护用品管理、职业病危害、职业卫生保护措施、职业病预防管理等。

（3）表列子项

1）单位名称：指被进行安全生产劳动保护工作检查的单位，填写单位名称全称。

2）时间：指被进行安全生产劳动保护工作检查的时间，填写检查时间按年、月、日。

3）检查人员：指被进行安全生产劳动保护工作检查的检查人员，分别填写检查人员姓名。

4）存在问题：指被进行安全生产劳动保护工作检查中发现的问题，应真实记录并填写。

5）记录人：指被进行安全生产劳动保护工作检查存在问题的记录人，分别填写记录人姓名。

6）处理结果：指对被进行安全生产劳动保护工作检查中发现问题的处理结果，应真实记录并填写。

7）记录人：指被进行安全生产劳动保护工作检查的处理结果的记录人，分别填写记录人姓名。

3.2.6.2 职业病危害及处理记录

1. 资料表式

职业病危害及处理记录 **表 3.2.6.2**

<table>
<tr><td>单位名称</td><td></td><td>时　间</td><td></td></tr>
<tr><td>检查人员</td><td colspan="3"></td></tr>
<tr><td colspan="4">现场记录：

记录人：</td></tr>
<tr><td colspan="4">整改措施

记录人：</td></tr>
<tr><td colspan="4">整改效果

记录人：　　　　年　　月　　日</td></tr>
</table>

2. 实施要点

（1）职业病危害及处理记录，是建筑施工企业安全生产管理实施，对施工现场进行职业病危害及处理的记录。该表的内容包括：单位名称、时间、检查人员、现场记录、记录人、整改措施、记录人、整改效果、记录人、年、月、日等。

（2）职业病的危害

随着建筑业的飞速发展，由其引发的职业病危害也越来越明显。加之大量农村剩余劳动力涌入施工现场，其流动性、不稳定性大，带来的各种职业病危害明显增加，对劳动人群健康所造成的损害日趋严重。因职业病危害导致劳动者死亡、致残、部分丧失劳动能力的人数不断增加，其危害程度远远高于生产安全事故和交通事故。许多职业病严重损害劳动者的健康及劳动能力，其治疗和康复费用昂贵，给用人单位、国家和劳动者造成巨大损失，严重影响社会经济的进步与发展。

(3) 职业病防治

1) 施工企业必须执行建筑业劳动保护工作制度。建立企业职工花名册，对从事体力劳动、危险作业以及有毒有害作业中的职工进行重点检查和保护；

2) 施工企业应根据建筑施工行业的特点进行职业危害辨识，根据辨识结果建立职业危害清单；并根据职业危害清单制定职业危害防治措施，严格落实；

3) 施工企业建立从事职业危害作业人员的花名册，对从事职业危害作业人员定期进行体检，并配发所需的劳动保护用品；

4) 施工企业应当定期开展劳动保护及职业病防治知识的宣传教育工作，提高广大职工的自我保护意识；

5) 施工企业应尽量采用新技术、新工艺、新材料、新设备等手段以达到降低职业危害，保障职工人身健康；

6) 施工企业应定期对职业病防治措施执行落实情况进行监督和检查。

(4) 职业卫生保护措施

职业卫生保护措施是职业病预防管理的有效手段，用人单位保障劳动者获得职业卫生保护的义务是法定义务，必须履行。具体保护措施如下：

1) 为劳动者创造的工作环境和工作条件，必须符合，国家职业卫生标准和职业卫生要求；

2) 为保障劳动者获得职业卫生保护而采取的措施必须符合法律规定，如：采取职业病防治管理措施；

3) 配备有效的职业病防护设施和个人使用的职业病防护用品；

4) 优先采用有利于劳动者职业健康的新技术、新工艺、新材料；

5) 进行职业病危害因素检测、评价；

6) 组织安排职业健康检查和职业卫生培训；

7) 建立健全职业卫生档案、职业健康监护档案等。

(5) 职业病预防管理

1) 建立、健全职业病防治责任制。职业病防治责任制，是指用人单位内部按照法定代表人（或负责人）总负责，部门分工负责和岗位各负其责而建立的一种责任体系和责任保证制序。

2) 在生产成本中保证必需的投入，从人、财、物上保障职业病防治工作的需要。

3) 建立健全职业病防治工作各种规章制度和操作规程。

4) 全面落实职业病防治管理法定措施。

5) 用人单位必须依法参加工伤社会保险，工伤社会保险是指通过社会统筹，建立工伤保险基金，对保险范围内的劳动者因在职业活动中所发生的工伤、职业病以及因此死亡，造成劳动者暂时或永久丧失劳动能力时，劳动者或其遗属能够从社会得到必要的物质补偿和服务的社会保障制度。其必要的物质补偿和服务包括保证劳动者或其遗属的基本生活，为劳动者提供必要的医疗救治和康复服务等。

(6) 表列子项

单位名称：指被进行职业病危害及处理检查的被检单位，填写被检单位名称全称。

时间：指被进行职业病危害及处理检查的时间，填写检查时间按年、月、日。

检查人员：指被进行职业病危害及处理检查的检查人员，分别填写检查人员姓名。

现场记录：指被进行职业病危害及处理检查时的现场记录，应真实记录并填写。

记录人：指被进行职业病危害及处理检查现场记录的记录人，分别填写记录人姓名。

整改措施：指被进行职业病危害及处理检查中发现问题提出的整改措施，应真实记录并填写。

记录人：指被进行职业病危害及处理检查填写整改措施的记录人，分别填写记录人姓名。

整改效果：指被进行职业病危害及处理检查对整改措施实施后的整改效果，应真实记录并填写。

记录人：指被进行职业病危害及处理检查整改效果的记录人，分别填写记录人姓名。

3.2.7 对分包企业、供应单位、劳务工的管理

3.2.7.1 对分包企业的管理

3.2.7.1-1 对分包企业的资质管理

分包企业应在总承包企业评价确定的合格分包方中选用，进入施工现场后查验该分包企业的营业执照、资质证书、安全生产许可证、负责人的安全生产管理人员考核合格证、特种作业人员操作证的原件并留存复印件；签定分包合同和安全生产管理协议，明确双方在安全生产方面的管理职责和权利、义务；定期考察评价，建立信誉度档案。

3.2.7.1-2 对分包企业的管理要点

(1) 总承包单位要将分包单位的安全培训教育纳入管理范围，检查其年度培训教育状况和培训档案，加强日常培训教育。

(2) 总承包单位要为分包单位从事危险作业的人员办理意外伤害保险，支付保险费。

(3) 施工现场的分包企业应设置兼职安全员，配合分包队伍负责人搞好安全生产，人数超过50人时则必须设置专职安全员，协助项目部专职安全员搞好现场安全工作的监督检查。

(4) 总承包单位要保证分包单位与其有相同的现场安全生产环境和生活环境，劳动保护和职业病防治符合有关规定。

3.2.7.2 供应单位的安全管理

(1) 应对物资供应商进行评价，评价内容如下：

1) 企业资质；

2) 资源能力；

3) 产品质量；

4）经营资格；

5）资金信誉；

6）储运能力；

7）物资供应商的历史信誉；

8）环保要求及安全的符合性。

（2）物资供应商的管理

1）对物资供应实行动态管理，项目部应每月对物资供应商的履约结果进行一次评价，并保留记录。

2）供应不合格物资的供应商，应依照采购合同的规定采取处罚或索赔措施，直至终止合同。

3）因违约而终止合同的物资供应商，项目经理部应向工程部提供名单，保留其不良记录（评价结果），两年内公司所属项目部不得采购其物资。

3.2.7.3 劳务工的使用与管理

3.2.7.3-1 劳务（专业）分包合同管理台账

1. 资料表式

劳务（专业）分包合同管理台账 表 3.2.7.3-1

单位：

序号	分包合同名称	开工日期	竣工日期	鉴定日期	备注

2. 实施要点

（1）劳务（专业）分包合同管理台账是建设施工企业安全生产管理实施对劳务（专业）分包合同管理进行登记的记录册。该表的内容包括：序号、分包合同名称、开工日期、竣工日期、鉴定日期、备注。

（2）表列子项

1）分包合同名称：指劳务（专业）分包合同的分包合同名称，按签订分包合同的名称填写。

2）开工日期：指劳务（专业）分包合同的开工日期，按签订分包合同的开工日期填写。

3）竣工日期：指劳务（专业）分包合同的竣工日期，按签订分包合同的竣工日期填写。

4）鉴定日期：指劳务（专业）分包合同的鉴定日期，按签订分包合同的鉴定日期填写。

3.2.7.3-2 劳务（或专业）分包队伍的管理

1. 资料表式

劳务（或专业）分包队伍的管理表 表 3.2.7.3-2

<table>
<tr><td>劳务（或专业）分包队伍名称</td><td colspan="2"></td><td>人数</td><td></td></tr>
<tr><td>分包队伍的公司地　址</td><td colspan="4"></td></tr>
<tr><td colspan="2">分包企业营业执照编号</td><td></td><td rowspan="3">有效期</td><td></td></tr>
<tr><td colspan="2">分包企业资质证书编号</td><td></td><td></td></tr>
<tr><td colspan="2">分包企业安全生产许可证编号</td><td></td><td></td></tr>
<tr><td>负责人</td><td></td><td colspan="2" rowspan="2">安全生产管理人员考核合格证书</td><td></td></tr>
<tr><td>主管安全负责人</td><td></td><td></td></tr>
<tr><td rowspan="5">专（兼）职安全员</td><td></td><td colspan="2" rowspan="5">安全生产管理人员考核合格证书</td><td></td></tr>
<tr><td></td><td></td></tr>
<tr><td></td><td></td></tr>
<tr><td></td><td></td></tr>
<tr><td></td><td></td></tr>
<tr><td>管理情况</td><td colspan="4"></td></tr>
</table>

2. 实施要点

(1) 劳务（或专业）分包队伍的管理是建设工程施工项目发生劳务（或专业）分包队伍管理进行的情况记录。该表的内容包括：劳务（或专业）分包队伍名称、人数、分包队伍的公司地址、分包企业营业执照编号、分包企业资质证书编号、分包企业安全生产许可证编号、有效期、负责人、主管安全负责人、安全生产管理人员考核合格证书、专（兼）职安全员、安全生产管理人员考核合格证书、管理情况等。

(2) 项目部依法分包劳务作业任务时，必须选择有营业执照、有劳务资质、有安全生产许可证的劳务公司。证照不全的劳务队伍不得使用。

(3) 项目部选择劳务队伍应遵守以下准则：

1) 劳务分包方的专业管理人员和特种作业人员应持有岗位证书或职业资格证书。

2) 工程质量达到设计要求，无重大质量事故。

3) 工程进度符合工期要求。

4) 料具使用无浪费现象，施工现场达到“三清”。

5) 近三年内安全生产无事故。

6) 遵纪守法，无违章违纪不良记录。

7) 能与总承包单位密切合作，有团队精神。

(4) 劳务队伍进场前，项目部与劳务公司签订劳务分包合同，在劳务分包合同中，明确各自安全生产管理职责，并报总包单位综合部备案。

(5) 劳务公司进场时，项目部对劳务公司进场人员及有效证件，进行查验核实，并留有记录。

(6) 劳务队伍进场后，项目部应对作业人员进行入场教育，并留存教育记录。教育内容包括：

1) 劳务分包工程概况；

2) 质量、工期、安全、文明施工要求；

3) 安全生产常识及环保要求；

4) 劳动纪律；

5) 其他应注意事项等。

(7) 项目部对首次使用的劳务队伍，应明确试用期。试用期满后进行考核，并填写《劳务分包考核记录表》。考核内容如下：

1) 人员技术素质；

2) 工程质量情况；

3) 工程进度情况；

4) 料具使用情况；

5) 安全施工情况；

6) 遵纪守法情况；

7) 合作态度。

注：《劳务分包考核记录表》按考核内容由使用方进行设计。

在试用期内满足不了施工生产要求的，应予以辞退或要求劳务公司更换队伍。

(8) 表列子项

1）劳务（或专业）分包队伍名称：按选定的劳务（或专业）分包队伍名称填写。

2）人数：按选定的劳务（或专业）分包队伍人数填写。

3）分包队伍的公司地址：填写分包队伍的公司地址，按全称填写。

4）分包企业营业执照编号：指分包企业经有权行政主管部门批准的分包企业营业执照编号，照实际填写。

5）分包企业资质证书编号：指分包企业经有权行政主管部门批准的分包企业资质证书编号，照实际填写。

6）分包企业安全生产许可证编号：指分包企业经有权行政主管部门批准的分包企业安全生产许可证编号，照实际填写。

7）有效期：指分包企业的营业执照、资质证书和安全生产许可证经有权行政主管部门批准的有效期。

8）负责人：指劳务（或专业）分包队伍的负责人，填写负责人姓名。

9）主管安全负责人：指劳务（或专业）分包队伍的主管安全负责人，填写主管安全负责人的姓名。

10）安全生产管理人员考核合格证书：指劳（或专业）分包队伍的安全生产管理人员考核合格证书，填写全部劳务（或专业）分包队伍的安全生产管理人员考核合格证书数量。

11）专（兼）职安全员：指劳务（或专业）分包队伍的专（兼）职安全员，填写专（兼）职安全员姓名。

12）安全生产管理人员考核合格证书：指劳务（或专业）分包队伍的安全生产管理人员，填写其安全生产管理人员考核合格证书。

13）管理情况：指劳务（或专业）分包队伍的安全生产管理情况，应实事求是填写。

3.2.8 施工企业安全生产管理必备资料名目

3.2.8.1 施工企业安全生产应具有的法律、法规、规范、规程与标准

施工企业安全生产应具有的法律、法规、规范、规程与标准　表 3.2.8.1

序号	资料名称	应用表式编号	说明
1	国家法律、法规		
(1)	中华人民共和国建筑法		
(2)	中华人民共和国安全生产法		
(3)	中华人民共和国劳动法		
(4)	中华人民共和国刑法		
(5)	中华人民共和国工会法		
(6)	中华人民共和国消防法		
(7)	中华人民共和国环境保护法		
(8)	中华人民共和国环境噪声污染防治法		
(9)	中华人民共和国固体废物污染环境防治法		

续表

序号	资 料 名 称	应用表式编号	说明
(10)	中华人民共和国行政处罚法		
(11)	中华人民共和国职业病防治法		
(12)	中华人民共和国行政许可法		
2	行政法规		
(1)	建设工程安全生产管理条例		
(2)	安全生产许可证条例		
(3)	特种设备安全监察条例		
(4)	生产安全事故报告和调查处理条例（含释义）		
(5)	国务院关于特大安全事故行政责任追究的规定（国务院第302号令）		
(6)	企业职工伤亡事故报告和处理规定（国务院第75号令）		
(7)	国务院关于进一步加强安全生产工作的决定（国发［2004］2号）		
3	部门规章		
(1)	建筑施工企业安全生产许可证管理规定（建设部128号令）		
(2)	工程建设重大事故报告和调查程序规定（建设部3号令）		
(3)	建筑安全生产监督管理规定（建设部13号令）		
(4)	建筑工程施工许可管理办法（建设部71号令）		
(5)	建设工程施工现场管理规定（建设部15号令）		
(6)	实施工程建设强制性标准监督规定（建设部81号令）		
(7)	建筑业企业资质管理规定（建设部87号令）		
4	国际劳工组织公约		
(1)	建筑业安全卫生公约（国际劳工组织167号公约）		
5	规范性文件		
(1)	建设部关于贯彻落实国务院《关于进一步加强安全生产工作的决定》的意见（建质［2004］47号）		
(2)	建筑施工企业主要负责人、项目负责人和专职安全生产管理人员安全生产考核管理暂行规定（建质［2004］59号）		
(3)	建筑业企业职工安全培训教育暂行规定（建教［1997］83号）		
(4)	施工现场安全防护用具及机械设备使用监督管理规定（建建［1998］164号）		
(5)	建筑施工附着升降脚手架管理暂行规定（建建［2000］230号）		
6	技术操作规程		
(1)	建筑机械使用安全技术规程 JGJ 33—2001		
(2)	建筑安装工人安全技术操作规程		
(3)	塔式起重机安全规程 GB 5144—2006		
(4)	起重机械安全规程 GB 6067—85		

续表

序号	资料名称	应用表式编号	说明
(5)	建筑基坑支护技术规程 JGJ 120—99		
(6)	建设工程施工安全规程 DBl3(J)45—2003		
7	地方法规、规章		
8	有关制度		
(1)	各级安全生产岗位责任制度		
(2)	各管理部门安全生产管理责任制度		
(3)	安全生产管理制度监督和失信惩戒制度		
(4)	安全生产管理制度		
1)	安全生产教育培训制度		
2)	安全生产资金保障制度		
3)	建设项目安全管理制度		
4)	安全生产检查制度		
5)	施工组织设计（方案）、安全技术措施编制管理制度		
6)	防护用品使用管理制度		
7)	易燃易爆、有毒有害物品保管制度		
8)	安全生产责任考核奖惩制度		
9)	职工伤亡事故报告制度		
10)	班组安全活动制度		
11)	现场消防管理制度		
12)	文明施工、环境保护管理制度		
13)	建筑工程安全防护、文明施工措施费使用管理制度		
14)	分包企业、供应单位的管理制度		
15)	危险源辨识、评价及重大危险源管理制度		
16)	污染物控制管理制度		
17)	机械设备管理制度		
18)	特种设备安全管理制度		
19)	职业卫生管理制度		
20)	劳务工使用与管理制度		
21)	施工现场临时用电安全管理制度		
22)	施工现场环境管理规定		
23)	采购过程管理制度		
24)	安全技术交底制度		
25)	安全技术资料内业管理制度		
26)	其他有关制度		

3.2.8.2　施工企业工程竣工应提交的安全管理技术文件

施工企业工程竣工应提交的安全管理技术文件　　表 3.2.8.2

序号	资　料　名　称	应用表式编号	说明
1	企业安全生产许可证（正本、副本）		
2	“三类人员”安全考核相关资料		
3	工程开工前的安全备案		
4	施工起重机械使用登记		
5	危及施工安全的工艺、设备、材料淘汰		
6	企业安全生产风险抵押金交纳证明		
7	特种作业人员名单及管理		
8	安全生产投入清单及相关票据		
9	专项施工方案审批及专家论证资料		
10	企业安全生产教育、培训档案及相关资料		
11	企业安全生产检查资料		
12	企业生产安全事故应急救援预案及演练相关记录		
13	企业生产事故台账及事故的相关资料		
14	工伤保险、意外伤害保险交纳有关资料		
15	机械设备管理资料		
16	企业对分包单位、供应单位管理的相关资料		
17	劳保用品管理及职业病防治的相关资料		
18	危险源的辨识、评价与控制的相关资料		
19	主管部门下发及企业自行制定的文件、通知的落实情况相关资料		
20	其他相关资料		

注：合理缺项除外。

4 建筑施工现场安全生产管理技术文件

施工现场的复杂、多变的施工条件，快速的人机流动，手工操作为主的生产方式，生产过程经常的不安全因素，事故多发的生产环境，勾画了施工现场的特点。因此，实施没有事故因素，有效的控制事故因素运动，是免于事故困扰的两项重要的基本保证。

企业的安全管理“迅速转移到以施工现场为中心，实行动态管理”，这既是把施工现场摆到安全管理最重要的位置，也是机制改革需要。因此，施工现场的安全生产，施工企业必须全面负责，群众参与监督，齐抓共管，协力保障。

4.1 建筑施工企业施工现场安全生产管理的检查实施

4.1.1 清单与台账表

4.1.1.1 文件/资料清单

1. 资料表式

文件/资料清单　　表 4.1.1.1

序号	文件名称	文件编号	发文单位	接收人	接收日期	备　注

2. 实施要点

(1) 文件/资料清单是建设施工企业安全生产管理实施中对收发文件/资料的登记册。文件/资料清单填写应真实。该表的内容包括：序号、文件名称、文件编号、发文单位、接收人、接收日期、备注。

(2) 表列子项

1) 文件名称：指收集到的文件的文件名称，照实际填写。

2) 文件编号：指收集到的文件的文件编号，照实际填写。

3) 发文单位：指收集到的文件的发文单位，填写发文单位全称。

4) 接收人：指收集到的文件的接收人，填写接收人的姓名。

5) 接收日期：指收集到的文件的接收日期，按年、月、日填写。

4.1.1.2　施工现场安全生产必备资料登记

1. 资料表式

施工现场安全生产必备资料登记表　　　　**表 4.1.1.2**

<table>
<tr><td>工程名称</td><td colspan="3"></td><td>开工日期</td><td></td></tr>
<tr><td>工程地点</td><td colspan="3"></td><td>工程造价</td><td></td></tr>
<tr><td>建筑面积</td><td></td><td>结构形式</td><td></td><td>层　数</td><td></td></tr>
<tr><td colspan="2">安全生产许可证编号</td><td colspan="2"></td><td>有 效 期</td><td></td></tr>
<tr><td>人员类别</td><td>姓　名</td><td>性 别</td><td colspan="3">安全管理人员考核证书编号</td></tr>
<tr><td>企业法人</td><td></td><td></td><td colspan="3"></td></tr>
<tr><td>生产经理</td><td></td><td></td><td colspan="3"></td></tr>
<tr><td>安全处长</td><td></td><td></td><td colspan="3"></td></tr>
<tr><td>项目经理</td><td></td><td></td><td colspan="3"></td></tr>
<tr><td>项目副经理</td><td></td><td></td><td colspan="3"></td></tr>
<tr><td rowspan="6">专职安全员</td><td></td><td></td><td colspan="3"></td></tr>
<tr><td></td><td></td><td colspan="3"></td></tr>
<tr><td></td><td></td><td colspan="3"></td></tr>
<tr><td></td><td></td><td colspan="3"></td></tr>
<tr><td></td><td></td><td colspan="3"></td></tr>
<tr><td></td><td></td><td colspan="3"></td></tr>
<tr><td colspan="3">是否已办理安全备案手续</td><td colspan="3"></td></tr>
<tr><td colspan="3">是否已办理意外伤害保险</td><td colspan="3"></td></tr>
<tr><td colspan="3">开工前安全生产条件勘验</td><td colspan="3"></td></tr>
</table>

2. 实施要点

(1) 施工现场安全生产手续办理结果登记是建设施工企业安全生产管理实施对施工现场安全生产手续办理结果登记的记录册。该表的内容包括：工程名称、开工日期、工程地点、工程造价、建筑面积、结构形式、层数、安全生产许可证编号、有效期、人员类别、姓名、性别、安全管理人员考核证书编号、企业法人、生产经理、安全处长、项目经理、项目副经理、专职安全员、是否已办理安全备案手续、是否已办理意外伤害保险、开工前安全生产条件勘验等。

（2）表列子项

1）工程名称：按建设与施工企业合同书中的工程名称填写或按委托单上的工程名称。

2）开工日期：按建设与施工企业合同书中的开工日期填写。

3）工程地点：按建设与施工企业合同书中的工程地点填写。

4）工程造价：按施工图设计预算的工程造价填写。

5）建筑面积：按施工图设计标注的建筑面积，填写图注的建筑面积。

6）结构形式：按施工图设计标注的工程结构形式，填写图注的结构形式。

7）层数：按施工图设计标注的建筑物的层数，填写图注的建筑工程层数。

8）安全生产许可证编号：指当地建设行政主管部门批准的安全生产许可证编号。

9）有效期：指当地建设行政主管部门批准的安全生产许可证的有效期，按实际填写。

10）安全管理人员考核证书编号：指当地建设行政主管部门批准的安全管理人员考核证书编号。

11）企业法人：指建设与施工企业合同书中的企业法人，填写企业法人姓名。

12）生产经理：指施工企业任命的生产经理，填写生产经理姓名。

13）安全处长：指施工企业任命的安全处长，填写安全处长姓名。

14）项目经理：指施工企业任命的项目经理，填写项目经理姓名。

15）项目副经理：指施工企业任命的项目副经理，填写项目副经理姓名。

16）专职安全员：指施工企业任命的专职安全员，填写专职安全员姓名。

17）是否已办理安全备案手续：可填写已办理或未办理，未办理工程不得开工。

18）是否已办理意外伤害保险：可填写已办理或未办理，未办理工程不得开工。

19）开工前安全生产条件勘验：可填写已经勘验或未经勘验，未经勘验工程不得开工。

4.1.1.3 特种作业人员持证上岗名单

1. 资料表式

特种作业人员持证上岗花名册 **表 4.1.1.3**

工程名称：

序号	姓　名	性别	出生年月	工种	发证单位	证件号码	发证日期	复审日期	进场日期	退场日期

注：应附操作证书复印件。

项目负责人：　　　　填表人：　　　　填写日期：　　年　　月　　日

2. 实施要点

(1) 特种作业人员持证上岗名单是建筑施工企业安全生产管理实施中，施工现场对参加特种作业人员持证上岗人登记的名册，以考查执行规定的情况。该表的内容包括：工程名称、序号、姓名、性别、出生年月、工种、发证单位、证件号码、发证日期、复审日期、进场日期、退场日期等。

(2) 特种作业的工种包括：架子工、起重工、司索工、信号指挥、电工、焊工、机械工、机动车驾驶、起重机司机、司炉等。

(3) 特种作业人员持证上岗花名册必须实事求是填写，不得弄虚作假。

(4) 表列子项

1) 工程名称：按建设与施工企业合同书中的工程名称填写或按委托单上的工程名称。

2) 姓名：按特殊工种人员的真实姓名填写。

3) 性别：指该姓名的特殊工种人员的性别。

4) 出生年月：指该姓名的特殊工种人员的出生年月。

5) 工种：指该姓名的特殊工种人员的工种。

6) 发证单位：指该姓名的特殊工种人员的发证单位。

7) 证件号码：指该姓名的特殊工种人员管理安全考核证书编号。

8) 发证日期：指该姓名的特殊工种人员的发证日期。

9) 复审日期：指该姓名的特殊工种人员的复审日期。

10) 进场日期：指该姓名的特殊工种人员的进场日期。

11) 退场日期：指该姓名的特殊工种人员的退场日期。

4.1.1.4 机械设备台账

1. 资料表式

机械设备台账 **表 4.1.1.4**

工程名称：

序号	设备编号	名称	台数	规格型号	生产厂家	功率	出厂编号	购入日期	原值	累计折旧	净值	本年折旧	使用部门

2. 实施要点

(1) 机械设备台账是建设工程施工项目发生机械设备台账进行的登记的记录册。该表的内容包括：工程单位、序号、设备编号、名称、台数、规格型号、生产厂家、功率、出厂编号、购入日期、原值、累计折旧、净值、本年折旧、使用部门等。

(2) 表列子项

1) 工程名称：按建设与施工企业合同书中的工程名称填写。

2) 设备编号：按设备标牌上的设备编号填写。

3) 名称：按设备标牌上的设备名称填写。

4) 台数：按设备实际进入现场的该设备台数填写。

5) 规格型号：按设备标牌上的规格型号填写。

6) 生产厂家：按设备标牌上的设备生产厂家名称填写。

7) 功率：按设备标牌上的设备功率填写。

8) 出厂编号：填写该设备的出厂编号。

9) 购入日期：填写该设备的购入日期。

10) 原值：指购入时的设备原值，填写其设备原值。

11) 累计折旧：填写该设备的累计折旧值。

12) 净值：指设备扣出累计折旧值后的净值，填写其设备净值。

13) 本年折旧：指设备的本年折旧值，填写其本年的折旧值。

14) 使用部门：指设备的使用部门，填写该设备的使用部门名称。

4.1.2 现场安全生产管理

安全生产管理的内容包括：现场安全生产管理组织机构；现场安全生产投入；施工现场目标指标管理；安全生产教育培训；施工组织设计及专项方案；施工现场重大危险源管理；安全检查；现场文明施工；现场分项工程安全生产（施工现场临时用电；“三宝”、“四口”防护；基坑支护；脚手架工程；模板工程；塔式起重机；施工机具；起重吊装；物料提升机；外用电梯；现场应急救援；劳动保护及职业病预防；市政、拆除、装饰、装修工程的安全管理；施工现场的必备安全资料）。

4.1.2.1 现场安全生产管理组织机构

1. 项目承包工程

(1) 施工企业必须设置安全生产管理机构，配备与施工规模相适应的专业齐全的安全管理专职技术人员。施工现场应建立以项目经理为中心、以党、政、工、团、工程技术、安全、质量、材料、设备、财务等相关人员组成的安全生产保证体系。明确体系中所有人员的岗位责任制及其业务范围内承担相应的安全生产责任。

(2) 项目负责人、专职安全员必须经建设行政主管部门安全管理能力考核合格后，持证上岗，并按规定参加继续教育。

(3) 施工现场必须按规定配置专职安全员。专职安全员配备应按原建设部建质[2004] 213号《建筑施工企业安全生产管理机构设置及专职安全生产管理人员配备办法》执行。

(4) 各施工班组应设兼职安全员。

2. 总、分包工程和多单位联合施工工程

实行施工总承包的工程，由总承包单位对施工现场的安全生产负总责。

总承包单位依法将建设工程分包给其他单位的，分包合同中应当明确各自的安全生产方面的权利、义务。总承包单位和分包单位对分包工程的安全生产承担连带责任。

分包单位应当服从总承包单位的安全生产管理，分包单位不服从管理导致生产安全事故的，由分包单位承担主要责任。

4.1.2.2　现场岗位责任制度

(1) 项目部经理

是本项目安全生产的第一责任人，按坚持安全第一、预防为主、综合治理的方针对本项目的安全生产全面负责。

要认真贯彻执行国家、地方的有关法律、法规，执行企业各项规章制度及其他要求。支持安全员的工作。

建立健全项目部组织机构，确保配备必要的资源（人力、基础设施、环境），根据项目的实际情况确定项目的安全生产目标、指标，将管理目标分解、落实，责任到人，制定各级职能人员的管理职责，确保目标的实现。

组织制定和实施本项目的安全技术措施。对工程项目进行施工组织策划，确保安全生产投入，对现场存在的危险源进行调查、评价和控制，定期组织进行安全检查，消除事故隐患，不违章指挥，制止违章作业。组织对现场职工进行安全技术和安全知识培训教育。对劳动保护用品的正确使用和“三违”现象进行监督。组织编制项目部级应急救援预案，发生伤亡事故注意保护现场，做好抢救和善后工作，立即上报，认真分析事故的原因，提出和实现改进措施。

(2) 项目部生产副经理

协助项目经理做好安全生产工作。具体负责本施工管理过程中对安全生产的组织、管理、指挥、协调等工作。是本项目安全生产的直接责任人。对安全生产工作负具体的领导责任。

要认真贯彻实施有关职工健康安全的法律、法规、规范和其他要求，树立“安全第一”的思想，当进度与质量、安全生产发生矛盾时，首先保证安全，负责项目工程危险源辨识、评价和控制工作，组织制定应急救援预案，参加应急救援指挥工作。

在施工前精心策划、合理安排各工序，在掌握生产进度的同时掌握安全动态。严格执行安全技术措施审批制度，技术交底齐全，落实到位。

组织编制、审核安全技术措施，协助项目经理做好安全技术交底，并监督各项技术、安全措施的落实。

落实“施工组织设计”、“专项施工方案”中的安全技术措施，抓好安全生产、搞好文明施工。

组织安全生产检查和安全工作会议，主持项目部安全教育工作，对职工进行安全教育。

参加事故事件的调查、分析、处理，向上级主管部门和领导及时反馈信息。领导安全员开展工作。

发生伤亡事故及重大未遂事故及时向项目经理报告并组织救援，制定应急救援预案，参加应急救援指挥工作。制定预防措施，协助调查事故原因，做好善后工作。

(3) 项目部主管工程师（技术负责人）

认真执行有关职业健康安全的技术标准、规范、规程，负责项目部的安全技术管理工作。对本项目安全技术负直接责任。

编制本项目分部分项安全技术方案和专项方案，负责向专业技术负责人进行特殊或关键部位的安全技术交底，并监督实施。

组织职工学习安全技术操作规程，对从事特殊工程施工的人员组织培训。

及时解决施工中出现的安全技术问题。对施工过程的环境保护、安全生产提出意见和建议。参加事故事件的调查、分析、处理。

(4) 工长、专业技术负责人（土建、水、电、机械）

认真落实各项技术、环保、安全管理规定，强化岗位和责任意识，对所管辖范围内的安全生产、文明施工负直接责任。严格按设计图纸、施工组织设计和专项方案所确定的安全技术措施组织施工，并对实施情况进行检查。向班组做书面安全技术交底或样板交底。组织对施工现场各个分部分项的安全防护、装置、设施进行验收，合格后方可投入使用。组织工人学习安全技术操作规程，不违章指挥，制止违章作业，抓好安全生产和文明施工，做好施工过程中的环境保护工作。

负责对新工艺、新技术、新设备、新材料的应用。参加相应的安全措施和安全操作规程制定和对作业人员操作技术的培训。参加安全隐患的调查分析会，对提出的各项整改措施负责组织落实，消除事故隐患。及时填写施工日志及相关安全记录，保证其同步、完整、真实，具有可追溯性。发生重大伤亡事故、机械设备事故应立即上报，并负责保护好现场和抢救伤员及国家财产工作，参加事故事件的调查、分析。

(5) 安全员

认真贯彻执行国家有关安全生产的方针、政策、法律、法规及行业主管部门和公司有关安全生产的规章制度。

协助项目经理搞好职工的安全教育、培训工作，定期召开安全会议对施工现场的安全生产进行监督管理，有权制止违章指挥和违章作业。

负责日常安全检查工作，做好记录，对上级检查提出的问题负责复查。

负责施工现场安全生产的各种验收、签字手续。

监督施工现场各种人员正确佩戴和使用安全防护用品。

负责安全生产管理资料的收集、分类、归档，对项目部安全技术措施和安全防护措施的不妥之处有权提出改进意见。

保证各种记录的完整性、准确性、可追溯性。

(6) 生产班组长（作业队负责人）

自觉遵守国家有关安全生产、环境保护的法律法规及公司的各项规章制度、安全操作规程。

全面负责本班组（队）的安全生产工作。负责对班组（队）成员进行班前教育，加强班组安全生产意识，督促兼职安全员做好相关记录，组织本组（队）人员加强业务学习，参加安全活动。保证安全生产和文明施工。

组织班组（队）成员学习企业安全管理规章制度、本工种操作规程，教育本组（队）成员遵纪守法，制止违章作业，督促教育本组成员正确合理使用劳动保护用品、用具，正确使用灭火器材。

负责班组（队）安全检查，发现不安全因素或事故隐患及时上报并尽力消除。配合工长（专业技术负责人）搞好安全生产和文明施工。

发生事故立即报告，并组织抢救，保护好事故现场，做好记录。带领本班组（队）人员自觉参加安全教育会，制止"三违"行为。

(7) 施工生产工人

自觉遵守国家有关安全生产、环境保护的法律法规及公司的各项规章制度、安全操作规程，认真参加安全教育及专业知识培训，努力学习、掌握本工种的专业技术，提高本专业的技术素质和岗位技能水平。

对该岗位的安全生产负直接责任。

严格按工艺标准、操作规程、作业指导书、技术交底等要求进行操作，认真做好自检、互检，发现安全问题、不安全因素或事故隐患及时报告班组长、认真完成班组长分配的施工任务，协助班组长搞好本组的文明施工、安全生产。

积极参加各种安全活动，有权拒绝违章指挥的命令，对他人的违章作业进行劝阻或制止。

特种作业人员必须持证上岗并按期参加复审，努力学习和掌握新技术、新设备的操作要领，做到"四懂"、"三会"，精心维护、保养设备，保证设备的完好率。认真执行交接班制度和设备检查制度，保证特种设备的安全装置齐全、可靠、有效。

4.1.2.3 对分包方的管理

劳务分包队伍和专业分包队伍应在企业评价确定的合格分包方中选用，进入施工现场后查验该分包队伍的营业执照、资质证书、安全生产许可证、负责人的安全生产管理人员考核合格证、特种作业人员操作证的原件并留存复印件；

签定分包合同和安全生产管理协议，明确双方的安全责任；

施工现场的分包队伍应设置兼职安全员，配合分包队伍负责人搞好安全生产，人数超过 50 人时则必须设置专职安全员，协助项目部专职安全员搞好现场安全工作的监督检查。

4.1.2.4 对设备采购和租赁的管理

(1) 对设备采购和租赁管理的控制原则

对于施工现场所使用的机械设备的采购、租赁、使用、编号、标识、保养、维修严格按照企业的有关规定进行，并应符合《安全生产法》对机械设备管理的相关规定。施工现场所有的机械设备在采购和租赁前要进行评估或评价，保存相关记录。

施工现场施工机械、起重机械按国家和省有关规定进行监测、检验，并办理登记、使用备案手续。

(2) 设备采购管理

机械设备管理制度是对机械设备的采购、进场验收、安装验收、使用、维修、改造和报废进行有效控制和管理，制定具体要求和措施；

对起重设备、锅炉、压力容器等特种设备的采购、使用应进行重点控制，按规定到有关部门进行登记和备案，定期组织检验检测，对其安装、拆除等环节进行严格控制，特种设备的司机及有关作业人员须经过有关部门的专门培训，做到持证上岗；在使用中制定相应安全管理措施。

1）机械设备购置计划经主管领导批准之后，要认真选择生产厂家，该厂家必须具备相应的资质，严禁购置三无产品和已淘汰产品。

2）机械设备订货合同必须明确规定所购机械设备的名称、品种、规格、型号、质量等级以及售后服务等相关内容。

3）机械设备到货后，必须按国家相关标准做好验收工作。

4）进入施工现场的施工机械设备和特种机械设备的安装、拆除必须由具备相应资质的单位进行该项作业；遵照有关规定，组织有关人员进行验收，报技术检验、检测部门进行技术检测，按照国家及地方规定要求到建设行政主管部门办理使用备案手续后方可使用。

5）企业自购的卷扬提升设备、塔吊、电梯、井架等专用设备进入施工现场，需由工地设备员和安全员组织进场验收，主要检查各种安全装置是否齐全，有无锈蚀和老化现象以及机容、机况是否完好。

（3）设备租赁管理

租赁的机械设备及配件，应当具有生产（制造）许可证、产品合格证，出租单位应当对出租的机械设备及配件的安全性能进行检测，在签定租赁协议时应出具检测合格证明。

4.1.3 现场安全生产投入

4.1.3.1 现场安全生产投入的管理原则

项目部根据企业安全生产管理规章制度，保障安全生产资金投入，贯彻“安全第一、预防为主、综合治理”的方针，落实“加强劳动保护，改善劳动条件”的政策。

4.1.3.2 安全生产投入内容

安全生产投入主要包括：现场安全防护的投入、安全教育的投入、临时设施的投入、文明施工的投入、劳动防护用品的投入、落实安全技术措施资金的投入、事故处理等相关费用。

4.1.3.3 投入资金的储存与使用

按照《建设工程安全防护、文明施工措施费用及使用管理规定》等有关文件和各地相关规定，结合具体工程项目，提取专项安全资金做到专户储存，专款专用，项目开工之前应根据工程的具体情况编制安全生产投入的计划，确保安全生产资金的到位和合理使用，发挥其最大作用。

4.2 施工现场安全管理技术文件

4.2.1 施工现场目标指标管理

4.2.1.1 安全生产的目标制定

安全生产的目标制定应根据本项目的实际情况，依据企业所制定的年度目标、指标和主管部门的相关要求，制定本项目部职工伤亡事故控制指标、现场达标、文明施工的目标、指标。

4.2.1.2 目标管理的控制原则

施工现场应根据本项目的实际情况，依据企业所制定的年度目标、指标和主管部门的相关要求，将目标管理内容按月进行分解，责任到人；

确定申报省、市级文明工地，要制定文明施工的具体方案和具体落实措施；

现场达标应按分部分项工程确定具体目标，根据《建筑施工安全检查标准》进行检查，确定达标的合格率和优良率；

同时制定目标的考核办法和安全生产奖惩措施，对目标、指标的完成情况分级考核，考核要实事求是、与实际情况相符且与经济收入挂钩。

4.2.2 安全生产教育培训

4.2.2.1 安全教育记录

1. 资料表式

安全教育记录表 **表 4.2.2.1**

<table>
<tr><td>工程名称</td><td colspan="3"></td><td>教育类别</td><td></td></tr>
<tr><td>主讲部门</td><td></td><td>主讲人</td><td></td><td>教育日期</td><td>年 月 日</td></tr>
<tr><td>受教育部门（人员）</td><td colspan="3"></td><td>参加人数</td><td></td></tr>
<tr><td colspan="6">教育内容：</td></tr>
<tr><td>部门（项目）负责人</td><td colspan="3"></td><td>记录人</td><td></td></tr>
</table>

2. 实施要点

(1) 安全教育记录是建筑施工企业安全生产管理实施中，施工现场进行安全教育的记录。该表的内容包括：工程名称、教育类别、主讲部门、主讲人、教育日期（年、月、日）、受教育部门（人员）、参加人数、教育内容、部门（项目）负责人、记录人等。

(2) 培训计划或培训需求

1) 安全培训应是全员性培训计划。项目部根据施工现场的实际情况及公司或分公司的年度职工教育计划，编制项目部的职工培训计划，包括现场所有人员的继续教育的培训计划和需要取得相应资格证书人员的培训需求和计划。

2) 现场安全生产管理人员安全培训应当包括下列内容：

①国家安全生产方针、政策和有关安全生产的法律、法规、规章及标准；

②安全生产管理、安全生产技术、职业卫生等知识；

③伤亡事故统计、报告及职业危害的调查处理方法；

④应急管理、应急预案编制以及应急处置的内容和要求；

⑤国内外先进安全生产管理经验；典型事故和应急救援案例分析；其他需要培训内容。

(3) 新工艺、新技术类的上岗培训。采用新工艺、新技术、新设备、新材料施工时，应对操作人员进行有针对性的安全教育。

(4) 对安全生产管理有重大影响的重要、关键岗位人员（包括：重要操作岗位人员、技术人员、管理人员等）应进行具有针对性的专业技能和岗位教育。

注：建设部规定项目经理每年安全培训不应少于 30 个学时。

(5) 特种作业人员持证上岗情况

1) 特种作业人员是指容易发生人员伤亡事故，对操作者本人、他人及周围设施的安全有重大危害的作业。建筑行业（包括分包企业）特种作业人员主要包括建筑起重和垂直运输机械的司机、司索、起重指挥、起重吊装（安装）工、电工、焊工、厂内机动车辆驾驶、登高架设、高空悬挂等作业人员等。特种作业人员必须取得有关主管部门颁发的资格证才能上岗操作。未按规定复审的证件作废。

2) 施工现场建立健全特种作业人员名单并实行动态管理，调出人员应及时标明，其特种作业操作证应及时撤出，确保与现场的实际操作人员相符合。

(6) 表列子项

1) 工程名称：按建设与施工企业合同书中的工程名称填写或按委托单上的工程名称。

2) 教育类别：按实际安全教育的教育类别填写，如安全政策、方针，安全管理标准，应急救援等。

3) 主讲部门：按实际安全教育主讲部门的名称填写。

4) 主讲人：指安全教育的主讲人，填写主讲人姓名。

5) 教育日期（年、月、日）：按实际安全教育的教育日期，填写其年、月、日。

6) 受教育部门（人员）：按实际安全教育的受教育部门（人员）填写。

7) 参加人数：按实际安全教育的参加人数填写。

8) 教育内容：按实际安全教育的教育内容填写。

9) 部门（项目）负责人：按实际安全教育的部门（项目）负责人填写。

10) 记录人：指本次安全教育的记录人姓名。

4.2.2.2 三级安全教育登记卡

1. 资料表式

三级安全教育登记卡 表 4.2.2.2

工程名称：

<table>
<tr><td>姓 名</td><td></td><td>性别</td><td></td><td>出生年月</td><td></td><td>文化程度</td><td></td><td>工种</td><td></td></tr>
<tr><td>身份证号码</td><td colspan="4"></td><td>进场日期</td><td></td><td>退场日期</td><td colspan="2"></td></tr>
<tr><td>家庭住址</td><td colspan="6"></td><td>考试成绩</td><td colspan="2"></td></tr>
<tr><td colspan="10">三级安全教育内容</td></tr>
<tr><td rowspan="2">公司教育</td><td colspan="9">进行安全基本知识、法规、法制教育，主要内容是：
1. 党和国家的安全生产方针、政策
2. 安全生产法规、标准和法制观念
3. 本单位施工过程及安全生产制度、安全纪律
4. 本单位安全生产形势及历史上发生的重大事故及应吸取的教训
5. 发生事故后如何抢救伤员、排险、保护现场和及时进行报告</td></tr>
<tr><td>教育人
签 名</td><td></td><td>受教育人
签 名</td><td></td><td>教育时间</td><td colspan="4">年 月 日</td></tr>
<tr><td rowspan="2">工程处（队、项目）教育</td><td colspan="9">进行现场规章制度和遵章守纪教育，主要内容是：
1. 本单位施工特点及施工安全基本知识
2. 本单位（包括施工、生产现场）安全生产制度、规定及安全注意事项
3. 本工种安全技术操作规程
4. 高处作业、机械设备、电气安全基础知识
5. 防火、防毒、防尘、防爆知识及紧急情况安全处置和安全疏散知识
6. 防护用品发放标准及使用基本知识</td></tr>
<tr><td>教育人
签 名</td><td></td><td>受教育人
签 名</td><td></td><td>教育时间</td><td colspan="4">年 月 日</td></tr>
<tr><td rowspan="2">班组教育</td><td colspan="9">进行本工种安全操作及班组安全制度、纪律教育，主要内容是：
1. 本班组作业特点及安全操作规程
2. 班组安全活动制度及纪律
3. 爱护和正确使用安全防护装置（设施）及个人劳动防护用品
4. 本岗位易发生事故的不安全因素及防范对策
5. 本岗位作业环境及使用的机械设备、工具的安全要求</td></tr>
<tr><td>教育人
签 名</td><td></td><td>受教育人
签 名</td><td></td><td>教育时间</td><td colspan="4">年 月 日</td></tr>
</table>

注：本卡一式 3 份，公司、工程处（队、项目）、班组各 1 份。

2. 实施要点

(1) 三级安全教育登记是建筑施工企业安全生产管理实施中，施工现场进行三级安全教育参加人员的记录。凡参加人员均必须填写三级安全教育登记卡。该表的内容包括：工程名称、姓名、性别、出生年月、文化程度、工种、身份证号码、进场日期、退场日期、家庭住址、考试成绩、三级安全教育内容、公司教育、工程处（队、项目）教育、班组教育等。

(2) 对新入场的从业人员进行三级教育

1) 新入场工人是指新入厂的学徒工、实习生、委培人员、合同工、新分配的院校学生、参加劳动的学生、临时借调人员、相关方人员、劳务分包人员等等。

2) 三级教育分为公司（分公司）级、项目级、班组级安全教育。

公司（分公司）级岗前安全培训的内容：国家、省、市及有关部门制订的安全生产方针、政策、法规、标准、规程；本单位安全生产情况及安全生产基本知识；单位安全生产规章制度和劳动纪律；从业人员安全生产权利和义务；有关事故案例等。

项目级安全教育（第二级安全教育）的主要内容：工作环境、工程特点及危险因素；所从事工种可能遭受的职业伤害和伤亡事故；所从事工种的安全职责、操作技能及强制性标准；自救互救、急救方法、疏散和现场紧急情况的处理、发生安全生产事故的应急处理措施；安全设备设施、个人防护用品的使用和维护；本项目的安全生产状况；预防事故和职业危害的措施及应注意的安全事项；有关事故案例；其他需要培训的内容。

班组级安全教育（第三级教育）的内容：岗位安全操作规程；岗位之间工作衔接配合的安全与职业卫生事项；本工种的安全技术操作规程、劳动纪律、岗位责任、主要工作内容、本工种发生过的案例分析；其他需要培训的内容。

3) 三级教育结束后，应进行考试或考核，合格者才准进入操作岗位，不合格者需要再次进行教育，直至合格才能进入操作面。

三级教育的培训时间规定不得少于国家规定的培训学时数量。

(3) 表列子项

1) 工程名称：按建设与施工企业合同书中的工程名称填写或按委托单上的工程名称。

2) 姓名：按参加三级安全教育人员的姓名填写。

3) 性别：按参加三级安全教育人员的性别填写。

4) 出生年月：按参加三级安全教育人员的出生年月填写。

5) 文化程度：按参加三级安全教育人员的文化程度填写。

6) 工种：按参加三级安全教育人员的工种填写。

7) 身份证号码：按参加三级安全教育人员的身份证号码填写。

8) 进场日期：按参加三级安全教育人员的进场日期填写。

9) 退场日期：按参加三级安全教育人员的退场日期填写。

10) 家庭住址：按参加三级安全教育人员的家庭住址填写。

11) 考试成绩：按参加三级安全教育人员的考试成绩填写。

12) 三级安全教育内容：按参加本次三级安全教育的教育内容填写。

13) 公司教育：指参加本次三级安全教育人的教育属公司教育级，教育内容必须符合公司教育栏内的全部内容。

14）工程处（队、项目）教育：指参加本次三级安全教育人的教育属工程处（队、项目）教育级，教育内容必须符合工程处（队、项目）教育栏内的全部内容。

15）班组教育：指参加本次三级安全教育人的教育属班组教育级，教育内容必须符合班组教育栏内的全部内容。

4.2.2.3　变换工种工人安全教育登记表

1. 资料表式

变换工种工人安全教育登记表　　表 4.2.2.3

工程名称		原工种		变换工种		人数	
安全教育内容：							
教育人签名			教育日期	年　月　日			
受教育者签　　名							

注：特种作业人员变换工种须经有关部门重新培训考核发证。

2. 实施要点

(1) 变换工种工人安全教育登记是建筑施工企业安全生产管理实施中，施工现场进行变换工种工人安全教育登记的记录。该表的内容包括：工程名称、原工种、变换工种、人数、安全教育内容、教育人签名、教育日期（年、月、日）、受教育者签名等。

(2) 变换工种的安全培训和季节返岗均应按变换工种工人安全教育进行培训。

(3) 表列子项

1）工程名称：按建设与施工企业合同书中的工程名称填写或按委托单上的工程名称。

2）原工种：指变换工种工人的原来的工种名称。

3）变换工种：指变换工种工人的变换工种后的工种名称。

4）人数：指本次变换工种工人的人员数量，照实际填写。

5）安全教育内容：指本次变换工种工人的安全教育内容，照实际填写。

6）教育人签名：指本次变换工种工人安全教育的教师，教育人应本人签名。

7）教育日期（年、月、日）：指本次变换工种工人安全教育的教育日期（年、月、日）。

8）受教育者签名：指本次变换工种工人安全教育的受教育者签名，受教育人应本人签名。

4.2.2.4　班组班前安全活动记录

1. 资料表式

班组班前安全活动记录表　　**表 4.2.2.4**

工程名称：

班组名称		参加人数		行业部位	
作业内容及安全生产要求					
安全隐患检查及整改					
安全措施及注意事项					
班组长签字		记录人		活动日期	年　月　日
班组名称		参加人数		行业部门	

2. 实施要点

（1）班组班前安全活动记录是建筑施工企业安全生产管理实施中，施工现场进行班组班前安全活动记录的记录。该表的内容包括：工程名称、班组名称、参加人数、行业部位、工作内容、安全措施及注意事项、班组长签字、记录人、活动日期（年、月、日）、班组名称、参加人数、行业部门等。

（2）班组班前安全活动

生产班组必须认真执行班组安全活动制度。在班前要对所有机具、设备、防护用品及作业环境进行安全检查，发现问题立即采取措施加以解决。班组长负责组织班前安全活动，针对专业特点、当天施工任务和生产条件，召开班前安全生产会。班组安全活动每天进行，每天记录，尤其是变换工作内容或工作地点的时候要组织所有人员进行安全教育。由班组兼职安全员填写并保存相关记录，记录不能太简单、要力求精炼，主题明确、内容齐全。不得以布置生产工作替代安全活动内容。

（3）表列子项

1）工程名称：按建设与施工企业合同书中的工程名称填写或按委托单上的工程名称。

2）班组名称：按参加班组班前安全活动的班组名称填写。

3）参加人数：按实际班组班前安全活动的参加人数填写。

4）行业部位：按参加班组班前安全活动的行业部位填写。

5）作业内容及安全生产要求：按参加班组班前安全活动的工作内容填写。

6）安全措施及注意事项：按参加班组班前安全活动的安全措施及注意事项填写。

7）班组长签字：指本次参加班组班前安全活动的班组长，班组长应本人签名。

8）记录人：指本次班组班前安全活动的记录人姓名。

9）班组名称：按参加班组班前安全活动的班组名称填写。

10）参加人数：按实际班组班前安全活动的参加人数填写。

11）行业部门：按参加班组班前安全活动的行业部门填写。

4.2.3 施工组织设计及专项方案

4.2.3.1 施工现场总体施工组织设计的组成内容与实施

（1）施工现场总体施工组织设计的组成内容：施工现场的总体施工组织设计，其中必须包括保证安全生产的安全技术措施和预防职业病的技术措施、施工现场安全标志平面图和现场排水平面图，安全生产技术措施必须根据工程特点、施工方法、劳动组织和作业环境等具体情况制定，要求内容全面，有针对性、可行性和可操作性。

（2）施工现场总体施工组织设计的实施：施工组织设计应由技术人员编制，企业技术负责人和项目总监理工程师审批签字。遇特殊情况需要修改的，应由编制人出具变更通知单，审批人签发后方可实施。

4.2.3.2 安全措施的编制原则与要求

4.2.3.2-1 安全措施的编制原则

（1）安全措施的编制应纳入企业的议事日程，由各级负责生产、技术的领导集体负责该项工作。

（2）应考虑必要与可能，应掌握花钱少、效果大的原则。

（3）充分利用本企业的有利条件，制定出科学、先进、可靠、实用的安全措施计划。

（4）大型工程编制单位或分部、分项工程应制定安全措施计划。

4.2.3.2-2 安全措施的编制要求

（1）安全措施要在开工前编制，要经过审批。

（2）安全措施的编制要有针对性。

（3）要考虑全面、具体。

4.2.3.3 专项施工方案

（1）对达到一定规模的危险性较大的分部分项工程应编制专项施工方案，并附具安全验算结果，经企业技术负责人、总监理工程师签字后实施，由专职安全生产管理人员进行现场监督。

（2）危险性较大的工程主要包括：基坑支护与降水工程、土方开挖工程、模板工程、起重吊装工程、脚手架工程、拆除、爆破工程、国务院建设行政主管部门或者其他有关部门规定的其他危险性较大的工程。

(3) 专项施工方案编制主要内容：编制依据、工程概况、作业条件、人员组成及职责、具体施工方法、受力计算和要求、安全技术措施、环境保护措施等内容组成。

4.2.3.4 专家论证

(1) 对于涉及深基坑支护方案、地下暗挖工程施工方案、高大模板工程施工方案、30m及其以上高空作业工程施工方案、大江、大河中深水作业的工程施工方案、城市房屋拆除爆破和其他土石大爆破工程施工方案等的专项施工方案，企业应按省级建设行政主管部门有关规定，组织专家进行论证、审查后，才能组织施工。

(2) 对于涉及组织专家进行论证的深基坑、地下暗挖工程、高大模板工程由合同方的施工企业负责组织进行。

4.2.4 施工现场重大危险源管理

重大危险源的确定与控制，按“危险源辨识、评价及重大危险源检测、监控管理”原则确定的为重大危险源清单进行控制。

4.2.4.1 重大危险源清单

1. 资料表式

重大危险源清单 **表 4.2.4.1A**

单位：

序号	作业活动	危险源	风险级别	产生地点/工序	控制措施

编制 审核 日期

2. 实施要点

危险源是指可能导致伤害或疾病、财产损失、工作环境破坏或这些情况组合的根源或状态。

（1）重大危险源清单是建设施工企业安全生产管理实施对重大危险源进行登记的记录册。该表的内容包括：单位、序号、作业活动、危险源、风险级别、产生地点/工序、控制措施等。

（2）施工现场危险源由于建筑施工活动，可能导致施工现场及周围社区人员伤亡、财产物质损坏、环境破坏等意外的潜在不安全因素。

（3）危险源的辨识

项目部应成立危险源辨识评价小组，项目经理任组长、由现场安全生产管理有关工程技术、质量、安全、材料、设备等职能人员组成。在工程开工前，由危险源辨识评价小组对施工现场的主要和关键工序中的危险因素进行辨识。

（4）施工现场内的危险源

施工现场内的危险源主要与施工部位、分部分项（工序）工程、施工装置（设施、机械）及物质有关。如：脚手架（包括落地架，悬挑架、爬架、挂架等）、模板和支撑、起重塔吊、物料提升机、施工电梯安装与运行，基坑（槽）施工，局部结构工程或临时建筑（工棚、围墙等）失稳，造成坍塌、倒塌意外；

高度大于2m的作业面（包括高空、洞口、临边作业），因安全防护设施不符合或无防护设施、人员未配备劳动保护用品造成人员踏空、滑倒、失稳等意外；

焊接、金属切割、冲击钻孔（凿岩）等施工及各种施工电器设备的安全保护（如：漏电、绝缘、接地保护）不符合，造成人员触电、局部火灾等意外；工程材料、构件及设备的堆放与搬（吊）运等发生高空坠落、堆放散落、撞击人员等意外；

人工挖孔桩（井）、室内涂料（油漆）及粘贴等因通风排气不畅造成人员窒息或气体中毒重大危险源。施工用易燃易爆化学物品临时存放或使用不符合、防护不到位，造成火灾或人员中毒意外；

工地饮食因卫生不符合，造成集体中毒或疾病。

建筑施工企业的危险源大概可分为以下几类：高处坠落、物体打击、触电、坍塌、机械伤害、起重伤害、中毒和窒息、火灾和爆炸、车辆伤害、粉尘、噪声、灼烫、其他等。

主要从以下作业活动进行辨识：施工准备、施工阶段、关键工序、工地地址、工地内平面布局、建筑物构造、所使用的机械设备装置、有害作业部位（粉尘、毒物、噪声、振动、高低温）、各项制度（女工劳动保护、体力劳动强度等）、生活设施和应急、外出工作人员和外来工作人员。重点放在工程施工的基础、主体、装饰、装修阶段及危险品的控制及影响上，并考虑国家法律、法规的要求、特种作业人员、危险设施、经常接触有毒、有害物质的作业活动和情况、具有易燃、易爆特性的作业活动和情况、具有职业性健康伤害、损害的作业活动和情况、曾经发生或行业内经常发生事故的作业活动和情况。

（5）危险源识别的状态与时态

在对危险源进行识别时，应充分考虑正常、异常、紧急三种状态以及过去、现在、将来三种时态。

（6）风险评价的分级确定

风险评价是评估危险源所带来的风险大小及确定风险是否可容许的全过程，根据评价的结果对风险进行分级，按不同级别的风险有针对性地采取风险控制措施。

安全风险的大小可采用事故后果的严重程度与事故发生的可能性的乘积来衡量。

风险的评价分级确定表 **表 4.2.4.1B**

级别 风险 后果可能性	轻微伤害	一般伤害	严重伤害
不可能	5级	4级	3级
有可能	4级	3级	2级
可 能	3级	2级	1级

(7) 风险控制原则

1级：作为重点的控制对象，制订方案实施控制。

2级：直至风险降低后才能开始工作。为降低风险有时必须配备大量资源。当风险涉及正在进行中的工作时，应采取应急措施。在方案和规章制度中制订控制办法，并对其实施控制。

3级：应努力降低风险，但应仔细测定并限定预防成本，在规章制度内进行预防和控制。

4级：是指风险减低到合理可行的，最低水平不需要另外的控制措施，应考虑投资效果更佳的解决方案或不增加额外成本的改进措施，需要监测来确保控制措施得以维持。

5级：无须采取措施且不必保留文件记录。

(8) 表列子项

1) 作业活动：指重大危险源影响施工作业的活动范围，按实际填写。

2) 危险源：指施工组织设计中确认的危险源，按实际填写。

3) 风险级别：指施工组织设计中确认的危险源所属风险级别，按实际填写。

4) 产生地点/工序：指重大危险源产生危险的地点或产生危险的工序，按实际填写。

5) 控制措施：指施工组织设计中确认的重大危险源采取的控制措施，按实际填写。

4.2.4.2 施工现场重大危险源（危险性较大工程）公示牌

资料表式

施工现场重大危险源（危险性较大工程）公示牌 **表 4.2.4.2**

施工企业： 监理单位： 年 月 日

编号	危险源	部位环节	位 置	可能发生事故	控制措施	单位班组	责任人	备注
1								
2								
3								
4								
5								
6								
7								
8								
9								
10								

4.2.5　施工现场的安全检查

安全检查可分为：公司级安全检查、分公司级的安全检查、项目部的安全检查。按照企业制定的检查制度主要检查以下内容：查思想、查制度、查管理、查领导、查违章、查隐患、查记录。

4.2.5.1　安全检查记录

1. 资料表式

安全检查记录表　　**表 4.2.5.1**

<table>
<tr><td>工程名称</td><td colspan="3"></td><td>检查单位</td><td></td></tr>
<tr><td>检查人员</td><td></td><td>记录人</td><td></td><td>检查日期</td><td></td></tr>
<tr><td colspan="6">检查记录：</td></tr>
<tr><td colspan="6">检查评价：</td></tr>
</table>

2. 实施要点

（1）安全检查记录是建筑施工企业安全生产管理实施对施工现场的安全检查进行的记录。该表的内容包括：工程名称、检查单位、检查人员、记录人、检查日期、检查记录、检查评价等。

（2）安全检查的形式

安全检查的形式：

①经常性检查。

②定期安全检查。如根据企业安全检查制度制定的公司级季度检查、分公司级月检、项目旬检以及安全员的日检。

③季节性安全检查。如雨期安全检查（应以防漏电、防触电、防雷击、防坍塌、防倾倒为重点内容）、冬期安全检查（应以防火灾、防触电、防煤气中毒为重点内容）。

④专项安全检查。如临时用电安全检查、防火安全检查、特种设备安全检查，预防架体倒塌的安全检查。

⑤临时性安全检查。节假日安全检查、其他兄弟单位参观检查。

⑥群众性安全检查。如工会组织职工代表的安全检查。

（3）检查记录的内容

检查记录的内容包括：

安全生产责任制，安全保证计划，安全组织机构，安全保证措施，安全教育，安全持证上岗，安全设施，安全标识，操作行为，违规管理，安全记录等，对现场安全生产情况的评价、发现的问题、存在的事故隐患等。

对检查中发现的事故隐患能立即整改应立即整改，不能立即整改应及时签发隐患整改通知书，建立登记、整改、复查记录台账，制定整改计划和方案，按照定人、定时间、定措施、定经费的原则进行整改，落实整改责任人和监督人，在隐患没有排除前，必须采取可靠的防护措施，确保施工人员的人身安全和国家财产不受损失。

（4）安全检查重点

安全检查重点是违章指挥和违章作业，施工中的不安全行为，物的不安全状态，作业环境的不安全因素和管理缺陷，应对其进行有针对性的控制。

（5）对强制性标准的监督检查内容：

1）有关工程技术人员是否熟悉、掌握强制性标准；

2）工程项目的规划、勘察、设计、施工、验收等是否符合强制性标准的规定；

3）工程项目采用的材料、设备是否符合强制性标准的规定；

4）工程项目的安全、质量是否符合强制性标准的规定；

5）工程项目采用的导则、指南、手册、计算机软件的内容是否符合强制性标准的规定。

（6）表列子项

1）工程名称：按建设与施工企业合同书中的工程名称填写或按委托单上的工程名称。

2）检查单位：指本次安全检查的检查单位名称，填写检查单位的全称。

3）检查人员：指本次安全检查的检查人姓名，由检查人填写。

4）记录人：指本次安全检查的记录人姓名，由记录人填写。

5）检查日期：指本次安全检查的检查日期，照实际的检查日期填写。

6）检查记录：指本次安全检查的检查记录，记录应真实。

7）检查评价：指本次安全检查的检查评价，评价应真实。

4.2.5.2　事故隐患整改通知书

1. 资料表式

事故隐患整改通知书　　　表 4.2.5.2

工程名称：

<table>
<tr><td>受检单位名称</td><td colspan="2"></td><td>受检单位
负责人签字</td><td colspan="3"></td></tr>
<tr><td>受检工程名称</td><td colspan="2"></td><td>收件日期</td><td colspan="3">年　月　日</td></tr>
<tr><td colspan="7">经检查存在下列隐患和问题：</td></tr>
<tr><td colspan="7">处理意见：按下列意见第　　条执行。
1. 停工整改，在未整改完毕及验收合格之前不得继续施工。
2. 限在　月　日前整改完毕，整改期限完 2 日内书面报告检查单位。</td></tr>
<tr><td>检　查
单　位</td><td></td><td>检　查
人　员</td><td></td><td>发　出
日　期</td><td colspan="2">年　月　日</td></tr>
</table>

注：本通知书一式 2 份，检查单位、受检单位各 1 份。

2. 实施要点

(1) 事故隐患整改通知书是建筑施工企业安全生产管理实施中，分公司或项目部的安全检查中对某一子项发现事故隐患需要整改时下发的通知书。

受检单位收到整改通知书后，必须立即对其隐患进行整改，整改符合要求后应书面报告检查单位。

该表的内容包括：工程名称、受检单位名称、受检单位负责人签字、受检工程名称、收件日期（年、月、日）、经检查存在下列隐患和问题、检查单位、检查人员、发出日期（年、月、日）等。

(2) 表列子项

1）工程名称：按建设与施工企业合同书中的工程名称填写或按委托单上的工程名称。

2）受检单位名称：指被发现事故隐患的某一子项属于的单位名称，填写该单位的名称。

3）受检单位负责人签字：指被发现事故隐患的某一子项属于的单位的负责人，由该受检单位的负责人签字。

4）受检工程名称：按建设与施工企业合同书中的工程名称填写或按委托单上的工程名称。

5）收件日期(年、月、日)：填写收到事故隐患整改通知书的年、月、日。

6）经检查存在下列隐患和问题：指事故隐患整改通知书中列记的隐患和问题。

7）检查单位：填写实际的检查单位名称。

8）检查人员：填写实际的检查人员姓名。

9）发出日期(年、月、日)：填写发出事故隐患整改通知书的年、月、日。

4.2.6 现场文明施工

4.2.6.1 现场环境与卫生

现场环境与卫生：执行国家行业标准《建筑施工现场环境与卫生标准》（JGJ 146—2004）和地方的相关标准执行。

4.2.6.2 危险物品和现场消防的管理

危险物品和现场消防的管理

施工现场应建立消防安全责任制度，确定消防责任人，制定用火、用电、使用易燃易爆材料等各项消防管理制度和操作规程，并记录落实结果。

生产、生活、办公区域应根据不同条件，设置消防通道、消防水源、配备灭火器材，灭火器材配置要合理，必须满足消防要求。现场应建立动火审批制度。

凡有明火作业的必须经有关部门审批，作业时应按规定设监护人员，作业后，必须确认无火源危险时方可离开。

4.2.6.3 现场标识

(1) 现场标识：为引起人们对重要环境因素和危险源风险因素的注意，预防事故、事件的发生，要求施工现场按照操作内容及现场环境的不同，针对危险品、重大危险源、重要环境因素作出不同的标识。

(2) 施工现场的入口处、施工起重机、临时用电设施、脚手架、出入通道口、楼梯口、电梯井口、孔洞口、基坑边沿、爆破物及有害危险气体和液体存放处等危险部位，设置明显的安全警示标志，安全标志的使用必须按照《安全色》GB 2893—2001 标准，《安全标志》GB 2894—1996 标准的规定执行。

(3) 施工现场应做到八牌三图。八牌为：工程概况牌、安全生产纪律牌、三清六好牌、文明施工管理牌、十项安全技术措施牌、工地消防管理牌、进入工地必须佩戴安全帽提示牌、环境保护标志牌；三图：施工现场总平面图、施工现场安全标志布置平面图、施工现场排水网络图。

4.2.7　现场分项工程安全生产

4.2.7.1　安全技术交底

1. 资料表式

安全技术交底表　　　表 4.2.7.1

<table>
<tr><td>工程名称</td><td colspan="3"></td><td>施工部位
或层次</td><td></td></tr>
<tr><td>施工内容</td><td></td><td>交底项目</td><td></td><td>交底日期</td><td></td></tr>
<tr><td>交底内容：</td><td colspan="5"></td></tr>
<tr><td>交底人</td><td colspan="2"></td><td rowspan="2">被交底人</td><td colspan="2" rowspan="2"></td></tr>
<tr><td>项目负责人</td><td colspan="2"></td></tr>
<tr><td>执
行
情
况</td><td colspan="5">

安全员：　　　　　　　年　　月　　日</td></tr>
</table>

注：本表一式 3 份，交底人、安全员、被交底人各 1 分。

2. 实施要点

（1）安全技术交底是建筑施工企业安全生产管理实施中，施工现场进行安全技术交底的记录。该表的内容包括：工程名称、施工部位或层次、施工内容、交底项目、交底日期、交底内容、交底人、项目负责人、被交底人、执行情况、安全员等。

（2）现场分项工程安全生产均应进行技术交底，主要包括：施工现场临时用电；“三宝”、“四口”防护；基坑支护；脚手架工程、模板工程、塔式起重机、施工机具、起重吊装、物料提升机、外用电梯均应进行安全生产技术交底。

（3）安全技术交底主要内容

1）施工项目的作业特点和危险点；

2）针对危险点的具体预防措施；

3）应注意的安全事项；

4）相应的安全操作规程和标准；

5）发生事故后应及时采取的避难和急救措施。

（4）安全交底的基本要求

1）项目经理部必须实行逐级安全技术交底制度，纵向延伸到班组全体作业人员；

2）技术交底必须具体、明确、针对性强；

3）技术交底的内容应针对分部分项工程施工小组作业人员带来的潜在隐含危险因素和存在问题；

4）应优先采用新的安全技术措施；

5）应将工程概况、施工方法、施工程序、安全技术措施等向工长、班组长进行详细交底；

6）保持书面安全技术交底签字记录。

（5）表列子项

1）工程名称：按建设与施工企业合同书中的工程名称填写或按委托单上的工程名称。

2）施工部位或层次：指实际施工操作的施工部位或层次，填写施工部位或层次的名称。

3）施工内容：指实际施工操作的工程子项内容，填写施工内容的名称。

4）交底项目：指对实际施工操作工程子项进行安全交底，填写交底项目的名称。

5）交底日期：指实际安全交底的年、月、日填写。

6）交底内容：指实际安全交底的内容填写。

7）交底人：填写交底人姓名。

8）项目负责人：填写项目负责人姓名。

9）被交底人：填写被交底人姓名。

10）执行情况：指按交底内容实施的实际执行情况，填写实际的执行情况。

11）安全员：填写安全员姓名。

4.2.7.2 施工现场临时用电

1. 资料表式

施工现场临时用电验收表 **表 4.2.7.2**

工程名称				供电方式	
进线截面		用电容量	保护方式		
序号	验收项目	验　收　内　容			验收结果
1	施工方案	用电设备 5 台及以上或总容量 50kW 及以上应编制临时用电组织设计，必须履行编制、审核、审批程序			
		用电设备 5 台以下或总容量 50kW 以下应编制用电和电气防火措施并经上级审批			
		临时用电施工组织设计或安全用电技术措施针对性强，能指导施工			
		有专项安全技术交底			

续表

工程名称				供电方式	
进线截面		用电容量	保护方式		
序号	验收项目	验　收　内　容			验收结果
2	外电防护	外电架空线路下方应无生活设施、作业棚、堆放材料、施工作业区			
		在建工程（含脚手架）的周边与外电架空线路的边线之间，必须保持安全操作距离			
		起重机的任何部位或被吊物边缘在最大偏斜时与架空线路边线保持安全距离			
		达不到最小安全操作距离时必须采取绝缘隔离防护措施，并挂警告标志牌			
3	配电线路	架空线、电杆、横担应符合规定要求。架空线路地面距离：施工现场应大于4m，机动车道应大于6m			
		架空线必须在专用电杆上，不得架设在树木、脚手架上			
		电缆埋地敷设方式、深度应符合规范要求。过路及地下0.2m至地上2m应穿管保护			
		电缆架空敷设时应用绝缘子固定，高度不应低于2.5m。建筑物内电缆沿墙水平敷设高度不应低于2m			
		按规定使用五芯电缆			
		PE线的颜色应是绿/黄双色线，其截面应不小于工作零线的截面			
		室内配线应用绝缘子固定，距地面高度不应低于2.5m，排列整齐。室内配线必须是绝缘导线			
4	保护方式	采用TN—S系统，重复接地点不少于3处，每个接地电阻值应不大于10Ω，PE线与N线分开不得混接			
		采用TT系统：每个接地电阻值应不大于4Ω			
		高于建筑物的大型设备除做好重复接地外还必须按规定设置防雷接地装置，防雷接地电阻值应不大于30Ω			
5	配电箱	符合三级配电二级保护要求			
		配电箱内有总隔离开关及分路隔离开关。开关箱做到一机一闸一漏一箱。漏电保护器参数应符合规定要求			
		配电箱设置位置应符合规定要求，有足够二人同时工作空间或通道。箱内电器完好可靠，回路标示明显，采用端板接线，不得有外露带电体，进出线应从箱体的下底面出入，进入配电箱的电源线不得采用插销连接			
		固定式配电箱安装高度为1.3～1.5m，移动式配电箱安装高度为0.6～1.5m			
		箱体符合规定要求，有门有锁，有防雨防尘措施			

续表

工程名称			供电方式	
进线截面		用电容量	保护方式	
序号	验收项目	验收内容		验收结果
6	现场照明	照明回路有单独的开关箱，配有漏电保护装置并符合要求		
		灯具金属外壳必须作保护接零。室外灯具安装高度不低于3m，室内灯具安装高度不低于2.4m，钠、铊、铟等金属卤化物灯具安装高度应不低于5m		
		照明器具、器材应无绝缘老化或破损		
		按规定使用安全电压		
7	变配电装置	配电室应符合规定要求，配电室的顶棚距地面不应低于3m，配电屏（盘）操作通道宽度应符合规定要求		
		门向外开并配锁，应有防雨、火、水、雷和小动物出入等措施，通风良好		
		发电机组应采用三相四线制中性点直接接地系统，并独立设置，接地电阻应符合要求。发电机组与外电线路有联锁控制，不得同时使用		
验收意见：			项目负责人	
			技术负责人	
			安装负责人	
			施工员	
			安全员	
			机电管理员	
			电工	
		年 月 日		

2. 实施要点

（1）该表为施工现场临时用电施工完成后验收时，对应验收的验收项目、验收内容和验收结果进行逐项核验的表式，应由项目负责人、技术负责人、安装负责人、施工员、安全员、机电管理员和电工进行验收，验收完成后必须据实填写验收意见，验收人本人签字。

（2）临时用电组织设计：根据《施工现场临时用电安全技术规范》的要求，临时用电设备在5台及以上或设备总容量在50kW及以上时，应编制临时用电组织设计。

（3）施工现场的一切电气线路、设备安装、维护必须由持证电工负责，并要定期检查，建立安全技术档案。

（4）临时用电组织设计的主要内容：现场勘测；确定电源进线，变电所或配电室、配电装置、用电设备位置及线路走向；进行负荷计算；选择变压器；设计配电系统；设计防雷装置；确定防护措施；制定安全用电措施和电气防火措施。

(5) 临时用电组织设计及变更时，必须履行“编制、审核、批准”程序，由电气工程技术人员组织编制，经相关安全、技术、设备、施工、材料、监理等部门审核及具有法人资格企业的技术负责人批准后实施。变更用电组织设计时应补充有关图纸资料。

(6) 安全技术交底：针对现场实际情况，依据施工现场临时用电的安全技术标准、规范及临时用电施工组织设计的具体规定，随临时用电施工进度，编写安全技术交底并办理签字手续，技术交底应充分体现针对性、实用性的特点，突出强调以保证电气安全为重点的安全技术措施。

(7) 临时用电的验收：当现场临时用电布置基本完成投入运行之前，应由编制、审核、批准部门和使用单位共同进行验收检查，并填写验收记录，办理签字手续，主要是检查相关资料是否齐全，现场的设置是否符合临时用电组织设计的规定、相关的措施是否到位，检测线路的绝缘、接地、防雷保护的接地电阻值是否符合要求，检查各种控制电器、限位保险装置动作是否灵活可靠，各种防护罩是否齐全。电器设置措施、各种用电设备、开关等合格证及检测报告配电线路合格证及检测报告各种电器设备不仅要有合格证，且各种设备的各项参数要与规范要求相适应。

(8) 建立安全检测制度，定期对接地电阻值、绝缘电阻值、漏电保护器的动作参数等定期进行检测，并完整记录，确保安全用电。

1) 接地电阻测试记录：施工现场必须采用“三相五线制”供电，由专用变压器中性点直接接地供电的必须采用 TN—S 接零保护系统，首先分清楚接地的类别是保护接地、工作接地、重复接地、防雷接地，工作接地的电阻值为不大于 4Ω，防雷接地的电阻值为不大于 30Ω，保护零线每一重复接地装置的接地电阻值不大于 10Ω，现场实测阻值×季节系数＝实际阻值，如果超出临电规范值的接地电阻装置，应采取必要的降阻措施（如换土、加电解质、增加接地极根数）接地电阻值摇测记录，应每季度进行一次复测，遇天气变化较大时或重大设备安装时，及时对就近配电箱接地电阻进行复测；防雷装置的冲击接地电阻应考虑雷雨季节土壤干燥影响。

2) 临电绝缘电阻测试记录：低压电缆线路绝缘电阻值用 1kV 摇表摇测，绝缘电阻不低于 10MΩ，绝缘导线明敷或穿管敷用 500V 的摇表摇测，绝缘电阻不低于 0.5MΩ。

线路按施工组织设计施工完成后，应按不同回路、分级、分清相序，用相应的摇表依次摇测，将测得的数值填入表格，并与规范规定值做比较得出结论，如果发现问题要及时填写处理意见。

3) 漏电保护器检测记录：手持电动工具必须有漏电保护；生活用电要单独设计，统一用电标准，要根据工期季节情况做好漏电、短路保护。照明用电一般应使用安全供电。

施工现场的用电要做到一机一箱一闸一漏，对于漏电保护器逐个登记，建立漏电保护器检测记录，每两周测试一次，故障掉闸或雨后或特殊情况，临时增加检测次数，应同时检测漏电保护器的动作时间和动作电流，并应按规定的时间进行检定。

(9) 架空供电线路必须用绝缘导线，以绝缘子支承的专用电杆（水泥杆、木杆），或沿墙架设。电杆的板线（拉线）必须装设拉力绝缘子。严禁供电线路设在树上、脚手架上。

(10) 施工现场架空线路应装设在起重臂回转半径以外，如达不到此要求时，必须搭设防护架子，或采用其他措施。

（11）禁止使用不合格的保险装置和霉烂电线。一切移动式用电设备的电源线（电缆）全长不得有驳口，外绝缘层应无机构损伤。

（12）临时用电巡视维修应做好工作记录。

4.2.7.3 “三宝”、“四口”防护

“三宝”：是指安全帽、安全带和安全网；“四口”：是指楼梯口、电梯口、预留洞口和通道口。

实施要点

（1）凡进入施工现场必须正确佩戴安全帽，安全帽相关的技术要求应符合《安全帽》GB 2811—2007 标准；安全带相关技术标准应符合《安全带》GB 6095—1985 标准；安全网相关技术标准材质必须符合《安全网》GB 5725—1997 和《密目式安全立网》GB 16909—1997标准，密目网的网目数不少于 2000 目/100cm^2。

（2）专项方案编制依据、工程概况、作业条件、安全防护内容、方法及要求、安全技术措施等、洞口、临边防护措施、防护棚搭设措施、对于定型化、工具化的防护设施，要图示安装和使用方法。

（3）进入施工现场的所有的安全帽、安全带、安全网都必须严格验收合格后，方可使用，验收的主要内容为生产、经营单位的安全生产许可证和经营许可证，查验其合格证、检测报告、应有永久性标识，必须符合《劳动防护用品监督管理规定》（国家安监总局 1 号令）的相关要求。

（4）对于施工现场的“四口”和“临边”均应按照《建筑施工高处作业安全技术规范》（JGJ 80）的要求，分大小、分位置、分防护材料等进行防护，并分层（分段）进行验收，做到“完成一个部位、验收一个部位，使用一个部位”。

（5）安全技术交底：在“四口”及“临边”作业工程施工前，应由负责施工的专业施工员（工长）向施工班组进行书面交底，交底内容应有技术保证措施和对操作人员的要求，以及操作中注意的事项等，具体的防护要求应符合《建筑施工高处作业安全技术规范》（JGJ 80）的相关规定，认真履行签字手续，不得代签。

注：临边通常是指基坑周边、楼层周边、屋面周边、楼梯周边和阳台周边。

（6）验收记录：按照安全技术交底施工完成后组织相关人员对“四口”和“临边”的防护进行验收，参加验收人员履行签字手续，“谁验收、谁签字、谁负责”，安全员保存验收记录。

4.2.7.4 基坑支护

4.2.7.4-1 基坑支护及安全要求

（1）基坑开挖遇有下列情况之一时，应设置坑壁支护结构：

1）因放坡开挖工程量过大而不符合技术经济要求；

2）因附近有建（构）筑物而不能放坡开挖；

3）边坡处于容易丧失稳定的松散土或饱和软土；

4）地下水丰富而又不宜采用井点降水的场地；

5）地下结构的外墙为承重的钢筋混凝土地下连续墙。

(2) 基坑支护结构，应根据开挖深度、土质条件、地下水位、邻近建（构）筑物、施工环境和方法等情况进行选择和设计。大型深基坑可选用钢木支撑、钢板桩围堰、地下连续墙、排桩式挡土墙、旋喷墙等作结构支护，必要时应设置支撑或拉锚系统予以加强。在地下水丰富的场地，宜优先选用钢板桩围堰、地下连续墙等防水较好的支护结构。

(3) 基坑的支护结构在整个施工期间应有足够的强度和刚度，当地下水位较高时，尚应具有良好的隔水防漏性能。设计时应对安装、使用和拆除支锚系统的各个不同阶段进行相应的验算。

(4) 对一般较简易的基坑（管沟）支撑可根据施工单位的已有经验，因地制宜地加以设计。

(5) 采用钢（木）坑壁支撑时，应随挖随撑，且加以撑牢。坑壁支撑宜选用正式材料，木支撑应采用松木或杉木，不宜采用杂木条。随着土压力的增加，支撑结构将发生变形，故应经常注意检查，如有松动、变形现象时，应及时进行加固或更换。加固方法可用三角木楔打紧受力较小的横撑，或增加立木及横撑等。在雨期或化冻期更应加强检查。

(6) 钢（木）支撑的拆除，应按回填次序进行。多层支撑应自下而上逐层拆除，随拆随填。拆除支撑时，应防止附近建筑物和构筑物等产生下沉和破坏，必要时采取加固措施。

(7) 采用钢（木）板桩、钢筋混凝土预制桩或灌注桩作坑壁支撑时，应符合下列要求：

1) 应尽量减少打桩时产生的振动和噪声对邻近建筑物、构筑物、仪器设备和城市环境的影响；

2) 桩的制作、运输、打桩或灌注桩的施工安全要求应根据不同桩型编制施工安全要求，并其要求认真实施；

3) 当土质较差，开挖后土可能从桩间挤出时，宜采用啮合式板桩；

4) 在桩附近挖土时，应防止桩身受到损伤；

5) 采用钢筋混凝土灌注桩时，应在桩的混凝土强度达到设计强度等级后，方可挖土；

6) 拔除桩后的孔穴应及时回填和夯实。

(8) 采用钢（木）板桩、钢筋混凝土桩作坑壁支撑并加设锚杆时，应符合下列要求：

1) 锚杆宜选用螺纹钢筋，使用前应清除油污和浮锈，以便增强粘结的握裹力和防止发生意外；

2) 锚固段应设置在稳定性较好的土层或岩层中，长度应大于或等于计算规定；

3) 钻孔时不得损坏已有的管沟、电缆等地下埋设物；

4) 施工前应作抗拔试验，测定锚杆的抗拔拉力，验证可靠后，方可施工；

5) 锚固段应用水泥砂浆灌注密实；

6) 应经常检查锚头紧固和锚杆周围的土质情况。

(9) 采用排桩式挡土墙住基坑开挖的支护结构时，一般可选用钢筋混凝土预制方桩或板桩、钻（冲）孔灌注桩、大直径沉管灌注桩等桩型，其中桩型选择、桩身直径、人土深度、混凝土强度等级和配筋、排桩布置形式以及是否需要设置支锚系统等应由有经验的工程技术人员设计，并按照有关桩基础施工的规定进行施工，保证施工质量和安全。当用灌注桩作排桩式挡土墙时，宜按间隔跳打（钻）的次序进行施工。

(10) 采用钢板桩围堰作深基坑开挖的支护结构时，其中钢板类型的选择、桩长、桩尖持力层、导架、围囹支撑或锚拉系统必须在施工前提出设计施工的整体方案，并经系统的设计计算，以确保钢板桩围堰结构在各个施工阶段具有足够的强度、刚度、稳定性和防水性。

(11) 采用钢筋混凝土地下连续墙作基坑开挖的支护结构时，其支撑系统以及施工方法，应在结构设计阶段或施工组织设计阶段提出系统的方案。支撑系统一般可采用钢或钢筋混凝土构件支撑、地下结构本身的梁板系统支撑（逆作法或半逆作法）以及土（岩）锚杆等。当开挖深度不大时，可采用不设支撑系统的自立式地下连续墙。地下连续墙施工安全的注意事项：

1) 施工前，应做好施工区域的调查，挖槽开始之前，应清除地面和地下一切障碍物，方能进行施工。

2) 导沟上开挖段应设置防护设施，防止人员和工具杂物等坠落泥浆内。

3) 挖槽施工过程中，如需中止时，应将挖槽机械提升到导墙的位置。

4) 在特别软弱土层、塌方区、回填土或其他不利条件下施工时，应按施工设计进行。

5) 在触变泥浆下工作的动力设备，如无电缆自动收放机构，应设有专人收放电缆，操作人员应戴绝缘手套和穿绝缘鞋。并应经常检查，防止破损漏电。

(12) 采用旋喷或定喷的防渗墙作基坑开挖的支护时，应事先提出施工方案，旋喷注浆的施工安全应符合下列要求：

1) 施钻前，应对地下埋设的管线调查清楚，以防地下管线受损发生事故。

2) 高压液体和压缩机管道的耐久性应符合要求，管道连接应牢固可靠，防止软管破裂、接头断开，导致浆液飞溅和软管甩出的伤人事故。

3) 操作人员必须戴防护眼镜，防止浆液射入眼睛内。如有浆液射入眼睛时，必须进行充分冲洗，并及时到医院治疗。

4) 使用高压泵前，应对安全阀进行检查和测定，其运行必须安全可靠。

5) 电动机运转正常后，方可开动钻机，钻机操作必须专人负责。

6) 接、卸钻杆应在插好垫叉后进行，并应防止钻杆落入孔内。

7) 应有防止高压水或高压浆液从风管中倒流进入储气罐的安全措施。

8) 施工完毕或下班后，必须将机具、管道冲洗干净。

(13) 采用锚杆喷射混凝土作深基坑开挖的支护结构时，其施工安全和防尘措施，应符合下列要求：

1) 施工安全

①施工前，应认真进行技术交底，应认真检查和处理锚喷支护作业区的危石。施工中应明确分工，统一指挥。

②施工机具应设置在安全地带，各种设备应处于完好状态，张拉设备应牢靠，张拉时应采取防范措施，防止夹具飞出伤人。机械设备的运转部位应有安全防护装置。

③在Ⅳ、Ⅴ类围岩中进行锚喷支护施工时，应遵守下列要求：

A. 锚喷支护必须紧跟工作面；

B. 应先喷后锚，喷射混凝土厚度不应小于 50mm；喷射作业中，应有专人随时观察围岩变化情况；

C. 锚杆施工宜在喷射混凝土终凝 3h 后进行。

④施工中，应定期检查电源电路和设备的电器部件；电器设备应设接地、接零，并由持证人员安装操作，电缆、电线必须架空，严格遵守《施工现场临时用电安全技术规范》JGJ 46—2005 中的有关规定，确保用电安全。

⑤锚杆钻机应安设安全可靠的反力装置。在有地下承压水地层中钻进，孔口必须安设可靠的防喷装置，一旦发生漏水、涌沙时能及时堵住孔口。

⑥喷射机、水箱、风包、注浆罐等应进行密封性能和耐压试验，合格后方可使用。

喷射混凝土施工作业中，要经常检查出料弯头、输料管、注浆管和管路接头等有无磨薄、击穿或松脱现象，发现问题，应及时处理。

⑦处理机械故障时，必须使设备断电、停风。向施工设备送电、送风前，应通知有关人员。

⑧喷射作业中处理堵管时，应将输料管顺直，必须紧按喷头防止摆动伤人，疏通管路的工作风压不得超 0.4MPa。

⑨喷射混凝土施工用的工作台应牢固可靠，并应设置安全护栏。

⑩向锚杆孔注浆时，注浆罐内应保持一定数量的砂浆，以防罐体放空，砂浆喷出伤人。

⑪非操作人员不得进入正在进行施工的作业区。施工中，喷头和注浆管前方严禁站人。

⑫施工前操作人员的皮肤应避免与速凝剂、树脂胶泥直接接触，严禁树脂胶接触明火。

⑬钢纤维喷射混凝土施工中，应采取措施，防止钢钎维扎伤操作人员。

⑭检验锚杆锚固力应遵守下列要求：

A. 拉力计必须固定可靠；

B. 拉拔锚杆时，拉力计前方和下方严禁站人；

C. 锚杆杆端一旦出现缩颈时，应及时卸荷。

⑮预应力锚索的施工安全应遵守下列要求：

A. 张拉锚索时，孔口前方严禁站人；

B. 拱部或边墙进行预应力锚索施工时，其下方严禁进行其他作业；

C. 对穿型预应力锚索施工时，应有联络装置，作业中应密切联系；

D. 封孔水泥砂浆未达到设计强度的 70%时，不得在锚索端部悬挂重物或碰撞外锚具。

2）防尘措施

①锚喷支护施工中，宜采取下列方法减少粉尘浓度：

A. 在保证顺利喷射的条件下，增加骨料含水量；

B. 在距喷头 3～4m 处增加一个水环，用双水环加水；

C. 在喷射机或混合搅拌处，设置集尘器；

D. 在粉尘浓度较高地段，设置除尘水幕；

E. 加强作业区的局部通风。

②锚喷作业区的粉尘浓度不应大于 $10mg/m^3$。施工中应按《测定喷射混凝土粉尘的技术要求》测定粉尘浓度。测定次数，每半个月不得少于一次。

③喷射混凝土作业人员工作时，宜采用电动送风防尘口罩、防尘帽、压风呼吸器等防

护用具。

附：测定喷射混凝土粉尘的技术要求

测尘仪表：测尘采用滤膜称量法。采样器宜使用DCH型轻便式电动测尘器。

测点布置：测点位置、取样数量可按表4.2.7.4-1进行布置。

喷射混凝土粉尘测点布置 表4.2.7.4-1

测尘地点	位 置	取样数（个）
喷头附近	相距喷头5m，离底板1.5m处，下风向设点	3
喷射机附近	相距喷射机1m，离底板1.5m处，下风向设点	3
洞内拌料处	相距拌料处2m，离底板1.5m处，下风向设点	3
喷射作业区	隧道中间，离底板1.5m处，在作业区下风向设点	3

取样时间：粉尘采样应在喷射混凝土作业正常、粉尘浓度稳定后进行。每一个试样的取样时间不得少于3min。

粉尘浓度合格的标准：占总数80%及以上的测点试样的粉尘浓度，应达到《锚杆喷射混凝土支护技术规范》GB 50086—2001规定的10mg/m^{3}标准，其他试样不超过20mg/m^3。

（14）换、移支撑时，应先设新支撑，然后再拆旧支撑。支撑的拆除应按回填顺序进行。多层支撑应自下而上逐层拆除，随拆随填。拆除支护结构时，应密切注视附近建（构）筑物的变形情况，必要时应采取加固措施。

4.2.7.4-2 滑坡的产生和防治安全要点

1. 滑坡的产生

（1）水的作用：多数滑坡的产生都与水的参与有关，水的作用能增大土体重度，降低土的抗剪强度和内聚力，产生静水和动水压力。因此，滑坡多发生在雨季。

（2）震（振）动的影响：如工程中采用大爆破而发生滑坡。

（3）土体（或岩体）本身层理发达，破碎严重，或内部夹有软泥或软弱层受水浸或震（振）动而滑坡。

（4）土层下岩层或夹层倾斜角度较大，上表面堆土或堆材料过多，增加了土体重量，致使土体与岩层之间的抗剪强度降低而引起滑坡。

（5）不合理的开挖和加荷，引起土体内部存在着有利于滑坡发生的条件，在开挖坡脚或在山坡上加荷过大时破坏原有的平衡而产生滑坡。

（6）如路堤、土坝筑于尚未稳定的古滑坡体上，或者易滑动的土层上，使其重心改变而触发产生滑坡。

2. 滑坡的防治

（1）排水

1）将滑坡范围以外的地表水设置多道环形截水沟，使水不流入滑坡区域以内。

2）为迅速排出在滑坡范围以内的地表水和减少下渗，应修设排水系统缩短地表水流经的距离，主沟应与滑坡方向一致，并铺砌防渗层，支沟一般与滑坡方向成30°～45°斜交。

3）妥善处理生产、生活、施工用水，严防水的浸入。

4）对于滑坡体内的地下水，则应采取疏干和引出的原则，可在滑坡体内修筑地下渗沟，沟底应在滑动面以下，主沟应与滑坡方向一致。

（2）使边坡有足够的坡度，并应尽量将土坡削成较平缓的坡度或做成台阶形，使中间具有数个平台以增加稳定。土质不同时，可按不同土质削成不同坡度，一般可使坡度角小于土的内摩擦角。

（3）对于施工地段或危及建筑物安全的地段设置抗滑结构；如抗滑挡墙、抗滑柱、锚杆挡墙等。这些结构物的基础底必须设置在滑动面以下的稳定土层或基岩中。

（4）将不稳定的陡坡部分削去，以减轻滑坡体重量、减少滑坡体的下滑力，以达到滑体的静力平衡。

（5）严禁随意切割滑坡体的坡脚，同时也切忌在坡体被动区挖土。

4.2.7.4-3　边坡的塌方和防治安全要点

1. 边坡塌方的发生

（1）由于边坡太陡，土体本身的稳定性不够而发生塌方。

（2）气候干燥，基坑暴露时间长，使土质松软或黏土中的夹层因浸水而产生润滑作用，以及饱和的细砂、粉砂因受振动而液化等原因引起土体内抗剪强度降低而发生塌方。

（3）边坡顶面附近有动荷载，或下雨使土体的含水量增加，导致土体的自重增加和水在土中渗流产生一定的动水压力，以及土体裂缝中的水产生静水压力等原因，引起土体剪应力的增加而产生塌方。

2. 边坡塌方的防治

（1）对开挖深度大、施工时间长、坑边要停放机械等应按规定的允许坡度适当的放平缓些，当基坑（槽）附近有主要建筑物时，基坑边坡的最大坡度为 1∶1～1∶1.5。

（2）开挖基坑（槽）时，若因场地限制不能放坡或放坡后所增加的土方量太大，为防止边坡塌方，可采用设置挡土支撑的方法。

（3）防治地表水流入坑槽和渗流入土坡体。

（4）严格控制坡顶护道内的静荷载或较大的动荷载。

4.2.7.4-4　流沙的产生和防治安全要点

1. 流沙的产生

流沙的发生与动水压力有关，动水压力系指地下水在渗流时受到土颗粒的阻力，同时水对土相应地产生一种反作用力，这一反作用力就称为动水压力。当动水压力等于或大于土的浸水重度或浮重度时，则土颗粒失去自重，处于悬浮状态。此时，土的抗剪强度等于零，土颗粒就随着渗流的水一起流动，这种现象就称为“流沙”。

2. 流沙的防治

主要是消除、减少或平衡动水压力，其具体措施有：

（1）利用枯水季节掩盖，以便减小坑内外水位差。

（2）用钢板桩打入坑底一定深度，增加地下水从坑外流入坑内的距离，从而减少水力坡度，达到减小动水压力，防止流沙发生。

（3）采用不排水的水下挖土，使坑内外水压相平衡，使其无发生流沙的条件，一般沉井挖土均采用此法。

（4）建造地下连续墙以供承重、护壁，并达到截水防止流沙的发生。

（5）采用轻型井点、喷射井点、管井井点和深井泵井点等进行人工降低地下水的方法进行土方施工，使动水压力方向向下，增大土粒间的压力，从而有效制止流沙现象的发生。

4.2.7.4-5 基坑支护验收表

1. 资料表式

基坑支护验收表 表 4.2.7.4-5

工程名称			支护方式	
序号	验收项目	验收内容		验收结果
1	施工方案	有支护方案并经上级审批，针对性强，能指导施工有专项安全技术交底		
2	临边防护	坑槽开挖深度不足 2m，按规定放坡；超过 2m 时，应有临边防护设施		
3	坑壁支护	坑槽开挖设置安全边坡应符合规范或设计要求 特殊支护做法符合设计要求		
4	排水措施	基础施工应设置有效排水措施 坑外降水，有防止临边建筑危险沉降措施		
5	坑边荷载	积土、料具堆放距坑边距离应不小于规定要求 机械设备施工距坑边距离不符合规定要求时应有加固措施		
6	上下通道	人员上下应设专用通道并有防滑措施		
7	作业环境	基坑内作业人员必须有安全可靠立足点 垂直作业，必须有切实可行的隔离防护措施 光线不足时应设置足够的照明		
8	基坑支护的监测	有对支护变形和对毗邻建筑物及重要管线、道路的沉降观测方案和措施		
验收意见： 年 月 日			项目负责人	
			技术负责人	
			施 工 员	
			安 全 员	

2. 实施要点

（1）该表为基坑支护验收施工完成后验收时，对应验收的验收项目、验收内容和验收结果进行逐项核验的表式，应由项目负责人、技术负责人、施工员和安全员进行验收，验收完成后必须据实填写验收意见，验收人本人签字。

（2）施工现场的基坑开挖前应计算图纸设计标高与实际标高的差值，以确定实际土方开挖的深度来确定基坑支护方案的内容，当实际基坑深度不足 2m 时原则上不再进行支护，按规范要求放坡，但与相邻建筑物、管线、道路较近或地质情况较差时仍需进行支护。基坑深度超过 2m 小于 5m 时应进行支护设计，超过 5m 时必须进行支护，并有详细的支护计算书。

（3）基础施工支护方案：工程概况及施工条件、施工准备工作、土方开挖顺序和方法、专项支护设计等；支护设计应根据基坑深度、坑边荷载及土质情况等计算坑边荷载的安全距离、坑边与临近建筑物的安全距离、边坡的稳定性，确定支护方式，进行设计计算，绘制施工详图等，制订土方开挖和坑壁支护施工的安全措施（包括临边防护措施、坑槽开挖边坡设置措施、基坑排水措施、防止临近建筑物沉降措施、坑边荷载堆置规定、基坑上下通道设置措施等）和基坑排水措施，施工过程中对支护的监测要求等。施工方案要有针对性，要能指导施工；施工方案要经相关部门审批后才能用于施工，施工方案必须有全面性、针对性、可行性、经济性、法令性等、必须经相关人员审批。

注：临边通常是指基坑周边、楼层周边、屋面周边、楼梯周边和阳台周边。

（4）安全技术交底：根据土方开挖顺序和基坑支护方案，在进行支护前进行安全技术交底，如：施工前准备工作、土方开挖方法、坑壁支护设计及施工详图、排水措施、坑边荷载限定、上下通道设置、基坑支护变形监测、作业环境的要求等具体的安全技术措施，作业人员上岗证要求，尤其是机械作业的司机等人员特种作业操作证的要求，交底内容应有针对性、可操作性。

（5）基坑支护验收：土方开挖、基坑支护完成后应组织相关人员进行验收，填写验收结论。

（6）基坑支护的变形监测：《建筑施工安全检查标准》（JGJ59—99）要求必须按设计或施工方案的要求对基坑进行监测，并对其毗邻的建筑物和重要管线和道路进行沉降观测，形成记录，工程结束时应提供监测报告，报告内容包括监测基准点的个数，监测项目和各测点的平面和立面布置图、采用的仪器的监测方法、监测结果的评价等。基坑支护变形检测记录：对基坑支护进行变形监测时，要定人、定仪器，测量数据要准确，建立健全基坑变形监测制度、做好毗邻建筑物沉降观测记录等。

4.2.7.5 脚手架工程

脚手架工程的种类较多，一般包括：落地式脚手架、挂脚手架、悬挑式脚手架、吊篮脚手架、附着式升降脚手架（整体提升架或爬架）等。这些脚手架工程均属安全生产的分项工程，需进行验收。

4.2.7.5-1 一般安全要求和安全技术要求

1. 一般安全要求

（1）脚手架搭设前必须根据工程的特点按照规范、规定，制定施工方案和搭设的安全技术措施。

（2）脚手架搭设或拆除人员必须由符合劳动部颁发的《特种作业人员安全技术培训考核管理规定》经考核合格，领取特种作业人员操作证的专业架子工进行。

(3) 操作人员应持证上岗。操作时必须佩戴安全帽、安全带、穿防滑鞋。

(4) 脚手架与高压线路的水平距离和垂直距离必须按照“施工现场对外电线路的全距离及防护的要求”相关规定执行。

(5) 大雾及雨、雪天气和6级以上大风时，不得进行脚手架上的高处作业。雨、雪天后作业，必须采取安全防滑措施。

(6) 脚手架搭设作业时，应按形成基本构架单元的要求逐排、逐跨和逐步地进行搭设，矩形周边脚手架宜从其中的一个角部开始向两个方向延伸搭设。确保已搭部分稳定。

门式脚手架以及其他纵向竖立面刚度较差的脚手架，在连墙点设置层宜加设纵向水平长横杆与连接件连接。

(7) 搭设作业，应按以下要求作好自我保护和保护好作业现场人员的安全：

1) 在架上作业人员应穿防滑鞋和佩挂好安全带。保证作业的安全，脚下应铺设必要数量的脚手板，并应铺设平稳，且不得有探头板。当暂时无法铺设落脚板时，用于落脚或抓握、把（夹）持的杆件均应为稳定的构架部分，着力点与构架节点的水平距离应不大于0.8m，垂直距离应不大于1.5m。位于立杆接头之上的自由立杆（尚未与水平杆连接者）不得用作把持杆。

2) 架上作业人员应做好分工和配合，传递杆件应掌握好重心，平稳传递。不要用力过猛，以免引起人身或杆件失衡。对每完成的一道工序，要相互询问并确认后才能进行下一道工序。

3) 作业人员应佩戴工具袋，工具用后装于袋中，不要放在架子上，以免掉落伤人。

4) 架设材料要随上随用，以免放置不当时掉落。

5) 每次收工以前，所有上架材料应全部搭设上，不要存留在架子上，而且一定要形成稳定的构架，不能形成稳定构架的部分应采取临时撑拉措施予以加固。

6) 在搭设作业进行中，地面上的配合人员应避开可能落物的区域。

(8) 架上作业时的安全注意事项：

1) 作业前应注意检查作业环境是否可靠，安全防护设施是否齐全有效，确认无误后方可作业。

2) 作业时应注意随时清理落在架面上的材料，保持架面上规整清洁，不要乱放材料、工具，以免影响作业的安全和发生掉物伤人。

3) 在进行撬、拉、推等操作时，要注意采取正确的姿势，站稳脚跟，或一手把持在稳固的结构或支持物上，以免用力过猛，身体失去平衡或把东西甩出。在脚手架上拆除模板时，应采取必要的支托措施，以防拆下的模板材料掉落架外。

4) 当架面高度不够、需要垫高时，一定要采用稳定可靠的垫高办法，且垫高不要超过50cm；超过50cm时，应按搭设规定升高铺板层。在升高作业面时，应相应加高防护设施。

5) 在架面上运送材料经过正在作业中的人员时，要及时发出“请注意”、“请让一让”的信号。材料要轻搁稳放，不许采用倾倒、猛磕或其他匆忙卸料方式。

6) 严禁在架面上打闹戏耍、退着行走和跨坐在外防护横杆上休息。不要在架面上抢行、跑跳，相互避让时应注意身体不要失衡。

(9) 在脚手架上进行电气焊作业时，要铺铁皮接着火星或移去易燃物，以防火星点着易燃物，并应有防火措施。一旦着火时，及时予以扑灭。

（10）其他安全注意事项：

1）运送杆配件应尽量利用垂直运输设施或悬挂滑轮提升，并绑扎牢固。尽量避免或减少用人工层层传递。

2）除搭设过程中必要的1～2步架的上下外，作业人员不得攀缘脚手架上下，应走房屋楼梯或另设安全人梯。

3）在搭设脚手架时，不得使用不合格的架设材料。

4）作业人员要服从统一指挥，不得自行其是。

（11）钢管脚手架的高度超过周围建筑物或在雷暴较多的地区施工时，应安设防雷装置。其接地电阻应不大于4Ω。

（12）架上作业应按规范或设计规定的荷载使用，严禁超载。并应遵守如下要求：

1）作业面上的荷载，包括脚手板、人员、工具和材料，当施工组织设计无规定时，应按规范的规定值控制，即结构脚手架不超过3kN/m^2；装修脚手架不超过2kN/m^2；围护脚手架不超过1kN/m^2。

2）脚手架的铺脚手板层和同时作业层的数量不得超过规定。

3）垂直运输设施（如物料提升架等）与脚手架之间的转运平台的铺板层数和荷载控制应按施工组织设计的规定执行，不得任意增加铺板层的数量和在转运平台上超载堆放材料。

4）架面荷载应力求均匀分布，避免荷载集中于一侧。

5）过梁等墙体构件要随运随装，不得存放在脚手架上。

6）较重的施工设备（如电焊机等）不得放置在脚手架上。严禁将模板支撑、缆风绳、泵送混凝土及砂浆的输送管等固定在脚手架上及任意悬挂起重设备。

（13）架上作业时，不要随意拆除基本结构杆件和连墙件，因作业的需要必须拆除某些杆件和连墙点时，必须取得施工主管和技术人员的同意，并采取可靠的加固措施后方可拆除。

（14）架上作业时，不要随意拆除安全防护设施，未有设置或设置不符合要求时，必须补设或改善后，才能上架进行作业。

（15）脚手架拆除作业前，应制定详细的拆除施工方案和安全技术措施。并对参加作业全体人员进行技术安全交底，在统一指挥下，按照确定的方案进行拆除作业，注意事项如下：

1）一定要按照先上后下、先外后里、先架面材料后构架材料、先辅件后结构件和先结构件后附墙件的顺序、一件一件地松开连接、取出并随即吊下（或集中到毗邻的未拆的架面上，扎捆后吊下）。

2）拆卸脚手板、杆件、门架及其他较长、较重、有两端连接的部件时，必须要两人或多人二组进行。禁止单人进行拆卸作业，防止把持杆件不稳、失衡而发生事故。拆除水平杆件时，松开连接后，水平托持取下。拆除立杆时，在把稳上端后，再松开下端连接取下。

3）多人或多组进行拆卸作业时，应加强指挥，并相互询问和协调作业步骤，严禁不按程序进行的任意拆卸。

4）因拆除上部或一侧的附墙拉结而使架子不稳时，应加设临时撑拉措施，以防因架子晃动影响作业安全。

5）拆卸现场应有可靠的安全围护，并设专人看管，严禁非作业人员进入拆卸作业区内。

6）严禁将拆卸下的杆部件和材料向地面抛掷。已吊至地面的架设材料应随时运出拆卸区域，保持现场文明。

2. 安全技术要求

确保脚手架在搭设、使用和拆除过程中的安全应符合如下安全技术要求：

(1) 构架结构

在满足使用要求的构架尺寸的同时，应确保以下安全要求：

1）构架结构稳定

①构架单元不缺基本的稳定构造杆部件。

②整体按规定设置斜杆、剪刀撑、连墙杆或撑、拉件。

③在通道、洞口以及其他需要加大尺寸（高度、跨度）或承受超规定荷载的部位，根据需要设置加强杆件或构造。

2）连接节点可靠

①杆件相交位置符合节点构造规定。

②连接件的安装和紧固力符合要求。

(2) 基础（地）和拉撑承受结构

1）脚手架立杆的基础（地）应平整夯实，具有足够的承载力和稳定性。设于坑边或台上时，立杆距坑、台的上边缘不得小于1m，且边坡的坡度不得大于土的自然安息角；否则，应作边坡的保护和加固处理。

脚手架立杆之下必须设置垫座和垫板。

2）脚手架的连墙点、撑拉点和悬空挂（吊）点必须设置在能可靠地承受撑拉荷载的结构部位，必要时应进行结构验算。

(3) 安全防护

脚手架上的安全防护设施应能有效地提供安全防护，防止架上的人员和物品发生坠落。

1）搭设和拆除作业中的安全防护：

①作业现场应设安全围护和警示标志，禁止无关人员进入危险区域。

②对尚未形成或已失去稳定结构的脚手架部位加设临时支撑或拉结。

③在无可靠的安全带扣挂物时，应拉设安全网。

④设置材料提上或吊下的设施，禁止投掷。

2）作业面的安全防护：

①脚手架的作业面的脚手板必须满铺，不得留有空隙和探头板。脚手板与墙面之间的距离一般不应大于20cm。脚手板应与脚手架可靠栓接。

②作业面的外侧立面的防护设施视具体情况可采用：

A. 挡脚板加二道防护栏杆。

B. 二道防护栏杆绑挂高度不小于1m的竹笆。

C. 二道防护横杆满挂安全立网。

D. 其他可靠的围护办法。

3）临街防护视具体情况可采用：

①采用安全立网、竹笆板或篷布将脚手架的临街面完全封闭；

②视临街情况设安全通道。通道的顶盖应满铺脚手板或其他能可靠承接落物的板篷材料。篷顶临街一侧应设高于篷顶不小于 1m 的墙，以免落物又反弹到街上。

4）人行和运输通道的防护：

①贴近或穿过脚手架的人行和运输通道必须设置板篷。

②上下脚手架有高度差的入口应设坡度或踏步，并设栏杆防护。

5）吊挂架子的防护。当吊、挂脚手架在移动至作业位置后，应采取撑、拉措施将其固定或减少其晃动。

4.2.7.5-2 落地式脚手架验收

资料表式

落地式脚手架验收表 表 4.2.7.5-2

工程名称			架体方式	
验收部位			搭设方式	
序号	验收项目	验 收 内 容		验收结果
1	基 础	基础是否平整夯实，地耐力符合设计要求		
		钢脚手架立杆底部铺通长脚手板，安装标准底座		
		木脚手架埋入地下深度不小于 0.5m		
		有排水措施		
2	材 质	钢脚手架应用外径 48～51mm，壁厚 3～4mm 的焊接管，符合使用质量		
		扣件无脆裂、变形、滑丝，拧紧扭力矩为 40～50N·m		
		底座：铸铁底座符合国家规定。焊接底座外径尺寸为 150mm×150mm，厚度不低于 8mm		
		木脚手架有效部分小头直径不小于 70mm，大横杆、小横杆有效部分小头直径不小于 80mm		
		绑扎材料为 8 号镀锌钢丝		
		木脚手板厚度应不小于 50mm，宽度不小于 200mm，无腐朽、扭曲、斜纹、破裂，两端用铁丝箍绕		
3	连墙件	高度在 7m 以下的，每隔 7 根立杆设一抛撑，与地面夹角 60°		
		高度在 7m 以上的，每高 4m，水平 7m 设一个拉结点并均匀分布		
		木脚手架拉结杆伸过墙体，里外加圆木，用钢丝绑扎牢固		
		高度 24m 以上的双排脚手架必须采用刚性连墙件与建筑物可靠连接；24m 以下的可采用拉筋与顶撑配合使用的附墙连接方式，严禁使用仅有拉筋的柔性连墙件。连墙的布置应符合相关要求		
		框架结构工程，拉结点必须用钢管、扣件围箍在混凝土柱上；剪力墙结构等，在墙体上预埋件，拉结杆与预埋件刚性连接		

续表

序号	验收项目	验收内容	验收结果
4	杆间间距	脚手架搭设宽度为0.9～1.5m（25m以上不大于1.2m）	
		结构用脚手架，立杆间距，大横杆步距不大于1.5m，操作层小横杆间距为1.0m，装修及防护用脚步手架，立杆间距、大横杆步距不大于1.8m，操作层小横杆间距木杆为1.0m，钢管为1.5m	
5	剪刀撑	高度24m以下单双排外脚手架，均必须在外侧立面的两端各设置一道剪刀撑与地面夹角45°～60°，并由底至顶连续设置，中间各道剪刀撑之间的净距不应大于15m	
		高度24m以上的双排脚手架应在外侧立面整个长度和高度上连续设置剪刀撑	
		每道剪刀撑跨越立杆的根数，根据斜杆与地面的倾角不同，最多为5～7根，且每道剪刀撑宽度不应小于4跨，且不应小于6m	
		剪刀撑斜杆搭接长度不应小于1m，不少于两个旋转扣件、端部扣件盖板的边缘至杆端距离不应小于100mm。双杆可对接，对接头错开2m以上，木架杆搭设长度不少于1.5m，绑扎不少于三道	
		木脚手架剪刀撑每组连接三根立杆，纵向连续设置时，最高连接5根立杆，最下一对斜杆要落地	
6	外防护	栏杆和挡脚板应搭设在外立杆内侧，上栏杆上皮高度应为1.2m；挡脚板高度不应小于180mm；中栏杆应居中设置	
		脚手板对接平铺时，接头处必须设两根横向水平杆，脚手板外伸长应取130～150mm，两块脚手板外伸长度的和不应大于300mm；脚手板搭接铺设时，接头必须支在横向水平杆上，搭接长度应大于200mm，其伸出横向水平杆的长度不应小于100mm	
		作业层端部脚手板探头长度应取150mm，其板长两端均应与支承杆可靠地固定	
		架体外立杆内侧用密目网封严，首层设兜网，每隔10m再设置一道兜网	
7	架 体	架体必须坚固、稳定，不变形、不倾斜、不摇晃。立杆垂直度偏差符合相关要求，必须用连墙件与建筑物可靠连接，连墙件布置间距宜符合规定要求，立杆接长除顶层顶步可采用搭接外，其余各步接头必须采用对接扣件连接，并符合相关要求	
		立杆顶端宜高出女儿墙上皮1m，高出檐口上皮1.5m	
		纵向水平杆宜设置在立杆内侧，长度不宜小于3跨，接长时宜采用对接扣件连接，也可采用搭腔接，对接、搭接应符合规定要求	
		主节点处必须设置一根横向水平杆，用直角扣件扣接且严禁拆除，主节点处两个直角扣件的中心距不应大于150mm，在双排脚手架中，靠墙一端的外伸长度不应大于0.4m，且不应小于500mm	
		安装后的扣件螺栓扭力矩应采用扭力扳手检查，力矩大小、检查数目、必须符合要求，不合格的必须拧紧，直至合格为止	

续表

序号	验收项目	验收内容	验收结果
8	斜道	斜道宜附着外脚手架或建筑物设置，运料斜道宽度不宜小于1.5m，坡度宜采用1：6；人行斜道宽度不宜小于1m，坡度宜采用1：3	
		斜道拐弯处应设置宽度不小于斜道的平台，斜道两侧及平台外围均应设置高度为1.2m的栏杆及高度不应小于180mm的挡脚板	
		斜道的立杆、横杆间距、连墙件、剪刀撑和横向斜杆应符合相关要求	
验收意见：		项目负责人	
		技术负责人	
		安装负责人	
		安全员	
年 月 日			

该表为落地式脚手架施工完成后验收时，对应验收的验收项目、验收内容和验收结果进行逐项核验的表式，应由项目负责人、技术负责人、安装负责人和安全员进行验收，验收完成后必须据实填写验收意见，验收人本人签字。

4.2.7.5-3 挂脚手架验收

资料表式

挂脚手架验收表 表4.2.7.5-3

工程名称			
序号	项目	验收内容	验收结果
1	材料	脚手架材质符合设计要求，无杆件变形、开焊现象	
		杆件、部件应刷防锈漆	
2	组装	架体制作与组装符合设计要求	
		悬挂点部件制作及埋设符合设计，间距不大于2米	
3	脚手板	脚手板材质符合设计要求	
		脚手板铺满铺牢，不得有探头板	
4	防护	架体外侧用密目式安全网封闭严密，底部设兜网	
		操作层外侧设置1.2m高防护栏杆和18cm高踏脚板	
验收意见：		项目负责人	
		安装负责人	
		安全员	
年 月 日			

该表为挂脚手架验收施工完成后验收时，对应验收的验收项目、验收内容和验收结果进行逐项核验的表式，应由项目负责人、安装负责人和安全员进行验收，验收完成后必须据实填写验收意见，验收人本人签字。

4.2.7.5-4 悬挑式脚手架验收

资料表式

悬挑式脚手架验收表 表 4.2.7.5-4

<table>
<tr><td colspan="2">工程名称</td><td></td><td>搭设高度</td><td></td><td>搭设日期</td><td></td></tr>
<tr><td>序号</td><td>验收项目</td><td colspan="4">验　收　内　容</td><td>验收结果</td></tr>
<tr><td rowspan="3">1</td><td rowspan="3">施工方案</td><td colspan="4">有专项安全施工组织设计、设计计算书并经上级审批，针对性强，能指导施工</td><td rowspan="3"></td></tr>
<tr><td colspan="4">有专项安全技术交底</td></tr>
<tr><td colspan="4">搭设单位及人员具有相应的资质</td></tr>
<tr><td rowspan="6">2</td><td rowspan="6">悬挑梁与架体稳定</td><td colspan="4">悬挑梁或悬挑架应为型钢或定型桁架，安装时必须按设计要求进行。悬挑架不得采用扣件连接</td><td rowspan="6"></td></tr>
<tr><td colspan="4">多层悬挑梁可采用悬挑梁或悬挑架，第段搭设高度应不大于 24m</td></tr>
<tr><td colspan="4">悬挑梁按立杆间距 1.5m 布置；间距大于 1.5m 的，应在挑梁上加横梁，并符合设计要求</td></tr>
<tr><td colspan="4">悬挑梁安装数量、位置、间距、方式应符合设计要求，与建筑物连接稳固可靠</td></tr>
<tr><td colspan="4">立杆底部应支托在悬挑梁上并有固定措施</td></tr>
<tr><td colspan="4">架体连墙件的布置应按二步三跨设置，其位置应靠近主节点，与构筑物结构刚性拉结牢固</td></tr>
<tr><td rowspan="6">3</td><td rowspan="6">材　质</td><td colspan="4">型钢应符合钢结构设计规范要求，有产品合格证或质量保证书</td><td rowspan="6"></td></tr>
<tr><td colspan="4">采用外径 48～51mm，壁厚为 3～3.5mm 的 3 号普钢管，有产品合格证或质量保证书，严重锈蚀压扁、弯曲、裂纹、打孔的钢管不得使用</td></tr>
<tr><td colspan="4">扣件应采用可锻铸铁制作的扣件，无裂纹、变形、滑丝，拧紧扭力矩宜为 50～60N·m，并不得小于 40N·m，且不得大于 65N·m</td></tr>
<tr><td colspan="4">脚手板厚度应大于 50mm，宽度应大于 200mm，两端用铁丝箍牢，有腐朽的不得使用</td></tr>
<tr><td colspan="4">钢脚手板有裂纹、开焊、硬弯的不得使用</td></tr>
<tr><td colspan="4">竹脚手板应是质地坚实，无腐烂、虫蛀、断裂的毛竹片制作的竹楄，松脆、破损散边的竹楄不得使用</td></tr>
<tr><td rowspan="5">4</td><td rowspan="5">脚手板与防护栏杆</td><td colspan="4">架体外立杆内侧应用密目式安全网封</td><td rowspan="5"></td></tr>
<tr><td colspan="4">作业层脚手板应铺满、铺稳，有固定措施，不得有探头板，离开墙面 120～150mm</td></tr>
<tr><td colspan="4">自顶层作业层开始向下每隔 12m，满铺一层脚手板，底层的脚手板应满铺且用安全网兜底</td></tr>
<tr><td colspan="4">底层脚手板与建筑物空隙应封严</td></tr>
<tr><td colspan="4">作业层外侧设置 1.2m 和 0.6m 双道防护栏和 18cm 高的挡脚板</td></tr>
</table>

续表

<table>
<tr><td>序号</td><td>验收项目</td><td colspan="2">验　收　内　容</td><td>验收结果</td></tr>
<tr><td rowspan="2">5</td><td rowspan="2">剪刀撑</td><td colspan="2">脚手架外侧沿整个长度高度方向设置连续剪刀撑，剪刀撑的水平夹角为45°～60°</td><td rowspan="6"></td></tr>
<tr><td colspan="2">剪刀撑的搭接长度应大于1m，固定扣件应不小于2个。每道剪刀撑搭设宽度应大于4跨，且大于6m</td></tr>
<tr><td rowspan="4">6</td><td rowspan="4">卸料平台</td><td colspan="2">卸料平台必须有专项设计，并附有载荷及稳定性计算</td></tr>
<tr><td colspan="2">卸料平台外侧设两道防护栏杆及挡脚板，并挂密目式安全网</td></tr>
<tr><td colspan="2">卸料平台有限定荷载值警示牌，严禁超载</td></tr>
<tr><td colspan="2">卸料平台支撑系统必须单独设置，固定在建筑物上，不得与脚手架连接</td></tr>
<tr><td colspan="3" rowspan="6">验收意见：

年　　月　　日</td><td>项目负责人</td><td></td></tr>
<tr><td>技术负责人</td><td></td></tr>
<tr><td>搭设负责人</td><td></td></tr>
<tr><td>施　工　员</td><td></td></tr>
<tr><td>安　全　员</td><td></td></tr>
<tr><td></td><td></td></tr>
</table>

该表为悬挑式脚手架验收施工完成后验收时，对应验收的验收项目、验收内容和验收结果进行逐项核验的表式，应由项目负责人、技术负责人、搭设负责人、施工员和安全员进行验收，验收完成后必须据实填写验收意见，验收人本人签字。

4.2.7.5-5　吊篮脚手架验收

资料表式

吊篮脚手架验收表　　　　**表 4.2.7.5-5**

<table>
<tr><td colspan="2">工程名称</td><td></td><td>架体方式</td><td></td></tr>
<tr><td>序号</td><td>验收项目</td><td colspan="2">验　收　内　容</td><td>验收结果</td></tr>
<tr><td rowspan="3">1</td><td rowspan="3">施工方案及设计计算书</td><td colspan="2">有专项安全施工组织设计及设计计算书并经上报审批，针对性强，能指导施工</td><td rowspan="5"></td></tr>
<tr><td colspan="2">有专项安全技术交底</td></tr>
<tr><td colspan="2">搭架单位及人员具有相应的资质</td></tr>
<tr><td rowspan="2">2</td><td rowspan="2">架体组装</td><td colspan="2">挑梁锚固或配重设置及挑梁间距、尺寸、材质应符合设计及说明书要求。电动（手动）葫芦具有产品合格证</td></tr>
<tr><td colspan="2">吊篮组装符合设计要求。定型产品应有产品合格证</td></tr>
</table>

续表

序号	验收项目	验收内容	验收结果
3	安全装置	吊篮必须装有安全锁且灵敏可靠，并在吊篮悬挂处增设一根安全钢丝绳	
		两片吊篮同时升降时必须设置同步升降装置并灵敏可靠	
		吊钩应有保险装置并完好	
		吊篮钢丝规格应满足设计要求，保养良好，绳卡不少于3个 钢丝绳不得接长使用	
		吊点间距，数量应符合要求	
		提升钢丝蝇必须与地面保持垂直，不得斜拉	
		吊篮上应设超载保护装置和防倾斜装置并灵敏可靠	
4	脚手板	脚手板采用钢、木材料制作，每块质量应不大于30kg	
		木脚手板厚度应大于50mm，宽度应大于200mm 有腐朽、扭曲、裂纹、破裂的不得使用	
		钢脚手板应铺满、铺稳，有固定措施，不得有探头板	
5	吊篮防护	吊篮外侧用密目式安全网封严	
		作业层外侧设置1.2m和0.6m双道防护栏杆及18cm高的挡脚板，靠建筑物的里侧设置0.8m高的防护栏杆	
		多层作业，顶部应设防护顶板，顶板与作业层脚手架距离应不小于2m	
6	架件稳定	吊篮在建筑物滑动时，应设导轮装置	
		吊篮距建筑物间隙应不大于200mm	
		作业时，吊篮应与建筑物拉牢	
7	荷　载	吊篮施工荷载应不超过额定荷载并均匀分布，不得过于集中堆放，防止超载	
		吊篮上应设置醒目的限载标志牌	
8	试运转	经荷载试验，操纵装置、制动装置以及安全锁等装置应灵敏可靠，运转无异常，各零部件完好，连接紧固	
验收意见： 年　月　日		项目负责人	
		技术负责人	
		安装负责人	
		施　工　员	
		安　全　员	

该表为吊篮脚手架验收施工完成后验收时，对应验收的验收项目、验收内容和验收结果进行逐项核验的表式，应由项目负责人、技术负责人、安装负责人、施工员和安全员进行验收，验收完成后必须据实填写验收意见，验收人本人签字。

4.2.7.5-6 附着式升降脚手架（整体提升架或爬架）验收

1. 资料表式

附着式升降脚手架（整体提升架或爬架）验收表 表 4.2.7.5-6

<table>
<tr><td colspan="2">工程名称</td><td></td><td>搭设高度</td><td></td></tr>
<tr><td colspan="2">架体名称</td><td></td><td>搭设日期</td><td></td></tr>
<tr><td>序号</td><td>验收项目</td><td colspan="2">验 收 内 容</td><td>验收结果</td></tr>
<tr><td rowspan="6">1</td><td rowspan="6">使用条件</td><td colspan="2">应是建设部或省级建设行政主管部门组织鉴定并发放生产和使用的产品</td><td rowspan="6"></td></tr>
<tr><td colspan="2">有专项安全施工组织设计并经上级审批，针对性强，能指导施工</td></tr>
<tr><td colspan="2">有各工种安全技术操作规程</td></tr>
<tr><td colspan="2">有专项安全技术交底</td></tr>
<tr><td colspan="2">搭架单位及人员具有相应资质</td></tr>
<tr><td colspan="2">架体高度不应大于 5 倍楼层高</td></tr>
<tr><td rowspan="3">2</td><td rowspan="3">设计计算</td><td colspan="2">有设计计算书并经上级审批</td><td rowspan="3"></td></tr>
<tr><td colspan="2">设计荷载按承重架 3.0kN/m，装修架 2.0kN/m，升降状态 0.5kN/m 取值</td></tr>
<tr><td colspan="2">压杆长细比应小于 150，拉杆长细比应小于 300，有完整的制作安装图</td></tr>
<tr><td rowspan="4">3</td><td rowspan="4">架体构造</td><td colspan="2">架体宽度应不大于 1.2m：架体支承跨度：直线布置应不大于 8m，折线（曲线）布置应不大于 5.4m。架体全高与支承跨度的乘积应不大于 110m。立杆间距应符合规定要求，步距应不大于 1.8</td><td rowspan="4"></td></tr>
<tr><td colspan="2">采用定型的主框架，相邻两主框架之间是定型的支撑框架，主框架与支撑框架的连接须通过焊接或螺栓连接</td></tr>
<tr><td colspan="2">架处侧应设置连续剪刀撑，其跨度应不大于 6m，其水平夹角为 45°～60°</td></tr>
<tr><td colspan="2">架体悬臂高度不得大于架体高度的 2/5 和 6m</td></tr>
<tr><td rowspan="3">4</td><td rowspan="3">附着支撑</td><td colspan="2">采用普通穿墙螺栓将附着支撑结构与每个楼层锚固且双螺母固定，露出螺丝不少于 3 扣，垫板应大于 80mm×80mm×80mm</td><td rowspan="3"></td></tr>
<tr><td colspan="2">钢挑架焊接符合要求，钢挑架与预埋件连接严密</td></tr>
<tr><td colspan="2">钢挑架上的螺栓与墙体连接应牢固并符合规定要求</td></tr>
<tr><td rowspan="3">5</td><td rowspan="3">升降装置</td><td colspan="2">升降装置应符合设计要求。吊具、索具的安全系数应大于 6 倍</td><td rowspan="3"></td></tr>
<tr><td colspan="2">升降时每个架体竖向主框架应有不少于 2 个以上的附着支撑装置</td></tr>
<tr><td colspan="2">具有同步升降装置且保证运行有效</td></tr>
<tr><td rowspan="2">6</td><td rowspan="2">防坠落、导向及防倾斜装置</td><td colspan="2">防坠落装置在每一竖向主框架提升设备处必须设置一个，且灵敏可靠</td><td rowspan="2"></td></tr>
<tr><td colspan="2">垂直导向和防止左右、前后倾斜的防倾装置应齐全可靠。位于同一竖向平面的防倾装置不得少于 2 处，且最上和最下一个防倾覆支承点之间的最小间距不得小于架高的 1/3</td></tr>
</table>

续表

序号	验收项目	验　收　内　容	验收结果
7	电气安全	电气安装应符合《施工现场临时用电安全技术规范》	
		控制箱应设置漏电保护装置	
		按规定设置防雷接地装置	
8	脚手板与防护栏杆	脚手板材质和铺设应符合要求	
		架体底层脚手板必须铺设严密且用安全网兜底	
		脚手架外侧应用密目式安全网封严	
		作业层外侧设置高 1.2m 和 0.6m 的双道防护栏杆及 18cm 高的挡脚板	
验收意见：		项目负责人	
		技术负责人	
		安装负责人	
		施　工　员	
		安　全　员	
年　月　日			

该表为附着式升降脚手架（整体提升架或爬架）验收施工完成后验收时，对应验收的验收项目、验收内容和验收结果进行逐项核验的表式，应由项目负责人、技术负责人、安装负责人、施工员和安全员进行验收，验收完成后必须据实填写验收意见，验收人本人签字。

2. 实施要点

（1）脚手架工程应编制施工方案，施工方案的内容应包括：编制依据；工程概况及施工条件；脚手架架体设计计算书（包括脚手架的选型、几何尺寸的确定、立杆稳定性计算、立杆基础做法或构造设计示意图、连墙件的强度及稳定性的计算、架体与建筑物拉结要求及示意图、预留通道或材料运输通道、洞口防护示意图、局部搭设示意图）；脚手架的材质；脚手架搭设施工工序、方法和要求；搭设施工图（包括脚手架基础排水措施及示意图、脚手架剪刀撑设置示意图、脚手板设置与防护栏杆设置示意图、小横杆设置示意图、杆件搭接示意图、架体内封闭措施及封闭设置示意图）；脚手架搭设及使用过程中的安全措施；通道及卸料平台搭设方案、卸料平台设计计算书、卸料平台支撑系统与脚手架连结示意图、卸料平台限载规定；防雷接地等。编制的脚手架施工方案，必须有针对性、全面性、可行性、经济性、法令性。

（2）脚手架工程搭设应进行安全技术交底。一个施工现场可能出现多种类型的脚手架，如落地式外脚手架、悬挑式脚手架、门型脚手架、挂脚手架、吊篮脚手架、附着式升降脚手架等，搭设前应由专业技术负责人依据脚手架专项施工方案，分不同类别的架体向施工人员进行交底，说明搭设过程中的安全注意事项、架体内上下通道设置措施，根据现场实际，对于杆件搭接等情况可以用文字表述，如用文字不能表述的则可用图示，进行有针对性的安全技术交底，并应分段分层搭设的必须分段分层进行安全技术交底。

(3) 脚手架工程搭设完成后应进行验收。

脚手架基础施工完成后进行验收，然后才能搭设脚手架；脚手架搭设完成、达到设计高度后、作业层施加荷载前必须进行验收，经过验收合格后，方可投入使用，分层分段(每搭设完 10～13m) 搭设的必须进行分层分段的验收，验收资料必须有量化的内容，且留有记录；吊篮脚手架每次提升后都要进行验收；脚手架验收要有量化的验收内容。挂架第一次使用前做好荷载试验记录。

脚手架停用一个月、遇有六级大风与大雨后、寒冷地区开冻后应进行检查验收，脚手架在使用过程中应定期对杆件的设置和连接、地基、底座、立杆及扣件是否松动等情况进行检查。

(4) 脚手架拆除：脚手架拆除前应按拆除方案进行安全技术交底。脚手架拆除时应划分作业区，周围设围挡并竖立警示标志，地面设专人指挥，严禁非作业人员入内。操作人员必须戴好防护用品，拆除顺序应遵循由上而下、先搭后拆、后搭先拆的原则，即先拆栏板脚手板、剪刀撑，后拆小横杆、大横杆、立杆等，要一步一清的原则依次进行，严禁上下同时进行拆除作业。要统一指挥，上下呼应，动作协调，拆下的材料严禁抛掷，随拆随运，分类堆放。

4.2.7.5-7 安全网架设验收

1. 资料表式

安全网架设验收表 表 4.2.7.5-7

工程名称			
序号	验收项目	验收内容	验收结果
1	安全网质量	安全网必须有出厂合格证和安全监督管部门颁发的准用证，使用前进行冲击试验符合要求，有试验报告	
2	脚手架兜网	脚手架首层必须设置兜网，每隔 10m 再设一道	
3	电梯井、采光井、烟囱、水塔、螺旋、楼梯	首层及每隔两层最多 10m 设置一道固定平网	
4	平面洞口	洞口短边长度超过 1.5m，架设固定平网	
5	系结点	系结点沿网边均匀分布，其距离不得大于 75cm，系绳裂张力不得低于 7354.5N	
6	网内杂物	经常清理落物，保持网内无杂物	
验收意见： 年 月 日		项目负责人 架设负责人 安 全 员	

2. 实施要点

该表为安全网架设完成后验收时，对应验收的验收项目、验收内容和验收结果进行逐项核验的表式，应由项目负责人、架设负责人和安全员进行验收，验收完成后必须据实填写验收意见，验收人本人签字。

4.2.7.5-8 密目式安全网挂设验收

1. 资料表式

密目式安全网挂设验收表 **表 4.2.7.5-8**

工程名称			
序号	项　目	验　收　内　容	验收结果
1	网质量	每 100cm^2 面积不少于 2000 目，有产品合格证、生产许可证等有效证件	
		使用前做耐贯穿和冲击试验并符合要求，有试验报告	
2	挂　设	密目式安全网应设置在脚手架外立杆内侧，并挂设严密	
3	绑　扎	密目式安全网应用符合规定的纤维绳或 12～14 号钢丝绑扎在立杆或大横杆上，绑扎要牢固	
验收意见： 年　月　日		项目负责人	
		技术负责人	
		安装负责人	
		施　工　员	
		安　全　员	

2. 实施要点

该表为密目式安全网挂设安装完成后验收时，对应验收的验收项目、验收内容和验收结果进行逐项核验的表式，应由项目负责人、技术负责人、安装负责人、施工员和安全员进行验收，验收完成后必须据实填写验收意见，验收人本人签字。

4.2.7.6 模板工程

4.2.7.6-1 模板安装与拆除的一般安全要求

1. 一般安全要求

（1）模板安装的一般要求

1）模板安装必须按模板的施工设计进行，严禁任意变动。

2）楼层高度超过4m或二层及二层以上的建筑物，安装和拆除钢模板时，周围应设安全网或搭设脚手架和加设防护栏杆。在临街及交通要道地区，尚应设警示牌，并设专人维持安全，防止伤及行人。

3）现浇整体式的多层房屋和构筑物安装上层楼板及其支架时，应符合下列要求：

①下层楼板混凝土强度达到1.2MPa以后，才能上料具。料具要分散堆放，不得过分集中。

②下层楼板结构的强度要达到能承受上层模板、支撑系统和新浇筑混凝土的重量时，方可进行；否则，下层楼板结构的支撑系统不能拆除，同时上下层支柱应在同一垂直线上。

③如采用悬吊模板、桁架支模方法，其支撑结构必须要有足够的强度和刚度。

4）当层间高度大于5m时，若采用多层支架支模，则在两层支架立柱间应铺设垫板，且应平整，上下层支柱要垂直，并应在同一垂直线上。

5）模板及其支撑系统在安装过程中，必须设置临时固定设施，严防倾覆。

6）模板的支柱纵横向水平、剪刀撑等均应按设计的规定布置；当设计无规定时，一般支柱的网距不宜大于2.0m，纵横向水平的上下步距不宜大于1.5m，纵横向的垂直剪刀撑间距不宜大于6.0m。

当支柱高度小于4m时，应设上下两道水平撑和垂直剪刀撑。以后支柱每增高2m再增加一道水平撑，水平撑之间还需增加剪刀撑一道。

当楼层高度超过10m时，模板的支柱应选用长料，同一支柱的连接接头不宜超过2个。

7）采用分节脱模时，底模的支点应按设计要求设置。

8）承重焊接钢筋骨架和模板一起安装时，应符合下列要求：

①模板必须固定在承重焊接钢筋骨架的节点上。

②安装钢筋模板组合体时，吊索应按模板设计的吊点位置绑扎。

9）预拼装组合钢模板采用整体吊装方法时，应注意以下要点：

①拼装完毕的大块模板或整体模板，吊装前应按设计规定的吊点位置，先进行试吊，确认无误后，方可正式吊运安装。

②使用吊装机械安装大块整体模板时，必须在模板就位并连接牢靠后，方可脱钩。并严格遵守吊装机械使用安全有关规定。

③安装整块柱模板时，不得将柱子钢筋代替临时支撑。

（2）模板拆除的一般要求

1）拆除时应严格遵守各类模板拆除作业的安全要求。

2）拆模板，应经施工技术人员按试块强度检查，确认混凝土已达到拆模强度时，方可拆除。

3）高处、复杂结构模板的拆除，应有专人指挥和切实可靠的安全措施，并在下面标出作业区，严禁非操作人员进入作业区。操作人员应配挂好安全带，禁止站在模板的横拉杆上操作，拆下的模板应集中吊运，并多点捆牢，不准向下乱扔。

4）工作前，应检查所使用的工具是否牢固，扳手等工具必须用绳链系挂在身上，工作时思想要集中，防止钉子扎脚和从空中滑落。

5）拆除模板一般采用长撬杠，严禁操作人员站在正拆除的模板下。在拆除楼板模板时，要注意防止整块模板掉下，尤其是用定型模板做平台模板时，更要注意，防止模板突然全部掉下伤人。

6）拆模间歇时，应将已活动的模板、拉杆、支撑等固定牢固，严防突然掉落、倒塌伤人。

7）已拆除的模板、拉杆、支撑等应及时运走或妥善堆放，严防操作人员因扶空、踏空坠落。

8）在混凝土墙体、平板上有预留洞时，应在模板拆除后，随即在墙洞上做好安全护栏，或将板的洞盖严。

2. 安装注意事项

（1）单片柱模板吊装时，应采用卸扣（卡环）和柱模连接，严禁用钢筋钩代替，以避免柱模翻转时脱钩造成事故，待模板立稳后并拉好支撑，方可摘除吊钩。

（2）支撑应按工序进行，模板没有固定前，不得进行下道工序。

（3）支设 4m 以上的立柱模板和梁模板时，应搭设工作台；不足 4m 的，可使用马凳操作，不准站在柱模板上和在梁底板上行走，更不允许利用拉杆、支撑攀登上下。

（4）墙模板在未装对拉螺栓前，板面要向内倾斜一定角度并撑牢，以防倒塌。安装过程要随时拆换支撑或增加支撑，以保持墙板处于稳定状态。模板未支撑稳固前不得松动吊钩。

（5）安装墙模板时，应从内、外角开始，向互相垂直的两个方向拼装，连接模板的U形卡要正反交替安装，同一道墙（梁）的两侧模板应同时组合，以便确保模板安装时的稳定。当模板采用分层支模时，第一层模板拼装后，应立即将内、外钢楞、穿墙螺栓、斜撑等全部安设紧固稳定。当下层模板不能独立安设支承件时，必须采取可靠的临时固定措施，否则禁止进行上一层模板的安装。

（6）用钢管和扣件搭设双排立柱支架支承梁模时，扣件应拧紧，且应检查扣件螺栓的扭力矩是否符合规定，当扭力矩不能达到规定值时，可放两个扣件与原扣件挨紧。横杆步距按设计规定，严禁随意增大。

（7）平板模板安装就位时，要在支架搭设稳固，板下楞与支架连接牢固后进行。U形卡要按设计规定安装，以增强整体性，确保模板结构安全。

（8）高处作业与输电线路的安全距离等有关安全要求，应符合“高处作业”和“临时用电”相关标准的有关条文规定。

4.2.7.6-2 模板工程验收表

1. 资料表式

模板工程验收表　　表 4.2.7.6-2

<table>
<tr><td colspan="2">工程名称</td><td></td><td>支模部位</td><td></td><td>支模日期</td><td></td></tr>
<tr><td>序号</td><td>验收项目</td><td colspan="4">验 收 内 容</td><td>验收结果</td></tr>
<tr><td rowspan="2">1</td><td rowspan="2">施工方案</td><td colspan="4">有专项安全施工组织设计并经上级审批，针对性强，能指导施工</td><td></td></tr>
<tr><td colspan="4">有专项安全技术交底</td><td></td></tr>
<tr><td rowspan="2">2</td><td rowspan="2">立柱材质</td><td colspan="4">木立柱应选用质地坚韧、无腐朽、扭裂、劈裂且平直的材料</td><td></td></tr>
<tr><td colspan="4">钢立柱应符合国家现行规范 Q235 钢的标准</td><td></td></tr>
<tr><td rowspan="11">3</td><td rowspan="11">支 撑</td><td colspan="4">现浇混凝土模板支撑系统应有设计计算，并符合设计要求</td><td></td></tr>
<tr><td colspan="4">立柱底部应平整坚实，并加垫板或底座，木楔应钉牢</td><td></td></tr>
<tr><td colspan="4">立柱底部不得采用砖或多层木板垫高</td><td></td></tr>
<tr><td colspan="4">立柱的间距应符合设计要求</td><td></td></tr>
<tr><td colspan="4">立柱高度超过 2m 应设两道水平拉结及剪刀撑</td><td></td></tr>
<tr><td colspan="4">木立柱接长使用，接头不得超过两处，接头方法应符合要求</td><td></td></tr>
<tr><td colspan="4">采用钢管支撑的构造应符合钢管脚手架规范及剪刀撑</td><td></td></tr>
<tr><td colspan="4">满堂支撑四边与中间每隔 4 排立柱应由底到顶连续设置纵向剪刀撑</td><td></td></tr>
<tr><td colspan="4">高于 4m 的满堂支撑两端与中间每隔 4 排立柱从顶层向下每隔 2 步设置一道水平剪刀撑</td><td></td></tr>
<tr><td colspan="4">采用多层支模，上下层立柱要垂直，并在同一垂直线上</td><td></td></tr>
<tr><td colspan="4">安装上层结构模板及其支撑，其下层结构必须具有承受上层荷载的能力，或下层架设有足够的支撑。上下层立柱应在同一竖向中心线上</td><td></td></tr>
<tr><td rowspan="3">4</td><td rowspan="3">作业环境</td><td colspan="4">高处作业应有可靠的立足点，高度超过 3m 应搭设操作平台</td><td></td></tr>
<tr><td colspan="4">作业面孔洞、临边防护措施应严密</td><td></td></tr>
<tr><td colspan="4">运输混凝土铺设走道垫板应稳定牢固，安全畅通</td><td></td></tr>
<tr><td colspan="4" rowspan="6">验收意见：

年　月　日</td><td colspan="2">项目负责人</td><td></td></tr>
<tr><td colspan="2">技术负责人</td><td></td></tr>
<tr><td colspan="2">安装负责人</td><td></td></tr>
<tr><td colspan="2">施 工 员</td><td></td></tr>
<tr><td colspan="2">安 全 员</td><td></td></tr>
<tr><td colspan="2"></td><td></td></tr>
</table>

2. 实施要点

(1) 该表为模板工程验收施工完成后验收时，对应验收的验收项目、验收内容和验收结果进行逐项核验的表式，应由项目负责人、技术负责人、安装负责人、施工员和安全员进行验收，验收完成后必须据实填写验收意见，验收人本人签字。

(2) 模板工程应编制专项施工方案。专项施工方案的内容应包括：编制依据、工程概况、模板制作、支撑系统设计计算、立柱稳定、施工荷载、模板存放、支设模板验收、运输道路及作业环境等内容，设计不仅有计算书还需要有细部构造的大样图，对材料规格尺寸、接头方法、间距及剪刀撑设置均应详细注明。施工方案应有针对性、可行性、经济性、法令性、全面性等。

(3) 模板工程应进行安全技术交底。模板支设前应根据施工组织设计和施工方案及施工的具体情况，由专业技术负责人对施工操作人员进行交底，并履行签字手续。悬空作业应有可靠的立足作业面，支拆 3m 以上高度的模板时，应搭设脚手架工作台。安装模板过程中，应有保持模板临时的稳定措施。

(4) 模板工程验收。模板支设完成后，必须组织相关人员进行验收合格后方可使用，方能进行混凝土的浇筑，分段支设的模板应分段进行验收，验收应有量化的内容。

(5) 模板工程拆除。模板拆除前必须确认混凝土的强度达到设计或规范要求（要有混凝土强度报告），填写拆模申请，批准后方可进行，并根据具体情况进行详细可靠的安全技术交底，按照先拆侧模、后拆底模，先拆非承重部分，先支的后拆、后支的先拆的原则进行，及时制定模板拆除方案、自上而下进行，模板拆除时应设置警戒线、做出明显标志，防止落物伤人，必须有专人监护。

模板拆除应按区域进行，定型钢模板拆除不得大面积撬落，模板支撑要随拆随运，严禁随意抛掷，拆除后模板应分类存放，不得留有未拆净的悬空模板。大模板应面对面存放在专门设计的存放架上，应满足其自稳角度，并有可靠的防倾倒措施。

4.2.7.7 塔式起重机

4.2.7.7-1 塔式起重机使用安全要求

(1) 起重机的轨道基础应符合下列要求：

1) 路基承载能力：轻型（起重量 30kN 以下）应为 60～100kPa；中型（起重量 31～150kN）应为 101～200kPa；重型（起重量 150kN 以上）应为 200kPa 以上；

2) 每间隔 6m 应设轨距拉杆一个，轨距允许偏差为公称值的 1/1000，且不超过 ±3mm；

3) 在纵横方向上，钢轨顶面的倾斜度不得大于 1/1000；

4) 钢轨接头间隙不得大于 4mm，并应与另一侧轨道接头错开，错开距离不得小于 1.5m，接头处应架在轨枕上，两轨顶高度差不得大于 2mm；

5) 距轨道终端 lm 处必须设置缓冲止挡器，其高度不应小于行走轮的半径。在距轨道终端 2m 处必须设置限位开关碰块；

6) 鱼尾板连接螺栓应紧固，垫板应固定牢靠。

(2) 起重机的混凝土基础应符合下列要求：

1) 混凝土强度等级不低于 C35；

2）基础表面平整度允许偏差 1/1000；

3）埋设件的位置、标高和垂直度以及施工工艺符合出厂说明书要求。

（3）起重机的轨道基础或混凝土基础应验收合格后，方可使用。

（4）起重机的轨道基础两旁、混凝土基础周围应修筑边坡和排水设施，并应与基坑保持一定安全距离。

（5）起重机的金属结构、轨道及所有电气设备的金属外壳，应有可靠的接地装置，接地电阻不应大于4Ω。

（6）起重机的拆装必须由取得建设行政主管部门颁发的拆装资质证书的专业队进行，并应有技术和安全人员在场监护。

（7）起重机拆装前，应按照出厂有关规定，编制拆装作业方法、质量要求和安全技术措施，经企业技术负责人审批后，作为拆装作业技术方案，并向全体作业人员交底。

（8）拆装作业前检查项目应符合下列要求：

1）路基和轨道铺设或混凝土基础应符合技术要求；

2）对所拆装起重机的各机构、各部位、结构焊缝、重要部位螺栓、销轴、卷扬机构和钢丝绳、吊钩、吊具以及电气设备、线路等进行检查，使隐患排除于拆装作业之前；

3）对自升塔式起重机顶升液压系统的液压缸和油管、顶升套架结构、导向轮、顶升撑脚（爬爪）等进行检查，及时处理存在的问题；

4）对采用旋转塔身法所用的主副地锚架、起落塔身卷扬钢丝绳以及起升机构制动系统等进行检查，确认无误后方可使用；

5）对拆装人员所使用的工具、安全带、安全帽等进行检查，不合格者立即更换；

6）检查拆装作业中配备的起重机、运输汽车等辅助机械应状况良好，技术性能应保证拆装作业的需要；

7）拆装现场电源电压、运输道路、作业场地等应具备拆装作业条件；

8）安全监督岗的设置及安全技术措施的贯彻落实已达到要求。

（9）起重机的拆装作业应在白天进行。当遇大风、浓雾和雨雪等恶劣天气时，应停止作业。

（10）指挥人员应熟悉拆装作业方案，遵守拆装工艺和操作规程，使用明确的指挥信号进行指挥。所有参与拆装作业的人员，都应听从指挥。如发现指挥信号不清或有错误时，应停止作业，待联系清楚后再进行。

（11）拆装人员在进入工作现场时，应穿戴安全保护用品，高处作业时应系好安全带，熟悉并认真执行拆装工艺和操作规程。当发现异常情况或疑难问题时，应及时向技术负责人反映，不得自行其是，应防止处理不当而造成事故。

（12）在拆装上回转、小车变幅的起重臂时，应根据出厂说明书的拆装要求进行，并应保持起重机的平衡。

（13）采用高强度螺栓连接的结构，应使用原厂制造的连接螺栓，自制螺栓应有质量合格的试验证明，否则不得使用。连接螺栓时，应采用扭矩扳手或专用扳手，并应按装配技术要求拧紧。

（14）在拆装作业过程中，当遇天气剧变、突然停电、机械故障等意外情况，短时间不能继续作业时，必须使已拆装的部位达到稳定状态并固定牢靠，经检查确认无隐患后，方可停止作业。

(15) 安装起重机时，必须将大车行走缓冲止挡器和限位开关碰块安装牢固可靠，并应将各部位的栏杆、平台、扶杆、护圈等安全防护装置装齐。

(16) 在拆除因损坏或其他原因而不能用正常方法拆卸的起重机时，必须按照技术部门批准的安全拆卸方案进行。

(17) 起重机安装过程中，必须分阶段进行技术检验。整机安装完毕后，应进行整机技术检验和调整，各机构动作应正确、平稳，无异响，制动可靠，各安全装置应灵敏有效；在无载荷情况下，塔身和基础平面的垂直度允许偏差为4/1000，经分阶段及整机检验合格后，应填写检验记录，经技术负责人审查签证后，方可交付使用。

(18) 起重机塔身升降时，应符合下列要求：

1) 升降作业过程，必须有专人指挥，专人照看电源，专人操作液压系统，专人拆装螺栓。非作业人员不得登上顶升套架的操作平台。操纵室内应只准一人操作，必须听从指挥信号；

2) 升降应在白天进行，特殊情况需在夜间作业时，应有充分的照明；

3) 风力在四级及以上时，不得进行升降作业。在作业中风力突然增大达到四级时，必须立即停止，并应紧固上、下塔身各连接螺栓；

4) 顶升前应预先放松电缆，其长度宜大于顶升总高度，并应紧固好电缆卷筒。下降时应适时收紧电缆；

5) 升降时，必须调整好顶升套架滚轮与塔身标准节的间隙，并应按规定使起重臂和平衡臂处于平衡状态，并将回转机构制动住。当回转台与塔身标准节之间的最后一处连接螺栓（销子）拆卸困难时，应将其对角方向的螺栓重新插入，再采取其他措施。不得以旋转起重臂动作来松动螺栓（销子）；

6) 升降时，顶升撑脚（爬爪）就位后，应插上安全销，方可继续下一动作；

7) 升降完毕后，各连接螺栓应按规定扭力紧固，液压操纵杆回到中间位置，并切断液压升降机构电源。

(19) 起重机的附着锚固应符合下列要求：

1) 起重机附着的建筑物，其锚固点的受力强度应满足起重机的设计要求。附着杆系的布置方式、相互间距和附着距离等，应按出厂使用说明书规定执行。有变动时，应另行设计；

2) 装设附着框架和附着杆件，应采用经纬仪测量塔身垂直度，并应采用附着杆进行调整，在最高锚固点以下垂直度允许偏差为2/1000；

3) 在附着框架和附着支座布设时，附着杆倾斜角不得超过10°；

4) 附着框架宜设置在塔身标准节连接处，箍紧塔身。塔架对角处在无斜撑时应加固；

5) 塔身顶升接高到规定锚固间距时，应及时增设与建筑物的锚固装置。塔身高出锚固装置的自由端高度，应符合出厂规定；

6) 起重机作业过程中，应经常检查锚固装置。发现松动或异常情况时，应立即停止作业。故障未排除，不得继续作业；

7) 拆卸起重机时，应随着降落塔身的进程拆卸相应的锚固装置。严禁在落塔之前先拆锚固装置；

8）遇有六级及以上大风时，严禁安装或拆卸锚固装置；

9）锚固装置的安装、拆卸、检查和调整，均应有专人负责，工作时应系安全带和戴安全帽，并应遵守高处作业有关安全操作的规定；

10）轨道式起重机作附着式使用时，应提高轨道基础的承载能力和切断行走机构的电源，并应设置阻挡行走轮移动的支座。

（20）起重机内爬升时应符合下列要求：

1）内爬升作业应在白天进行。风力在五级及以上时，应停止作业；

2）内爬升时，应加强机上与机下之间的联系以及上部楼层与下部楼层之间的联系，遇有故障及异常情况，应立即停机检查，故障未排除不得继续爬升；

3）内爬升过程中，严禁进行起重机的起升、回转、变幅等各项动作；

4）起重机爬升到指定楼层后，应立即拔出塔身底座的支承梁或支腿，通过内爬升框架固定在楼板上，并应顶紧导向装置或用楔块塞紧；

5）内爬升塔式起重机的固定间隔不宜小于3个楼层；

6）对固定内爬升框架的楼层楼板，在楼板下面应增设支柱作临时加固。搁置起重机底座支承梁的楼层下方两层楼板，也应设置支柱作临时加固；

7）每次内爬升完毕后，楼板上遗留下来的开孔，应立即采用钢筋混凝土封闭；

8）起重机完成内爬升作业后，应检查内爬升框架的固定、底座支承梁的紧固以及楼板临时支撑的稳固等，确认可靠后，方可进行吊装作业。

（21）每月或连续大雨后，应及时对轨道基础进行全面检查，检查内容包括：轨距偏差，钢轨顶面的倾斜度，轨道基础的弹性沉陷，钢轨的不直度及轨道的通过性能等。对混凝土基础，应检查其是否有不均匀的沉降。

（22）应保持起重机上所有安全装置灵敏有效，如发现失灵的安全装置，应及时修复或更换。所有安全装置调整后，应加封（火漆或铅封）固定，严禁擅自调整。

（23）配电箱应设置在轨道中部，电源电路中应装设错相及断相保护装置及紧急断电开关，电缆卷筒应灵活有效，不得拖缆。

（24）起重机在无线电台、电视台或其他强电磁波发射天线附近施工时，与吊钩接触的作业人员，应戴绝缘手套和穿绝缘鞋，并应在吊钩上挂接临时放电装置。

（25）当同一施工地点有两台以上起重机时，应保持两机间任何接近部位（包括吊重物）距离不得小于2m。

（26）起重机作业前，应检查轨道基础平直、无沉陷，鱼尾板连接螺栓及道钉无松动，并应清除轨道上的障碍物，松开夹轨器并向上固定好。

（27）启动前重点检查项目应符合下列要求：

1）金属结构和工作机构的外观情况正常；

2）各安全装置和各指示仪表齐全完好；

3）各齿轮箱、液压油箱的油位符合规定；

4）主要部位连接螺栓无松动；

5）钢丝绳磨损情况及各滑轮穿绕符合规定；

6）供电电缆无破损。

（28）送电前，各控制器手柄应在零位。当接通电源时，应采用试电笔检查金属结构部分，确认无漏电后，方可上机。

（29）作业前，应进行空载运转，试验各工作机构是否运转正常，有无噪声及异响，各机构的制动器及安全防护装置是否有效，确认正常后方可作业。

（30）起吊重物时，重物和吊具的总重量不得超过起重机相应幅度下规定的起重量。

（31）应根据起吊重物和现场情况，选择适当的工作速度，操纵各控制器时应从停止点（零点）开始，依次逐级增加速度，严禁越档操作。在变换运转方向时，应将控制器手柄扳到零位，待电动机停转后再转向另一方向，不得直接变换运转方向、突然变速或制动。

（32）在吊钩提升、起重小车或行走大车运行到限位装置前，均应减速缓行到停止位置，并应与限位装置保持一定距离（吊钩不得小于1m，行走轮不得小于2m）。严禁采用限位装置作为停止运行的控制开关。

（33）动臂式起重机的起升、回转、行走可同时进行，变幅应单独进行。每次变幅后应对变幅部位进行检查。允许带载变幅的，当载荷达到额定起重量的90%及以上时，严禁变幅。

（34）提升重物，严禁自由下降。重物就位时，可采用慢就位机构或利用制动器使之缓慢下降。

（35）提升重物作水平移动时，应高出其跨越的障碍物0.5m以上。

（36）对于无中央集电环及起升机构不安装在回转部分的起重机，在作业时，不得顺一个方向连续回转。

（37）装有上、下两套操纵系统的起重机，不得上、下同时使用。

（38）作业中，当停电或电压下降时，应立即将控制器扳到零位，并切断电源。如吊钩上挂有重物，应稍松稍紧反复使用制动器，使重物缓慢地下降到安全地带。

（39）采用涡流制动调速系统的起重机，不得长时间使用低速档或慢就位速度作业。

（40）作业中如遇六级及以上大风或阵风，应立即停止作业，锁紧夹轨器，将回转机构的制动器完全松开，起重臂应能随风转动。对轻型俯仰变幅起重机，应将起重臂落下并与塔身结构锁紧在一起。

（41）作业中，操作人员临时离开操纵室时，必须切断电源，锁紧夹轨器。

（42）起重机载人专用电梯严禁超员，其断绳保护装置必须可靠。当起重机作业时，严禁开动电梯。电梯停用时，应降至塔身底部位置，不得长时间悬在空中。

（43）作业完毕后，起重机应停放在轨道中间位置，起重臂应转到顺风方向，并松开回转制动器，小车及平衡重应置于非工作状态，吊钩宜升到离起重臂顶端2～3m处。

（44）停机时，应将每个控制器拨回零位，依次断开各开关，关闭操纵室门窗。下机后，应锁紧夹轨器，使起重机与轨道固定，断开电源总开关，打开高空指示灯。

（45）检修人员上塔身、起重臂、平衡臂等高空部位检查或修理时，必须系好安全带。

（46）在寒冷季节，对停用起重机的电动机、电器柜、变阻器箱、制动器等，应严密遮盖。

（47）动臂式和尚未附着的自升式塔式起重机，塔身上不得悬挂标语牌。

4.2.7.7-2 塔式起重机安装验收表

1. 资料表式

塔式起重机安装验收表 表 4.2.7.7-2

<table>
<tr><td colspan="2">工程名称</td><td></td><td>塔机型号</td><td></td><td>设备编号</td><td></td></tr>
<tr><td colspan="2">生产厂家</td><td></td><td>出厂日期</td><td>设计安装高度</td><td colspan="2"></td></tr>
<tr><td colspan="2">安装单位</td><td>资质证书编号</td><td></td><td>验收高度</td><td colspan="2"></td></tr>
<tr><td>序号</td><td>验收项目</td><td colspan="4">验 收 内 容</td><td>验收结果</td></tr>
<tr><td rowspan="3">1</td><td rowspan="3">施工方案</td><td colspan="4">有专项安全施工组织设计并经上级审批，针对性强，能指导施工</td><td></td></tr>
<tr><td colspan="4">有专项安全技术交底</td><td></td></tr>
<tr><td colspan="4">安装单位及人员具有相应的资质</td><td></td></tr>
<tr><td rowspan="10">2</td><td rowspan="10">塔式起重机路基与轨道</td><td colspan="4">路基土壤承载能力必须符合该塔机说明书要求</td><td></td></tr>
<tr><td colspan="4">碎石基础应整平捣实</td><td></td></tr>
<tr><td colspan="4">轨枕之间应填满碎石，钢轨接头间隙应不大于 4mm，接头错开应大于 1.5m 以上</td><td></td></tr>
<tr><td colspan="4">两轨顶高度差应不大于 2mm</td><td></td></tr>
<tr><td colspan="4">拉杆间距应不大于 6m</td><td></td></tr>
<tr><td colspan="4">轨距偏差应不大于 1/1000，且不超过±3mm</td><td></td></tr>
<tr><td colspan="4">钢轨顶面纵横向倾斜度应不大于 1/100</td><td></td></tr>
<tr><td colspan="4">行走限位开关碰块距钢轨终端应大于 2m</td><td></td></tr>
<tr><td colspan="4">止挡器距钢轨终端应大于 1m，高度应大于轮径 1/2</td><td></td></tr>
<tr><td colspan="4">有良好的排水措施</td><td></td></tr>
<tr><td rowspan="4">3</td><td rowspan="4">固定式塔式起重机的基础</td><td colspan="4">基础设计和处理必须符合本机说明书要求</td><td></td></tr>
<tr><td colspan="4">基础设计有土壤承载力资料和计算，并经上级审批</td><td></td></tr>
<tr><td colspan="4">基础完工后有履行验收手续</td><td></td></tr>
<tr><td colspan="4">有良好排水措施</td><td></td></tr>
<tr><td rowspan="6">4</td><td rowspan="6">塔式起重机结构</td><td colspan="4">结构无开焊、裂纹及永久性变形</td><td></td></tr>
<tr><td colspan="4">架体各节点螺栓应紧固</td><td></td></tr>
<tr><td colspan="4">开口销应完全撬开</td><td></td></tr>
<tr><td colspan="4">压重、配重应按说明书要求设置</td><td></td></tr>
<tr><td colspan="4">上人爬梯护圈及休息平台设置应符合要求</td><td></td></tr>
<tr><td colspan="4">塔身与基础平面的垂直度偏差应不大于 4/1000</td><td></td></tr>
<tr><td rowspan="5">5</td><td rowspan="5">绳轮传动系 统</td><td colspan="4">钢丝绳规格应符合要求，断丝和磨损达到报废标准的不得使用</td><td></td></tr>
<tr><td colspan="4">钢丝绳固定编插缠绕应符合规定要求</td><td></td></tr>
<tr><td colspan="4">各部位滑轮应转动灵活，无破损，轮槽磨损达到报废标准的不得使用</td><td></td></tr>
<tr><td colspan="4">各机构运行平稳，无异常，润滑良好</td><td></td></tr>
<tr><td colspan="4">各制动器装置应灵敏可靠</td><td></td></tr>
</table>

续表

序号	验收项目	验收内容	验收结果
6	电气系统	控制、操纵装置动作应灵敏可靠	
		仪表、报警装置应齐全完好	
		电气各安全保护装置应灵敏可靠	
		司机室及通道应有良好的照明	
		电气系统对塔吊绝缘电阻值应不小于 0.5MΩ	
		塔机接地、接零应符合规定要求。接地电阻值应不大于 4Ω	
		避雷装置是否符合规定要求	
		高于 30m 的塔机应在塔顶及臂架头部装设防撞红色灯	
		塔机的任何部位与架空线路应保持安全距离。达不到的，应采取防护措施	
7	安全装置	力矩限制器应灵敏可靠，并有试验报告	
		行走、回转、变幅、超高限位装置应灵敏可靠	
		卷扬机卷筒应按规定设置保险装置	
		夹轨钳应符合规定要求	
		吊钩应有保险装置并完好	
8	附墙装置	附墙装置应符合说明书要求	
		塔身与附墙装置连接牢固可靠	
		最高附着点以上塔身悬臂高度应符合规定要求	
9	试运转	经空载、额定荷载试验，各驱动装置、制动装置、限位装置及保险装置运行无异常且灵敏可靠，并有检验报告	
10	多塔作业	多台塔式起重机在同一现场作业，应有可靠的防碰撞措施	
11	操　　作	司机、指挥持证上岗，指挥信号符合要求	

验收意见：		
	项目负责人	
	技术负责人	
	安装负责人	
	机　管　员	
	安　全　员	
	塔吊司机	
年　　月　　日		

2. 实施要点

(1) 该表为塔式起重机安装验收施工完成后验收时，对应验收的验收项目、验收内容和验收结果进行逐项核验的表式，应由项目负责人、技术负责人、安装负责人、机管员、安全员和塔吊司机进行验收，验收完成后必须据实填写验收意见，验收人本人签字。

(2) 塔式起重机必须由有资质的单位进行安装和拆除，安装和拆除的人员必须持证上岗。

(3) 塔式起重机安装应编制安装方案。安装方案内容应包括：编制依据、工程概况、作业环境；地耐力计算；塔吊的定位平面示意图；外电走向与起重回转半径工作范围的平面示意图；作业人员组成及安装机具准备；安装拆除程序、方法、要求、安全技术措施；运行调试要求；塔吊工作范围内的防护措施；塔吊的使用、维护与安全检查要求。

(4) 塔式起重机安装应进行安全技术交底。由主管安装的技术人员根据专项方案和现场的具体情况进行全方位的技术交底。

(5) 塔式起重机基础混凝土强度应提供强度试验报告。塔基基础施工时，必须按规定留置混凝土试块，基础完工后要按规定进行分部验收，只有当混凝土强度达到要求时才能进行上部的安装。

(6) 塔式起重机安装验收。塔式起重机安装完成后组织相关人员进行检测、调试、验收。按照塔式起重机验收表的内容进行量化验收，主要内容包括：塔吊基础或路基的混凝土强度报告或允许承载力是否符合要求；塔吊结构的坚固情况，滑轮与钢绳的接触情况，电气线路的控制仪表装置是否齐全、安全限位装置是否灵活可靠，并进行空载试验和额定载荷试验的检查。并按国家、省有关规定，到建设行政主管部门或安监机构办理使用备案手续，方可投入使用。验收、检测和试运转的结果要有详细如实的记录，参加验收的有关人员的在验收记录上签字确认。

(7) 塔式起重机拆除应进行安全技术交底。塔机拆除前必须由专业技术人员根据现场情况向操作人员进行技术交底现场情况、明确拆卸人员的职责、拆除方法、程序，拆除过程中安全防护措施、实际拆除过程中安全注意事项和安全技术措施。

4.2.7.8 施工机具

常用的施工机具包括：平刨、圆盘锯、手持电动工具、钢筋机械、电焊机、搅拌机、气瓶、翻斗车、潜水泵、打桩机等。

4.2.7.8-1 木工机械使用安全要求

1. 一般安全要求

(1) 机械上的电动机及电器部分应按其有关要求执行。

(2) 工作场所应备有齐全可靠的消防器材。严禁在工作场所吸烟和有其他明火，并不得存放油、棉纱等易燃品。

(3) 工作场所的待加工和已加工木料应堆放整齐，保证道路畅通。

(4) 机械应保持清洁，安全防护装置应齐全可靠，各部连接紧固，工作台上不得放置杂物。

(5) 机械的皮带轮、锯轮、刀轴、锯片、砂轮等高速转动部件应在安装时做平衡试验。各种刀具不得有裂纹破损。

(6) 装设有气动除尘装置的木工机械，作业前应先启动排尘风机，经常保持排尘管道不变形，不漏风。

(7) 严禁在机械运行中测量工件尺寸和清理机械上面或底部的木屑、刨花和杂物。

(8) 运行中不准跨过机械传动部分传递工件、工具等。排除故障、拆装刀具时必须待机械停稳后、切断电源，方可进行。操作人员与辅助人员应密切配合，以同步匀速接送料。

(9) 根据木材的材质、粗细、湿度等，选择合适的切削和进给速度。加工前，应从木料中清除铁钉、铁丝等金属物。

(10) 作业后切断电源，锁好闸箱，进行擦拭、润滑，清除木屑、刨花。

2. 带锯机使用安全要求

(1) 作业前，检查锯条，如锯条齿侧的裂纹长度超过10mm，锯条接头处裂纹长度超过10mm，以及连续缺齿两个和接头超过三个的锯条均不得使用。裂纹在以上规定内必须在裂纹终端冲一止裂孔。锯条松紧度调整适度后，先空运转，如声音正常，无串条现象时，方可作业。

(2) 作业中，操作人员应站在带锯机的两侧，跑车开动后，行程范围内的轨道周围不准站人，严禁在运行中上、下跑车。

(3) 圆木必须紧靠车桩车盘，钩末挂好不得松动撬杠。操作时手脚不准伸出跑车边缘，以防碰撞。

(4) 非操作人员不得上车，跑车未停稳禁止下木料。

(5) 原木进锯前，应调好尺寸，进锯后不得调整，进锯速度应均匀，不能过猛。运转中严禁调整锯卡子和清理碎料、树皮等。

(6) 在木材的尾端越过锯条50cm后，方可倒车。倒车速度不宜过快，要注意木楂、节疤碰卡锯条。

(7) 平台式带锯作业时，送接料要配合一致。送料、接料时不得将手送进台面。锯短料时，应用推棍送料。木料回送时，要离开锯条50mm以上，并须注意防止木楂、节疤碰撞锯条。

(8) 装设有气动吸尘罩的带锯机，当木屑堵塞吸尘管口时，严禁在运转中用木棒在锯轮背侧清理管口。

(9) 锯机张紧装置的压砣（重锤），应根据锯条的宽度与厚度调节档位或增减副砣，不得用增加重锤重量的办法克服锯条口松或串条等现象。

(10) 操作小带锯，上下手要相互配合，不要猛推猛拉。送料时手不应进入台面，接料时手不应超过锯口。锯短料时，应用推棍送料。

3. 木工车床使用安全要求

(1) 检查车床各部装置及工、卡具，灵活可靠，工件应卡紧并用顶针顶紧，用手转动试运转，确认情况良好后，方可开车；并根据工件木质的软硬，选择适当的进刀量和调整转速。

(2) 车削过程中，不得用手摸检查工件的光滑程度。用砂纸打磨时，应先将刀架移开后进行。车床转动时，无论停电与否，均不得用手来制动。

(3) 方形木料，必须先加工成近似圆柱体后再上车床加工。有节疤或裂缝的木料，均不得上车床切削。

4. 木工铣床（裁口机）使用安全要求

(1) 启动前，必须检查铣刀固定螺栓的紧固度，不得有过紧或过松的现象。

(2) 进料时，要缓慢推进，遇有较大木节时，应降低进料速度。木料送过刨口150mm后再进行接料。

(3) 当木料铣切到端头时，应将手移到木料已铣切的一端接料。送短料时，必须用推料棍。

(4) 铣切硬木口一次不得超过深15mm、高50mm。铣切松木口一次不得超过深20mm、高60mm。严禁在中间插刀。

(5) 卧式铣床的操作人员，必须站在刀刃侧面，严禁迎刃而立。

5. 开榫机使用安全要求

(1) 作业前，要紧固好刨刀、锯片，并试运转1～2min。确认正常后，方可作业。

(2) 作业时，应侧身操作，严禁面对刀具。进料速度要均匀，不得猛推。

(3) 被加工的木料，必须用压料杆压紧，待切削完毕后，方可松开。短料开榫，必须用垫板夹牢，不得用手直接握料。1.5m以上的长料，必须两人操作。

(4) 遇有节疤的木料不得上机加工。

(5) 发现刨渣或木片堵塞，要用木棍推出，禁用手掏。

6. 打眼机使用安全要求

(1) 作业前，应调整好床架和卡具，台面要平整，卡具要灵活，钻头要垂直，凿心要在凿套中心卡牢，并与加工的钻孔垂直。

(2) 打眼时，必须使用夹料器，不得用手直接扶料。1.5m以上长料必须使用托架，调头时双手持料，注意周围人和物。遇节疤时必须缓慢压下，不得用力过猛，严禁戴手套操作。

(3) 作业中，如凿心被木楂或木渣卡阻或因猛压产生高温使木料冒烟时，应立即抬起手柄。深度超过凿渣出口，要勤拔钻头。

(4) 清理凿渣要用刷子或吹风器，禁止用手直接清理钻出的木渣。

(5) 更换凿心时，应先停车切断电源，并须在平台上垫上木板后方可进行。

7. 刮边机（包括直边机）使用安全要求

(1) 木料应按压在推车上，后端必须顶牢。推进速度要慢，手不准送料到刨口。

(2) 刀部要设置坚固严密的防护罩。每次进刀量不得超过4mm。

(3) 禁止使用开口螺钉槽的刨刃，装刀要拧紧螺钉。

4.2.7.8-2 平刨验收

4.2.7.8-2A 平面刨（手压刨）使用安全要求

(1) 作业前，检查安全防护装置必须齐全有效，才准使用。

(2) 刨料时应保持身体稳定，双手操作。刨料时，手应按在料的上面，手指必须离开刨口 50mm 以上。严禁用手在木料后端送料和跨越刨口进行刨削。

(3) 刨削量每次一般不得超过 1.5mm。进料速度保持均匀，经过刨口时用力要轻，禁止在刨刀上方回料。

(4) 被刨木料的厚度小于 30mm，长度小于 400mm 时，应用压板或压棍推进。厚度在 15mm，长度在 250mm 以下的木料，不得在平刨上加工。

(5) 被刨木料如有破裂或硬节等缺陷时，必须处理后再施刨。刨旧料前，必须将料上的钉子、杂物清除干净。遇木槎、节疤要缓慢送料，严禁将手按在节疤上送料。

(6) 换刀片应拉闸断电或摘掉皮带。

(7) 刀片和刀片螺钉的厚度、重量必须一致，刀架夹板必须平整贴紧，合金刀片焊缝的高度不得超出刀头，刀片紧固螺钉应嵌入刀片槽内，槽端离刀背不得小于 10mm。紧固刀片螺钉时，用力应均匀一致，不得过松或过紧。

(8) 机械运转时，不得进行维修，更不得将手伸进安全挡板里侧去移动挡板或拆除安全挡板进行刨削。严禁戴手套操作。

4.2.7.8-2B 压刨床（单面和多面）使用安全要求

(1) 压刨床必须用单向开关，不得安装倒顺开关，三、四面刨应按顺序开动。

(2) 木料的材质、规格一致时，允许同时刨两块木料。严禁一次刨削两块不同材质或不同规格的木料，被刨的木料不得超过机械所规定的厚度。操作者应站在刨床的一侧，接、送料时不得戴手套，送料时必须先送大头。

(3) 刨刀与刨床台面的水平间隙应在 10～30mm 之间。刨刀螺钉必须重量相等，紧固时用力应均匀一致，不得过紧或过松，严禁使用带开口槽的刨刀。

(4) 每次进刀量应为 2～5mm，如遇硬物或节疤，应减小进刀量，降低送料速度。

(5) 进料必须平直，发现材料走横或卡住，应停机降低台面拨正。送料时手指必须离开滚筒 200mm 以外，接料必须待料走出台面。

(6) 被刨木料长度不能短于前后压滚筒中心距离；刨短料时，须连续进料。刨削 10mm 以下的薄板，必须垫托板，方可推进压刨。

(7) 压刨必须装有回弹灵敏的逆止爪装置，进料齿辊及托料光辊应调整水平和上下距离一致，齿辊应低于工件表面 1～2mm，光辊应高出台面 0.3～0.8mm，工作台面不得歪斜和高低不平。

(8) 安装或换刀片的注意事项按 4.2.7.8-2A 第 (6) 条和第 (7) 条的要求执行。

4.2.7.8-2C 平刨验收表

资料表式

该表为平刨安装完成后验收时，对应验收的验收项目、验收内容和验收结果进行逐项核验的表式，应由项目负责人、技术负责人、安装负责人、机管员、安全员和机械操作工进行验收，验收完成后必须据实填写验收意见，验收人本人签字。

平刨验收表　　表 4.2.7.8-2C

<table>
<tr><td colspan="2">工程名称</td><td colspan="3"></td><td>机械名称</td><td></td></tr>
<tr><td colspan="2">设备型号</td><td></td><td>设备编号</td><td></td><td>安装日期</td><td></td></tr>
<tr><td>序号</td><td colspan="5">验　收　内　容</td><td>验收结果</td></tr>
<tr><td>1</td><td colspan="5">安装场地混凝土硬化，机身安装稳固，设有可靠的防护棚，有安全操作规程牌，有良好排水措施</td><td></td></tr>
<tr><td>2</td><td colspan="5">传动部位防护罩、护手安全装置齐全可靠</td><td></td></tr>
<tr><td>3</td><td colspan="5">设备金属外壳应做保护接零并连接牢固，符合要求</td><td></td></tr>
<tr><td>4</td><td colspan="5">有专用开关箱并符合要求，漏电保护器匹配合理、灵敏可靠</td><td></td></tr>
<tr><td>5</td><td colspan="5">平刨距开关箱距离应不大于 3m</td><td></td></tr>
<tr><td>6</td><td colspan="5">严禁使用平刨和圆盘踞合用一台电机的多功能木工机具</td><td></td></tr>
<tr><td>7</td><td colspan="5">作业场所应配有符合防火要求的消防器</td><td></td></tr>
<tr><td colspan="4" rowspan="6">验收意见：

年　月　日</td><td colspan="2">项目负责人</td><td></td></tr>
<tr><td colspan="2">技术负责人</td><td></td></tr>
<tr><td colspan="2">安装负责人</td><td></td></tr>
<tr><td colspan="2">机　管　员</td><td></td></tr>
<tr><td colspan="2">安　全　员</td><td></td></tr>
<tr><td colspan="2">机械操作工</td><td></td></tr>
</table>

4.2.7.8-3　圆盘锯验收

4.2.7.8-3A　圆盘锯使用安全要求

（1）操作前应进行检查，锯片不应有裂纹，螺钉应上紧。

（2）锯片上方必须装置安全罩、挡板和冷却水装置。在锯片后面，离齿 10～15mm 处，必须安装弧形楔刀。锯片的安装，应保持与轴同心。

（3）锯片必须平整，锯齿应尖锐，不得连续缺齿两个，裂纹长度不得超过 20mm，裂缝末端应冲止裂孔。

（4）操作时要戴防护眼镜，应站在锯片一侧，禁止站在与锯片同一直线上，手不得跨越锯片。

(5) 进料必须紧贴靠山，不得用力过猛，遇硬节慢推，接料要待料出锯片15cm，不得用力硬拉。

(6) 短窄料应用推棍，接料使用刨钩。

(7) 被锯木料厚度，以锯片能露出木料10～20mm为限，夹持锯片的法兰盘的直径应为锯片直径的1/4。超过锯片半径的木料，禁止上锯。

(8) 圆锯启动后，应待转速正常后方可进行锯料。送料时不得将木料左右晃动或高抬，遇木节要缓慢送料。锯料长度应不小于500mm。接近端头时，应用推棍送料。

(9) 锯线走偏，应逐渐纠正，不准猛扳，以免损坏锯片。

(10) 锯片运转时间过长，温度过高时，应用水冷却，直径600mm以上的锯片在操作中，应喷水冷却。

4.2.7.8-3B 圆盘锯验收表

资料表式

圆 盘 锯 验 收 表　　表 4.2.7.8-3B

<table>
<tr><td colspan="2">工程名称</td><td colspan="3"></td><td>机械名称</td><td></td></tr>
<tr><td colspan="2">设备型号</td><td></td><td>设备编号</td><td></td><td>安装日期</td><td></td></tr>
<tr><td>序号</td><td colspan="5">验 收 内 容</td><td>验收结果</td></tr>
<tr><td>1</td><td colspan="5">安装场地混凝土硬化，机身安装稳固，设有可靠的防护棚，有安全操作规程牌，有良好排水措施</td><td></td></tr>
<tr><td>2</td><td colspan="5">锯盘护罩、分料器、防护挡板及传动部位防护罩齐全可靠</td><td></td></tr>
<tr><td>3</td><td colspan="5">设备金属外壳应做保护接零并连接牢固，符合要求</td><td></td></tr>
<tr><td>4</td><td colspan="5">有专用开关箱并符合要求，漏电保护器匹配合理、灵敏可靠</td><td></td></tr>
<tr><td>5</td><td colspan="5">开关箱距圆盘锯距离应不大于3m</td><td></td></tr>
<tr><td>6</td><td colspan="5">作业场所应配有符合防火要求的消防器材</td><td></td></tr>
<tr><td colspan="5" rowspan="7">验收意见：

年 月 日</td><td>项目负责人</td><td></td></tr>
<tr><td>技术负责人</td><td></td></tr>
<tr><td>安装负责人</td><td></td></tr>
<tr><td>机 管 员</td><td></td></tr>
<tr><td>安 全 员</td><td></td></tr>
<tr><td>机械操作工</td><td></td></tr>
<tr><td></td><td></td></tr>
</table>

该表为圆盘锯安装完成后验收时，对应验收的验收项目、验收内容和验收结果进行逐项核验的表式，应由项目负责人、技术负责人、安装负责人、机管员、安全员和机械操作工进行验收，验收完成后必须据实填写验收意见，验收人本人签字。

4.2.7.8-4 钢筋机械安装验收

4.2.7.8-4A 钢筋机械安装使用安全要求

1. 钢筋冷处理安全要求

(1) 冷拉卷扬机前应设置防护挡板，没有挡板时，应将卷扬机与冷拉方向成90°，并且应用封闭式导向滑轮。操作时要站在防护挡板后，冷拉场地不准站人和通行。

(2) 冷拉钢筋要上好夹具，离开后再发开机信号。发现滑动或其他问题时，要先行停机，放松钢筋后，才能重新进行操作。

(3) 冷拉和张拉钢筋要严格按照规定应力和伸长度进行，不得随意变更。不论拉伸或放松钢筋都应缓慢均匀，发现油泵、千斤顶、锚卡具有异常，应即停止张拉。

(4) 张拉钢筋，两端应设置防护挡板。钢筋张拉后要加以防护，禁止压重物或在上面行走。浇灌混凝土时，要防止震动器冲击预应力钢筋。

(5) 千斤顶支脚必须与构件对准，放置平正，测量拉伸长度、加楔和拧紧螺栓应先停止拉伸，并站在两侧操作，防止钢筋断裂，回弹伤人。

(6) 同一构件有预应力和非预应力钢筋时，预应力钢筋应分二次张拉，第一次拉至控制应力的70%～80%，待非预应力钢筋绑好后再拉到规定应力值。

(7) 采用电热张拉时，电气线路必须由持证电工安装，导线连接点应包裹，不得外露。张拉时，电压不得超过规定值。

(8) 电热张拉达到张拉应力值时，应先断电，然后锚固，如带电操作应穿绝缘鞋和戴绝缘手套。钢筋在冷却过程中，两端禁止站人。

2. 钢筋的绑扎与安装安全要求

(1) 绑扎基础钢筋时，应按施工设计规定摆放钢筋支架或马凳架起上部钢筋，不得任意减少支架或马凳。操作前应检查基坑土壁和支撑是否牢固。

(2) 绑扎立柱、墙体钢筋，不得站在钢筋骨架上操作和攀登骨架上下。柱筋在4m以内，重量不大，可在地面或楼面上绑扎，整体竖起；柱筋在4m以上时，应搭设工作台。柱、墙、梁骨架，应用临时支撑拉牢，以防倾倒。

(3) 高处绑扎和安装钢筋，注意不要将钢筋集中堆放在模板或脚手架上，特别是悬臂构件，应检查支撑是否牢固。

(4) 应尽量避免在高处修整、扳弯粗钢筋，在必须操作时，要配挂好安全带，选好位置，人要站稳。

(5) 在高处、深坑绑扎钢筋和安装骨架，必须搭设脚手架和马道，无操作平台应配挂好安全带。

(6) 绑扎高层建筑的圈梁、挑檐、外墙、边柱钢筋，应搭设外脚手架或安全网，绑扎时要配挂好安全带。

(7) 安装绑扎钢筋时，钢筋不得碰撞电线，在深基础或夜间施工需使用移动式行灯照明时，行灯电压不应超过36V。

4.2.7.8-4B 钢筋工程机械使用安全要求

1. 一般安全要求

(1) 钢筋加工机械以电动机、液压为动力，以卷扬机为辅机者，应按其有关规定执行。

(2) 机械的安装必须坚实稳固，保持水平位置。固定式机械应有可靠的基础，移动式机械作业时应楔紧行走轮。

(3) 室外作业应设置机棚，机旁应有堆放原料、半成品的场地。

(4) 加工较长的钢筋时，应有专人帮扶，并听从人员指挥，不得任意推拉。

(5) 电动机械应接地良好，电源线不准直接接在按钮上，应另设开关箱。

(6) 作业后，应堆放好成品。清理场地，切断电源，锁好电闸箱。

2. 钢筋调直机使用安全要求

(1) 料架、料槽应安装平直，对准导向筒、调直筒和下切刀孔的中心线。机械上不准堆放物件，以防机械振动滑落机体造成事故。

(2) 用手转动飞轮，检查传动机构和工作装置，调整间隙，紧固螺栓，确认正常后，启动空运转；检查轴承应无异响，齿轮啮合良好，待运转正常后，方可作业。

(3) 按调直钢筋的直径，选用适当的调直块及传动速度。经调试合格，方可送料。短于2m或直径大于9mm的钢筋调直，应低速进行。

(4) 在调直块未固定，防护罩未盖好前不得送料。作业中严禁打开各部防护罩及调整间隙。

(5) 送料前应将不直的料头切去，导向筒前应装一根1m长的钢管，钢筋必须先穿过钢管再送人调直前端的导孔内。

(6) 当钢筋送入压滚后，手与滚轮必须保持一定距离，不得接近。严禁戴手套操作。

(7) 钢筋调直到末端时，人员必须躲开，以防钢筋甩动伤人。

(8) 工作中应经常注意转轴的温度，如果温度升高超过60℃时，须停机查明原因。

(9) 作业后，应松开调直块回到原来位置，同时预压弹簧必须回位。

3. 钢筋切断机使用安全要求

(1) 接送料工作台面应和切刀下部保持水平，工作台的长度可根据加工材料长度决定。

(2) 启动前，必须检查刀片安装是否正确，切刀应无裂纹，刀架螺栓紧固，防护罩应牢固。然后用手转动皮带轮，检查齿轮啮合间隙，调整切刀间隙，固定刀与活动刀间水平间隙以0.5～1mm为宜。

(3) 启动后，先空运转，检查各传动部分及轴承运转正常后，方可作业。

(4) 机械未达到正常转速时不得切料，切料时必须使用切刀的中下部位，并将钢筋握紧，应在活动刀向后退时，把钢筋送入刀口，以防钢筋末端摆动或弹出伤人。

(5) 不得剪切直径及强度超过机械铭牌规定的钢筋和烧红的钢筋。一次切断多根钢筋时，总截面积应在规定范围内。

(6) 剪切低合金钢时，应换高硬度切刀，直径应符合铭牌规定。

(7) 切断短料时，手和切刀之间的距离应保持 150mm 以上，如手握端小于 400mm 时，应用套管或夹具将钢筋短头压住或夹牢。切刀一端小于 300mm 时，切断前必须用夹具夹住，防止弹出伤人。

(8) 切长钢筋应有专人扶住，操作时动作要一致，不得任意拖拉。

(9) 运转中，严禁用手直接清除切刀附近的短头钢筋和杂物。钢筋摆动周围和切刀附近操作人员不得停留。

(10) 发现机械运转不正常有异响或切刀歪斜等情况，应立即停机检修。

(11) 使用电动液压钢筋切断机时，要先松开放油阀，空载运转几分钟，排掉缸内空气，然后拧紧，并用手扳动钢筋给活动刀以回程压力，即可进行工作。

(12) 已切断的钢筋，堆放要整齐，防止切口突出，误踢割伤。

(13) 作业后，用钢刷清除切刀间的杂物，进行整机清洁保养。

4. 钢筋弯曲机使用安全要求

(1) 工作台和弯曲机台面要保持水平，并准备好各种芯轴及工具。

(2) 应按加工钢筋的直径和弯曲半径的要求装好芯轴、成型轴、挡铁或可变挡架，芯轴直径应为钢筋直径的 2.5 倍。

(3) 检查芯轴、挡块、转盘应无损坏和裂纹，防护罩紧固可靠；经空运转确认正常后，方可作业。

(4) 作业时，将钢筋需弯的一头插在转盘固定销，并用手压紧，应注意钢筋放人插头的位置和回转方向，不要开错方向，检查机身固定销子确实安在挡住钢筋的一侧，方可开动。

(5) 弯曲长钢筋，应有专人扶住，并站在钢筋弯曲方向的外面，互相配合，不得拖拉。调头弯曲，防止碰撞人和物。

(6) 机械运转中，严禁更换芯轴、销子和变换角度以及调速等作业，转盘换向、加油和清理，必须在停稳后进行。

(7) 弯曲钢筋时，严禁超过本机规定的钢筋直径、根数及机械转速。

(8) 弯曲高强度或低合金钢筋时，应按机械铭牌规定换算最大限制直径并调换相应的芯轴。

(9) 严禁在弯曲钢筋的作业半径内和机身不设固定销的一侧站人。弯曲好的半成品应堆放整齐，弯钩不得朝上。

(10) 掌握弯曲机操作人员，不准戴手套。

5. 钢筋冷拉机使用安全要求

(1) 应根据冷拉钢筋的直径，合理选用卷扬机，卷扬钢丝绳应经封闭式导向滑轮，卷扬机的位置必须使操作人员能见到全部冷拉场地，距离冷拉中心线不少于5m。

(2) 冷拉卷扬机前设防护挡板，操作时要站在防护挡板后面；没有挡板时，应将卷扬机与冷拉方向成直角。

(3) 冷拉场地在两端地锚外侧设置警戒区，装设防护栏杆及警告标志。严禁无关人员在此停留。操作人员在作业时，必须离开钢筋至少2m以外。

(4) 用配重控制的设备必须与滑轮匹配，并有指示起落的记号，没有指示记号时应有专人指挥。配重框提升时高度应限制在离地300mm以内，配重架四周应有栏杆及警告标志。

(5) 作业前，应检查冷拉夹具，夹齿必须完好，滑轮、拖拉小车应润滑灵活，拉钩、地锚及防护装置均应齐全牢固，确认良好后，方可作业。凡过硬或不匀质的钢材不宜冷拉。

(6) 卷扬机操作人员必须看到指挥人员发出信号，并待所有人员离开危险区后，方可作业。冷拉应缓慢、均匀地进行，随时注意停机信号或见到有人进入危险区时，应立即停拉，并稍稍放松卷扬钢丝绳。

(7) 用延伸率控制的装置，必须装设明显的限位标志，并要有专人负责指挥。

(8) 夜间工作照明设施应设在张拉危险区外，如必须装置在场地上空时，其高度应超过5m，灯泡应加防护罩，导线应绝缘良好。

(9) 电器设备必须安全可靠，导线绝缘必须良好，电动机和启动器外壳必须接地。

(10) 地锚的设置和抗拉强度的计算，应由使用单位确定。

(11) 作业后，应放松卷扬钢丝绳，落下配重，切断电源，锁好电闸箱。

6. 预应力钢筋拉伸设备使用安全要求

(1) 采用钢模配套张拉，两端要有地锚，还必须配有卡具、锚具，钢筋两端须镦头，场地两端外侧应有防护栏杆和警告标志。

(2) 检查卡具、锚具及被拉钢筋两端镦头，如有裂纹或破损，应及时修复或更换。

(3) 卡具刻槽应较所拉钢筋的直径大0.7～1mm，并保证有足够强度使锚具不致变形。

(4) 空载运转，校正千斤顶和压力表的指示吨位，定出表上的数字，对比张拉钢筋所需吨位及延伸长度。检查油路应无泄漏，确认正常后方可作业。

(5) 作业中，操作要平稳、均匀，张拉时两端不得站人。拉伸机在有压力情况下严禁拆卸液压系统中的任何零件。

(6) 在测量钢筋的伸长或拧紧螺帽时，应先停止拉伸，操作人员必须站在两侧操作。

(7) 用电热张拉法带电操作时，应穿绝缘胶鞋和戴绝缘手套。

(8) 张拉时，不准用手摸或脚踩钢筋或钢丝。

(9) 作业后，切断电源，锁好电闸箱。千斤顶全部卸荷并将拉伸设备放在指定地点进行保养。

7. 冷镦机使用安全要求

(1) 根据钢筋直径配换相应卡具。

（2）作业前，应检查模具、中心冲头应无裂纹，校正上下模具与中心冲头的同心度，紧固各部螺栓，作好安全防护。

（3）启动后，先空运转，调整上下模具紧度，对准冲头模进行镦头校对，确认正常后，方可作业。

（4）机械未达到正常转速时，不得镦头。如镦出的头大小不匀时，应及时调整冲头与卡具的间隙，冲头导向块经常保持有足够的润滑。

8. 钢筋冷拔机使用安全要求

（1）冷拔机与轴承架要保持水平，使主轴与滚筒轴转动灵活。

（2）传动皮带轮和齿轮必须装置防护罩，伞形齿轮前端要装防护网，机械工作台的后端要装挡板。

（3）操作人员袖口裤管要扎紧，女工要戴帽子。当挂上传动链带时不得戴手套（握钢筋时应戴厚布手套）。

（4）作业前，工作台上的杂物要清理干净，机械附近地面和通道不得有障碍物。检查机械各连接件应牢固，模具应无裂纹，轧头和模具的规格应配套，并检查轴承油量和在滚筒轴孔内加注润滑油。然后启动主机运转，确认正常后方可作业。

（5）在冷拔钢筋时，每道工序的冷拔直径应按机械说明书规定进行，不得超量缩减模具孔径，无资料时，可按每次缩减孔径 0.5～1mm。冷拔模具经过磨损后口径增大时，应及时更换。

（6）钢筋先用轧头机（揸嘴）将头部轧小，轧时手应离开轧头辊子 300～500mm，头部应轧圆。轧头时应先使钢筋的一端穿过模具长度达 100～150mm，再用卡具卡牢。

（7）作业时，合上离合器后，操作人员应后退离机 0.5m 以外，手和轧辊应保持 0.3～0.5m 的距离，并站在滚筒右侧，禁止用手直接接触钢筋和滚筒。

（8）冷拔模架中应随时加足润滑剂（以石灰和肥皂水调和晒干后的粉末）。钢筋通过冷拔模前，应抹少量润滑脂加以润滑。

（9）当钢筋末端通过冷拔模子后，应立即踩脚闸（用脚闸操纵为好）分开离合器，同时用手闸挡住钢筋末端或用工具压住钢筋末端，防止弹开伤人。

（10）工作台前宜装设“挨身停机装置”，使操作人员向工作台方向倾倒时，碰撞装置立即停机，减少事故严重性。

（11）工作中应注意电动机运转是否正常，有无杂声和过热等情况。

（12）在机械冷拔运转过程中，要经常注意放线架、压辘架、滚筒三者之间运转情况；发现异常，立即停机修理。

4.2.7.8-4C 钢筋机械安装验收表

资料表式

该表为钢筋机械安装完成后验收时，对应验收的验收项目、验收内容和验收结果进行逐项核验的表式，应由项目负责人、技术负责人、安装负责人、机管员、安全员和机械操作工进行验收，验收完成后必须据实填写验收意见，验收人本人签字。

钢筋机械安装验收表　　表 4.2.7.8-4C

<table>
<tr><td colspan="2">工程名称</td><td colspan="3"></td><td>机械名称</td><td></td></tr>
<tr><td colspan="2">设备型号</td><td></td><td>设备编号</td><td></td><td>安装日期</td><td></td></tr>
<tr><td>序号</td><td colspan="5">验　收　内　容</td><td>验收结果</td></tr>
<tr><td>1</td><td colspan="5">安装场地混凝土硬化，机身安装稳固，设有可靠的防护棚，有安全操作规程牌，有良好排水措施</td><td></td></tr>
<tr><td>2</td><td colspan="5">传动部位防护罩齐全可靠</td><td></td></tr>
<tr><td>3</td><td colspan="5">钢筋冷拉作业及对焊作业区应有防护隔离措施，并悬挂警示牌</td><td></td></tr>
<tr><td>4</td><td colspan="5">冷拉机地锚、钢丝绳连接点牢固，夹具完好可靠，信号明确</td><td></td></tr>
<tr><td>5</td><td colspan="5">设备金属外壳应做保护接零并连接牢固，符合要求</td><td></td></tr>
<tr><td>6</td><td colspan="5">有专用开关箱并符合要求，漏电保护器匹配合理、灵敏可靠</td><td></td></tr>
<tr><td>7</td><td colspan="5">开关箱距设备距离应不大于 3m</td><td></td></tr>
<tr><td colspan="5" rowspan="7">验收意见：

年　月　日</td><td>项目负责人</td><td></td></tr>
<tr><td>技术负责人</td><td></td></tr>
<tr><td>安装负责人</td><td></td></tr>
<tr><td>机　管　员</td><td></td></tr>
<tr><td>安　全　员</td><td></td></tr>
<tr><td>机械操作工</td><td></td></tr>
<tr><td></td><td></td></tr>
</table>

4.2.7.8-5　电焊机验收

4.2.7.8-5A　钢筋焊接安全要求

（1）焊机在工作前必须对电气设备、操作机构和冷却系统等进行检查，并用试电笔检查机体外壳有无漏电。

（2）焊机应放在室内和干燥的地方，机身要平稳牢固，周围不准放置易燃物品。

（3）操作人员操作时，应戴防护眼镜和手套等防护用品，并应站在橡胶板或木板上，严禁坐在金属椅子上。

（4）焊接前，应根据钢筋截面调整电压，使与所焊钢筋截面相适应，禁止焊接超过机械规定的直径的钢筋。发现焊头漏电应即更换，禁止使用。

（5）对焊机断路器的接触点，电极（钢头），要定期检查修理。断路器的接触点一般每隔 2～3d 应用砂纸擦净，电极（钢头）应定期用锉锉光。二次电路的全部螺栓接合应定期拧紧，以避免发生过热现象。随时注意冷却水的温度不得超过 40℃。

（6）焊接较长钢筋时，应设支架。

（7）刚焊成的钢材，应平直放置，以免冷却过程中变形。堆放地点不得在易燃物品附近，并要选择无人来往的地方或加设护栏。

（8）工作棚应用防火材料搭设。棚内严禁堆放易燃、易爆物品，并备有灭火器材。

4.2.7.8-5B 焊接设备使用安全要求

1. 电弧焊的一般安全要求

（1）焊接设备上的电机、电器、空压机等应按产品说明书中对设备接地的有关要求执行。并有完整的防护外壳，一、二次接线柱处应有保护罩。

（2）现场使用的电焊机应设有防雨、防潮、防晒的机棚，并备有消防用品。

（3）焊接时，焊接和配合人员必须采取防止触电、高处坠落、瓦斯中毒和火灾等事故的安全措施。

（4）严禁在运行中的压力管道、装有易燃易爆物品的容器和受力构件上进行焊接和切割。

（5）焊接铜、铝、锌、锡、铅等有色金属时，必须在通风良好的地方进行，焊接人员应戴防毒面具或呼吸滤清器。

（6）在容器内施焊时，必须采取以下措施：容器上必须有进、出风口并设置通风设备；容器内的照明电压不得超过12V，焊接时必须有人在场监护，严禁在已喷涂过油漆或塑料的容器内焊接。

（7）焊接预热焊件时，应设挡板隔离焊件发出的辐射热。

（8）高空焊接或切割时，必须挂好安全带，焊件周围和下方应采取防火措施并有专人监护。

（9）电焊线通过道路时，必须架高或穿入防护管内埋设在地下，如通过轨道时，必须从轨道下面穿过。

（10）接地线及手把线都不得搭在易燃、易爆和带有热源的物品上，接地线不得接在管道、机床设备和建筑物金属构架或轨道上，接地电阻不大于4Ω。

（11）雨天不得露天电焊。在潮湿地带作业时，操作人员应站在铺有绝缘物品的地方并穿好绝缘鞋。

（12）长期停用的电焊机，使用时，须检查其绝缘电阻不得低于0.5MΩ，接线部分不得有腐蚀和受潮现象。

（13）焊钳应与手把线连接牢固，不得用胳膊夹持焊钳。清除焊渣时，面部应避开被清的焊缝。

（14）在载荷运行中，焊接人员应经常检查电焊机的温升，如超过A级60℃、B级80℃时，必须停止运转并降温。

（15）施焊现场的10m范围内，不得堆放氧气瓶、乙炔发生器、木材等易燃物。

（16）作业后，清理场地，灭绝火种，切断电源，锁好电闸箱，消除焊料余热后，方可离开。

2. 交流电焊机使用安全要求

（1）应注意初、次级线，不可接错，输入电压必须符合电焊机的铭牌规定。严禁接触初级线路的带电部分。

（2）次级抽头连接铜板必须压紧，接线柱应有垫圈。合闸前应详细检查接线螺帽、螺栓及其他部件应无松动或损坏。

（3）移动电焊机时，应切断电源，不得用拖拉电缆的方法移动焊机，如焊接中突然停电，应切断电源。

3. 直流电焊机使用安全要求

（1）旋转式电焊机

1）新机使用前，应将换向器上的污物擦干净，使换向器与电刷接触良好。

2）启动时，检查转子的旋转方向应符合焊机标志的箭头方向。

3）启动后，应检查电刷和换向器，如有大量火花时，应停机查明原因，经排除后，方可使用。

4）数台焊机在同一场地作业时，应逐台启动，并使三相荷载平衡。

（2）硅整流电焊机

1）电焊机应在原厂使用说明书要求的条件下工作。

2）使用时，须先开启风扇电机，电压表指示值应正常，仔细察听应无异响。停机后，应清洁硅整流器及其他部件。

3）严禁用摇表测试电焊机主变压器的次级线圈和控制变压器的次级线圈。

4. 氩弧焊机使用安全要求

（1）关于电焊机的使用应按《建筑机械使用安全技术规程》（JGJ33－2001）铆焊设备中12.1基本要求和12.4交流电焊机中的有关要求执行。

（2）检查电源、电压应符合要求，接地装置应安全可靠。

（3）检查气管、水管不得受压和漏气、漏水。

（4）根据材质的性能、尺寸、形状先确定极性，后确定电压高低、电流大小和氩气的流量。

（5）安装的氩气减压阀、管接头不得沾有油脂。安装后，试验应无障碍和漏气。

（6）冷却水应保持清洁，水冷型焊机焊接过程中，冷却水流量应正常。严禁断水施焊。

（7）高频引弧的焊机，要保证高频防护装置良好，不得发生短路，振荡器电源线路中的联锁开关严禁分接。

（8）钨极粗细应随焊接厚度确定，更换时，必须切断电源，磨削钨极端头，操作人员必须戴手套和口罩。磨削下来的粉尘，应及时清除，钍、铈、钨极不得随身携带。

（9）焊机作业附近不宜装置有振动的其他机械设备，不得放置易燃、易爆物品。工作场所应有良好的通风措施。

（10）氮气瓶和氩气瓶与焊接地点不应靠得太近，并应直立固定放置，不得倒放。

（11）作业后，切断电源，关闭水源和气源。焊接人员必须及时脱去工作服，清洗手脸和外露的皮肤。

5. 等离子切割机使用安全要求

（1）检查电源、气源、水源应无漏水、漏气、漏电，接地（接零）安全可靠。

（2）小车、工件要放在适当位置，使工件和切割电路正极接通。切割工作面下应有熔渣坑。

(3) 根据工件材质、种类和厚度，选定喷嘴孔径，调整切割电源、气体流量和电极的内缩量。

(4) 自动切割小车须经空车运转，并选定切割速度。

(5) 操作人员必须戴好防护面罩、电焊手套、帽子、滤膜防尘口罩和隔声耳罩。

(6) 切割时，操作人员应站在上风操作。可从工作台下部抽风，并尽可能缩小操作台上的敞开面积。

(7) 切割时，如空载电压高时，应检查电器接地（接零）和割炬手把绝缘情况，应将工作台和地面绝缘，或在电气控制系统安装空载断路继电器。

(8) 不戴防护镜的人员不得直接观察等离子弧，裸露的皮肤不得接近等离子弧。

(9) 高频发生器应有屏蔽护罩。用高频引弧后，应立即切断高频电路。

(10) 使用钍、钨电极应有专门的储存地方，磨削电极时，应戴口罩。废渣应经常进行湿式打扫，妥善处理。

(11) 作业后，切断电源，关闭气源和水源。

6. 二氧化碳气体保护焊使用安全要求

(1) 作业前，先预热 15min。开气时，操作人员必须站在瓶嘴的侧面。

(2) 二氧化碳气体预热器端的电压，不得高于 36V。

(3) 二氧化碳气体瓶宜放在阴凉处。其最高温度不得超过 30℃，并应放置牢靠，不得靠近热源。

(4) 作业前，应检查焊丝的进给机构，电线的连接部分，二氧化碳气体的供应系统以及冷却水循环系统均应合乎要求。

7. 埋弧自动、半自动焊机使用安全要求

(1) 埋弧焊用电缆必须符合焊机额定焊接电流的容量，连接部分要拧紧，并经常检查焊机各部分导线接触点良好，绝缘性能可靠。

(2) 在焊接中应保持焊剂连续覆盖，以免焊剂中断露出电弧。灌装、清扫、回收焊剂应采取防尘措施，防止焊工吸入焊剂粉尘。

(3) 埋弧焊机控制箱外壳与接线板上的罩壳必须盖好。

(4) 检查送丝滚轮的沟槽及齿纹应完好。滚轮、导电嘴（块）磨损或接触不良时应更换。

(5) 在调整送丝机构及焊机工作时，手不得触及送丝机构的滚轮。

(6) 检查减速箱油槽中的润滑油，不足时应添加。

(7) 软管式送丝机构的软管槽孔应保持清洁，定期吹洗。

(8) 半自动焊的焊接手把应安放妥当防止短路。

(9) 在埋弧自动焊机或自动焊机发生电气故障时，必须切断电源由电工修理。

8. 对焊机使用安全要求

(1) 电焊机的使用应按《建筑机械使用安全技术规程》（JGJ33－2001）铆焊设备中 12.1 基本要求和 12.4 交流电焊机中的有关要求执行。

(2) 对焊机应安置室内，并有可靠的接地（接零）。如多台对焊机并列安装时，间距不得少于 3m，并应分别接在不同相位的电网上，分别有各自的刀型开关。导线截面应不小于表 4.2.7.8-5B 的要求。

对焊机导线截面最小面积表　　**表 4.2.7.8-5B**

对焊机的额定功率（kV·A）	25	50	75	100	150	200	500
一次电压为 220V 时的导线截面（mm^2）	10	25	35	45			
一次电压为 380V 时的导线截面（mm^2）	6	16	25	35	50	70	150

（3）作业前，检查对焊机的压力机构应灵活，夹具应牢固，气、液压系统无泄漏，确认正常后，方可施焊。

（4）焊接前，应根据所焊钢筋截面，调整二次电压，不得焊接超过对焊机规定直径的钢筋。

（5）断路器的接触点、电极应定期光磨，二次电路全部连接螺栓应定期紧固。冷却水温度不得超过 40℃；排水量应根据温度调节。

（6）焊接较长钢筋时，应设置托架。配合搬运钢筋的操作人员，在焊接时要注意防止火花烫伤。

（7）闪光区应设挡板，焊接时无关人员不得入内。

（8）冬期施工时，室内温度应不低于 8℃。作业后，放尽机内冷却水。

9. 点焊机使用安全要求

（1）作业前，必须清除上、下两电极的油污。通电后，机体外壳应无漏电。

（2）启动前，首先应接通控制线路的转向开关和调整好级数。接通水源、气源，再接通电源。

（3）电极触头应保持光洁，如有漏电时，应立即更换。

（4）作业时，气路、水冷系统应畅通。气体必须保持干燥。排水温度不得超过 40℃，排水量可根据气温调节。

（5）严禁在引燃电路中加大熔断器。当负载过小使引燃管内电弧不能发生时，不得闭合控制箱的引燃电路。

（6）控制箱如长期停用，每月应通电加热 30min。如更换闸流管亦应预热 30min，正常工作的控制箱的预热不得少于 5min。

10. 气焊设备使用安全要求

（1）一次加电石 10kg 或每小时有 $5m^3$ 发气量的乙炔发生器应采用固定式，并建立乙炔站（房）。由专人操作。乙炔站与厂房及其他建筑物的距离应符合乙炔站设计规范。

（2）乙炔发生器（站）、氧气瓶及软管、阀、表均应齐全有效，紧固牢靠，不得松动、破损和漏气。氧气瓶及其附件、胶管、工具均不得沾染油污。软管接头不得用铜质材料制作。

（3）乙炔发生器、氧气瓶和焊柜间的距离不得小于 10m，否则应采取隔离措施。同一地点有两个以上乙炔发生器时，其间距不得小于 10m。

（4）电石的贮存地点必须干燥，通风良好，室内不得有明火或铺设水管、水箱。

电石桶应密封，桶上必须标明“电石桶”和“严禁用水消火”等字样。如电石有轻微受潮时，应轻轻取出电石，不得倾倒。

(5) 搬运电石时，应打开桶上小盖。严禁用钢铁工具敲击桶盖。搬运人员不得站在桶的两端。取装电石和砸碎电石时，操作人员应戴手套、口罩和眼镜。

(6) 电石起火时必须用干砂或二氧化碳灭火器。不得用泡沫、四氯化碳灭火器或水灭火。电石粒末应露天销毁。

(7) 如用新品种电石时，在使用前应作温水浸试，并经试验无爆炸危险时，才能使用。

(8) 乙炔发生器的压力要保持正常，压力超过147kPa时应停用。用水必须清洁。发气室内壁不得用含铜材料制作。温度不得超过80℃（水入式发生器，其冷却水温不得超过50℃，浮桶式发生器水温不得超过60℃）。当温度超过规定时应停止作业，并用冷水喷射降温和加入低温的冷却水。不得以金属棒等硬物敲击乙炔发生器的金属部分。

(9) 使用浮筒式乙炔发生器时，应装设回火防止器。在内筒顶部中间，应有防爆球或胶皮薄膜，其厚度不得超过1mm，面积应为内筒底面积的60%以上。

(10) 乙炔发生器应放在操作地点的上风处，不得放在高压线及一切电线的下面。不得放在强烈日光下暴晒。四周应设围栏，悬挂"严禁烟火"标志。

(11) 碎电石应掺入小块电石内装入乙炔发生器中使用，不得完全使用碎电石。夜间加添电石不得使用明火照明。

(12) 新橡胶软管必须经压力试验。未经压力试验的或代用品及变质、老化、脆裂、漏气及沾上油脂的胶管均不得使用。

(13) 不得将橡胶软管放在高温管道和电线上，或将重物或热的物件压在软管上，更不得将软管与电焊用的导线敷设在一起。软管经过车行道时应加护套或盖板。

(14) 氧气瓶应与其他易燃气瓶、油脂和其他易燃、易爆物品分别存放，也不得同车运输。氧气瓶应有防振圈和安全帽。应平放不得倒置，不得在强烈日光下暴晒。严禁用行车或吊车吊运氧气瓶。

(15) 开启氧气瓶阀门时，应用专门工具，动作要缓慢，不得面对减压器，但应观察压力表指针是否灵敏正常。氧气瓶中的氧气不得全部用尽，至少应留0.1～0.2MPa的剩余压力。

(16) 严禁使用未安装减压器的氧气瓶进行作业。

(17) 安装减压器时，应先检查氧气瓶阀门接头不得有油脂，并略开氧气瓶阀门吹除污垢，然后安装减压器，人身或面部不得正对氧气瓶阀门出气口，关闭氧气瓶阀门时，须先松开减压器的活门螺钉（不可紧闭）。

(18) 点燃焊（割）柜时，应先开乙炔阀点火，然后开氧气阀调整火焰。关闭时应先关闭乙炔阀，再关闭氧气阀。

(19) 在作业中，如发现氧气瓶阀门失灵或损坏不能关闭时，应让瓶内的氧气自动逸尽后，再行拆卸修理。

(20) 发现乙炔发生器因漏气着火燃烧时，应立即把乙炔发生器朝安全方向推倒，并用黄沙扑灭火种，不得堵塞或拔出浮筒。

(21) 乙炔软管、氧气软管不得错装。使用中氧气软管着火时，不得折弯软管断气，应迅速关闭氧气阀门，停止供氧。乙炔软管着火时，应先关熄炬火，可用弯折前面一段软管的办法来将火熄灭。

(22) 冬期露天施工，如软管和回火防止器冻结时，可用热水、蒸汽或在暖气设备下化冻。严禁用火焰烘烤。

(23) 不得将橡胶软管背在背上操作。焊枪内若带有乙炔、氧气时不得放在金属管、槽、缸、箱内。

(24) 氢氧并用时，应先开乙炔气，再开氢气，最后开氧气，再点燃。熄灭时，应先关氧气，再关氢气，最后关乙炔气。

(25) 作业后，应卸下减压器，拧上气瓶安全帽，将软管卷起捆好，挂在室内干燥处，并将乙炔发生器卸压，放水后取出电石篮。剩余的电石和电石渣，应分别放在指定的地方。

4.2.7.8-5C 电焊机验收表

资料表式

电焊机验收表 表4.2.7.8-5C

<table>
<tr><td colspan="2">工程名称</td><td colspan="3"></td><td>机械名称</td><td></td></tr>
<tr><td colspan="2">设备型号</td><td></td><td>设备编号</td><td></td><td>安装日期</td><td></td></tr>
<tr><td>序号</td><td colspan="5">验 收 内 容</td><td>验收结果</td></tr>
<tr><td>1</td><td colspan="5">电焊机有防雨措施，有安全操作规程牌</td><td></td></tr>
<tr><td>2</td><td colspan="5">电焊机有可靠的保护零线，接线处应有防护罩</td><td></td></tr>
<tr><td>3</td><td colspan="5">焊把及电焊线绝缘应良好，电焊线通过道路时，应架高或穿管埋设</td><td></td></tr>
<tr><td>4</td><td colspan="5">电焊机一次侧电源线长度应不大于5m，二次线长度应不大于30m</td><td></td></tr>
<tr><td>5</td><td colspan="5">有专用开关箱并符合要求，漏电保护器匹配合理、灵敏可靠，设置二次空载降压保护器或二次触电保护器</td><td></td></tr>
<tr><td>6</td><td colspan="5">操作人持证上岗，正确穿戴防护用品</td><td></td></tr>
<tr><td>7</td><td colspan="5">施焊场所10m范围内应无堆放易燃易爆物品</td><td></td></tr>
<tr><td>8</td><td colspan="5">施焊场所应配有符合要求的消防器材</td><td></td></tr>
<tr><td colspan="5" rowspan="7">验收意见：

年 月 日</td><td>项目负责人</td><td></td></tr>
<tr><td>技术负责人</td><td></td></tr>
<tr><td>安装负责人</td><td></td></tr>
<tr><td>机 管 员</td><td></td></tr>
<tr><td>安 全 员</td><td></td></tr>
<tr><td>机械操作工</td><td></td></tr>
<tr><td></td><td></td></tr>
</table>

该表为电焊机安装完成后验收时，对应验收的验收项目、验收内容和验收结果进行逐项核验的表式，应由项目负责人、技术负责人、安装负责人、机管员、安全员和机械操作工进行验收，验收完成后必须据实填写验收意见，验收人本人签字。

4.2.7.8-6 搅拌机验收

4.2.7.8-6A 混凝土搅拌机使用安全要求

（1）固定式搅拌机的操纵台应使操作人员能看到各部位工作情况，仪表、指示信号准确可靠，电动搅拌机的操纵台应垫上橡胶板或干燥木板。

（2）移动式搅拌机长期停放或使用时间超过3个月或以上时，应将轮胎卸下妥善保管，轮轴端部应做好清洁和防锈工作。

（3）搅拌机的齿轮、皮带传动部分，均应装设防护罩。

（4）传动机构、工作装置、制动器等，均应紧固、灵活可靠，保证正常工作。

（5）骨料规格应与搅拌机的性能相符，超出许可范围的不得使用。

（6）作业前应进行空机试运转，检查搅拌筒或搅拌叶的转动方向、各工作装置的操作、制动、确认正常，方可作业。

（7）向搅拌筒内加料应在运转中进行，添加新料必须先将搅拌机内原有的混凝土全部卸出后才能进行。不得中途停机或在满荷载时启动搅拌机，反转出料者除外。

（8）作业中，如发生故障不能继续运转时，应立即切断电源，将搅拌筒内的混凝土清除干净，然后进行检修。

（9）作业后，应对搅拌机进行全面清洗，操作人员如需进入筒内清洗或检修时，必须切断电源，设专人在外监护，或卸下熔断器并锁好电闸箱，然后方可进入。

（10）作业后，应将料斗降落到料斗坑；如须升起，则应用链条扣牢。

附：混凝土振捣器使用安全要求

（1）作业前，检查电源线路应无破损漏电，漏电保护装置应灵活可靠，机具各部连接应紧固，旋转方向正确。

（2）振捣器不得放在初凝的混凝土、楼板、脚手架、道路和干硬的地面上进行试振。如检修或作业间断时，应切断电源。

（3）插入式振捣器软轴的弯曲半径不得小于50cm，并不得多于两个弯；操作时振捣棒应自然垂直地插入混凝土，不得用力硬插、斜推或使钢筋夹住棒头，也不得全部插入混凝土中。

（4）振捣器应保持清洁，不得有混凝土粘结在电动机外壳上，妨碍散热。发现温度过高时，应停歇降温后方可使用。

（5）作业转移时，电动机的电源线应保持有足够的长度和松度，严禁用电源线拖拉振捣器。

（6）电源线路要悬空移动，应注意避免电源线与地面和钢筋相摩擦及车辆的碾压。经常检查电源线的完好情况，发现破损应立即进行处理。

（7）用绳拉平板振捣器时，拉绳应干燥绝缘，移动或转向不得用脚踢电动机。

（8）振捣器与平板应保持紧固，电源线必须固定在平板上，电器开关应装在手把上。

（9）在一个构件上同时使用几台附着式振捣器工作时，所有振捣器的频率必须相同。

（10）操作人员必须穿戴绝缘胶鞋和绝缘手套。

（11）作业后必须切断电源，做好清洗、保养工作。振捣器要放在干燥处，并有防雨措施。

4.2.7.8-6B 搅拌机验收表

资料表式

搅拌机验收表 表 4.2.7.8-6B

工程名称			机械名称	
设备型号		设备编号	安装日期	

序号	验收内容	验收结果
1	安装场地混凝土硬化，机身安装稳固，设有可靠的防护棚，有安全操作规程牌，有良好的排水措施	
2	离合器、制动器灵敏可靠，各部位润滑良好，运行平稳无异常	
3	传动部位防护罩、料斗保险钩齐全可靠	
4	钢丝绳完好并润滑良好，端部固定符合要求	
5	设备金属外壳应做保护接零并连接牢固，符合要求	
6	有专用开关箱并符合要求，漏电保护器匹配合理、灵敏可靠。功率大于 5.5kW 应采用自动开关或降压启动装置控制	
7	作业平台稳固，操作箱箱体完好，按钮开关灵敏可靠	
8	操作人员持证上岗	

验收意见：	项目负责人	
	技术负责人	
	安装负责人	
	机 管 员	
	安 全 员	
	机械操作工	
年 月 日		

该表为搅拌机安装完成后验收时，对应验收的验收项目、验收内容和验收结果进行逐项核验的表式，应由项目负责人、技术负责人、安装负责人、机管员、安全员和机械操作工进行验收，验收完成后必须据实填写验收意见，验收人本人签字。

4.2.7.8-7 打桩机验收

4.2.7.8-7A 桩机施工安全要求

1. 一般安全要求

(1) 对邻近的原有建筑物或构筑物，以及地下管线等都要认真查清情况，并研究采取适当的隔震、减震措施，以免震坏原有建筑物或构造物、地下管线等而发生事故。

对危险而又无法加固的建筑物征得有关方面同意可以拆除，以确保施工安全和邻近建筑物及人身的安全。

(2) 清除妨碍施工的高空和地下障碍物。平整施工范围的场地和压实打桩机行驶的道路。

(3) 预制桩堆放的注意事项：

1) 起吊和搬运吊索应系于设计规定之处，起吊时应平稳，避免摇晃和震动。

2) 堆放时，应按规格、桩号分层堆置在平整、坚实的地面上，支点应设于吊点处，各层垫木应搁置在同一垂直线上，最下层垫木应适当加宽，堆放高度不应超过四层。

(4) 开工前要检查机具并加润滑油以利操作，桩架起落准备工作完成后，当班人员重新检查确认无误，方可进行操作。

(5) 工作时司机不得擅离岗位，精神要集中，开机时先起动操纵机构，起锤后应将保险装置固定牢靠，下班时应将电源切断并将电动机盖好。

(6) 打桩过程中遇有地坪隆起或下陷时，应随时将桩架调直，把路轨垫平或调平。

(7) 在打桩过程中，应经常注意打桩机的运转情况，发现异常情况应立即停止，并及时纠正后方可继续进行。

(8) 打桩时，严禁用手去拨正桩头垫料，同时严禁桩锤未打到桩顶即起锤或刹车，以避免损坏桩机设备。

(9) 工作中，使用规定的各种联系手势或讯号，全组工作人员均应服从指挥人的指挥。所发讯号不明，应立即反映，以免引起事故。司机对任何人所发的危险讯号均应听从。

(10) 在施工现场必须做好防风、防雨、防雷、防火、防止机具散失的一切工作。

(11) 钢丝绳的安全系数可参照表 4.2.7.8-7A 规定。

钢丝绳的安全系数 **表 4.2.7.8-7A**

工作条件		安全系数 K	滑轮或卷筒的最小直径 D
缆风绳		3.5	
人力驱动		4.5	$\geqslant 16d$
机械驱动	工作条件轻便	5	$\geqslant 20d$
	工作条件中等	5.5	$\geqslant 25d$
	工作条件繁重	6	$\geqslant 30d$
起重吊索		6~10	
载人起重机		14	$\geqslant 30d$

注：表中 d 为钢丝绳直径。

2. 桩机施工安全要求

(1) 桩机的组装和移动安全要求

1) 用扒杆安装塔式桩机时，升降扒杆动作要协调，到位后应拉紧缆风绳，绑牢底脚。组装时应用工具找正螺孔，严禁把手指伸入孔内。

2) 安装履带式及轨道式柴油打桩机，连接各杆件应放在支架上进行。竖立导杆时，必须锁住履带或用轨钳夹紧，并设置溜绳。导杆升到75°时，必须拉紧溜绳。待导杆竖直装好撑杆后，溜绳方可拆除。

3) 桩机移动时必须先将桩锤落下，左右缆风绳应有专人操作同步收放，严禁将锤吊在顶部移动桩机。

4) 电动打桩机移动时，电缆应有专人移动，弯曲半径不得过小，不得强力拖拉，防止履板碾压。

5) 桩机转向时，对走方木的桩机底盘，四支点中不得有任何一点悬空，步履式桩机横移液压缸的行程不得超过100cm。

6) 移动塔式桩机时，禁止行人跨越滑车组。其地锚必须牢固，缆风绳附近10m内不得站人。

7) 横移直式桩机时，左右缆风要有专人松紧，两个卷筒要同时绕，度盘距扎沟滑轮不得小于1m。注意防止侧滑倾倒。

8) 纵向移动直式桩机时，应将走管上扎沟滑轮及木棒取下，牵引钢丝绳及其滑车组应与桩机底盘平行。移动桩机钢丝绳的空端不得拴在吊装滑轮上。

9) 用卷扬机副卷筒移动桩机时，一根钢丝绳不得同时绕在两个卷筒上。若发生克索应立即停车翻转解开。

10) 绕卷筒应戴帆布手套，手距卷筒不得小于60cm。

11) 移动桩机和停止作业时，桩锤应放在最低位置。

(2) 打混凝土预制桩安全要求

1) 利用桩机吊桩时，桩与桩架的垂直方向距离不应大于4m，偏吊距离不应大于2.5m，吊桩时要慢起，桩身应在两个以上不同方向系上缆索，由人工控制使桩身稳定。

2) 吊桩前应将锤提升到一定位置固定牢靠，防止吊桩时桩锤坠落。

3) 起吊时吊点必须正确，速度要均匀，桩身要平稳，必要时桩架应设缆风绳。

4) 桩身附着物要清除干净，起吊后人员不准在桩下通过。

5) 吊桩与运桩发生干扰时，应停止运桩。

6) 插桩时，手脚严禁伸入桩与龙门架之间。

7) 用撬棍或板舢等工具矫正桩时，用力不宜过猛。

8) 打桩时应采取与桩型、桩架和桩锤相适应的桩帽及衬垫，发现损坏应及时修整和更换。

9) 锤击不宜偏心，开始落距要小。如遇贯入度突然增大，桩身突然倾斜、位移、桩头严重损坏、桩身断裂、桩锤严重回弹等应停止锤击，经采取措施后方可继续作业。

10) 熬制胶泥要穿好防护用品。工作棚应通风良好，注意防火；容器不准用锡焊，防止熔穿泄漏；胶泥浇注后，上节应缓慢放下，防止胶泥飞溅。

11）套送桩时，应使送桩、桩锤和桩三者中心在同一轴线上。

12）拔送桩时应选择合适的绳扣，操作时必须缓慢加力，随时注意桩架、钢丝绳的变化情况。

13）送桩拔出后，地面孔洞必须及时回填或加盖。

(3) 沉管灌注桩施工安全要求

1）桩管沉入到设计深度后，应将桩帽及桩锤升高到 4m 以上锁住，方可检查桩管或浇筑混凝土。

2）耳环及底盘上骑马弹簧螺丝，应用钢丝绳绑牢，防止折断时落下伤人。

3）耳环落下时必须用控制绳，禁止让其自由落下。

4）沉管灌注桩拔管后如有孔洞时，孔口应加盖板封闭，防止事故发生。

(4) 冲、钻孔灌注桩施工安全要求

1）钻孔灌注桩浇筑混凝土前，孔口应加盖板，附近不准堆放重物。

2）冲抓锥或冲孔锤操作时，严禁任何人进入落锤区的施工范围内。

3）各类成孔钻机操作时，应安放平稳，防止钻机突然倾倒或钻具突然下落而发生事故。

(5) 深层搅拌桩施工安全要求

1）深层搅拌桩使用安全要求

①在整个施工过程中，冷却循环水不能中断，应经常检查进水、回水的温度。回水温度不应过高。

②当发现搅拌机的入土切削和提升搅拌负荷及电动机工作电流超过额定值时，应减慢升降速度和补给清水；发生卡转、停转现象时，应切断电源，并将搅拌机强制提起，然后再重新启动电动机。

③当电网电压低于 350V 或高于 420V 时，应暂停施工，以保护电动机。

2）灰浆泵及输浆管路使用安全要求

①泵送水泥浆前，管路应保持湿润，以利输浆。

②水泥浆内不得夹有硬结块，以免吸入泵内损坏缸体，可在集料斗上部装设吸网进行过筛。

③输浆管路应保持干净，严防水泥浆结块，每日完工后应彻底清洗一次。喷浆搅拌施工过程中，如果发生事故而停机 30min 以上，应先拆卸管路，排除灰浆，然后进行清洗。

④应定期拆卸清洗灰浆泵，注意保持齿轮减速箱内润滑油的清洁。

3. 人工挖孔灌注桩施工安全要求

(1) 一般安全要求

1）人工挖孔灌注桩（简称挖孔桩，下同）适用于工程地质和水文地质条件较好且持力层埋藏较浅、单桩承载力较大的工程。如没有可靠的技术和安全措施。不得在地下水位高（特别是存在承压水时）的砂土、厚度较大的淤泥质土层中进行挖孔桩施工。

2）挖孔桩的孔深一般不宜超过 40m。当桩长 $L \leqslant 8$m 时，桩身直径（不含护壁，下同）不应小于 0.8m；当桩长为 8m<L≤15m 时，桩身直径不应小于 1.0m；当桩长为 15m<L≤20m 时，桩身直径不应小于 1.2m；当桩长超过 20m 时，桩身直径应适当加大；当桩间净距小于 4.5m 时，必须采用间隔开挖。排桩跳挖的最小施工净距也不得小于 4.5m。

3）挖孔桩护壁混凝土强度等级应不低于 C15，护壁每节高度视土质情况而定，一般可用 0.3～1.0m。

4）在岩溶地区或风化不均、有夹层、软硬变化较大的岩层中采用挖孔桩时，宜在每桩或每柱位处钻一个勘探钻孔，钻孔深度一般应达到挖孔桩孔底以下 3 倍桩径，以判别该深度范围内的基岩中有无孔洞、破碎带和软弱夹层存在。

5）场地邻近的建（构）筑物，施工前应会同有关单位和业主进行详细检查，并将建（构）筑物原有裂缝及特殊情况纪录备查。对挖孔和抽水可能危及的邻房，应事先采取加固措施。

6）场地及四周应设置排水沟、集水井，并制定泥浆和废渣的处理方案。施工现场的出土路线应畅通。

（2）施工安全措施

1）从事挖孔桩作业的工人以健壮男性青年为宜，并需经健康检查和井下、高空、用电、吊装及简单机械操作等安全作业培训且考核合格后，方可进入施工现场。

2）在施工图会审和桩孔挖掘前，都应认真研究钻探资料，分析地质情况，对可能出现流沙、管涌、涌水以及有害气体等情况应予重视，并应制定有针对性的安全防护措施。如对安全施工存在疑虑，应在事前向有关单位提出。

3）为防止孔壁坍塌，应根据桩径大小和地质条件采取可靠的支护孔壁的施工方法。

4）孔口操作平台应自成稳定体系，防止在护壁下沉时被拉垮。

5）施工现场所有设备、设施、安全装置、工具、配件以及个人劳保用品等必须经常进行检查，确保完好和安全使用。

使用的电动葫芦、吊笼等必须是合格的机械设备，同时应配备自动卡紧保险装置，以防突然停电。电动葫芦宜用按钮式开关，上班前、下班后均应有专人严格检查并且每天加足润滑油，保证开关灵活、准确，铁链无损、有保险扣且不打死结，钢丝绳无断丝。支撑架应牢固稳定，使用前必须检查其安全起吊能力。

6）工作人员上下桩孔必须使用钢爬梯，不得用人工拉绳子运送工作人员和脚踩护壁凸缘上下桩孔。桩孔内壁设置尼龙保险绳，并随挖孔深度增加放长至工作面，作为救急之备用。

7）桩孔开挖后，现场人员应注意观察地面和建（构）筑物的变化。桩孔如靠近旧建筑物或危房时，必须对旧建筑物或危房采取加固措施后才能施工。加强对孔壁土层涌水情况的观察；发现异常情况，及时采取处理措施。

8）挖出的土石方应及时运走，孔口四周 2m 范围内不得堆放淤泥杂物。机动车辆通行时，应作出预防措施和暂停孔内作业，以防挤压塌孔。

9）当桩孔开挖深度超过 5m 时，每天开工前应用气体检测仪进行有毒气体的检测。确认孔内气体正常后，方可下孔作业。

10）每天开工前，应将孔内的积水抽干，并用鼓风机或大风扇向孔内送风5min，使孔内混浊空气排出，才准下人。孔深超过10m时，地面应配备向孔内送风的专门设备，风量不宜少于25L/s。孔底凿岩时尚应加大送风量。

11）为防止地面人员和物体坠落桩孔内，孔口四周必须设置护栏。护壁要高出地表面200mm左右，以防杂物滚入孔内。

12）桩孔内的作业人员应遵守下列要求：

①作业人员必须戴安全帽、穿绝缘鞋；

②严禁酒后作业，不准在孔内吸烟，不准在孔底使用明火；

③作业人员每工作4h应轮换一次；

④开挖复杂的土层结构时，每挖深0.5～1.0m应用手钻或不小于ϕ16钢筋对孔底做品字形探查，检查孔底面以下是否有洞穴、涌砂等。确认安全后，方可继续进行挖掘；

⑤认真留意孔内一切动态，如发现流沙、涌水、护壁变形等不良预兆以及有异味气体时，应停止作业并迅速撤离；

⑥当桩孔挖至5m以下时，应在孔底面以上3.0m左右处的护壁凸缘上设置半圆形的防护罩，防护罩可用钢（木）板或密眼钢筋（丝）网做成；在吊桶上下时，作业人员必须站在防护罩下面，停止挖土，注意安全；若遇起吊大块石时，孔内作业人员应全部撤离至地面后才能起吊；

⑦孔内凿岩时应采用湿式作业法，并加强通风防尘和个人防护；

⑧如在孔内爆破，孔内作业人员必须全部撤离至地面后方可引爆；爆破时，孔口应加盖；爆破后，必须用抽气、送水或淋水等方法将孔内废气排除，方可继续下孔作业。

13）孔口配合人员应集中精力，密切监视孔内的情况，并积极配合孔内作业人员进行工作，不得擅离岗位。在孔内上下递送工具物品时，严禁用抛掷的方法。严防孔口的物件落入桩孔内。

14）施工现场的一切电源、电路的安装和拆除，必须由持证电工专管，电器必须严格接地、接零和使用漏电保护器。电器安装后经验收合格才准接通电源使用。各桩孔用电必须分闸，严禁一闸多孔和一闸多用。孔上电线、电缆必须架空，严禁拖地和埋压土中。孔内电缆、电线必须绝缘，并有防磨损、防潮、防断等保护措施。孔内作业照明应采用安全矿灯或12V以下的安全灯。

15）在灌注桩身混凝土时，相邻10m范围内的挖孔作业应停止，并不得在孔底留人。

16）暂停施工的桩孔，应加盖板封闭孔口，并加0.8～1.0m高的围栏围蔽。

17）现场应设专职安全检查员，在施工前和施工中应进行认真检查，发现问题及时处理，待消除隐患后再行作业。

4.2.7.8-7B 打桩机验收表

资料表式

该表为打桩机安装完成后验收时，对应验收的验收项目、验收内容和验收结果进行逐项核验的表式，应由项目负责人、技术负责人、安装负责人、机管员、安全员和机械操作工进行验收，验收完成后必须据实填写验收意见，验收人本人签字。

打桩机验收表 表4.2.7.8-7B

<table>
<tr><td>工程名称</td><td colspan="3"></td><td>机械名称</td><td></td></tr>
<tr><td>设备型号</td><td></td><td>设备编号</td><td></td><td>安装日期</td><td></td></tr>
</table>

序号	验收内容	验收结果
1	有专项安全施工组织设计并经上级审批，针对性强，能指导施工	
2	有专项安全技术交底，有安全操作规程牌	
3	打桩机行走路线地耐力符合说明书要求	
4	各安全保护装置齐全、灵敏可靠	
5	打桩机各部位螺栓紧固，各部件齐全完好，润滑良好，运行平稳、无异响	
6	电气装置齐全可靠	
7	电缆规格符合要求，有可靠的保护接零	
8	有专用开关箱并符合要求，漏电保护器匹配合理、灵敏可靠	
9	操作人员持证上岗	

<table>
<tr><td rowspan="7">验收意见：

年 月 日</td><td>项目负责人</td><td></td></tr>
<tr><td>技术负责人</td><td></td></tr>
<tr><td>安装负责人</td><td></td></tr>
<tr><td>机管员</td><td></td></tr>
<tr><td>安全员</td><td></td></tr>
<tr><td>机械操作工</td><td></td></tr>
<tr><td></td><td></td></tr>
</table>

4.2.7.8-8 机动翻斗车验收

1. 资料表式

机动翻斗车验收表 表 4.2.7.8-8

工程名称			
序号	验收内容		验收结果
1	有安全监督管理部门颁发的准用证		
2	各传机部位运转正常，无漏油现象，机容机貌整洁		
3	制动、转向灵敏可靠，照明灯、转向灯齐全有效		
4	有安全操作规程		
5	有完善的维修保养制度，严禁带病运转		
6	司机持证上岗，严禁无证驾驶		
验收意见：		项目负责人	
		安全员	
		操作人	
年 月 日			

该表为机动翻斗车安装完成后验收时，对应验收的验收项目、验收内容和验收结果进行逐项核验的表式，应由项目负责人、安全员和操作人进行验收，验收完成后必须据实填写验收意见，验收人本人签字。

2. 实施要点

(1) 常用的施工机具

1) 常用的施工机具包括：平刨、圆盘锯、手持电动工具、钢筋机械、电焊机、搅拌机、气瓶、翻斗车、潜水泵、打桩机等。施工机具进行施工现场后应进行进场验收，不合格的机具不准进行施工现场。各种施工机具的安全防护装置和使用要求详见《建筑施工现场安全检查标准》(JGJ 59—99)。

2) 电动机具：电动建筑机械和手持电动工具的负荷线应按其计算负荷选用无接头的橡皮互套铜芯软电缆；电缆芯数应根据负荷及其控制电路的相数和线数确定：三相四线时，应选用五芯电缆；三相三线时，应选用四芯电缆；当三相用电设备中设置有单相用电器具时，应选用五芯电缆；单相二线时，应选用三芯电缆。其中，PE 线必须采用黄/绿双色绝缘导线。

(2) 安全技术交底：由专业技术负责人根据各种类型的施工机具的特点，说明在安装和使用过程中的安全技术措施、注意事项或使用要求。

（3）安装验收表：施工机具安装完成后应进行验收，依据不同类型、不同规格的施工机具进行不同项目的验收，验收合格后方可使用，避免机械设备带病运行，参加验收的人员应履行签字手续。

（4）维修保养记录：施工机械定期检测记录、维修保养记录。

4.2.7.9 起重吊装

实施要点

（1）起重吊装作业前必须编制专项施工方案，并经上一级技术负责人审批。起重吊装施工方案内容应包括编制依据、现场环境、工程概况、施工工艺、吊装程序、方法和要求、起重机械的选型依据、起重扒杆的设计计算、地锚设计、钢丝绳及索具的设计选用、地耐力及道路的要求，构件堆放就位图以及吊装过程中的各种防护措施、大型构件堆放稳定措施，起重吊点设置方案、吊装作业平台搭设方案等。施工方案必须针对工程状况和现场实际具有针对性、可行性，要能指导施工。

（2）吊装安全技术交底：司机、指挥、起重工、电焊工必须持证上岗；高处作业信号传递方法；安全技术措施。

注：交底时应注意起重机司机的岗位证书与培训内容，必须与所驾驶起重机类型相符。

（3）吊装验收记录：起重机械进场必须验收，起重机械及相关配套装置安装完毕后，经主管领导和相关部门进行验收，颁发起重机安装验收合格证，到建设行政主管部门或安监机构办理使用备案手续，才能进行吊装作业，同时检查钢丝绳合格证及检测报告。

（4）起重作业注意事项

1）起重机械安装和作业的路基路面地耐力应符合其说明书要求。

2）作业道路平整坚实，一般情况纵向坡度不大于3‰，横向坡度不大于1‰。行驶或停放时，应与沟渠、基坑保持5m以外，且不得停放在斜坡上。

地面铺垫要用符合规定的材料，不得使用腐朽和易碎的材料当作起重机械的铺垫。

起重机械及配套装置安装完毕后，需经主管领导组织有关部门进行验收，合格后方可作业。

3）起重吊装作业，吊装指挥、司机、起重工要密切配合，严格按照起重操作规程作业。

4）起重作业必须坚持“十不吊”

①吊物重量超过机械性能允许范围不准吊；

②信号不清不准吊；

③吊物下有人不准吊；

④吊物上站人不准吊；

⑤埋在地下物不准吊；

⑥斜拉斜挂不准吊；

⑦散物捆扎不牢不准吊；

⑧零杂物无容器不准吊；

⑨吊物重量不明，吊索具不符合规定不准吊；

⑩遇有大风、大雪、大雾和六级以上大风等恶劣天气不准吊。

5）起重作业前，应根据施工组织设计或施工方案划定危险作业区域，并设醒目的警戒标志，防止无关人员进入。在路口或行人车辆易出现的位置应设有专人警戒。

6）每次起吊作业前均应试吊，检验各种起重机械的状况和各种索具、钢丝绳等装置的安全状态。

7）多台起重机共同作业，必须随时掌握各起重机起升的同步性，单机负荷不得超过该机额定起重量的80%。

8）起重吊装时，高处作业人员应按规定采取安全措施，防止高处坠落。包括：各洞口盖严盖牢、临边作业应搭设防护栏杆、封挂密目网等，结构吊装时可设置移动式安全平网。

9）高处作业人员应有可靠的爬梯或斜道，吊装作业人员在高空移动和作业时，必须有可靠的立足点并系牢安全带。

10）吊运易倒、易变形的构件应采取相应措施，并有防坠落措施。

11）吊运无缆风柱子时应随吊随校，偏心较大、细长、杯口深度不足柱子长度的1/20或不足600mm时，禁止无缆风校正。

12）吊装偏心、上重下轻、细长的设备和构件，应及时紧固地脚螺栓。如果是二次灌浆的设备和构件，应采取可靠防倾斜措施。

13）吊装作业人员作业的操作平台应有搭设方案，临边应设置防护栏杆和封挂密目网。平台的脚手板应满铺，符合有关要求。

14）构件多层堆放时，柱子不超过两层；梁不超过三层；大型屋面板、多孔板6～8层；钢屋架不超过三层。各层的支撑垫木应在同一垂直线上，各堆放构件之间应留不小于0.7m宽的通道。

重心较高的大型构件（如屋架、大梁等），除在底部设垫木外，还应在两侧设支撑，或将几榀大梁以方木铁丝将其连成一体，提高其稳定性，侧向支撑沿梁长度方向不得少于三道。墙板堆放架应经设计计算确定，并确保地面抗倾覆要求。

4.2.7.10 物料提升机验收

4.2.7.10-1 物料提升机安全防护装置及要求

1. 基本规定

（1）提升机必须选择有生产许可厂家制造的产品，并具有产品合格证。

（2）提升机应有产品标牌，标明额定起重量，最大提升速度、最大架设高度、制造单位、产品编号及出厂日期。

（3）提升机吊篮与架体的涂色应有明显区别。

（4）安装提升机架体的人员，应按高处作业人员要求，经过培训持证上岗。

（5）提升机在安装完毕后，必须经正式验收，符合要求后方可投入使用。

（6）使用单位应根据提升机的类型制定操作规程，建立管理制度及检修制度。

（7）使用单位应对每台提升机建立设备技术档案，其内容应包括：验收、检修、试验及事故情况。

（8）应配备经正式考试合格持有操作证的专职司机。

2. 资料验收

(1) 产品生产许可证和合格证复印件；

(2) 基础施工验收资料记录齐全，有责任人签字；

(3) 有装拆方案并经技术负责人审批签字；

(4) 安装过程记录齐全、真实，有责任人签字，安装完毕有自验记录；

(5) 使用说明书和有关原始记录齐全；

(6) 架体垂直度检测记录。

3. 安全防护装置及要求

(1) 提升机应具有下列安全防护装置并满足其要求：

1) 安全停靠装置。吊篮运行到位时，停靠装置将吊篮定位。该装置应能可靠地承担吊篮自重、额定载荷及运料人员和装卸物料时的工作荷载。

2) 断绳保护装置。当吊篮悬挂或运行中发生断绳时，应能可靠地将其停住并固定在架体上。其滑落行程，在吊篮满载时，不得超过1m。

3) 楼层口停靠栏杆（门）。各楼层的通道口处，应设置常闭的停靠栏杆（门），宜采用联锁装置（吊篮运行到位时方可打开）。停靠栏杆可采用钢管制造，其强度应能承受lkN/m水平荷载。

4) 吊篮安全门。吊篮的上料口处应装设安全门。安全门宜采用联锁开启装置，升降运行时安全门封闭吊篮的上料口，防止物料从吊篮中滚落。

5) 上料口防护棚。防护棚应设在提升机架体地面进料口上方。其宽度应大于提升机的最外部尺寸；长度：低架提升机应大于3m，高架提升机应大于5m。其材料强度应能承受10kPa的均布静荷载。也可采用50mm厚木板架设或采用两层竹笆，上下竹笆层间距应不小于600mm。

6) 上极限限位器。该装置应安装在吊篮允许提升的最高工作位置。吊篮的越程（指从吊篮的最高位置与天梁最低处的距离），应不小于3m。当吊篮上升达到限定高度时，限位器即行动作，切断电源（指可逆式卷扬机）或自动报警（指摩擦式卷扬机）。

7) 紧急断电开关。紧急断电开关应设在便于司机操作的位置，在紧急情况下，应能及时切断提升机的总控制电源。

8) 信号装置。该装置是由司机控制的一种音响装置，其音量应能使各楼层使用提升机装卸物料人员清晰听到。

(2) 高架提升机除应满足以上规定外，尚需具备下列安全装置并应满足以下要求：

1) 下极限限位器。该限位器安装位置，应满足在吊篮碰到缓冲器之前限位器能够动作。当吊篮下降达到最低限定位置时，限位器自动切断电源，使吊篮停止下降。

2) 缓冲器。在架体的底坑里应设置缓冲器，当吊篮以额定荷载和规定的速度作用到缓冲器上时，应能承受相应的冲击力。缓冲器的形式，可采用弹簧或弹性实体。

3) 超载限制器。当荷载达到额定荷载的90%时，应能发出报警信号。荷载超过额定荷载时，切断起升电源。

4) 通信装置。当司机不能清楚地看到操作者和信号指挥人员时，必须加装通信装置。通信装置必须是一个闭路的双向电气通信系统，司机应能听到每一站的联系，并能向每一站讲话。

(3) 安装精度应符合以下规定：

1）新制作的提升机，架体安装的垂直偏差，最大不应超过架体高度的 1.5‰；多次使用过的提升机，在重新安装时，其偏差不应超过 3‰，并不得超过 200mm；

2）井架截面内，两对角线长度公差不得超过最大边长名义尺寸的 3‰；

3）导轨接点截面错位不大于 1.5mm；

4）吊篮导靴与导轨的安装间隙，应控制在 5～10mm 以内。

（4）试验前检查

1）金属结构有无开焊和明显变形；

2）架体各节点连接螺栓是否紧固；

3）附墙架、缆风绳、地锚位置和安装情况；

4）架体的安装精度是否符合要求；

5）安全防护装置是否符合要求；

6）卷扬机的位置是否合理；

7）电气设备及操作系统的可靠性；

8）信号及通信装置的使用效果是否良好清晰；

9）钢丝绳、滑轮组的固接情况；

10）提升机与输电线路的安全距离及防护情况。

（5）检验规则

1）提升机在第一次投入使用前，应进行试验。试验项目应包括：空载试验、额定荷载试验、超载试验和安全装置的可靠性试验。

2）凡有下列情况之一的提升机，应重新进行试验。试验项目应包括：空载试验、额定荷载试验和安全装置的可靠性试验。

①正常工作状态下的提升机，作业周期超过 1 年时；

②闲置时间超过半年重新恢复作业时；

③经过改进和大修后；

④重新安装后，使用前；

⑤遭受自然灾害（如暴风、大地震等）可能使结构和提升机构以及安全防护装置遭受损害的。

（6）试验方法

1）试验前的准备应符合下列规定：

①试验前应编制试验方案，采取可靠措施，以保证试验及试验人员的安全；

②对试验的提升机和场地环境进行全面检查，确认符合要求和具备试验条件；

③试验应按设计所规定的全部装置和附件进行安装，当高架提升机的架体组装不具备一次组装全高的条件时，可随建筑的增高按架体每接高 30m 为一试验阶段，分阶段进行。

2）试验条件应符合下列要求：

①架体的基础、附墙架、缆风绳、地锚等除符合本标准外，尚应符合有关规范标准及使用说明书的规定；

②环境温度：－15～35℃；

③地面风速：不大于 11m/s（六级）；

④电压波动：±7%；

⑤荷载与标准值差：±3%。

3）空载试验应符合下列要求：

①在空载情况下以提升机各工作速度进行上升、下降、变速、制动等动作，在全行程范围内反复试验，不得少于3次；

②在进行上述试验的同时，应对各安全装置进行灵敏度试验；

③双吊篮提升机，应对各单吊篮升降和双吊篮同时升降，分别进行试验；

④空载试验过程中，应检查各机构动作是否平稳、准确，不允许有振颤、冲击等现象。

4）额定载荷试验应符合下列要求：

吊篮内施加额定荷载，使其重心位于从吊篮的几何中心，沿长度和宽度两个方向，各偏移全长的1/6的交点处。除按空载试验动作运行外，并应作吊篮的坠落试验。试验时，将吊篮上升3～4m停住，进行模拟断绳试验。

5）超载试验应符合下列规定：

取额定荷载的125%（按5%逐级加荷），荷载在吊篮内均匀布置，做上升、下降、变速、制动（不做坠落试验）。动作准确可靠，无异常现象，金属结构不得出现永久变形、可见裂纹、油漆脱落以及连接损坏、松动等现象。

6）试验报告应符合下列要求：

①写明试验日期、场地环境、参加单位（部门）以及负责人；

②审查必备的技术文件及外购件的合格证书；

③记载试验情况和结果；

④对所试验的提升机做出结论。

（7）提升机安装后，应按照物料提升机标准和设计规定进行检查验收，确认合格发放准用证后，方可交付使用。

4.2.7.10-2 物料提升机安装和拆除的安全技术措施

1. 安拆安全技术措施

（1）运输或安装过程中，提升机各部件应轻拿轻放，并且要堆放整齐，严禁乱吊乱放，以免构件变形。

（2）提升机安装前必须认真阅读使用说明书，以保证正确安装，正常使用。

（3）单台物料提升机的零部件不宜与其他同类产品混用，以免影响整机性能。

（4）安装提升机的所有受力螺栓必须紧固牢靠，螺栓应符合孔径要求，严禁扩孔和开孔。

（5）安装的各活动部件必须加润滑油，以保证灵活可靠。

（6）提升架体实际安装高度不得超出设计所允许的最大高度。

（7）井架式提升机的架体，在与各楼层通道相接的开口处，应采取加强措施。

（8）安拆人员应戴好安全帽，在高空作业时应系好安全带，穿防滑鞋，不得以投掷方法传递工具和器件，紧固或松开螺栓时，严禁双手操作，应一手扳扳手，一手握住架体可靠部位。

（9）安装、拆卸必须设专人统一指挥，并设警戒区，必要时派专人监护。

(10) 雨天、雾天及四级风以上的天气，不得进行安装与拆除。

(11) 架体顶端自由高度、附着间距离均不得超过出厂规定。

(12) 附着的安装与拆卸，必须随架设高度同步进行。

(13) 调整缆风绳垂度时应对角进行，不得在相邻两角同时拉紧。

(14) 缆风绳需改变位置，必须先做好预定位置的地锚，并加临时缆风绳确保提升机架体的稳定，方可移动原缆风绳的位置；待与地锚拴牢后，再拆除临时缆风绳。

2. 使用安全技术措施

(1) 提升机应由持操作证的专人管理及操作。

(2) 安装好的提升机在使用前，操作人员应认真阅读使用说明书与操作要求；使用卷扬机前应检查变速箱的油面情况。

(3) 严禁吊篮载人和吊篮下站人。

(4) 物料在吊篮内应均匀分布，不得超出吊篮。当长料在吊篮中立放时，应采取防滚落措施；散料应装箱或装笼。严禁超载使用。

(5) 严禁人员攀登、穿越提升机架体和乘吊篮上下。

(6) 高架提升作业时，应使用通信装置联系。低架提升机在多工种、多楼层同时使用时，应专设指挥人员，信号不清不得开机。作业中不论任何人发出紧急停车信号，应立即执行。

(7) 闭合主电源前或作业中突然断电时，应将所有开关扳回零位。在重新恢复作业前，应在确认提升机动作正常后方可继续使用。

(8) 发现安全装置、通信装置失灵时，应立即停机修复。作业中不得随意使用极限限位装置。

(9) 使用中应经常检查钢丝绳、滑轮工作情况；如发现磨损严重，必须按照有关规定及时更换。

(10) 采用摩擦式卷扬机为动力的提升机。吊篮下降时，应在吊篮行至离地面 1～2m 处，控制缓缓落地，不得将吊篮自由落下直接降至地面。

(11) 装设摇臂把杆的提升机，作业时，吊篮与摇臂把杆不得同时使用。

(12) 作业后，将吊篮吊至地面，各控制开关扳至零位，切断主电源，锁好闸箱。严禁非操作人员开动卷扬机。

(13) 使用中的检查宜包括下列内容：

1) 日常检查

日常检查由作业司机在班前进行，在确认提升机正常时，方可投入作业。其内容包括：

①地锚与缆风绳的连接有无松动；

②空载提升吊篮做 1 次上下运行，验证是否正常，并同时碰撞限位器和观察安全门是否灵敏完好；

③在额定荷载下，将吊篮提升至离地面 1～2m 高度停机，检查制动器的可靠性和架体的稳定性；

④安全停靠装置和断绳保护装置的可靠性；

⑤吊篮运行通道内有无障碍物；

⑥作业司机的视线或通信装置的使用效果是否清晰良好。

2）定期检查

定期检查每月进行1次，由有关部门和人员参加，检查内容包括：

①金属结构有无开焊、锈蚀、永久变形；

②扣件、螺栓连接的紧固情况；

③提升机构磨损情况及钢丝绳的完好性；

④安全防护装置有无缺少、失灵和损坏；

⑤缆风绳、地锚、附墙架等有无松动；

⑥电气设备的接地（或接零）情况；

⑦断绳保护装置的灵敏度试验。

4.2.7.10-3　物料提升机（龙门架、井字架）安装验收表

1. 资料表式

物料提升机（龙门架、井字架）安装验收表　　表4.2.7.10-3

<table>
<tr><td colspan="2">工程名称</td><td></td><td>井字架型号</td><td></td><td>设备编号</td><td></td></tr>
<tr><td colspan="2">生产厂家</td><td></td><td>出厂日期</td><td></td><td>设计安装高度</td><td></td></tr>
<tr><td colspan="2">安装单位</td><td></td><td>资质证书编号</td><td></td><td>验收高度</td><td></td></tr>
<tr><td>序号</td><td>验收项目</td><td colspan="4">验　收　内　容</td><td>验收结果</td></tr>
<tr><td rowspan="3">1</td><td rowspan="3">施工方案</td><td colspan="4">有专项安全施工组织设计并经上级审批，针对性强，能指导施工</td><td rowspan="3"></td></tr>
<tr><td colspan="4">有专项安全技术交底</td></tr>
<tr><td colspan="4">安装单位及人员具有相应的资质</td></tr>
<tr><td rowspan="3">2</td><td rowspan="3">基　础</td><td colspan="4">基础土层压实后的承载力应不小于80kPa</td><td rowspan="3"></td></tr>
<tr><td colspan="4">浇筑C20混凝土，厚度应大于300mm，埋设地脚螺栓</td></tr>
<tr><td colspan="4">基础表面水平偏差应不大于10mm，有良好排水措施</td></tr>
<tr><td>3</td><td>底　座</td><td colspan="4">安装水平高差应小于10mm，与地脚螺栓连接牢固</td><td></td></tr>
<tr><td rowspan="4">4</td><td rowspan="4">架　体</td><td colspan="4">架体整体稳定，垂直度偏差应不大于高度的1.5‰～3‰</td><td rowspan="4"></td></tr>
<tr><td colspan="4">导轨接点截面错位应不大于1.5</td></tr>
<tr><td colspan="4">吊篮导靴与导轨的间隙应控制在5～10mm之内</td></tr>
<tr><td colspan="4">外侧用立网防护。内吊篮式井架架体开口处应有加固措施</td></tr>
<tr><td rowspan="3">5</td><td rowspan="3">缆风绳</td><td colspan="4">架体高度在20m以下时，缆风绳应不小于1组：高度在20～30m时不少于2组</td><td rowspan="3"></td></tr>
<tr><td colspan="4">缆风绳应选用多股钢丝绳，直径不得小于9.3mm</td></tr>
<tr><td colspan="4">缆风绳与架体，地锚牢固连接，绳卡每处不得少于3个，缆风绳与地面夹角为45°～60°。缆风绳不得拴在树木、电杆或堆放构件上</td></tr>
<tr><td>6</td><td>附墙装置</td><td colspan="4">附墙架与架体及建筑物之间，应采用刚性连接，不得连接在脚手架上，严禁使用铁丝绑扎。附墙架的材质应与架体的材质相同</td><td></td></tr>
</table>

续表

序号	验收项目	验收内容	验收结果
7	吊篮	有灵敏可靠的安全停靠装置	
		设置前后安全门，吊盘两侧设有防护网	
		断绳保险装置应灵敏可靠	
		高架提升机应使用吊笼	
		吊篮与架体的涂色应有明显区别	
8	卷扬机	场地混凝土硬化，有操作棚，视线良好，地锚牢固	
		安全防护装置齐全，刹车灵敏可靠，联轴器不松动	
		与井架第一只导向轮距离应不小于绳筒宽度的15倍。钢丝绳排列整齐	
		吊篮处于最低位置时，卷筒上的钢丝绳应不少于3圈	
		专人操作，持证上岗，操作棚内设有安全操作规程牌	
9	外防护	钢丝绳不得使用锈蚀、缺油及达到报废标准的钢丝绳，不得拖地，过路有保护，绳卡设置符合规定要求	
		提升钢丝绳不得接长使用	
10	限位保险装置	有超高限位装置并灵敏可靠，吊篮的越程应大于3m	
		卷扬机卷筒上应有防止钢丝绳滑脱的保险装置	
		高架提升机应设有下极限限位器、缓冲器和超载限制器。限位器、超载限制器应灵敏、可靠	
11	操作	联络信号准确、合理	
12	电气	有专用开关箱，开关箱内装设隔离开关和漏电保护装置	
		用电设备应按规定作保护接零	
		重复接地符合要求，按规定设置避雷装置	
13	进料口	进料口应设防护棚，其宽度应大于提升架最外部尺寸；长度：低架应大于3m，高架应大于5m。采用5cm厚木板或两层竹榀架设	
14	卸料平台	每层卸料平台宽度应大于80cm，设有常闭型定型化的防护门	
		平台两侧设高1.2m和0.6m的双道防护栏杆及18cm高的挡脚板，并挂设密目式安全网	
		平台脚手板应铺平绑牢	

验收意见：	项目负责人	
	技术负责人	
	安装负责人	
	机管员	
	安全员	
	机械操作工	
年 月 日		

2. 实施要点

(1) 该表为物料提升机（龙门架、井字架）安装完成后验收时，对应验收的验收项目、验收内容和验收结果进行逐项核验的表式，应由项目负责人、技术负责人、安装负责人、机管员、安全员和机械操作工进行验收，验收完成后必须据实填写验收意见，验收人本人签字。

(2) 物料提升机安装应编制施工方案。施工方案内容应包括：编制依据、工程概况、作业条件；地基承载力计算、架体设计计算书；缆风绳、连墙杆、卷扬机、安全停靠装置、卸料平台、限位装置及钢丝绳等设置要求；安装程序、方法和要求；安全技术措施。施工方案要有针对性，要能指导施工；施工方案要经相关部门审批后才能用于施工。

(3) 物料提升机安装应进行安全技术交底。卷扬机操作棚搭设措施、架体与建筑物连接措施、缆风绳设置措施、楼层卸料平台搭设措施、卸料平台两侧防护措施、吊篮安全管理规定、吊篮定型化、工具化措施、架体外侧防护措施、架体避雷设置方案、联络信号设备管理制度、信号联络责任制等。

(4) 物料提升机安装应进行验收。验收应核查：架体合格证及检测报告、限位保险装置设置措施及限位保险装置合格证、缆风绳合格证及检测报告、钢丝绳合格证及检测报告、提升机安全验收合格证。

(5) 物料提升机拆除应进行安全技术交底。对拆除人员的要求、拆除过程中的注意事项进行安全技术交底。

4.2.7.11 外用电梯验收

4.2.7.11-1 外用电梯使用安全要求

1. 基本规定

(1) 施工外用电梯必须选择有生产许可厂家制造的产品，并具有产品合格证。

(2) 施工外用电梯应有产品安装使用说明书、产品编号及出厂日期。

(3) 安装、拆卸必须编制安装、拆卸方案，经批准后严格执行。

(4) 安装、拆卸单位必须具备相应资质，安拆人员、操作人员、起重信号工等特种作业人员必须按照国家有关规定经过专门的安全作业培训，并取得特种作业操作证书后方可上岗作业。

(5) 安装完毕后，必须经正式验收，符合要求后方可投入使用。

(6) 使用单位应制定操作规程，建立管理制度及检修制度。

(7) 使用单位应建立设备技术档案，其内容应包括：试验、维修、保养及事故情况等。

2. 资料验收

(1) 基础施工验收资料记录齐全，有责任人签字；

(2) 安装单位必须具有施工外用电梯安拆资质并提供复印件。安拆方案应经审批签字；

(3) 安装过程记录齐全、真实，有责任人签字，安装完毕有自检记录；

(4) 施工外用电梯操作手册、安装手册、维修手册等随机文件和有关原始记录齐全；

(5) 有效的施工外用电梯司机操作证；

(6) 架体垂直度检测记录；

(7) 附墙距离及顶端自由高度记录；

(8) 电气及安全装置的灵敏度检查测试结果；

(9) 空载及额定荷载的试验运行记录。

3. 安全技术措施

(1) 安装、拆卸安全技术措施

1) 施工外用电梯的安装和拆卸工作必须由取得建设行政主管部门颁发的拆装资质证书的专业队负责，并必须由经过专业培训，取得操作证的专业人员进行操作。

2) 安拆人员应戴好安全帽，在高空作业时应系好安全带，穿防滑鞋，不得以投掷方法传递工具和器件，紧固或松开螺栓时，严禁双手操作，应一手扳扳手，一手握住架体可靠部位。

3) 安装期间，严禁与安装无关人员使用施工外用电梯。

4) 安装、拆卸必须设专人统一指挥，作业区上方及地面 10m 范围内设禁区并派专人监护。

5) 雨天、雾天及四级风以上的天气，不得进行安装与拆除。

6) 导轨架安装时，应用经纬仪对施工外用电梯在两个方向进行测量校准，其垂直度允许偏差为其高度的 5/10000。

7) 导轨架顶端自由高度、导轨架与附壁距离、导轨架的两附壁连接间距离和最低附壁点高度均不得超过出厂规定。

8) 在吊笼顶部进行安装、拆卸和检修作业时，必须将操作盒移至吊笼顶部，不允许在吊笼内操纵。

9) 始终确保所使用的起重设备适合于起吊的载荷，并且处于良好的状态。

10) 用安装吊杆、吊笼进行安装时，严禁超过架设载荷量（即无配重时的载荷量）的规定。

11) 安装吊杆上有悬挂物时，不得开动吊笼。

12) 横竖支撑的安装与拆卸，必须随架设高度同步进行。

13) 除非加节盒的防止误动作开关板至停机位置或操作盒上的紧急停机按钮已经按下，否则不得在吊笼顶上进行安装工作。

14) 电气的接线工作，必须由专职人员进行，且在进行此类工作时，必须确保切断电源。

15) 各标准节连接螺栓、螺母的机械性能必须符合要求，不得以低强度代替高强度。

16) 施工外用电梯安装在建筑物内部井道中间时，应在全行程范围井壁四周搭设封闭屏障。装设在阴暗处或夜班作业的施工外用电梯，应在全行程上装设足够的照明和明亮的楼层编号标志灯。

17) 施工外用电梯安装后，应经企业技术负责人会同有关部门对基础和附壁支架以及施工外用电梯架设安装的质量、精度等进行全面检查，并应按规定程序进行技术试验（包括坠落试验），经试验合格签证后，方可投入运行。进行坠落试验时，吊笼内不允许有人。

18) 拆卸前，不得先行全部拆除附墙装置。必须随拆机架随拆除附墙杆。

(2) 使用安全技术措施

为了保证施工的顺利进行，减少和避免机械故障的发生，在使用施工外用电梯前必须认真阅读使用说明书，遵守操作规程，严格按要求使用。

1) 作业环境：

①施工外用电梯的作业风速不大于 20m/s（顶端）。

②施工外用电梯的作业电网电压波动不大于±5%。

③施工外用电梯的正常作业环境温度不宜超出－20～40℃。

2）严禁超载运行。施工外用电梯一般均未装设超载限制装置，施工现场使用时应有明显标志牌，对载人或载物做出明确限载规定。

3）严禁违章作业，禁止在吊笼中及附着架体平台上嬉戏打闹。

4）要有专职人员负责定期检查附着装置紧固情况，并视需要补齐缺损部件并加以紧固。

5）除非总电源已完全切断，否则不能让任何人在围栏内、围栏顶上或靠扶在围栏上以及在施工外用电梯通道内、导架立柱内和附墙架上等不安全区域内活动。

6）施工外用电梯吊笼周围 2.5m 范围内应设置稳固的防护栏杆，各楼层平台通道应平整牢固，出入口应设防护栏杆和防护门，全行程四周不得有危害安全运行的障碍物。

7）施工外用电梯的防坠安全器，在使用中不得任意拆检调整，需要拆检调整时或每用满一年后，均应由生产厂或指定的认可单位进行调整检修或鉴定。

8）新安装或转移工地重新安装以及经过大修后的施工外用电梯，在投入使用前，必须经过坠落试验。施工外用电梯在使用中每隔 3 个月，应进行一次坠落试验。试验程序应按说明书规定进行，当试验中吊笼坠落超过 1.2m 制动距离时，应查明原因，并应调整防坠安全器，切实保证不超过 1.2m 制动距离。试验后以及正常操作中每发生一次防坠动作，均必须对防坠安全器进行复位。

9）作业前重点检查项目应符合下列要求：

①各部结构无变形，连接螺栓无松动；

②齿条与齿轮、导向轮与导轨均接合正常；

③各部钢丝绳固定良好，无异常磨损；

④运行范围内无障碍。

10）启动前，应检查并确认电缆、接地线完整无损，控制开关在零位。电源接通后，应检查并确认电压正常，应测试无漏电现象。试验并确认各限位装置、吊笼、围护门等处的电器联锁装置良好可靠，电器仪表灵敏有效。启动后，应进行空载升降试验，测定各传动机构制动器的效能，确认正常后，方可开始作业。

11）施工外用电梯在每班首次载重运行时，当吊笼升离地面 1.2m 时，应停机试验制动器的可靠性；当发现制动效果不良时，应调整或修复后方可运行吊笼。

12）吊笼乘人或载物时应使载荷均匀分布，人体及装运的货物严禁超出吊笼护栏。

13）操作人员应根据指挥信号操作。作业前应鸣声示意。在施工外用电梯未切断总电源开关前，操作人员不得离开操作岗位。

14）认真做好日常保养工作。双笼电梯，当一只吊笼进行笼外保养或检修时，另一只吊笼不得运行。

15）施工外用电梯运行到最上层或最下层时，严禁用行程限位开关作为停止运行的控制开关。

16）电梯运行中，严禁司机做有碍电梯运行的动作。不得离开操作岗位，应随时观察电梯各部位声响、温度、气味和外来障碍物等情况。当发现有异常情况时，应立即停机并采取有效措施将吊笼降到底层，排除故障后方可继续运行。在运行中发现电气失控时，应立即按下急停按钮；在未排除故障前，不得打开急停按钮。

17）凡遇下列情况时应停止运行，并将吊笼降到底层，切断电源。

①天气恶劣：大雨、大风（六级及以上）、大雾以及导轨架、电缆等结冰；

②灯光不明、信号不清；

③机械发生故障未排除；

④钢丝绳断丝磨损超过报废标准；

⑤其他应停止运行的情况。

18）暴风雨后，应对施工外用电梯各有关安全装置进行一次检查，确认正常后，方可运行。

19）当施工外用电梯在运行中由于断电或其他原因而中途停止时，可进行手动下降，将电动机尾端制动电磁铁手动释放拉手缓缓向外拉出，使吊笼缓慢地向下滑行。吊笼下滑时，不得超过额定运行速度，手动下降必须由专业维修人员进行操纵。

20）施工外用电梯停止运行后应遵守以下规定：

①电梯未切断总电源开关前，司机不得离开操作岗位；

②作业后、应将吊笼降到底层，各控制开关拨到零位，切断电源，锁好开关箱，闭锁吊笼门和围护门；

③班后按规定进行清扫、保养，并做好当班记录。

4.2.7.11-2 外用电梯安装验收表

1. 资料表式

外用电梯安装验收表　　表 4.2.7.11-2

工程名称			电梯型号		设备编号	
生产厂家			出厂日期		设计安装高度	
安装单位			资质证书编号		验收高度	
序号	验收项目	验　收　内　容				验收结果
1	施工方案	有专项安全施工组织设计并经上级审批，针对性强，能指导施工				
		有专项安全技术交底				
		安装单位及人员具有相应的资质				
2	基　　础	基础设计和处理必须符合本机说明书要求				
		基础设计有土承载力资料和计算，并经上级审批				
		基础完工后有履行验收手续				
		有良好排水措施				
3	架体结构与安装	结构无开焊、裂纹及永久性变形				
		架体各节点螺栓应紧固				
		附墙装置及附着应符合方案和说明书要求				
		架体垂直度应符合说明书的规定				

续表

序号	验收项目	验收内容	验收结果
4	安全装置	制动装置、上下极限限位器，限速器和笼门联锁装置应齐全并灵敏可靠	
		限速器应有试验报告	
5	安全防护	地面吊笼出入口应设防护棚，采用5cm厚木板或两层竹榀架设	
		每层卸料平台宽度应大于83cm，设有常闭型定型化的安全门	
		每层卸料平台两侧设高1.2m、宽0.6m的双道防护栏杆及18cm高挡脚板，并挂设密目式安全网	
6	荷载	有超载控制措施	
7	电气	有专用开关箱，开关箱内装设隔离开关及漏电保护装置	
		重复接地符合要求，并按要求做避雷装置	
8	操作	司机持证上岗，驾驶室内设有安全操作规程牌，联络信号清楚准确	
9	试运转	经空载、额定荷载试验，各驱动装置、制动装置以及限位开关运行无异常且灵敏可靠，并有检验报告	
验收意见： 年 月 日		项目负责人 技术负责人 安装负责人 机管员 安全员 机械操作工	

2. 实施要点

（1）该表为外用电梯安装完成后验收时，对应验收的验收项目、验收内容和验收结果进行逐项核验的表式，应由项目负责人、技术负责人、安装负责人、机管员、安全员和机械操作工进行验收，验收完成后必须据实填写验收意见，验收人本人签字。

（2）外用电梯应编制安装方案。安装方案主要内容包括：编制依据、工程概况、作业条件；人员组成及职责；安装机具选择；安装程序、方法和要求；安全技术措施；施工方案要有针对性，要能指导施工；施工方案要经相关部门审批后才能用于施工。外用电梯的安装和拆除必须由具备相应资质的队伍和人员进行。

（3）外用电梯应进行安全技术交底。交底内容：具体安装和操作时的安全注意事项和措施，外用电梯司机属于特种作业人员，应持证上岗，电梯作业应设信号指挥，司机按照给定的信号操作，作业前必须鸣铃示意。

（4）外用电梯应进行安装验收，安装验收按外用电梯安装验收表进行。主要内容包括：基础的制作、架体的垂直度、附墙的距离、顶端的自由度、电气及安全限位装置、保险装置（制动器、限速器、门连锁装置、上、下限位装置）的灵敏度，接地电阻测试，并做空载及额定荷载的试验运行，经验收调试合格后方可投入使用。所有检查检测的结果均应如实记录。

（5）电梯防护及日常检查应填写检查检测记录。电梯底笼周围2.5m范围内必须设置牢固的防护栏杆，进出口处的上部搭设足够尺寸的防护棚，防护棚可用5cm厚木板或相当于其强度的其他材料搭设，必须具有防护物体打击的能力。各层进出口处应设常闭型的防护门，与各层的运输通道或平台必须采用5cm厚木板搭设牢固，并在两侧设置两道护身栏杆及挡脚板并用立网封闭，电梯每次作业前应检查试验各限位装置、安全装置是否良好等内容，多班作业时按规定办理交接班并认真填写交接班记录。

（6）拆除方案。拆除前必须由专业技术人员编制单独的拆除方案，内容包括：现场作业条件、人员组成与职责、拆卸工具、拆卸程序、及安全技术要求措施。拆除安全技术交底：拆除过程中的安全注意事项和措施。

4.2.8 现场应急救援

现场应急救援项目部成立应急领导小组。成员由党政、安全、保卫、工程技术、材料设备、后勤等部门组成。有调整时要及时修订。

4.2.8.1 应急救援演练记录

1. 资料表式

应急救援演练记录 表4.2.8.1

演练名称		演练时间	
组织人		演练地点	
记录内容： 记录人：			
参加部门			

2. 实施要点

（1）应急救援演练记录是建筑施工企业安全生产管理实施对在施工现场进行应急救援演练时的记录。该表的内容包括：演练名称、演练时间、组织人、演练地点、记录内容、记录人、参加部门等。

（2）应急救援预案演练的目的

进行必要的应急救援预案演练，其作用主要表现在以下几个方面：一是检验预案的实用性、可用性、可靠性；二是检验全体人员是否明确自己的职责和应急行动程序，以及反应队伍的协同反应水平和实战能力；三是提高人们避免事故、防止事故、抵抗事故的能力，提高对事故的警惕性；四是取得经验以改进所制定的行动方案。演练分为室内演练（组织指挥演练）和现场演练，包括单项演练、多项演练和综合演练。生产经营单位在进行演练时，应让熟悉施工现场的作业人员参加应急计划的演习和操练；与施工现场无关的人员，如高级应急官员、政府监察员，也应作为观察员监督整个演练过程。

(3) 工程开工或阶段性施工开始前的现场应急救援

工程开工或阶段性施工开始前，项目经理部根据活动、项目特点、管理水平、资源配置、技术装备能力、外部条件等识别潜在事故和紧急情况，控制潜在事故和可能引起人员、材料、装备、设施破坏的紧急情况。如：火灾、坍塌、高处坠落、物体打击、起重伤害、机械伤害、中毒及自然灾害等。

(4) 制定应急准备和响应计划。其内容包括：

1) 潜在事态发生的物质、场所；

2) 原因及预防措施；

3) 应急对策、应急设施和装备；

4) 职责和信息传递，应急准备和响应计划（预案）应及时让所有相关岗位、人员掌握。

(5) 应急计划（预案）的演练

对应急计划（预案）的有效性适时进行演练，并做好记录。

1) 演练时应注意的几个问题：

①演练前要制定详细计划，演练时要尽可能结合现场实际，确保演练效果：

②要针对演练中可能出现的意外情况，另行制定一套方案，遇紧急情况后．现场应有紧急安全疏散口，疏散时应由专人负责；

③每一次演练后，应核对该计划是否被全面执行，并注意发现预案中存在的不足和缺陷，进一步加以补充或修改，使其更加完善。

2) 应急救援演练的有关要求

为了能在事故发生后，迅速、准确、有效地进行处理，必须制订好“事故应急救援预案”，做好应急救援的各项准备工作，对全体职工进行经常性的应急救援常识教育，落实岗位责任制和各项规章制度。同时，还应建立以下相应制度：

①值班制度。建立 24 小时值班制度，夜间由行政值班和生产调度负责，遇有问题及时处理。

②检查制度。每月由企业应急救援指挥领导小组结合生产安全工作，检查应急救援工作情况，发现问题及时整改。

③例会制度。每季度由事故应急救援指挥领导小组组织召开一次指挥组成员和各救援队伍负责人会议，检查上季度工作，并针对存在的问题，积极采取有效措施，加以改进。

(6) 应急计划（预案）的实施

1) 发生事故或紧急情况时，现场负责人立即按应急计划（预案）处理，保护现场，迅速逐级上报企业有关部门，企业有关部门报同级应急领导小组。应急小组和企业有关部门接到事态信息后，须马上了解情况判断后果，决定处理方法。必要时，应采取避让、疏散、报警、救护、封闭、洗消、切断和隔离危险源等措施，防止损害扩大。

2) 发生事故后，在最短时间内寻求第三方（如消防队、抢险队、119、120 急救）援助和救护，并按法定程序报政府主管部门进行事故处理。应急小组负责在紧急情况发生时，协调处理紧急事态，组织事故善后工作。小组负责人负责召集应急和事故处理工作会议，确定对策，统一对外联络，调配所须各项资源，确保应急工作有序高效。

(7) 应急准备和响应计划（预案）的评价

企业有关部门对应急准备和响应计划（预案）每年至少进行一次有效性评价，提出修改意见。当活动、产品、服务或外部条件变化时，主管部门应及时修订应急计划（预案）。

（8）表列子项

演练名称：指本次演练的演练名称，通常演练包括：火灾、爆炸、危害化学品泄漏、坍塌、水患、机动车辆伤害等。

演练时间：指本次演练的演练时间，按实际演练的年、月、日、时填写。

组织人：指本次演练的演练组织负责人，填写组织人姓名。

演练地点：指本次演练的演练地点，照实际演练地点填写。

记录内容：指本次演练的演练内容，照实际演练的内容填写。

记录人：指记录本次演练的记录人，填写记录人姓名。

参加部门：指参加本次演练的相关部门，照实际填写。

4.2.8.2 紧急情况（事件）处理记录

1. 资料表式

紧急情况（事件）处理记录 **表 4.2.8.2**

单位：

紧急情况或事件		
发生部位		
损害和影响		
事件发生过程		
原因分析		
应急处理情况		
负责人： 年 月 日		记录人： 年 月 日

2. 实施要点

(1) 紧急情况（事件）处理记录是建设工程施工项目在实施中发生了紧急情况（事件）需进行处理并已处理完成时的记录。该表的内容包括：单位、紧急情况或事件、发生部位、损害和影响、事件发生过程、原因分析、应急处理情况、负责人（年、月、日）、记录人（年、月、日）等。

(2) 表列子项

1) 单位：指施工现场内任一单位发生了紧急情况（事件）的单位，填写发生紧急情况（事件）的单位名称。

2) 紧急情况或事件：填写紧急情况或事件的事故名称。

3) 发生部位：指紧急情况或事件发生在工程项目的某个部位名称，填写其发生部位名称。

4) 损害和影响：指紧急情况或事件发生后对工程造成的损害和影响。

5) 事件发生过程：指紧急情况或事件的发生过程，叙述应真实且简明扼要。

6) 原因分析：指紧急情况或事件发生后，对其进行的原因分析应正确。

7) 应急处理情况：指紧急情况或事件发生后，对其进行的应急处理情况的记录。

8) 负责人（年、月、日）：指紧急情况或事件处理记录的负责人签字并填写时间。

9) 记录人（年、月、日）：指紧急情况或事件处理记录的记录人签字并填写时间。

4.2.9 劳动保护及职业病预防

劳动保护是国家对劳动者关怀和爱护的政策体现；职业病预防实际上就是保证职工的职业健康安全。

在生产过程、劳动过程、作业环境中存在的危害劳动者健康的因素，称为职业性危害因素。由职业性危害因素引起的疾病称为职业病，由国家主管部门公布的职业病目录所列的职业病称法定职业病。

4.2.9.1 劳动保护用品的发放与管理

严格按照劳动保护用品的发放标准和范围为相关人员配备符合国家或行业标准要求的劳动保护用品，尤其是一线工人的特殊劳动保护用品和必要的劳动保护用品。要加强施工现场的劳动保护用品的采购、保管、发放和报废管理，严格掌握标准和质量要求。所采购的劳动保护用品必须有相关证件和资料，必要时应对其安全性能进行抽样检测和试验，严禁不合格的劳保用品进入施工现场。对于二次使用的劳动保护用品，应按照其相关标准进行检测试验，破损严重、失去防护功能、不能有效保证安全的劳动防护用品必须及时更换。

4.2.9.2 职业病预防的措施

施工现场应根据具体情况编制职业病预防的措施，如：电气焊、水泥操作工等。

1. 建筑施工现场易发职业病

就建筑业企业而言，容易导致的职业病一般为：接触各种粉尘引起的尘肺病；电焊工尘肺、眼病；直接操作振动机械引起的手臂振动病；油漆工、粉刷工接触有机材料散发的不良气体引起的中毒；接触噪声引起的职业性耳聋；长期超时、超强度地工作，精神长期过度紧张造成相应职业病；高温中暑等。

2. 建筑施工现场易发职业病控制措施

(1) 接触各种粉尘引起的尘肺病预防控制措施

1) 作业场所防护措施：加强水泥等易扬尘的材料的存放处、使用处的扬尘防护，任何人不得随意拆除，在易扬尘部位设置警示标志。

2) 个人防护措施：落实相关岗位的持证上岗，给施工作业人员提供扬尘防护口罩，杜绝施工操作人员的超时工作。

3) 检查措施：在检查项目工程安全的同时，检查工人作业场所的扬尘防护措施的落实，检查个人扬尘防护措施的落实，每月不少于一次，并指导施工作业人员减少扬尘的操作方法和技巧。

(2) 电焊工尘肺、眼病的预防控制措施

1) 作业场所防护措施：为电焊工提供通风良好的操作空间。

2) 个人防护措施：电焊工必须持证上岗，作业时佩戴有害气体防护口罩、眼睛防护罩，杜绝违章作业，采取轮流作业，杜绝施工操作人员的超时工作。

3) 检查措施：在检查项目工程安全的同时，检查落实工人作业场所的通风情况，个人防护用品的佩戴，8 小时工作制，及时制止违章作业。

(3) 直接操作振动机械引起的手臂振动病的预防控制措施

1) 作业场所防护措施：在作业区设置防职业病警示标志。

2) 个人防护措施：机械操作工要持证上岗，提供振动机械防护手套，采取延长换班休息时间，杜绝作业人员的超时工作。

3) 检查措施：在检查工程安全的同时，检查落实警示标志的悬挂，工人持证上岗，防震手套佩戴，工作时间不超时等情况。

(4) 油漆工、粉刷工接触有机材料散发不良气体引起的中毒预防控制措施

1) 作业场所防护措施：加强作业区的通风排气措施。

2) 个人防护措施：相关工种持证上岗，给作业人员提供防护口罩，采取轮流作业，杜绝作业人员的超时工作。

3) 检查措施：在检查工程安全的同时，检查落实作业场所的良好通风，工人持证上岗，佩戴口罩，工作时间不超时，并指导提高中毒事故中职工救人与自救的能力。

(5) 接触噪声引起的职业性耳聋的预防控制措施

1) 作业场所防护措施：在作业区设置防职业病警示标志，对噪声大的机械加强日常保养和维护，减少噪声污染。

2) 个人防护措施：为施工操作人员提供劳动防护耳塞，采取轮流作业，杜绝施工操作人员的超时工作。

3) 检查措施：在检查工程安全的同时，检查落实作业场所的降噪声措施，工人佩戴防护耳塞，工作时间不超时。

(6) 长期超时、超强度工作，精神长期过度紧张造成相应职业病的预防控制措施

1) 作业场所防护措施：提高机械化施工程度，减小工人劳动强度，为职工提供良好的生活、休息、娱乐场所，加强施工现场的文明施工。

2) 个人防护措施：不盲目抢工期，即使抢工期也必须安排充足的人员能够按时换班作业，采取 8 小时作业换班制度，及时发放工人工资，稳定工人情绪。

3）检查措施：工人劳动强度适宜，文明施工，工作时间不超时，工人工资发放情况。

（7）高温中暑的预防控制措施

1）作业场所防护措施：在高温期间，为职工备足饮用水或绿豆水、防中暑药品、器材。

2）个人防护措施：减少工人工作时间，尤其是延长中午休息时间。

3）检查措施：夏季施工，在检查工程安全的同时，检查落实饮水、防中暑物品的配备，工人劳逸适宜，并指导提高中暑情况发生时，职工救人与自救的能力。

4.2.10 市政、拆除、装饰装修工程的安全管理

市政、拆除、装饰装修工程的安全生产，各有其特殊性，除按照房屋建筑的一般性要求进行管理，施工现场还要考虑其特殊性，制定有针对性的安全管理措施。

4.2.10.1 市政工程的安全管理

市政工程标准化管理的主要内容包括：现场安全生产管理、现场安全生产投入、施工现场目标指标管理、安全生产知识教育培训、施工组织设计及专项方案、施工现场重大危险源管理、安全检查、现场文明施工、道路施工和桥梁施工、临时用电、“三宝”的使用、临边防护、基坑支护、施工机具、起重吊装、现场应急救援预案、劳动保护及职业病预防、必备资料等内容。

文明施工应按照市政工程施工安全检查标准进行施工。

道路施工：工程开工前，全中断或半中断交通施工时应到有关部门办理许可手续；在未中断交通的情况下，应隔离出行人、车辆专用通道，施工区域和非施工区域按规定设置分隔设施和交通警示标志、警示灯，沿线设置合理的出入口，施工区域设专人疏导车流和人流，施工现场的基坑、管沟临边和雨水井、检查井口等周围应悬挂警戒标志、夜间应设红色警示灯，并采取可靠的安全防护措施。基坑、管沟施工及维护时应结合工程实际进度制定防止土方坍塌、中毒等安全措施和排水措施及防止临近建、构筑物沉降措施。

需保留的资料：施工现场防止各种污染措施及不扰民措施、全断交或半断交施工许可手续、现场安全标志或警示标志平面图、排水措施、特种作业人员操作证、动火证、桥梁施工中模板和脚手架的施工方案、支撑系统的计算书、安全技术交底、拆模前的混凝土强度报告等。

4.2.10.2 拆除工程

拆除工程施工执行《建筑拆除工程安全技术规范》（JGJ147—2004）。标准化管理的主要内容包括：现场安全生产管理、现场安全生产投入、现场目标指标管理、安全生产知识教育培训、拆除工程的施工组织设计及专项方案、现场重大危险源管理、安全检查、现场文明施工、现场临时用电、施工机具、起重吊装、现场应急救援预案、劳动保护及职业病预防、必备安全资料等内容。

拆除工程开工前应根据工程特点、构造情况、工程量编制安全施工组织设计或方案，由技术负责人审核，经批准后实施；施工前必须对施工作业人员进行书面的安全技术交底；现场应根据拆除的方法（人工拆除、机械拆除、爆破拆除、静力破碎及基础处理）进行安全施工管理，并落实安全防护措施；拆除施工采用的脚手架及防护设施必须由专业人

员搭设，并进行验收和检查；施工过程中应设专人向被拆除部位洒水降尘，及时将施工渣土清运出场，制定完善的文明施工管理措施；对现场租赁的机械设备及时签订租赁合同及安全管理协议书；特种作业人员必须持有效证件上岗作业。

4.2.10.3 装饰、装修工程

装饰、装修工程安全生产标准化管理包括：现场安全生产管理、现场安全生产投入、施工现场目标指标管理、安全生产知识教育培训、施工组织设计及专项方案、施工现场重大危险源管理、安全检查、现场文明施工、施工现场临时用电、“三宝”使用和临边防护、脚手架工程、施工机具、物料提升机、现场应急救援预案、劳动保护及职业病预防、必备安全资料等内容。应制定针对油漆、稀料的防火、防爆和防中毒措施，并严格落实，严防群死群伤事故发生。

4.2.11 漏电保护器检测与接地电阻测试

4.2.11.1 漏电保护器检测记录

1. 资料表式

漏电保护器检测记录 表 4.2.11.1

<table>
<tr><td>工程名称</td><td colspan="2"></td><td colspan="2">保护设备名称</td><td colspan="2"></td><td>额定功率</td><td></td></tr>
<tr><td>保护器型号</td><td></td><td colspan="2">额定电流</td><td></td><td>额定漏电动作电流</td><td></td><td>生产厂家</td><td></td></tr>
<tr><td>维护电工姓名</td><td colspan="2"></td><td colspan="3">电工证号码</td><td colspan="3"></td></tr>
<tr><td rowspan="2">检测日期</td><td colspan="2">A 相对地</td><td colspan="2">B 相对电</td><td colspan="2">C 相对地</td><td rowspan="2">检测结论</td><td rowspan="2">检测人</td></tr>
<tr><td>动作电流</td><td>动作时间</td><td>动作电流</td><td>动作时间</td><td>动作电流</td><td>动作时间</td></tr>
<tr><td>月 日</td><td></td><td></td><td></td><td></td><td></td><td></td><td></td><td></td></tr>
<tr><td>月 日</td><td></td><td></td><td></td><td></td><td></td><td></td><td></td><td></td></tr>
<tr><td>月 日</td><td></td><td></td><td></td><td></td><td></td><td></td><td></td><td></td></tr>
<tr><td>月 日</td><td></td><td></td><td></td><td></td><td></td><td></td><td></td><td></td></tr>
<tr><td>月 日</td><td></td><td></td><td></td><td></td><td></td><td></td><td></td><td></td></tr>
<tr><td>月 日</td><td></td><td></td><td></td><td></td><td></td><td></td><td></td><td></td></tr>
</table>

注：每月检测一次。

2. 实施要点

(1) 该表为漏电保护器检测记录，施工完成后应对表列内容进行检测。

(2) 表列子项

1) 工程名称：按建设与施工企业合同书中的工程名称填写或按委托单上的工程名称。

2) 保护设备名称：指漏电保护器的名称，按设备标牌上的设备名称填写。

3) 额定功率：指漏电保护器的额定功率。

4）保护器型号：指漏电保护器的保护器型号。

5）额定电流：指漏电保护器的额定电流。

6）额定漏电动作电流：指漏电保护器的额定漏电动作电流。

7）生产厂家：指漏电保护器的生产厂家。

8）维护电工姓名：填写维护电工的姓名。

9）电工证号码：填写该维护电工的电工证号码。

10）检测日期：指采用漏保护器对 A 相对地（动作电流、动作时间）、B 相对电（动作电流、动作时间）、C 相对地（动作电流、动作时间）进行检测的日期。

11）检测结论：按实际检测结果填写。

12）检测人：填写实际检测人姓名。

4.2.11.2 接地电阻测试记录

1. 资料表式

接地电阻测试记录表 **表 4.2.11.2**

<table>
<tr><td colspan="2">工程名称</td><td colspan="3"></td><td colspan="2">测试仪器名称</td><td colspan="2"></td></tr>
<tr><td colspan="2">测试仪器型号</td><td colspan="2"></td><td>测试人</td><td></td><td>监测人</td><td colspan="2"></td></tr>
<tr><td rowspan="18">接地类别及要求</td><td>接地类型及标准阻值</td><td>编号</td><td>接地位置或设备名称</td><td>实测阻值（Ω）</td><td>季节系数</td><td>测试结果</td><td>测试日期</td><td>备注</td></tr>
<tr><td rowspan="2">工作接地
≤4Ω</td><td>1</td><td></td><td></td><td></td><td></td><td></td><td></td></tr>
<tr><td>2</td><td></td><td></td><td></td><td></td><td></td><td></td></tr>
<tr><td rowspan="6">重复接地
≤10Ω</td><td>1</td><td></td><td></td><td></td><td></td><td></td><td></td></tr>
<tr><td>2</td><td></td><td></td><td></td><td></td><td></td><td></td></tr>
<tr><td>3</td><td></td><td></td><td></td><td></td><td></td><td></td></tr>
<tr><td>4</td><td></td><td></td><td></td><td></td><td></td><td></td></tr>
<tr><td>5</td><td></td><td></td><td></td><td></td><td></td><td></td></tr>
<tr><td>6</td><td></td><td></td><td></td><td></td><td></td><td></td></tr>
<tr><td rowspan="4">防雷接地
≤30Ω</td><td>1</td><td></td><td></td><td></td><td></td><td></td><td></td></tr>
<tr><td>2</td><td></td><td></td><td></td><td></td><td></td><td></td></tr>
<tr><td>3</td><td></td><td></td><td></td><td></td><td></td><td></td></tr>
<tr><td>4</td><td></td><td></td><td></td><td></td><td></td><td></td></tr>
<tr><td rowspan="5">保护接地
≤4Ω</td><td>1</td><td></td><td></td><td></td><td></td><td></td><td></td></tr>
<tr><td>2</td><td></td><td></td><td></td><td></td><td></td><td></td></tr>
<tr><td>3</td><td></td><td></td><td></td><td></td><td></td><td></td></tr>
<tr><td>4</td><td></td><td></td><td></td><td></td><td></td><td></td></tr>
<tr><td>5</td><td></td><td></td><td></td><td></td><td></td><td></td></tr>
</table>

注：1. 测试结果＝实测阻值×季节系数；

2. 接地电阻应定期（至少每季度一次）进行测试；

3. 测试人为电工，监测人可以是施工员、安全员等施工管理人员。

2. 实施要点

(1) 该表为接地电阻测试记录，该表适用于施工现场用电的接地电阻测试。电气接地电阻测试记录是指建筑电气工程安装完成后，按规范要求必须进行的测试项目。

(2) 测试要求

1) 试验项目和内容符合有关标准规定，内容真实、准确为符合要求。

2) 接地电阻测试的项目，有齐全的过程记录者为符合要求。

3) 测试记录不缺项、不缺部位，符合有关标准的规定，测试项目和手续齐全，内容具体、真实、有结论意见为符合要求。缺项、缺部位、测试项目不全、测试电阻超值为不符合要求。

(3) 表列子项

1) 工程名称：按建设与施工企业合同书中的工程名称填写或按委托单上的工程名称。

2) 测试仪器名称：填写接地电阻测试的测试仪器名称。

3) 测试仪器型号：填写接地电阻测试采用的测试仪器型号。

4) 测试人：填写接地电阻测试的测试人姓名。

5) 监测人：填写接地电阻测试的监测人姓名。

6) 接地类别及要求：指对以下接地类别测试的要求。

7) 接地类型及标准阻值：指对工作接地、重复接地、防雷接地、保护接地测试的标准阻值。

8) 工作接地≤4Ω：应在工作接地栏下按组别及其实测的数据填写工作接地电阻值。

9) 重复接地≤10Ω：应在重复接地栏下按组别及其实测的数据填写重复接地电阻值。

10) 防雷接地≤30Ω：应在防雷接地栏下按组别及其实测的数据填写防雷接地电阻值。

11) 保护接地≤4Ω：应在保护接地栏下按组别及其实测的数据填写保护接地电阻值。

12) 接地位置或设备名称：填写接地电阻测试的位置和测试采用的设备名称。

13) 实测阻值（Ω）：指对工作接地、重复接地、防雷接地、保护接地测试的实测阻值。

14) 季节系数：指对工作接地、重复接地、防雷接地、保护接地测试时采用的季节系数。

15) 测试结果：填写接地电阻测试结果。

16) 测试日期：填写接地电阻测试日期。

4.2.12 工伤事故登记、报告及事故调（勘）查

4.2.12.1 工伤事故登记

1. 资料表式

工伤事故登记表 表 4.2.12.1

工程名称：________________ 事故部位：________________

事故时期：________年____月____日____时____分

事故类型：________________ 气象情况：________________

伤害人姓名	伤害情况（死、重、伤）	工种及级别	性别	年龄	本工种工龄	受过何种安全教育	歇工总日期	经济损失		备注
								间接	直接	
事故经过和原因：										
预防事故重复发生的措施： 项目负责人： 安全负责人： 落实措施负责人： 填表人： 年 月 日										

注：事故经过和原因如填写不下可另附纸。

2. 实施要点

(1) 工伤事故登记是建设工程施工项目发生工伤事故后进行的登记。该表的内容包括：工程名称、事故部位、事故时期（年、月、日、时、分）、事故类型、气象情况、伤害人姓名、伤害情况（死、重、伤）、工种及级别、性别、年龄、本工种工龄、受过何种安全教育、歇工总日期、经济损失、间接、直接、事故经过和原因、预防事故重复发生的措施、项目负责人、安全负责人、落实措施负责人、填表人等。

(2) 表列子项

1）工程名称：按建设与施工企业合同书中的工程名称填写或按委托单上的工程名称。

2）事故部位：指事故发生在工程的某一部位，填写事故发生的部位名称。

3）事故时期（年、月、日、时、分）：指事故发生的时间，应按年、月、日、时、分填写。

4）事故类型：指事故发生的类型，如触电、烧伤、坠落……，按实际填写。

5）气象情况：指事故发生的气象情况，照实际填写。

6）伤害人姓名：填写事故受害人的姓名。

7）伤害情况（死、重、伤）：指事故受害人的伤害情况，如死亡、重伤、轻伤等，照实际填写。

8）工种及级别：指事故受害人的工种及级别，填写事故受害人的工种及级别。

9）性别：指事故受害人的性别，照实际填写。

10）年龄：指事故受害人的年龄，照实际填写。

11）本工种工龄：指事故受害人的本工种工龄，照实际填写。

12）受过何种安全教育：指事故受害人受过何种安全教育，照实际填写。

13）歇工总日期：指事故受害人受伤后歇工的总日期，照实际填写。

14）经济损失：指事故发生后的直接和间接的经济损失，照实际填写。

15）事故经过和原因：指事故受害人发生事故的经过和事故发生的原因，照实际填写。

16）预防事故重复发生的措施：指对事故发生后经对经过、原因分析后确定采取的预防事故重复发生的措施。

17）项目负责人：指发生事故的工程项目的项目负责人，填写项目负责人姓名。

18）安全负责人：指发生事故的工程项目的安全负责人，填写安全负责人姓名。

19）落实措施负责人：指发生事故的工程项目的落实措施负责人，填写落实措施负责人姓名。

20）填表人：填写该表的填表人姓名。

4.2.12.2 工程安全事故报告

1. 资料表式

工程安全事故报告 **表 4.2.12.2**

工程名称：

<table>
<tr><td>事故部位</td><td colspan="2"></td><td colspan="2">报告日期</td><td colspan="2"></td></tr>
<tr><td rowspan="2">事故性质</td><td colspan="2">设计错误</td><td colspan="2">交底不清</td><td colspan="2">违反操作规程</td></tr>
<tr><td colspan="2"></td><td colspan="2"></td><td colspan="2"></td></tr>
<tr><td>事故发生日期</td><td colspan="6"></td></tr>
<tr><td>事故等级</td><td colspan="6"></td></tr>
<tr><td>直接责任者</td><td></td><td>职务</td><td colspan="2"></td><td>损失金额</td><td></td></tr>
<tr><td colspan="7">故事经过和原因分析：</td></tr>
<tr><td colspan="7">事故处理意见：</td></tr>
<tr><td colspan="7">项目负责人： 安全负责人： 安全员：</td></tr>
</table>

2. 实施要点

凡因工程安全不符合规定的安全标准的叫做安全事故。造成安全事故的原因主要包括：设计错误、施工错误、材料设备不合格、指挥不当等。

（1）工程安全事故的内容及处理建议应填写具体、清楚。注明日期（安全事故日期、处理日期）。按规定日期及内容及时上报。

（2）有当事人及有关领导的签字及附件资料。

（3）事故经过及原因分析应实事求是、尊重科学。

（4）安全事故的技术处理必须遵守的原则

1）工程（产品）安全事故的部位，原因必须查清，必要时请专家论证，并做好原始记录。

2）事故发生后，事故发生单位应当在24小时内写出书面的事故报告，逐级上报，书面报告应包括以下内容：

1）事故发生的时间、地点、工程项目、企业名称；

2）事故发生的简要经过、伤亡人数和直接经济损失的初步估计；

3）事故发生原因的初步判断；

4）事故发生后采取的措施及事故控制的情况；

5）事故报告单位。

（5）属于特别重大事故者，其报告、调查程序、执行国务院发布的《特别重大事故调查程序规定》及有关规定。

(6) 工程安全事故报告和事故处理方案及记录，要妥善保存，任何人不得随意抽撤或毁损。

(7) 填表说明

1) 事故部位：按实际事故发生在某分项工程的部位填写，例如×轴、×层等。

2) 事故性质：按实际填报，如设计原因、交底不清、违反操作规程等。

3) 事故等级：按国家规定不同的损失金额确定的等级和实际填写。

4) 直接责任者：填写事故当事人的姓名、职务。

5) 事故经过和原因分析：简述事故原因分析，应经项目经理部级以上主管技术负责人主持会议讨论定论后的原因分析。

凡需要修补或做技术处理的事故，均需填写事故经过及原因分析。

6) 事故处理意见：处理措施和复查意见等内容，均需有项目经理或单位工程安全负责人和安全员签字。

4.2.12.3　建设工程安全事故调（勘）查处理记录

1. 资料表式

建设工程安全事故调（勘）查处理记录　　表 4.2.12.3

工程名称：　　　　施工单位：

工程名称				
调（勘）查时间				
调（勘）地点				
参加人员	单位	姓名	职务	电话
陪同调（勘）人员				
调（勘）记录				
现场证物照片				
事故证据资料				
被调查人签字				
处理意见				

2. 实施要点

(1) 调查记录应详细、实事求是。记录内容包括：事故的发生时间、地点、部位、性质、人证、物证、照片及有关的数据资料。

(2) 工程安全事故调（勘）查处理记录内容及处理方法应填写具体、清楚。注明日期(安全事故日期、处理日期)。

(3) 参加调查人员、陪同调（勘）查人员必须逐一填写清楚。

(4) 调（勘）查记录应真实、科学、详细，实事求是，记录内容包括物证、照片、事故证据资料。

(5) 被调查人员必须签字。

(6) 调查方式可视事故的轻重由施工单位自行进行调查或组织有关部门联合调查，做出处理方案。

(7) 工程安全事故调查资料、事故处理资料应在事故处理完毕后随同工程安全事故报告一并存档。

(8) 设计单位应当参与建设工程安全事故的分析，并对因设计造成的安全事故提出技术处理方案。

(9) 填表说明

1) 调（勘）查记录：指事故调（勘）查的过程、内容记录。

2) 现场证物照片：照实际填写。

3) 事故证据资料：照实际填写。

4.2.13 施工现场安全管理技术文件名目

(1) 施工企业的安全生产许可证复印件；企业法人、企业经理、生产经理、安全处（科）长、项目部经理、项目部专职安全员等安全管理人员的考核合格证复印件。

(2) 企业的安全管理规章制度和各工种安全技术操作规程和各工种安全技术操作规程。

(3) 职工伤亡事故月报表、工伤事故登记表、发生工伤事故之后的一些相关记录、事故事件统计台账、工伤事故报告、工伤事故档案、工伤事故处理记录。

(4) 办理意外伤害保险有关单据。

(5) 现场安全生产投入台账及购物单据复印件。

(6) 安全生产教育培训：职工年度培训计划、接受培训人员名单、培训台帐及培训记录；对新进场从业人员的三级安全教育记录卡、教育内容的记录、分工种进行的考试试卷。

(7) 特种作业人员名单、特种作业操作证或IC卡的复印件。

(8) 施工组织设计、专项施工方案、专家论证审查的方案和论证审查报告、安全标志平面图、排水平面图。

(9) 施工现场重大危险源清单。

(10) 安全检查记录、事故隐患整改通知单。

(11) 现场临时用电组织设计、安全技术交底、验收记录、接地电阻测试记录、漏电保护器测试记录、电工巡视记录。

(12) “三宝”“四口”防护：安全帽、安全带、安全网的合格证、检测报告、安全技术交底、验收记录。

(13) 基坑支护施工方案、安全技术交底、验收记录、监测或观测记录。

(14) 脚手架施工方案、搭设安全技术交底、验收记录、拆除安全技术交底。

(15) 模板工程的施工方案、支设的安全技术交底、模板验收记录、混凝土强度报告、模板拆除的安全技术交底。

(16) 塔式起重机的专项施工方案、安装的安全技术交底、验收记录、拆除的安全技术交底。

(17) 施工机具的安全技术交底、验收记录、维修记录。

(18) 起重吊装施工方案、安全技术交底、验收纪录。

(19) 物料提升机的施工方案、安全技术交底、验收记录。

(20) 外用电梯安装方案、安全技术交底、验收记录、检测记录、拆除安全技术交底。

(21) 现场应急救援预案、应急演练记录、应急情况（事故）处理记录。

(22) 劳保用品的采购计划、发放台账、合格证、检测报告或检测记录。

(23) 违章处理记录：是根据企业或本项目的安全生产奖惩制度，对遵章守纪人员和违章人员进行奖罚的记录，并应将票据复印件附后。

(24) 动火审批手续。

(25) 主管部门及企业下发的有关文件及落实资料。

(26) 其他安全管理资料：与同在一个施工现场的其他施工队伍的安全管理协议；与分包队伍的安全管理协议；与安全生产相关文件、通知、安全会议记录、安全监督手续等。

4.3　安全技术文件的管理与要求

(1) 施工现场安全管理文件的编整要求

1) 施工现场安全管理文件的收集整理以合同承包单位的施工现场为单元。工程量较大时可分为数个分单元分别整理汇总。

安全管理技术文件按岗位职责分工由负责人编写，安全员负责及时收集、整理、建档，安全技术文件的填写要真实、可信，资料填报必须子项齐全，应填子项不得缺漏。所做记录与现场的实物相符，不得弄虚作假。

2) 工程安全技术文件（资料）的收集、编制应与工程进度同步进行，工程安全技术文件（资料）的核查验收应与工程验收同步进行。

3) 安全管理工程所需材料、半成品、构配件等均必须先试后用，不做试验不得用于工程。

4) 安全管理工程所需材料、半成品、构配件等的试验，其试验方法必须按专业标准或规范提出的试验方法进行，否则该项检（试）验应为无效试（检）验。

5) 表式中规定的责任制度，必须按规定要求该加盖公章的加盖公章，该本人签字的本人签字。签字一律不准代签，否则可视为虚假资料或无效资料。

6) 对工程技术文件进行涂改、伪造、随意抽撤或损毁、丢失的，应按有关法规予以处罚。情节严重的，依法追究法律责任。

7) 工程安全管理技术文件（资料）不符合要求时，不得进行竣工验收。

(2) 所有验收表应填写全面，不得缺项；有关人员签字必须由本人填写，不得代签；验收结果一栏根据验收内容要求量化；各种合格证必须与现场所用材料相对应。所有验收记录“谁验收、谁签字、谁负责”。

4.4　安全生产评价

施工企业安全生产状况的监督管理，在实施中应对企业的安全生产条件、安全生产业绩及相应的安全生产能力进行评价，评价应执行《施工企业安全生产评价标准》（JGJ/T 77—2003），见附件。

附件：

《施工企业安全生产评价标准》

(JGJ/T 77—2003)

1 总 则

1.0.1 为加强施工企业安全生产的监督管理，科学地评价施工企业安全生产条件、安全生产业绩及相应的安全生产能力，实现施工企业安全生产评价工作的规范化和制度化，促进施工企业安全生产管理水平的提高，制定本标准。

1.0.2 本标准适用于施工企业及政府主管部门对企业安全生产条件、业绩的评价，以及在此基础上对企业安全生产能力的综合评价。

1.0.3 本标准依据《中华人民共和国安全生产法》、《中华人民共和国建筑法》等有关法律法规，结合现行国家标准《职业健康安全管理体系规范》GB/T 28001的要求制定。

1.0.4 对施工企业安全生产能力进行综合评价时，除应执行本标准的规定外，尚应符合国家现行有关强制性标准的规定。

2 术 语

2.0.1 施工企业 construction company

从事土木工程、建筑工程、线路管道和设备安装工程、装修工程的新建、扩建、改建活动的各类资质等级的施工总承包、专业承包和劳务分包企业。

2.0.2 安全生产 work safety

为预防生产过程中发生事故而采取的各种措施和活动。

2.0.3 安全生产条件 condition of work safety

满足安全生产的各种因素及其组合。

2.0.4 安全生产业绩 performance of work safety

在安全生产过程中产生的可测量的结果。

2.0.5 安全生产能力 capacity of work safety

安全生产条件和安全生产业绩的组合。

2.0.6 危险源 hazard

可能导致死亡、伤害、职业病、财产损失、工作环境破坏或这些情况组合的根源或状态。

3 评 价 内 容

3.0.1 施工企业安全生产评价的内容应包括安全生产条件单项评价、安全生产业绩单项评价及由以上两项单项评价组合而成的安全生产能力综合评价。

3.0.2 施工企业安全生产条件单项评价的内容应包括安全生产管理制度，资质、机构与人员管理，安全技术管理和设备与设施管理4个分项。评分项目及其评分标准和评分方法应符合本标准附录A的规定。

3.0.3 施工企业安全生产业绩单项评价的内容应包括生产安全事故控制、安全生产奖罚、项目施工安全检查和安全生产管理体系推行4个评分项目。评分项目及其评分标准和评分方法应符合本标准附录B的规定。

3.0.4 安全生产条件、安全生产业绩单项评价和安全生产能力综合评价记录，应采用本标准附录C的《施工企业安全生产评价汇总表》。

4 评 分 方 法

4.0.1 施工企业安全生产条件单项评分应符合下列原则：

1 各分项评分满分分值为100分，各分项评分的实得分应为相应分项评分表中各评分项目实得分之和。

2　分项评分表中的各评分项目的实得分不应采用负值，扣减分数总和不得超过该评分项目应得分分值。

3　评分项目有缺项的，其分项评分的实得分应按下式换算：

$$遇有缺项的分项评分的实得分=\frac{可评分项目的实得分之和}{可评分项目的应得分值之和}\times 100$$

4　单项评分实得分应为其4个分项实得分的加权平均值。本标准附录A中表A.0.1～表A.0.4相应分项的权数分别为0.3、0.2、0.3、0.2。

4.0.2　施工企业安全生产业绩单项评分应符合下列原则：

1　单项评分满分分值为100分。

2　单项评分中的各评分项目的实得分不应采用负值，扣减分数总和不得超过该评分项目应得分分值，加分总和也不得超过该评分项目的应得分分值。

3　单项评分实得分应为各评分项目实得分之和。

4　当评分项目涉及重复奖励或处罚时，其加、扣分数应以该评分项目可加、扣分数的最高分计算，不得重复加分或扣分。

5　评　价　等　级

5.0.1　施工企业安全生产条件、安全生产业绩的单项评价和安全生产能力综合评价结果均应分为合格、基本合格、不合格三个等级。

5.0.2　施工企业安全生产条件单项评价等级划分应按表5.0.2核定。

施工企业安全生产条件单项评价等级划分　　**表5.0.2**

评价等级	评价项		
	分项评分表中的实得分为零的评分项目数（个）	各分项评分实得分	单项评分实得分
合　格	0	≥70	≥75
基本合格	0	≥65	≥70
不合格	出现不满足基本合格条件的任意一项时		

5.0.3　施工企业安全生产业绩单项评价等级划分应按表5.0.3核定。

施工企业安全生产业绩单项评价等级划分　　**表5.0.3**

评价等级	评价项	
	单项评分表中的实得分为零的评分项目数（个）	评分实得分
合　格	0	≥75
基本合格	≤1	≥70
不合格	出现不满足基本合格条件的任意一项或安全事故累计死亡人数3人及以上或安全事故造成直接经济损失累计30万元以上	

附录A 施工企业安全生产条件评分

安全生产管理制度分项评分 表A.0.1

序号	评分项目	评分标准	评分方法	应得分	扣减分	实得分
1	安全生产责任制度	● 未按规定建立安全生产责任制度或制度不齐全，扣10～25分 ● 责任制度中未制定安全管理目标或目标不齐全，扣5～10分 ● 承发包合同中无安全生产管理职责和指标，扣5～10分 ● 有关层次、部门、岗位人员以及总分包安全生产责任制未得到确认或未落实，扣5～10分 ● 未制定安全生产奖惩考核制度或制度不齐全，扣5～10分 ● 未按安全生产奖惩考核制度落实奖罚，扣5～10分	查管理制度目录、内容，并抽查企业及施工现场相关记录	25		
2	安全生产资金保障制度	● 未按规定建立制度或制度不齐全，扣10～20分 ● 未落实安全劳防用品资金，扣5～10分 ● 未落实安全教育培训专项资金，扣5～10分 ● 未落实保障安全生产的技术措施资金，扣5～10分	查管理制度目录、内容，并抽查企业及施工现场相关记录	20		
3	安全教育培训制度	● 未按规定建立制度，扣20分 ● 制度未明确项目经理、安全专职人员、特殊工种、待岗、转岗、换岗职工、新进单位从业人员安全教育培训要求，扣5～15分 ● 企业无安全教育培训计划，扣10分 ● 未按计划实施教育培训活动或实施记录不齐全，扣5～10分	查管理制度目录、内容，并抽查企业及施工现场相关记录	20		
4	安全检查制度	● 未按规定制定包括企业和备层次安全检查制度，扣20分 ● 制度未明确企业、项目定期及日常、专项、季节性安全检查的时间和实施要求，扣3～5分 ● 制度未规定对隐患整改、处置和复查要求，扣3～5分 ● 无检查和隐患处置、复查的记录或隐患整改未如期完成，扣5～10分	查管理制度目录、内容，并抽查企业及施工现场相关记录	20		
5	生产安全事故报告处理制度	● 未按规定制定事故报告处理制度或制度不齐全，扣5～10分 ● 未按规定实施事故的报告和处理，未落实“四不放过”，扣10～15分 ● 未建立事故档案，扣5分 ● 未按规定办理意外伤害保险，扣10分；意外伤害保险办理率不满100%，扣1～10分 ● 未制定事故应急预案，未建立应急救援小组或指定专门应急救援人员，扣5～10分	查管理制度目录、内容，并抽查企业及施工现场相关记录	15		
分项评分				100		

评分员： 年 月 日

注：“四不放过”指事故原因未查清不放过；职工和事故责任人受不到教育不放过；事故隐患不整改不放过；事故责任人不处理不放过。

资质、机构与人员管理分项评分 **表 A.0.2**

序号	评分项目	评分标准	评分方法	应得分	扣减分	实得分
1	企业资质和从业人员资格	● 企业资质与承发包生产经营行为不相符，扣30分 ● 总分包单位主要负责人、项目经理和安全生产管理人员未经过安全考核合格，不具备相应的安全生产知识和管理能力，扣10～15分 ● 其他管理人员、特殊工种人员等其他从业人员未经过安全培训，不具备相应的安全生产知识和管理能力，扣5～15分	查企业资质证书与经营手册，抽查上岗证及教育培训记录，抽查施工现场	30		
2	安全生产管理机构	● 企业未按规定设置安全生产管理机构或配备专职安全生产管理人员，扣10～25分 ● 无相应安全管理体系，扣10分 ● 各级未配备足够的专、兼职安全生产管理人员，扣5～10分	查企业安全管理组织网络图、安全管理人员名册清单等	25		
3	分包单位资质和人员资格管理	● 未制定对分包单位资质资格管理及施工现场控制的要求和规定，扣15分 ● 缺乏对分包单位资质和人员资格管理及施工现场控制的证实材料，扣10分 ● 分包单位承接的项目不符合相应的安全资质管理要求，扣15分 ● 50人以上规模的分包单位未配备专、兼职安全生产管理人员，扣3～5分	查企业对分包单位管理记录，合格分包方名录，抽查施工现场管理资料	25		
4	供应单位管理	● 未制定对安全设施所需材料、设备及防护用品的供应单位的控制要求和规定，扣20分 ● 无安全设施所需材料、设备及防护用品供应单位的生产许可证或行业有关部门规定的证书，每起扣5分 ● 安全设施所需材料、设备及防护用品供应单位所持生产许可证或行业有关部门规定的证书与其经营行为不相符，每起扣5分	查企业对分供单位管理记录，合格分供方名录，抽查施工现场管理资料	20		
分项评分				100		

评分员： 年 月 日

注：表中涉及的大型设备装拆的资质、人员与技术管理，应按表 A.0.4 中“大型设备装拆安全控制”规定的评分标准执行。

安全技术管理分项评分 表 A.0.3

序号	评分项目	评分标准	评分方法	应得分	扣减分	实得分
1	危险源控制	● 未进行危险源识别、评价，未对重大危险源进行控制策划、建档，扣10分 ● 对重大危险源未制定有针对性的应急预案，扣10分	查企业及施工现场相关记录	20		
2	施工组织设计（方案）	● 无施工组织设计（方案）编制审批制度，扣20分 ● 施工组织设计中未根据危险源编制安全技术措施或安全技术措施无针对性，扣5～15分 ● 施工组织设计（方案，包括修改方案）未经技术负责人组织安全等有关部门审核、审批，扣5～10分	查企业技术管理制度，抽查企业备份或施工现场的施工组织设计	20		
3	专项安全技术方案	● 专业性强、危险性大的施工项目，未按要求单独编制专项安全技术方案（包括修改方案）或专项安全技术方案（包括修改方案）无针对性，扣5～15分 ● 专项安全技术方案（包括修改方案）未经有关部门和技术负责人审核、审批，扣10～15分 ● 方案未按规定进行计算和图示，扣5～10分 ● 技术负责人未组织方案编制人员对方案（包括修改方案）的实施进行交底、验收和检查，扣5～10分 ● 未安排专业人员对危险性较大的作业进行安全监控管理，扣3～5分	抽查企业备份或施工现场的专项方案	20		
4	安全技术交底	● 未制定各级安全技术交底的相关规定，扣15分 ● 未有效落实各级安全技术交底，扣5～15分 ● 交底无书面交底记录，交底未履行签字手续，扣5～10分	查企业相关规定企业备份及施工现场交底资料	15		
5	安全技术标准、规范和操作规程	● 未配备现行有效的、与企业生产经营内容相关的安全技术标准、规范和操作规程，扣15分 ● 安全技术标准、规范和操作规程配备有缺陷，扣5～10分	查企业规范目录清单，抽查企业及施工现场的规范、标准、操作规程	15		
6	安全设备和工艺的选用	● 选用国家明令淘汰的设备或工艺，扣10分 ● 选用国家推荐的新设备、新工艺、新材料，或有市级以上安全生产技术成果，加5分	抽查施工组织设计和专项方案及其他记录	10		
分项评分				100		

评分员： 年 月 日

注：表中涉及的大型设备装拆的资质、人员与技术管理，应按表A.0.4中“大型设备装拆安全控制”规定的评分标准执行。

设备与设施管理分项评分 **表 A.0.4**

序号	评分项目	评分标准	评分方法	应得分	扣减分	实得分
1	设备安全管理	● 未制定设备（包括应急救援器材）安装（拆除）、验收、检测、使用、定期保养、维修、改造和报废制度或制度不完善、不齐全，扣10～25分 ● 购置的设备，无生产许可证和产品合格证或证书不齐全，扣10～25分 ● 设备未按规定安装（拆除）、验收、检测、使用、保养、维修、改造和报废，扣5～25分 ● 向不具备相应资质的企业和个人出租或租用设备，扣10～25分 ● 无企业设备管理档案台账，扣5分 ● 设备租赁合同未约定各自安全生产管理职责，扣5～10分	查企业设备安全管理制度，查企业设备清单和管理档案，抽查施工现场设备及管理资料	25		
2	大型设备装拆安全控制	● 装拆由不具备相应资质的单位或不具备相应资格的人员承担，扣25分 ● 大型起重设备装拆无经审批的专项方案，扣10分 ● 装拆未按规定做好监控和管理，扣10分 ● 未按规定检测或检测不合格即投入使用，扣10分	抽查企业备份或施工现场方案及实施记录	25		
3	安全设施和防护管理	● 企业对施工现场的平面布置和有较大危险因素的场所及有关设施、设备缺乏安全警示标志的统一规定，扣5分 ● 安全防护措施和警示、警告标识不符合安全色与安全标志规定要求，扣5分	查相关规定，抽查施工现场	20		
4	特种设备管理	● 未按规定制定管理要求或无专人管理，扣10分 ● 未按规定检测合格后投入使用，扣10分	抽查施工现场	15		
5	安全检查测试工具管理	● 未按有关规定配备相应的安全检测工具，扣5分 ● 配备的安全检测工具无生产许可证和产品合格证或证件不齐全，扣5分 ● 安全检测工具未按规定进行复检，扣5分	查相关记录，抽查施工现场检测工具	15		
分项评分				100		

评分员： 年 月 日

附录B 施工企业安全生产业绩评分

安全生产业绩单项评分 **表 B.0.1**

序号	评分项目	评 分 标 准	评分方法	应得分	扣减分	实得分
1	生产安全事故控制	● 安全事故累计死亡人数2人，扣30分 ● 安全事故累计死亡人数1人，扣20分 ● 重伤事故年重伤率大于0.6‰，扣15分 ● 一般事故年平均月频率大于3‰，扣10分 ● 瞒报重大事故，扣30分	查事故报表和事故档案	30		
2	安全生产奖罚	● 受到降级、暂扣资质证书处罚，扣25分 ● 各类检查中项目因存在安全隐患被指令停工整改，每起扣5～10分 ● 受建设行政主管部门警告处分。每起扣5分 ● 受建设行政主管部门经济处罚，每起扣10分 ● 文明工地，国家级每项加15分，省级加8分，地市级加5分，县级加2分 ● 安全标化工地，省级加3分，地市级加2分，县级加1分 ● 安全生产先进单位，省级加5分，地市级加3分，县级加2分	查各级行政主管部门管理信息资料，各类有效证明材料	25		
3	项目施工安全检查	按《建筑施工安全检查标准》JGJ 59—99对施工现场进行各级大检查，项目合格率低于100%，每低1%扣1分，检查优良率低于30%，每1%扣1分 ● 省级及以上安全检查通报表扬，每项加3分，地市级安全生产通报表扬每项加2分 ● 省级及以上通报批评每项扣3分，地市级通报批评每项扣2分 ● 因不文明施工引起投诉，每起扣2分 ● 未按建设安全主管部门签发的安全隐患整改指令书落实整改，扣5～10分	查各级行政主管部门管理信息资料，各类有效证明材料	25		
4	安全生产管理体系推行	● 企业未贯彻安全生产管理体系标准，扣20分 ● 施工现场未推行安全生产管理体系，扣5～15分 ● 施工现场安全生产管理体系推行率低于100%，每低1%扣1分	查企业相应管理资料	20		
分 项 评 分				100		

评分员： 年 月 日

附录C　施工企业安全生产评价汇总表

施工企业安全生产评价汇总表

企业名称：＿＿＿＿＿＿＿＿＿＿＿＿＿＿经济类型：＿＿＿＿＿＿＿＿＿＿＿＿＿

资质等级：＿＿＿＿＿＿＿＿上年度施工产值：＿＿＿＿＿＿＿＿在册人数：＿＿＿＿＿

<table>
<tr><td colspan="3">安全生产条件单项评价</td><td colspan="2">安全生产业绩单项评价</td></tr>
<tr><td>序号</td><td>评　分　分　项</td><td>实得分
（满分 100 分）</td><td rowspan="6">单项评分实得分
（满分 100 分）</td><td rowspan="6"></td></tr>
<tr><td>①</td><td>安全生产管理制度</td><td></td></tr>
<tr><td>②</td><td>资质、机构与人员管理</td><td></td></tr>
<tr><td>③</td><td>安全技术管理</td><td></td></tr>
<tr><td>④</td><td>设备与设施管理</td><td></td></tr>
<tr><td colspan="2">单项评分实得分
①×0.3＋②×0.2＋③×0.3＋④×0.2</td><td></td></tr>
<tr><td colspan="2">分项评分表中的实得分为零
的评分项目数（个）</td><td></td><td>分项评分表中的
实得分为零的评
分项目数（个）</td><td></td></tr>
<tr><td colspan="2">单项评价等级</td><td></td><td>单项评价等级</td><td></td></tr>
<tr><td colspan="2">安全生产能力
综合评价等级</td><td></td><td colspan="2"></td></tr>
<tr><td colspan="5">评价意见：</td></tr>
<tr><td>评价负责人
（签名）</td><td colspan="2"></td><td>评价人员
（签名）</td><td></td></tr>
<tr><td>企业负责人
（签名）</td><td colspan="2"></td><td>企业签章</td><td></td></tr>
</table>

年　　月　　日

第二篇

工程管理技术文件

1　建筑工程施工管理技术文件

建筑工程施工管理技术文件

序号	资　料　名　称	应用表式编号	说明
1	工程开工报审表	C4-1	
2	施工组织设计（施工方案）	C4-2	
3	施工组织设计（施工方案）实施小结	C4-3	
4	材料（设备）进场验收记录（通用）	C4-4	
5	技术交底	C4-5	
6	技术交底小结	C4-6	
7	施工日志	C4-7	
8	预检工程（技术复核）记录	C4-8	
9	自检互检记录	C4-9	
10	工序交接单	C4-10	
11	施工现场质量管理检查记录	C4-11	
12	见证取样	C4-12	
13	工程竣工施工总结	C4-13	
14	工程质量保修书	C4-14	
15	工程竣工报告	C4-15	

1.1　工程开工报审表

1. 资料表式

工程开工报审表　　　　**表 C4-1**

工程名称：　　　　　　　　编号：

<table>
<tr><td>
致________________________________（监理单位）
我方承担的______________________准备工作已完成。
一、施工许可证已获政府主管部门批准；☐
二、征地拆迁工作能满足工程进度的需要；☐
三、施工组织设计已获总监理工程师批准；☐
四、现场管理人员已到位，机具、施工人员已进场，主要工程材料已落实；☐
五、进场道路及水、电、通信等已满足开工要求；☐
六、质量管理、技术管理和质量保证的组织机构已建立；☐
七、质量管理、技术管理制度已制定；☐
八、专职管理人员和特种作业人员已取得资格证、上岗证。特此申请，请核查并签发开工指令。☐
承包单位（章）：________________
项目经理：__________日期：__________
</td></tr>
<tr><td>
审查意见：
项目监理机构（章）：________________
总监理工程师：____________日期：__________
</td></tr>
</table>

2. 实施目的

工程开工报审表是项目监理机构对承包单位施工的工程经自查已满足开工条件后提出申请开工且已经项目监理机构审核确已具备开工条件后的批复文件。

3. 资料要求

（1）承包单位提请开工报审时，提供的附件：应满足实施要点中（3）条中的1）～7）款的要求，表列内容的证明文件必须齐全真实，对任何形式的不符合开工报审条件的工程项目，承包单位不得提请报审，监理单位不得签发报审表。

（2）承包单位提请开工报审时，应加盖法人承包单位章，项目经理签字不盖章。

（3）工程开工报审除监理合同规定须经建设部门批准外，以总监理工程师最终签发有效，项目监理机构盖章总监理工程师签字。

（4）开工报审必须在开工前完成报审，否则为不符合要求。

（5）表列项目应逐项填写，不得缺项，缺项为不符合开工条件。

4. 实施要点

（1）本表由施工单位填报，满足表列条件后，项目监理机构填写审查意见并批复；

（2）审查开工报告时，承包单位的施工准备工作必须确已完成且具备开工条件时方可提请报审；

（3）项目监理机构应对以下内容进行审查：

1）施工许可证已获政府主管部门批准，并已签发《建设工程施工许可证》；

2）征地拆迁工作能够满足工程施工进度的需要；

3）施工图纸及有关设计文件已齐备；

4）施工组织设计（施工方案）已经项目监理机构审定，总监理工程师已经批准；

5）施工现场的场地、道路、水、电、通信和临时设施已满足开工要求，地下障碍物已清除或查明（不影响正常施工）；

6）测量控制桩已经项目监理机构复验合格；

7）施工、管理人员已按计划到位，相应的组织机构和制度已经建立，施工设备、料具已按需要到场，主要材料供应已落实。

（4）对监理单位审查承包单位现场项目管理机构的要求：

1）现场项目管理机构的质量管理体系、技术管理体系和质量保证体系的确认，必须在确能保证工程项目施工质量时，由总监理工程师负责审查完成。

2）现场项目管理机构的质量管理体系、技术管理体系和质量保证体系的确认，必须在确能保证工程项目施工质量时，应在工程项目开工前完成。

3）对承包单位的现场项目管理机构的质量管理体系、技术管理体系和质量保证体系，应审查下列内容：质量管理、技术管理和质量保证的组织机构；质量管理、技术管理和制度；专职管理人员和特种作业人员的资格证、上岗证。

4）应当深刻的认识监理工作必须是在承包单位建立健全质量管理体系、技术管理体系和质量保证体系的基础上才能完成的，如果承包单位不建立质量管理体系、技术管理体系和质量保证体系，是难以保证施工合同履行的。

（5）经专业监理工程师核查，具备开工条件时报项目总监理工程师签发《工程开工报审表》，并报建设单位备案，委托合同规定工程开工报审需经建设单位批准时，项目总监理工程师审核后应报建设单位，由建设单位批准。工期自批准之日起计算。

(6) 整个项目一次开工，只填报一次，如工程项目中涉及较多单位工程，且开工时间不同时，则每个单位工程开工都应填报一次。

(7) 填表说明：

1) 致________________监理单位：指建设单位与签订合同的监理单位名称，按全称填写。

2) 审查意见：总监理工程师应指定专业监理工程师应对承包单位的准备工作情况，一至八项等内容进行审查，除所报内容外，还应对施工图纸及有关设计文件是否齐备；施工现场的临时设施是满足开工要求；地下障碍物是否清除或查明；测量控制桩是否已经监理机构复验合格等情况进行审查，专业监理工程师根据所报资料及现场检查情况，如资料是否齐全，有无缺项或开工准备工作是否满足开工要求等情况逐一落实，具备开工条件时，向总监理工程师报告并填写“该工程各项开工准备工作符合要求，同意某年某月某日开工”。

3) 承包单位按表列内容逐一落实后，自查符合要求可在该项“□”内划“√”。并需将《施工现场质量管理检查记录》及其要求的有关证件；《建筑工程许可证》；现场专职管理人员资格证、上岗证；现场管理人员、机具、施工人员进场情况；工程主要材料落实情况等资料用为复件同时报送。

1.2 施工组织设计（施工方案）

1.2.1 资料要求

(1) 施工组织设计或施工方案内容应齐全，步骤清楚，层次分明，反映工程特点，有保证工程质量的技术措施。编制及时，必须在工程开工前编制并报审完成。

(2) 按要求及时编制施工组织总设计或单位工程施工组织设计，且先有施工组织设计后施工为符合要求。

(3) 没有或不及时编制施工组织总设计或单位工程施工组织设计，为不符合要求。

(4) 参与编制人员应在“会签表”上签字，交项目经理签署意见并在会签表上签字，经报审同意后执行并进行下发交底。

1.2.2 实施要点

1.2.2.1 综合说明

(1) 施工组织设计（施工方案）应由施工单位的管理层技术部门组织编制，施工组织设计应具有可操作性和指导性。凡新建、扩建、改建等建设工程项目管理均应编制施工组织设计（施工方案）。

(2) 施工组织设计的分类

施工组织设计，一般按建设规模的大小、施工工艺的简繁、施工项目的重要性等情况分类：

1) 大中型建设项目编制施工组织总设计；

2）施工组织设计在绝大多数情况下按照两段设计，即扩大初步设计和施工图设计；当设计复杂或新的工艺过程尚未成熟掌握的工业企业，或者设计特别复杂并对建筑艺术有特殊要求的房屋和构筑物才按三段进行设计，即初步设计、技术设计和施工图设计。当按三段设计时：

①施工组织条件设计（或称施工组织设计基本概况），以工程的技术可行性与经济合理性进行分析与规划。这是包括在初步设计中的；

②施工组织总设计，以整个建设项目或民用建筑群为对象，对整个工程施工进行通盘考虑，全面规划，用以指导全场性的施工准备和有计划地运用施工力量，开展施工活动。这是包括在技术设计中的；

③单位工程施工组织设计，以单项或单位工程为对象编制，用以具体指导施工的活动，并作为建筑安装企业编制月旬作业计划的基础。

（3）编制施工组织设计应遵循的基本原则

1）编制施工组织设计（施工方案）必须贯彻国家工程建设的法律、法规、方针、政策、技术规范和规程；贯彻执行工程建设程序，采用合理的施工程序和施工工艺；运用现代建筑管理原理，积极采用信息化管理技术、流水施工方法和网络计划技术等，做到有节奏、均衡和连续地施工。

施工组织设计的内容应具有规模性和控制性，其深度是根据施工中的要素决定的。应视其性质、规模、复杂程度、工期要求、地区的自然和经济条件。一般内容有：工程概况；施工准备工作计划；施工方法与相应的技术组织措施，即施工方案；施工总进度计划；施工现场平面布置图；劳动力、机械设备、材料和构件等供应计划；建筑工地施工业务的组织规划；质量保证措施与安全技术措施；主要技术经济指标。

2）施工单位、建设单位和设计单位密切配合，做好调查研究，掌握编制施工组织设计的依据资料。

3）保证重点，统筹安排，遵守承包合同的承诺；

坚持“追求质量卓越，信守合同承诺，保持过程受控，交付满意工程”的质量方针；坚持“安全第一，预防为主，综合治理”方针，确保安全生产和文明施工；坚持“建筑与绿色共生，发展和生态谐调”的环境方针，做好生态环境和历史文物保护，防止建筑振动、噪声、粉尘和垃圾污染。

4）优先采用先进施工技术和管理方法，推广行之有效的科技成果，科学确定施工方案，提高管理水平，提高劳动生产率，保证工程质量，缩短工期，降低成本，注意环境保护。

5）优化现场物资储存量，合理确定物资储存方式，尽量减少库存量和物资损耗。

6）合理地安排施工程序。

①及时完成有关准备工作；

②条件具备时先进行全场性工程（指平整场地、铺设管网、修筑道路等）；

③单个房屋和构筑物施工顺序要考虑空间顺序；工种间顺序；

④先建造可供施工期间使用的永久性建筑（如道路、各种管网、仓库、宿舍、土场、办公房、饭厅等）。

7）认真制定保证质量和安全的措施，确保工程质量和安全施工。

8）用流水作业法和网络计划技术安排进度计划。

9）提高建筑工业化程度，科学安排冬雨期等季节性施工项目，提高施工的连续性和均衡性。

10）充分利用机械设备提高机械化程度，减轻劳动强度，提高劳动生产率。

11）采用先进的施工技术，合理地选择施工方案，应用科学的计划方法，确保进度快、成本低、质量好。

12）减少暂设工程和临时性设施，减少物资运输量，合理布置施工平面图，节约施工用地。

注：土建、水、暖、电、通风、空调、煤气等均应分别编制。

1.2.2.2 建设项目施工组织总设计

1.2.2.2-1 施工组织总设计编制

施工组织总设计编制如图 1.2.2.2-1。

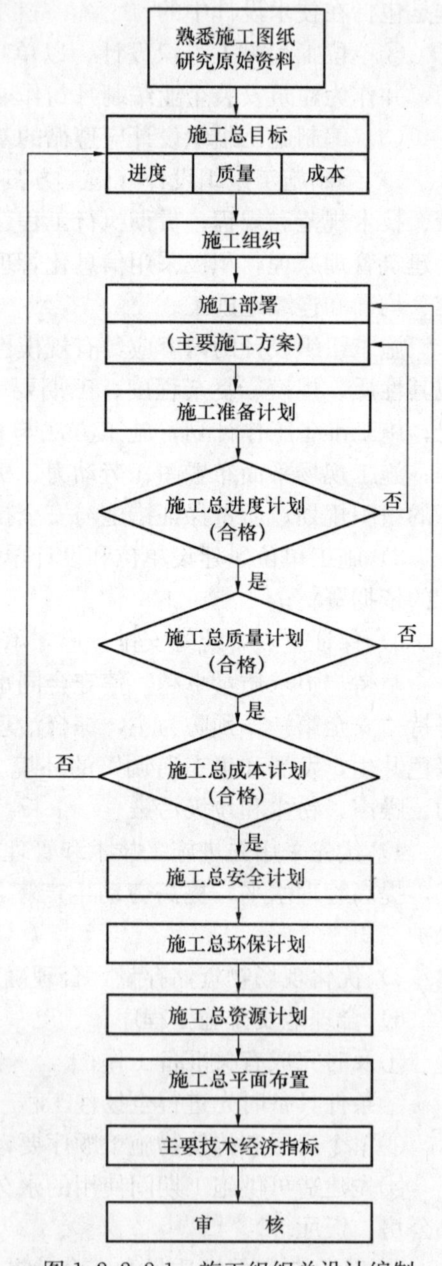

图 1.2.2.2-1 施工组织总设计编制

1.2.2.2-2 基本结构

1. 编制依据

（1）建设项目基础文件；

（2）工程建设政策、法规和规范资料；

（3）建设地区原始调查资料；

（4）类似施工项目经验资料。

2. 工程概况

（1）工程构成情况；

（2）建设项目的建设、设计和承包单位；

（3）建设地区自然条件状况；

（4）工程特点及项目实施条件分析。

3. 施工部署和施工方案

（1）项目管理组织；

（2）项目管理目标；

（3）总承包管理；

（4）工程施工程序；

（5）各项资源供应方式；

（6）项目总体施工方案。

4. 施工准备工作计划

（1）施工准备工作计划具体内容；

（2）施工准备工作计划。

5. 施工总平面规划

（1）施工总平面布置的原则；

（2）施工总平面布置的依据；

（3）施工总平面布置的内容；
（4）施工总平面图设计步骤；
（5）施工总平面管理。
6. 施工总资源计划
（1）劳动力需用量计划；
（2）施工工具需要量计划；
（3）原材料需要量计划；
（4）成品、半成品需要量计划；
（5）施工机械、设备需要量计划；
（6）生产工艺设备需要量计划；
（7）大型临时设施需要量计划。
7. 施工总进度计划
（1）施工总进度计划编制；
（2）总进度计划保证措施。
8. 降低施工总成本计划及保证措施
9. 施工总质量计划及保证措施
10. 职业安全健康管理方案
11. 环境管理方案
12. 项目风险总防范
13. 项目信息管理规划
14. 主要技术经济指标
（1）施工工期；
（2）项目施工质量；
（3）项目施工成本；
（4）项目施工消耗；
（5）项目施工安全；
（6）项目施工其他指标。
15. 施工组织设计或施工方案编制计划

1.2.2.2-3　施工组织总设计的基本内容与要求

1. 编制依据
（1）建设项目基础文件
1）建设项目可行性研究报告及其批准文件；
2）建设项目规划红线范围和用地批准文件；
3）建设项目勘察设计任务书、图纸和说明书；
4）建设项目初步设计和技术设计批准文件，以及设计图纸和说明书；
5）建设项目总概算、修正总概算或设计总概算；
6）建设项目施工招标文件和工程承包合同文件。
（2）工程建设政策、法规和规范资料

1）工程建设报建程序有关规定；

2）动迁工作有关规定；

3）工程项目实行建设监理有关规定；

4）工程建设管理机构资质管理有关规定；

5）工程造价管理有关规定；

6）工程设计、施工和质量验收有关规定。

（3）建设地区原始调查资料

1）地区气象资料；

2）工程地形、工程地质和水文地质资料；

3）地区交通运输能力和价格资料；

4）地区建筑材料、构配件和半成品供应状况资料；

5）地区进口设备和材料到货口岸及其转运方式资料；

6）地区供水、供电、电信和供热能力及价格资料。

（4）类似施工项目经验资料

1）类似施工项目成本控制资料；

2）类似施工项目工期控制资料；

3）类似施工项目质量控制资料；

4）类似施工项目安全、环保控制资料；

5）类似施工项目技术新成果资料；

6）类似施工项目管理新经验资料。

2. 工程概况

（1）工程概况相当于一个总说明。主要说明建设地点、工程性质、规模、建筑面积、投资、建设期限、建设地区自然条件状况，如工程地质、地形、地下水位及水质情况、环境等；工程项目及结构类型与特征；施工的力量与条件；主要机具配备及可能协作的力量和劳动力的情况等。

（2）工程构成情况

主要说明：建设项目名称、性质和建设地点，占地总面积和建设总规模，建安工作量和设备安装总吨数，以及每个单项工程占地面积、建筑面积、建筑层数、建筑体积、结构类型和复杂程度，通常以表 1.2.2.2-3A、表 1.2.2.2-3B 表示。

工程概况一览表 **表 1.2.2.2-3A**

序号	单位工程名称	建筑结构特征或其示意图	工程造价（万元）	建筑面积（m^2）	占地面积（m^2）	建筑体积（m^3）	备注

注：建筑结构特征栏说明其基础、柱、墙、屋盖的结构构造，如附示意图应注以主要尺寸（可增加附页）。

（3）建设项目的建设、设计和承包单位

主要说明：建设项目的建设、勘察、设计、总承包和分包单位名称，以及建设单位委托的社会建设监理单位名称及其监理班子组织状况，通常以表 1.2.2.2-3B 表示。

工程建设概况一览表 表 1.2.2.2-3B

工程名称		工程地址	
建设单位		勘察单位	
设计单位		监理单位	
质量监督部门		总承包单位	
合同工期		合同工程投资额	
主要分包单位			
工程主要功能或用途			

(4) 建设地区自然条件状况

主要说明：气象及其变化状态，工程地形和工程地质及其变化状态，工程水文地质及其变化状态，地震级别及其危害程度，周边道路及交通条件，以及厂区及周边地下管线情况。

(5) 工程特点及项目实施条件分析

概要说明：工程特点、难点，如：高、大（体量、跨度等）、新（结构、技术等）、特（有特殊要求）、重（国家、行业或地方的重点工程）、深（基础）、近（与周边建筑或道路）、短（工期）等。

项目实施条件分析主要对工程施工合同条件、现场条件、现行法规条件进行分析。

(6) 项目管理特点

概要说明项目承包方式，业主对项目在质量、安全、工期等方面的总体要求。

3. 施工部署和施工方案

(1) 建立项目管理组织

明确项目管理组织目标、组织内容和组织结构模式，建立统一的工程指挥系统，通常采用组织机构框图表示，并体现人员配置、业务联系和信息反馈，明确所属机构的人员。不同的工程项目管理，其组织机构应是不相同的。

明确项目管理人员工作职责和权限，通常以表 1.2.2.2-3C 表示。

项目管理人员职责和权限 表 1.2.2.2-3C

序号	项目职务	姓名	职责和权限

(2) 项目管理目标

主要说明：项目管理控制目标，包括业主要求的建设项目施工总成本、总工期和总质量等级，以及每个单项工程施工成本、工期、质量、安全及现场控制目标等级要求，每个单项工程管理目标通常以表 1.2.2.2-3D 表示。这 5 项控制目标应在已签订的工程承包合同的基础上，从提高项目管理经济效益和施工效率的原则出发，做出更积极的决策。

单项工程管理目标一览表　　表 1.2.2.2-3D

单项工程名称	项目施工成本	工　期	质量目标	安全目标	文明施工目标

（3）总承包管理

1）总包合同范围。

2）总包范围内的分包工程。

根据合同总包、分包要求，组建综合或专业工作队组，合理划分每个承包单位的施工区域，明确主导施工项目和穿插施工项目及其建设期限，可采用表 1.2.2.2-3E 表示。

总包范围内施工区段任务划分与安排一览表　　表 1.2.2.2-3E

施工项目名称	项目负责人	专业施工队	施工队负责人	开始施工时间	建设工期	承包形式

（4）工程施工程序

1）确定工程施工程序的几点原则：

①根据国家和上级指示精神，保证重点项目尽早完成。

②为了尽快发挥基本建设投资效果，大中型工程项目宜分期分批建成。工程的分期分批则应根据工程规模及施工难易程度会同建设单位和施工单位研究确定。

③首先安排主体工程系统按期完成，同时考虑辅助、附属工程系统建成后可以为施工服务。

2）工程施工程序应采用框图表示

（5）各项资源供应方式

主要说明：拟投入的施工力量总规模（最高人数和平均人数），施工机械设备，物资供应方式，资金供应方式，临时设施提供方式等。

（6）项目总体施工方案

应能反应各项目施工顺序、时间穿插、运输、单项工程方案、新技术引进等。

主要说明：各单位工程的土方、混凝土拌制、结构安装等综合机械化施工方案。施工方法和施工机械选择，施工段划分和施工流向，施工顺序，新工艺、新技术、新材料、新管理方法的使用，有关科学实验项目安排等。对某些技术要求高、本单位尚未完全掌握的分部分项工程，应提出原则性的技术措施方案。对一些特殊分部分项工程，应明确施工技术方案并提出总体施工思路。

机械化施工方案应遵循以下原则：

1）所选主要机械的类型和数量应满足各主要项目的施工要求，并在各个工程上能进行流水作业；

2）尽可能选当地能调用或租用的机械；

3）机械化施工总方案应技术上先进和经济上合理。

4. 施工准备工作计划

（1）施工准备工作计划具体内容

施工准备工作计划。是根据施工部署和施工方案的要求及施工总进度计划的安排编制的。主要内容为：按照建筑总平面图做好现场测量控制网；进行土地征用，居民迁移和障碍物拆除；了解和掌握施工图出图计划、设计意图和拟采用的新结构、新材料、新技术、并组织进行试制和试验工作；编制施工组织设计和研究有关施工技术措施；进行有关大型临时设施工程，施工用水、用电和铁道、道路、码头以及场地平整工作的安排；进行技术培训工作；材料、构件、加工品、半成品和机具的申请和准备工作。

1）施工技术准备。施工组织总设计编制，组织项目有关新结构、新材料、新技术试制和试验工作。

2）劳动组织准备。按计划组织各工种劳力及岗前的技术培训工作。

3）施工物资准备。施工工具准备，建筑原材料准备，成品、半成品准备，施工机械设备加工或订货工作，大型临时设施准备。

4）施工现场准备。按照建筑总平面图要求，做好现场控制网测量，清除现场障碍物，实现“四通一平”（水通、电通、运输畅通、通信畅通和场地平整）。

（2）施工准备工作计划

主要施工准备工作计划采用表 1.2.2.2-3F 表示。

主要施工准备工作计划表 **表 1.2.2.2-3F**

序号	准备工作名称	准备工作内容	主办单位	协办单位	完成日期	负责人

5. 施工总平面规划

（1）施工总平面布置的原则

1）在满足施工需要前提下，尽量减少施工用地，不占农田或少占农田，施工现场布置要紧凑合理。

2）合理布置起重机械和各项施工设施，科学规划施工道路，尽量降低运输费用。

3）科学确定施工区域和场地面积，尽量减少专业工种之间交叉作业。

4）尽量利用永久性建筑物、构筑物或现有设施为施工服务，降低施工设施建造费用，尽量采用装配式施工设施，提高其安装速度。

5）各项施工设施布置都要满足：有利生产、方便生活、安全防火和环境保护要求。

（2）施工总平面布置的依据

1）建设项目建筑总平面图、竖向布置图和地下设施布置图。

2）建设项目施工部署和主要建筑物施工方案。

3）建设项目施工总进度计划、施工总质量计划和施工总成本计划。

4）建设项目施工总资源计划和施工设施计划。

5）建设项目施工用地范围和水电源位置，以及项目安全施工和防火标准。

（3）施工总平面布置的内容

1）建设项目施工用地范围内地形和等高线；全部地上、地下已有和拟建的建筑物、构筑物及其他设施位置和尺寸。

2）全部拟建的建筑物、构筑物和其他基础设施的坐标网。

3）为整个建设项目施工服务的施工设施布置，它包括生产性施工设施和生活性施工设施两类。生产性施工设施包括：工地加工设施、工地运输设施、工地储存设施、工地供水设施、工地供电设施、工地排污设施和工地通信设施 7 种；生活性施工设施包括：行政管理用房屋、居住用房屋和文化福利用房屋 3 种。

4）建设项目施工必备的安全、防火和环境保护设施布置。

（4）施工总平面设计的步骤

1）把场外交通引人现场；

2）确定仓库和堆场位置；

3）确定搅拌站和加工厂位置；

4）确定场内运输道路位置；

5）确定生活性施工设施位置；

6）确定水电管网和动力设施位置。

（5）施工总平面管理

施工总平面管理指在施工过程中对施工场地的布置进行合理的调节。内容应包括：

1）以施工总平面规划为依据，根据工程进度情况，制定对施工总平面布置进行调整、补充和修改的要求，以满足各单位不同时间的需要。

2）总平面管理包括施工总平面的统一管理和各专业施工单位的区域管理，确定各个区域内部有关道路、动力管线、排水沟渠及其他临时工程的施工、维修、养护责任。

3）对运输大宗材料的车辆，作出妥善安排，避免拥挤堵塞；制定大型施工现场在施工管理部门内，应设专职组，负责平面管理，一般现场也应指派专人管理此项工作的要求。

6. 施工总资源计划

（1）劳动力需用量计划

劳动力需用量计划：按照施工设备工作计划、施工总进度计划和主要分部（项）工程进度计划套用概算定额，或经验资料计算所需的劳动力人数，求出各工程项目主要工种的劳动力需用量采用表 1.2.2.2-3G 表示。同时要注意提出解决劳动力不足的有关措施，如开展技术革新，加强技术培训，加强调度管理等。

（2）主要材料需要量计划

主要指工程用水泥、型钢、钢板、钢筋、管材、木材、砂、石子、砖、石灰、防水材料等主要材料需要量计划，采用表 1.2.2.2-3H 表示。

劳动力需用量计划 表 1.2.2.2-3G

序号	专业工种名称	总劳动量（工日）	20 年				20 年				现有人数	多余（+）或不足（－）
			一季	二季	三季	四季	一季	二季	三季	四季		

注：1. 专业工种名称除生产工人外，应包括附属辅助用工（如机修、运输、构件加工、材料保管等）以及服务和管理用工。

2. 表下应附以分季度的劳动力动态曲线（以纵轴表示所需人数，横轴表示时间）。

主要材料需要量计划 表 1.2.2.2-3H

材料名称 / 单位 / 工程名称	主要材料																		

（3）施工工具需要量计划

主要指模板、脚手架用钢管、扣件、脚手板等辅助施工用工具需要量计划，采用表 1.2.2.2-3I 形式表示。

施工工具需要量计划表 表 1.2.2.2-3I

序号	单位（项）工程名称	模板		钢管		脚手板		……	
		需要量	进场日期	需要量	进场日期	需要量	进场日期	需要量	进场日期

（4）主要材料、预制加工品运输量计划

主要材料、预制加工品运输量计划 表 1.2.2.2-3J

序号	材料或预制加工品名称	单位	数量	折合吨数	运距（km）			运输量（t·km）	分类运输量（t·km）			备注
					装货点	卸货点	距离		公路	铁路	航运	

注：材料和预制加工品所需运输总量应另加入 8%～10%的不可预见系数，垃圾运输量按实计算，生活日用品运输量按每人年 1.2～1.5t 计算。

(5) 主要施工机械、设备需要量计划

施工用大型机械设备、中小型施工工具等需要量计划，采用表 1.2.2.2-3K 表示。

主要施工机械、设备需要量计划 **表 1.2.2.2-3K**

序号	机具设备名称	规格型号	电动机功率	数量				购置价值（千元）	使用时间	备注
				单位	需要	现有	不足			

注：机具设备名称可按土石方机械、钢筋混凝土机械、起重设备、金属加工设备、运输设备、木工加工设备、动力设备、测试设备、脚手工具等类分别填列。

(6) 生产工艺设备需要量计划

生产工艺设备需用量计划，采用表 1.2.2.2-3L 表示。

生产工艺设备需要量计划 **表 1.2.2.2-3L**

序号	生产设备名称	型号	规格	电功率(kVA)	需要量（台）	使用单位（项）工程名称	进场时间

(7) 大型临时设施需要量计划

大型临时生产、生活用房，临时道路，临时用水、用电和供热供气等，采用表 1.2.2.2-3M 表示。

大型临时设施计划 **表 1.2.2.2-3M**

序号	项目名称	需用量		利用现有建筑	利用拟建永久工程	新建	单位（元/m^2）	造价（万元）	占地（m^2）	修建时间	备注
		单位	数量								

7. 施工总进度计划

(1) 施工总进度计划编制

1) 施工总进度计划的编制应符合下列规定：

①施工总进度计划应依据施工合同、施工进度目标、工期定额、有关技术经济资料、施工部署与主要工程施工方案等编制。

②施工总进度计划的内容应包括：编制说明，施工总进度计划表，分期分批施工工程的开工日期、完工日期及工期一览表，资源需要量及供应平衡表等。

③施工总进度计划应符合国家现行标准《网络计划技术》GB/T 13400.1—3～92 及行业标准《工程网络计划技术规程》JGJ/T 121—99 的有关规定。

2）编制施工总进度计划的步骤应包括：

①收集编制依据；

②确定进度控制目标；

③计算工程量；

④确定各单位工程的施工期限和开、竣工日期；

⑤安排各单位工程的搭接关系；

⑥绘制施工总进度计划表，参见表 1.2.2.2-3N。

施工总进度计划表 **表 1.2.2.2-3N**

<table>
<tr><th rowspan="3">序号</th><th rowspan="3">工程名称</th><th colspan="2">建筑指标</th><th rowspan="3">设备安装指标（t）</th><th colspan="3">造价（千元）</th><th colspan="6">进度计划</th></tr>
<tr><th rowspan="2">单位</th><th rowspan="2">数量</th><th rowspan="2">合计</th><th rowspan="2">建筑工程</th><th rowspan="2">设备安装</th><th colspan="4">第一年</th><th rowspan="2">第二年</th><th rowspan="2">第三年</th></tr>
<tr><th>Ⅰ</th><th>Ⅱ</th><th>Ⅲ</th><th>Ⅳ</th></tr>
<tr><td></td><td></td><td></td><td></td><td></td><td></td><td></td><td></td><td></td><td></td><td></td><td></td><td></td><td></td></tr>
<tr><td></td><td></td><td></td><td></td><td></td><td></td><td></td><td></td><td></td><td></td><td></td><td></td><td></td><td></td></tr>
<tr><td></td><td></td><td></td><td></td><td></td><td></td><td></td><td></td><td></td><td></td><td></td><td></td><td></td><td></td></tr>
</table>

注：1. 工程名称的顺序应按生产、辅助、动力车间、生活福利和管网等次序填列。

2. 进度线的表达应按土建工程、设备安装和试运转用不同线条表示。

3）施工总进度计划（总控制网络计划）。

施工总进度计划是根据施工部署和施工方案合理定出各主要建筑物的施工期限，和各建筑物之间的搭接时间，编制要点为：

①计算所有项目的工程量；

②确定建设总工期和单位工程工期；

③根据使用要求和施工可能明确主要施工项目的开竣工时间；

④做到均衡施工。

注：工业建设项目的施工日期定额，可参照建设部、冶金部、电力部等单位根据各自行业的建设特点制定有施工工期定额。

一般工业与民用建设项目施工工期定额仍应执行原城乡建设环境保护部 1985 年颁布的"建筑安装工程工期定额"，该工期定额按工程类别（厂房、住宅、旅馆、医疗、教学、构筑物等）、结构类型、建筑层数、工程和地区进行分类，分别计算其额定工期。

主要分部工程施工进度计划见表 1.2.2.2-3O。

主要分部工程施工进度计划表 **表 1.2.2.2-3O**

<table>
<tr><th rowspan="3">序号</th><th rowspan="3">单位工程和分部分项工程名称</th><th colspan="2">工程量</th><th colspan="3">机 械</th><th colspan="3">劳动力</th><th rowspan="3">施工延续天数</th><th colspan="13">施工进度计划</th></tr>
<tr><th rowspan="2">单位</th><th rowspan="2">数量</th><th rowspan="2">机械名称</th><th rowspan="2">台班数量</th><th rowspan="2">机械数量</th><th rowspan="2">工程名称</th><th rowspan="2">总工日数</th><th rowspan="2">平均人数</th><th colspan="13">20 年</th></tr>
<tr><th>月</th><th>月</th><th>月</th><th>月</th><th>月</th><th>月</th><th>月</th><th>月</th><th>月</th><th>月</th><th>月</th><th>月</th><th></th></tr>
<tr><td></td><td></td><td></td><td></td><td></td><td></td><td></td><td></td><td></td><td></td><td></td><td></td><td></td><td></td><td></td><td></td><td></td><td></td><td></td><td></td><td></td><td></td><td></td><td></td></tr>
<tr><td></td><td></td><td></td><td></td><td></td><td></td><td></td><td></td><td></td><td></td><td></td><td></td><td></td><td></td><td></td><td></td><td></td><td></td><td></td><td></td><td></td><td></td><td></td><td></td></tr>
<tr><td></td><td></td><td></td><td></td><td></td><td></td><td></td><td></td><td></td><td></td><td></td><td></td><td></td><td></td><td></td><td></td><td></td><td></td><td></td><td></td><td></td><td></td><td></td><td></td></tr>
</table>

注：单位工程按主要工程项目填列，较小项目分类合并。分部分项工程只填主要的，如土方包括竖向布置，并区分挖与填。砌筑包括砌砖、砌石。现浇混凝土与钢筋混凝土包括基础、框架、地面垫层混凝土。吊装包括装配式板材、梁、柱、屋架、砌块和钢结构。抹灰包括室内外装修、屋面以及水、电、暖、卫和设备安装。

4）编制施工总进度计划表。一般采用网络计划图表示，必要时还应编制横道图。

5）编写施工进度计划说明书。

（2）总进度计划保证措施

主要包括：

1）施工阶段进度控制目标分解图；

2）施工阶段进度控制的主要工作内容和深度；

3）项目经理部对进度控制的职责分工；

4）进度控制工作流程；

5）进度控制的方法；

6）进度控制的具体措施（包括组织措施、技术措施、经济措施及合同措施等）。

8. 降低施工总成本计划及保证措施

（1）现场可控成本的范围。

（2）建设项目降低施工总成本计划：依据设计概算确定项目的计划目标成本，通过工料分析制定节约成本措施，确定降低施工总成本计划（现场目标成本计划）及其责任分解。

（3）建设项目降低施工总成本保证措施：技术保证措施，经济保证措施，组织保证措施，合同保证措施。

9. 施工总质量计划及保证措施

（1）施工总质量计划

1）工程设计质量要求和特点：明确设计单位和建设单位对建设项目及其单项工程的施工质量要求，再经过项目质量影响因素分析，明确建设项目质量特点及其质量计划重点。

2）工程施工质量总目标及其分析：根据建设项目施工质量总目标要求，确定每个单项工程施工质量目标，再将该质量目标分解至单位工程质量目标和分部工程质量目标。

3）确定质量控制点。

4）建立施工质量体系。

（2）施工质量保证措施：包括组织保证措施，技术保证措施，经济保证措施和合同保证措施。

10. 职业安全健康管理方案

（1）施工总安全计划

1）安全概况：主要说明建设项目组成状况及其建设阶段划分；每个建设阶段内独立交工系统的项目组成状况；每个独立承包项目的单项工程组织状况。

2）安全控制程序：一般按照编制安全计划、安全计划实施、安全计划验证、安全持续改进和兑现合同承诺的程序进行控制。

3）安全控制目标：建设项目施工总安全目标，独立交工系统施工安全目标，独立承包项目施工安全目标，以及每个单项工程、单位工程和分部工程施工安全目标。

4）安全组织机构：安全组织机构形式，安全组织管理层次，安全职责和权限，确定安全管理人员，以及建立安全管理规章制度。

5）安全资源配备：安全资源名称、规格、数量和使用部位一般可用表格形式表示。

6）安全检查评价和奖励：确定安全检查日期、安全检查人员组成、安全检查内容及安全检查方法规定安全检查记录的要求、安全检查结果的评价、编写安全检查报告，以及兑现表彰安全施工优胜者的奖励。

（2）安全技术措施

防火、防毒、防爆、防洪、防尘、防雷击、防坍塌、防物体打击、防溜车、防机械伤害、防高空坠落和防交通事故，以及防寒、防暑、防疫和防环境污染等项措施。

11. 环境管理方案

（1）确定环保目标

建设项目施工总环保目标，独立交工系统施工环保目标，独立承包项目施工环保目标，以及每个单项工程和单位工程施工环保目标。

（2）确定环保组织机构

环保组织结构形式，环保组织管理层次，环保职责和权限，确定环保管理人员，以及建立健全环保管理规章制度。

（3）明确施工环保事项内容和措施

现场泥浆、污水和排水，现场爆破危害防止，现场打桩振害防止，现场防尘和防噪声，现场地下旧有管线或文物保护，现场熔化沥青及其防护，现场及周边交通环境保护，以及现场卫生防疫和绿化工作。

12. 项目风险总防范

（1）施工风险类型：承包方式风险，承包合同风险，工期风险，质量安全风险以及成本风险等。

（2）施工风险因素识别：确定施工过程中存在哪些风险，引起风险的主要因素，哪些风险必须认真对待，风险识别采用的方法（专家调查法、故障树法、流程图分析法、财务报表分析法、现场观察法等）。

（3）施工风险出现概率和损失值估计：选择合理的风险估计方法（概率分析法、趋势分析法、专家会议法、德尔菲法或专家系统分析法等），估计风险发生概率，确定风险后果和损失严重程度。

（4）施工风险管理重点。

（5）施工风险防范方对策，包括风险控制对策，风险财务对策。

（6）施工风险管理责任，以表 1.2.2.2-3P 表示。

风险管理责任表 **表 1.2.2.2-3P**

序号	风险名称	管理目标	防范对策	管理责任人	备　注

13. 项目信息管理规划

建立施工项目信息管理系统，用流程框图表达；说明本施工项目信息管理系统的内容，并建立信息代码系统，明确施工项目管理中的信息流程；建立施工项目管理中的信息收集制度；建立施工项目管理中的信息处理；制定施工项目信息管理系统的基本要求，选择施工项目管理软件。

14. 主要技术经济指标

(1) 施工工期：建设项目总工期、独立交工系统工期，以及独立承包项目和单项工程工期。

(2) 项目施工质量：分部分项质量标准；单项工程质量标准，单项工程和建设项目质量水平等。

(3) 项目施工成本：建设项目总造价、总成本和利润；每个独立交工系统总造价、总成本和利润，独立承包项目造价、成本和利润，单项工程、单位工程造价、成本和利润，以及产值（总造价）利润率和成本降低率。

(4) 项目施工消耗：建设项目总用工量；独立交工系统用工量，单项工程用工量，以及各自平均人数、高峰人数和劳动力不均衡系数，劳动生产率，主要材料消耗量和节约量，主要大型机械使用数量、台班量和利用率。

(5) 项目施工安全：施工人员伤亡率、重伤率、轻伤率和经济损失。

(6) 项目施工其他指标：施工设施建造费比例、综合机械化程度、工厂化程度和装配化程度，以及流水施工系数和施工现场利用系数。

15. 施工组织设计或施工方案编制计划

(1) 大中型工业建设项目、民用建筑群项目在编制施工组织总设计后，还应对所有单位（项）工程、构筑物等编制施工组织设计，制定单位（项）工程、构筑物施工组织设计编制计划。

(2) 单位（项）工程、构筑物施工组织设计编制计划按表 1.2.2.2-3Q 表示。

单位（项）工程、构筑物施工组织设计编制计划表 **表 1.2.2.2-3Q**

序号	单位（项）工程、构筑物名称	编制单位	负　责　人	完成时间

1.2.2.3 单位工程施工组织设计

1.2.2.3-1 综合说明

(1) 施工组织设计或施工方案由施工单位在施工前编制。当工程项目应用新材料、新结构、新工艺、新技术或有特殊要求时，设计应提出技术要求和注意事项，设计、施工单位密切配合，使之满足设计意图。施工组织设计的编制程序参见图 1.2.2.3-2。

(2) 施工组织设计是进行基本建设和指导建筑施工的必要文件，是实现科学管理的重要环节，切实做好施工组织设计的编制与实施，建立起正常的施工秩序，实现施工管理科学化，是在建筑施工中实现多快好省要求的具体措施。

施工过程是一项十分复杂的生产活动，正确处理好人与物、空间与时间、天时与地利、工艺与设备、使用与维修、专业与协作、供应与消耗、生产与储备等各种矛盾就必须要有严密的组织与计划，以最少的消耗取得最大的效果，要求建设施工人员必须严肃对待，认真执行。

(3) 建筑工程在开工之前，施工单位必须在了解工程规模特点和建设时期，调查和分析建设地区的自然经济条件的基础上，编制施工组织设计大、中型建设项目，应根据已批准的初步设计（或扩大初步设计）编制施工组织大纲（或称施工组织总设计）；单位工程应根据施工组织大纲及经过会审的施工图编制施工组织设计；规模较小，结构简单的工业、民用建筑，也应编制单位工程施工方案。

1.2.2.3-2　单位工程施工组织设计编制

施工组织设计编制如图 1.2.2.3-2。

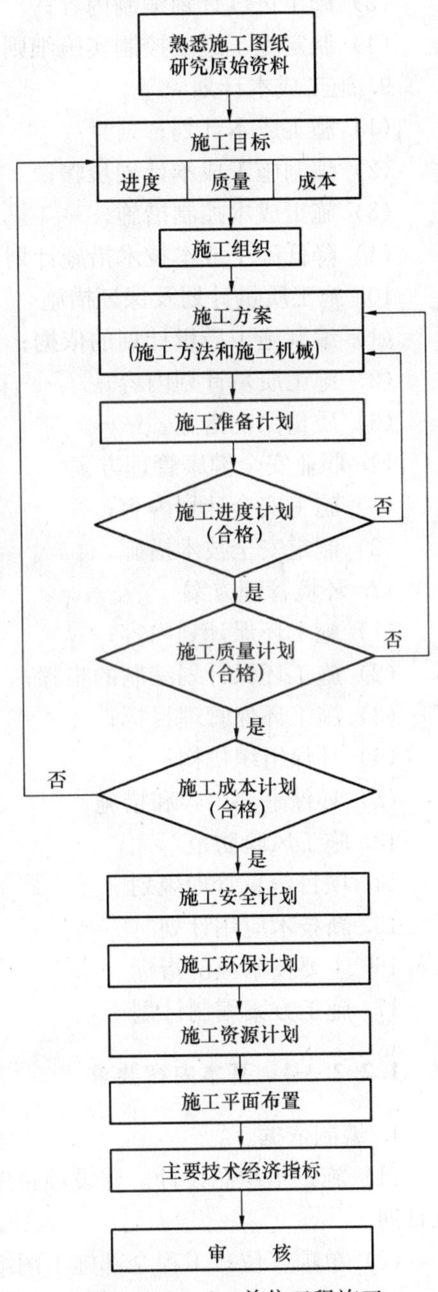

图 1.2.2.3-2　单位工程施工组织设计编制

1.2.2.3-3　基本结构

1. 编制依据
2. 工程概况
(1) 工程建设概况；
(2) 工程建筑设计概况；
(3) 工程结构设计概况；
(4) 建筑设备安装概况；
(5) 自然条件；
(6) 工程特点和项目实施条件分析。
3. 施工部署
(1) 建立项目管理组织；
(2) 项目管理目标；
(3) 总承包管理；
(4) 各项资源供应方式；
(5) 施工流水段的划分及施工工艺流程。
4. 主要分部分项工程的施工方案
5. 施工准备工作计划
(1) 施工准备工作计划具体内容；
(2) 施工准备工作计划。
6. 施工平面布置
(1) 施工平面布置的依据；
(2) 施工平面布置的原则；
(3) 施工平面布置内容；
(4) 设计施工平面图步骤；
(5) 施工平面图输出要求；
(6) 施工平面管理规划。
7. 施工资源计划
(1) 劳动力需用量计划；
(2) 施工工具需要量计划；
(3) 原材料需要量计划；
(4) 成品、半成品需要量计划；
(5) 施工机械、设备需要量计划；

（6）生产工艺设备需要量计划；

（7）测量装置需用量计划；

（8）技术文件配备计划。

8. 施工进度计划

（1）编制施工进度计划依据；

（2）施工进度计划编制步骤；

（3）施工进度计划编制内容；

（4）制定施工进度控制实施细则。

9. 施工成本计划

（1）施工成本计划；

（2）编制施工成本计划步骤；

（3）施工成本控制措施；

（4）降低施工成本技术措施计划。

10. 施工质量计划及保证措施

（1）编制施工质量计划的依据；

（2）施工质量计划内容；

（3）质量保证措施。

11. 职业安全健康管理方案

（1）施工安全计划内容；

（2）制定安全技术措施。

12. 环境管理方案

（1）施工环保计划内容；

（2）施工环保计划编制的步骤；

（3）施工环保管理目标；

（4）环保组织机构；

（5）环保事项内容和措施。

13. 施工风险防范

14. 项目信息管理规划

15. 新技术应用计划

16. 主要技术经济指标

17. 施工方案编制计划

1.2.2.3-4　基本内容要求

1. 编制依据

（1）施工组织总设计。建设项目施工组织总设计编制单位、编制日期、审批情况和审批日期。

（2）单项（位）工程全部施工图纸及其标准图。

（3）单项（位）工程工程地质勘探报告、地形图和工程测量控制网。

说明工程地质勘探报告、地形图和工程测量控制网的名称、报告编号、报告日期。

(4) 建设项目施工组织总设计对本工程的工期、质量和成本控制的目标要求。

(5) 承包单位年度施工计划对本工程开竣工的时间要求。

(6) 合同文件，包括：

1) 协议书（包括合同名称、编号、签订日期）；

2) 中标通知书；

3) 投标书及其附件；

4) 专用条款；

5) 通用条款；

6) 标准、规范及其有关技术文件；

7) 图纸；

8) 具有标价的工程量清单；

9) 工程报价单或施工图预算书。

(7) 施工图纸及有关标准图

经有关部门审批有效施工图的编号、出图日期、批准部门、批准日期。设计图纸中引用的标准图编号、标准图名称。

(8) 法律、法规、技术规范文件

工程所涉及的国家、行业、地方主要法律、法规、技术规范、规程和中建八局的企业技术标准及质量、环境、职业安全健康管理体系文件。

(9) 其他有关文件

指该工程有关的国家批准的基本建设计划文件，建设地区主管部门的批文，施工单位上级下达的施工任务书等。说明文件批号、日期。

(10) 本节内容可采用表 1.2.2.3-4 表格形式表示。

施工依据主要文件 **表 1.2.2.3-4**

序号	文件名称		编号	类别
	法律			
	规范标准			
	体系管理			
	企业技术标准			
	技术文件			
	其他			
注：类别是指国标（文件）、行标（文件）、地方标准（文件）还是本局标准（文件）。				

2. 工程概况

(1) 工程建设概况

建设项目名称、工程类别、使用功能、建设目的和建设地点；占地面积和建设规模；工程的建设、勘察、设计、总承包和分包单位名称，以及建设单位委托的社会建设监理单位名称及其监理班子组织状况；质量要求和投资额，以及工期要求等。可采用表 1.2.2.3-4A 表格形式表示。

工程建设概况一览表 **表 1.2.2.3-4A**

工程名称	工程地址		
工程类别	占地总面积		
建设单位	勘察单位		
设计单位	监理单位		
质量监督部门	质量要求		
总包单位	主要分包单位		
建设工期	合同工期		
总投资额	合同工期投资额		
工程主要功能或用途			

(2) 工程建筑设计概况

工程平面组成、层数、层高、建筑面积，装饰装修主要做法，工程各部位防水做法，保温节能、绿化以及环境保护等概况，并应附以平面、立面和剖面图。内容表达可采用表 1.2.2.3-4B。

建筑设计概况一览表 **表 1.2.2.3-4B**

占地面积			首层建筑面积			总建筑面积	
层数	地　上		层高	首层		地上面积	
	地　下			标准层		地下面积	
				地　下			
装修装饰	外　檐						
	楼地面						
	墙　面						
	顶　棚						
	楼　梯						
	电梯厅	地面：		墙面：		顶棚：	
防水	地　下	防水等级：		防水材料：			
	屋面	防水等级：		防水材料：			
	厕浴间						
	阳　台						
	雨　篷						
保温节能							
绿　化							
环境保护							
其他需要说明的事项：							

(3) 工程结构设计概况

工程地基基础结构设计概况、主体结构设计概况，抗震设防等级，混凝土、钢筋等材料要求等。内容表达可采用表 1.2.2.3-4C 表示。

结构概况一览表 **表 1.2.2.3-4C**

<table>
<tr><td rowspan="5">地基基础</td><td>埋深</td><td></td><td>持力层</td><td></td><td>承载力标准值</td><td></td></tr>
<tr><td>桩基</td><td>类型：</td><td colspan="2">桩长：</td><td>桩径：</td><td>间距：</td></tr>
<tr><td>箱、筏</td><td colspan="3">底板厚度：</td><td colspan="2">顶板厚度：</td></tr>
<tr><td>条基</td><td colspan="5"></td></tr>
<tr><td>独立</td><td colspan="5"></td></tr>
<tr><td rowspan="2">主体</td><td>结构形式</td><td colspan="2"></td><td>主要柱网间距</td><td colspan="2"></td></tr>
<tr><td>主要结构尺寸</td><td>梁：</td><td>板：</td><td>柱：</td><td colspan="2">墙：</td></tr>
<tr><td colspan="2">抗震等级设防</td><td colspan="2"></td><td>人防等级</td><td colspan="2"></td></tr>
<tr><td rowspan="3">混凝土强度等级及抗渗要求</td><td>基础</td><td></td><td>墙体</td><td></td><td>其他</td><td></td></tr>
<tr><td>梁</td><td></td><td>板</td><td colspan="3"></td></tr>
<tr><td>柱</td><td></td><td>楼梯</td><td colspan="3"></td></tr>
<tr><td>钢　　筋</td><td colspan="6">类别：</td></tr>
<tr><td>特殊结构</td><td colspan="6">（钢结构、网架、预应力）</td></tr>
<tr><td colspan="7">其他需说明的事项：</td></tr>
</table>

（4）建筑设备安装概况

给水、排水设计情况，强电、弱电设计概况，通风空调、采暖供热、消防系统以及电梯等设计概况。内容表达可采用表 1.2.2.3-4D 表示。

设备安装概况一览表 **表 1.2.2.3-4D**

<table>
<tr><td rowspan="3">给水</td><td>冷水</td><td colspan="2"></td><td rowspan="3">排水</td><td>污水</td><td colspan="3"></td></tr>
<tr><td>热水</td><td colspan="2"></td><td>雨水</td><td colspan="3"></td></tr>
<tr><td>消防</td><td colspan="2"></td><td>中水</td><td colspan="3"></td></tr>
<tr><td rowspan="5">强电</td><td>高压</td><td colspan="2"></td><td rowspan="5">弱电</td><td>电视</td><td colspan="3"></td></tr>
<tr><td>低压</td><td colspan="2"></td><td>电话</td><td colspan="3"></td></tr>
<tr><td>接地</td><td colspan="2"></td><td>安全监控</td><td colspan="3"></td></tr>
<tr><td>防雷</td><td colspan="2"></td><td>楼宇自控</td><td colspan="3"></td></tr>
<tr><td></td><td colspan="2"></td><td>综合布线</td><td colspan="3"></td></tr>
<tr><td colspan="2">中央空调系统</td><td colspan="7"></td></tr>
<tr><td colspan="2">通风系统</td><td colspan="7"></td></tr>
<tr><td colspan="2">采暖供热系统</td><td colspan="7"></td></tr>
<tr><td rowspan="5">消防系统</td><td colspan="2">火灾报警系统</td><td colspan="6"></td></tr>
<tr><td colspan="2">自动喷水灭火系统</td><td colspan="6"></td></tr>
<tr><td colspan="2">消火栓系统</td><td colspan="6"></td></tr>
<tr><td colspan="2">防、排烟系统</td><td colspan="6"></td></tr>
<tr><td colspan="2">气体灭火系统</td><td colspan="6"></td></tr>
<tr><td>电梯</td><td colspan="2">人梯：　　台</td><td colspan="2">货梯：　　台</td><td colspan="2">消防梯：　　台</td><td colspan="2">自动扶梯：　　台</td></tr>
<tr><td colspan="9">其他需说明的事项：</td></tr>
</table>

（5）自然条件

1）气象条件

当地气象条件和变化状况。冬季开始时间，一般平均温度、最低温度、极端最低温度和降雪量情况；夏季开始时间、一般平均温度、最高温度和极端最高温度情况；雨季时间、平均降水量和日最大降水量情况。当地主导风向和最大风力情况。

2）工程地质及水文条件

建筑物所处位置各层的土质情况，地下水水质、水位标高及其水位流向等。

3）地形条件

建筑物所在位置的场地绝对标高，场地平整情况等。

4）周边道路及交通条件

施工现场周边道路状况，运输道路是否畅通等。

5）场区及周边地下管线

施工现场内及周边是否有地下水管、电缆、天然气、液化气等管道，并详细了解各类管道埋置位置、深度等情况。

(6）工程特点和项目实施条件分析

相关内容参见 1.2.2.2 建设项目施工组织总设计中工程概况项下工程特点及项目实施条件分析。

3. 施工部署

(1）项目管理组织

相关内容参见 1.2.2.2 建设项目施工组织总设计中施工部署和施工方案项下项目管理组织。

项目管理人员工作职责和权限，与质量、环境、职业安全健康管理体系文件中管理人员的职责和权限相一致。

(2）项目管理目标

相关内容参见 1.2.2.2 建设项目施工组织总设计中施工部署和施工方案项下项目管理目标。以表 1.2.2.3-4E 表格形式表示。

项目管理目标一览表 **表 1.2.2.3-4E**

项目管理目标名称	目　标　值
项目施工成本	
工　期	
质量目标	
安全目标	
环保施工、CI 目标	

(3）总承包管理

1）任务划分

相关内容参见 1.2.2.2 建设项目施工组织总设计中施工部署和施工方案项下总承包管理。

2）总承包管理组织、策划、实施

①总承包管理的方式、原则

确定工程总承包管理方式，包括目标管理、跟踪管理、授权管理、平衡管理等管理模式。

确定工程总承包管理原则。总承包管理中，一贯坚持的“公正”、“科学”、“统一”、

“控制”、“协调”等原则。

②专业工程管理范围及服务承诺

制定对业主自行组织施工单位、业主指定分包单位、总包的专业分包单位的管理原则、管理措施、提供的服务等。

③与业主、监理的配合措施

总承包方的责任、总承包方与业主和监理关系，制定总承包方与业主的配合措施、总承包方与监理的配合措施等。

④总承包各项管理规定和管理流程

总承包各项管理规定和管理流程，包括文件控制、记录控制、监视和测量装置的控制、技术管理工作、文明施工 CI 形象达标、机具设备管理、材料管理制度、现场水电管理、穿插和配合施工、保卫与消防、合同和预决算管理、竣工及验收、回访保修等。

（4）各项资源供应方式

相关内容参见 1.2.2.2 建设项目施工组织总设计中施工部署和施工方案项下各项资源供应方式。

（5）施工流水段的划分及施工工艺流程

1）施工流水段的划分

根据工期目标、设计和资源状况，合理地进行流水段的划分，流水段划分应分基础阶段、主体阶段和装饰装修阶段三个阶段，并应分别附流水段划分的平面图。

2）施工工艺流程

①根据工程建筑、结构设计情况以及工期、施工季节等因素，确定施工工艺流程，并应有工艺流程图。

②工艺流程的确定应遵循“先地下后地上，先主体后装修，先土建后设备安装”的原则，做到科学合理地确定施工工艺流程。

4. 主要分部分项工程的施工方案

（1）确定影响整个工程施工的分部分项工程，明确原则性施工要求。如：

1）基坑开挖工程，应确定采用什么机械，开挖流向并分段，土方堆放地点，是否需要降水，采用什么降水设备，垂直运输方案等；

2）钢筋工程，应确定钢筋加工形式、钢筋接头形式等；

3）模板工程，应确定各种构件采用何种材料的模板，配备数量，周转次数，钢筋、模板的水平垂直运输方案等；

4）脚手架工程，应确定采用何种架子系统，如何周转等；

5）混凝土工程，应确定混凝土运输机械、混凝土浇筑顺序、浇筑机械，并确定机械数量和机械布置位置等；

6）结构吊装工程，应明确吊装构件重量、起吊高度、起吊半径，选择吊装机械、机械设置位置或行走线路等，并绘出吊装图。

（2）对于常规做法和工人熟知的分项工程提出主要应注意的一些特殊问题。

（3）分部分项工程、特殊过程、关键过程，应另行编制具体的施工方案，并将其作为单位（项）工程施工组织设计的附件一同归档。

（4）施工方案编制内容应符合分部分项工程及特殊和关键过程施工方案的有关要求。

5. 施工准备工作计划

(1) 施工准备工作计划具体内容

1) 施工技术准备

①编制施工进度控制实施细则，包括：分解工程进度控制目标，编制施工作业计划；认真落实施工资源供应计划，严格控制工程进度计划目标；协调各施工部门之间关系，做好组织协调工作；收集工程进度控制信息，做好工程进度跟踪监控工作；以及采取有效控制措施，保证工程进度控制目标。

②编制施工质量控制实施细则，包括：分解施工质量控制目标，建立健全施工质量体系；认真确定分项工程质量控制点，落实其质量控制措施；跟踪监控施工质量，分析施工质量变化状况；采取有效质量控制措施，保证工程质量控制目标。

③编制施工成本控制实施细则，包括：分解施工成本控制目标，确定分项工程施工成本控制标准；采取有效成本控制措施，跟踪监控施工成本；全面履行承包合同，减少业主索赔机会；按时结算工程价款，加快工程资金周转；收集工程施工成本控制信息，保证施工成本控制目标。

④做好工程技术交底工作，包括：单项（位）工程施工组织设计、施工方案和施工技术标准交底。

2) 劳动组织准备

①建立工作队组，包括：根据施工方案、施工进度和劳动力需用量计划要求，确定工作队组形式，并建立队组领导体系，在队组内部工人技术等级比例要合理，并满足劳动组合优化要求。

②做好劳动力培训工作，它包括：根据劳动力需要量计划，组织劳动力进场，组建好工作队组，并安排好工人进场后生活，按工作队组编制组织上岗前培训。

3) 施工物资准备

包括：施工工具准备，建筑原材料准备，成品、半成品准备，施工机械设备准备，大型临时设施准备。

4) 施工现场准备

包括：清除现场障碍物，实现“四通一平”；现场控制网测量；建造各项施工设施；做好冬雨期施工准备；组织施工物资和施工机具进场。

(2) 施工准备工作计划

施工准备工作计划，采用表 1.2.2.3-4F 表示。

施工准备工作计划　　　　**表 1.2.2.3-4F**

序号	准备工作名称	准备工作内容	完成时间	负责人

6. 施工平面布置

(1) 施工平面布置的依据

1) 施工总平面布置。

2）建设地区原始资料。

3）一切原有和拟建工程位置及尺寸。

4）全部施工设施建造方案。

5）施工方案、施工进度和资源需要量计划。

6）建设单位可提供的房屋和其他生活设施。

7）项目所在地方政府的有关规定。

(2) 施工平面布置的原则

1）施工平面布置要紧凑合理，尽量减少施工用地。

2）尽量利用原有建筑物或构筑物，降低施工设施建造费用。

3）合理地组织运输，保证现场运输道路畅通，尽量减少场内运输费。

4）尽量采用装配式施工设施，减少搬迁损失，提高施工设施安装速度。

5）各项施工设施布置都要满足方便生产、有利于生活、安全防火、环境保护和劳动保护要求。

(3) 施工平面布置内容

1）设计施工平面图

建筑总面图上的全部地上、地下建筑物、构筑物和管线，地形等高线，测量放线标桩位置，各类起重机械停放场地和开行线路位置，以及生产性、生活性施工设施和安全防火设施位置。

2）编制施工设施计划

生产性和生活性施工设施的种类、规模和数量，以及占地面积和建造费用，一般采用表 1. 2. 2. 3-4G 表示。

施工设施计划一览表 **表 1. 2. 2. 3-4G**

序号	设施名称	种类	数量（或面积）	规模（或可存储量）	建造费用

3）临时用水布置图

综合考虑施工现场用水量、机械用水量、生活用水量、生活区生活用水量、消防用水量等，确定总用水量，选择水源，设计临时给水系统。

4）临时用电布置图

建筑工地临时用电，包括动力用电与照明用电两种，在计算用电量时，从以下各点考虑：

全工地所使用的机械动力设备，其他电气工具及照明用电的数量，施工总进度计划中施工高峰阶段同时用电的机械设备最高数量，各种机械设备在工作中的需用的情况。确定总用电量，选择电源，设计临时用电系统。

5）临时道路

根据生产和生活的要求，考虑 CI 规划，设计临时道路方案，明确道路的宽度、走向、厚度及材料等问题。

6）排水系统

根据工程地势情况，结合当地的气候，综合考虑生产和生活要求，兼顾环境管理的规定，设计临时排水系统。

7）CI 规划

根据《企业形象视觉识别规范手册——施工现场分册》，编制《现场 CI 策划方案》，包括总则、CI 战略工作目标、CI 战略组织机构、CI 战略策划方案、CI 战略实施细则等内容。

（4）设计施工平面图步骤

1）确定起重机械数量和位置。

2）确定搅拌站、材料堆场、仓库和加工场位置。

3）确定运输道路位置。

4）行政管理和文化福利设施布置。

5）确定水电管网位置。

（5）施工平面图输出要求

施工平面布置图最终由“三图一表”体现，“三图”即为：基础阶段施工平面布置图、主体阶段施工平面布置图和装饰装修阶段施工平面布置图，“一表”即为表 5.8.3。

（6）施工平面管理规划

相关内容参见 1.2.2.2 建设项目施工组织总设计中施工平面规划项下施工总平面管理。

7. 施工资源计划

（1）劳动力需用量计划

按进度计划中确定的各工程项目主要工种工程量，套用概（预）算定额或者有关资料，求出各工程项目主要工种的劳动力需要量。需用量计划采用表 1.2.2.3-4H 表示。

劳动力需要量计划表 **表 1.2.2.3-4H**

序号	工种名称	施工高峰需用人数	20 年				20 年				现有人数	多余（+）或不足（－）
			一季	二季	三季	四季	一季	二季	三季	四季		

注：1. 工程名称除生产工人外，应包括附属辅助用工（如机修、运输、构件加工、材料保管等）以及服务和管理用工。

2. 表下应附以分季度的劳动力动态曲线（以纵轴表示所需人数，横轴表示时间）。

（2）施工工具需要量计划

主要指模板、脚手架用钢管、扣件、脚手板等辅助施工用工具需要量计划，采用表 1.2.2.3-4I 表示。

施工工具需要量计划表 表 1.2.2.3-4I

序号	施工工具名称	需用量	进场日期	出场日期	备 注

（3）原材料需要量计划

主要指工程用水泥、钢筋、砂、石子、砖、石灰、防水材料等主要材料需要量计划，采用表 1.2.2.3-4J 表示。

原材料需要量计划 表 1.2.2.3-4J

序号	材料名称	规格	需要量		需 要 时 间												备注
			单位	数量	月			月			月			月			
					上	中	下	上	中	下	上	中	下	上	中	下	

（4）成品、半成品需要量计划

主要指混凝土预制构件、钢结构、门窗构件等成品、半成品需要量计划，采用表 1.2.2.3-4K 表示。

成品、半成品需要量计划 表 1.2.2.3-4K

序号	成品、半成品名称	规格	需要量		需 要 时 间												备注
			单位	数量	月			月			月			月			
					上	中	下	上	中	下	上	中	下	上	中	下	

（5）施工机械、设备需要量计划

主要指施工用大型机械设备、中小型施工工具等需要量计划，采用表 1.2.2.3-4L 表示。

施工机械、设备需要量计划 表 1.2.2.3-4L

序号	施工机具名称	型 号	规 格	电功率(kV·A)	需要量（台）	进场时间	备 注

（6）生产工艺设备需要量计划

主要指生产工艺设备等需用量计划，采用表 1.2.2.3-4M 表示。

生产工艺设备需要量计划　　表 1.2.2.3-4M

序号	生产设备名称	型　号	规　格	电功率(kV·A)	需要量（台）	进场时间	备　注

（7）测量装置需用量计划

主要指本工程用于定位测量放线用的计量设备、现场试验用计量装置、质量检测设备、安全检测设备、进场材料计量用设备等。采用表 1.2.2.3-4N 表示。

测量装置需用量计划一览表　　表 1.2.2.3-4N

序号	测量装置名称	分　类	数　量	使用特征	确认间距	保　管　人

（8）工程运输计划

运输计划用于组织运输力量，保证货源按时进场，其内容按表 1.2.2.3-4O，可根据材料、构件和加工品、半成品机具计划、货源地点和施工进度计划编制。

工程运输计划　　表 1.2.2.3-4O

序号	需运项目	单位	数量	货源	运距(km)	运输量(t·km)	所需运输工具			需用起止时间
							名称	吨位	台班	

（9）技术文件配备计划

主要指工程施工所需的国家、行业、地方和本局的有关规范、标准、文件及标准图集配备计划，即项目应用文件清单，采用表 1.2.2.3-4P 表示。

技术文件配备计划一览表　　表 1.2.2.3-4P

序号	文件名称	文件编号	配备数量	持有人

8. 施工进度计划

（1）编制施工进度计划依据

1）“项目管理目标责任书”；

2）施工总进度计划；

3）施工方案；

4）主要材料和设备的供应能力；

5）施工人员的技术素质及劳动效率；

6）施工现场条件，气候条件，环境条件；

7）已建成的同类工程实际进度及经济指标。

（2）施工进度计划编制步骤

1）施工网络进度计划编制步骤

①熟悉审查施工图纸，研究原始资料；

②确定施工起点流向，划分施工段和施工层；

③分解施工过程，确定施工顺序和工作名称；

④选择施工方法和施工机械，确定施工方案；

⑤计算工程量，确定劳动量或机械台班数量；

⑥计算各项工作持续时间；

⑦绘制施工网络图；

⑧计算网络图各项时间参数；

⑨按照项目进度控制目标要求，调整和优化施工网络计划。

2）施工横道进度计划编制步骤

①熟悉审查施工图纸，研究原始资料；

②确定施工起点流向，划分施工段和施工层；

③分解施工过程，确定施工项目名称和施工顺序；

④选择施工方法和施工机械，确定施工方案；

⑤计算工程量，确定劳动量或机械台班数量；

⑥计算工程项目持续时间，确定各项流水参数；

⑦绘制施工横道图；

⑧按项目进度控制目标要求，调整和优化施工横道计划图。

（3）施工进度计划编制内容

1）编制说明；

2）进度计划图；

3）单位工程施工进度计划的风险分析及控制措施。

编制单位工程施工进度计划应采用工程网络计划技术，必要时还应编制横道图。计划编制应符合国家现行标准《网络计划技术》GB/T 13400.1～3—92 及行业标准《工程网络计划技术规程》JGJ/T 121—99 的规定。

（4）制定施工进度控制实施细则

1）编制月、旬和周施工作业计划；项目经理部对进度控制的职责分工；进度控制的具体措施（包括组织措施、技术措施、经济措施及合同措施等）；

2）落实劳动力、原材料和施工机具供应计划；

3）协调同设计单位和分报单位关系，以便取得其配合和支持；

4）协调同业主的关系，保证其供应材料、设备和图纸及时到位；

5）跟踪监控施工进度，保证施工进度控制目标实现。

9. 施工成本计划

（1）施工成本计划

依据单位（项）工程施工预算，确定项目的计划目标成本，通过工料分析制定成本措施，确定正常施工成本计划及其责任分解。

（2）编制施工成本计划步骤

1）收集和审查有关编制依据；

2）做好工程施工成本预测；

3）编制单项（位）工程施工成本计划；

4）制定施工成本控制实施细则。

（3）施工成本控制措施

确定施工项目成本控制程序和内容，建立工程施工成本控制组织，明确施工项目目标和控制责任制，设计降低施工项目成本的途径和措施，如优选材料、设备质量和价格，优化工期和成本，减少赶工费，跟踪监控计划成本与实际成本差额，分析产生原因，采取纠正措施。全面履行合同，减少业主索赔机会。

（4）降低施工成本技术措施计划

技术组织措施以表 1. 2. 2. 3-4Q 形式表示，降低成本计划以表 1. 2. 2. 3-4R 表示。

技术组织措施表　　　　**表 1. 2. 2. 3-4Q**

措施项目	措施内容	涉及对象			降低成本来源		成本降低额				
		实物名称	单价	数量	预算收入	计划开支	合计	人工费	材料费	机械费	其他直接费

降低成本计划表　　　　**表 1. 2. 2. 3-4R**

分项工程名称	成 本 降 低 额					
	总　计	直　接　成　本				间接成本
		人工费	材料费	机械费	其他直接费	

10. 施工质量计划及保证措施

施工质量计划是指确定施工的质量目标和如何达到这些质量目标所规定必要的作业过程、专门的质量措施和资源等工作。

（1）质量概况：根据工程建筑结构特点、工程承包合同和工程设计要求，认真分析影响施工质量的各项因素，明确施工质量特点及其质量控制重点。

（2）质量目标：根据施工质量要求和特点分析，确定单项（位）工程施工质量控制目标，然后将该目标逐级分解为：分部工程、分项工程和工序质量控制子目标，作为确定施工质量控制点的依据。

根据单项（位）工程，分部（项）工程施工质量目标要求，对影响施工质量的关键环节、部位和工序设置质量控制点。

（3）组织机构

1）组织机构和人员职责。

2）职能分配。

3）建立健全各项质量管理规章制度。根据工程施工质量目标要求，确定质量控制点，并制定有效措施。

（4）质量控制及管理组织协调的系统描述

1）业主提供的材料、机械设备等产品的质量控制措施；

2）材料、机械、设备、劳务及试验等采购控制；

3）产品标识和可追溯性控制措施。

（5）必要的质量控制手段，施工过程、服务、检验和试验程序等，如：现场质量管理制度、分包方资质与对分包方单位的管理制度、工程质量检验制度、搅拌站及计量设置、现场材料、设备存放与管理等。

建筑材料、预制加工品和工艺设备质量检查验收措施，分部工程、分项工程质量控制措施，以及施工质量控制点的跟踪监控办法。

（6）确定关键工序和特殊过程及作业指导书；对在项目质量计划中界定的特殊过程和关键工序，应设置工序质量控制点；对特殊过程的控制，除应执行一般过程控制的规定外，还应编制专门的作业指导书。

（7）与施工阶段相适应的检验、试验、测量、验证要求。

（8）质量保证措施，包括：施工准备工作阶段的质量控制，施工阶段的质量控制，竣工验收阶段的质量控制和质量持续改进等。

11. 职业安全健康管理方案

（1）安全概况

与安全相关的建筑结构特征；建造地点以及施工特征等。针对工程性质和特征，对安全工作提出的要求。

（2）安全控制程序

项目安全控制应遵循的程序：

1）确定施工安全目标；

2）编制项目安全保证计划；

3）项目安全计划实施；

4）项目安全保证计划验证。

（3）安全控制目标

1）根据施工中人的不安全行为，物的不安全状态，作业环境的不安全因素和管理缺陷进行相应的安全控制。

2）各单项工程、分部工程安全控制目标。

（4）安全组织结构

安全组织结构形式，安全管理层次等。

（5）安全职责权限

根据安全生产责任制要求，把安全责任目标分解到岗，落实到人。

（6）安全规章制度

根据工程情况，编制施工现场安全生产、文明施工管理制度，例如：门卫制度、安全检查制度、食堂卫生管理制度、安全教育培训制度、宿舍卫生制度、厕所卫生制度、浴室卫生制度、设备设施验收制度、班前安全活动制度、安全值班制度、特种作业人员管理制度、安全生产责任制、安全生产责任制考核制度、安全生产责任目标考核制度、事故报告制度、安全防护费用与准用证管理制度、安全技术交底制度等。

（7）安全资源配置

安全资源名称、规格、数量及使用地点和部门，并列入安全资源需用量计划。

1）管理人员配置

参见本标准第 4.3.3 条第 1 款。

2）特种作业人员配置

主要指作业风险较大的工种和容易发生安全事故的项目，操作人员应事先进行培训并持证上岗，采用表 1.2.2.3-4S 表示。

特种作业人员配置计划 **表 1.2.2.3-4S**

姓　名	工　种	操作证号	姓　名	工　种	操作证号

3）检测工具配置

主要指用于安全及其安全防范检测的工具，采用表 1.2.2.3-4T 表示。

检测工具配置计划 **表 1.2.2.3-4T**

序　号	设备名称	规格型号	数　量	启用日期	备　注

4）安全措施费用计划

安全措施费用计划，采用表 1.2.2.3-4U 形式表示。

安全措施费用计划表 **表 1.2.2.3-4U**

名　称	数　量	规　格	单价（元）	小计（元）	备　注
合　计					

(8) 安全检查评价及奖惩制度

确定安全检查时间，安全检查人员组成，安全检查事项和方法，安全检查记录要求和结果评价，编写安全检查报告以及兑现安全施工优胜者的奖励制度等。

(9) 安全技术措施

1) 危害辨识

①危害辨识与风险评价

项目针对施工现场具体情况，组织实施危害辨识与风险评价并记录。

②重大危害因素清单

根据评价结果，编制重大危害因素清单。

③重大危害因素控制目标

根据项目安全管理目标和重大危害因素辨识，确定重大危害因素控制目标，见表1.2.2.3-4V。

重大危害因素控制目标分解 **表 1.2.2.3-4V**

序　号	工作内容	目标值	控制手段	主控责任人	监控责任人	领导责任人

④实现重大危害因素控制目标的时间和进度

实现重大危害因素控制目标的时间和进度，以表 1.2.2.3-4W 表示。

实现重大危害因素控制目标的时间和进度 **表 1.2.2.3-4W**

序　号	危害因素	控制措施和进度安排	完成时间

2) 控制措施

①对结构复杂、施工难度大、专业性强的项目，除制定项目安全技术总体安全保证计划外，还必须制定单位工程或分部、分项工程的安全施工措施。

②对高空作业、水下作业、深基础开挖、爆破作业、脚手架作业、有害有毒作业、特种机械作业等专业性强的施工作业，以及从事电气、压力容器、起重机、金属焊接和机动车等特殊工种的作业，应制定单项安全技术方案和措施，并应对管理人员和操作人员的安全作业资格和身体状况进行合格审查。

③安全技术措施包括：防火、防毒、防爆、防洪、防尘、防雷击、防触电、防坍塌、防物体打击、防机械伤害、防溜车、防高空坠落、防交通事故、防寒、防暑、防疫、防环境污染等方面的措施。

3) 不符合控制及纠正与预防措施

①不符合控制

项目应按照要求做好施工现场不符合的控制工作。阐述项目的具体措施，例如对发现的不符合项采取的措施。

②纠正与预防措施

建立安全生产分析会制度，分析施工现场的安全管理情况，确定容易发生的不合格项，并制定相应的纠正和预防措施。

4）绩效测量

①目标测量：制定重大危害因素控制测量目标。

②主动测量：项目经理部应定期组织施工现场安全检查。

5）应急预案

项目组织对本项目潜在的事件和紧急情况进行识别，组织制定应急预案；项目应该按照应急预案的要求，组织定期演练；项目紧急情况处理结束后，应进行评价。

12. 环境管理方案

（1）施工环保计划内容

1）施工环保目标；

2）施工环保组织机构；

3）明确施工环保事项内容和措施。

（2）施工环保计划编制的步骤

1）确定施工环保管理目标

单项工程、单位工程和分部工程施工环保目标。

2）确定环保组织机构

施工环保组织机构形式；环保组织管理层次；环保职责和权限；环保管理人员组成以及建立环保管理规章制度。

3）明确施工环保事项内容和措施

包括现场泥浆、污水和排水，现场爆破危害防止，现场打桩震害防止，现场防尘和防噪声，现场地下旧有管线或文物保护，现场溶化沥青及其防护，现场及周边交通环境保护，以及现场卫生防疫和绿化工作。

（3）施工环保管理目标

项目组织对现场环境因素进行调查，评价出本项目重大环境因素，并用表1.2.2.3-4X形式表示。制定项目环境管理目标、实现目标的方法和时间，采用表1.2.2.3-4Y形式表示，落实重大环境因素的控制措施。

环境管理目标　　表1.2.2.3-4X

序号	环境因素	环境目标	环境指标	完成期限	责任实施部门	协助管理部门	实施监控部门

编制人：　　审批人：

实现环境管理目标的方法和时间表 表 1.2.2.3-4Y

序号	环境目标和指标	实 现 方 法	责任人	实施时间

(4) 环保组织机构

1) 组织机构和人员职责见建设项目施工组织总设计的施工部署及施工方案中的建立项目管理组织。

2) 职能分配。

3) 建立健全环保管理规章制度。制定各项环境管理制度。例如：施工现场卫生管理制度、现场化学危险品管理制度、现场有毒有害废弃物管理制度、现场消防管理制度、现场用水、用电管理制度等。

(5) 环保事项内容和措施

对识别出重大环境因素制定控制措施。例如：现场泥浆排放控制措施、现场生产、生活污水排放控制措施、现场爆破危害防止措施、现场打桩震害防止措施、现场防尘措施、现场防噪声措施、现场地下旧有管线保护措施、现场文物保护措施、现场溶化沥青防护措施、现场周边交通环境保护措施、现场卫生防疫措施、现场绿化、亮化措施等。

1) 应急准备和响应

①根据工程的特点，确定项目应急准备和响应的重点物资或场所。

②项目经理部应成立紧急事故响应的组织机构，编制应急准备和响应的方案，组织进行必要演练，定期检查应急准备工作情况，并做好记录。

③发生紧急情况时，立即按“紧急事故处理流程”采取应急措施，防止扩散。

2) 环境管理监督检查及监测

制定定期环境监测工作计划，并提出监测要求。

3) 不符合控制及纠正与预防措施

①施工现场不符合的控制

确定项目实施环境监测、监控和监督过程中不符合项，并阐述其应对的具体措施，例如对发现的不符合项，采取的措施。

②纠正与预防措施

确定经常发生的一般不符合、较严重的不符合或潜在不符合项，制定相应的纠正和预防措施。

③相关方投诉和抱怨的处理

项目部应建立环境投诉台账，处理好相关方的投诉和抱怨后，对处理情况进行记录和验证。发生重大投诉时，应组织制定和实施纠正措施，防止重复发生。

4) 信息交流

①内部信息交流的内容和方式

建立内部信息交流机制，保证环境管理信息的及时沟通与协调。

②外部信息交流的内容和方式

建立外部信息交流机制，保证环境管理信息的及时沟通与协调。

13. 施工风险防范

内容要求参见1.2.2.2-3中12. 项目风险总防范。

14. 项目信息管理规划

内容要求参见1.2.2.2-3中13. 项目信息管理规划。

15. 新技术应用计划

项目施工过程中应积极推广应用建设部推广的十项新技术，并有所创新，采用表1.2.2.3-4Z形式。

新技术应用计划表 表1.2.2.3-4Z

序号	新技术名称	应用部位	应用时间	责任人

16. 主要技术经济指标

内容要求参见1.2.2.2-3中14. 主要技术经济指标。

17. 施工方案编制计划

(1) 单位（项）工程在编制施工组织设计后，还应对分部分项工程、特殊分部分项工程、特殊施工时期（冬期、雨期和高温季节）以及结构复杂、施工难度大、专业性强的项目等编制施工方案，制定施工方案编制计划。

(2) 安全和施工现场临时用电应按职能管理部门的规定单独编制方案，下列工程应编制专项施工方案：

1) 基坑支护与降水工程；

2) 土方开挖工程；

3) 模板工程；

4) 起重吊装工程；

5) 脚手架工程；

6) 拆除、爆破工程；

7) 国务院建设行政主管部门或者其他有关部门规定的其他危险性较大的工程。

(3) 施工方案编制内容按1.2.2.4分部分项工程及特殊和关键过程施工方案执行。

(4) 施工方案编制计划用表1.2.2.3-4α表示。

施工方案编制计划用表 表1.2.2.3-4α

序号	分部分项及特殊过程名称	编制单位	负责人	完成时间

1.2.2.4 分部分项工程及特殊和关键过程施工方案

1.2.2.4-1 基本结构

1. 分部分项及特殊过程概况
2. 施工方案
3. 施工方法
4. 劳动力组织
5. 材料、设备等供应计划
6. 工期安排及保证措施
(1) 工期安排;
(2) 保证措施。
7. 质量标准及保证措施
(1) 质量标准;
(2) 保证措施。
8. 安全防护和保护环境措施
9. 其他

1.2.2.4-2 基本内容要求

1. 分部(项)工程/特殊(关键)过程概况

主要说明:分部分项或特殊过程项目名称,建筑、结构等概况及设计要求,工期、质量、安全、环境等要求,施工条件和周围环境情况,项目难点和特点等。必要时应配以图表达。

2. 施工方案

主要内容包括:

(1) 确定项目管理小组或人员;

(2) 确定劳务队伍,劳务队伍确定及详细劳动力数量;

(3) 确定施工方法:

(4) 确定施工工艺流程;

(5) 选择施工机械;

(6) 确定施工物质的采购,建筑材料、预制加工品、施工机具、生产工艺设备等需用量、供应商;

(7) 确定安全施工措施,包括自然灾害、防火防爆、劳动保护、特殊工程安全、环境保护等措施。

3. 施工方法

内容要求:根据工艺流程顺序,提出各环节的施工要点和注意事项。对易发生质量通病的项目、新技术、新工艺、新材料等应作重点说明,并绘制详细的施工图加以说明。对具有安全隐患的工序,应进行详细计算并绘制详细的施工图加以说明。

4. 劳动力组织

根据施工工艺要求,提出不同工种的需求计划,并采用表 1.2.2.4-2 表示。

劳动力需求计划表　　表 1.2.2.4-2

序号	工种名称	需用人数	进场时间	技术等级要求

5. 材料、设备等供应计划

根据设计要求和施工工艺要求，提出各种原材料、成品、半成品以及施工机具需用计划，内容要求见单位工程施工组织设计的施工资源计划中的有关内容。

6. 工期安排及保证措施

(1) 工期安排

根据工艺流程顺序，编制详细的进度，以横道图方式表示，也可采用网络图形式表示。

(2) 保证措施

组织措施、技术措施、经济措施及合同措施等。

7. 质量标准及保证措施

(1) 质量标准

1) 主控项目：包括抽检数量、检验方法。

2) 一般项目：包括抽检数量、检验方法和合格标准。

(2) 保证措施

1) 人的控制：以项目经历的管理目标和职责为中心，配备合适的管理人员；严格实行分包单位的资质审查；坚持作业人员持证上岗；加强对现场管理和作业人员的质量意识教育及技术培训；严格现场管理制度和生产纪律，规范人的作业技术和管理活动行为；加强激励和沟通活动等。

2) 材料设备的控制：抓好原材料、成品、半成品、构配件的采购、材料检验、材料的仓储和使用；建筑设备的选择采购、设备运输、设备检查验收、设备安装和设备调试等。

3) 施工设备的控制：从施工需要和保证质量的要求出发，确定相应类型的性能参数；按照先进、经济合理、生产适用、性能可靠、使用安全的原则选择施工机械；施工过程中配备适合的操作人员并加强维护。

4) 施工方法的控制：采取的技术方案、工艺流程、检测手段、施工程序安排等。

5) 环境的控制：包括自然环境的控制、管理环境的控制和劳动作业环境的控制。

8. 安全防护和保护环境措施

针对项目特点、施工现场环境、施工方法、劳动组织、作业使用的机械、动力设备、变配电设施、架设工具以及各项安全防护设施等制定确保安全施工、保护环境，防止工伤事故和职业病危害，从技术上采取的预防措施。

9. 其他

对达到一定规模的危险性较大的分部分项工程施工方案，必须附具详细的计算过程以及安全验算结果。

附 施工组织设计编审参考资料

F-1 参考资料

一、建筑材料有关数据

常用建筑材料的密度和质量 F-1-1-1

名 称	表观密度或堆积密度（kg/m^3）	名 称	表观密度或堆积密度（kg/m^3）
砂子（干、粗砂）	1700	水泥石灰焦渣砂浆	1400
砂子（干、细砂）	1400	石灰焦渣砂浆	1300
卵石（干）	1600～1800	水泥蛭石砂浆	500～800
黏土夹卵石（干）	1700～1800	膨胀珍珠岩砂浆	700～1500
砂夹卵石（干）	1500～1700	素混凝土	2200～2400
砂夹卵石（湿）	1800～1920	矿渣混凝土	2000
碎 石	1400～1500	焦渣混凝土	1600～1700
毛 石	1700	铁屑混凝土	2800～6500
浮石（干）	600～800	沥青混凝土	2000
黏 土	1350～1800	水玻璃耐酸混凝土	2000～2350
砂土（干、松）	1220	浮石混凝土	900～1400
灰土（3∶7）、三合土	1750	陶粒混凝土	400～1800
石灰锯末（1∶3）	340	粉煤灰陶粒混凝土	1950
生石灰粉	1200	碎砖混凝土	1850
生石灰块	1100	无砂大孔混凝土	1600～1900
熟石灰膏	1350	加气混凝土	550～750
石膏粉	900	泡沫混凝土	600～800
普通硅酸盐水泥	1200～1300	膨胀珍珠岩混凝土	600～1200
矿渣水泥	1450	硅酸盐砌块	1600～1700
水泥砂浆	2000	钢丝网水泥	2500
白灰水泥混合砂浆	1700	聚苯乙烯泡沫塑料	50
石棉水泥浆	1900	聚氯乙烯板	1350～1600
石膏砂浆	1200	石棉板	1300
红 松	600	乳化沥青	980～1150
白 松	500	汽 油	709～788
硬杂木	700	煤 油	800～840
杉 杆	600	柴 油	830～920
铝	2700	机 油	930～960
铝合金	2800	润滑油	740
铸 铁	7250	纯酒精	785
生 铁	6600～7400	工业酒精	660
钢 材	7850	水（4℃时）	1000
石油沥青	900～1050	海 水	1027
玛琋脂	1280	木丝板	400～500
煤沥青	1340	刨花板	600

续表

名　称	质　量	名　称	质　量
灰板条		黏土脊瓦	
2000mm×45mm×6mm	0.35kg/根	380mm×240mm×20mm	3.5kg/块
挂瓦条		水泥瓦	
2000mm×20mm×30mm	0.94kg/根	380mm×235mm×15mm	3.25kg/块
人造板		水泥脊瓦	
900mm×900mm×10mm	8.4kg/块	455mm×165mm×15mm	4.4kg/块
胶合三夹板（杨木）	1.9kg/m^2	小青瓦	
胶合三夹板（椴木）	2.2kg/m^2	(190～175)mm×165mm×8mm	0.375kg/块
胶合三夹板（水曲柳）	2.8kg/m^2	小波石棉瓦	
胶合五夹板（椴木）	3.4kg/m^2	1820mm×720mm×6mm	22kg/块
胶合五夹板（水曲柳）	3.9kg/m^2	2800mm×9400mm×8mm	48kg/块
胶合五夹板（杨木）	3.0kg/m^2	石棉水泥脊瓦	
黏土瓦		780mm×（180×2）mm×8mm	4kg/块
380mm×240mm×20mm	3.0kg/块		

胶合板规格及每立方米折合张数　　**F-1-1-2**

规格		三层			五层	说　明
(mm×mm)	(ft×ft)	厚 3.0mm	厚 3.5mm	厚 4.0mm	厚 6.5mm	
915×610	3×2	597 张	512 张	448 张	276 张	胶合板折材积（指胶合板材积，不是厚木体积）： 1m^3 胶合板材积的张数$=\frac{1}{厚\times长\times宽}$ 例：1m^3 厚 3mm、宽 915mm、长 1830mm 的 胶合板的张数$=\frac{1}{0.003\times0.915\times1.830}$ $=199.2$（林业部规定为 200 张）
915×915	3×3	399 张	341 张	299 张	184 张	
915×1220	3×4	299 张	256 张	224 张	138 张	
915×1525	3×5	239 张	205 张	180 张	110 张	
915×1830	3×6	200 张	171 张	149 张	92 张	

木门材积（毛截面体积）参考表（m^3/m^2）　　**F-1-1-3**

地　区	类别					
	夹板门	镶纤维板门	镶木板门	半截玻璃门	弹簧门	拼板门
华北	0.0296	0.0353	0.0466	0.0379	0.0453	0.0520
华东	0.0287	0.0344	0.0452	0.0368	0.0439	0.0512
东北	0.0285	0.0341	0.0450	0.0366	0.0437	0.0510
中南	0.0302	0.0360	0.0475	0.0387	0.0462	0.0539
西北	0.0258	0.0307	0.0405	0.0330	0.0394	0.0459
西南	0.0265	0.0316	0.0417	0.0340	0.0406	0.0473

注：1. 本表按无纱门考虑。

2. 本表以华北地区木门窗标准图的平均数为基础，其他地区按断面大小折算。

3. 本表数据仅供需考。

木窗材积参考表（m³/m²） F-1-1-4

地区	类别				
	单层玻璃窗	一玻一纱窗	双层玻璃面	中悬窗	百叶窗
华北	0.0291	0.0405	0.0513	0.0285	0.0431
华东	0.0400	0.0553	—	0.0311	0.0471
东北	0.0337	—	0.0638	0.0309	0.0467
中南	0.0390	0.0578	—	0.0303	0.0459
西北	0.0369	0.0492	—	0.0287	0.0434
西南	0.0360	0.0485	—	0.0281	0.0425

注：1. 本表以华北地区木门窗标准图为基础，其他地区按断面大小折算。

2. 本表数据仅供参考。

圆钢规格重量表 F-1-1-5

规格（mm）	截面面积（mm²）	重量（kg/m）	规格（mm）	截面面积（mm²）	重量（kg/m）
ϕ3.5	9.62	0.075	14	153.90	1.21
4	12.57	0.098	15	176.70	1.39
5	19.63	0.154	16	201.10	1.58
5.5	23.76	0.187	17	227.00	1.78
5.6	24.63	0.193	18	254.50	2.00
6	28.27	0.222	19	283.50	2.23
6.3	31.17	0.245	20	314.20	2.47
6.5	33.18	0.260	21	346.40	2.72
7	38.48	0.302	22	380.10	2.98
7.5	44.18	0.347	24	452.40	3.55
8	50.27	0.395	25	490.90	3.85
9	63.63	0.499	26	530.90	4.17
10	78.54	0.617	28	615.80	4.83
11	95.03	0.746	30	706.90	5.55
12	113.10	0.888	32	804.20	6.31
13	132.70	1.04	34	907.90	7.13

工字钢规格重量表 F-1-1-6

型号	截面尺寸（mm）			截面面积（cm²）	理论重量（kg/m）
	h	*b*	*d*		
10	100	68	4.5	14.345	11.261
12	120	74	5.0	17.818	13.987
12.6	126	74	5.0	18.118	14.223
14	140	80	5.5	21.516	16.890
16	160	88	6.0	26.131	20.513
18	180	94	6.5	30.756	24.143
20a	200	100	7.0	35.578	27.929
20b		102	9.0	39.578	31.069

续表

型　号	截面尺寸（mm）			截面面积	理论重量
	h	*b*	*d*	（cm^2）	（kg/m）
20a	220	110	7.5	42.128	33.070
20b		112	9.5	46.528	36.524
24a	240	116	8.0	47.741	37.477
24b		118	10.0	52.541	41.245
25a	250	116	8.0	48.541	38.105
25b		118	10.0	53.541	42.030
27a	270	122	8.5	54.554	42.825
27b		124	10.5	59.954	47.064
28a	280	122	8.5	55.404	43.492
28b		124	10.5	61.004	47.888
30a	300	126	9.0	61.254	48.084
30b		128	11.0	67.254	52.794
30c		130	13.0	73.254	57.504
32a	320	130	9.5	67.156	52.717
32b		132	11.5	73.556	57.741
32c		134	13.5	79.956	62.765
36a	360	136	10.0	76.480	60.037
36b		138	12.0	83.680	65.689
36c		140	14.0	90.880	71.341
40a	400	142	10.5	86.112	67.598
40b		144	12.5	94.112	73.878
40c		146	14.5	102.112	80.158
45a	450	150	11.5	102.446	80.420
45b		152	13.5	111.446	87.485
45c		154	15.5	120.446	94.550
50a	500	158	12.0	119.304	93.654
50b		160	14.0	129.304	101.504
50c		162	16.0	139.304	109.354
50a	550	166	12.5	134.185	105.335
50b		168	14.5	145.185	113.970
50c		170	16.5	156.185	122.605
56a	560	166	12.5	135.435	106.316
56b		168	14.5	146.635	115.108
56c		170	16.5	157.835	123.900
63a	630	176	13.0	154.658	121.407
63b		178	15.0	167.258	131.298
63c		180	17.0	179.858	141.189

槽钢规格重量表

F-1-1-7

型号	截面尺寸（mm）			截面面积 (cm²)	理论重量 (kg/m)
	h	*b*	*d*		
5	50	37	4.5	6.928	5.438
6.3	63	40	4.8	8.451	6.634
6.5	65	40	4.3	8.547	6.709
8	80	43	5.0	10.248	8.045
10	100	48	5.3	12.748	10.007
12	120	53	5.5	15.362	12.059
12.6	126	53	5.5	15.692	12.318
14a	140	58	6.0	18.516	14.535
14b		60	8.0	21.316	16.733
16a	160	63	6.5	21.962	17.24
16b		65	8.5	25.162	19.752
18a	180	68	7.0	25.699	20.174
18b		70	9.0	29.299	23.000
20a	200	73	7.0	28.837	22.637
20b		75	9.0	32.837	25.777
22a	220	77	7.0	31.846	24.999
22b		79	9.0	36.246	28.453
24a	240	78	7.0	34.217	26.860
24b		80	9.0	39.017	30.628
24c		82	11.0	43.817	34.396
25a	250	78	7.0	34.917	27.410
25b		80	9.0	39.917	31.335
25c		82	11.0	44.917	35.260
27a	270	82	7.5	39.284	30.838
27b		84	9.5	44.684	35.077
27c		86	11.5	50.084	39.316
28a	280	82	7.5	40.034	31.427
28b		84	9.5	45.634	35.823
28c		86	11.5	51.234	40.219
30a	300	85	7.5	43.902	34.463
30b		87	9.5	49.902	39.173
30c		89	11.5	55.902	43.883
32a	320	88	8.0	48.513	38.083
32b		90	10.0	54.913	43.107
32c		92	12.0	61.313	48.131

续表

型号	截面尺寸（mm）			截面面积（cm²）	理论重量（kg/m）
	h	*b*	*d*		
36a	360	96	9.0	60.910	47.814
36b		98	11.0	68.110	53.466
36c		100	13.0	75.310	59.118
40a	400	100	10.5	75.068	58.928
40b		102	12.5	83.068	65.208
40c		104	14.5	91.068	71.488

二、气象及环境保护数据

风 级 标 准

F-1-1-8

风力名称		海岸及陆地面征象标准		相当风速（m/s）
风级	概况	陆 地	海 岸	
0	无风	静，烟直上		0～0.2
1	软风	烟能表示方向，但风向标不能转动	渔船不动	0.3～1.5
2	轻风	人面感觉有风，树叶微响，寻常的风向标转动	渔船张帆时，可随风移动	1.6～3.3
3	微风	树叶及微枝摇动不息，旌旗展开	渔船渐觉簸动	3.4～5.4
4	和风	能吹起地面灰尖和纸张，树的小枝摇动	渔船满帆时，倾于一方	5.5～7.9
5	清风	小树摇摆	水面起波	8.0～10.7
6	强风	大树枝摇动，电线呼呼有声，举伞有困难	渔船加倍缩帆，捕鱼须注意危险	10.8～13.8
7	疾风	大树摇动，迎风步行感觉不便	渔船停息港中，去海外的下锚	13.9～17.1
8	大风	树枝折断，迎风行走感觉阻力很大	近港海船均停留不出	17.2～20.7
9	烈风	烟囱及平房屋顶受到损坏（烟囱顶部及平顶摇动）	汽船航行困难	20.8～24.4
10	狂风	陆上少见，可拔树毁屋	汽船航行颇危险	24.5～28.4
11	暴风	陆上很少见，有则必受重大损毁	汽船遇之极危险	28.5～32.6
12	飓风	陆上绝少，其摧毁力极大	海浪滔天	32.6 以上

降 雨 等 级

F-1-1-9

降雨等级	现 象 描 述	降雨量（mm）	
		一天内总量	半天内总量
小 雨	雨能使地面潮湿，但不泥泞	1～10	0.2～5.0
中 雨	雨降到屋顶上有淅淅声，凹地积水	10～25	5.1～15
大 雨	降雨如倾盆，落地四溅，平地积水	25～50	15.1～30
暴 雨	降雨比大雨还猛，能造成山洪暴发	50～100	30.1～70
大暴雨	降雨比暴雨还大或时间长，造成洪涝灾害	100～200	70.1～140
特大暴雨	降雨比大暴雨还大，能造成洪涝灾害	>200	>140

我国城市区域环境噪声标准［单位：等效声级，分贝（A）］ F-1-1-10

适用区域	昼间	夜间	备注
特殊住宅区	45	35	1. 本表摘自《城市区域环境噪声标准》(GB 3096—82) 2. 特殊住宅区是指特别需要安静的住宅区； 居民、文都区是指纯居民区和文教、机关区； 一类混合区是指一般商业与居民混合区； 二类混合区是指工业、商业、少量交通与居民混合区； 商业中心区是指商业集中的繁华地区； 工业集中区指在一个城市或区域内规划明确确定的工业区； 交通干线道路两侧是指车流量每小时100辆以上的道路两侧
居民、文教区	50	40	
一类混合区	55	45	
商业中心区、二类混合区	60	50	
工业集中区	65	55	
交通干线道路两侧	70	55	

注：A为声级，记作分贝（A）或dB（A）。声级有别于声压级。声级表示经过频率计权后的声压级，配有A、B、C计权网络的声学仪器，它的读数称为声级，单位也是分贝。近年来，人们在噪声测量中，往往就用A网络测得的声压级代表噪声的响度大小叫A声级。

新建、改建、扩建企业噪声标准 F-1-1-11

每个工作日接触噪声时间（h）	允许噪声［dB（A）］	备注
8	85	本表摘自《工业企业噪声卫生标准》（试行草案）
4	88	
2	91	
1	94	
最高不得超过115		

施工现场主要施工机械噪声平均A级 F-1-1-12

机械名称	噪声级（dB）	机械名称	噪声级（dB）
推土机	78～96	挖土机	80～93
搅拌机	75～88	运土卡车	85～94
汽锤、风钻	82～98	打桩机	95～105
混凝土破碎机	85	空气压缩机	75～88
卷扬机	75～83	钻机	87

注：表中所列皆为距离噪声源约15m处测得的数据。现场操作人员所承受的噪声还要大10～20dB。

三、建筑工地临时设施数据

临时加工厂所需面积参考指标 F-1-1-13

序号	加工厂名称	年产量		单位产量所需建筑面积	占地总面积（m^2）	备注
		单位	数量	m^2/m^3		
1	混凝土搅拌站	m^3	3200	0.022	按砂石堆场考虑	400L搅拌机2台
		m^3	4800	0.021		400L搅拌机3台
		m^3	6400	0.020		400L搅拌机4台
2	临时性混凝土预制厂	m^3	1000	0.25	2000	生产屋面板和中小型梁柱板等，配有蒸养设施
		m^3	2000	0.20	3000	
		m^3	3000	0.15	4000	
		m^3	5000	0.125	小于6000	
3	半永久性混凝土预制厂	m^3	3000	0.6	9000～12000	
		m^3	5000	0.4	12000～15000	
		m^3	10000	0.3	15000～20000	
4	木材加工厂	m^3	15000	0.0244	1800～3600	进行原木、木方加工
		m^3	24000	0.0199	2200～4800	
		m^3	30000	0.0181	3000～5500	

续表

序号	加工厂名称	年产量		单位产量所需建筑面积 (m^2/m^3)	占地总面积 (m^2)	备注
		单位	数量			
4	综合木工加工厂	m^3	200	0.30	100	加工门窗、模板、地板、屋架等
		m^3	500	0.25	200	
		m^3	1000	0.20	300	
		m^3	2000	0.15	420	
	粗木加工厂	m^3	5000	0.12	1350	加工屋架、模板
		m^3	10000	0.10	2500	
		m^3	15000	0.09	3750	
		m^3	20000	0.08	4800	
	细木加工厂	万 m^2	5	0.0140	7000	加工门窗、地板
		万 m^2	10	0.0114	10000	
		万 m^2	15	0.0106	14300	
5	钢筋加工厂	t	200	0.35	280～560	加工、成型、焊接
		t	500	0.25	380～750	
		t	1000	0.20	400～800	
		t	2000	0.15	450～900	
	现场钢筋调直或冷拉	所需场地（长×宽）				包括材料及成品堆放 3～5t 电动卷扬机一台包括材料及成品堆放包括材料及成品堆放
	拉直场	70～80m×3～4m				
	卷扬机棚	15～20m^2				
	冷拉场	40～60m×3～4m				
	时效场	30～40m×6～8m				
	钢筋对焊	所需场地（长×宽）				包括材料及成品堆放寒冷地区应适当增加
	对焊场地	30～40m×4～5m				
	对焊棚	15～24m^2				
	钢筋冷加工	所需场地（m^2/台）				
	冷拔、冷轧机	40～50				
	剪断机	30～50				
	弯曲机 ϕ12 以下	50～60				
	弯曲机 ϕ40 以下	60～70				
6	金属结构加工（包括一般铁件）	所需场地（m^2/t）				按一批加工数量计算
		年产 500t 为 10				
		年产 1000t 为 8				
		年产 2000t 为 6				
		年产 3000t 为 5				
7	贮灰池	5×3=15m^2				每二个贮灰池配一套淋灰池和淋灰槽，每 600kg 石灰可消化 1m^2 石灰膏
	石灰消化淋灰池	4×3=12m^2				
	淋灰槽	3×2=6m^2				
8	沥青锅场地	20～40m^2				台班产量 1～1.5t/台

注：资料来源为中国建筑科学研究院调查报告、原华东工业建筑设计院资料及其他调查资料。

现场作业棚所需面积参考指标 F-1-1-14

序号	名称	单位	面积（m^2）	备注
1	木工作业棚	m^2/人	2	占地为建筑面积的2～3倍
2	电锯房	m^2	80	34～36min圆锯1台
	电锯房	m^2	40	小圆锯1台
3	钢筋作业棚	m^2/人	3	占地为建筑面积的3～4倍
4	搅拌棚	m^2/台	10～18	
5	卷扬机棚	m^2/台	6～12	
6	烘炉房	m^2	30～40	
7	焊工房	m^2	20～40	
8	电工房	m^2	15	
9	白铁工房	m^2	20	
10	油漆工房	m^2	20	
11	机、钳工修理房	m^2	20	
12	立式锅炉房	m^2/台	5～10	
13	发电机房	m^2/kW	0.2～0.3	
14	水泵房	m^2/台	3～8	
15	空压机房（移动式）	m^2/台	18～30	
	空压机房（固定式）	m^2/台	9～15	

注：资料来源为铁道部编《临时工程手册》、原华东工业建筑设计院资料及其他调查资料。

场机运钻、机修间、停放场所需面积参考指标 F-1-1-15

序号	施工机械名称	所需场地（m^2/台）	存放方式	检修间所需建筑面积	
				内　容	数量（m^2）
	一、起重、土方机械类			10～20台设1个检修台位（每增加20台增设1个检修台位）	200（增150）
1	塔式起重机	200～300	露天		
2	履带式起重机	100～125	露天		
3	履带式正铲或反铲，拖式铲运机，轮胎式起重机	75～100	露天		
4	推土机、拖拉机、压路机	25～35	露天		
5	汽车式起重机	20～30	露天或室内		
	二、运输机械类		一般情况下室内不小于10%	每20台设1个检查台位（每增加1个检修台位）	170（增160）
6	汽车（室内）	20～30			
	（室外）	40～60			
7	平板拖车	100～150			
8	三、其他机械类	4～6	一般情况下室内占30%露天占70%	每50台设1个检修台位（每增加1个检修台位）	50（增50）
	搅拌机、卷扬机、电焊机、电动机				
	水泵、空压机、油泵、少先吊等				

注：1. 露天或室内存放视气候条件而定，寒冷地区应适当增加室内存放。

2. 所需场地包括道路、通道和回转场地。

3. 资料来源同表F-1-1-15。

仓库面积计算用参考数据 F-1-1-16

序号	材料名称	单位	储备天数（d）	每平方米储存量	堆置高度（m）	仓库类型
1	钢材	t	40～50	1.5	1.0	
	工字钢、槽钢	t	40～50	0.8～0.9	0.5	露天
	角钢	t	40～50	1.2～1.8	1.2	露天
	钢筋（直筋）	t	40～50	1.8～2.4	1.2	露天
	钢筋（盘筋）	t	40～50	0.8～1.2	1.0	棚或库约占20%
	钢板	t	40～50	2.4～2.7	1.0	露天
	钢管 ϕ200 以上	t	40～50	0.5～0.6	1.2	露天
	钢管 ϕ200 以下	t	40～50	0.7～1.0	2.0	露天
	钢轨	t	20～30	2.3	1.0	露天
	铁皮	t	40～50	2.4	1.0	库或棚
2	生铁	t	40～50	5	1.4	露天
3	铸铁管	t	20～30	0.6～0.8	1.2	露天
4	暖气片	t	40～50	0.5	1.5	露天或棚
5	水暖零件	t	20～30	0.7	1.4	库或棚
6	五金	t	20～30	1.0	2.2	库
7	钢丝绳	t	40～50	0.7	1.0	库
8	电线电缆	t	40～50	0.3	2.0	库或棚
9	木材	m^3	40～50	0.8	2.0	露天
	原木	m^3	30～40	0.9	2.0	露天
	成材	m^3	20～30	0.7	3.0	露天
	枕木	m^3	20～30	1.0	2.0	露天
	灰板条	千根	30～40	5	3.0	棚
10	水泥	t	20～30	1.4	1.5	库
11	生石灰（块）	t	10～20	1～1.5	1.5	棚
	生石灰（袋装）	t	10～20	1～1.3	1.5	棚
	石膏	t	10～30	1.2～1.7	2.0	棚
12	砂、石子（人工堆置）	m^3	10～30	1.2	1.5	露天
	砂、石子（机械堆置）	m^3	10～20	2.4	3.0	露天
13	块石	m^3	10～30	1.0	1.2	露天
14	机制砖	千块	20～30	0.5	1.5	露天
15	耐火砖	t	10～30	2.5	1.8	棚
16	黏土瓦、水泥瓦	千块	10～30	0.25	1.5	露天
17	石棉瓦	张	20～30	25	1.0	露天
18	水泥管、陶土管	t	20～30	0.5	1.5	露天
19	玻璃	箱	20～30	6～10	0.8	棚或库
20	卷材	卷	20～30	15～24	2.0	库
21	沥青	t	20～30	0.8	1.2	露天
22	液体燃料润滑油	t		0.3	0.9	库

续表

序号	材料名称	单位	储备天数（d）	每平方米储存量	堆置高度（m）	仓库类型
23	电石	t	20～30	0.3	1.2	库
24	炸药	t	10～30	0.7	1.0	库
25	雷管	t	10～30	0.7	1.0	库
26	煤	t	10～30	1.4	1.5	露天
27	炉渣	m^3	10～30	1.2	1.5	露天
28	钢筋混凝土构件 板	m^3 m^3	3～7	0.14～0.24	2.0	露天
	梁、柱	m^3	3～7	0.12～0.48	1.2	露天
29	钢筋骨架	t	3～7	0.12～0.18	—	露天
30	金属结构	t	3～7	0.16～0.24	—	露天
31	铁件	t	10～20	0.9～1.5	1.5	露天或棚
32	钢门窗	t	10～20	0.65	2	棚
33	木门窗	m^2	3～7	30	2	棚
34	木屋架	m^3	3～7	0.3	—	露天
35	模板	m^3	3～7	0.7	—	露天
36	大型砌块	m^3	3～7	0.9	1.5	露天
37	轻质混凝土制品	m^3	3～7	1.1	2	露天
38	水、电及卫生设备	t	20～30	0.35	1	棚、库各约占1/4
39	工艺设备	t	30～40	0.6～0.8	—	露天约占1/2
40	多种劳保用品	件		250	2	库

注：1. 当采用散装水泥时设水泥罐，其容积按水泥周转量计算，不再设集中水泥库。

2. 块石、砖、水泥管等以在建筑物附近堆放为原则，一般不设集中堆场。

临时性行政、生活福利建筑参考指标 **F-1-1-17**

临时房屋名称	指标使用方法	参考指标（m^2/人）	备　注
办公室	按干部人数	3～4	1. 本表根据全国收集到的有代表性的企业、地区的资料综合 2. 工区以上设置的会议室已包括在办公室指标内 3. 家属宿舍应以施工期长短和离基地情况而定，一般按高峰年职工平均人数的10%～30%考虑
宿舍	按高峰年（季）平均职工人数	2.5～3.5	
单层通铺	（扣除不在工地住宿人数）	2.5～3	
双层床		2.0～2.5	
单层床		3.5～4.0	
家属宿舍		16～25m^2/户	
食堂	按高峰年平均职工人数	0.5～0.8	
食堂兼礼堂	按高峰年平均职工人数	0.6～0.9	
其他合计	按高峰年平均职工人数	0.5～0.6	
医务室	按高峰年平均职工人数	0.05～0.07	
浴室	按高峰年平均职工人数	0.07～0.1	
理发	按高峰年平均职工人数	0.01～0.03	

续表

临时房屋名称	指标使用方法	参考指标 (m^2/人)	备注
浴室兼理发	按高峰年平均职工人数	0.08～0.1	4. 食堂包括厨房、库房，应考虑在工地就餐人数和几次进餐
俱乐部	按高峰年平均职工人数	0.1	
小卖店	按高峰年平均职工人数	0.03	
招待所	按高峰年平均职工人数	0.06	
托儿所	按高峰年平均职工人数	0.03～0.06	
子弟小学	按高峰年平均职工人数	0.06～0.08	
其他公用	按高峰年平均职工人数	0.05～0.10	
现场小型设施 开水房	按高峰年平均职工人数	10～40	
厕所	按高峰年平均职工人数	0.02～0.07	
工人休息室	按高峰年平均职工人数	0.15	

施工生产用水参考定额 **F-1-1-18**

用水对象	单位	耗水量	备注
浇筑混凝土全部用水	L/m^3	1700～2400	
搅拌普通混凝土	L/m^3	250	
搅拌轻质混凝土	L/m^3	300～350	
搅拌泡沫混凝土	L/m^3	300～400	
搅拌耐热混凝土	L/m^3	300～350	
混凝土养护（自然养护）	L/m^3	200～400	
混凝土养护（蒸汽养护）	L/m^3	500～700	
冲洗模板	L/m^3	5	
搅拌机清洗	L/台班	600	
人工冲洗石子	L/m^3	1000	当含泥量大于2%小于3%时
机械冲洗石子	L/m^3	600	
洗砂	L/m^3	1000	
砌砖工程全部用水	L/m^3	150～250	
砌石工程全部用水	L/m^3	50～80	
抹灰工程全部用水	L/m^2	30	
耐火砖砌体工程	L/m^3	100～150	包括砂浆搅拌
浇砖	L/千块	200～250	
浇硅酸盐砌块	L/m^3	300～350	
抹面	L/m^2	4～6	不包括调制用水
楼地面	L/m^2	190	主要是找平层
搅拌砂浆	L/m^3	300	
石灰消化	L/t	3000	
上水管道工程	L/m	98	
下水管道工程	L/m	1130	
工业管道工程	L/m	35	

施工机械用水量参考定额 F-1-1-19

用水机械名称	单位	耗水量（L）	备　注
内燃挖土机	m³·台班	200～300	以斗容量 m³ 计
内燃起重机	t·台班	15～18	以起重量吨数计
蒸汽打桩机	t·台班	1000～1200	以锤重吨数计
内燃压路机	t·台班	12～15	以压路机吨数计
蒸汽压路机	t·台班	100～150	以压路机吨数计
拖拉机	台·昼夜	200～300	—
汽车	台·昼夜	400～700	
标准轨蒸汽机车	台·昼夜	10000～20000	
空压机	（m³/min）·台班	40～80	以空压机单位容量计
内燃机动力装置（直流水）	马力·台班	120～300	—
内燃机动力装置（循环水）	马力·台班	25～40	
锅炉	t·h	1050	以小时蒸发量计
点焊机 25 型	台·h	100	—
50 型	台·h	150～200	
75 型	台·h	250～300	
对焊机	台·h	300	
冷拔机	台·h	300	
凿岩机 01—30 01—38 型	台·min	3～8	
YQ—100 型	台·min	8～12	
木工场	台班	20～25	以烘炉数计
锻工房	炉·台班	40～50	

现场生活用水量参考定额 F-1-1-20

用水对象	单　位	耗水量	用水对象	单　位	耗水量
生活用水（盥洗、饮用）	L/（人·日）	20～40	理发室	L/（人·次）	10～25
食堂	L/（人·次）	10～20	学校	L/（学生·日）	10～30
浴室（淋浴）	L/（人·次）	40～60	幼儿园、托儿所	L/（儿童·日）	75～100
淋浴带大池	L/（人·次）	50～60	病院	L/（病床·日）	100～150
洗衣房	L/kg 干衣	40～60			

现场消防用水量参考定额 F-1-1-21

用水名称	火灾同时发生次数	单　　位	用　水　量
居民区消防用水：			
5000 人以内	一次	L/s	10
10000 人以内	二次	L/s	10～15
25000 人以内	一次	L/s	15～20
施工现场消防用水：			
施工现场在 25hm² 内	一次	L/s	10～15
每增加 25hm²	一次	L/s	5

混凝土拌合用水水质要求　F-1-1-22

项　　目	预应力混凝土	钢筋混凝土	素混凝土
pH值	≥5.0	≥4.5	≥4.5
不溶物（mg/L）	≤2000	≤2000	≤5000
可溶物（mg/L）	≤2000	≤5000	≤10000
Cl^-（mg/L）	≤500	≤1000	≤3500
SO_4^{2-}（mg/L）	≤600	≤2000	≤2700
碱含量（mg/L）	≤1500	≤1500	≤1500

注：碱含量按 $Na_2O+0.658K_2O$ 计算值来表示。采用非碱活性骨料时，可不检验碱含量。

临时水管经济流速参考表　F-1-1-23

管　径	流　速（m/s）	
	正常时间	消防时间
$D<0.1$m	0.5～1.2	—
$D=0.1\sim0.3$m	1.0～1.6	2.5～3.0
$D>0.3$m	1.5～2.5	2.5～3.0

临时给水铸铁管管径计算　F-1-1-24

流量（L/s）	管　径（mm）									
	75		100		150		200		250	
	i	*v*	*i*	*v*	*i*	*v*	*i*	*v*	*i*	*v*
2	7.98	0.46	1.94	0.26						
4	28.4	0.93	6.69	0.52						
6	61.5	1.39	14	0.78	1.87	0.34				
8	109	1.86	23.9	1.04	3.14	0.46	0.765	0.26		
10	171	2.33	36.5	1.30	4.69	0.57	1.13	0.32		
12	246	2.76	52.6	1.56	6.55	0.69	1.58	0.39	0.529	0.25
14			71.6	1.82	8.71	0.80	2.08	0.45	0.695	0.29
16			93.5	2.08	11.1	0.92	2.64	0.51	0.886	0.33
18			118	2.34	13.9	1.03	3.28	0.58	1.09	0.37
20			146	2.60	16.9	1.15	3.97	0.64	1.32	0.41
22			177	2.86	20.2	1.26	4.73	0.71	1.57	0.45
24					24.1	1.38	5.56	0.77	1.83	0.49
26					28.3	1.49	6.64	0.84	2.12	0.53
28					32.8	1.61	7.38	0.90	2.42	0.57
30					37.7	1.72	8.4	0.96	2.75	0.62
32					42.8	1.84	9.46	1.03	3.09	0.66
34					84.4	1.95	10.6	1.09	3.45	0.70
36					54.2	2.06	11.8	1.16	3.83	0.74
38					60.4	2.18	13.0	1.22	4.23	0.78

注：*v*—流速（m/s）；*i*—压力损失（m/km或mm/m）。

临时给水钢管管径计算 F-1-1-25

流量 (L/s)	管径 (mm)									
	25		40		50		70		80	
	i	*v*	*i*	*v*	*i*	*v*	*i*	*v*	*i*	*v*
0.1										
0.2	21.3	0.38								
0.4	74.8	0.75	8.98	0.32						
0.6	159	1.13	18.4	0.48						
0.8	279	1.51	31.4	0.64						
1.0	437	1.88	47.3	0.8	12.9	0.47	3.76	0.28	1.61	0.2
1.2	629	2.26	66.3	0.95	18	0.56	5.18	0.34	2.27	0.24
1.4	856	2.64	88.4	1.11	23.7	0.66	6.83	0.4	2.97	0.28
1.6	1118	3.01	114	1.27	30.4	0.75	8.7	0.45	3.96	0.32
1.8			144	1.43	37.8	0.85	10.7	0.51	4.66	0.36
2.0			178	1.59	46	0.94	13	0.57	5.62	0.40
2.6			301	2.07	74.9	1.22	21	0.74	9.03	0.52
3.0			400	2.39	99.8	1.41	27.4	0.85	11.7	0.60
3.6			577	2.86	144	1.69	38.4	1.02	16.3	0.72
4.0					177	1.88	46.8	1.13	19.8	0.81
4.6					235	2.17	61.2	1.3	25.7	0.93
5.0					277	2.35	72.3	1.42	30	1.01
5.6					348	2.64	90.7	1.59	37	1.13
6.0					399	2.82	104	1.7	42.1	1.21

水泵型号明细表 F-1-1-26

名称	型号	型号举列	符号说明
单级单吸悬臂式离心水泵	B BA BL BZ 源江	4B35A B12—15 3BA—13A 100B90/30 2BL—6A 100BZ34 源江 48I—28IA	4，3，2，48—泵吸入口径（in） 100—泵吸入口径（mm） B，BA—单级单吸悬臂式离心清水泵 L，Z—直联式（原体与电机直接联结） 源江—大型立式单级单吸离心水泵 35，15，30，34—泵设计点扬程（m） 13，6，28—泵的比转数 1/10 左右 12，90—泵流量 *i*—泵的结构经一次改造
单级双吸中开式离心水泵	S SA Sh SLA	150S50A 10SA—6A 8Sh—9A 20SLA—22A 湘江 56—23A	150—泵吸入口径（mm） 10，8，20，56—泵吸入口径（in） S，SA 湘江—单级双吸中开式离心清水泵 SLA—单级双开立式中开离心清水泵 Sh—单级双开卧式离心清水泵 50—原设计点扬程 6，9，22，23—泵的比转数 1/10 左右 *A*—泵叶轮径切割

续表

名称	型号	型号举列	符号说明
多级离心水泵	D D1 DA DA1 DK DL TSW	D12—25×2 150D35×7 4DA—8×7 DA1—100×11 DK400—22 5DK—9×2A 50DLG×3 80DL30×6 DL46—20×12 200D1—43×4 2DL9×5 75TSW×6	12，400，46—流量（m^3/h） 23，7，11，6，12—叶轮个数 150，50，80，75—泵吸入口径（mm） 4.5—泵吸入口径（in） 8.9—泵比转数的1/10左右 100—泵排出口径（mm） D，DA—单吸，多级分段式离心清水泵 DK—单吸，多级中开式离心清水泵 DL—单吸，多级立式离心清水泵 G—派生系列 A—叶轮经切割 T—透平式 S—单吸 W—低温（低于80℃）
离心式井泵	J JD JDS JQ JQB JQC NQ JB QJ QX QY	8J35×10 6JD36×7 250JQC140×5 200QJ50—17/1 8NQ50—18 QY—25	8，6—泵适用的最小口径（in） 200，250—泵适用的最小口径（mm） J—井泵 D—多级 Q—电机潜入水中 N—农 Y—电机绕组充油 35，36，140，50—泵设计点流量（m^3/h） 10，7，5，1—泵叶轮个数 17，18，25—扬程9m
轴流泵	ZLB ZLQ ZGB ZL CJ	36ZGB—70 2.8CJ—70 122GB36	36—排出水口径（in） Z—轴流泵 L—立式结构 B—半调式叶片 CJ—长江牌 70—泵比转数的1/10左右 2.8—泵叶轮直径（m） 12—叶轮直径的10倍 G—贯流式 35—扬程的10倍
混流泵	HB 丰 闽农 FB HL HLB HL，WF	12HBC₂—40 1.6HL—40 20FB—35 10″丰24	12，1.6，20.10—泵吸入、排出口径（in） HB—单级单吸悬臂式混流泵 C_2—泵经第二次改造 HL—立式混流泵 FB—丰田牌泵 丰—丰田片泵 40，35，24—泵比转数的1/10左右

水泵快速选型参考表 **F-1-1-27**

流量（L/s）	扬程（m）											
	3～5	5～7	7～10	10～15	15～20	20～25	25～30	30～40	40～50	50～70	70～100	100～140
10	（4BA-18） 1450	（4BA-12A） 1450	3BA-13B	3BA-13A	3BA-13	3BA-9A	3BA-9	3BA-9	3BA-6A	4BA-6		
15	（4BA-18） 1450	（4BA-12） 1450	（4BA-8A） 1450	4BA-25A	4BA-25		3BA-9	3BA-6A	3BA-6	3BA-6		
20	4BA- 25A2200	（4BA-25） 2200	4BA-25A	4BA-25	4BA-18A	4BA-18	4BA-12A	4BA-12	4BA-8A	4BA-8	4BA-6 4BA-6A	

续表

流量(L/s)	扬 程 (m)										
	3～5	5～7	7～10	10～15	15～20	20～25	25～30	30～40	40～50	50～70	70～100	100～140
25			4BA-25	4BA-18A	4BA-18		4BA-12A	4BA-12	4BA-8A	4BA-8	4BA-6 4BA-6A	
30			4BA-25	6BA-18A	4BA-18	6BA-12A 6BA-8A	4BA-12 6BA-8A	4BA-8A	4BA-8	4BA-6A	4BA-6	
35			6BA-18A	6BA-18	6BA-12A	6BA-8B	4BA-12 6BA-8A	6BA-8	6Sh-9A	4BA-6A 6Sh-6A	4BA-6 6Sh-6	
40			6BA-18A	6BA-12A	6BA-8B	6BA-12	6BA-8A	6BA-8	6Sh-9A	6Sh-6A	6Sh-6	
45		8″混	6BA-18A	6BA-12A 6BA-18	6BA-8B 6BA-12	6BA-8A	6BA-8	6BA-8 6Sh-9A	6Sh-9	6Sh-6A	6Sh-6	
50	8″混	8″混	8″混	6BA-12A 6BA-18	6BA-8B 6BA-12	6BA-8A	6BA-8	6BA-8 6Sh-9A	6Sh-9	6Sh-9A	6Sh-6	
55	8″混	8″混	6BA-18	8BA-25A	6BA-12 8BA-18A	6BA-8A	8BA-12A 6BA-8	6Sh-9	6Sh-9 8Sh-13A	8Sh-9A	6Sh-6	
60	8″混	8″混	8BA-25A	8BA-18A 8BA-25	8BA-18	8BA-12A	8BA-12	8BA-12 6Sh-8	8Sh-13A 8Sh-13	8Sh-9A	8Sh-9	
65	8″混	8″混	8BA-25A	8BA-18A 8BA-25	8BA-18	8BA-12A		8Sh-13A	8Sh-13A 8Sh-13	8Sh-9A	8Sh-9	
70	8″混	8″混	8BA-25A	8BA-18A 8BA-25	8BA-18	BA-18A		8Sh-13A	8Sh-13	8Sh-9A	8Sh-9	
75	8″混		8BA-25A	8BA-25	8BA-18	8BA-12	8BA-12	8Sh-13A	8Sh-13	8Sh-9A	8Sh-9	
80	8″混		8BA-25A	8BA-18A	8BA-18	8BA-12A	8BA-12	8Sh-13A	8Sh-9A 8Sh-13	8Sh-9		
85		10″混	10″混	8BA-18A 8BA-25	8BA-18	8BA-12A	8BA-12	8Sh-13A	8Sh-9A	8Sh-9		
90		10″混	8BA-25	8BA-18 10Sh-19A	10Sh-19A	8BA-12	8BA-12	8Sh-13 10Sh-9A	8Sh-9A	8Sh-9		
95		10″混	10″混	8BA-18 10Sh-19A	10Sh-19	8BA-12 10Sh-13A	10Sh-13A	8Sh-13 10Sh-9A		8Sh-9 10Sh-6A		
100	10″混	10″混	10″混	8BA-18 10Sh-19A	10Sh-19	10Sh-13A	10Sh-13	10Sh-9 10Sh-9A		10Sh-6A 10Sh-6		
110	10″混			10Sh-19A	10Sh-19	10Sh-13A	10Sh-13	10Sh-9 10Sh-9A		10Sh-6A 10Sh-6		
130	10″混		10Sh-19A	10Sh-19	10Sh-13A	10Sh-13		10Sh-9 10Sh-9A	12Sh-9B	10Sh-6A 10Sh-6		
150			10Sh-19A	10Sh-19 12Sh-28A	12Sh-19A		10Sh-9A	10Sh-9A 12Sh-13A	12Sh-9B	10Sh-6A 10Sh-6	12Sh-6A 12Sh-6B9	
170				10Sh-19 12Sh-28	12Sh-19A	12Sh-19	10Sh-9A	10Sh-9 12Sh-13	12Sh-9B	10Sh-6 12Sh-9	12Sh-6 12Sh-3A 12Sh-6B	
200			12Sh-28A 12Sh-28	12Sh-28 12Sh-19A	12Sh-19A 12Sh-19	12Sh-19 12Sh-13A	12Sh-13A	12Sh-13 12Sh-9B	12Sh-9B 14Sh-13A	12Sh-9 12Sh-6B 14Sh-9B	12Sh-6 12Sh-6A 14Sh-6B	14Sh-6A
225	12″混	12″混						12Sh-13		12Sh-9 12Sh-6B	12Sh-6 12Sh-6A	14Sh-6

续表

流量 (L/s)	扬程 (m)											
	3～5	5～7	7～10	10～15	15～20	20～25	25～30	30～40	40～50	50～70	70～100	100～140
250			12Sh-28	12Sh-19A	12Sh-19		14Sh-19A 12Sh-13	12Sh-9B	14Sh-13A	14Sh-9A 14Sh-9B 12Sh-6B	14Sh-6B 12Sh-6 12Sh-6A	14Sh-6A 14Sh-6
275		12″混			14Sh-28	14Sh-19A		14Sh-19 14Sh-13A	14Sh-13 12Sh-9	14Sh-9A 14Sh-9B	14Sh-9 14Sh-6B	14Sh-6A 14Sh-6
300					14Sh-28	14Sh-19A	14Sh-19	14Sh-13A	14Sh-13	14Sh-9A 14Sh-9B	14Sh-9 14Sh-6B	14Sh-6A 14Sh-6

注：可套用相应新型号水泵。

施工机械用电参考定额　F-1-1-28

机械名称	型号	功率（kW）
蛙式夯土机	HW-20	1.5
	HW-60	2.8
振动夯土机	HZ-380A	4
振动沉桩机	北京 580 型	45
	北京 601 型	45
	广东 10t	28
	CH20	55
	DZ-4000 型（拔桩）	90
	CZ-8000 型（沉桩）	90
螺旋钻机	LZ 型长螺旋钻	30
	BZ-1 短螺旋钻	40
	ZK2250	22
螺旋式钻扩孔机	ZK120-1	13
冲击式钻机	YKC-20C	20
	YKC-22M	20
	YKC-30M	40
塔式起重机	红旗Ⅱ-16（整体拖运）	19.5
	QT40（TQ2-6）	48
	TQ60/80	55.5
	TQ90（自升式）	58
	QT100（自升式）	63.37
	法国 POTALN 厂产 H5-56B5P（225t·m）	150

续表

机械名称	型号	功率（kW）
塔式起重机	法国 POTAIN 厂产 H5-56B（235t・m）	137
	法国 POTAIN 厂产 TOPKITFO/25（132t・m）	60
	法国 B. P. R 厂产 GTA91-83（450t・m）	160
	德国 PEINE 厂产 SK280-055（307，314t・m）	150
	德国 PEINE 厂产 SK560-05（675t・m）	170
	德国 PEINER Crane 厂产 TN112（155t・m）	90
卷扬机	JJK0. 5	3
	JJK-0. 5B	2. 8
	JJK-1A	7
	JJK-5	40
	JJZ-1	7. 5
	JJ2K-1	7
	JJ2K-3	28
	JJ2K-5	40
	JJM-0. 5	3
	JJM-3	7. 5
	JJM-5	11
	JJM-10	22
自落式混凝土搅拌机	J_1-250（移动式）	5. 5
	J_2-250（移动式）	5. 5
	J_1-400（移动式）	7. 5
	J-400A（移动式）	7. 5
	J_1-800（固定式）	17
强制式混凝土搅拌机	J_4-375（移动式）	10
	J_4-1500（固定式）	55
混凝土搅拌站、楼	HZ-15	38. 5
混凝土输送泵	HB-15	32. 2
混凝土喷射机（回转式）	HPH6	7. 5
混凝土喷射机（罐式）	HPG4	3
插入式振动器	HZ_6X-30（行星式）	1. 1
	HZ_6X-35（行星式）	1. 1
	HZ_6X-50（行星式）	1. 1～1. 5
	HZ_6X-60（行星式）	1. 1
	HZ_6P-70A（偏心块式）	2. 2
平板式振动器	PZ-501	0. 5
	N-7	0. 4

续表

机械名称	型　　号	功率（kW）
附着式振动器	HZ_2-4	0.5
	HZ_2-5	1.1
	HZ_2-7	1.5
	HZ_2-10	1.0
	HZ_2-20	2.2
混凝土振动台	HZ_9-1×2	7.5
	HZ_9-1.5×6	30
	HZ_9-2.4×6.2	55
真空吸水机	HZJ-40	4
	HZJ-60	4
	改型泵Ⅰ号	5.5
	改型泵Ⅱ号	5.5
预应力拉伸机油泵	ZB_4/500 型	3
	58M_4 型卧式油缸	1.7
	LYB-44 型立式	2.2
	ZB10/500	10
钢筋调直机	GJ_4-14/4（TQ_4-14）	2×4.5
	GJ_8-8/4（TQ-8）	5.5
	北京人民机器厂	5.5
	数控钢筋调直切断机	2×2.2
钢筋切断机	GJ_5-40（QJ40）	7
	QJ_5-40-1（QJ40-1）	5.5
	GJ_{5r}-32（Q32-1）	3
钢筋弯曲机	GJ-45（WJ40-1）	2.8
	北京人民机器厂	2.21
	四头弯筋机	3
交流电焊机	BX_3-120-1	9①
	BX_3-300-2	23.4①
交流电焊机	BX_3-500-2	38.6①
	BX_2-1000（BC-1000）	76①
直流电焊机	AX_1-165（AB-165）	6
	AX_4-300-1（AG-300）	10
	AX-320（AT-320）	14
	AX_5-500	26
	AX_3-500（AG-500）	26

续表

机械名称	型　　号	功率（kW）
纸筋麻刀搅拌机	ZMB-10	3
灰浆泵	UB_3	4
挤压式灰浆泵	UBJ_2	2.2
灰气联合泵	UB-76-1	5.5
粉碎淋灰机	FL-16	4
单盘水磨石机	HM_4	2.2
双盘水磨石机	HM_4-1	3
侧式磨光机	CM_2-1	1
立面水磨石机	MQ-1	1.65
墙围水磨石机	YM200-1	0.55
地面磨光机	DM-60	0.4
套丝切管机	TQ-3	1
电动液压弯管机	WYQ	1.1
电动弹涂机	DT120A	8
液压升降台	YSF25-50	3
泥浆泵	红星-30	30
泥浆泵	红星-75	60
液压控制台	YKT-36	7.5
自动控制自动调平液压控制台	YZKT-56	11
静电触探车	ZTYY-2	10
混凝土沥青切割机	BC-D1	5.5
小型砌块成型机	G-1	6.7
载货电梯	JH5	7.5
建筑施工外用电梯	上海 76-Ⅱ（单）	11
木工电刨	MIB_2-80/1	0.7
木压刨板机	MB1043	3
木工圆锯	MJ104	3
木工圆锯	MJ106	5.5
木工圆锯	MJ114	3
脚踏截锯机	MJ217	7
单面木工压刨床	MB103	3
单面木工压刨床	MB103A	4
单面木工压刨床	MB106	7.5
单面木工压刨床	MB104A	4

续表

机械名称	型　　号	功率（kW）
双面木工刨床	MB206A	4
木工平刨床	MB503A	3
木工平刨床	MB504A	3
普通木工车床	MCD616B	3
单头直榫开榫机	MX2112	9.8
灰浆搅拌机	UJ325	3
灰浆搅拌机	UJ100	2.2

注：①为各持续率时功率的额定持续率（kV·A）。

室内照明用电参考定额　　**F-1-1-29**

用电场合	容量（W/m²）	用电场合	容量（W/m²）
混凝土及灰浆搅拌站	5	锅炉房	3
钢筋室内加工	10	仓库及棚仓库	2
钢筋室内加工	8	办公楼、试验室	6
木材加工锯木及细木作	5～7	浴室、盥洗室、厕所	3
木材加工模板	8	理发室	10
混凝土预制构件厂	6	宿舍	3
金属结构及机电修配	12	食堂或俱乐部	5
空气压缩机及泵房	7	诊疗所	6
卫生技术管道加工厂	8	托儿所	9
设备安装加工厂	8	学校	5
发电站及变电所	10	其他文化福利	6
汽车库或机车库	5		

室外照明参考用电量　　**F-1-1-30**

用电名称	容量（W/m²）	用电名称	容量（W/m²）
人工挖土工程	0.8	卸车场	1.0
机械挖土工程	1.0	设备堆放、砂石、木材、钢筋、半成品堆放	0.8
混凝土浇筑工程	1.0	车辆行人主要干道	2000W/km
砖石工程	1.2	车辆行人非主要干道	1000W/km
打桩工程	0.6	夜间运料（夜间不运料）	0.8（0.5）
安装及铆焊工程	2.0	警卫照明	1000W/km

常用电力变压器性能表

F-1-1-31

型号	额定容量 (kV·A)	额定电压 (kV)		损耗 (W)		总重 (kg)
		高压	低压	空载	短路	
SL7-30/10	30	6；6.3；10	0.4	150	800	317
SL7-50/10	50	6；6.3；10	0.4	190	1150	430
SL7-63/10	63	6；6.3；10	0.4	220	1400	525
SL7-80/10	80	6；6.3；10	0.4	270	1650	590
SL7-100/10	100	6；6.3；10	0.4	320	2000	685
SL7-125/10	125	6；6.3；10	0.4	370	2450	790
SL7-160/10	160	6；6.3；10	0.4	460	2850	945
SL7-200/10	200	6；6.3；10	0.4	540	3400	1070
SL7-250/10	250	6；6.3；10	0.4	640	4000	1235
SL7-315/10	315	6；6.3；10	0.4	760	4800	1470
SL7-400/10	400	6；6.3；10	0.4	920	5800	1790
SL7-500/10	500	6；6.3；10	0.4	1080	6900	2050
SL7-630/10	630	6；6.3；10	0.4	1300	8100	2760
SL7-50/35	50	35	0.4	265	1250	830
SL7-100/35	100	35	0.4	370	2250	1090
SL7-125/35	125	35	0.4	420	2650	1300
SL7-160/35	160	35	0.4	470	3150	1465
SL7-200/35	200	35	0.4	550	3700	1695
SL7-250/35	250	35	0.4	640	4400	1890
SL7-315/35	315	35	0.4	760	5300	2185
SL7-400/35	400	35	0.4	920	6400	2510
SL7-500/35	500	35	0.4	1080	7700	2810
SL7-630/35	630	35	0.4	1300	9200	3225
SZL7-200/10	200	10	0.4	540	3400	1260
SZL7-250/10	250	10	0.4	640	4000	1450
SZL7-315/10	315	10	0.4	760	4800	1695
SZL7-400/10	400	10	0.4	920	5800	1975
SZL7-500/10	500	10	0.4	1080	6900	2200
SZL7-630/10	630	10	0.4	1400	8500	3140
S6-10/10	10	11	0.4 0.433	60	270	245
S6-30/10	30	11	0.4	125	600	140
S6-50/10	50	11	0.433	175	870	540
S6-80/10	80	6～10	0.4	250	1240	685
S6-100/10	100	6～10	0.4	300	1470	740
S6-125/10	125	6～10	0.4	360	1720	855
S6-160/10	160	6～10	0.4	430	2100	990
S6-200/10	200	6～11	0.4	500	2500	1240
S6-250/10	250	6～10	0.4	600	2900	1330
S6-315/10	315	6～10	0.4	720	3400	1495
S6-400/10	400	6～10	0.4	870	4200	1750
S6-500/10	500	6～10.5	0.4	1030	4950	2330
S6-630/10	630	6～10	0.4	1250	5800	3080

按机械强度允许值确定的导线最小截面 F-1-1-32

导线用途		导线最小截面（mm^2）	
		铜线	铝线
照明装置用导线	户内用	0.5	2.5
	户外用	1.0	2.5
双芯软电线	用于吊灯	0.35	—
	用于移动式生产用电设备	0.5	—
多芯软电线及软电缆	用于移动式生产用电设备	1.0	—
绝缘导线	固定架设在户内绝缘支持件上，其间距为	1.0	2.5
	2m及以下	2.5	4
	6m及以下25m及以下	4	10
裸导线	户内用	2.5	4
	户外用	6	16
绝缘导线	穿在管内	1.0	2.5
	设在木槽板内	1.0	2.5
绝缘导线	户外沿墙敷设	2.5	4
	户外其他方式敷设	4	10

四、建筑机械台班产量

土方机械台班产量 F-1-1-33

序号	机械名称	型号	主要性能		理论生产率		常用台班产量	
					单位	数量	单位	数量
1	单斗挖掘机		斗容量（m^3）	反铲时最大挖深（m）				
	蟹斗式		0.2					80～120
	履带式	W-301	0.3	2.6（基坑），4（沟）	m^3/h	72	m^3	150～250
	轮胎式	W_3-30	0.3	4	m^3/h	63		200～300
	履带式	W_1-50	0.5	5.56	m^3/h	120		250～350
	履带式	W_1-60	0.6	5.2	m^3/h	120		300～400
	履带式	W_2-100	1	5.0	m^3/h	240		400～600
	履带式	W_1-100	1	6.5	m^3/h	180		350～550
2	多斗挖掘机	东方红200		挖沟上宽1.2m，下宽0.8m，深2m	m^3/h	376		
3	拖式铲运机		斗容量	铲土宽（m） 铲土深（cm） 铺土厚（cm）				运距200～300m时
		2.25	2.25	1.86 15 20		22～28（运距100m）	m^3	80～120
		C6-2.5	2.5	1.9 15 20	m^3/h		m^3	100～150
		C_5-6	6	2.6 15 38	m^3/h		m^3	250～350
		6-8	6	2.6 30 38	m^3/h		m^3	300～400
		C_4-7	7	2.7 30 40	m^3/h		m^3	250～350

续表

序号	机械名称	型号	主要性能				理论生产率		常用台班产量	
							单位	数量	单位	数量
4	推土机		马力	铲刀宽（m）	铲刀高（cm）	切土深（cm）	（运距 50m）		（运距 15～25m）	
		T_1-54	54	2.28	78	15	m^3/h	28	m^3	150～250
		T_2-60	75	2.28	78	29	m^3/h		m^3	200～300
		东方红-75	75	2.28	78	26.8	m^3/h	60～65	m^3	250～400
		T_1-100	90	3.03	110	18	m^3/h	45	m^3	300～500
		移山 80	90	3.10	110	18	m^3/h	40～80	m^3	300～500
		移山 80（湿地）	90	3.69		96				
			可在水深 40～80cm 处推土							
		T_2-100	90	3.80	86	65	m^3/h	75～80	m^3	300～500
		T_2-120	120	3.76	100	30	m^3/h	80	m^3	400～600
5	夯土机		夯板面积（m^2）	夯击次数（次/min）	前进速度（m/min）					
	蛙式夯	HW-20	0.045	140～150	8～10		m^3/班	100		
	蛙式夯	HW-60	0.078	140～150	8～13		m^3/班	200		
	内燃夯	HN-80	0.042	60						
	内燃夯	HN-60	0.083				m^3/班	64		

钢筋混凝土机械台班产量 F-1-1-34

序号	机械名称	型号	主要性能	理论生产率		常用台班产量	
				单位	数量	单位	数量
1	混凝土搅拌机	J_1-250	装料容量 $0.25m^3$	m^3/h	3～5	m^3	15～25
		J_1-400	装料容量 $0.4m^3$	m^3/h	6～12	m^3	25～50
		J_4-375	装料容量 $0.375m^3$	m^3/h	12.5		
		J_4-1500	装料容量 $1.5m^3$	m^3/h	30		
2	混凝土搅拌机组	HL_1-20	$0.75m^3$ 双锥式搅拌机组	m^3/h	20		
		HL_1-90	$1.6m^3$ 双锥式搅拌机 3 台	m^3/h	72～90		
3	混凝土喷射机		最大骨料径（mm） 最大水平运距（m） 最大垂直运距（m）				
	混凝土输送泵	HP_1-4	25 200 40	m^3/h	4		
		HP_1-5	25 240	m^3/h	4～5		
		ZH05	50 250 40	m^3/h	6～8		
		HB8 型	40 200 30	m^3/h	8		
4	筛砂机	锥型旋转式	外形尺寸:6.5m×1.8m×2.8m	m^3/h	20		
		链斗式	外形尺寸:3.0m×1.0m×2.2m	m^3/h	6		
5	钢筋调直机	4-14	加工范围 $\phi4$～14			t	1.5～2.5
6	冷拔机		加工范围 $\phi5$～9			t	4～7
7	卷扬机式冷拉 3t	JJM-3	加工范围 $\phi6$～12			t	3～5
	卷扬机式冷拉 5t	JJM-5	加工范围 $\phi14$～32			t	2～4
8	钢筋切断机	GJ5-40	加工范围 $\phi6$～40			t	12～20
9	钢筋弯曲机	WJ40-1	加工范围 $\phi6$～40			t	4～8
10	点焊机	DN-75	焊件厚 8～10mm			网片	600～800
11	对焊机	UN_1-75	最大焊件截面 $600mm^2$	点/h	3000	根	60～80
	对焊机	UN_1-100	最大焊件截面 1000mm	次/h	75	根	30～40
12	电弧焊机		加工范围 $\phi8$～40	次/h	20～30	m	10～20

起重机械台班产量 F-1-1-35

<table>
<tr><th rowspan="2">序号</th><th rowspan="2">机械名称</th><th rowspan="2" colspan="2">工作内容</th><th colspan="2">常用台班产量</th></tr>
<tr><th>单位</th><th>数 量</th></tr>
<tr><td>1</td><td>履带式起重机</td><td colspan="2">构件综合吊装，按每吨起重能力计</td><td>t</td><td>5～10</td></tr>
<tr><td>2</td><td>轮胎式起重机</td><td colspan="2">构件综合吊装，按每吨起重能力计</td><td>t</td><td>7～14</td></tr>
<tr><td>3</td><td>汽车式起重机</td><td colspan="2">构件综合吊装，按每吨起重能力计</td><td>t</td><td>8～18</td></tr>
<tr><td>4</td><td>塔式起重机</td><td colspan="2">构件综合吊装</td><td>吊次</td><td>80～120</td></tr>
<tr><td>5</td><td>少先式起重机</td><td colspan="2">构件吊装</td><td>t</td><td>15～20</td></tr>
<tr><td>6</td><td>平台式起重机</td><td colspan="2">构件提升</td><td>t</td><td>15～20</td></tr>
<tr><td rowspan="2">7</td><td rowspan="2">卷扬机</td><td colspan="2">构件提升，按每吨牵引力计</td><td>t</td><td>30～50</td></tr>
<tr><td colspan="2">构件提升，按提升次数计（四、五层楼）</td><td>次</td><td>60～100</td></tr>
<tr><td rowspan="26">8</td><td rowspan="26">履带式、轮胎式或塔式起重机</td><td colspan="2">钢柱安装，柱重 2～10t</td><td>根</td><td>25～35</td></tr>
<tr><td colspan="2">钢柱安装，柱重 11～20t</td><td>根</td><td>8～20</td></tr>
<tr><td colspan="2">钢柱安装，柱重 21～30t</td><td>根</td><td>3～8</td></tr>
<tr><td colspan="2">钢屋架安装于钢柱上，9～18m 跨</td><td>榀</td><td>10～15</td></tr>
<tr><td colspan="2">钢屋架安装于钢柱上，24～36m 跨</td><td>榀</td><td>6～10</td></tr>
<tr><td colspan="2">钢屋架安装于钢筋混凝土柱上
9～18m 跨</td><td>榀</td><td>15～20</td></tr>
<tr><td colspan="2">24～36m 跨</td><td>榀</td><td>10～15</td></tr>
<tr><td colspan="2">钢吊车梁安装于钢柱上
梁重 6t 以下</td><td>根</td><td>20～30</td></tr>
<tr><td colspan="2">梁重 8～15t</td><td>根</td><td>10～18</td></tr>
<tr><td colspan="2">钢吊车梁安装于钢筋混凝土柱上
梁重 6t 以下</td><td>根</td><td>25～35</td></tr>
<tr><td colspan="2">梁重 8～15t</td><td>根</td><td>12～25</td></tr>
<tr><td colspan="2">钢筋混凝土柱安装</td><td></td><td></td></tr>
<tr><td rowspan="3">单层厂房</td><td>柱重 10t 以下</td><td>根</td><td>18～24</td></tr>
<tr><td>柱重 11～20t</td><td>根</td><td>10～16</td></tr>
<tr><td>柱重 21～30t</td><td>根</td><td>4～8</td></tr>
<tr><td>多层厂房</td><td>柱重 2～6t</td><td>根</td><td>10～16</td></tr>
<tr><td colspan="2">钢筋混凝土屋架安装
12～18m 跨</td><td>榀</td><td>10～16</td></tr>
<tr><td colspan="2">24～30m 跨</td><td>榀</td><td>6～10</td></tr>
<tr><td colspan="2">钢筋混凝土基础梁安装，梁重 6t 以下</td><td>根</td><td>60～80</td></tr>
<tr><td colspan="2">钢筋混凝土吊车梁、连系梁、过梁安装</td><td></td><td></td></tr>
<tr><td colspan="2">梁重 4t 以下</td><td>根</td><td>40～50</td></tr>
<tr><td colspan="2">梁重 4～8t</td><td>根</td><td>30～40</td></tr>
<tr><td colspan="2">梁重 8t 以上</td><td>根</td><td>20～30</td></tr>
<tr><td colspan="2">钢筋混凝土托架安装</td><td></td><td></td></tr>
<tr><td colspan="2">托架重 9t 以下</td><td>榀</td><td>20～26</td></tr>
<tr><td colspan="2">托架重 9t 以上</td><td>榀</td><td>14～18</td></tr>
</table>

续表

序号	机械名称	工作内容			常用台班产量	
					单位	数量
8	履带式、轮胎式或塔式起重机	大型屋面板安装 板重1.5t以下			块	90～120
		板重1.5t以上			块	60～90
		钢筋混凝土檩条安装 2根一吊			根	70～100
		1根一吊			根	40～60
		钢筋混凝土楼板安装				
			2～3层	板重1.5t以下	块	110～170
				板重1.5t以上	块	70～100
			4～6层	板重1.5t以下	块	100～150
				板重1.5t以上	块	50～90
		钢筋混凝土楼梯段安装 每段重3t以下			段	18～24
		每段重3t以上			段	10～16

五、施工平面图布置参考数据

简易公路技术要求 F-1-1-36

指标名称	单位	技术标准
设计车速	km/h	≤20
路基宽度	m	双车道6～6.5；单车道4.4～5；困难地段3.5
路面宽度	m	双车道5～5.5；单车道3～3.5
平面曲线最小半径	m	平原、丘陵地区20；山区15；回头弯道12
最大纵坡	%	平原地区6；丘陵地区8；山区9
纵坡最短长度	m	平原地区100；山区50
桥面宽度	m	木桥4～4.5
桥涵载重等级	t	木桥涵7.8～10.4（汽－6～汽－8）

各类车辆要求的路面最小曲线半径 F-1-1-37

车辆类型		路面内侧最小曲线半径（m）			备注
		无拖车	有一辆拖车	有两辆拖车	
小客车，三轮汽车		6	—	—	
一般二轴载重汽车	单车道	9	12	15	
	双车道	7	—	—	
三轴载重汽车、重型载重汽车、公共汽车		12	15	18	
超重型载重汽车		15	18	21	

临时房屋和爆破点的安全距离 F-1-1-38

序 号	爆 破 方 法	安 全 距 离 （m）
1	裸露药包法	1不小于400
2	炮眼法	不小于200
3	药壶法	不小于200
4	深眼法（包括深眼药壶法）	按设计定，但任何情况下不小于200
5	峒室药包法	按设计定，但任何情况下不小于200

炸药库与邻近建筑的安全距离 F-1-1-39

序号	邻 近 对 象	单位	如下炸药量（kg）时的安全距离（m）					
			250	500	2000	8000	16000	32000
1	有爆炸危险的工厂	m	200	250	300	400	500	600
2	一般生产、生活用房	m	200	250	300	400	450	500
3	铁路	m	50	100	150	200	250	300
4	公路	m	40	60	80	100	120	150

道路与建筑物的最小间距 F-1-1-40

<table>
<tr><th>序号</th><th>道路与建、构筑物等的关系</th><th>最小间距（m）</th><th>序号</th><th colspan="2">道路与建、构筑物等的关系</th><th>最小间距（m）</th></tr>
<tr><td rowspan="3">1</td><td>距建（构）筑物外墙
（1）靠路无出入口</td><td>1.5</td><td rowspan="3">4</td><td colspan="2">距围墙
（1）在有汽车出入口附近</td><td>6</td></tr>
<tr><td>（2）靠路有人力车、电瓶车出入口</td><td>3</td><td rowspan="2">（2）在无汽车出入口附近</td><td>有电线杆时</td><td>2</td></tr>
<tr><td>（3）靠路有汽车出入口</td><td>8</td><td>无电线杆时</td><td>1.5</td></tr>
<tr><td>2</td><td>距标准轨铁路中心线</td><td>3.75</td><td rowspan="2">5</td><td colspan="2">距树木（1）乔木</td><td>0.75～1.0</td></tr>
<tr><td>3</td><td>距窄轨铁路中心线</td><td>3.00</td><td colspan="2">（2）灌木</td><td>0.5</td></tr>
</table>

六、工程施工常用数据

（一）土方工程

深度在5m以内的基坑（槽）、管沟边坡的最陡坡度 F-1-1-41

（不加支撑）

土 的 类 别	边坡坡度（高：宽）		
	坡顶无荷载	坡顶有静荷	坡顶有动荷
中密的砂土	1：1.00	1：1.25	1：0.50
中密的碎石类土（充填砂土）	1：0.75	1：1.00	1：1.25
硬塑的轻亚黏土	1：0.67	1：0.75	1：1.00
中密的碎石类土（充填黏性土）	1：0.50	1：0.67	1：0.75
硬塑的亚黏土、黏土	1：0.33	1：0.50	1：0.67
老黄土	1：0.10	1：0.25	1：0.33
软土（经井点降水后）	1：1.00	—	—

注：1. 静载指堆土或材料等，动载指机械挖土或运输作业等。

2. 静载或动载距挖方边缘的距离应大于0.8m，静载填置高度不宜超过1.5m。

3. 有成熟施工经验时，可不受本表限制。

填土的压实系数λ_c（密实度） F-1-1-42

结构类型	填土部位	压实系数λ_c
砌体承重结构和框架结构	在地基主要持力层范围内	>0.96
	在地基主要持力层范围以下	0.93～0.96
简支结构和排架结构	在地基主要持力层范围内	0.94～0.97
	在地基主要持力层范围以下	0.91～0.93
一般工程	基础四周或两侧一般回填土	0.90
	室内地坪、管道地沟回填土	0.90
	一般堆放物件场地回填土	0.85

注：压实系数λ_c为土的控制干密度ρ_d与最大干密度ρ_{dmax}的比值。控制含水量为$W_{op}\pm2$。

土的最优含水率和最大干密度 F-1-1-43

项次	土的种类	变动范围	
		最优含水量（%，重量比）	最大干密度（g/cm³）
1	砂土	8～12	1.80～1.38
2	黏土	19～23	1.58～1.70
3	粉质黏土	12～15	1.85～1.95
4	粉土	16～22	1.61～1.80

填方每层的铺土厚度和压实遍数 F-1-1-44

压实机具	每层铺土厚度（mm）	每层压实遍数（遍）
平碾	200～300	6～8
羊足碾	200～350	8～16
蛙式打夯机	200～250	3～4
推土机	200～300	6～8
拖拉机	200～300	8～16
人工打夯	<200	3～4

注：人工打夯，土的粒径不应大于5cm。

基坑（槽）排水沟常用截面 F-1-1-45

图示	基坑面积（m²）	截面符号	粉质黏土			黏土		
			地下水位以下深度（m）					
			4	4～8	8～12	4	4～8	8～12
a b c	<5000	a	0.5	0.7	0.9	0.4	0.5	0.6
		b	0.5	0.7	0.9	0.4	0.5	0.6
		c	0.3	0.3	0.3	0.2	0.3	0.3
	5000～10000	a	0.8	1.0	1.2	0.5	0.7	0.9
		b	0.8	1.0	1.2	0.5	0.7	0.9
		c	0.3	0.4	0.4	0.3	0.3	0.3
	>10000	a	1.0	1.2	1.5	0.6	0.8	1.0
		b	1.0	1.5	1.5	0.6	0.8	1.0
		c	0.4	0.4	0.5	0.3	0.3	0.4

国产振动沉桩机技术性能　　**F-1-1-46**

	北京 580型	北京 601型	广东7t型	广东 10t型	通化 601型	成都 C—2型	中—160型
振动力（kN）	175	250	75	112	235	80	1030～1600
偏心力矩（N·m）	302	370	76.4	114.5	347	70	3520
振动频率（1/min）	720	720	939	931	720	730	404～1010
振幅（mm）	12.2	14.8	5.7	5.7	14	13	
电动机：功率（kW）	45	45	20	28	50	22	155
转速（r/min）	960	960	980	1460	860	1470	735
振动箱规格							
（mm）：长	1010	1010	1180	1095	1010	1460	1630
宽	875	875	840	744	875	781	1200
高	1650	1650	1400	1157	1650	2364	3100
振动锤重（t）	2.5	2.5	1.5	2.0	2.5	1.5	11.4
桩架高度（m）	17.5	17.5	24	24	13	13.6	

注：中-160型可并联下沉大型管桩。

导杆式柴油打桩机技术性能　　**F-1-1-47**

项　目		桩　锤　型　号		
		D_1-600	D_1-1200	D_1-1800
锤击部分重量（kg）		600	1200	1800
锤击部分最大行程（mm）		1870	1800	2100
锤击次数（次/min）		50～70	55～60	45～50
最大锤击能量（kN·m）		11.2	21.8	37.3
气缸直径（mm）		200	250	290
耗油量（L/h）		3.1	5.5	6.9
燃油箱容量（L）		11	11.5	22
桩的最大长度（m）		8	9	12
桩的最大直径（mm）		300	350	400
卷扬机	起重能力（kN）	15	15	30
	电机型号	JZ21～65	JZ21～6	JZ22～6
	电机功率（kW）		5	7.5
	电机转速（r/min）	915	915	920
外形尺寸：长（m）×宽（m）×高（m）		4.34×3.90×11.40	5.4×4.2×12.45	7.5×5.6×17.5
全机总重（t）		0.7	7.5	13.9

（二）脚手架工程

多立杆式外脚手架构造要求（m）　　**F-1-1-48**

项　目：名　称	砌筑脚手架		装修脚手架	
	单　排	双　排	单　排	双　排
双排脚手架里立杆离墙面的距离	—	0.35～0.50	—	0.35～0.50
小横杆里端离墙面的距离或插入墙体的长度	0.30～0.50	0.10～0.15	030～0.50	0.15～0.20
小横杆外端伸出大横杆外的长度	＞0.15			
双排脚手架内外立杆横距单排脚手架立杆与墙面距离	1.35～1.80	1.00～1.50	1.15～1.50	0.8～1.20

续表

<table>
<tr><td colspan="2" rowspan="2">项 目:名 称</td><td colspan="2">砌筑脚手架</td><td colspan="2">装修脚手架</td></tr>
<tr><td>单 排</td><td>双 排</td><td>单 排</td><td>双 排</td></tr>
<tr><td rowspan="2">立杆纵距</td><td>单立杆</td><td colspan="4">1.00~2.00</td></tr>
<tr><td>双立杆</td><td colspan="4">1.50~2.00</td></tr>
<tr><td colspan="2">大横杆间距(步高)</td><td colspan="2">≤1.50</td><td colspan="2">≤1.80</td></tr>
<tr><td colspan="2">第一步架步高</td><td colspan="4">一般为1.60~1.80,且≤2.00</td></tr>
<tr><td colspan="2">小横杆间距</td><td colspan="2">≤1.00</td><td colspan="2">≤1.50</td></tr>
<tr><td colspan="2">15~18m高度段内铺板层和作业层的限制</td><td colspan="4">铺板不多于6层,作业不超过两层</td></tr>
<tr><td colspan="2">不铺板时,小横杆的部分拆除</td><td colspan="4">每步保留,相间抽拆,上下两步错开,抽拆后的距离:砌筑架子≤1.50,装修架子≤3.00</td></tr>
<tr><td colspan="2">剪刀撑</td><td colspan="4">沿脚手架纵向两端和转角处起,每隔10m左右设一组,斜杆与地面夹角为45°~60°,并沿全高度布置</td></tr>
<tr><td colspan="2">与结构拉结(联墙杆)</td><td colspan="4">每层设置,垂直距离≤4.0水平距离≤6.0,且在高度段的分界面上必须设置</td></tr>
<tr><td colspan="2">水平斜拉杆</td><td colspan="2">设置在与联墙杆相同的水平面上</td><td colspan="2">视需要</td></tr>
<tr><td colspan="2">护身栏杆和挡脚板</td><td colspan="4">设置在作业层,栏杆高1.00;挡脚板高0.40</td></tr>
<tr><td colspan="2">杆件对接或搭接位置</td><td colspan="4">上下或左右错开,设置在不同的(步架和纵向)网格内</td></tr>
</table>

竹木脚手架构造参数(m) **F-1-1-49**

<table>
<tr><td rowspan="2">用途</td><td rowspan="2" colspan="2">脚手架构造形式</td><td rowspan="2">里立杆离墙面的距离</td><td colspan="2">立杆间距</td><td rowspan="2">操作层小横杆间距</td><td rowspan="2">大横杆步距</td><td rowspan="2">小横杆挑向墙面的悬臂</td></tr>
<tr><td>横向</td><td>纵向</td></tr>
<tr><td rowspan="3">砌筑</td><td rowspan="2">木脚手架</td><td>单排</td><td>—</td><td>1.2~1.5</td><td>1.5~1.8</td><td>≤1.0</td><td>1.2~1.4</td><td>—</td></tr>
<tr><td>双排</td><td>0.5</td><td>1.0~1.5</td><td>1.5~1.8</td><td>≤1.0</td><td>1.2~1.4</td><td>0.4~0.45</td></tr>
<tr><td>竹脚手架</td><td>双排</td><td>0.5</td><td>1.0~1.3</td><td>1.3~1.5</td><td>≤0.75</td><td>1.2</td><td>0.4~0.45</td></tr>
<tr><td rowspan="3">装修</td><td rowspan="2">木脚手架</td><td>单排</td><td>—</td><td>1.2~1.5</td><td>2.0</td><td>1.0</td><td>1.6~1.8</td><td>—</td></tr>
<tr><td>双排</td><td>0.5</td><td>1.0~1.5</td><td>2.0</td><td>1.0</td><td>1.6~1.8</td><td>0.35~0.45</td></tr>
<tr><td>竹脚手架</td><td>双排</td><td>0.5</td><td>1.0~1.3</td><td>1.8</td><td>≤1.0</td><td>1.6~1.8</td><td>0.35~0.45</td></tr>
</table>

注:1. 大横杆的最下一步均可放大到1.8m。
2. 单排脚手架立杆横向间距即指立杆离墙面的距离。

单立杆扣件式钢管脚手架搭设高度 **F-1-1-50**

<table>
<tr><td rowspan="2">铺脚手板层数</td><td colspan="2">作业层数,荷载为</td><td rowspan="2">h (m)</td><td rowspan="2">a (m)</td><td rowspan="2">类别</td><td colspan="5">H_{max}当b为(m)</td></tr>
<tr><td>轴 心</td><td>偏 心</td><td>0.8</td><td>1.0</td><td>1.2</td><td>1.4</td><td>1.6</td></tr>
<tr><td rowspan="8">2</td><td rowspan="8">0</td><td rowspan="8">1</td><td rowspan="4">1.6</td><td rowspan="2">1.6</td><td>砌筑</td><td>76</td><td>72</td><td>68</td><td>63</td><td>58</td></tr>
<tr><td>装修</td><td>79</td><td>76</td><td>71</td><td>67</td><td>63</td></tr>
<tr><td rowspan="2">2.0</td><td>砌筑</td><td>69</td><td>64</td><td>58</td><td>—</td><td>—</td></tr>
<tr><td>装修</td><td>71</td><td>67</td><td>52</td><td>57</td><td>—</td></tr>
<tr><td rowspan="4">1.8</td><td rowspan="2">1.6</td><td>砌筑</td><td>80</td><td>76</td><td>71</td><td>66</td><td>61</td></tr>
<tr><td>装修</td><td>82</td><td>78</td><td>74</td><td>70</td><td>66</td></tr>
<tr><td rowspan="2">2.0</td><td>砌筑</td><td>71</td><td>66</td><td>61</td><td>—</td><td>—</td></tr>
<tr><td>装修</td><td>74</td><td>70</td><td>65</td><td>60</td><td>—</td></tr>
</table>

续表

铺脚手板层数	作业层数，荷载为		h (m)	a (m)	类别	H_{max}当 b 为（m）				
	轴心	偏心				0.8	1.0	1.2	1.4	1.6
4	0 (2)	2 (0)	1.6	1.6	砌筑	60 (74)	51 (70)	43 (66)	34 (62)	25 (58)
					装修	65 (79)	57 (74)	50 (69)	42 (65)	34 (61)

单立杆扣件式钢管脚手架的材料用量 F-1-1-51

步距 h (m)	类别	每 m^2 脚手架的钢管用量（kg），当立杆纵距 a 为（m）					扣件（个/m^2）
		1.2	1.4	1.6	1.8	2.00	
1.2	单排	14.40	13.37	12.64	12.01	11.51	2.09
	双排	20.80	18.74	17.28	16.02	15.02	4.17
1.4	单排	12.31	11.38	10.64	10.11	9.65	1.79
	双排	18.74	16.87	15.39	14.34	13.41	3.57
1.6	单排	10.85	10.00	9.34	8.83	8.37	1.57
	双排	17.20	15.49	14.18	13.16	12.24	3.13
1.8	单排	9.78	8.93	8.35	7.84	7.44	1.25
	双排	16.00	14.30	13.14	12.12	11.31	2.50

注：以上用量为立杆、大横杆和小横杆用量、剪刀撑、斜拉杆、栏杆等另计。

脚手板用量参考表 F-1-1-52

立杆横距 b (m)	每 100m 长作业面的脚手板用量（块），当 a 为（m）：（脚手板长 4.0m，宽 0.2～0.25m）				
	1.2	1.4	1.6	1.8	2.0
0.8	84	87	93	84	87
1.0	112	116	124	112	116
1.2	112	116	124	112	116
1.4	140	145	155	140	145
1.6	168	174	186	168	174

（三）混凝土工程

组合钢模板规格（mm） F-1-1-53

名称		宽度	长度	肋高
平面模板		300、250、200、150、100	1500、1200、900、750、600、450	55
阴角模板		150×150、100×150		
阳角模板		100×100、50×50		
连接角模		50×50		
倒棱模板	角棱模板	17、45		
	圆棱模板	R20、R35		55
梁腋模板		50×150、50×100		
柔性模板		100		
搭接模板		75		
双曲可调模板		300、200	1500、900、600	
变角可调模板		200、160		
嵌补模板	平面嵌板	200、150、100	300、200、150	
	阴角嵌板	150×150、100×150		
	阳角嵌板	100×100、50×50		
	连接角模	50×50		

连接件规格 F-1-1-54

名称		规格 (mm)
U形卡		ϕ12
L形插销		ϕ12、l=345
钩头螺栓		ϕ12、l=205、180
紧固螺栓		ϕ12、l=180
对拉螺栓		M12、M14、M16
扣件	3形扣件	26型、12型
	碟形扣件	26型、18型

支承件规格 F-1-1-55

名称		规格 (mm)
钢楞	圆钢管型	ϕ48×3.5
	矩形钢管型	□80×40×2.0，□100×50×3.0
	轻型槽钢型	[80×40×3.0，[100×50×3.0
	内卷边槽钢型	80×40×15×3.0，100×50×20×3.0
	轧制槽钢型	[80×43×5.0
柱箍	角钢型	L75×50×5
	槽钢型	[80×43×5，[100×48×5.3
	圆钢管型	ϕ48×3.5
钢支柱	C-18型	l=1812～3112
	C-22型	l=2212～3512
	C-27型	l=2712～4012
四管支柱	GH-125型	l=1250
	GH-150型	l=1500
	GH-175型	l=1750
	GH-200型	l=2000
	GH-300型	l=3000
平面可调桁架		330×1990
曲面可变桁架		247×2000
		247×3000
		247×4000
		247×5000
钢管支架		ϕ48×3.5，l=2000～6000
梁卡具	YJ型	断面小于600×500
	圆钢管型	断面小于700×500
门式支架		宽度b=1200，900

滑模装置各种构件的允许偏差　F-1-1-56

名　称	内　容		允许偏差（mm）
钢模板	表面平整度		1
	长　度		2
	宽　度		−2
	侧面平直度		2
	连接孔位置		0.5
围圈	长度		−5
	弯曲	长度≤3m	2
		长度＞3m	4
	连接孔位置		0.5
提升架	高度		3
	宽度		3
	围圈支托位置		2
	连接孔位置		0.5
支承杆	弯曲		小于 $2L/1000$
	直径		−0.5
	丝扣接头中心		0.25

注：L 为支承杆加工长度。

滑升模板组装允许偏差　F-1-1-57

项　目		允许偏差（mm）	备　注
模板中心线与相应位置结构中心线的偏移		3	尺检
提升架横梁水平度	平面内	2	尺检
	平面外	1	
提升架立柱垂直度	平面内	3	2m 靠尺检查
	平面外	2	
模板位置	上口	−1	尺检
	下口	+2	
千斤顶安装位置		5	尺检
相邻模板板面平整		2	尺检
操作平台水平度		20	尺检
圆模直径及方模边长偏差		5	尺检
围圈位置偏差	水平方向	3	尺检
	垂直方向	3	

1.3 施工组织设计（施工方案）实施小结

基本要求

（1）施工组织设计的实施过程中应按分部工程（如基础、主体分部等）、新工艺、新材料实施情况进行小结，内容包括工程进度、工程质量、材料消耗、机械使用及成本费用等，将施工组织设计与实际执行结合起来，为发现问题及分析原因提供依据。

（2）当发现施工组织设计不能有效地指导施工或某项工艺发生变化时，应及时对施工组织设计的有关部分逐项进行调整，拟定改进措施方案，变更方案由原编制单位编制，报原审批人签认后方可生效。

1.4 材料（设备）进场验收记录（通用）

1. 资料表式

材料（设备）进场验收记录（通用）

<table>
<tr><td>收货日期</td><td>材料（设备）名称</td><td>单位</td><td>数量</td><td>送货单
编 号</td><td>供货单位名称</td></tr>
<tr><td>年 月 日</td><td></td><td></td><td></td><td></td><td></td></tr>
<tr><td>材 料
（设备）
数量及
质 量
情 况</td><td colspan="5">1. 不同品种的各自应送产品数量；
2. 不同品种的各自实收产品数量；
3. 实收质量状况。</td></tr>
<tr><td>有效
地点
及
保管
状况</td><td colspan="5">1. 露天或仓库；
2. 能否正常保管。</td></tr>
<tr><td>备
注</td><td colspan="5">1. 运输单位名称；
2. 送货人名称；
3. 其他。</td></tr>
<tr><td colspan="6">施工单位材料员： 供货单位人员： 专职质检员： 专业技术负责人：</td></tr>
</table>

注：1. 每品种、批次填表一次。
2. 进场验收记录为管理资料，不作为归存资料。

2. 实施要点

（1）材料、构配件进场后，应由施工单位会同建设（监理）单位共同对进场物资进行检查验收，填写《材料（设备）进场验收记录》。

（2）主要检验内容包括：

①物资出厂质量证明文件及检验（测）报告是否齐全。

②实际进场物资数量、规格和品种等与计划的符合性，是否满足设计和施工计划要求。

③物资外观质量是否满足设计要求或规范规定。

④按规定需进行抽检的材料、构配件是否及时抽检，检验结果和结论是否齐全。

(3) 按规定应进场复试的工程物资，必须在进场检查验收合格后取样复试。

(4) 钢材质量进场检查举例说明

1) 外观质量：①进场钢（材）筋必须对其断面进行检查。不论直条钢筋还是盘条供货，断面尺寸检查均应先后对两端钢筋断面进行检查，检查结果不应超过允许偏差值；②带肋钢筋表面不得有裂纹、结疤和折叠。钢筋表面允许有凸块，但不得超过横肋的高度，钢筋表面上其他缺陷的深度和高度不得大于所在部位尺寸的允许偏差；③盘条表面不得有裂纹、折叠、结疤、耳子、分层及夹杂，允许有压痕及局部的凸块、凹坑、划痕、麻面，但其深度或高度（从实际尺寸算起）不得大于0.20mm。盘条表面氧化铁皮重量不得大于16kg/t，如工艺有保证，可不做检查。

2) 尺寸检查：①带肋钢筋内径的测量精确到0.1mm；②带肋钢筋肋高的测量可采用测量同一截面两侧肋高平均值的方法，即测取钢筋的最大外径，减去该处内径，所得数值的一半为该处肋高，精确到0.05mm；③带肋钢筋横肋间距可采用测量平均肋距的方法进行测量。即测取钢筋一面上第1个与第11个横肋的中心距离，该数值除以10即为横肋间距，精确到0.1mm。

1.5 技 术 交 底

1. 资料表式

技术交底记录　　　　**表 C4-5**

工程名称		交底部位	
工程编号		日　　期	
交底内容			
技术负责人：	交底人：	接交人：	

2. 资料要求

(1) 按设计图纸要求，严格执行施工质量验收规范要求。

(2) 结合本工程的实际情况及特点，提出切实可行的工艺、施工方法等，交底清楚、明确。

(3) 签章齐全，责任制明确。没有各级相关人员签章为无效。

(4) 技术交底书符合要求，及时交底为正确。

(5) 技术交底资料内容基本齐全、及时交底为基本正确。没有技术交底资料或后补为不正确。

3. 实施要点

(1) 综合说明

1) 技术交底是施工企业技术管理的一项重要环节和制度，是把设计要求、施工措施贯彻到基层以至工人的有效办法。施工技术交底又是保证工程施工符合设计要求和规范、质量标准和操作工艺标准规定，用以具体指导施工活动的操作性技术文件。

有关技术人员应认真审阅、熟悉施工图纸，在图纸会审中 解决存在的问题，全面明确设计意图后进行技术交底。由项目技术负责人审批签发、专业工长（施工员）或专业技术人员在分项工程施工前向施工班组进行的施工工艺交底。

建筑安装工程、土木工程中的分项工程，项目实施全过程活动，包括工程项目的关键过程和特殊过程以及容易发生质量通病的部位，均应进行施工技术交底。

2) 施工技术交底应针对工程的特点，运用现代建筑施工管理原理，积极推广行之有效的科技成果，提高劳动生产率，保证工程质量、安全生产，保护环境、文明施工。

技术交底尚应根据工程性质、类别和技术复杂程度分级进行，要结合本单位的实际技术状况采用不同的方法进行。

交底时应注意关键项目、重点部位、新技术、新材料项目，要结合操作要求、技术规定及注意事项细致、反复交待清楚，以真正了解设计、施工意图为原则。交底的方法宜采用书面交底，也可采用会议交底，样板交底和岗位交底，要交任务、交操作规程、交施工方法、交质量安全、交定额；定人、定时、定质、定量、定责任，做到任务明确、质量到人。

施工单位从进场开始交底，包括临建现场布置，水电临时线路敷设及各分项、分部工程。

3) 技术交底编制应严格执行工程建设程序，坚持合理的施工程序、施工顺序和施工工艺，符合设计要求，满足材料、机具、人员等资源和施工条件要求，并贯彻执行施工组织设计、施工方案和企业技术部门的有关规定和要求，严格按照企业技术标准、施工组织设计和施工方案确定的原则和方法编写，并针对班组施工操作进行细化，且应具有很强有可操性。

4) 技术交底应力求做到：主要项目齐全，内容具体明确、符合规范，重点突出，表述准确，取值有据，必要时辅以图示。对工程施工能起到指导作用，具有针对性、指导性和可操作性。技术交底中不应有“未尽事宜参照×××××（规范）执行”等类似内容。

5) 施工技术交底由项目技术负责人组织，专业工长和/或专业技术负责人具体编写，经项目技术负责人审批后，由专业工长和（或）专业技术负责人向施工班组长和全体施工作业人员交底。

重点工程、大型工程、技术复杂的工程，应由企业技术负责人组织有关科室、项目经理部有关施工部门进行交底，然后再对相关人员逐级进行技术交底。

6) 技术交底应根据实际需要分阶段进行。当发生施工人员、环境、季节、工期的变化或技术方案的改变时应重新交底。

7) 施工技术交底应在项目施工前进行。

(2) 施工技术交底的编制依据

1) 应依据国家、行业、地方标准、规范、规程、当地主管部门的有关规定以及企业按照国标、行标制定的企业技术标准及质量管理体系文件。

2）工程施工图纸、标准图集、图纸会审记录、设计变更及工作联系单等技术文件。

3）施工组织设计、施工方案对本分项工程、特殊工程等的技术、质量和其他要求。

4）其他有关文件：工程所在地建设主管部门（含工程质量监督站）有关工程管理、技术推广、质量管理及治理质量通病等方面的文件；本局和公司发布的年度工程技术质量管理工作要点、工程检查通报等文件。特别应注意落实其中提出的预防和治理质量通病、解决施工问题的技术措施等。

（3）技术交底的类别

1）图纸交底

图纸交底包括工程的设计要求、地基基础、主体结构和建筑上的特点、构造做法与要求、抗震处理、设计图纸的轴线、标高、尺寸、预留孔洞、预埋件等具体细节，以及砂浆、混凝土、砖等材料和强度要求、使用功能等，做到掌握设计关键，认真按图施工。

暖卫安装分项工程技术交底内容包括：施工前的准备；施工工艺要求；质量验收标准；成品保护要求；注意可能出现的问题。

电气安装分项工程技术交底内容包括：施工准备；操作工艺；质量标准；成品保护；应注意的质量问题。

通风空调分项工程技术交底内容包括：通风空调系统的技术要求；图纸关键部位尺寸、轴线、标高、预留孔和支架、预埋件的位置、规格及尺寸；使用的特殊材料品种、规格等涉及质量要求；施工方法、施工顺序、工种之间与土建之间交叉配合施工注意要点；工程质量和安全操作要求；通风空调设备的吊装、部件装配及试车的注意事项；季节性施工措施；已审批的设计变更情况。

2）施工组织设计交底

要将施工组织设计的全部内容向施工人员交待。主要包括：工程特点、施工部署、施工方法、操作规程、施工顺序及进度、任务划分、劳动力安排、平面布置、工序搭接、施工工期、各项管理措施等。

3）设计变更和洽商交底

将设计变更的结果向施工人员和管理人员做统一说明，便于统一口径，避免差错。

4）分项工程技术交底

是各级技术交底的关键，应在各分项工程开始之前进行。主要包括：施工准备、操作工艺、技术安全措施、质量标准、成品保护、消灭和预防质量通病措施、新工艺、新材料、新技术工程的特殊要求以及应注意的质量问题等，劳动定额、材料消耗定额、机具、工具等。

技术交底工作必须在正式施工之前认真做好。在施工过程中，应反复检查技术交底的落实情况，加强施工监督，确保施工质量。

5）安全技术交底

施工作业安全、施工设施（设备）安全、施工现场（通行、停留）安全、消防安全、作业环境专项安全以及其他意外情况下的安全技术交底。

6）技术交底只有当签字齐全后方可生效，并发至施工班组。

（4）施工技术交底的内容

施工技术交底的内容主要包括：施工准备、施工进度要求、施工工艺、控制要点、成品保护、质量保证措施、安全注意事项、环境保护措施、质量标准。

1）施工准备

①作业人员：说明劳动力配置、培训、特殊工种持证上岗要求等。

②主要材料：说明施工所需材料名称、规格、型号，材料质量标准，材料品种规格等直观要求，感官判定合格的方法，强调从有“检验合格”标识牌的材料堆放处领料，每次领料批量要求等。

③主要机具：

A. 机械设备：说明所使用机械的名称、型号、性能、使用要求等。

B. 主要工具：说明施工应配备的小型工具，包括测量用设备等，必要时应对小型工具的规格、合法性（对一些测量用工具，如经纬仪、水准仪、钢卷尺、靠尺等，应强调要求使用经检定合格的设备）等进行规定。

④作业条件：说明与本道工序相关的上道工序应具备的条件，是否已经过验收并合格。本工序施工现场工前准备应具备的条件等。

2）施工进度要求

对本分项工程具体施工时间，完成时间等提出详细要求。

3）施工工艺

①工艺流程：详细列出该项目的操作工序和顺序。

②施工要点：根据工艺流程所列的工序和顺序，分别对施工要点进行叙述，并提出相应要求。部分项目技术交底具体编写内容见本节“（6）建筑分项工程施工技术交底重点”。

4）控制要点

①重点部位和关键环节：结合施工图提出设计的特殊要求和处理方法，细部处理要求，容易发生质量事故和安全施工的工艺过程，尽量用图表达。

②质量通病的预防及措施：根据企业提出的预防和治理质量通病和施工问题的技术措施等，针对本工程特点具体提出质量通病及其预防措施。

5）成品保护

对上道工序成品的保护提出要求；对本道工序成品提出具体保护措施。

6）质量保证措施

重点从人、材料、设备、方法等方面制定具有针对性的保证措施。

7）安全注意事项

内容包括作业相关安全防护设施要求，个人防护用品要求，作业人员安全素质要求，接受安全教育要求，项目安全管理规定，特种作业人员执证上岗规定，应急响应要求，隐患报告要求，相关机具安全使用要求，相关用电安全技术要求，相关危害因素的防范措施，文明施工要求，相关防火要求，季节性安全施工注意事项。

8）环境保护措施

国家、行业、地方法规环保要求，企业对社会承诺，项目管理措施，环保隐患报告要求。

9）质量标准

①主控项目：国家质量检验规范要求，包括抽检数量、检验方法。

②一般项目：国家质量检验规范要求，包括抽检数量、检验方法和合格标准。

③质量验收：对班组提出自检、互检、班组长检的要求。

(5) 施工技术交底实施要求

1) 施工技术交底应以书面和讲解的形式交底到施工班组长，以讲解、示范或者样板引路的方式交底到全体施工作业工人。施工班组长和全体作业工人接受交底后均签署姓名及日期，其中全体作业工人签名记录，应根据当地主管部门、本局和项目经理部的规定等，存放于项目经理部或施工队。

2) 班组长在接受技术交底后，应组织全班组成员进行认真学习，根据其交底内容，明确各自责任和互相协作配合关系，制定保证全面完成任务的计划，并自行妥善保存。在无技术交底或技术交底不清晰、不明确时，班组长或操作人员可拒绝上岗作业。

技术交底应根据施工过程的变化，及时补充新内容。施工方案、方法改变时也要及时进行重新交底。

分包单位应负责其分包范围内技术交底资料的收集整理，并应在规定时间内向总包单位移交。总包单位负责对各分包单位技术交底工作进行监督检查。

3) 施工技术交底记录的格式应符合当地要求，如当地建设主管部门要求统一采用当地工程技术资料管理软件时，应积极使用。标准记录表格各相关人员应签字确认，接受交底人一般由施工班组的组长签字。

注：应按交接时间及时签字，无本人签字时为无效技术交底资料。

4) 施工技术交底书面资料至少一式四份，分别由项目技术负责人、项目专业工长(交底人)、施工班组保存，另一份由项目资料员作为竣工资料归档（资料员可根据归档数量复制)。

5) 当设计图纸、施工条件等变更时，应由原交底人对技术交底进行修改或补充，经项目技术负责人审批后重新交底。必要时回收原技术交底记录，并按质量管理体系文件中文件控制程序相关要求做好回收记录。

(6) 建筑分项工程施工技术交底的重点

1) 土方工程

①地基土的性质与特点；

②各种标桩的位置与保护办法；

③挖填土的范围和深度，放边坡的要求；

④回填土与灰土等夯实方法及表观密度等指标要求；

⑤地下水或地表水排除与处理方法。

2) 砌体工程

①砌体部位；

②轴线位置；

③各层水平标高；

④门窗洞口位置；

⑤墙身厚度及墙厚变化情况；

⑥砂浆强度等级，砂浆配合比及砂浆试块组数与养护；

⑦各预留洞口和各专业预埋件位置与数量、规格、尺寸。

3）模板工程

①各种钢筋混凝土构件的轴线和水平位置、标高、截面形式和几何尺寸；

②支模方案和技术要求；

③支撑系统的承载力、稳定性具体技术要求：

④拆模时间；

⑤预埋件、预留洞的位置、标高、尺寸、数量及预防其移位的方法；

⑥特殊部位的技术要求及处理方法。

4）钢筋工程

①所有构件中钢筋的种类、型号、直径、根数、接头方法和技术要求；

②预防钢筋位移和保证钢筋保护层厚度技术措施；

③钢筋代换的方法与手续办理；

④特殊部位的技术处理。

5）混凝土工程

①水泥、砂、石、外加剂、水等原材料的品种、技术规程和质量标准；

②不同部位、不同强度等级混凝土种类和强度等级；

③配合比、水灰比、坍落度的控制及相应技术措施；

④搅拌、运输、振捣有关技术规定和要求；

⑤混凝土浇灌方法和顺序，混凝土养护方法；

⑥施工缝的留设部位、数量及其相应采取技术措施、规范的具体要求；

⑦大体积混凝土施工温度控制的技术措施；

⑧防渗混凝土施工具体技术细节和技术措施实施办法；

⑨混凝土试块留置部位和数量与养护；

⑩预防各种预埋件、预留洞位移具体技术措施，特别是机械设备地脚螺栓移位，在施工时提出具体要求。

6）架子工程

①所用的材料种类、型号、数量、规格及其质量标准；

②架子搭设方法、强度和稳定性技术要求（必须达到的牢固可靠的要求）；

③架子逐层升高技术措施和要求；

④架子立杆垂直度和沉降变形要求；

⑤架子工程搭设工人自检和逐层安全检查部门专门检查。重要部位架子，如下撑式挑梁钢架组装与安装技术要求和检查方法；

⑥架子与建筑物连接方式与要求；

⑦架子拆除方法和顺序及其注意事项。

7）结构吊装工程

①建筑物各部位需要吊装构件的型号、重量、数量、吊点位置；

②吊装设备的技术能力：

③有关绳索规格、吊装设备运行路线、吊装顺序和吊装方法；

④吊装联络信号、劳动组织、指挥与协作配合；

⑤吊装节点连接方式；

⑥吊装构件支撑系统连接顺序与连接方法；

⑦吊装构件吊装期间的整体稳定性技术措施。

1.6 技术交底小结

基本要求

(1) 技术交底接收人应针对每一份交底在实施完成后做出总结，注意实施过程及施工过程中发现的问题，要求改进的建议等。

(2) 技术交底小结应反馈至技术交底人，小结日期应及时，不得晚于实施完成后2日。

1.7 施工日志

1. 资料表式

施工日志 表 C4-7

工程名称：

<table>
<tr><td>日　期</td><td>年　月　日</td><td>气象</td><td></td><td>风力</td><td></td><td>温度</td><td></td></tr>
<tr><td>工程部位</td><td colspan="7"></td></tr>
<tr><td>施工队组</td><td colspan="7"></td></tr>
<tr><td colspan="8">主要施工、生产、质量、安全、技术、管理活动</td></tr>
<tr><td colspan="4">审核：</td><td colspan="4">记录：</td></tr>
</table>

2. 资料要求

(1) 按实施要求对单位工程从开工到竣工的整个施工阶段进行全面记录，要求内容完整、能全面反映工程进展情况。

(2) 施工记录、桩基记录、混凝土浇灌记录、模板拆除等应单独记录，分别列报。

(3) 按要求应逐日及时记录，内容齐全为正确。

(4) 施工日记的记录内容不齐全，没有记录为不正确。

3. 实施要点

施工日志是施工过程中由项目经理部级的有关人员对有关技术管理和质量管理活动及其效果逐日做的连续完整的记录，其主要内容如下：

(1) 工程准备工作的记录。包括现场准备、施工组织设计学习、各级技术交底要求、熟悉图纸中的重要问题、关键部位和应抓好的措施，向班、组长的交底日期、人员及其主要内容，及有关计划安排。

(2) 进入施工以后对班组抽检活动的开展情况及其效果，组织互检和交接检的情况及效果，施工组织设计及技术交底的执行情况及效果的记录和分析。

(3) 分项（检验批）工程质量验收、质量检查、隐蔽工程验收、预检及上级组织的检查等技术活动的日期、结果、存在问题及处理情况记录。

(4) 原材料检验结果、施工检验结果的记录包括日期、内容、达到的效果及未达到要求等问题和处理情况及结论。

(5) 质量、安全、机械事故的记录包括原因、调查分析、责任者、研究情况、处理结论等，对人事、经济损失等的记录应清楚。

(6) 有关洽商、变更情况，交待的方法、对象、结果的记录。

(7) 有关归档资料的转交时间、对象及主要内容的记录。

(8) 有关新工艺、新材料的推广使用情况，以及小改、小革、小窍门的活动记录，包括项目、数量、效果及有关人员。桩基应单独记录并上报核查。

(9) 工程的开、竣工日期以及主要分部、分项工程的施工起止日期，技术资料供应情况。

(10) 重要工程的特殊质量要求和施工方法。

(11) 有关领导或部门对工程所做的书面或检查生产、技术方面的决定或建议。

(12) 气候、气温、地质以及其他特殊情况（如停电、停水、停工待料）的记录等。

(13) 在紧急情况下采取特殊措施的施工方法，施工记录由单位工程负责人填写。

(14) 混凝土试块、砂浆试块的留置组数、时间，以及28天的强度试验报告结果，有无问题及分析。

(15) 填表说明

施工活动记录：指实施要点中主要内容的施工活动记录。

1.8 预检工程（技术复核）记录

1. 资料表式

预检工程（技术复核）记录 **表 C4-8**

预检日期： 年 月 日

<table>
<tr><td colspan="2">工程名称</td><td></td><td>施工队</td><td colspan="2"></td></tr>
<tr><td rowspan="2">预检内容</td><td colspan="2">分部工程部位名称</td><td colspan="3">说 明</td></tr>
<tr><td colspan="2"></td><td colspan="3"></td></tr>
<tr><td>检查意见</td><td colspan="5"></td></tr>
<tr><td>要求检查时间</td><td colspan="2"></td><td>要求复查时间和意见</td><td colspan="2"></td></tr>
<tr><td colspan="6">技术负责人： 质检员： 施工员：</td></tr>
</table>

2. 资料要求

(1) 应提供的预检资料：

1) 建筑物位置线：红线、坐标、建筑物控制桩、轴线桩、标高、标准水准控制桩(工业厂房、±0水准桩)，并附有平面示意图。重点工程附测量原始记录。

2) 基础尺寸线：包括基础轴线，断面尺寸、标高（槽底标高、垫层标高）等。

3) 模板：包括几何尺寸、轴线标高、预埋件位置、预留孔洞位置、模板牢固性、模板清理等。

4) 墙体：包括各层墙身轴线，门、窗洞口位置线，皮数杆及50cm水平线。

5) 翻样检查。

6) 设备基础：位置、轴线、标高、尺寸、预留孔、预埋件等。

(2) 按要求检查内容进行预检，签章齐全为正确。

(3) 无记录或后补记录为不正确。

3. 实施要点

(1) 预检是该工程项目或分项（检验批）工程在未施工前进行的预先检查。及时办理预检是保证工程质量，防止重大质量事故的重要环节，预检工作由单位工程负责人组织，专职质检员核定，必要时邀请设计、建设单位的代表参加。未经预检的项目或预检不合格的项目不得进行下道施工工序。

(2) 预检是在自检的基础上由质量检查员、专业工长对分项（检验批）工程进行把关的检查，把工作中的偏差检查记录下来，并予以认真解决，预检合格后方可进行下道工序，未经预检的项目或预检不合格的项目不得进行下道施工工序。

(3) 需要预检的分项（检验批）工程项目完成后，班组填写自检表格，专业工长核定后填写预检工程检查记录单，项目技术负责人组织，由监理、质量检查员、专业工长及班组长参加验收（其中建筑物位置线、标准水准点、标准轴线桩由上级单位组织）。

(4) 预检记录中有关测量放线和构件安装的测量记录及附图作为预检附件归档。

(5) 预检项目包括的内容：

1) 建筑物位置线，现场标准水准点（包括标准轴线桩平面示意图）。重点工程应附测量原始记录。

2) 基础尺寸线，包括基础轴线、断面尺寸、标高槽底标记、垫层标高。

3) 桩基定位：根据龙门板的轴线或控制网的控制点，对桩位点进行复核。

4) 模板包括几何尺寸、轴线、标高、预埋件、预留孔位置、模板牢固性和模板清理等。

5) 墙体包括各层墙体轴线、门窗洞口位置和皮数杆。

6) 放样尺寸检查。

7) 楼层50cm水平线检查。

8) 预制构件吊装包括轴线位置、构件型号、构件支点的搭接长度、标高、垂直偏差以及构件裂缝、操作处理等。

9) 设备基础包括设备基础的位置、标高、几可尺寸、预留孔洞、预埋件等。

10) 各层间地面基层处理，屋面找平层的坡度，各阴阳角的处理。

11) 主要管道、沟的标高和坡度。

12）电梯的预检项目主要有：

①机房的通道应畅通无阻、安全近便；

②机房和通道的门口高度不得小于1.8m，宽度不小于1.6m，且应向外开启；

③机房的高度、面积和预留孔洞尺寸应保证电梯设备的安装要求；

④承重梁的规格及预埋位置是否与设备相符；

⑤井道顶层高度、底坑深度、井道尺寸、预埋件位置、各层预留孔洞的尺寸位置是否与设计图纸相符；

⑥机房井道内杂物、积水是否清理干净。

(6) 预检后必须及时办理预检签证手续，列入工程管理技术档案，对预检中提出的不符合质量要求的问题要认真进行处理，处理后进行复检并说明处理情况。

(7) 填表说明

1）预检编号：施工单位按预检项目检验的先后依次进行的编号。预检记录编号依据，企业应对应与质量记录管理工作程序进行编号，依据文件和资料控制工作程序进行管理。

2）预检内容：按实际预检工程所在的部位名称填写。需要时应填写预检说明，必须将该预检部位的施工依据填写清楚、齐全、简明。

3）要求复查时间和意见：指预检后有问题需要复查时，由委托单位提出。应写明二次复检的检查意见，一次通过可不填此栏。

1.9 自检互检记录

1. 资料表式

自检互检记录单 **表 C4-9**

编号

<table>
<tr><td>工程名称</td><td></td><td>自、互检部位</td><td></td></tr>
<tr><td>自检、互检内容</td><td colspan="3"></td></tr>
<tr><td>检查意见</td><td colspan="3"></td></tr>
<tr><td>填表人</td><td>签 名</td><td colspan="2">要求检查时间 年 月 日</td></tr>
<tr><td>自互检人</td><td>签 名</td><td colspan="2">检查时间 年 月 日</td></tr>
<tr><td>备 注</td><td colspan="3"></td></tr>
</table>

2. 实施要点

自检、互检制度是操作自身对质量负责的重要体现，也是工程质量管理的基础工作和重要环节。是建立在充分相信和依靠工人的基础上的一种群众性的质量检验方式，是自检、互检、专职检验相结合制度的一个组成部分。

（1）自检：自检是生产工人在施工过程中，按照质量标准和有关技术文件的要求，对自己生产的产品或完成的生产任务按照规定的时间和数量进行自我检验，可在工序段操作中严格监督、层层把关，保持工序能力一直满足质量要求。能把不合格品自己主动改正，防止流入下道工序。

群众性自检主要适用于工序检验，可利用一般检测工具即可完成的检测过程。

自检应填写自检记录。班组长应签字。就是操作者自我把关，来保证操作质量符合质量标准的措施之一，交付符合质量标准的产品。也就是操作者知道干什么，怎么干、照什么标准干、合格标准是什么。自检工作是建立在加强管理、认真交底、真正发动和依靠群众基础上的，应有一套完整的管理办法，建立质量管理小组，实行质量控制，才能真正把好自检关。

（2）互检：是互相督促、互相检查、共同提高的有利手段，也是保证质量的有效措施。由班组长或单位技术负责人组织，在人与人之间、组与组之间进行。通过互检肯定成绩、交流经验、找出差距、采取措施、改进提高。互检工作的好坏是能否保证质量持续提高的关键。

1）同一班组内相同工序的工人相互之间进行的产品检验；

2）班组质检员对本组工人生产的产品质量进行抽检；

3）下道工序工人对上道工序转来的产品进行检验；

4）班组之间对各自承担的作业进行检验。互检完成后应填写互检记录，责任人签字。

1.10　工序交接单

1. 资料表式

工序交接单　　**表 C4-10**

编号

<table>
<tr><td>单位工程名称</td><td colspan="3"></td><td>交接日期</td><td colspan="3"></td></tr>
<tr><td>交接项目</td><td colspan="3"></td><td>部　位</td><td colspan="3"></td></tr>
<tr><td colspan="8">自检结果：</td></tr>
<tr><td colspan="8">交接检查意见：</td></tr>
<tr><td>单位工程技术负责人</td><td></td><td>检查员</td><td></td><td>接班组</td><td></td><td>移交组</td><td></td></tr>
</table>

2. 实施要点

(1) 交接检是指前后工序之间进行的交接检查。应由单位工程技术负责人或项目经理组织进行。其基本原则是“既保证本工序质量，又为下道工序创造顺利施工条件”。交接检查工作是促进上道工序自我严格把关的重要手段。

交接检完成后应填写交接检记录并经责任人签字。

(2) 填表说明

1) 部位：指要求进行交接检查的某分项（检验批）工程所在部位，照实际。

2) 交接项目：指要求进行交接检查的某分项（检验批）工程工作的名称，照实际。

3) 自检结果：指进行交接检查的某分项（检验批）工程的实际交接检查的结果，照实际。

4) 交接检查意见：指实际进行交接检后被检查的分项（检验批）工程，根据检查结果提出的符合要求或不符合要求的意见。

1.11 施工现场质量管理检查记录

1. 资料表式

施工现场质量管理检查记录 **表 C4-11**

开工日期：

工程名称			施工许可证（开工证）		
建设单位			建设单位项目负责人		
设计单位			设计单位项目负责人		
监理单位			总监理工程师		
施工单位		项目经理		项目技术负责人	

序号	项　目	内　容
1	现场质量管理制度	
2	质量责任制	
3	主要专业工种操作上岗证书	
4	分包方资质与对分包单位的管理制度	
5	施工图审查情况	
6	地质勘察资料	
7	施工组织设计、施工方案及审批	
8	施工技术标准	
9	工程质量检验制度	
10	搅拌站及计量设置	
11	现场材料、设备存放与管理	
12		
检查结论： 总监理工程师 （建设单位项目负责人）　　年　月　日		

2. 资料要求

(1) 表列项目、内容必须填写完整。

(2) 建设、设计、监理单位的有关负责人必须签字。

(3) 提请施工现场质量管理检查记录时，施工许可证必须办理完毕，填写施工许可证号。

(4) 总监理工程师（建设单位项目负责人）填写检查结论并签字。

3. 实施要点

(1) 施工现场质量管理检查记录在开工前由施工单位填写。

(2) 项目总监理工程师进行检查并做出检查结论。检查不合格不准开工，检查不合格应改正后重审直至合格。检查资料审完后签字退回施工单位。

(3) 应附有表列有关附件资料。表列内容栏应填写附件资料名称及数量。

(4) 为了控制和保证不断提高施工过程中记录整理资料的完整性，施工单位必须建立必要的质量管理体系和质量责任制度，推行生产控制和合格控制的全过程。质量控制有健全的生产控制和合格控制的质量管理体系，包括材料控制、工艺流程控制、施工操作控制、每道工序质量检查、各道相关工序和它的交接检验、专业工种之间等中间交接环节的质量管理和控制、施工图设计和功能要求的抽检制度，工程实施中的质量通病或在实施中难以保证工程质量符合设计和有关规范要求时提出的措施、方法等。

(5) 工程开工施工单位应填报施工现场质量管理检查记录，经项目监理机构总监理工程师或建设单位项目负责人核查属实签字后填写检查结论。详见表 C4-6。

(6) 表列检查项目。

应填写各项检查项目文件的名称或编号，并将文件（复印件或原件）附在表的后面供检查，检查后应将文件归还。

1) 现场质量管理制度。主要是图纸会审、设计交底、技术交底、施工组织设计编制审批程序、工序交接、质量检查评定制度，质量好的奖励及达不到质量要求处罚办法，以及质量例会制度及质量问题处理制度等。

2) 质量责任制栏，质量负责人的分工，各项质量责任的落实规定，定期检查及有关人员奖罚制度等。

3) 主要专业工种操作上岗证书栏。测量工、起重、塔吊等垂直运输司机，钢筋、混凝土、机械、焊接、瓦工、防水工等建筑结构工种。

电工、管道等安装工种的上岗证，以当地建设行政主管部门的规定为准。

4) 分包方资质与对分包单位的管理制度栏。专业承包单位的资质应在其承包业务的范围内承建工程，超出范围的应办理特许证书，否则不能承包工程。在有分包的情况下，总承包单位应有管理分包单位的制度，主要是质量、技术的管理制度等。

5) 施工图审查情况栏，重点是看建设行政主管部门出具的施工图审查批准书及审查机构出具的审查报告。如果图纸分批交出，施工图审查可分段进行。

6) 地质勘察资料栏：有勘察资质的单位出具的正式地质勘察报告，地下部分施工方案制定和施工组织总平面图编制时参考等。

7) 施工组织设计、施工方案及审批栏。施工单位编写施工组织设计、施工方案，经项目行政机构审批，应检查编写内容、有针对性的具体措施，编制程序、内容，有编制单位、审核单位、批准单位，并有贯彻执行的措施。

8）施工技术标准栏。是操作的依据和保证工程质量的基础，承建企业应编制不低于国家质量验收规范的操作规程等企业标准。要有批准程序，由企业的总工程师、技术委员会负责人审查批准，有批准日期、执行日期、企业标准编号及标准名称。企业应建立技术标准档案。施工现场应有的施工技术标准都有。可作培训工人、技术交底和施工操作的主要依据，也是质量检查评定的标准。

9）工程质量检验制度栏。包括三个方面的检验，一是原材料、设备进场检验制度；二是施工过程的试验报告；三是竣工后的抽查检测，应专门制订抽测项目、抽测时间、抽测单位等计划，使监理、建设单位等都做到心中有数。可以单独搞一个计划，也可在施工组织设计中作为一项内容。

10）搅拌站及计量设置栏。主要是说明设置在工地搅拌站的计量设施的精确度、管理制度等内容。预拌混凝土或安装专业就没有这项内容。

11）现场材料、设备存放与管理栏。这是为保持材料、设备质量必须有的措施。要根据材料、设备性能制订管理制度，建立相应的库房等。

（7）填表说明

施工许可证（开工证）：填写当地建设行政主管部门批准发给的施工许可证（开工证）的编号。

表头部分可统一填写，不需具体人员签名，只是明确了负责人的地位。

1.12 见证取样

为了保证建设工程质量检测工作的科学性、公正性和正确性，杜绝“仅对来样负责”而不对“工程质量负责”的不规范检测报告，建设部先后下达建监［1996］208号《关于加强工程质量检测工作的若干意见》及建监［1996］488号《建筑企业试验室管理规定》等文件要求在检测工作中执行见证取样、送样制度，全国各地建设行政主管部门也陆续发文执行建设工程质量检测执行见证取送样制度。

见证取样制度是保证工程质量记录资料科学、公证和正确的必须执行的制度，凡不执行或不认真执行见证取样制度的均应为工程质量记录资料不符合要求。对因无见证取样、送样而被评为不符合要求的工程，应根据工程实际进行抽测，抽测结果不符合要求时，应按第5.0.6条和5.0.7条办理。

中华人民共和国建设部令第141号（2005年11月1日施行），《建设工程质量检测管理办法》规定，具有相应资质的检测单位，按其批准的不同资质可以进行不同的检测内容。具有相应资质的检测单位对如下内容必须实行见证取样检测：

1. 水泥物理力学性能检验；
2. 钢筋（含焊接与机械连接）力学性能检验；
3. 砂、石常规检验；
4. 混凝土、砂浆强度检验；
5. 简易土工试验；
6. 混凝土掺加剂检验；

7. 预应力钢绞线、锚夹具检验；

8. 沥青、沥青混合料检验。

1.12.1　见证取样送检见证人授权书

见表 1.12.1。

见证取样送检见证人授权书以本表格式形式或当地建设行政主管部门授权部门下发的表式归存。

1. 见证人员应由建设单位或项目监理机构书面通知施工、检测单位和负责该项工程的质量监督机构。

2. 施工过程中，见证人员应按照见证取样和送检计划，对施工现场的取样和送检进行见证，并由见证人、取样人签字。见证人应制作见证记录，并归入工程档案。

见证取样送检见证人授权书　　**表 1.12.1**

<table>
<tr><td colspan="2">____________________（质量监督机构）
经研究决定授权__________________同志任__________________________________工程见证取样和送检见证人。负责对涉及结构安全的试块、试样和材料见证取样和送检，施工单位、试验单位予以认可。</td></tr>
<tr><td>见证取样和送检印章</td><td>见证人签字手迹</td></tr>
<tr><td colspan="2">监理（建设）单位（章）
年　　月　　日</td></tr>
</table>

1.12.2　见证对象

下列试块、试件和材料必须实施见证取样和送检：

1. 用于承重结构的混凝土试块；

2. 用于承重墙体的砌筑砂浆试块；

3. 用于承重结构的钢筋及连接接头试件；

4. 用于承重墙的砖和混凝土小型砌块；

5. 用于拌制混凝土和砌筑砂浆的水泥；

6. 用于承重结构的混凝土中使用的掺加剂；

7. 地下、屋面、厕浴间使用的防水材料；

8. 国家和省规定必须实行见证取样的送检的试块、试件和材料。

1.12.3　中华人民共和国建设部令第 141 号（2005.9.28）“建设工程质量检测管理办法”规定

以下内容进行见证取样检测

1. 水泥物理力学性能检验；
2. 钢筋（含焊接与机械连接）力学性能检验；
3. 砂、石常规检验；
4. 混凝土、砂浆强度检验；
5. 简易土工试验；
6. 混凝土掺加剂检验；
7. 预应力钢绞线、锚夹具检验；
8. 沥青、沥青混合料检验。

1.12.4 见证取样相关规定

1. 涉及结构安全的试块、试件和材料见证取样和送检的比例不得低于有关技术标准中规定应取样数量的30%。

注：见证取样及送检的监督管理一般有当地建设行政主管部门委托的质量监督机构办理。

2. 见证取样必须采取相应措施以保证见证取样具有公正性、真实性，应做到：

（1）严格按照建设部建建［2000］211号文确定的见证取样项目及数量执行。项目不超过该文规定，数量按规定取样数量的30%；

（2）按规定确定见证人员，见证人员应为建设单位或监理单位具备建筑施工试验知识的专业技术人员担任，并通知施工、检测单位和质量监督机构；

（3）见证人员应在试件或包装上做好标识、封志、标明工程名称、取样日期、样品名称、数量及见证人签名；

（4）见证人应保证取样具有代表性和真实性并对其负责。见证人应作见证记录并归档；

（5）检测单位应保证严格按上述要求对其试件确认无误后进行检测，其报告应科学、真实、准确，应签章齐全。

1.12.5 见证取样试验委托单

1. 见证取样试验委托单见表1.12.5。

见证取样试验委托单 **表1.12.5**

工程名称		使用部位	
委托试验单位		委托日期	
样品名称		样品数量	
产地（生产厂家）		代表数量	
合格证号		样品规格	
试验内容 及要求			
备　注			
取样人		见证人	

见证取样试验委托单以本表格式或当地建设行政主管部门授权部门下发的表式归存。

2. 承担见证取样检测及有关结构安全检测的单位应具有相应资质。

相应资质是指经过管理部门确认其是该项检测任务的单位，具有相应的设备及条件，人员经过培训有上岗证；有相应的管理制度，并通过计量部门认可，不一定是当地的检测中心等检测单位，应考虑就近处理，以减少交通费用及时间。

1.12.6 见证取样送检记录（参考用表）

见证取样送检记录（参考用表） 表 1.12.6

编号：________

工程部位：________________

取样部位：________________

样品名称：________ 取样数量：________

取样地点：________ 取样日期：________

见证记录：

有见证取样和送检印章：

取样人签字：________

见证人签字：________

填制本记录日期：

1.12.7 有见证试验汇总表

见表 1.12.7。

有见证试验汇总表 表 1.12.7

工程名称：________________

施工单位：________________

建设单位：________________

监理单位：________________

见 证 人：________________

试验室名称：________________

试验项目	应送试总次数	有见证试验次数	不合格次数	备注

施工单位： 制表人：

注：此表由施工单位汇总填写，报当地质量监督总站（或站）。

填表说明：

（1）见证人：指已取得见证取样送检资质并对某一品种实际送试的见证人。填写见证人姓名。

（2）应送试总次数：指该试验项目，该品种根据标准规定应送检的代表批次的应送数量的总次数。

（3）有见证试验次数：指该试验项目，该品种按见证取样要求的实际送检批次数。

（4）不合格次数：指该试验项目，该品种按见证取样送检的批次中，按标准规定测试结果，不符合某标准规定的批次数。

1.13 工程竣工施工总结

施工总结的主要内容：

（1）工程概况；

（2）技术档案和施工管理资料情况；

（3）建筑设备安装调试情况；

（4）工程质量验收情况等。

1.14 工程质量保修书

实施要点

（1）建设工程实行质量保修制度。工程竣工后，施工单位应向建设单位出具工程质量保修书。

建筑工程的保修范围应当包括地基基础工程、主体结构工程、屋面防水工程和其他土建工程，以及电气管线、上下水管线的安装工程，供热、供冷系统工程等项目；保修的期限应当按照保证建筑物合理寿命年限内正常使用。建筑物在合理使用寿命内，必须保证地基基础和主体工程质量。

建筑工程竣工时，屋顶、墙面不得留有渗漏、开裂等质量缺陷。

（2）在正常使用条件下，建设工程的最低保修期限为：

1）地基基础工程和主体结构工程，为设计文件规定的该工程的合理使用年限；

2）屋面防水工程、有防水要求的卫生间、房间和外墙面的防渗漏，为5年；

3）供热与供冷系统，为2个采暖期、供冷期；

4）电气管线、给排水管道、设备安装和装修工程，为2年。

5）其他项目的保修期限由建设单位和施工单位约定。

6）建设工程的保修期，自竣工验收合格之日起计算。

保修期的起始日是竣工验收合格之日。是指建设单位收到建设工程竣工报告后，组织设计、施工、工程监理、勘察、设计、审查等有关单位进行竣工验收，验收合格并各方签收竣工验收文本的日期。

7）房屋建筑工程在保修范围和保修期限内发生质量缺陷，施工单位应当履行保修义务。

对在保修期限和保修范围内发生质量问题的，一般应先由建设单位组织勘察、设计、施工等单位分析质量问题的原则，确定保修方案，由施工单位负责保修。但当问题严重时和紧急时，不管是什么原因造成的，均先由施工单位履行保修义务，不得推诿和扯皮。对引起质量问题的原因则实事求是，科学分析，分清责任，按责任大小由责任方承担不同比例的经济赔偿。这里的损失，既包括因工程质量问题造成的直接损失，即用于返修的费用，也包括间接损失，如给使用人或第三人造成的财产或非财产损失等。

2 注册建造师施工管理签章文件

2.1 房屋建筑工程

注册建造师施工管理签章文件（房屋建筑工程）

序号	工程类别	文件类别	文件名称	代码
1	一般房屋建筑工程	施工组织管理	项目管理目标责任书	CA101
			项目管理实施计划或施工组织设计报审表	CA102
			主要或专项工程施工技术措施或方案报审表，如高大脚手架方案、深基坑方案、吊装方案等	CA103
			施工项目部施工管理体系、质量管理体系和职业健康安全管理体系、环境管理体系审批表	CA104
			工程开工报告	CA105
			分部工程动工报审单	CA106
			总监理工程师通知回复单	CA107
			工程施工月报	CA108
			工程停工（局部停工）报审表 工程复工报审表	CA109-1 CA109-2
			与其他工程参与单位（建设、监理、分包、政府监管单位等）来往的重要函件	CA110
		施工进度管理	工程总体施工进度计划报审表	CA201
			单位工程施工进度计划报审表	CA202
			工程延期申请表	CA203
		合同管理	工程分包合同	CA301
			工程设备、材料、构配件采购招标书 工程设备、材料、构配件供货单位中标书	CA302-1 CA302-2
			合同补充、变更、中止、终止确认文件标书	CA303
			涉及合同管理的承诺书（确认函）及外来文、册（确认函）	CA304
			分包工程申请审批表	CA305
			分包工程招标文件	CA306
			合同变更和索赔申请报告	CA307
			工程质量保修书	CA308

续表

<table>
<tr><th>序号</th><th>工程类别</th><th>文件类别</th><th>文件名称</th><th>代码</th></tr>
<tr><td rowspan="23">1</td><td rowspan="23">一般房屋建筑工程</td><td rowspan="8">质量管理</td><td>单位（子单位）工程观感质量检查记录
附表CA401-1：单位（子单位）、分部工程质量验收记录
附表CA401-2：分部工程验收记录
附表CA401-3：单位（子单位）工程质量控制资料核查记录
附表CA401-4：单位（子单位）工程安全和功能检验资料核查及主要功能抽查记录</td><td>CA401
CA401-1
CA401-2
CA401-3
CA401-4</td></tr>
<tr><td>单位（子单位）、分部工程质量报验申请表</td><td>CA402</td></tr>
<tr><td>单位工程质量评定表</td><td>CA403</td></tr>
<tr><td>单位工程竣工（预）验收报验申请表</td><td>CA404</td></tr>
<tr><td>单位工程质量竣工验收记录</td><td>CA405</td></tr>
<tr><td>工程质量重大事故调查处理报告</td><td>CA406</td></tr>
<tr><td>工程竣工报告</td><td>CA407</td></tr>
<tr><td>工程交工验收报告</td><td>CA408</td></tr>
<tr><td rowspan="6">安全管理</td><td>工程项目安全生产责任书</td><td>CA501</td></tr>
<tr><td>分包工程安全管理协议书</td><td>CA502</td></tr>
<tr><td>安全事故应急预案</td><td>CA503</td></tr>
<tr><td>其他危险性较大的工程专项施工方案及安全验算结果报审表</td><td>CA504</td></tr>
<tr><td>施工现场消防方案报审表</td><td>CA505</td></tr>
<tr><td>施工现场安全事故上报、调查、处理报告</td><td>CA506</td></tr>
<tr><td rowspan="2">现场环保文明施工管理</td><td>施工环境保护措施及管理方案报审表</td><td>CA601</td></tr>
<tr><td>施工现场文明施工措施报审表</td><td>CA602</td></tr>
<tr><td rowspan="6">成本费用管理</td><td>工程进度款支付申请表</td><td>CA701</td></tr>
<tr><td>工程费用和价款变更申请表</td><td>CA702</td></tr>
<tr><td>工程费用索赔申请表</td><td>CA703</td></tr>
<tr><td>月工程进度款报审表</td><td>CA704</td></tr>
<tr><td>竣工结算报审表</td><td>CA705</td></tr>
<tr><td>安全经费计划表及费用使用清单报审表</td><td>CA706</td></tr>
<tr><td colspan="5">备注：高耸构筑物工程、园林古建筑工程、体育场地设施工程、特种专业工程等房屋建筑工程均可参照上表执行</td></tr>
</table>

2.1.1 施工组织管理

2.1.1.1 项目管理目标责任书

CA101

编号：

房屋建筑工程

项目管理目标责任书

工程名称________________

建设单位________________

监理单位________________

施工单位（章）________________

施工单位法定代表人（签章）________________

施工项目负责人（签章）________________

年 月 日

附：项目管理目标责任书

签章说明

【用途】 本表为施工单位向监理单位、建设单位在开工前提供的项目管理目标责任书的封页，提交时该表的后面应附有项目管理目标责任书文本。责任书由施工单位提出。

【内容】 封页内容为填写相关单位名称与编制单位的责任制。应附项目管理目标责任书原文，项目管理目标责任书内容应符合合同文件的规定，该项目管理目标责任书不需要监理、建设单位批准。

【签章】 表内的工程名称、建设单位、监理单位、施工单位名称应填写其合同书中的全称。施工单位尚应加盖公章，施工单位的法定代表人和施工项目负责人均应签章。同时分别填写 年. 月 日。

2.1.1.2 项目管理实施计划（方案）/施工组织设计（方案）报审表

CA102

房屋建筑工程

项目管理实施计划（方案）/施工组织设计（方案）报审表

工程名称： 编号：

<table>
<tr><td colspan="2">致________________________
我方已根据施工合同的有关规定完成了________________________工程施工组织设计（方案），并经我单位技术负责人审查批准，请予以审批。
附：__________工程施工组织设计（方案）</td></tr>
<tr><td>施工单位（章）：
年 月 日</td><td>施工项目负责人（签章）：
年 月 日</td></tr>
<tr><td colspan="2">监理审批意见：</td></tr>
<tr><td>项目监理机构（章）：
年 月 日</td><td>总监理工程师（签章）：
年 月 日</td></tr>
<tr><td colspan="2">建设单位批复意见：</td></tr>
<tr><td>建设单位（章）：
年 月 日</td><td>建设单位项目负责人（签字）：
年 月 日</td></tr>
</table>

注：本表由施工单位填写，一式三份，批复后由建设、监理、施工单位各留一份。

签章说明

【用途】 本表为施工单位在开工前向监理单位、建设单位提供的项目管理实施计划（方案）/施工组织设计（方案）报审表，项目管理实施计划（方案）/施工组织设计（方案）需经监理单位、建设单位批复后实施。本表由施工单位提出报审。

【内容】

（1）施工单位提送报审的项目管理实施计划（方案）/施工组织设计（方案）报审文件内容必须真实、完整，具有全面性、针对性和可操作性。

项目管理实施计划（方案）/施工组织设计（方案）报审时间必须在工程项目开工前完成。

（2）项目管理实施计划（方案）/施工组织设计（方案）报审表包括三个部分：

一是施工单位提出的提请报审文件。

二是项目管理实施计划（方案）/施工组织设计（方案）由总监理工程师审查后必须填写审查意见，填写审查日期，交建设单位审查。

三是项目管理实施计划（方案）/施工组织设计（方案）由建设单位项目负责人审查同意后签字，必须填写审查意见，填写审查日期，返回施工单位。

【签章】 附件资料的编制人、单位技术负责人必须在附件资料上签字，报送单位必须加盖公章。报审表施工单位必须加盖公章，施工项目负责人必须本人签字盖章。同时分别填写 年 月 日。

项目监理机构必须加盖公章、总监理工程师签字盖章后转呈建设单位。建设单位审查同意后加盖建设单位公章，建设单位项目负责人签字。同时分别填写 年 月 日。

2.1.1.3　主要或专项工程施工技术措施/方案报审表（如高大脚手架方案、深基坑方案、吊装方案…）

CA103

房屋建筑工程

主要或专项工程施工技术措施/方案报审表

（如高大脚手架方案、深基坑方案、吊装方案…等）

工程名称：　　　　　　　　　　　　　　　　　　　　　　　　编号：

<table>
<tr><td>致________________________
我方已根据施工合同的有关规定完成了________________________专项工程施工技术措施（方案），并经我单位技术负责人审查批准，请予以审批。
附：__________专项工程施工技术措施（方案）

施工单位（章）：　　　　　　　　　　　　施工项目负责人（签章）：
年　月　日　　　　　　　　　　　　　　　年　月　日</td></tr>
<tr><td>监理审批意见：

项目监理机构（章）：　　　　　　　　　　总监理工程师（签章）：
年　月　日　　　　　　　　　　　　　　　年　月　日</td></tr>
<tr><td>专家论证意见（必要时）：

年　月　日</td></tr>
</table>

注：本表由施工单位填写，一式三份，审批或论证后由建设、监理、施工单位各留一份。

签章说明

【用途】 本表为施工单位在开工前向监理单位提送的主要或专项工程施工技术措施/方案报审表，主要或专项工程施工技术措施/方案报审表需经监理单位批复后实施。本表由施工单位提出报审。

【内容】

(1) 主要或专项工程施工技术措施/方案应由施工企业专业工程技术人员编制，施工企业技术部门的专业技术人员及监理单位专业监理工程师进行审核，审核合格。对建设部《危险性较大工程安全专项施工方案编制及专家论证审查办法》中规定的深基坑等达到一定规模的危险性较大工程，施工企业应当组织专家组进行论证审查。经审批的专项施工方案确需修改时，应按原审批程序重新审批。

(2) 主要或专项工程施工技术措施/方案报审表（如高大脚手架方案、深基坑方案、吊装方案…）内容包括三个部分：

一是施工单位提出的提请报审文件；

二是主要或专项工程施工技术措施/方案报审表（如高大脚手架方案、深基坑方案、吊装方案…）项目监理机构审查部分。总监理工程师审查后必须填写审查意见，分别填写审查日期。

三是当需要组织专家论证时，专家应填写专家论证意见。

【签章】 主要或专项工程施工技术措施/方案的附件资料编制人、单位技术负责人必须签字，报送单位必须加盖公章；报审表施工单位必须加盖公章，施工项目负责人签字盖章。同时分别填写 年 月 日。

主要或专项工程施工技术措施/方案由总监理工程师审查后加盖公章，总监理工程师签字盖章。

专家论证项目，论证后专家填写论证意见。

【几点说明】

专家论证项目：

(1) 深基坑工程：开挖深度超过 5m（含 5m）或地下室三层以上（含三层），或深度虽未超过 5m（含 5m），但地质条件和周围环境及地下管线极其复杂的工程。

(2) 地下暗挖工程：地下暗挖及遇有溶洞、暗河、瓦斯、岩爆、涌泥、断层等地质复杂的隧道工程。

(3) 高大模板工程：水平混凝土构件模板支撑系统高度超过 8m，或跨度超过 18m，施工总荷载大于 $10kN/m^2$，或集中线荷载大于 15kN/m 的模板支撑系统。

(4) 30m 及以上高空作业的工程 。

(5) 大江、大河中深水作业的工程。

(6) 城市房屋拆除爆破和其他土石大爆破工程。

2.1.1.4 施工项目部施工管理体系/质量管理体系/职业健康安全管理体系/环境管理体系审批表

CA104

房屋建筑工程

施工项目部施工管理体系/质量管理体系/职业健康安全管理体系/环境管理体系审批表

工程名称： 编号：

<table>
<tr><td>致________________（监理单位）
我方已根据有关要求和规定，针对本项目实际情况完成了下列________________等相关文件，并经我单位技术负责人审查批准，请予以审查。
附：☐ 施工管理体系文件；
☐ 质量管理体系文件；
☐ 职业健康安全管理体系文件；
☐ 环境管理体系文件。
施工单位（章）： 施工项目负责人（签章）：
年 月 日 年 月 日</td></tr>
<tr><td>监理审批意见：
项目监理机构（章）： 总监理工程师（签章）：
年 月 日 年 月 日</td></tr>
</table>

注：本表由施工单位填写，一式二份，审查后监理、施工单位各留一份。

签章说明

【用途】 本表为施工单位在开工前向监理单位提交的施工项目部施工管理体系/质量管理体系/职业健康安全管理体系/环境管理体系审批表，施工项目部施工管理体系/质量管理体系/职业健康安全管理体系/环境管理体系审批表需经监理单位批复后实施。本表由施工单位提出报审。

【内容】 施工项目部施工管理体系/质量管理体系/职业健康安全管理体系/环境管理体系的机构、人员、资金、制度、措施应齐全，必须提供表列附件资料。附件资料的编制人、单位技术负责人必须签字，必须加盖单位公章。

施工项目部施工管理体系/质量管理体系/职业健康安全管理体系/环境管理体系审批表内容包括两个部分：

一是施工单位提出的提请报审文件。

二是项目监理机构的审查部分。施工项目部施工管理体系/质量管理体系/职业健康安全管理体系/环境管理体系审批表专业监理工程师先行审查后必须填写审查意见，填写审查日期；总监理工程师签字盖章后返回施工单位。

施工项目部施工管理体系/质量管理体系/职业健康安全管理体系/环境管理体系审批表报审时间必须在工程项目开工前完成。

【签章】 施工单位必须加盖公章，施工项目负责人必须签字盖章；项目监理机构加盖公章，总监理工程师签字盖章。同时分别填写 年 月 日。

2.1.1.5 工程开工报告

CA105

房屋建筑工程

工程开工报告

工程名称： 编号：

<table>
<tr><td>工程名称</td><td></td><td>施工单位</td><td colspan="2"></td></tr>
<tr><td>结构类型</td><td></td><td>面　　积</td><td colspan="2"></td></tr>
<tr><td>计划开工日期</td><td></td><td>计划竣工日期</td><td colspan="2"></td></tr>
<tr><td colspan="4">开工应具备的条件</td><td>结　　果</td></tr>
<tr><td colspan="4">1. 三通一平情况</td><td></td></tr>
<tr><td colspan="4">2. 临时暂设情况</td><td></td></tr>
<tr><td colspan="4">3. 规划许可证编号</td><td></td></tr>
<tr><td colspan="4">4. 施工许可证编号</td><td></td></tr>
<tr><td colspan="4">5. 是否办理质量监督手续</td><td></td></tr>
<tr><td colspan="4">6. 是否进行施工图审查</td><td></td></tr>
<tr><td colspan="4">7. 有无地质勘察报告</td><td></td></tr>
<tr><td colspan="4">8. 是否进行了施工现场质量管理检查并填写记录</td><td></td></tr>
<tr><td colspan="4">9.</td><td></td></tr>
<tr><td colspan="2">施工单位意见：

施工单位（章）：

施工项目负责人（签章）：

年　月　日</td><td colspan="2">项目监理机构意见：

项目监理机构（章）：

总监理工程师（签章）：

年　月　日</td><td>建设单位意见：

建设单位（章）：

建设单位项目负责人（签字）：

年　月　日</td></tr>
</table>

注：本表由施工单位填写，一式三份，审批后由建设、监理、施工单位各留一份。

签章说明

【用途】 本表为施工单位根据《建设工程监理规范》（GB 50319－2000）要求在开工前向监理单位、建设单位报请审查批准的工程开工报告单，工程开工报告需经监理单位、建设单位批复后方可开工。本表由施工单位提出。

【内容】 工程开工报告共两个部分：

一是开工应具备的条件；

二是相关责任方的责任制。施工单位提请开工报审时，开工应具备条件必须满足表列内容要求。开工报审必须在开工前完成，不得先开工后报审。

【签章】 施工单位必须填写开工应具备条件的意见，加盖单位公章，施工项目负责人签字盖章；项目监理机构必须填写监理对开工应具备的条件的审果意见，加盖单位公章，总监理工程师签字盖章；建设单位应填写对开工应具备的条件的审查意见，加盖单位公章，建设单位项目负责人本人签字。分别填写报告的　年　月　日。

2.1.1.6 ________分部工程动工报审单

CA106

房屋建筑工程

________分部工程动工报审单

工程名称： 编号：

<table>
<tr><td colspan="4">致：　　　　　　　　（监理单位）</td></tr>
<tr><td colspan="2">申请开工
分部工程名称</td><td colspan="2"></td></tr>
<tr><td colspan="2">申请开工日期</td><td>计划工期</td><td>____年__月__日至____年__月__日</td></tr>
<tr><td rowspan="9">施工
准备
工作
自检
记录</td><td>序号</td><td>检 查 内 容</td><td>检 查 结 果</td></tr>
<tr><td>1</td><td>施工图纸、技术标准、施工技术交底情况</td><td></td></tr>
<tr><td>2</td><td>主要施工设备到位情况</td><td></td></tr>
<tr><td>3</td><td>施工安全和质量保证措施落实情况</td><td></td></tr>
<tr><td>4</td><td>材料、构配件质量及检验情况</td><td></td></tr>
<tr><td>5</td><td>现场施工人员安排情况</td><td></td></tr>
<tr><td>6</td><td>风、水、电等必须的辅助生产设施准备情况</td><td></td></tr>
<tr><td>7</td><td>场地平整、交通、临时设施准备情况</td><td></td></tr>
<tr><td>8</td><td>测量及试验情况</td><td></td></tr>
<tr><td colspan="4">附件： □ 分部工程进度计划
□ ________________
□ ________________
施工单位（章）：　　　　　　施工项目负责人（签章）：
年　月　日　　　　　　年　月　日</td></tr>
<tr><td colspan="4">监理验收及动工审批意见：
项目监理机构（章）：　　　　　　总监理工程师（签章）：
年　月　日　　　　　　年　月　日</td></tr>
</table>

注：本表由施工单位填写，一式三份，审批后由建设、监理、施工单位各留一份。

签章说明

【用途】 本表为施工单位对某一分部工程需动工时，报请项目监理机构审查批准的联系文件，本表由施工单位填报。

【内容】 ________分部工程动工报审单共两个部分：

一是施工单位的动工条件要求。

二是监理的审批意见。提供的附件资料应齐全。分部工程动工报审单内的施工准备工作，施工单位必须按表列检查内容进行自检并符合要求后方可提请报审。

施工单位提供附件及其他资料必须真实、完整，资料内必须附图时，附图应简单易懂，且能全面反映附图质量。经项目监理机构验收符合要求后，由总监理工程师签发返回施工单位。

【签章】 施工单位应加盖公章，施工项目负责人签字盖章；项目监理机构应填写监理验收及动工审批意见，加盖项目监理机构章，总监理工程师签字盖章，分别填写报审单位的 年 月 日。

2.1.1.7 总监理工程师通知回复单

CA107

房屋建筑工程

总监理工程师通知回复单

工程名称： 编号：

<table>
<tr><td>致＿＿＿＿＿＿＿＿＿＿＿＿＿＿＿＿（监理单位）
我方接到编号为＿＿＿＿＿＿＿＿＿＿＿＿＿＿的监理工程师通知后，已按要求完成了＿＿＿＿＿＿＿＿＿＿＿＿工作，现报上回复单，请予以复查。

详细内容：

施工单位（章）： 施工项目负责人（签章）：
年 月 日 年 月 日</td></tr>
<tr><td>监理复查意见：

项目监理机构（章）： 总监理工程师（签章）：
年 月 日 年 月 日</td></tr>
</table>

注：本表由施工单位填写，一式三份，复查后由建设、监理、施工单位各留一份。

签章说明

【用途】 本表为施工单位因项目监理机构在施工过程对工程进行检查或工作需要下发的联系文件，经施工单位整改或办理完成后，对总监理工程师通知进行的回复文件。本表由施工单位填报。

总监理工程师通知回复单是一份施工单位提请报审，项目监理机构审查的责任文件。不报、不审或不认真审查，均为失职行为。

【内容】 施工单位提交总监理工程师通知回复单的"详细内容"必须真实、详尽，文字简练。

总监理工程师通知回复单的内容包括两个部分：

一是施工单位提出的提请报审文件。

二是项目监理机构的审查意见。

总监理工程师通知回复单中的内容经复查后，被认为通知内容中的问题已全部完成整改后，方可继续进行。

监理复查意见由项目监理机构的专业监理工程师先行审查，必须填写审查意见。总监理工程师认真审核。经专业监理工程师初审符合要求后，由总监理工程师最终审核签发。

总监理工程师通知回复单必须在规定的时间内完成。

【签章】 施工单位加盖公章，施工项目负责人签字盖章，项目监理机构加盖公章，总监理工程师签字盖章。同时分别填写 年 月 日。

2.1.1.8 工程施工月报

CA108

房屋建筑工程
工程施工月报

工程名称： 编号：

本月工程情况评述：
本月工程施工质量安全验收情况：
本月工程施工形象进度完成情况：
本月工程计量完成情况及支付申请情况：
本月工、机、料使用情况，下月施工工作计划：
其他： 施工单位（章）： 施工项目负责人（签章）： 年 月 日 年 月 日

注：本表由施工单位填写，一式三份，完成后由建设、监理、施工单位各留一份。

签章说明

【用途】 工程施工月报是施工单位按月按规定的时间编制向监理、建设单位报送的本月工程的执行情况。本表由施工单位按月提出。

【内容】 月报内容应包括：本月工程情况评述，本月工程施工质量安全验收情况，本月工程施工形象进度完成情况，本月工程计量完成情况及支付申请情况，本月工、机、料使用情况，下月施工工作计划及其他需要报送的内容。

工程施工月报的内容应真实。工程施工月报必须在规定的时间内每月向监理、建设单位报送一次。

工程施工月报是施工单位向监理、建设单位报送的责任文件，是职责范围内的事，不报是失职行为。

【签章】 施工单位加盖公章，施工项目负责人签字盖章。同时分别填写 年 月 日。

2.1.1.9-1 工程停工（局部停工）报审表

CA109-1

房屋建筑工程

工程停工（局部停工）报审表

工程名称： 编号：

<table>
<tr><td colspan="2">致____________________
由于______________原因，本工程部位必须于______年____月____日____时起暂停施工，请予以批复。
工程暂停施工期间做好以下各项工作：

施工单位（章）：　　　　　　　　　　施工项目负责人（签章）：
年　月　日　　　　　　　　　　　　　　　　年　月　日</td></tr>
<tr><td colspan="2">监理审批意见：

项目监理机构（章）：　　　　　　　　总监理工程师（签章）：
年　月　日　　　　　　　　　　　　　　　　年　月　日</td></tr>
<tr><td colspan="2">建设单位批复意见：

建设单位（章）：　　　　　　　　　　建设单位项目负责人（签字）：
年　月　日　　　　　　　　　　　　　　　　年　月　日</td></tr>
</table>

注：本表由施工单位填写，一式三份，批复后由建设、监理、施工单位各留一份。

签章说明

【用途】 本表为施工单位因故要求暂时停工时，向项目监理机构、建设单位提出的工程停工（局部停工）的报审表。本表由施工单位提出。

【内容】 工程停工（局部停工）报审表内容包括三个部分：

一是施工单位提出的提请报审文件。

施工单位提出暂时停工要求的相关资料必须齐全、真实，这份资料是施工单位提出工程索赔的基础资料，因此，任何不符合停工报审条件的均不得提出。

工程暂停施工期间应做好的各项工作，应按工程特点提出，内容应尽可能详尽。

工程停工（局部停工）由监理和建设单位审查批准。

二是工程停工（局部停工）报审项目监理机构应进行审查，签署审查意见。

三是项目监理机构审查完成后报建设单位审查批复，建设单位审查同意并填写批复意见。

【签章】 工程停工（局部停工）报审表，施工单位应加盖公章，施工项目负责人签字盖章。同时分别填写　年　月　日。

项目监理机构加盖公章，总监理工程师签字盖章；建设单位加盖公章，建设单位项目负责人签字。同时分别填写　年　月　日。

2.1.1.9-2 工程复工报审表

CA109-2

房屋建筑工程

工程复工报审表

工程名称： 编号：

<table>
<tr><td colspan="2">致________________________
依据《工程暂停（局部停工）令》（编号____________）于____年____月____日____时起暂停施工的____________________部位停工因素已经消除，复工准备工作已就绪，特申请于____年____月____时复工，请予以批准。附件：具备复工条件的情况说明。

施工单位（章）：　　　　　　　　　　施工项目负责人（签章）：
年　月　日　　　　　　　　　　　　年　月　日</td></tr>
<tr><td colspan="2">监理审批意见：

项目监理机构（章）：　　　　　　　　总监理工程师（签章）：
年　月　日　　　　　　　　　　　　年　月　日</td></tr>
<tr><td colspan="2">建设单位批复意见：

建设单位（章）：　　　　　　　　　　建设单位项目负责人（签字）：
年　月　日　　　　　　　　　　　　年　月　日</td></tr>
</table>

注：本表由施工单位填写，一式三份，批复后由建设、监理、施工单位各留一份。

签章说明

【用途】 本表为施工单位整改完成后由施工单位提请复工要求时，向项目监理机构、建设单位提出的工程复工的报审表。本表由施工单位提出。

【内容】 工程复工报审表内容包括三个部分：

一是施工单位提出的提请报审文件。

施工单位提出复工要求的相关资料必须齐全、真实。

工程复工报审由监理和建设单位审查批准。

二是工程复工报审项目监理机构应进行审查，签署审查意见。

三是项目监理机构审查完成后报建设单位审查批复，建设单位审查同意并填写批复意见。工程方可复工。

【签章】 工程复工报审表，施工单位应加盖施工单位章，施工项目负责人签字盖章。同时分别填写 年 月 日。

项目监理机构加盖公章，总监理工程师签字盖章；建设单位加盖公章，建设单位项目负责人签字。同时分别填写 年 月 日。

2.1.1.10 与其他工程参与单位（建设、监理、分包、政府监管单位等）来往的重要函件

CA110

房屋建筑工程

与其他工程参与单位（建设、监理、分包、政府监管单位等）来往的重要函件

工程名称： 编号：

致＿＿＿＿＿＿＿＿＿＿＿＿＿＿＿＿ 现就下列事项与贵方联系：   施工单位（章）： 施工项目负责人（签章）： 年 月 日 年 月 日

签章说明

【用途】 本表是施工单位与其他工程参与单位（建设、监理、分包、政府监管单位等）来往的重要函件的通用表式，用于重要函件的往来不属于审批文件。本表由施工单位提出。

【内容】 重要函件的往来，鉴于信誉必须在彼此要求的时间内完成。办理必须及时、准确，函件往来所要求内容应完整、齐全，技术用语规范，文字简练明了。

【签章】 与其他工程参与单位（建设、监理、分包、政府监管单位等）来往的重要函件，施工单位必须加盖公章，施工项目负责人签字盖章。同时分别填写 年 月 日。

2.1.2 施工进度管理

2.1.2.1 工程总体施工进度计划报审表

CA201

房屋建筑工程

工程总体施工进度计划报审表

工程名称： 编号：

<table>
<tr><td colspan="2">致________________________________

现报上本工程总体施工进度计划，请予以审查

附：总体施工进度计划（说明、图表、工程量、资源配备）__________份

施工单位（章）：　　　　　　　　　　　　　　　施工项目负责人（签章）：
年　月　日　　　　　　　　　　　　　　　　　　年　月　日</td></tr>
<tr><td colspan="2">监理审批意见：

项目监理机构（章）：　　　　　　　　　　　　　总监理工程师（签章）：
年　月　日　　　　　　　　　　　　　　　　　　年　月　日</td></tr>
<tr><td colspan="2">建设单位批复意见：

建设单位（章）：　　　　　　　　　　　　　　　建设单位项目负责人（签字）：
年　月　日　　　　　　　　　　　　　　　　　　年　月　日</td></tr>
</table>

注：本表由施工单位填写，一式三份，批复后由建设、监理、施工单位各留一份。

签章说明

【用途】 本表为施工单位向监理单位、建设单位提供的工程总体施工进度计划报审表，工程总体施工进度计划报审表需经监理单位、建设单位批复后实施。本表由施工单位提出。

【内容】 施工单位提送报审的工程总体施工进度计划报审表文件内容必须真实、完整，具有全面性、针对性和可操作性。

工程总体施工进度计划报审表内容包括三个部分：

一是施工单位提出的提请报审文件。

工程总体施工进度计划报审表报审时间必须在工程项目开工前完成。

二是项目监理机构的审批意见。

工程总体施工进度计划报审表，总监理工程师审查后必须填写审查意见，填写审查日期。

三是建设单位批复意见。

总监理工程师签字后交建设单位。建设单位审查同意后返回施工单位实施。

【签章】 工程总体施工进度计划报审表，施工单位必须加盖公章，施工项目负责人必须本人签字盖章；同时分别填写　年　月　日。

项目监理机构加盖公章、总监理工程师签字盖章；建设单位加盖公章，建设单位项目负责人签字。同时分别填写　年　月　日。

2.1.2.2 单位工程施工进度计划报审表

CA202

房屋建筑工程
单位工程施工进度计划报审表

工程名称：　　　　　　　　　　　　　　　　　　　　　　　　编号：

致＿＿＿＿＿＿＿＿＿＿＿＿ 现报上＿＿＿＿＿＿＿＿单位工程施工进度计划，请予以审查 附：单位工程施工进度计划（说明、图表、工程量、资源配备）＿＿＿＿份现报上本工程总体施工进度计划，请予以审查 施工单位（章）：　　　　　　　　　　施工项目负责人（签章）： 年　月　日　　　　　　　　　　年　月　日
专业监理工程师审查意见： 专业监理工程师（签章） 年　月　日
总监理工程师审核意见： 项目监理机构（章）：　　　　　　　　　　总监理工程师（签章）： 年　月　日　　　　　　　　　　年　月　日

注：本表由施工单位填写，一式三份，审核后由建设、监理、施工单位各留一份。

签章说明

【用途】 本表为施工单位向监理单位提供的单位工程施工进度计划报审表，单位工程施工进度计划报审表需经监理单位批复后实施。本表由施工单位提出。

【内容】 施工单位提送报审的单位工程施工进度计划报审表文件内容必须真实、完整，具有针对性和可操作性。

单位工程施工进度计划报审表内容包括两个部分：

一是施工单位提出的提请报审文件；

二是项目监理机构的审查部分。

单位工程施工进度计划报审表，专业监理工程师审查后填写审查意见并签字盖章，转交总监理工程师，总监理工程师审查后填写审核意见。监理单位必须认真核查附件资料的正确性，附件资料提供数量、内容齐全。

所报单位工程施工进度计划报审的进度计划中的关键线路工期值和非关键线路的总时差不超过总计划为原则。

【签章】 单位工程施工进度计划报审表，施工单位必须加盖公章，施工项目负责人必须本人签字盖章。同时分别填写　年　月　日。

项目监理机构必须加盖公章；专业监理工程师签字盖章、总监理工程师签字盖章。同时分别填写　年　月　日。

2.1.2.3 工程延期申请表

CA203

房屋建筑工程
工程延期申请表

工程名称： 编号：

致____________________________（监理单位） 根据施工合同条款__________条的规定，由于________________________________原因，我方申请工程延期，请予以批准。 附件： 1. 工程延期的依据及工期计算 合同竣工日期： 申请延长竣工日期： 2. 证明材料 施工单位（章）： 施工项目负责人（签章）： 年 月 日 年 月 日

注：本表由施工单位填写，一式三份，审核后由建设、监理、施工单位各留一份。

签章说明

【用途】 本表是施工单位因建设、监理单位、其他不属于施工单位责任造成工期需延期时施工单位提出的工程延期申请表。本表由施工单位提出。

【内容】 施工单位提请工程延期申请时，提供的附件应包括：工程延期的依据及工期计算；合同竣工日期；申请延长竣工日期；证明材料等应齐全、真实，对任何不符合附件要求的材料，施工单位不得提请报审，监理单位不得签发报审表。

工程延期申请表是施工单位提请项目监理机构审查的责任文件。不报、不审或不认真审查，都是失职行为。

【签章】 本表由施工单位加盖公章，施工项目负责人签字盖章。同时分别填写 年 月 日。

2.1.3 合同管理

2.1.3.1 工程分包合同

CA301

房屋建筑工程
工程分包合同

工程名称： 编号：

（签字盖章页）	
总施工单位名称（单位盖章）	分包单位名称（单位盖章）
法定代表人（签章）：	法定代表人（签章）：
施工项目负责人（签章）：	施工项目负责人（签章）：
单位地址：	单位地址：
邮 编：	邮 编：
联系方式：	联系方式：
银行账号：	银行账号：
日 期：	日 期：

签章说明

【用途】 本表是总承包单位和分包单位签订的工程分包合同报审的签字盖章页，内页应附有工程分包合同内文。本表由总承包单位提出。

【内容】 总承包单位和分包单位均应加盖公章，总包单位的法定代表人签字盖章；分包单位的法定代表人签字盖章；总包单位的施工项目负责人签字盖章；分包单位的施工项目负责人签字盖章。

分别填写总包、分包单位的单位地址、邮编、联系方式、银行账号、日期。

【签章】 工程分包合同填写总施工单位名称并加盖总施工单位公章、法定代表人签字盖章、施工项目负责人签字盖章；填写分包单位名称并加盖分包单位公章，法定代表人签字盖章、施工项目负责人签字盖章。同时分别填写 年 月 日。

2.1.3.2-1　工程设备/材料/构配件

CA302-1

编号：

房屋建筑工程

工程设备/材料/构配件
采 购 招 标 书

工程名称________________

建设单位________________

监理单位________________

施工单位（章）________________

招标代理单位（章）________________

施工项目负责人（签章）________________

日　　期________________

附：采购招标书正文

签章说明

【用途】 本表为施工单位因工程需要采购工程设备/材料/构配件时发布的采购招标书的封页。本表由总承包单位提供发布。

【内容】 本表由施工单位填写。工程名称、建设单位、监理单位应按合同文件名称的全称填写。

应附工程设备/材料/构配件采购招标书正文于后。

采购招标书的内容应符合招标投标法的相关规定。

【签章】 施工单位填写施工单位名称并加盖公章；招标代理单位填写招标代理单位名称并加盖公章；施工项目负责人本人签字盖章，同时填写招标书的　年　月　日。

2.1.3.2-2 工程设备/材料/构配件供货单位中标书

CA302-2

房屋建筑工程
工程设备/材料/构配件供货单位中标书

工程名称： 编号：

致__________________________

根据评标结果，并经我公司和监理单位批准，现决定贵公司为中标单位，负责下列工程设备/材料/构配件的供货，望贵公司做好准备，并于在_____年____月___日前与我公司商谈及签订合同。

名称	型号	规格	单位	数量	单价	合价	备注
合计							

附件：

1. 工程设备/材料/构配件供货清单
2. 主要技术性能参数要求
3. 其他相关文件

总承包单位（章）： 法定代表人（签章）： 施工项目负责人（签章）：

年 月 日 年 月 日

签章说明

【用途】 本表为施工单位向参加招投标的中标单位发出的中标通知书。本表由总包单位提出。

【内容】 该中标书必须明确填写年、月、日商谈签订合同的时间，写明中标的设备、材料、构配件的名称、型号、规格、单位、数量、单价、合价及需要说明的其他事项。

应提供附件：工程设备/材料/构配件供货清单；主要技术性能参数要求；其他相关文件。

【签章】 工程设备/材料/构配件供货单位中标书，总承包单位加盖公章，法定代表人签字盖章，施工项目负责人签字盖章。同时分别填写 年 月 日。

2.1.3.3 合同补充、变更、中止、终止确认文件标书

CA303

房屋建筑工程

合同补充、变更、中止、终止确认文件标书

工程名称：　　　　　　　　　　　　　　　　　　　　　　　　　编号：

<table>
<tr><td colspan="4">致________________________________
由于________________________原因，本工程施工承包合同中________________________________等条款需进行补充/变更/中止/终止，双方协商已达成一致意见，并签署了相关的协议，本人同意按此协议执行。

施工单位（章）：　　　　　　　　施工项目负责人（签章）：
年　月　日　　　　　　　　　　　　年　月　日</td></tr>
<tr><td colspan="4">一致意见（作为合同附件）：</td></tr>
<tr><td>建设单位（盖章）

法定代表人（签字）：

年　月　日</td><td>设计单位（盖章）

设计代表（签字）：

年　月　日</td><td>监理单位（盖章）

总监理工程师（签字）：

年　月　日</td><td>施工单位（盖章）

法定代表人（签字）：

年　月　日</td></tr>
</table>

注：本表由施工单位填写，一式四份，由建设、设计、监理、施工单位各留一份。

签章说明

【用途】 本表为施工单位的施工项目负责人对合同文件经协商一致同意做出的合同补充、变更、中止、终止发出的确认文件标书，该确认文件可以作为合同附件。本表由施工单位提出。

【内容】 由于合同部分条目修订与建设、设计、监理、施工各方均由密切关系，故该文件应由以上的相关单位及其代表人加盖公章或签字盖章。

表内文字中需进行补充/变更/中止/终止等，属于本文的可以打√，不属于本文的可以打—。

对合同补充、变更、中止、终止确认文件标书，建设、设计、监理、施工单位应填写一致意见（作为合同附件）。

【签章】 合同补充、变更、中止、终止确认文件标书，建设单位应加盖公章、法定代表人签字；设计单位应加盖公章、设计代表签字；监理单位应加盖公章、总监理工程师签字；施工单位应加盖公章、法定代表人签字。同时分别填写　年　月　日。

2.1.3.4 涉及合同管理的承诺书（确认函）及外来文、册（确认函）

CA304

房屋建筑工程

涉及合同管理的承诺书（确认函）及外来文、册（确认函）

工程名称：　　　　　　　　　　　　　　　　　　　　　　　　　　　编号：

致________________________ 本人已于______年____月____日收到贵方发来的文件/函件（编号__________），我们承诺将按照本工程施工承包合同______________________________等有关条款以及来件中______________________________等内容组织施工，具体计划/措施/说明见附件。 附件：计划/措施/说明   施工单位（章）：　　　　　　　　施工项目负责人（签章）： 年　月　日　　　　　　　　　　年　月　日

签章说明

【用途】 本表为施工单位的施工项目负责人收到涉及合同管理来函，经认真阅读和研究后，对其认可条目确定在施工中执行的回复函件，由施工单位加盖公章、施工项目负责人签字盖章后发出。

【内容】 涉及合同管理的承诺书（确认函）及外来文、册（确认函）应附有附件，内容包括计划、措施与说明。确认的条目不论是合同条目还是来件条目均应在回复函中书写明白。

本表必须注意对来函文件认真研读，应和法律、法规等法律文件相对照，必须确认符合法律、法规的规定。

【签章】 涉及合同管理的承诺书（确认函）及外来文、册（确认函），施工单位加盖公章；施工项目负责人签字盖章。同时分别填写 年 月 日。

2.1.3.5 分包工程申请审批表

CA305

房屋建筑工程
分包工程申请审批表

工程名称： 编号：

<table>
<tr><td colspan="7">致________________
根据施工合同约定和工程需要，我方拟将本申请表中所列项目分包给所选分包人。经考察，所选分包人具备按照合同要求完成所分包工程的资质、经验、技术和管理水平、资源和财务能力，并具有良好的业绩和信誉，请贵方审核。</td></tr>
<tr><td>分包人名称</td><td colspan="6"></td></tr>
<tr><td>分包工程编码</td><td>分包工程名称</td><td>单位</td><td>数量</td><td>单价</td><td>分包金额（万元）</td><td>占合同总金额的（%）</td></tr>
<tr><td></td><td></td><td></td><td></td><td></td><td></td><td></td></tr>
<tr><td></td><td></td><td></td><td></td><td></td><td></td><td></td></tr>
<tr><td colspan="5">合　计</td><td></td><td></td></tr>
<tr><td colspan="7">附件：分包人简况（包括分包人资质、经验、能力、信誉、财务、主要人员经历等资料）。
施工单位（章）：　　施工项目负责人（签章）：
年　月　日　　年　月　日</td></tr>
<tr><td colspan="7">监理审批意见：
项目监理机构（章）：　　总监理工程师（签章）：
年　月　日　　年　月　日</td></tr>
<tr><td colspan="7">建设单位批复意见：
建设单位（章）：　　建设单位项目负责人（签字）：
年　月　日　　年　月　日</td></tr>
</table>

注：本表由施工单位填写，一式三份，审核后由建设、监理、施工单位各留一份。

签章说明

【用途】 本表为施工单位经选择确认分包单位后报请项目监理机构、建设单位的申请报批表。本表由施工单位填报，

【内容】 分包工程申请审批表内容包括三个部分：

一是施工单位提出的提请报审文件。

施工单位提交的分包工程申请审批表中的附表内容必须填写齐全，内容真实、详尽。

二是监理单位的审批意见。

分包工程申请审批表经专业监理工程师初审符合要求后填写审批意见，转呈总监理工程师。由总监理工程师填写审核意见。

分包工程申请审批表必须在规定的时间内审批完成。

三是建设单位批复意见。总监理工程师填写审核意见后转呈建设单位，建设单位审查后填写批复意见。

【签章】 分包工程申请审批表，施工单位加盖公章，施工项目负责人签字盖章；项目监理机构加盖公章，总监理工程师签字盖章；建设单位加盖公章，建设单位项目负责人签字。同时分别填写 年 月 日。

2.1.3.6 ______分包工程招标文件

CA306

编号：

房屋建筑工程

________分包工程招标文件

工程名称______________________________

建设单位______________________________

监理单位______________________________

施工单位（章）

招标代理单位（章）

施工项目负责人（签章）____________

日　　期______________________________

年　　月　　日

附：分包工程招标文件正本

签章说明

【用途】 本表为施工单位根据工程需要、专业特点对工程实施分包，发布分包工程招标文件的封页。本表由施工单位提出。

【内容】 分包工程招标文件封页的工程名称、建设单位、监理单位应按合同文件名称的全称填写。

应附分包工程招标文件正文于后。

分包工程招标文件的内容应符合招标投标法的相关规定。

【签章】 ______分包工程招标文件，施工单位加盖公章；招标代理单位加盖公章；施工项目负责人签字盖章。同时分别填写　年　月　日。

2.1.3.7 合同变更和索赔申请报告

CA307

房屋建筑工程

合同变更和索赔申请报告

工程名称： 编号：

<table>
<tr><td colspan="2">致______________________
由于______________________原因，根据施工承包合同______等条款的规定，原施工承包合同______________________等条款需进行变更。为此，我方要求索赔金额（大写）____________元。请予以审批。
附件：合同变更和索赔申请报告包括：
1. 合同变更的详细原因、理由和经过
2. 相关的证明材料
3. 索赔金额的计算
4. 其他</td></tr>
<tr><td>施工单位（章）：
年 月 日</td><td>施工项目负责人（签章）：
年 月 日</td></tr>
<tr><td colspan="2">监理审批意见：</td></tr>
<tr><td>项目监理机构（章）：
年 月 日</td><td>总监理工程师（签章）：
年 月 日</td></tr>
<tr><td colspan="2">建设单位批复意见：</td></tr>
<tr><td>建设单位（章）：
年 月 日</td><td>建设单位项目负责人（签字）：
年 月 日</td></tr>
</table>

注：本表由施工单位填写，一式三份，批复后由建设、监理、施工单位各留一份。

签章说明

【用途】 本表为施工单位因工程实施中建设、监理等原因造成影响合同变更而形成的索赔，施工单位为此提出的索赔申请报告。本表由施工单位填报。

【内容】 合同变更和索赔申请报告内容包括三个部分：

一是施工单位提出的提请报审文件；

施工单位提交的合同变更和索赔申请报告中的附件内容必须填写齐全，内容真实、详尽，文字简练。

二是监理单位的审批意见；

合同变更和索赔申请报告经专业监理工程师初审符合要求后填写审批意见，转呈总监理工程师。由总监理工程师审查后填写审核意见。

三是建设单位批复意见。总监理工程师填写审核意见后转呈建设单位，建设单位审查后填写批复意见后生效。

【签章】 合同变更和索赔申请报告施工单位加盖公章，施工项目负责人签字盖章；同时分别填写 年 月 日。

项目监理机构加盖公章，总监理工程师签字盖章；建设单位加盖公章，建设单位项目负责人签字。同时分别填写 年 月 日。

2.1.3.8　房屋建筑工程质量保修书

CA308

房屋建筑工程

房屋建筑工程质量保修书

编号：

发包单位、承包单位根据《中华人民共和国建筑法》、《建设工程质量管理条例》和《房屋建筑工程质量保修办法》等相关法律法规，对＿＿＿＿＿＿＿＿＿＿＿工程（全称）的保修期履行相应的责任和义务，并经协商一致，签订本工程质量保修书。

发包单位名称（章）　　　　承包单位名称（章）

法定代表人（签章）　　　　法定代表人（签章）

发包单位负责人（签章）　　　　施工项目负责人（签章）

年　月　日　　　　年　月　日

签章说明

【用途】 本表为施工单位工程竣工后按照《中华人民共和国建筑法》、《建设工程质量管理条例》和《房屋建筑工程质量保修办法》等相关法律法规，向建设单位提出的房屋建筑工程质量保修书。保修书由施工单位提供。

【内容】 应附房屋建筑工程质量保修书，应认真履行房屋建筑工程质量保修书的义务。

【签章】 房屋建筑工程质量保修书应填写发包单位名称，加盖发包单位公章，法定代表人签字盖章，发包单位负责人签字盖章；填写承包单位名称，加盖承包单位公章、法定代表人签字盖章，施工项目负责人签字盖章。同时分别填写　年　月　日。

2.1.4 质量管理

2.1.4.1 单位（子单位）、分部工程质量验收记录

CA401

房屋建筑工程

单位（子单位）、分部工程质量验收记录

工程名称：　　　　　　　　　　　　　　　　　　　　　　　　编号：

单位工程名称		结构类型		层数/建筑面积	
施工单位		单位技术负责人		开工日期	
施工项目负责人		项目技术负责人		竣工日期	

序号	项　目	验收记录 （施工单位填写）	验收结论 （监理或建设单位填写）
1	分部工程	共　分部，经查　分部， 符合标准及设计要求　分部。	
2	质量控制资料核查	共　项，经审查符合要求　项。	
3	分部工程有关安全和功能检测资料	共核查　项，符合要求　项。	
4	主要功能和安全项目抽查	共抽查　项，符合要求　项， 其中经处理后符合要求　项。	
5	观感质量验收	共抽查　项，符合要求　项， 不符合要求　项。	
6	综合验收结论 （监理或建设单位填写）		

参加验收单位	建设单位	勘察单位	设计单位	施工单位	监理单位
	（公章） 建设单位项目 负责人（签字）： 年　月　日	（公章） 勘察项目 负责人（签字）： 年　月　日	（公章） 设计项目 负责人（签字）： 年　月　日	（公章） 施工项目 负责人（签章）： 年　月　日	（公章） 总监理 工程师（签章）： 年　月　日

注：本表由施工单位填写，一式五份，验收后由建设、设计、勘察、监理、施工单位各留一份。

签章说明

【用途】 本表系施工单位在单位（子单位）工程、分部工程完成后经建设单位、勘察单位、设计单位、施工单位、监理单位参加验收后填报的单位（子单位）、分部工程质量验收记录表。本表由施工单位根据验收结果填写相关内容。相关单位加盖公章和负责人签字盖章。

【内容】 单位（子单位）、分部工程质量验收记录的内容包括三个部分：

一是工程概况部分，如单位工程名称、结构类型、层数/建筑面积、施工单位、单位

技术负责人、开工日期、施工项目负责人、项目技术负责人、竣工日期；

二是项目的验收记录部分，如分部工程、质量控制资料核查、分部工程有关安全和功能检测资料、主要功能和安全项目抽查、观感质量验收、综合验收结论（监理或建设单位填写）；

三是责任制部分，如建设单位、勘察单位、设计单位、施工单位、监理单位加盖公章及相关人员签字盖章。

【签章】 单位（子单位）、分部工程质量验收记录，建设单位应加盖公章，建设单位项目负责人签字；勘察单位加盖公章，勘察项目负责人签字；设计单位加盖公章，设计项目负责人签字；施工单位加盖公章，施工项目负责人签字盖章；监理单位加盖公章，总监理工程师签字盖章。同时分别填写 年 月 日。

【几点说明】

（1）建筑工程施工质量应符合《建筑工程施工质量验收统一标准》（GB 50300—2001）标准和相关专业质量验收规范（共 15 册）规定。相关专业质量验收规范包括：

《建筑地基基础工程施工质量验收规范》（GB 50202—2002）；

《砌体工程施工质量验收规范》（GB 50203—2002）；

《混凝土结构工程施工质量验收规范》（GB 50204—2002）；

《钢结构工程施工质量验收规范》（GB 50205—2001）；

《木结构工程施工质量验收规范》（GB 50206—2002）；

《屋面工程质量验收规范》（GB 50207—2002）；

《地下防水工程质量验收规范》（GB 50208—2002）；

《建筑地面工程施工质量验收规范》（GB 50209—2002）；

《建筑装饰装修工程质量验收规范》（GB 50210—2001）；

《建筑给水排水及采暖工程施工质量验收规范》（GB 50242—2002）；

《通风与空调工程施工质量验收规范》（GB 50243—2002）；

《建筑电气工程施工质量验收规范》（GB 50303—2002）；

《电梯工程施工质量验收规范》（GB 50310—2002）；

《智能建筑工程质量验收规范》（GB 50339—2003）；

《建筑节能工程施工质量验收规范》（GB 50411—2007）。

（2）单位（子单位）工程、分部工程在核查中应做到：

1）核查各分部工程中所含的子分部工程是否齐全。

2）核查各分部、子分部工程质量验收记录表的质量评价是否完善，有分部、子分部工程质量的综合评价、有质量控制资料的评价、地基与基础、主体结构和设备安装分部、子分部工程规定的有关安全及功能的检测和抽测项目的检测记录，以及分部、子分部观感质量的评价等。

3）核查分部、子分部工程质量验收记录表的验收人员是否是规定的有相应资质的技术人员，并进行了评价和签认。

4）质量控制资料应完整。

5）单位（子单位）工程所含分部工程有关安全和功能的检测资料应完整。

6）主要功能项目的抽查结果应符合相关专业质量验收规范的规定。

7）观感质量要求应符合要求。

2.1.4.1-1 ＿＿＿＿＿分部工程验收记录

CA401-1

房屋建筑工程

＿＿＿＿＿分部工程验收记录

工程名称：　　　　　　　　　　　　　　　　　　　　　　　　　　编号：

子分部（分项）工程名称		结构类型		层　数	
施工单位		技术部门负责人		质量部门负责人	
分包单位		分包单位负责人		分包技术负责人	

序号	子分部（分项）工程名称	分项数（检验批数）	施工单位检查评定	监理（建设）单位验收意见
1				
2				
3				
4				
5				
6				
质量控制资料				
安全和功能检验（检测）报告				
观感质量验收				

验收结论：	总包单位施工项目负责人（签章）：　　　　年　　月　　日
	分包单位施工项目负责人（签章）：　　　　年　　月　　日
	勘察单位项目负责人（签章）：　　　　年　　月　　日
	设计单位项目负责人（签章）：　　　　年　　月　　日
填写人（签字）： （由监理或建设单位填写）	总监理工程师（签章）： （或建设单位项目专业负责人）　　　　年　　月　　日

注：(1) 除地基基础分部外，勘察单位可不参加。

(2) 本表由施工单位填写，一式四份，验收后由建设、设计、监理、施工单位各留一份。

签章说明

【用途】 本表系施工单位在分部工程完成后经勘察单位、设计单位、施工单位、监理单位参加验收后根据检查结果填报的________分部工程验收记录。本表由施工单位根据验收结果填写相关内容。相关单位加盖公章和负责人签字盖章。

【内容】 分部工程质量验收记录的内容包括三个部分：

一是工程概况部分，如子分部（分项）工程名称、结构类型、层数、施工单位、技术部门负责人、质量部门负责人、分包单位、分包单位负责人、分包技术负责人。

二是子分部（分项）工程名称、分项数（检验批数）、施工单位检查评定、监理（建设）单位验收意见、质量控制资料、安全和功能检验（检测）报告、观感质量验收。

三是验收结论和责任制部分。验收结论由监理或建设单位填写，填写人签字；责任制部分由总包单位施工项目负责人签字盖章、分包单位施工项目负责人签字盖章、勘察单位项目负责人签字盖章、设计单位项目负责人签字盖章、总监理工程师或建设单位项目专业负责人签字盖章。

【签章】 ________分部工程验收记录总包单位施工项目负责人签字盖章、分包单位施工项目负责人签字盖章、勘察单位项目负责人签字盖章、设计单位项目负责人签字盖章、总监理工程师或建设单位项目专业负责人签字盖章。同时分别填写　年　月　日。

【几点说明】

(1) 质量验收与核查

1) 检验批、分项工程数量计算正确，应参加验收的检验批、分项工程数量齐全，质量符合相应专业规范的要求，检查每个分项工程验收是否正确。注意查对所含分项工程，有没有漏、缺的分项工程没有归纳进来，或是没有进行验收。

2) 地基与基础、主体分部工程，勘察、设计单位必须参加验收并由项目负责人签字。其他分部勘察、设计单位根据日常掌握的质量状况可派员参加也可不派员参加验收，但必须签字认可。

3) 质量控制资料必须符合相应标准要求。

4) 注意检查分项（检验批）工程的资料完整不完整，每个验收资料的内容是否有缺漏项，以及分项验收人员的签字是否齐全及符合规定。

5) 参加验收的单位只填写单位名称、项目经理分别签字，项目负责人分别签字，不盖章。

6) 验收意见填写要求应文字简练、技术用语规范。

(2) 分部（子分部）工程质量验收合格应符合下列规定：

1) 分部（子分部）工程所含分项工程的质量均应验收合格。

2) 质量控制资料应完整。

3) 地基与基础、主体结构和设备安装等分部工程有关安全及功能的检验和抽样检测结果应符合有关规定。

4) 观感质量验收应符合要求。

2.1.4.1-2　单位（子单位）工程质量控制资料核查记录

CA401-2

房屋建筑工程

单位（子单位）工程质量控制资料核查记录

工程名称：　　　　　　　　　　　　　　　　　　　　　　　　　　　　编号：

单位（子单位）工程名称			施工单位		
序号	项目	资料名称	份数	核查意见	核查人
1	建筑与结构	图纸会审，设计变更，洽商记录			
2		工程定位测量，放线记录			
3		原材料出厂合格证书及进场检（试）验报告			
4		施工试验报告及见证检测报告			
5		隐蔽工程验收记录			
6		施工记录			
7		预制构件、预拌混凝土合格证			
8		地基基础、主体结构检验及抽样检测资料			
9		分项、分部工程质量验收记录			
10		工程质量事故及事故调查处理资料			
11		新材料、新工艺施工记录			
12					
1	给排水与采暖	图纸会审，设计变更，洽商记录			
2		材料、配件出厂合格证书及进场检（试）验报告			
3		管道、设备强度试验、严密性试验记录			
4		隐蔽工程验收记录			
5		系统清洗、灌水、通水、通球试验记录			
6		施工记录			
7		分项、分部工程质量验收记录			
8					
1	建筑电气	图纸会审，设计变更，洽商记录			
2		材料、配件出厂合格证书及进场检（试）验报告			
3		设备调试记录			
4		接地、绝缘电阻测试记录			
5		隐蔽工程验收记录			
6		施工记录			
7		分项、分部工程质量验收记录			
8					
1	通风与空调	图纸会审，设计变更，洽商记录			
2		材料、配件出厂合格证书及进场检（试）验报告			
3		制冷、空调、水管道强度试验、严密性试验记录			
4		隐蔽工程验收记录			
5		制冷设备运行调试记录			
6		通风、空调系统调试记录			
7		施工记录			
8		分项、分部工程质量验收记录			
9					

续表

<table>
<tr><td colspan="2">单位（子单位）
工程名称</td><td></td><td>施工单位</td><td colspan="2"></td></tr>
<tr><td>序号</td><td>项目</td><td>资　料　名　称</td><td>份数</td><td>核查意见</td><td>核查人</td></tr>
<tr><td>1</td><td rowspan="7">电
梯</td><td>土建布置图纸会审，设计变更，洽商记录</td><td></td><td></td><td></td></tr>
<tr><td>2</td><td>设备出厂合格证书及开箱检验记录</td><td></td><td></td><td></td></tr>
<tr><td>3</td><td>隐蔽工程验收记录</td><td></td><td></td><td></td></tr>
<tr><td>4</td><td>施工记录</td><td></td><td></td><td></td></tr>
<tr><td>5</td><td>接地、绝缘电阻测试记录</td><td></td><td></td><td></td></tr>
<tr><td>6</td><td>负荷试验、安全装置检查记录</td><td></td><td></td><td></td></tr>
<tr><td>7</td><td>分项、分部工程质量验收记录</td><td></td><td></td><td></td></tr>
<tr><td>1</td><td rowspan="8">建
筑
智
能
化</td><td>图纸会审，设计变更，洽商记录、竣工图及设计说明</td><td></td><td></td><td></td></tr>
<tr><td>2</td><td>材料、设备出厂合格证书及进场检（试）验报告</td><td></td><td></td><td></td></tr>
<tr><td>3</td><td>隐蔽工程验收记录</td><td></td><td></td><td></td></tr>
<tr><td>4</td><td>系统功能测定及设备调试记录</td><td></td><td></td><td></td></tr>
<tr><td>5</td><td>系统技术、操作和维护手册</td><td></td><td></td><td></td></tr>
<tr><td>6</td><td>系统管理、操作人员培训记录</td><td></td><td></td><td></td></tr>
<tr><td>7</td><td>系统检测报告</td><td></td><td></td><td></td></tr>
<tr><td>8</td><td>分项、分部工程质量验收报告</td><td></td><td></td><td></td></tr>
<tr><td colspan="3">施工单位意见：

施工单位（章）：
施工项目负责人（签章）：
年　月　日</td><td colspan="3">监理（或建设单位）结论：

项目监理机构（章）：
总监理工程师（签章）：
（或建设单位项目负责人）　年　月　日</td></tr>
</table>

注：本表由施工单位填写，一式三份，完成后由建设、监理、施工单位各留一份。

签章说明

【用途】 本表系《建筑工程施工质量验收统一标准》（GB 50300－2001）规定，施工单位在单位（子单位）工程完成后经施工单位的施工项目负责人和监理（或建设单位）的总监理工程师（或建设单位项目负责人）审查单位（子单位）工程质量控制资料核查记录。本表由施工单位填写。

【内容】 单位（子单位）工程质量控制资料核查记录的内容包括三个部分：

一是填写单位（子单位）工程名称和施工单位名称。

二是单位（子单位）工程质量控制资料核查记录的检查内容，包括项目、资料名称、份数、核查意见和核查人；项目中包括：建筑与结构、给排水与采暖、建筑电气、通风与空调、电梯、建筑智能化。

三是施工单位意见、监理或建设单位结论和责任制部分。施工单位意见由施工项目负责人填写并签字盖章；项目监理机构由总监理工程师或建设单位项目负责人填写结论意见并签字盖章。

【签章】 单位（子单位）工程质量控制资料核查记录施工单位意见由施工项目负责人签字盖章；项目监理机构由总监理工程师或建设单位项目负责人签字盖章。同时分别填写　年　月　日。

2.1.4.1-3 单位（子单位）工程安全和功能检验资料核查及主要功能抽查记录

CA401-3

房屋建筑工程

单位（子单位）工程安全和功能检验资料核查及主要功能抽查记录

工程名称： 编号：

<table>
<tr><td colspan="2">单位（子单位）
工程名称</td><td></td><td>施工单位</td><td colspan="2"></td></tr>
<tr><td>序号</td><td>项目</td><td>资料名称</td><td>份数</td><td>核查意见</td><td>核查人（抽查）</td></tr>
<tr><td>1</td><td rowspan="10">建
筑
与
结
构</td><td>屋面淋水试验记录</td><td></td><td></td><td></td></tr>
<tr><td>2</td><td>地下室防水效果检查记录</td><td></td><td></td><td></td></tr>
<tr><td>3</td><td>有防水要求的地面蓄水试验记录</td><td></td><td></td><td></td></tr>
<tr><td>4</td><td>建筑物垂直度、标高、全高测量记录</td><td></td><td></td><td></td></tr>
<tr><td>5</td><td>抽气（风）道检查记录</td><td></td><td></td><td></td></tr>
<tr><td>6</td><td>幕墙及外窗气密性、水密性、耐风压检测报告</td><td></td><td></td><td></td></tr>
<tr><td>7</td><td>建筑物沉降观测测量记录</td><td></td><td></td><td></td></tr>
<tr><td>8</td><td>节能、保温测试记录</td><td></td><td></td><td></td></tr>
<tr><td>9</td><td>室外环境检测报告</td><td></td><td></td><td></td></tr>
<tr><td>10</td><td></td><td></td><td></td><td></td></tr>
<tr><td>1</td><td rowspan="6">给
排
水
与
采
暖</td><td>给水管道通水试验记录</td><td></td><td></td><td></td></tr>
<tr><td>2</td><td>暖气管道、散热器压力试验记录</td><td></td><td></td><td></td></tr>
<tr><td>3</td><td>卫生器具满水试验记录</td><td></td><td></td><td></td></tr>
<tr><td>4</td><td>消防管道、燃气管道压力试验记录</td><td></td><td></td><td></td></tr>
<tr><td>5</td><td>排水干管通球试验记录</td><td></td><td></td><td></td></tr>
<tr><td>6</td><td></td><td></td><td></td><td></td></tr>
<tr><td>1</td><td rowspan="5">建
筑
电
气</td><td>照明全负荷试验记录</td><td></td><td></td><td></td></tr>
<tr><td>2</td><td>大型灯具牢固性试验记录</td><td></td><td></td><td></td></tr>
<tr><td>3</td><td>避雷接地电阻测试记录</td><td></td><td></td><td></td></tr>
<tr><td>4</td><td>线路、插座、开关接地检验记录</td><td></td><td></td><td></td></tr>
<tr><td>5</td><td></td><td></td><td></td><td></td></tr>
<tr><td>1</td><td rowspan="4">通
风
与
空
调</td><td>通风、空调系统调试记录</td><td></td><td></td><td></td></tr>
<tr><td>2</td><td>风量、温度测试记录</td><td></td><td></td><td></td></tr>
<tr><td>3</td><td>洁净室洁净度测试记录</td><td></td><td></td><td></td></tr>
<tr><td>4</td><td>制冷机组试运行调试记录</td><td></td><td></td><td></td></tr>
<tr><td>1</td><td rowspan="2">电
梯</td><td>电梯运行记录</td><td></td><td></td><td></td></tr>
<tr><td>2</td><td>电梯安全装置检测报告</td><td></td><td></td><td></td></tr>
<tr><td>1</td><td rowspan="3">建筑
智能
化</td><td>系统试运行记录</td><td></td><td></td><td></td></tr>
<tr><td>2</td><td>系统电源及接地检测报告</td><td></td><td></td><td></td></tr>
<tr><td>3</td><td></td><td></td><td></td><td></td></tr>
<tr><td colspan="3">施工单位意见：
施工单位（章）：
施工项目负责人（签章）：
年 月 日</td><td colspan="3">监理结论：
项目监理机构（章）：
总监理工程师（签章）：
（或建设单位项目负责人） 年 月 日</td></tr>
</table>

注：(1) 抽查项目由验收组协商确定；

(2) 本表由施工单位填写，一式三份，完成后由建设、监理、施工单位各留一份。

签章说明

【用途】 本表系施工单位在单位（子单位）工程完成后，经施工单位的施工项目负责人和监理单位的总监理工程师（或建设单位项目负责人）审查的单位（子单位）工程安全和功能检验资料核查及主要功能抽查记录。

对单位（子单位）工程安全和功能检验资料核查及主要功能抽查记录的核查目的是为确保工程的安全和使用功能，施工单位在项目监理机构参加下通过对表列内容的检测来保证和验证工程的综合质量和最终质量。单位（子单位）工程验收通过监理工程师对分部、子分部工程检测项目进行核对，对检测资料的数量、数据和检测方法标准、检测程序的核查确认单位（子单位）工程安全和功能检验资料核查及主要功能抽查记录是否通过。

【内容】 单位（子单位）工程安全和功能检验资料核查及主要功能抽查记录的内容包括三个部分：

一是填写单位（子单位）工程名称和施工单位名称；

二是单位（子单位）工程质量控制资料核查记录的检查内容，包括项目、资料名称、份数、核查意见和核查人；项目中包括：建筑与结构、给排水与采暖、建筑电气、通风与空调、电梯、建筑智能化。

三是施工单位意见、监理或建设单位结论和责任制部分。施工单位意见由施工项目负责人签字盖章；项目监理机构由总监理工程师或建设单位项目负责人签字盖章。

【签章】 单位（子单位）工程质量控制资料核查记录施工单位意见由施工项目负责人签字盖章；项目监理机构由总监理工程师或建设单位项目负责人签字盖章。同时分别填写 年 月 日。

【几点说明】

（1）对涉及安全和使用功能的地基与基础、主体结构和设备安装等分部工程应在施工过程中进行抽样检测。

（2）标准规定有关安全与功能方面检测资料应完整。强制性条文实施指南作了如下解释：

1）有关安全与功能的检测，其检测项目尽可能在分项、子分部、分部工程中完成。

2）在单位工程验收时，检查其资料是否完整，应包括检查资料的：

检查项目是否齐全、检测程序是否合理、检测方法是否正确、检测报告是否符合专业规范规定要求。

3）通常的主要功能抽测项目，应为有关项目最终的综合性的使用功能，如室内环境检测、屋面淋水检测、照明全负荷试验检测、智能建筑系统运行等。

安全与功能检测资料，据上解释即统一标准规定的工程安全与功能检测资料表列子项中应检项目齐全（合理缺项除外）即为完全与功能检测资料完整。

注：单位（子单位）工程安全和功能检验资料核查及主要功能抽查记录包括两个方面的内容：一是在分部（子分部）进行的安全和功能检测的项目，要核其检测结果等验收资料结论必须符合设计要求；对在分部（子分部）工程已抽查的项目，应核查结论是否符合设计要求；二是单位工程进行的安全和功能抽测项目，要核查其项目是否与设计内容一致，抽测的程序、方法是否符合有关规定，抽测报告结论是否达到设计要求和规范规定。对在单位（子单位）工程抽查的项目，应进行全面检查，并核实其结论是否符合设计要求，检查责任制的签章。

安全和功能检验资料核查及主要功能抽查由施工单位检查评定合格，填好表格再提交验收。

监理单位核查应统计核查检测项数和抽查的项数，填入核查意见。

2.1.4.1-4 单位（子单位）工程观感质量检查记录

CA401-4

房屋建筑工程

单位（子单位）工程观感质量检查记录

工程名称： 编号：

单位（子单位）工程名称			施工单位			
序号	项目		抽查质量状况	质量评价		
				好	一般	差
1	建筑与结构	室外墙面				
2		变形缝				
3		水落管，屋面				
4		室内墙面				
5		室内顶棚				
6		室内地面				
7		楼梯、踏步、护栏				
8		门窗				
1	给排水与采暖	管道接口、坡度、支架				
2		卫生器具、支架、阀门				
3		检查口、扫除口、地漏				
4		散热器、支架				
1	建筑电气	配电箱、盘、板、接线盒				
2		设备器具、开关、插座				
3		防雷、接地				
1	通风与空调	风管、支架				
2		风口、风阀				
3		风机、空调设备				
4		阀门、支架				
5		水泵、冷却塔				
6		绝热				
1	电梯	运行、平层、开关门				
2		层门、信号系统				
3		机房				
1	智能建筑	机房设备安装及布局				
2		现场设备安装				
3						
观感质量综合评价						
检查结论	施工单位意见： 施工单位（章）： 施工项目负责人（签章）： 年 月 日		监理结论： 项目监理机构（章）： 总监理工程师（签章）： （或建设单位项目负责人） 年 月 日			

注：(1) 质量评价为差的项目，应进行返修。

(2) 本表由施工单位填写，一式三份，完成后由建设、监理、施工单位各留一份。

签章说明

【用途】 本表系《建筑工程施工质量验收统一标准》(GB 50300－2001) 规定，施工单位在单位（子单位）工程完成后，施工单位对单位（子单位）工程观感质量进行检查并填写单位（子单位）工程观感质量检查记录，由施工项目负责人填写施工单位意见，提供监理（或建设单位）的总监理工程师（或建设单位项目负责人）进行审查的单位（子单位）工程观感质量检查记录。

单位（子单位）工程观感质量检查记录是总体衡量、系统检查、全面评价一个分部、子分部、单位工程的整体外观和使用功能质量，促进施工过程管理、成品保护，提高社会效益和环境效益。

单位（子单位）工程观感质量检查不应出现影响结构安全和使用功能的项目。

【内容】 单位（子单位）工程安全和功能检验资料核查及主要功能抽查记录的内容包括三个部分：

一是填写单位（子单位）工程名称和施工单位名称；

二是单位（子单位）工程观感质量检查记录的检查内容，包括项目、抽查质量状况、质量评价（好、一般、差）、观感质量综合评价；项目中包括：建筑与结构、给排水与采暖、建筑电气、通风与空调、电梯、建筑智能化。

三是检查结论，施工单位意见、监理或建设单位结论和责任制部分。施工单位意见由施工项目负责人签字盖章；项目监理机构由总监理工程师或建设单位项目负责人签字盖章。

【签章】 单位（子单位）工程观感质量检查记录施工单位意见由施工项目负责人签字盖章；项目监理机构由总监理工程师或建设单位项目负责人签字盖章。同时分别填写 年 月 日。

【几点说明】

(1) 分部（子分部）观感质量验收。验收时只给出好、一般、差，不评合格或不合格。对差的应进行返修处理。由监理单位的总监理工程师（建设单位项目专业负责人）组织施工单位的项目经理和有关勘察、设计项目负责人进行验收。检查的内容、方法、结论均应在分部工程验收的相应部分中予以阐述。将整理结果扼要填写于分部（子分部）工程质量验收记录的观感质量验收栏。

(2) 观感质量验收：指对分部工程观感质量和单位（子单位）工程观感质量检查的结果，按实际检查结果填写。

(3) 观感质量验收应完成的工作

1) 核实质量控制资料；

2) 核查分项、分部工程验收的正确性；

3) 在分部工程中不能检查的项目或没有检查到的项目在观感质量检查时进行检查；

4) 查看不应出现裂缝情况、地面空鼓、起砂、墙面空鼓粗糙、门窗开关不灵、关闭不严格等，以及分项、分部无法测定或不便测定的项目，如建筑物全高垂直度、上下窗口位置偏移、线角不顺直等。

2.1.4.2 ________单位（子单位）、分部工程质量报验申请表

CA402

房屋建筑工程

________单位（子单位）、分部工程质量报验申请表

工程名称： 编号：

<table>
<tr><td>致________________________________（监理单位）
我单位已完成了________________________________工作，经自检合格，现报上该单位（子单位）/分部工程报验申请表，请予以检查和验收。
附件：________单位（子单位）、分部工程质量验收记录

施工单位（章）： 施工项目负责人（签章）：
年 月 日 年 月 日</td></tr>
<tr><td>监理验收意见：

项目监理机构（章）： 总监理工程师（签章）：
年 月 日 年 月 日</td></tr>
</table>

注：本表由施工单位填写，一式三份，验收后由建设、监理、施工单位各留一份。

签章说明

【用途】 本表系《建筑工程施工质量验收统一标准》（GB 50300—2001）规定，施工单位在单位（子单位）工程、分部工程施工完成，经施工项目负责人初验质量合格后，提请项目监理机构的总监理工程师对工程进行检查的申请表。本表由施工单位提出申请。

【内容】 ________单位（子单位）、分部工程质量报验申请表的内容包括两个部分：

一是施工单位提出的提请报审文件。施工单位提请项目监理机构检查的内容。

二是项目监理机构的检查验收意见。

【签章】 ________单位（子单位）、分部工程质量报验申请表施工单位加盖公章；施工项目负责人签字盖章，同时分别填写 年 月 日。

监理验收意见，项目监理机构应加盖公章；总监理工程师签字盖章，同时分别填写 年 月 日。

2.1.4.3 单位工程质量评定表

CA403

房屋建筑工程

单位工程质量评定表

工程名称： 编号：

<table>
<tr><td>项次</td><td>项目</td><td>评定情况</td><td>核定情况</td></tr>
<tr><td>1</td><td>分部工程质量评定汇总表</td><td>共　　分部
其中：合格　　分部
　　不合格　　分部
主体分部质量等级
装饰分部质量等级
安装主要分部质量等级</td><td></td></tr>
<tr><td>2</td><td>质量保证资料评定</td><td>共核查　　项
其中：符合要求　　项
经鉴定符合要求　　项</td><td></td></tr>
<tr><td>3</td><td>观感质量评定</td><td>应　得　　分
实　得　　分
得分率　　%</td><td></td></tr>
<tr><td colspan="3">施工单位意见：

施工单位（章）：
施工项目负责人（签章）：

年　月　日</td><td>监理核定意见：

项目监理机构（章）
总监理工程师（签章）：
（建设单位项目负责人）
年　月　日</td></tr>
</table>

注：本表由施工单位填写，一式三份，评定后由建设、监理、施工单位各留一份。

签章说明

【用途】 本表系《建筑工程施工质量验收统一标准》（GB 50300—2001）规定，施工单位在单位工程施工完成，经施工项目负责人组织相关人员初验质量合格后，提请项目监理机构的总监理工程师或建设单位项目负责人对单位工程质量进行评定的记录表。

该表为在完成上述程序后，由施工单位对其进行汇总整理，并请项目监理机构复核，作为确认单位工程质量验收合格，是竣工验收前完成填写的表式。

【内容】 单位工程质量评定表的内容包括两个部分：

一是填写单位工程质量评定的项目、评定情况、核定情况；项目内容包括：分部工程质量评定汇总表、质量保证资料评定、观感质量评定。

二是施工单位意见和监理核定意见及其责任制。

【签章】

单位工程质量评定表施工单位加盖公章；施工项目负责人签字盖章，同时分别填写　年　月　日。

监理核定意见，项目监理机构加盖公章；总监理工程师或建设单位项目负责人签字盖章，同时分别填写　年　月　日。

2.1.4.4 单位工程竣工（预）验收报验申请表

CA404

房屋建筑工程
单位工程竣工（预）验收报验申请表

工程名称： 编号：

<table>
<tr><td colspan="2">致____________________

____________________（单位工程）已完成施工，按有关规范、验评标准进行了自检，质量合格，竣工资料已整理齐全，申请进行竣工（预）验收。
附件：申请验收材料汇总

施工单位（章）：
年 月 日</td></tr>
<tr><td></td><td>施工项目负责人（签章）：
年 月 日</td></tr>
<tr><td colspan="2">监理单位意见：

项目监理机构（章）：
年 月 日</td></tr>
<tr><td></td><td>总监理工程师（签章）：
年 月 日</td></tr>
<tr><td colspan="2">建设单位意见：

建设单位（章）：
年 月 日</td></tr>
<tr><td></td><td>建设单位项目负责人（签字）：
年 月 日</td></tr>
</table>

注：本表由施工单位填写，一式三份，同意后由建设、监理、施工单位各留一份。

签章说明

【用途】 本表系《建筑工程施工质量验收统一标准》（GB 50300－2001）规定，施工单位在单位工程施工完成，并经施工、项目监理机构验收质量合格，由施工单位向建设单位提请竣工（预）验收的申请表。

【内容】 单位工程竣工（预）验收报验申请表的内容包括三个部分：

一是施工单位的施工项目负责人向监理单位、建设单位提请的验收申请；

二是监理单位检查后填记的监理单位意见；三是建设单位检查后填记的建设单位意见。

【签章】

单位工程竣工（预）验收报验申请表由施工单位加盖公章，施工项目负责人签字盖章，同时填写 年 月 日。

监理单位意见由项目监理机构加盖公章，总监理工程师签字盖章，同时填写 年 月 日。

建设单位意见由建设单位加盖公章，建设单位项目负责人签字，同时填写 年 月 日。

2.1.4.5 单位工程质量竣工验收记录

CA405

房屋建筑工程

单位工程质量竣工验收记录

工程名称： 编号：

<table>
<tr><td colspan="2">单位（子单位）
工程名称</td><td></td><td>结构类型</td><td colspan="2"></td><td>层数/建筑面积</td><td></td></tr>
<tr><td colspan="2">施工单位</td><td></td><td>技术负责人</td><td colspan="2"></td><td>开工日期</td><td></td></tr>
<tr><td colspan="2">施工项目负责人</td><td></td><td>施工项目
技术负责人</td><td colspan="2"></td><td>竣工日期</td><td></td></tr>
<tr><td>序号</td><td colspan="2">项　目</td><td colspan="3">验 收 记 录
（施工单位填写）</td><td colspan="2">验 收 结 论
（监理或建设单位填写）</td></tr>
<tr><td>1</td><td colspan="2">分部工程</td><td colspan="3">共　　分部，经查　　分部，
符合标准及设计要求　　分部。</td><td colspan="2"></td></tr>
<tr><td>2</td><td colspan="2">质量控制资料核查</td><td colspan="3">共　　项，经审查符合要求
　　项。</td><td colspan="2"></td></tr>
<tr><td>3</td><td colspan="2">分部工程有关安全和功能检测资料</td><td colspan="3">共核查　　项，符合要求　　项。</td><td colspan="2"></td></tr>
<tr><td>4</td><td colspan="2">主要功能和安全项目抽查</td><td colspan="3">共抽查　　项，符合要求　　项，
其中经处理后符合要求　　项。</td><td colspan="2"></td></tr>
<tr><td>5</td><td colspan="2">观感质量验收</td><td colspan="3">共抽查　　项，符合要求　　项，
不符合要求　　项。</td><td colspan="2"></td></tr>
<tr><td>6</td><td colspan="2">综合验收结论
（建设单位填写）</td><td colspan="3"></td><td colspan="2"></td></tr>
<tr><td rowspan="2">参加验收单位</td><td colspan="2">建设单位</td><td>勘察单位（必要时）</td><td>设计单位</td><td colspan="2">施工单位</td><td>监理单位</td></tr>
<tr><td colspan="2">单位（或项目）负责人（签字）：

（公章）
年　月　日</td><td>单位（或项目）负责人（签字）：

（公章）
年　月　日</td><td>单位（或项目）负责人（签字）：

（公章）
年　月　日</td><td colspan="2">施工项目负责人（签章）：

（公章）
年　月　日</td><td>总监理工程师：（签章）：

（公章）
年　月　日</td></tr>
</table>

注：本表由施工单位填写，一式三份，验收后由建设、监理、施工单位各留一份。

签章说明

【用途】 本表系《建筑工程施工质量验收统一标准》（GB 50300—2001）规定，施工单位在单位工程完成后，由建设单位主持在当地质量监督部门的监督下，由勘察单位、设计单位、施工单位、监理单位参加验收，且工程质量符合要求后填报的单位工程质量竣工验收记录。

【内容】 单位工程质量竣工验收记录的内容包括三个部分：一是工程概况部分，如单位（子单位）工程名称、结构类型、层数/建筑面积、施工单位、技术负责人、开工日期、施工项目负责人、施工项目技术负责人、竣工日期；二是项目的验收记录部分，如分部工程、质量控制资料核查、分部工程有关安全和功能检测资料、主要功能和安全项目抽查、观感质量验收、综合验收结论（建设单位填写）；三是责任制部分，如建设单位、勘察单位、设计单位、施工单位、监理单位加盖公章及相关人员签字盖章。

【签章】

单位工程质量竣工验收记录建设单位的单位（或项目）负责人签字并加盖公章，填写 年 月 日；勘察单位（必要时）的单位（或项目）负责人签字并加盖公章，填写 年 月 日；设计单位的单位（或项目）负责人签字并加盖公章，填写 年 月 日；施工单位的施工项目负责人签字盖章并加盖公章，填写 年 月 日；监理单位的总监理工程师签字盖章并加盖公章，填写 年 月 日。

【几点说明】

(1) 建筑工程施工质量应符合《建筑工程施工质量验收统一标准》（GB 50300—2001）标准和相关专业质量验收规范（共 15 册）规定。相关专业质量验收规范包括：

《建筑地基基础工程施工质量验收规范》（GB 50202—2002）；

《砌体工程施工质量验收规范》（GB 50203—2002）；

《混凝土结构工程施工质量验收规范》（GB 50204—2002）；

《钢结构工程施工质量验收规范》（GB 50205—2001）；

《木结构工程施工质量验收规范》（GB 50206—2002）；

《屋面工程质量验收规范》（GB 50207—2002）；

《地下防水工程质量验收规范》（GB 50208—2002）；

《建筑地面工程施工质量验收规范》（GB 50209—2002）；

《建筑装饰装修工程质量验收规范》（GB 50210—2001）；

《建筑给水排水及采暖工程施工质量验收规范》（GB 50242—2002）；

《通风与空调工程施工质量验收规范》（GB 50243—2002）；

《建筑电气工程施工质量验收规范》（GB 50303—2002）；

《电梯工程施工质量验收规范》（GB 50310—2002）；

《智能建筑工程质量验收规范》（GB 50339—2003）；

《建筑节能工程施工质量验收规范》（GB 50411—2007）。

(2) 单位（子单位）工程、分部工程在核查中应做到：

1) 核查各分部工程中所含的子分部工程是否齐全。

2) 核查各分部、子分部工程质量验收记录表的质量评价是否完善，有分部、子分部工程质量的综合评价、有质量控制资料的评价、地基与基础、主体结构和设备安装分部、子分部工程规定的有关安全及功能的检测和抽测项目的检测记录，以及分部、子分部观感质量的评价等。

3) 核查分部、子分部工程质量验收记录表的验收人员是否是规定的有相应资质的技术人员，并进行了评价和签认。

4) 质量控制资料应完整。

5) 单位（子单位）工程所含分部工程有关安全和功能的检测资料应完整。

6) 主要功能项目的抽查结果应符合相关专业质量验收规范的规定。

7) 观感质量要求应符合要求。

2.1.4.6 工程质量重大事故调查处理报告

CA406

房屋建筑工程

工程质量重大事故调查处理报告

工程名称： 编号：

<table>
<tr><td>建设单位</td><td colspan="3"></td><td>施工单位</td><td></td></tr>
<tr><td>工程地址</td><td colspan="3"></td><td>事故类型</td><td></td></tr>
<tr><td>事故发生时间及部位</td><td colspan="5"></td></tr>
<tr><td>经济损失</td><td colspan="3"></td><td>死亡人数</td><td></td></tr>
<tr><td>事故情况
及主要原因</td><td colspan="5"></td></tr>
<tr><td>采取的措施及
事故控制情况</td><td colspan="5"></td></tr>
<tr><td>事故处理情况</td><td colspan="5"></td></tr>
<tr><td>备　注
（相关附件）</td><td colspan="5"></td></tr>
<tr><td>报告单位</td><td colspan="3"></td><td>报告日期</td><td></td></tr>
<tr><td>单位负责人（签字）</td><td></td><td rowspan="2">填表人</td><td rowspan="2"></td><td rowspan="2">电　　话</td><td rowspan="2"></td></tr>
<tr><td>施工项目负责人（签章）</td><td></td></tr>
</table>

备注：按照国家建设行政主管部门规定上报。

签章说明

【用途】 本表系施工现场发生工程质量重大事故时，施工单位的施工项目负责人向相关单位呈交的工程质量重大事故调查处理报告。本报告由报告单位提出。

【内容】 工程质量重大事故调查处理报告的内容包括三个部分：

一是事故概况部分，如建设单位、施工单位、工程地址、事故类型；

二是事故损失、原因、处理等，如事故发生时间及部位、经济损失、死亡人数、事故情况及主要原因、采取的措施及事故控制情况、事故处理情况、备注（相关附件）、报告单位及报告日期；

三是责任制部分，如单位负责人签字、施工项目负责人签字盖章、填表人签字。

【签章】 工程质量重大事故调查处理报告，单位负责人签字、施工项目负责人签字盖章、填表人签名。

2.1.4.7 工程竣工报告

CA407

房屋建筑工程
工程竣工报告

工程名称： 编号：

<table>
<tr><td colspan="2">单位（子单位）工程名称</td><td colspan="3"></td></tr>
<tr><td colspan="2">工程地址</td><td></td><td>建筑面积</td><td>m^2</td></tr>
<tr><td colspan="2">建设单位</td><td></td><td>结构类型/层数</td><td></td></tr>
<tr><td colspan="2">设计单位</td><td></td><td>开、竣工日期</td><td></td></tr>
<tr><td colspan="2">勘察单位</td><td></td><td>合同工期</td><td></td></tr>
<tr><td colspan="2">施工单位</td><td></td><td>造　价</td><td></td></tr>
<tr><td colspan="2">监理单位</td><td></td><td>合同编号</td><td></td></tr>
<tr><td rowspan="10">竣工条件自查情况</td><td colspan="3">项　目　内　容</td><td>施工单位自查意见</td></tr>
<tr><td colspan="3">工程设计和合同约定的各项内容完成情况</td><td></td></tr>
<tr><td colspan="3">工程技术档案和施工管理资料</td><td></td></tr>
<tr><td colspan="3">工程所用建筑材料、建筑构配件、商品混凝土和设备的进场试验报告</td><td></td></tr>
<tr><td colspan="3">涉及工程结构安全的试块、试件及有关材料的试（检）验报告</td><td></td></tr>
<tr><td colspan="3">地基与基础、主体结构等重要分部（分项）工程质量验收报告签证情况</td><td></td></tr>
<tr><td colspan="3">建设行政主管部门、质量监督机构或其他有关部门责令整改问题的执行情况</td><td></td></tr>
<tr><td colspan="3">单位工程质量自评情况</td><td></td></tr>
<tr><td colspan="3">工程质量保修书</td><td></td></tr>
<tr><td colspan="3">工程款支付情况</td><td></td></tr>
<tr><td colspan="5">施工单位意见：

施工单位（公章）： 年　月　日
施工项目负责人（签章）： 年　月　日
单位技术负责人（签字）： 年　月　日
法定代表人（签章）： 年　月　日</td></tr>
</table>

签章说明

【用途】 本表系施工单位在建设单位未组织勘察单位、设计单位、施工单位、监理单位验收之前，向建设单位呈报、提请对其已完工程进行工程竣工验收的报告。

【内容】 工程竣工报告的内容包括三个部分：

一是工程概况部分。如填写单位（子单位）工程名称、工程地址、建筑面积（m^2）、建设单位、结构类型/层数、设计单位、开、竣工日期、勘察单位、合同工期、施工单位、造价、监理单位、合同编号等。

二是竣工条件自查情况应检项目内容和施工单位自查意见。如工程设计和合同约定各项内容的完成情况；工程技术档案和施工管理资料；工程所用建筑材料、建筑构配件、商品混凝土和设备的进场试验报告；涉及工程结构安全的试块、试件及有关材料的试（检）验报告；地基与基础、主体结构等重要分部（分项）工程质量验收报告签证情况；建设行政主管部门、质量监督机构或其他有关部门责令整改问题的执行情况；单位工程质量自评情况；工程质量保修书；工程款支付情况等。

三是施工单位意见及其责任制部分。如施工单位加盖公章、施工项目负责人签字盖章、单位技术负责人签字、法定代表人签字盖章等。

【签章】 工程竣工报告，施工单位应加盖公章、施工项目负责人签字盖章、单位技术负责人签字、法定代表人签字盖章，分别填写　年　月　日。

【几点说明】

(1) 单独签订施工合同的单位工程，竣工后可单独进行竣工验收。在一个单位工程中满足规定交工要求的专业工程，可征得发包人同意，分阶段进行竣工验收。

(2) 单项工程竣工验收应符合设计文件和施工图纸要求，满足生产需要或具备使用条件，并符合其他竣工验收条件要求。

(3) 整个建设项目已按设计要求全部建设完成，符合规定的建设项目竣工验收标准，可由发包人组织设计、施工、监理等单位进行建设项目竣工验收，中间竣工并已办理移交手续的单项工程，不再重复进行竣工验收。

(4) 竣工验收应依据下列文件：

1) 批准的设计文件、施工图纸及说明书。

2) 双方签订的施工合同。

3) 设备技术说明书。

4) 设计变更通知书。

5) 施工验收规范及质量验收标准。

6) 外资工程应依据我国有关规定提交竣工验收文件。

(5) 竣工验收应符合下列要求：

1) 设计文件和合同约定的各项施工内容已经施工完毕。

2) 有完整并经核定的工程竣工资料，符合验收规定。

3) 有勘察、设计、施工、监理等单位签署确认的工程质量合格文件。

4) 有工程使用的主要建筑材料、构配件和设备进场的证明及试验报告。

(6) 竣工验收的工程必须符合下列规定：

1) 合同约定的工程质量标准。

2) 单位工程质量竣工验收的合格标准。

3) 单项工程达到使用条件或满足生产要求。

4) 建设项目能满足建成投入使用或生产的各项要求。

2.1.4.8 工程交工验收报告

CA408

编号：

房屋建筑工程

工程交工验收报告

工程名称＿＿＿＿＿＿＿＿＿＿＿＿＿＿＿＿

建设单位＿＿＿＿＿＿＿＿＿＿＿＿＿＿＿＿

监理单位＿＿＿＿＿＿＿＿＿＿＿＿＿＿＿＿

施工单位（盖章）＿＿＿＿＿＿＿＿＿＿＿＿＿＿

单位技术负责人（签字）＿＿＿＿＿＿＿＿＿＿

法定代表人（签章）＿＿＿＿＿＿＿＿＿＿＿＿

施工项目负责人（签章）＿＿＿＿＿＿＿＿＿＿

年 月 日

附：工程交工验收报告正文及相关材料

签章说明

【用途】 本表为施工单位向建设单位提交的工程交工验收报告。本表为工程交工验收报告的封页，提交时该表的后面应附有工程交工验收报告正文及相关材料。

【内容】 封页内容为填写相关单位名称与编制单位的责任制。应附工程交工验收报告正文及相关材料，工程交工验收报告内容应符合合同文件的约定。

【签章】 表内的工程名称、建设单位、监理单位、施工单位名称应填写其合同书中的全称。施工单位尚应加盖公章，单位技术负责人签字，法定代表人签字盖章，施工项目负责人签字盖章，同时填写 年 月 日。

2.1.5 安全管理

2.1.5.1 工程项目安全生产责任书

CA501

编号：

房屋建筑工程

工程项目安全生产责任书

工程名称________________________

建设单位________________________

监理单位________________________

施工单位（盖章）________________

施工单位技术负责人（签字）________

法定代表人（签章）______________

施工项目负责人（签章）__________

年 月 日

附：工程项目管理安全生产责任书正文

签章说明

【用途】 本表为施工单位向建设单位提交的工程项目安全生产责任书。本表为工程项目安全生产责任书的封页，提交时该表的后面应附工程项目管理安全生产责任书正文。本表由施工单位填写。

【内容】 封页内容为填写相关单位名称与编制单位的责任制。应附工程项目管理安全生产责任书正文，工程项目安全生产责任书内容应符合合同文件的约定。

【签章】 表内的工程名称、建设单位、监理单位、施工单位名称应填写其合同书中的全称。施工单位尚应加盖公章，施工单位技术负责人签字，法定代表人签字盖章，施工项目负责人签字盖章，同时填写 年 月 日。

2.1.5.2 分包工程安全管理协议书（签字页）

CA502

房屋建筑工程

分包工程安全管理协议书（签字页）

<table>
<tr><td colspan="2">

编号：

分包工程安全管理协议书

工程名称____________________

建设单位____________________

监理单位____________________

承包单位____________________

分包单位____________________

附：分包工程安全管理协议书正文

</td></tr>
<tr><td>承包单位（章）：
法定代表人（签章）：
施工项目负责人（签章）：
电话：
传真：
地址：
邮政编码：
年 月 日</td><td>分包单位（章）：
法定代表人（签章）：
施工项目负责人（签章）：
电话：
传真：
地址：
邮政编码：
年 月 日</td></tr>
</table>

签章说明

【用途】 本表为承包单位和分包单位的安全管理协议书的签字页。提交时该表的后面应附分包工程安全管理协议书正文。本表由施工单位填写。

【内容】 签字页内容为填写相关单位名称与编制单位的责任制。应附分包工程安全管理协议书正文，分包工程安全管理协议书（签字页）内容应符合合同文件的约定。

【签章】 表内的工程名称、建设单位、监理单位、承包单位、分包单位名称应填写其合同书中的全称。分包工程安全管理协议书（签字页）的承包单位应加盖公章、法定代表人签字盖章、施工项目负责人签字盖章；分包单位应加盖公章、法定代表人签字盖章、施工项目负责人签字盖章。

2.1.5.3 安全事故应急预案

CA503

编号：

房屋建筑工程

安 全 事 故 应 急 预 案

工程名称＿＿＿＿＿＿＿＿＿＿＿＿＿＿＿＿＿＿

建设单位＿＿＿＿＿＿＿＿＿＿＿＿＿＿＿＿＿＿

监理单位＿＿＿＿＿＿＿＿＿＿＿＿＿＿＿＿＿＿

施工单位（盖章）＿＿＿＿＿＿＿＿＿＿＿＿＿＿

施工单位技术负责人（签字）＿＿＿＿＿＿＿＿

施工项目负责人（签章）＿＿＿＿＿＿＿＿＿＿

年　　月　　日

附：安全事故紧急预案正文

签章说明

【用途】 本表为施工单位编制的安全事故应急预案文本的封页，提交时该表的后面应附安全事故紧急预案正文。本表由施工单位填写。

【内容】 封页内容为填写相关单位名称与编制单位的责任制。应附安全事故紧急预案正文。

【签章】 表内的工程名称、建设单位、监理单位、施工单位名称应填写其合同书中的全称。施工单位尚应加盖公章，施工单位技术负责人签字，施工项目负责人签字盖章，同时填写　年　月　日。

2.1.5.4 其他危险性较大的工程专项施工方案及安全验算结果报审表

CA504

房屋建筑工程

其他危险性较大的工程专项施工方案及安全验算结果报审表

工程名称： 编号：

<table>
<tr><td>致＿＿＿＿＿＿＿＿＿＿＿＿＿（监理单位）
我方根据施工合同的有关规定已完成了＿＿＿＿＿＿＿＿＿＿＿＿＿专项施工组织设计（方案），并经我单位上级技术负责人审查批准，请予以审查。
附：1. 专项施工组织设计（方案）
2. 安全验算结果

施工单位（章）： 施工项目负责人（签章）：
年 月 日 年 月 日</td></tr>
<tr><td>专业监理工程师审查意见：

专业监理工程师（签章）：
年 月 日 年 月 日</td></tr>
<tr><td>总监理工程师审核意见：

项目监理机构（章）： 总监理工程师（签章）：
年 月 日 年 月 日</td></tr>
</table>

注：本表由施工单位填写，一式三份，审核后由建设、监理、施工单位各留一份。

签章说明

【用途】 本表为施工单位编制的其他危险性较大的工程专项施工方案及安全验算结果报请项目监理机构审查的报审表。本表由施工单位填写。

【内容】 其他危险性较大的工程专项施工方案及安全验算结果报审表的内容包括两个部分：

一是施工单位完成的专项施工组织设计（方案）及其安全验算结果的申请部分；

二是项目监理机构的审查和审核意见。专业监理工程师审查意见。

【签章】 其他危险性较大的工程专项施工方案及安全验算结果报审表施工单位应加盖公章，施工项目负责人签字盖章；项目监理机构加盖公章，专业监理工程师提出审查意见并签字盖章，总监理工程师审核意见并签字盖章。

2.1.5.5 施工现场消防方案报审表

CA505

房屋建筑工程
施工现场消防方案报审表

工程名称： 编号：

<table>
<tr><td colspan="2">致＿＿＿＿＿＿＿＿＿＿＿＿＿＿＿＿＿＿
我方已根据施工合同的有关规定完成了＿＿＿＿＿＿＿＿＿＿＿＿＿＿＿工程施工现场消防方案，并经我单位上级技术负责人审查批准，请予以审查。
附：施工现场消防方案

施工单位（章）：
年 月 日</td></tr>
<tr><td>施工单位（章）：
年 月 日</td><td>施工项目负责人（签章）：
年 月 日</td></tr>
<tr><td colspan="2">监理审查意见：</td></tr>
<tr><td>项目监理机构（章）：
年 月 日</td><td>总监理工程师（签章）：
年 月 日</td></tr>
<tr><td colspan="2">建设单位审查意见：</td></tr>
<tr><td>建设单位（章）：
年 月 日</td><td>建设单位项目负责人（签字）：
年 月 日</td></tr>
<tr><td colspan="2">消防管理部门审核意见：</td></tr>
<tr><td>消防部门（章）：
年 月 日</td><td>审核部门负责人（签字）：
年 月 日</td></tr>
</table>

注：本表由施工单位填写，一式四份，审核后由建设、监理、施工、消防单位各留一份。

签章说明

【用途】 本表为施工单位编制的施工现场消防方案报审表报请项目监理机构审查的报审表。事关安全应按规定严格要求。本表由施工单位提请报审。

【内容】 施工现场消防方案报审表的内容包括四个部分：

一是施工单位完成的施工现场消防方案的报审部分；

二是项目监理机构审查并填写审查意见部分；

三是建设单位审查并填写审查意见部分；

四是消防管理部门审查并填写审核意见部分。

【签章】 施工现场消防方案报审表施工单位应加盖公章，施工项目负责人签字盖章；项目监理机构应加盖公章，总监理工程师签字盖章；建设单位应加盖公章，建设单位项目负责人签字消防部门应加盖公章，审核部门负责人签字，同时填写 年 月 日。

2.1.5.6 施工现场安全事故上报、调查、处理报告

CA506

房屋建筑工程

施工现场安全事故上报、调查、处理报告

工程名称： 编号：

<table>
<tr><td>事故地点</td><td colspan="6"></td><td colspan="2">事故部位</td><td colspan="3"></td></tr>
<tr><td>事故时间</td><td colspan="7"></td><td>气象情况</td><td colspan="3"></td></tr>
<tr><td rowspan="2">伤害人姓名</td><td rowspan="2">伤害情况
（死、重、轻伤）</td><td rowspan="2">工种及
级 别</td><td rowspan="2">性
别</td><td rowspan="2">年
龄</td><td rowspan="2">本工种
工 龄</td><td rowspan="2">受过何种
安全教育</td><td rowspan="2">歇 工
总日期</td><td colspan="2">经济损失</td><td rowspan="2">备注</td></tr>
<tr><td>直接</td><td>间接</td></tr>
<tr><td></td><td></td><td></td><td></td><td></td><td></td><td></td><td></td><td></td><td></td><td></td></tr>
<tr><td></td><td></td><td></td><td></td><td></td><td></td><td></td><td></td><td></td><td></td><td></td></tr>
<tr><td></td><td></td><td></td><td></td><td></td><td></td><td></td><td></td><td></td><td></td><td></td></tr>
<tr><td colspan="11">事故经过和原因：</td></tr>
<tr><td colspan="11">事故发生后采取的措施及事故控制情况：</td></tr>
<tr><td colspan="11">事故处理结果：</td></tr>
<tr><td>报告单位</td><td colspan="5"></td><td>报告日期</td><td colspan="4"></td></tr>
<tr><td>单位负责人
（施工项目负责人）</td><td colspan="3"></td><td colspan="2">填表人</td><td></td><td>电话</td><td colspan="3"></td></tr>
</table>

注：(1) 按照国家建设行政主管部门规定上报。

(2) 本表由施工单位填写，一式四份，事故处理后由建设、监理、施工单位和主管部门各留一份。

签章说明

【用途】 本表为报告单位发生安全事故后，编制的有关部门提出的施工现场安全事故上报、调查、处理报告。本表由施工单位提出。

【内容】 施工现场安全事故上报、调查、处理报告的内容包括四个部分：

一是填写工程名称、事故地点、事故部位、事故时间和气象情况。

二是伤亡人员情况登记。

三是事故经过、原因、措施、处理结果等。

四是责任制部分。

【签章】 施工现场安全事故上报、调查、处理报告填写报告单位名称（全称）与报告日期；单位负责人（施工项目负责人）签字，填表人签名。

2.1.6　现场环保文明施工管理

2.1.6.1　施工环境保护措施及管理方案报审表

CA601

房屋建筑工程

施工环境保护措施及管理方案报审表

工程名称：　　　　　　　　　　　　　　　　　　　　　　　编号：

致________________________ 我方已根据施工合同的有关规定完成了________________________工程施工环境保护措施及管理方案，并经我单位上级技术负责人审查批准，请予以审查。 附：施工环境保护措施及管理方案 施工单位（章）：　　　　　　　　　　施工项目负责人（签章）： 年　月　日　　　　　　　　　　　　　年　月　日
专业监理工程师审查意见： 专业监理工程师（签章）： 年　月　日
总监理工程师审核意见： 项目监理机构（章）：　　　　　　　　总监理工程师（签章）： 年　月　日　　　　　　　　　　　　　年　月　日

注：本表由施工单位填写，一式三份，审核后由建设、监理、施工单位各留一份。

签章说明

【用途】 本表为施工单位按照保护环境，对施工现场产生的空气、粉尘、噪声等可能对环境造成影响而制定的措施及管理方法向项目监理机构提请审查的施工环境保护措施及管理方案报审表。本表由施工单位提出。报审通过批准后方可实施。

【内容】 施工环境保护措施及管理方案报审表的内容包括两个部分：

一是施工单位填报的施工环境保护措施及管理方案的报审内容。

二是项目监理机构的专业监理工程师先行审查并提出审查意见交总监理工程师，审核的后由总监理工程师提出审核意见。

【签章】 施工环境保护措施及管理方案报审表施工单位应加盖公章，施工项目负责人签字盖章；项目监理机构加盖公章，专业监理工程师提出审查意见并签章，总监理工程师提出审核意见并签章。同时分别填写　年　月　日。

2.1.6.2 施工现场文明施工措施报审表

CA602

房屋建筑工程

施工现场文明施工措施报审表

工程名称： 编号：

<table>
<tr><td colspan="2">致________________________（监理单位）
我方已根据施工合同的有关规定完成了________________________工程施工现场文明施工措施计划的编制，并经我单位上级技术负责人审查批准，请予以审查。
附：施工现场文明施工措施计划

施工单位（章）： 施工项目负责人（签章）：
年 月 日 年 月 日</td></tr>
<tr><td colspan="2">专业监理工程师审查意见：

专业监理工程师（签章）：
年 月 日</td></tr>
<tr><td colspan="2">总监理工程师审核意见：

项目监理机构（章）： 总监理工程师（签章）：
年 月 日 年 月 日</td></tr>
</table>

注：本表由施工单位填写，一式三份，审核后由建设、监理、施工单位各留一份。

签章说明

【用途】 本表为施工单位本着施工组织科学、施工秩序合理、施工人员遵章守纪、施工现场安全管理、防护等达到优良等级，现场整结卫生的工地宗旨组织施工而制定的施工现场文明施工措施报审表。本表由施工单位提出。报审通过批准后方可实施。

【内容】 施工现场文明施工措施报审表的内容包括两个部分：

一是施工单位填报的报审内容，报审资料应有附：施工现场文明施工措施计划。

二是项目监理机构的审查部分，专业监理工程师先行审查并提出审查意见，交总监理工程师，审核后提请总监理工程师提出审核意见。

【签章】 施工现场文明施工措施报审表施工单位应加盖公章，施工项目负责人签字盖章；项目监理机构加盖公章，专业监理工程师提出审查意见并签字盖章，总监理工程师提出审核意见并签字盖章。同时分别填写 年 月 日。

2.1.7 成本费用管理

2.1.7.1 工程进度款支付申请表

CA701

房屋建筑工程

工程进度款支付申请表

工程名称： 编号：

致________________________

我公司已完成了____工作，并由贵公司验收通过。按施工合同的规定，建设单位应在______年____月____日前支付该项工程款共（大写）________________（小写：__________），现报上________________工程付款申请表，请予以审查并开具工程款支付证书。

附件：

1. 合格工程量清单；
2. 计算方法。

施工单位（章）： 施工项目负责人（签章）：

年 月 日 年 月 日

注：本表由施工单位填写，一式三份，审核后由建设、监理、施工单位各留一份。

签章说明

【用途】 工程进度款支付申请表是施工单位根据项目监理机构对施工单位自检合格且经项目监理机构验收合格经工程量计算应收工程款后提出的申请书。工程款支付申请由承包单位填报。本表由施工单位提出。

【内容】

（1）承包单位提请工程款支付申请时，提供的附件：工程量清单、计算方法必须齐全、真实，对任何形式的不符合工程款支付申请的内容，承包单位不得提出申请。

（2）工程款支付申请中包括合同内工作量、工程变更增减费用、批准的索赔费用、应扣除的预付款、保留金及合同中约定的其他费用。

（3）工程款支付申请一般按以下程序执行：检验批验收合格→施工单位申请批准计量→监理工程师审批计量→施工单位提出支付申请→监理单位审批支付申请→总监核定支付申请→总监签发支付证书→建设单位审核→向施工单位付款。

注：各环节中的审批，凡未获同意，均需说明原因重新报批。

【签章】 工程进度款支付申请表施工单位应加盖公章，施工项目负责人签字盖章。

2.1.7.2　工程费用和价款变更申请表

CA702

房屋建筑工程
工程费用和价款变更申请表

工程名称：　　　　　　　　　　　　　　　　　　　　　　　　编号：

<table>
<tr><td colspan="3">致________________
由于________________原因，并根据施工承包合同等条款，现提出金额为（大写）________________元（小写________元）工程费用和价款变更（申请报告见附件），请予以审查并开具工程费用和价款变更支付证书。
附件：工程费用和价款变更申请报告
施工单位（章）：　　　　　　　　施工项目负责人（签章）：
年　月　日　　　　　　　　年　月　日</td></tr>
<tr><td colspan="2">一致意见（监理单位填写）：</td><td>一致意见（建设单位填写）：</td></tr>
<tr><td>施工单位（章）：
施工项目负责人（签章）：
年　月　日</td><td>项目监理机构（章）：
总监理工程师（签章）：
年　月　日</td><td>建设单位（章）：
建设单位项目负责人（签字）：
年　月　日</td></tr>
</table>

注：本表由施工单位填写，一式三份，审核后由建设、监理、施工单位各留一份。

签章说明

【用途】 工程费用和价款变更申请表是指由于建设、设计、监理、施工任何一方提出的工程变更，经有关方同意并确认其工程数量后，计算出的工程价款提请报审、确认和批复的报审表。本表由承包单位填报。

【内容】

（1）承包单位提请工程费用和价款变更申请表，应附工程费用和价款变更申请报告。提供的附件应齐全、真实，对任何不符合附件要求的资料，承包单位不得提出申请。

（2）发生工程变更，不论是由设计单位、建设单位或承包单位提出的，均应经过建设单位、设计单位、承包单位和监理单位的代表共同签认，确认工程变更项目，并通过项目总监理工程师下达变更指令后，承包单位方可进行施工和费用申请。

（3）本表内容由三部分组成：

一是施工单位提出的提请报审文件；

二是监理、建设对变更申请的审查意见，监理、建设审查意见必须一致。

未经监理工程师审查同意，擅自变更设计或修改施工方案进行施工而计量的费用；工序施工完成后，未经监理工程师验收或验收不合格而计量的费用均不得计入。

三是施工、监理和建设三方的责任部分。

【签章】 工程费用和价款变更申请表施工单位应加盖公章，施工项目负责人签字盖章；项目监理机构加盖公章，总监理工程师签字盖章；建设单位加盖公章，建设单位项目负责人签字。同时分别填写　年　月　日。

2.1.7.3 工程费用索赔申请表

CA703

房屋建筑工程

工程费用索赔申请表

工程名称： 编号：

<table>
<tr><td>致________________________（监理单位）
根据施工合同条款____________条的规定，由于____________的原因，我方要求索赔金额（大写）______________，请予以批准。
索赔的理由：

索赔金额的计算：

附：证明材料</td></tr>
<tr><td>施工单位（章）： 施工项目负责人（签章）：
年 月 日 年 月 日</td></tr>
</table>

注：本表由施工单位填写，一式三份，申请后由建设、监理、施工单位各留一份。

签章说明

【用途】 工程费用索赔申请表是承包单位向建设单位提出索赔的报审，提请项目监理机构审查、确认和批复。包括工期索赔和费用索赔等。本表由承包单位填报。

【内容】

(1) 施工单位提请报审费用索赔应提供的附件：索赔的详细理由及经过、索赔金额的计算、证明材料必须齐全真实，对任何形式的不符合费用索赔的内容，承包单位不得提出申请。

(2) 项目监理机构必须认真审查承包单位报送的附件资料，填写复查意见，索赔金额的计算可以附附页计算依据。

(3) 提出索赔的基本条件

根据合同法关于赔偿损失的规定及建设工程施工合同条件的约定，必须注意分清：建设单位原因、承包单位原因、不可抗力或其他原因。

非承包单位原因造成的索赔事件，造成承包单位的直接经济损失；

索赔金额应附计算资料和证明材料。

【签章】 工程费用索赔申请表施工单位应加盖公章，施工项目负责人签章。同时分别填写 年 月 日。

2.1.7.4 （ ）月工程进度款报审表

CA704

房屋建筑工程
（ ）月工程进度款报审表

工程名称： 编号：

<table>
<tr><td>致________________________
兹申报____年____月份完成的工作量，进度款额度为__________元，请予以核定并签署工程进度款支付证明。
附件：月完成工作量统计报表
施工单位（章）： 施工项目负责人（签章）：
年 月 日 年 月 日</td></tr>
<tr><td>专业监理工程师审查意见：
专业监理工程师（签章）：
年 月 日</td></tr>
<tr><td>总监理工程师审批意见：
项目监理机构（章）： 总监理工程师（签章）：
年 月 日 年 月 日</td></tr>
<tr><td>建设单位批复意见：
建设单位（章）： 建设单位项目负责人（签字）：
年 月 日 年 月 日</td></tr>
</table>

注：本表由施工单位填写，一式三份，批复后由建设、监理、施工单位各留一份。

签章说明

【用途】（ ）月工程进度款报审表是承包单位根据合同规定，对每月已完工程或其他与工程有关的付款事宜，填报的工程款支付申请，经项目监理机构审查确认工程计量和付款额无误后，由项目监理机构向建设单位转呈的支付证明。

【内容】

（ ）月工程进度款报审表内容包括三个部分：

(1) 一是施工单位提出的提请报审文件。（ ）月工程进度款报审表应附月完成工作量统计报表；（ ）月工程进度款报审表的办理必须及时、准确，内容填写完整，注文简练明了；承包单位统计报送的工程量必须是经专业监理工程师质量验收合格的工程，才能按施工合同的约定填报工程量清单。

(2) 二是项目监理机构的审查意见。承包单位报送的工程量清单，专业监理工程师必须按施工合同的约定进行现场计量复核，并报总监理工程师审定；（ ）月工程进度款报审表，专业监理工程师必须填写审查意见交总监理工程师审核；总监理工程师审核后必须填写审批意见。

(3) 三是建设单位必须填写批复意见。

【签章】（ ）月工程进度款报审表施工单位应加盖公章，施工项目负责人签字盖章；项目监理机构加盖公章，专业监理工程师签字盖章、总监理工程师签字盖章；建设单位加盖公章，建设单位项目负责人签字。同时分别填写 年 月 日。

2.1.7.5 竣工结算报审表

CA705

房屋建筑工程
竣工结算报审表

工程名称： 编号：

<table>
<tr><td colspan="2">致________________________
我方已按施工承包合同的约定和要求完成了________________________
________________工程施工任务，并按规定完成了工程竣工结算报告（见附件），工程结算款共（大写）
________________元（小写________________元），请予以审查并开具工程竣工结算款支付证书。
附件：工程竣工结算报告

施工单位（章）： 施工项目负责人（签章）：
年 月 日 年 月 日</td></tr>
<tr><td colspan="2">监理单位审批意见：

项目监理机构（章）： 总监理工程师（签章）：
年 月 日 年 月 日</td></tr>
<tr><td colspan="2">建设单位批复意见：

建设单位（章）： 建设单位项目负责人（签字）：
年 月 日 年 月 日</td></tr>
</table>

注：本表由施工单位填写，一式三份，批复后由建设、监理、施工单位各留一份。

签章说明

【用途】 本表系施工单位已完成合同约定和施工图设计的全部内容向建设单位请求审查和开具工程竣工结算支付证书而提出的报审表。

【内容】 竣工结算报审表内容包括三个部分：

（1）一是施工单位提出的提请报审文件。工程竣工结算审查应在工程竣工报告确认后依据施工合同及有关规定进行；工程竣工结算款应包括：合同工程价款、工程变更价款、费用索赔合计金额、依据合同规定承包单位应得的其他款项；应提供附件：工程竣工结算报告。

（2）二是监理单位审查意见。竣工结算报审表监理单位的总监理工程师应填写审批意见。

（3）三是建设单位应填写批复意见。竣工结算报审表建设单位的项目负责人应填写批复意见。

注：工程竣工结算审核内容包括：合同工程价款、工程变更价款、费用索赔合计金额、依据合同规定承包单位应得的其他款项；工程竣工结算的价款总额；建设单位已支付工程款、建设单位向承包单位的费用索赔合计金额、质量保修金额、依据合同规定应扣承包单位的其他款项；建设单位应支付金额。

【签章】 竣工结算报审表施工单位应加盖公章，施工项目负责人签字盖章；项目监理机构加盖公章，总监理工程师签字盖章；建设单位加盖公章，建设单位项目负责人签字。同时分别填写 年 月 日。

2.1.7.6　安全经费计划表及费用使用清单报审表

CA706

房屋建筑工程
安全经费计划表及费用使用清单报审表

工程名称：　　　　　　　　　　　　　　　　　　　　　　　　　　编号：

<table>
<tr><td colspan="2">致________________________
根据本工程已批准的施工组织设计、安全管理方案和现场环保文明施工管理的要求，我方制订了安全经费计划表及费用使用清单，并经我公司上级安全管理部门负责人审查批准，请予以审查。
附：安全经费计划表及费用使用清单</td></tr>
<tr><td>施工单位（章）：
年　月　日</td><td>施工项目负责人（签章）：
年　月　日</td></tr>
<tr><td colspan="2">总监理工程师审核意见：</td></tr>
<tr><td>项目监理机构（章）：
年　月　日</td><td>总监理工程师（签章）：
年　月　日</td></tr>
<tr><td colspan="2">建设单位批复意见：</td></tr>
<tr><td>建设单位（章）：
年　月　日</td><td>建设单位项目负责人（签字）：
年　月　日</td></tr>
</table>

注：本表由施工单位填写，一式三份，批复后由建设、监理、施工单位各留一份。

签章说明

【用途】 本表系施工单位提出安全经费计划表及费用使用清单向项目监理机构和建设单位提请审查的报审表。

【内容】 安全经费计划表及费用使用清单报审表内容包括三个部分：

（1）一是施工单位提出的提请报审文件。

安全经费计划表及费用使用清单报审表是根据本工程已批准的施工组织设计、安全管理方案和现场环保文明施工管理的要求，制订的安全经费计划表及费用使用清单。

安全经费计划表及费用使用清单报审表应附：安全经费计划表及费用使用清单。

（2）二是监理单位审查意见。安全经费计划表及费用使用清单报审表监理单位的总监理工程师应填写审批意见。

（3）三是建设单位应填写批复意见。安全经费计划表及费用使用清单报审表建设单位的项目负责人应填写批复意见。

【签章】 安全经费计划表及费用使用清单报审表施工单位应加盖公章，施工项目负责人签字盖章；项目监理机构加盖公章，总监理工程师签字盖章；建设单位加盖公章，建设单位项目负责人签字。同时分别填写　年　月　日。

2.2 装饰装修工程

注册建造师施工管理签章文件

序号	工程类别	文件类别	文件名称	代码
1	装饰装修工程	施工组织管理	项目管理目标责任书	CN101
			项目管理实施规划	CN102
			施工组织设计（方案）报审表	CN103
			工程动工报审表	CN104
			工程延期申请表	CN105
			工程停工申请书 工程竣工报审表 工程竣工交验申请	CN106－1 CN106－2 CN106－3
			工程复工报审表	CN107
			工作联系单	CN108
			________工程项目管理总结报告	CN109
		施工进度管理	（年、季、月、周）工程计划报审表	CN201
		合同管理	工程分包合同	CN301
			分包单位资质及相关人员岗位证书报审表	CN302
			劳务分包报审表 劳务分包合同	CN303－1 CN303－2
			材料（设备）采购总计划表	CN304
			合同变更和费用索赔申请报告	CN305
		质量管理	工程技术文件报审表	CN401
			有见证取样和送检见证人备案书	CN402
			单位工程竣工预验收报验单	CN403
			工程竣工验收备案表（改建工程）	CN404
			建设工程质量事故调（勘）查记录	CN405
			建设工程质量事故报告书（受法人委托）	CN406
			单位（子单位）工程质量竣工验收记录	CN407
			单位（子单位）工程质量控制资料核查记录	CN408
			单位（子单位）工程安全和功能检验资料核查及主要功能抽查记录	CN409
			单位（子单位）工程观感质量检查记录	CN410
			隐蔽工程验收记录	CN411
			交接检验记录	CN412
			分部（子分部）工程质量验收记录表	CN413
			工程资料移交证书 工程资料移交目录	CN414－1 CN414－2
		安全管理	________工程安全、消防协议	CN501
			________工程安全、消防管理制度和管理办法	CN502
			________工程安全、消防施工方案	CN503
			________工程企业职工伤亡事故处理文件	CN504
			________工程安全生产事故应急预案	CN505
		现场环保文明施工管理	________工程施工环境保护措施及管理方案	CN601
			________工程施工现场文明施工措施	CN602

续表

序号	工程类别	文件类别	文件名称	代码
1	装饰装修工程	成本费用管理	成本计划报告	CN701
			（）月工、料、机动态表	CN702
			（）工程进度款报告	CN703
			工程变更费用报告	CN704
			费用索赔申请表	CN705
			工程款支付报告	CN706
			工程变更单	CN707
			工程洽商记录	CN708
			竣工结算申请表	CN709
			工程经济分析报告	CN710
			工程结算审计表	CN711

备注：幕墙工程施工管理执行本签章文件目录

2.2.1 施工组织管理

2.2.1.1 项目管理目标责任书

CN101

装饰装修工程

项目管理目标责任书

工程名称： 编号：

1. 工程概况

工程地点	
建设单位	
工程规模	
合同额	
开竣工时间	

2. 项目班子成员

施工项目负责人		项目执行经理	
项目技术负责人		合约商务负责人	
现场负责人		机电负责人	

3. 项目经理权限

序号	权 限 名 称	授权额度（万元）
1	分包商、供应商选择	
2	机具租赁商选择	
3	项目管理费审批及支付	
4		
5		
6		
7		
8		
9		
10		

4. 基本目标

序号	名 称	基 本 目 标
1	利润指标	
2	资金指标	
3	质量目标	
4	工期目标	
5	安全目标	
6	其 他	

5. 创优目标

序号	奖 项 名 称	是/否
1		
2		
3		

施工项目负责人（签章）____________________

年 月 日

单位负责人（签章）____________________

年 月 日

签章说明

【用途】 本表系施工单位编制的装饰装修工程项目管理目标责任书，作为该工程的管理目标，不需要监理或建设单位批准。

【内容】 装饰装修工程项目管理目标责任书包括：工程概况、项目班子成员、项目经理权限、基本目标、创优目标和项目管理目标责任书的责任制。

（1）工程概况包括：工程地点、建设单位、工程规模、合同额、开竣工时间。建设单位按合同书的名称全称填写。

（2）项目班子成员包括：施工项目负责人、项目执行经理、项目技术负责人、合约商务负责人、现场负责人、机电负责人。分别填写其人员姓名。

（3）项目经理权限包括：分包商、供应商选择；机具租赁商选择；项目管理费审批及支付等。《建设工程项目管理规范》（GB/T 50326—2006）规定，项目经理应具有下列权限：

1）参与企业进行的施工项目投标和签订施工合同。

2）经授权组建项目经理部确定项目经理部的组织结构，选择、聘任管理人员，确定管理人员的职责，并定期进行考核、评价和奖惩。

3）在企业财务制度规定的范围内，根据企业法定代表人授权和施工项目管理的需要，决定资金的投入和使用，决定项目经理部的计酬办法。

4）在授权范围内，按物资采购程序性文件的规定行使采购权。

5）根据企业法定代表人授权或按照企业的规定选择、使用作业队伍。

6）主持项目经理部工作，组织制定施工项目的各项管理制度。

7）根据企业法定代表人授权，协调和处理与施工项目管理有关的内部与外部事项。

（4）基本目标包括：利润指标、资金指标、质量目标、工期目标、安全目标、其他。应按施工组设计承诺的基本目标执行。

（5）创优目标：应按施工组设计承诺的基本目标执行。

【签章】 装饰装修工程项目管理目标责任书，施工项目负责人签章，单位负责人签章，同时填写 年 月 日。

2.2.1.2 装饰装修工程

CN102

编号：

装饰装修工程

________工程

项目管理实施规划

编　制（施工项目负责人）________

审　核________

批　准________

年　　月　　日

签章说明

【用途】 本表为施工单位编制的________工程项目管理实施规划的封页，该表的后面应附：工程项目管理实施规划正文。

【内容】 封页内容为填写编制、审核、批准人姓名。

【签章】 填写编制（施工项目负责人）、审核、批准人姓名。

2.2.1.3 施工组织设计（方案）报审表

CN103

装饰装修工程

施工组织设计（方案）报审表

工程名称： 编号：

<table>
<tr><td>致________________（监理单位）：
我方已根据施工合同的有关规定完成了________________工程施工组织设计（方案），并经我单位上级技术负责人审查批准，请予以审查。
附：________工程施工组织设计（方案）

施工单位（章）： 施工项目负责人（签章）：
年 月 日 年 月 日</td></tr>
<tr><td>专业监理工程师审查意见：

专业监理工程师（签章）：
年 月 日</td></tr>
<tr><td>总监理工程师审核意见：

项目监理机构（公章）： 总监理工程师（签章）：
年 月 日 年 月 日</td></tr>
</table>

签章说明

【用途】 本表为施工单位在开工前向监理单位提供的施工组织设计（方案）报审表，施工组织设计（方案）需经监理单位批复后实施。

【内容】 施工组织设计（方案）报审表包括三个部分：

一是施工单位提出的提请报审文件。

施工单位提送报审的施工组织设计（方案）报审表内容必须真实、完整，具有全面性、针对性和可操作性。

施工组织设计（方案）报审表报审时间必须在工程项目开工前完成。

二是施工组织设计（方案）报审表由专业监理工程师审查后必须填写审查意见，填写审查日期，交总监理工程师审查。施工组织设计（方案）报审表由总监理工程师审查同意后签字，必须填写审核意见，填写审查日期，返回施工单位。

【签章】 施工组织设计（方案）报审表施工单位必须加盖公章，施工项目负责人必须本人签章。

项目监理机构必须加盖公章、专业监理工程师初审同意后交总监理工程师。总监理工程师审查同意后签章。同时分别填写 年 月 日。

2.2.1.4 工程动工报审表

CN104

装饰装修工程

工程动工报审表

工程名称： 编号：

<table>
<tr><td colspan="2">致______________________________（监理单位）：
根据合同约定，建设单位已取得主管单位审批的施工许可证，我方也完成了开工前的各项准备工作，计划于______年___月____日开工，请审批。
开工已完成的法定条件：
1 □ 建设工程施工许可证（复印件）
2 □ 施工组织设计（含主要管理人员和特殊工种资格证明）
3 □ 施工测量放线
4 □ 主要人员、材料、设备进场
5 □ 施工现场道路、水、电、通信等已达到开工条件</td></tr>
<tr><td>施工单位（公章）：
年 月 日</td><td>施工项目负责人（签章）：
年 月 日</td></tr>
<tr><td colspan="2">审查意见：
监理工程师（签章）：
年 月 日</td></tr>
<tr><td colspan="2">审批结论：
□ 同意 □ 不同意</td></tr>
<tr><td>施工单位（公章）：
年 月 日</td><td>总监理工程师（签章）：
年 月 日</td></tr>
</table>

注：本表由施工单位填报，建设单位、监理单位、施工单位各存一份。

签章说明

【用途】 本表为施工单位在开工前已完成施工现场的法定条件向监理单位提请的工程动工报审表。应提供已完法定条件内容的复印件或证明文件。

工程动工需经项目监理机构批准后实施。

【内容】 工程动工报审表内容包括两个部分：

一是施工单位填写的提请文件，提请文件必须提供开工已完成的法定条件：建设工程施工许可证（复印件）；施工组织设计（含主要管理人员和特殊工种资格证明）；施工测量放线；主要人员、材料、设备进场；施工现场道路、水、电、通信等已达到开工条件。

二是项目监理机构的审查意见和审批结论，审查意见由监理工程师填写并签章；审批结论由总监理工程师在审批结论栏内的同意或不同意上打√选择。

【签章】 工程动工报审表施工单位必须加盖公章，施工项目负责人必须本人签章，同时分别填写 年 月 日。

项目监理机构必须加盖公章、监理工程师填写审查意见后签章交总监理工程师。总监理工程师审查同意后签章，同时分别填写 年 月 日。

2.2.1.5　工程延期申请表

CN105

装饰装修工程

工程延期申请表

工程名称：　　　　　　　　　　　　　　　　　　　　　　　　　　　　编号：

致______________________________（监理单位）： 根据合同条款__________条的规定，由于______________________________的原因，申请工程延期，请批准。 工程延期的依据及工期计算：   合同竣工日期： 申请延长竣工日期： 附：证明材料   施工单位（公章）：　　　　　　　　　　　　　　　施工项目负责人（签章）： 年　月　日　　　　　　　　　　　　　　　　　　　年　月　日

注：本表由施工单位填报，建设单位、监理单位、施工单位各存一份。

签章说明

【用途】 本表是施工单位因建设、监理单位、其他不属于施工单位责任造成工期需延期时施工单位提出的工程延期申请表。

【内容】 施工单位提请工程延期申请时，提供的附件应包括：工程延期的依据及工期计算；合同竣工日期；申请延长竣工日期；证明材料等应齐全、真实，对任何不符合附件要求的材料，施工单位不得提请报审，监理单位不得签发报审表。

工程延期申请表是施工单位提请项目监理机构审查的责任文件。不报、不审或不认真审查，都是失职行为。

【签章】 本表由施工单位加盖公章，施工项目负责人签章，同时分别填写　年　月　日。

2.2.1.6-1 工程停工申请书

CN106-1

装饰装修工程
工程停工申请书

工程名称： 编号：

致______________________（监理单位）： 由于发生本报告所列原因，造成工程无法正常施工，依据有关合同约定，我方申请对所列工程项目暂停施工。	
暂停施工工程项目范围/部位	
暂停施工原因	
引用合同条款	
附　　注	
其　它： 施工单位（公章）：　年　月　日 施工项目负责人（签章）：　年　月　日	
监理单位审核意见： 监理单位（公章）：　年　月　日 总监理工程师（签章）：　年　月　日	

签章说明

【用途】 本表为施工单位因表列原因造成工程无法正常施工，提请项目监理机构批准的工程停工申请书。

工程停工申请书需经项目监理机构批准后方可执行。

【内容】 工程停工申请书内容包括两个部分：

一是施工单位填写的提请文件，提请文件中的停工原因必须真实。

二是项目监理机构的审核意见，审核意见由总监理工程师填写。

【签章】 工程停工申请书施工单位必须加盖公章，施工项目负责人必须本人签章，同时分别填写　年　月　日。

项目监理机构必须加盖公章；总监理工程师审查同意后签章，同时分别填写 年　月　日。

2.2.1.6-2　工程竣工报审表

CN106-2

装饰装修工程
工程竣工报审表

工程名称：　　　　　　　　　　　　　　　　　　　　　　　　编号：

<table>
<tr><td>致______________________（监理单位）：
我方已按合同要求完成了______________________工程，经自检合格，请予以检查和验收。
附件：

施工单位（公章）：　　　　　　　　　　　　施工项目负责人（签章）：
年　月　日　　　　　　　　　　　　　　　　年　月　日</td></tr>
<tr><td>审查意见：
经预验收，该工程：
1 □ 符合 □ 不符合　我国现行法律、法规要求；
2 □ 符合 □ 不符合　我国现行工程建设标准；
3 □ 符合 □ 不符合　设计文件要求；
4 □ 符合 □ 不符合　施工合同要求。
综上所述，该工程预验收结论：□ 合格 □ 不合格
可否组织正式验收：□ 合格 □ 不合格监理单位审核意见：

监理单位（公章）：　　　　　　　　　　　　总监理工程师（签章）：
年　月　日　　　　　　　　　　　　　　　　年　月　日</td></tr>
</table>

签章说明

【用途】 本表为施工单位已按合同要求完成了施工图设计的全部内容，已自验合格，向监理单位提请的工程竣工报审表。工程附件资料应附后。

工程竣工报审需经项目监理机构审查后转请建设单位组织验收。

【内容】 工程竣工报审表内容包括两个部分：

一是施工单位填写的提请文件，提请文件必须提供相关附件资料；

二是项目监理机构按预验收项目提出的审查意见，审查意见由总监理工程师填写；预验收项目由总监理工程师根据验收情况在符合或不符合、合格或不合格栏内打√选择。

【签章】 工程竣工报审表施工单位必须加盖公章，施工项目负责人必须本人签章，同时分别填写　年　月　日。

项目监理机构必须加盖公章、总监理工程师审查同意后签章，同时分别填写 年　月　日。

2.2.1.6-3 工程竣工交验申请

CN106-3

装饰装修工程
工程竣工交验申请

工程名称： 编号：

<table>
<tr><td>致________________________（监理单位）：
我方已按合同要求完成了________________________工程，竣工资料自检完整，经自检合格，请予以检查和验收。
附件：

施工项目负责人（签章）：
年 月 日</td></tr>
<tr><td>监理审核意见：
经预验收，该工程
1. 符合/不符合设计文件要求
2. 符合/不符合施工合同要求
3. 竣工资料符合/不符合要求
4.
综上所述，该工程竣工预验收合格/不合格，建设单位可以/不可以组织竣工验收。
专业监理工程师（签章）： 总监理工程师（签章）：
年 月 日 年 月 日</td></tr>
<tr><td>建设单位审批意见：

建设单位（签字）：
年 月 日</td></tr>
</table>

签章说明

【用途】 本表为施工单位已按合同要求完成了施工图设计的全部内容，施工单位已自验合格、监理单位已初验合格，在交付建设单位前监理单位的专业监理工程师和总监理工程师确认已符合竣工交验的条件，提请建设单位进行工程竣工交验申请。

施工单位提供的工程附件资料附后。

工程竣工交验申请需经建设单位审批确认后是否组织验收。

【内容】 工程竣工交验申请内容包括三个部分：

一是施工单位填写的提请检查和验收的文件，提请文件必须提供相关附件资料；

二是项目监理机构按预验收项目提出的审核意见，审查意见由总监理工程师填写；预验收项目由总监理工程师根据验收情况在符合或不符合、合格或不合格栏内选择可以/不可以组织竣工验收。三是建设单位审批意见，可填写可以/不可以组织竣工验收。

【签章】 工程竣工交验申请施工项目负责人必须本人签章，同时填写 年 月 日。

专业监理工程师签章，总监理工程师签章，同时分别填写 年 月 日。

建设单位签字，同时填写 年 月 日。

2.2.1.7 工程复工报审表

CN107

装饰装修工程
工程复工报审表

工程名称： 编号：

<table>
<tr><td colspan="2">致＿＿＿＿＿＿＿＿＿＿＿＿＿＿（监理单位）：
＿＿＿＿＿＿＿＿＿＿＿＿＿＿＿＿＿＿＿＿工程，由总监理工程师签发的第（ ）号工程暂停令指出的原因已消除，经检查已具备了复工条件，请予审核并批准复工。
附件：具备复工条件的详细说明

施工单位（公章）： 施工项目负责人（签章）：
年 月 日 年 月 日</td></tr>
<tr><td colspan="2">审批意见：

审批结论： □ 具备复工条件，同意复工。
□ 不具备复工条件，暂不同意复工。

监理单位（公章）： 总监理工程师（签章）：
年 月 日 年 月 日</td></tr>
</table>

注：本表由施工单位填报，建设单位、监理单位、施工单位各存一份。

签章说明

【用途】 本表为施工单位根据工程停工令提出的问题已予消除，向监理单位提请的工程复工报审表。工程附件资料应附后。

工程复工报审需经监理单位审查同意后方可复工。

【内容】 工程复工报审表内容包括两个部分：

一是施工单位填写的提请文件，提请文件必须提供相关附件资料；

二是监理单位经复查提出的审批意见，审批意见由总监理工程师填写。审查结论按其复查实际情况，总监理工程师可在具备、同意或不具备、暂不同意中打√选择。

【签章】 工程复工报审表施工单位必须加盖公章，施工项目负责人必须本人签章，同时分别填写 年 月 日。

监理单位必须加盖公章、总监理工程师审查同意后签章，同时分别填写 年 月 日。

2.2.1.8　工作联系单

CN108

装饰装修工程
工作联系单

工程名称：　　　　　　　　　　　　　　　　　　　　　　　　编号：

致＿＿＿＿＿＿＿＿＿＿＿＿＿＿＿＿＿＿＿：
事由：
内容：
施工单位（公章）：　　　　　　　　　　　　施工项目负责人（签章）：
年　月　日　　　　　　　　　　　　　　　　年　月　日

注：重要工作联系单应加盖单位公章，相关单位各存一份。

签章说明

【用途】 本表为施工单位与相关单位往来的工作联系单。

【内容】 工作联系单内容为与相关单位的工作联系单，填写事由与内容应文字简练、内容清晰。

【签章】 工作联系单施工单位就应加盖公章，施工项目负责人必须本人签章，同时分别填写　年　月　日。

2.2.1.9 ________工程项目管理总结报告

CN109

编号：

装饰装修工程

________工程

项目管理总结报告

施工项目负责人（签章）________________

年　　月　　日

签章说明

【用途】 本表为施工单位编制的________工程项目管理总结报告的封页，该表的后面应附：工程项目管理总结报告原文。

【内容】 封页内容为表的名目和责任制，施工项目负责人应本人签字盖章，同时填写封页的 年 月 日。

【签章】 填写施工项目负责人姓名及加盖印章。

2.2.2 施工进度管理

2.2.2.1 (年、季、月、周)工程计划报审表

CN201

装饰装修工程

(年、季、月、周)工程计划报审表

工程名称： 编号：

<table>
<tr><td>致________________(监理单位)：
现报上____年___季___月工程施工进度计划，请予以审查和批准。

附件：
1 □ 施工进度计划(说明、图表、工程量、工作量、资源配备)份；
2 □

施工单位(公章)： 施工项目负责人(签章)：
年 月 日 年 月 日</td></tr>
<tr><td>审查意见：
监理工程师(签章)：
年 月 日</td></tr>
<tr><td>审查结论： □同意 □修改后报 □重新编制

施工单位(公章)： 总监理工程师(签章)：
年 月 日 年 月 日</td></tr>
</table>

注：本表由施工单位填报，建设单位、监理单位、施工单位各存一份。

签章说明

【用途】 本表为施工单位编制的(年、季、月、周)工程计划，向监理单位报请审查的(年、季、月、周)工程计划报审表。(年、季、月、周)工程计划报审需经监理单位批复后实施。

【内容】 (年、季、月、周)工程计划报审表内容包括两个部分：

一是施工单位填写的提请审查文件，提请文件必须提供相关附件资料；

二是监理单位的监理工程师应提出的审查意见和总监理工程师应提出的审批意见，分别由监理工程师和总监理工程师填写。审查结论按其审查实际情况，可在同意、修正后报、重新编制中打√选择。

【签章】 (年、季、月、周)工程计划报审表施工单位必须加盖公章，施工项目负责人必须本人签章，同时分别填写 年 月 日。

监理单位必须加盖公章、专业监理工程师审查同意并签章后交总监理工程师。总监理工程师填写审查结论并签章，同时分别填写 年 月 日。

2.2.3　合同管理

2.2.3.1　工程分包合同

CN301

编号：

装饰装修工程

工程分包合同

工程名称：＿＿＿＿＿＿＿＿＿＿＿＿＿＿＿＿

合同编号：＿＿＿＿＿＿＿＿＿＿＿＿＿＿＿＿

年　月　日

签章说明

【用途】 本表为施工单位编制的工程分包合同的封页，该表的后面应附：工程分包合同原文。

【内容】 封页内容为表的名目和合同编号，应填写封页的　年　月　日。

【签章】 填写工程名称全称和合同编号。

2.2.3.2 分包单位资质及相关人员岗位证书报审表

CN302

装饰装修工程
分包单位资质及相关人员岗位证书报审表

工程名称： 编号：

<table>
<tr><td colspan="4">致________________________（监理单位）：
经考察，我方认为拟选择的________________（分包单位）具有承担下列工程的施工资质和施工能力，可以保证本工程项目按合同的约定进行施工。分包后，我方仍然承担总承包单位的责任。请予以审查和批准。
附：
□ 分包单位资质材料 □ 特种作业许可证
□ 分包单位业绩材料 □ 相关人员岗位证书
□ 中标通知书</td></tr>
<tr><td>分包工程名称（部位）</td><td>单 位</td><td>工程数量</td><td>其他说明</td></tr>
<tr><td></td><td></td><td></td><td></td></tr>
<tr><td></td><td></td><td></td><td></td></tr>
<tr><td></td><td></td><td></td><td></td></tr>
<tr><td colspan="4">施工单位（公章）： 施工项目负责人（签章）：
年 月 日 年 月 日</td></tr>
<tr><td colspan="4">监理工程师审查意见：
监理工程师（签章）：
年 月 日</td></tr>
<tr><td colspan="4">总监理工程师审查意见：
监理单位（公章）： 总监理工程师（签章）：
年 月 日 年 月 日</td></tr>
</table>

注：本表由承包单位填报，建设单位、监理单位、承包单位各存一份。

签章说明

【用途】 本表为施工单位对拟选择的分包单位资质及相关人员岗位证书向监理单位提请的报审表，报审表的附件资料应齐全。

施工单位提供的附件资料应附后。

【内容】 分包单位资质及相关人员岗位证书报审表内容包括两个部分：

一是施工单位填写的提请文件，提请文件必须提供相关附件资料。附件资料包括：分包单位资质材料、特种作业许可证、分包单位业绩材料、相关人员岗位证书、中标通知书。

二是监理单位的监理工程师填写审查意见，审查同意并签章后转呈总监理工程师，总监理工程师审查同意后签署审查意见后签章。

【签章】 分包单位资质及相关人员岗位证书报审表施工单位加盖公章，施工项目负责人必须本人签章，同时填写 年 月 日。

监理单位的专业监理工程师签署审查意见并签章，总监理工程师签署审查意见并签章，监理单位加盖公章，同时分别填写 年 月 日。

2.2.3.3-1 劳务分包报审表

CN303-1

装饰装修工程
劳务分包报审表

工程名称： 编号：

致＿＿＿＿＿＿＿＿＿＿＿＿＿＿（监理单位）：

经考察，我方认为拟选择的＿＿＿＿＿＿＿＿（劳务分包单位）具有承担下列工程的劳务资质和施工能力，可以保证本工程项目按合同的约定进行施工。分包后，我方仍然承担总承包单位的责任。请予以审查和批准。

附：

☐ 劳务分包单位资质材料　　☐ 特种作业许可证
☐ 劳务分包单位业绩材料　　☐ 相关人员岗位证书
☐ 中标通知书

劳务分包工程名称（部位）	单　位	工程数量	其他说明

施工单位（公章）：　　施工项目负责人（签章）：
年　月　日　　年　月　日

监理工程师审查意见：
监理工程师（签章）：
年　月　日

总监理工程师审查意见：

监理单位（公章）：　　总监理工程师（签章）：
年　月　日　　年　月　日

注：本表由承包单位填报，建设单位、监理单位、承包单位各存一份。

签章说明

【用途】 本表为施工单位对拟选择的劳务分包向监理单位提请的报审表，报审表的附件资料应齐全。

施工单位提供的附件资料附后。

【内容】 劳务分包报审表内容包括两个部分：

一是施工单位填写的提请文件，提请文件必须提供相关附件资料。附件资料包括：劳务分包单位资质材料、特种作业许可证、劳务分包单位业绩材料、相关人员岗位证书、中标通知书。

二是监理单位的监理工程师审查后填写审查意见，审查同意并签章后转呈总监理工程师，总监理工程师审查同意后签署审查意见并签章。

【签章】 劳务分包报审表施工单位加盖公章，施工项目负责人必须本人签章，同时填写 年 月 日。

监理单位的专业监理工程师签署审查意见并签章，总监理工程师签署审查意见并签章，监理单位加盖公章，同时分别填写 年 月 日。

2. 2. 3. 3-2 劳务分包合同

CN303-2

编号：

装饰装修工程

劳务分包合同

工程名称：______________________________

合同编号：______________________________

年 月 日

签章说明

【用途】 本表为施工单位编制的劳务分包合同文件的封页，该表应附有：工程分包合同原文。

【内容】 封页内容为表的名目和合同编号，工程名称应填写全称，填写封页的 年 月 日。

【签章】 填写工程名称和合同编号。

2.2.3.4 材料(设备)采购总计划表

CN304

装饰装修工程

材料(设备)采购总计划表

工程名称： 编号：

序号	名　称	型号·规格·性能	单位	采购数量	使用部位	拟采购单位	进场时间	备　注
说明：								

编制人：　　　　审核人：　　　　审批人(施工项目负责人)：

年　月　日　　　　年　月　日　　　　年　月　日

说明：材料(设备)采购应按设计文件和定额规定制定的材料(设备)采购总计划进行。材料(设备)采购总计划需经施工项目负责人批准后执行。

2.2.3.5　合同变更和费用索赔申请报告

CN305

装饰装修工程

合同变更和费用索赔申请报告

工程名称：　　　　　　　　　　　　　　　　　　　　　　　　　　编号：

致______________________________（监理单位）： 根据施工合同第______________________________条款的定，由于______________________________的原因，我方要求索赔金额共计人民币（大写）______________元，请批准。 索赔理由： 索赔金额的计算： 附件：证明材料 施工单位（公章）：　　　　　　　　　　施工项目负责人（签章）： 年　月　日　　　　　　　　　　　　　　年　月　日

注：本表由承包单位填报，建设单位、监理单位、承包单位各存一份。

签章说明

【用途】 本表是施工单位因建设、监理单位、其他不属于施工单位责任造成而提出的合同变更和费用索赔申请的报告。

【内容】 施工单位提请的因合同变更和费用提出的索赔申请报告时，提供的附件应包括：索赔理由、索赔金额的计算、提供的附件证明材料。附件证明材料应齐全、真实，对任何不符合附件要求的材料，施工单位不得提请报审，监理单位不得签发报审表。

合同变更和费用索赔申请是施工单位提请项目监理机构审查的责任文件。不报、不审或不认真审查，都是失职行为。

【签章】 本表由施工单位加盖公章，施工项目负责人签章，同时分别填写　年　月　日。

2.2.4 质量管理

2.2.4.1 工程技术文件报审表

CN401

装饰装修工程

工程技术文件报审表

工程名称： 编号：

<table>
<tr><td colspan="5">现报上关于________________________工程技术文件，请予以审定。</td></tr>
<tr><td>序号</td><td>类　别</td><td>编　制　人</td><td>册　数</td><td>页　数</td></tr>
<tr><td></td><td></td><td></td><td></td><td></td></tr>
<tr><td></td><td></td><td></td><td></td><td></td></tr>
<tr><td></td><td></td><td></td><td></td><td></td></tr>
<tr><td></td><td></td><td></td><td></td><td></td></tr>
<tr><td colspan="5">编制单位名称：
施工项目负责人（签章）： 申请人（签字）：
年　月　日 年　月　日</td></tr>
<tr><td colspan="5">施工单位审核意见：
施工单位（公章）： 审核人（签字）：
年　月　日 年　月　日</td></tr>
<tr><td colspan="5">监理单位审核意见：
审定结论：□同意 □修改后再报 □重新编制

监理单位（公章）： 总监理工程师（签章）：
年　月　日 年　月　日</td></tr>
</table>

注：本表由承包单位填报，建设单位、监理单位、承包单位各存一份。

签章说明

【用途】 本表为施工单位在施工过程中收集整理的工程技术文件，提请施工单位和监理单位审核的报审表。

提供的工程技术文件附后。

【内容】 工程技术文件报审表内容包括两个部分：

一是施工单位填写的提请文件，提请文件包括两部分内容：一部分内容是施工项目负责人对编制单位提出的工程技术文件进行检查后交施工单位审核，另一部分内容是施工单位的审核人进行审核，审核同意后转报监理单位。

二是监理单位的相关专业监理工程师和总监理工程师审查后填写审核意见，总监理工程师审查同意并签署审核意见并签章。在审定结论栏，总监理工程师可根据实际检查结果在（□同意、□修改后再报、□重新编制）□内打√选择。

【签章】 工程技术文件报审表施工单位的施工项目负责人签章，申请人签字，同时填写 年 月 日；施工单位检查后填写审核意见，施工单位加盖公章，审核人签字，同时填写 年 月 日。

监理单位加盖公章，总监理工程师签章，同时填写 年 月 日。

2.2.4.2 有见证取样和送检见证人备案书

CN402

装饰装修工程
有见证取样和送检见证人备案书

工程名称： 编号：

________________质量监督站：

________________试　验　室：

我单位决定，由________同志担任________________工程有见证取样和送检见证人。有关的印章和签字如下，请查收备案。

有见证取样和送件印章	见证人签字

建　设　单　位： 监　理　单　位： 施工项目负责人

（公章） （公章） （签章）：

年　月　日 年　月　日 年　月　日

签章说明

【用途】 国家执行施工试验有见证取样和送检见证人备案制度，本表为建设单位、监理单位在工程开工前向当地质量监督站和委托的试验室对有见证取样和送检见证人在当地质量监督站和委托的试验进行备案，向其提供有见证取样和送件印章和见证人签字。

提供有见证取样和送件印章。

【内容】 有见证取样和送检见证人备案书内容包括两个部分：

一是向备案单位提供有见证取样和送件印章及其建设、监理单位的提请文件。

二是建设单位、监理单位加盖公章和施工项目负责人签章的责任制。

【签章】 有见证取样和送检见证人备案书的建设单位、监理单位加盖公章，施工项目负责人签章，同时分别填写　年　月　日。

2.2.4.3 单位工程竣工预验收报验单

CN403

装饰装修工程

单位工程竣工预验收报验单

工程名称： 编号：

致________________________（监理单位）： 我方已按合同要求完成了____________________________________工程，经自检合格，请予以检查和验收。 附件： 施工单位（公章）： 施工项目负责人（签章）： 年 月 日 年 月 日
审查意见： 经预验收，该工程： 1 □ 符合 □ 不符合 我国现行法律、法规要求； 2 □ 符合 □ 不符合 我国现行工程建设标准； 3 □ 符合 □ 不符合 设计文件要求； 4 □ 符合 □ 不符合 施工合同要求。 综上所述，该工程预验收结论：□ 合格 □ 不合格 可否组织正式验收：□可 □ 不可 监理单位（公章）： 总监理工程师（签章）： 年 月 日 年 月 日

注：本表格由施工单位填报，建设单位、监理单位、施工单位各存一份。

签章说明

【用途】 本表为施工单位已完成了合同要求和施工图设计的全部内容，并已自验合格，向监理单位提请的单位工程竣工预验收的报验单。工程附件资料应附后。

单位工程竣工预验收报验单需经项目监理机构审查同意后转请建设单位组织验收。

【内容】 单位工程竣工预验收报验单内容包括两个部分：

一是施工单位填写的提请文件，提请文件必须提供相关附件资料；

二是项目监理机构按预验收项目提出的审查意见，审查意见由总监理工程师填写；预验收项目由总监理工程师根据验收情况在符合或不符合、合格或不合格栏内打√选择；可否组织正式验收，应在可或不可栏内打√选择。

【签章】 单位工程竣工预验收报验单施工单位必须加盖公章，施工项目负责人必须本人签章，同时分别填写 年 月 日。

项目监理机构必须加盖公章、总监理工程师审查同意后签章，同时分别填写 年 月 日。

2.2.4.4 工程竣工验收备案表（改建工程）

CN404

装饰装修工程

工程竣工验收备案表（改建工程）

工程名称： 编号：

<table>
<tr><td colspan="2">工程名称</td><td colspan="3"></td><td>工程地点</td><td colspan="3"></td></tr>
<tr><td colspan="2">结构类型</td><td></td><td>建筑面积</td><td></td><td>工程造价（万元）</td><td></td><td>工程类别</td><td></td></tr>
<tr><td colspan="2">合同开工日期</td><td></td><td>合同竣工日期</td><td colspan="2"></td><td>竣工验收日期</td><td colspan="2"></td></tr>
<tr><td colspan="2">实际开工日期</td><td></td><td>实际竣工日期</td><td colspan="2"></td><td>备案日期</td><td colspan="2"></td></tr>
<tr><td colspan="2">规划许可证</td><td colspan="4"></td><td>施工许可证号</td><td colspan="2"></td></tr>
<tr><td colspan="2">建设单位</td><td colspan="7"></td></tr>
<tr><td colspan="2">勘察单位</td><td colspan="4"></td><td>资质等级</td><td colspan="2"></td></tr>
<tr><td colspan="2">设计单位</td><td colspan="4"></td><td>资质等级</td><td colspan="2"></td></tr>
<tr><td colspan="2">监理单位</td><td colspan="4"></td><td>资质等级</td><td colspan="2"></td></tr>
<tr><td colspan="2">施工图审查</td><td colspan="4"></td><td>资质等级</td><td colspan="2"></td></tr>
<tr><td rowspan="3">施工单位</td><td>总承包单位</td><td colspan="4"></td><td>资质等级</td><td colspan="2"></td></tr>
<tr><td>分包单位</td><td colspan="4"></td><td>资质等级</td><td colspan="2"></td></tr>
<tr><td>分包单位</td><td colspan="4"></td><td>资质等级</td><td colspan="2"></td></tr>
<tr><td colspan="2">监督单位</td><td colspan="4"></td><td colspan="3"></td></tr>
<tr><td colspan="9">工程概况：</td></tr>
<tr><td rowspan="3">竣工验收意见</td><td>勘察单位意见</td><td colspan="7">单位（项目）负责人：
年 月 日</td></tr>
<tr><td>设计单位意见</td><td colspan="7">单位（项目）负责人：
年 月 日</td></tr>
<tr><td>施工单位意见</td><td colspan="7">单位（项目）施工项目负责人（签章）：
年 月 日</td></tr>
</table>

<table>
<tr><td rowspan="2">竣工验收意见</td><td>监理单位意见</td><td>总监理工程师（签章）：

年 月 日</td></tr>
<tr><td>建设单位意见</td><td>单位（项目）负责人：

年 月 日</td></tr>
<tr><td>工程竣工验收备案文件目录</td><td colspan="2">1. 工程竣工备案报告；
2. 工程施工许可证；
3. 施工图设计审查意见；
4. 单位工程质量综合验收意见；
5. 市政基础设施的有关质量检测和功能性试验资料；
6. 规划、公安、消防、环保等部门出具的认可文件或者准许使用文件；
7. 勘察、设计单位出具的质量检查报告；
8. 监理单位出具的质量检查评估报告；
9. 工程质量保修书；
10. 法规、规章规定必须提供的其他文件。</td></tr>
<tr><td>备案意见</td><td colspan="2">备案机关（盖章）

年 月 日</td></tr>
</table>

签章说明

【用途】 本表为装饰装修工程对改建工程而言，建设单位及其相关单位向备案机构提请的工程竣工验收的备案表（改建工程）。

工程竣工验收备案必须提供备案文件目录及原文。

【内容】 工程竣工验收备案表（改建工程）内容包括四个部分：

一是工程概况部分。包括工程类别、建筑面积、承建相关单位资质等及简述工程概况。

二是竣工验收意见部分。包括勘察、设计、施工、监理、建设单位对工程的验收意见。

三是工程竣工验收应具有的备案文件。

四是备案机关的意见。

工程竣工验收备案表（改建工程）由建设单位协同相关单位填报并附有备案文件。

【签章】 工程竣工验收备案表（改建工程）建设单位填报工程概况部分；勘察、设计、施工、监理、建设单位分别填写工程竣工验收意见，备案机构盖章，填写 年 月 日。

2.2.4.5 建设工程质量事故调（勘）查记录

CN405

装饰装修工程

建设工程质量事故调（勘）查记录

工程名称： 编号：

调（勘）查时间	年 月 日 时 分 至 时 分			
调（勘）查地点				
参加人员	单 位	姓 名	职 称	电 话
被调查人				
陪同调（勘）查人员				
（勘）查笔录				
现场证物照片	□有 □无 共 条 共 页			
事故证据资料	□有 □无 共 条 共 页			
被调查人（施工项目负责人）		调（勘）查人		

注：本表由调查人填写，各有关单位均保存一份。

签章说明

【用途】 本表系工程施工发生事故后对建设工程质量事故进行调（勘）查的记录，施工单位的被调查人施工项目负责人应向调（勘）查人提供表列内容的文字报告。

【内容】 建设工程质量事故调（勘）查记录内容包括：调（勘）查时间、调（勘）查地点、参加人员的单位姓名、被调查人姓名、陪同调（勘）查人员姓名、（勘）查笔录、现场证物照片、事故证据资料等。现场证物照片和事故证据资料可在有或无处打√选择，如有应记录条款和页数，（勘）查笔录应实事求是、真实记录。

【签章】 建设工程质量事故调（勘）查记录，被调查人（施工项目负责人）签字；调（勘）查人签字。

2.2.4.6　建设工程质量事故报告书（受法人委托）

CN406

装饰装修工程
建设工程质量事故报告书（受法人委托）

工程名称：　　　　　　　　　　　　　　　　　　　　编号：

<table>
<tr><td>建设地点</td><td colspan="5"></td></tr>
<tr><td>建设单位</td><td colspan="2"></td><td>设计单位</td><td colspan="2"></td></tr>
<tr><td>施工单位</td><td colspan="2"></td><td>建筑面积（m²）
工作量（元）</td><td colspan="2"></td></tr>
<tr><td>结构类型</td><td colspan="2"></td><td>事故发生时间</td><td colspan="2"></td></tr>
<tr><td>上报时间</td><td colspan="2"></td><td>经济损失（元）</td><td colspan="2"></td></tr>
<tr><td colspan="6">事故经过、后果与原因分析：</td></tr>
<tr><td colspan="6">事故发生后采取的措施：</td></tr>
<tr><td colspan="6">事故责任单位、责任人及处理意见：</td></tr>
<tr><td>负责人</td><td></td><td>报告人（施工项目负责人）</td><td></td><td>日期</td><td></td></tr>
</table>

注：本表由报告人填写，各有关单位均保存一份

签章说明

【用途】 本表系工程施工发生事故后，施工项目负责人受法人委托提供的建设工程质量事故报告书（受法人委托）。

【内容】 建设工程质量事故报告书（受法人委托）内容包括：

（1）建设、设计、施工单位名称（均应按全称填写），事故发生时间，上报时间及经济损失等。

（2）事故经过、后果与原因分析，事故发生后采取的措施，事故责任单位、责任人及处理意见等。

【签章】 建设工程质量事故报告书（受法人委托），被调查人（施工项目负责人）签字；调（勘）查人签字。

2.2.4.7 单位（子单位）工程质量竣工验收记录

CN407

装饰装修工程

单位（子单位）工程质量竣工验收记录

工程名称： 编号：

<table>
<tr><td colspan="2">单位工程名称</td><td></td><td>结构类型</td><td></td><td>层数/建筑面积</td><td></td></tr>
<tr><td colspan="2">施工单位</td><td></td><td>单位技术负责人</td><td></td><td>开工日期</td><td></td></tr>
<tr><td colspan="2">施工项目负责人</td><td></td><td>项目技术负责人</td><td></td><td>竣工日期</td><td></td></tr>
<tr><td>序号</td><td colspan="2">项　目</td><td colspan="2">验 收 记 录
（施工单位填写）</td><td colspan="2">验 收 结 论
（监理或建设单位填写）</td></tr>
<tr><td>1</td><td colspan="2">分部工程</td><td colspan="2">共　分部，经查　分部，
符合标准及设计要求　分部。</td><td colspan="2"></td></tr>
<tr><td>2</td><td colspan="2">质量控制资料核查</td><td colspan="2">共　项，经审查符合要求
项。</td><td colspan="2"></td></tr>
<tr><td>3</td><td colspan="2">安全和主要使用功能核查及抽查结果</td><td colspan="2">共核查　项，符合要求　项，
共抽查　项，符合要求　项，
经返工处理符合要求　项。</td><td colspan="2"></td></tr>
<tr><td>4</td><td colspan="2">观感质量验收</td><td colspan="2">共抽查　项，符合要求　项，
不符合要求　项。</td><td colspan="2"></td></tr>
<tr><td>5</td><td colspan="2">综合验收结论</td><td colspan="4"></td></tr>
<tr><td rowspan="2">参加验收单位</td><td>建设单位</td><td colspan="2">监理单位</td><td colspan="2">施工单位</td><td>设计单位</td></tr>
<tr><td>负责人（签字）：
（公章）
年　月　日</td><td colspan="2">负责人（签字）：
（公章）
年　月　日</td><td colspan="2">施工项目负责人
（签章）
施工单位负责人
（签字）：
（公章）
年　月　日</td><td>负责人（签字）：
（公章）
年　月　日</td></tr>
</table>

签章说明

【用途】 本表系施工单位在单位（子单位）工程施工完成后，经和监理单位已初验合格后，建设单位组织勘察、设计、施工、监理单位共同参加验收后根据验收实况填报的单位（子单位）质量验收记录表。

【内容】 单位（子单位）质量验收记录的内容包括三个部分：

一是工程概况部分，如单位工程名称、结构类型、层数/建筑面积、施工单位、单位技术负责人、开工日期、施工项目负责人、项目技术负责人、竣工日期等；

二是项目的验收记录、验收结论部分，如分部工程、质量控制资料核查、分部工程有关安全和功能检测资料、主要功能和安全项目抽查、观感质量验收、综合验收结论（监理或建设单位填写）；

三是责任制部分，如建设单位、勘察单位、设计单位、施工单位、监理单位加盖公章及相关人员签章。

【签章】 单位（子单位）、分部工程质量验收记录，建设单位应加盖公章，建设单位项目负责人签字；勘察单位加盖公章，勘察项目负责人签字；设计单位加盖公章，设计项目负责人签字；施工单位加盖公章，施工项目负责人签章；监理单位加盖公章，总监理工程师签章。

2.2.4.8 单位（子单位）工程质量控制资料核查记录

CN408

装饰装修工程

单位（子单位）工程质量控制资料核查记录

工程名称： 编号：

单位（子单位）工程名称			施工单位		
序号	项目	资料名称	份数	核查意见	核查人
1	通风与空调	图纸会审，设计变更，洽商记录			
2		材料、配件出厂合格证书及进场检（试）验报告			
3		制冷、空调、水管道强度试验、严密性试验记录			
4		隐蔽工程验收记录			
5		制冷设备运行调试记录			
6		通风、空调系统调试记录			
7		施工记录			
8		分项、分部工程质量验收记录			
9					
1	电梯	土建布置图纸会审，设计变更，洽商记录			
2		设备出厂合格证书及开箱检验记录			
3		隐蔽工程验收记录			
4		施工记录			
5		接地、绝缘电阻测试记录			
6		负荷试验、安全装置检查记录			
7		分项、分部工程质量验收记录			
1	建筑智能化	图纸会审，设计变更，洽商记录、竣工图及设计说明			
2		材料、设备出厂合格证书及进场检（试）验报告			
3		隐蔽工程验收记录			
4		系统功能测定及设备调试记录			
5		系统技术、操作和维护手册			
6		系统管理、操作人员培训记录			
7		系统检测报告			
8		分项、分部工程质量验收报告			
结论 施工项目负责人（签章）： 年 月 日			总监理工程师： （建设单位项目负责人） 年 月 日		

签章说明

【用途】本表系施工单位在单位（子单位）工程完成后，汇整完成的单位（子单位）工程质量控制资料核查记录，经施工单位的施工项目负责人和监理（或建设单位）的总监理工程师（或建设单位项目负责人）审查同意，共其相关单位核查的（子单位）工程质量控制资料核查记录。

【内容】 单位（子单位）工程质量控制资料核查记录的内容包括三个部分：

一是填写单位（子单位）工程名称和施工单位名称。

二是单位（子单位）工程质量控制资料核查记录的检查内容，包括项目、资料名称、份数、核查意见和核查人；项目中包括：建筑与结构、给排水与采暖、建筑电气、通风与空调、电梯、建筑智能化。

三是施工单位意见、监理或建设单位结论和责任制部分。施工单位意见由施工项目负责人签章；项目监理机构由总监理工程师或建设单位项目负责人签章。

【签章】 单位（子单位）工程质量控制资料核查记录施工单位意见由施工项目负责人签章；项目监理机构由总监理工程师或建设单位项目负责人签章。同时分别填写 年 月 日。

【几点说明】

（1）单位（子单位）工程质量控制资料核查记录是众多工程技术资料中筛选出的直接关系和说明工程质量状况的技术资料，多数是提供实施结果的见证记录、报告等文件材料。

单位（子单位）工程质量控制资料核查是在施工过程中在相互监督机制中通过见证取样或其他有监机制进行的测试与检验，该资料是利用科学方法和手段得到的实际质量结果，是相对真实的工程技术资料。它反映了建筑工程施工过程中各环节工程质量状况的基本数据和原始记录的实际结果，反映了完工项目的测试结果和记录。工程质量控制资料是工程技术资料的核心，同时是评价工程质量的主要依据。

（2）《建筑工程施工质量验收统一标准》GB 50300—2001 标准规定工程质量控制资料应完整，完整是指核查记录表中计列的资料该有的有了（合理缺项除外），已有资料中应有的数据齐全且符合规定要求，这就是完整。

工程质量控制资料标准规定应完整，强制性条文实施指南作了如下解释：

“应有的工程质量控制资料，主要强调建筑结构、设备性能、使用功能方面的主要技术性检验。主要包括：图纸会审及变更记录、定位测量放线记录、施工操作依据、原材料、构配件等质量证书、按规定进行检验的检测报告、隐蔽工程验收记录、施工中有关的施工试验、测试、检验等，以及抽样检测项目的检测报告等。”

据此可以说工程质量控制资料应完整，即统一标准质量检测资料表列子项中应检项目齐全、真实、能够反映结构安全和使用功能且满足设计要求（合理缺项除外）即为工程质量控制资料完整。

该项资料应由总监理工程师进行核查确认，不同分部（子分部）工程应分别核查，也可综合抽查。

2.2.4.9 单位（子单位）工程安全和功能检验资料核查及主要功能抽查记录

CN409

装饰装修工程

单位（子单位）工程安全和功能检验资料核查及主要功能抽查记录

工程名称： 编号：

单位（子单位）工程名称			施工单位		
序号	项目	资料名称	份数	核查意见	核查人（抽查）
1	建筑与结构	屋面淋水试验记录			
2		地下室防水效果检查记录			
3		有防水要求的地面蓄水试验记录			
4		建筑物垂直度、标高、全高测量记录			
5		抽气（风）道检查记录			
6		幕墙及外窗气密性、水密性、耐风压检测报告			
7		建筑物沉降观测测量记录			
8		节能、保温测试记录			
9		室外环境检测报告			
10					
1	给排水与采暖	给水管道通水试验记录			
2		暖气管道、散热器压力试验记录			
3		卫生器具江水试验记录			
4		消防管道、烯气管道压力试验记录			
5		排水干管通球试验记录			
6					
1	建筑电气	照明全负荷试验记录			
2		大型灯具牢固性试验记录			
3		避雷接地电阻测试记录			
4		线路、插座、开关接地检验记录			
5					
1	通风与空调	通风、空调系统调试记录			
2		风量、温度测试记录			
3		洁净室洁净度测试记录			
4		制冷机组试运行调试记录			
5					
1	电梯	电梯运行记录			
2		电梯安全装置检测报告			
1	建筑智能化	系统试运行记录			
2		系统电源及接地检测报告			
3					

结论

施工项目负责人（签章）： 总监理工程师：（建设单位项目负责人）

年 月 日　　　　年 月 日

签章说明

【用途】 本表系《建筑工程施工质量验收统一标准》（GB 50300—2001）规定，施工单位在单位（子单位）工程完成后经施工单位的施工项目负责人和监理（或建设单位）的总监理工程师（或建设单位项目负责人）审查单位（子单位）工程安全和功能检验资料核查及主要功能抽查记录。

对单位（子单位）工程安全和功能检验资料核查及主要功能抽查记录的核查目的是为确保工程的安全和使用功能，施工单位在项目监理机构参加下通过对表列内容的检测来保证和验证工程的综合质量和最终质量。单位（子单位）工程验收通过监理工程师对分部、子分部工程检测项目进行核对，对检测资料的数量、数据和检测方法标准、检测程序的核查确认单位（子单位）工程安全和功能检验资料核查及主要功能抽查记录是否通过。

【内容】 单位（子单位）工程安全和功能检验资料核查及主要功能抽查记录的内容包括三个部分：

一是填写单位（子单位）工程名称和施工单位名称；

二是单位（子单位）工程质量控制资料核查记录的检查内容，包括项目、资料名称、份数、核查意见和核查人；项目中包括：建筑与结构、给排水与采暖、建筑电气、通风与空调、电梯、建筑智能化。

三是施工单位意见、监理或建设单位结论和责任制部分。施工单位意见由施工项目负责人签章；项目监理机构由总监理工程师或建设单位项目负责人签章。

【签章】 单位（子单位）工程质量控制资料核查记录施工单位意见由施工项目负责人签章；项目监理机构由总监理工程师或建设单位项目负责人签章。

【几点说明】

（1）安全与功能项目应在施工过程中进行检验并在竣工验收时进行核查及抽查。

（2）对涉及安全和使用功能的地基与基础、主体结构和设备安装等分部工程应在施工过程中进行抽样检测。

（3）工程安全和功能检验资料及主要功能抽查记录均为在施工过程中的应检项目。

（4）标准规定有关安全与功能方面检测资料应完整。强制性条文实施指南作了如下解释：

1）有关安全与功能的检测，其检测项目尽可能在分项、子分部、分部工程中完成。

2）在单位工程验收时，检查其资料是否完整，应包括检查资料的：

检查项目是否齐全、检测程序是否合理、检测方法是否正确、检测报告是否符合专业规范规定要求。

3）通常的主要功能抽测项目，应为有关项目最终的综合性的使用功能，如室内环境检测、屋面淋水检测、照明全负荷试验检测、智能建筑系统运行等。

安全与功能检测资料，据上解释即统一标准规定的工程安全与功能检测资料表列子项中应检项目齐全（合理缺项除外）即为完全与功能检测资料完整。

这种检测应有施工单位来完成，可请监理工程师或单位有关负责人参加监督检测，达到要求后共同签字认可。

2.2.4.10 单位（子单位）工程观感质量检查记录

CN410

装饰装修工程

单位（子单位）工程观感质量检查记录

工程名称：　　　　　　　　　　　　　　　　　　　　　　　　编号：

单位（子单位）工程名称			施工单位			
序号		项目	抽查质量状况	质量评价		
				好	一般	差
1	建筑与结构	室外墙面				
2		变形缝				
3		水落管，屋面				
4		室内墙面				
5		室内顶棚				
6		室内地面				
7		楼梯、踏步、护栏				
8		门窗				
1	给排水与采暖	管道接口、坡度、支架				
2		卫生器具、支架、阀门				
3		检查口、扫除口、地漏				
4		散热器、支架				
1	建筑电气	配电箱、盘、板、接线盒				
2		设备器具、开关、插座				
3		防雷、接地				
1	通风与空调	风管、支架				
2		风口、风阀				
3		风机、空调设备				
4		阀门、支架				
5		水泵、冷却塔				
6		绝热				
1	电梯	运行、平层、开关门				
2		层门、信号系统				
3		机房				
1	智能建筑	机房设备安装及布局				
2		现场设备安装				
3						
观感质量综合评价						

检查结论	施工项目负责人（签章）： 年　月　日	总监理工程师（签章）： （或建设单位项目负责人） 年　月　日

签章说明

【用途】 本表系《建筑工程施工质量验收统一标准》（GB 50300—2001）规定，施工单位在单位（子单位）工程完成后，施工单位对单位（子单位）工程观感质量进行检查并填写单位（子单位）工程观感质量检查记录，由施工项目负责人填写施工单位意见，提供监理（或建设单位）的总监理工程师（或建设单位项目负责人）进行审查后填写的单位（子单位）工程观感质量检查记录。施工单位先检查评定合格再提交验收。

单位（子单位）工程观感质量检查记录是总体衡量、系统检查、全面评价一个分部、子分部、单位工程的整体外观和使用功能质量，促进施工过程管理、成品保护，提高社会效益和环境效益。单位（子单位）工程观感质量检查实际上是复查一下在分部（子分部）验收后，到单位工程竣工验收的质量变化，成品保护以及分部（子分部）工程验收时，还没有形成部分的观感质量等。

【内容】 单位（子单位）工程安全和功能检验资料核查及主要功能抽查记录的内容包括三个部分：

一是填写单位（子单位）工程名称和施工单位名称；

二是单位（子单位）工程观感质量检查记录的检查内容，包括项目、抽查质量状况、质量评价（好、一般、差）、观感质量综合评价；项目中包括：建筑与结构、给排水与采暖、建筑电气、通风与空调、电梯、建筑智能化。

三是检查结论，施工单位意见、监理或建设单位结论和责任制部分。施工单位意见由施工项目负责人签章；项目监理机构由总监理工程师或建设单位项目负责人签章。

【签章】 单位（子单位）工程观感质量检查记录施工单位意见由施工项目负责人签章；项目监理机构由总监理工程师或建设单位项目负责人签章。

【几点说明】

（1）观感质量验收，验收时只给出好、一般、差，不评合格或不合格。对差的应进行返修处理。由监理单位的总监理工程师（建设单位项目专业负责人）组织施工单位的项目经理和有关勘察、设计项目负责人进行验收。检查的内容、方法、结论均应在分部工程验收的相应部分中予以阐述。

（2）观感质量验收：指对分部工程观感质量和单位（子单位）工程观感质量检查的结果，按实际检查结果填写。

（3）观感质量验收应完成的工作

1）核实质量控制资料；

2）核查分项、分部工程验收的正确性；

3）在分部工程中不能检查的项目或没有检查到的项目在观感质量检查时进行检查；

4）查看不应出现裂缝情况、地面空鼓、起砂、墙面空鼓粗糙、门窗开关不灵、关闭不严格等，以及分项、分部无法测定或不便测定的项目，如建筑物全高垂直度、上下窗口位置偏移、线角不顺直等。

（4）单位（子单位）工程和分部（子分部）工程观感质量检查的区别在于：单位（子单位）工程观感质量检查应按标准规定的表列子项逐一检查记录（合理缺项除外），必须填写单位（子单位）工程观感质量检查表；分部（子分部）工程不单独填表而是将检查结果直接填入分部（子分部）工程观感质量检查栏内。

2.2.4.11　隐蔽工程验收记录

CN411

装饰装修工程
隐蔽工程验收记录

工程名称：　　　　　　　　　　　　　　　　　　　　　　　　　　　　　　　编号：

<table>
<tr><td>隐检项目</td><td colspan="3"></td><td>隐检日期</td><td></td></tr>
<tr><td>隐检部位</td><td colspan="2">层</td><td colspan="2">轴线</td><td>标高</td></tr>
<tr><td colspan="6">隐检依据：施工图图号________________
设计变更/洽商（编号________________）及有关国家现行标准等。
主要材料名称及规格/型号：________________。</td></tr>
<tr><td colspan="6">隐检内容：

检查结论：□ 同意隐检　□ 不同意隐检　□ 修改后进行复查</td></tr>
<tr><td colspan="6">检查意见：</td></tr>
<tr><td colspan="6">复查意见：

复查人：　　　　　　　　　　　　　　　年　月　日</td></tr>
<tr><td rowspan="3">签字栏</td><td rowspan="2">建设（监理）单位</td><td colspan="4">施工单位</td></tr>
<tr><td colspan="2">专业技术负责人（施工项目负责人）</td><td>专业质检员</td><td>专业工长</td></tr>
<tr><td></td><td colspan="2"></td><td></td><td></td></tr>
</table>

注：本表由承包单位填报，建设单位、监理单位、承包单位各存一份。

签章说明

【用途】 本表系施工单位按需要进行隐验的工程，先行检查验收合格后，报请建设（监理）单位进行复查的隐蔽工程验收记录，本表由施工单位按验收结果填写。

【内容】 隐蔽工程验收记录内容包括三个部分：

一是施工单位填写的提请文件，提请文件包括两部分：一是施工单位填写的隐检内容、二是检查意见和检查结论。检查结论应在同意隐检、不同意隐检或修改后进行复查中打√选择。

二是建设（监理）单位进行复查并根据复查结果填写复查意见。

三是建设（监理）单位和施工单位的责任制。

【签章】 隐蔽工程验收记录，建设（监理）单位的项目负责人本人签字；施工单位的专业技术负责人（施工项目负责人）本人签字、专业质检员本人签字；专业工长本人签字。

2.2.4.12 交接检验记录

CN412

装饰装修工程

交接检验记录

工程名称： 编号：

<table>
<tr><td>移交单位名称</td><td colspan="2"></td><td>接收单位名称</td><td></td></tr>
<tr><td>交接部位</td><td colspan="2"></td><td>检查日期</td><td></td></tr>
<tr><td colspan="5">交接内容：</td></tr>
<tr><td colspan="5">检查结果：</td></tr>
<tr><td colspan="5">复查意见：
复查人： 年 月 日</td></tr>
<tr><td colspan="5">见证单位意见：
见证单位（公章）：
年 月 日</td></tr>
<tr><td rowspan="2">签字栏</td><td>移交单位
（施工项目负责人）</td><td colspan="2">接收单位
（施工项目负责人）</td><td>见证单位</td></tr>
<tr><td></td><td colspan="2"></td><td></td></tr>
</table>

签章说明

【用途】 本表系装饰装修工程施工由一个施工项目部（移交单位）向另一个施工项目部（接收单位）进行工程交接时的工程质量交接检验记录。检验交接应由见证单位填写见证意见并加盖公章，本表由移交单位的施工项目负责人提出。

【内容】 交接检验记录内容包括三个部分：

一是移交单位填写的提请文件，提请文件包括：移交单位名称、接收单位名称、交接部位、检查日期、交接内容、检查结果。

二是接收单位的施工项目负责人进行复查，并填写复查意见。

三是见证单位根据交接实施过程的见证实际填写见证单位意见。

四是移交单位（施工项目负责人）、接收单位（施工项目负责人）、见证单位分别签字。

【签章】 交接检验记录施工单位，见证单位加盖公章，同时填写 年 月 日；移交单位（施工项目负责人）、接收单位（施工项目负责人）、见证单位分别签字。

2.2.4.13 分部（子分部）工程质量验收记录表

CN413

装饰装修工程

分部（子分部）工程质量验收记录表

工程名称： 编号：

<table>
<tr><td colspan="3">单位（子单位）工程名称</td><td colspan="2"></td><td>结构类型
及层数</td><td colspan="2"></td></tr>
<tr><td colspan="3">施工单位</td><td></td><td>技术部门
负责人</td><td></td><td>质量部门
负责人</td><td></td></tr>
<tr><td colspan="3">分包单位</td><td></td><td>分包单位
负责人</td><td></td><td>分包技术
负责人</td><td></td></tr>
<tr><td>序
号</td><td colspan="2">子分部
（分项）工程名称</td><td>分项工程
（检验批）数</td><td colspan="2">施工单位检查评定</td><td colspan="2">验收意见</td></tr>
<tr><td rowspan="7">1</td><td></td><td></td><td></td><td colspan="2"></td><td colspan="2" rowspan="7"></td></tr>
<tr><td></td><td></td><td></td><td colspan="2"></td></tr>
<tr><td></td><td></td><td></td><td colspan="2"></td></tr>
<tr><td></td><td></td><td></td><td colspan="2"></td></tr>
<tr><td></td><td></td><td></td><td colspan="2"></td></tr>
<tr><td></td><td></td><td></td><td colspan="2"></td></tr>
<tr><td></td><td></td><td></td><td colspan="2"></td></tr>
<tr><td>2</td><td colspan="2">质量控制资料</td><td colspan="3"></td><td colspan="2"></td></tr>
<tr><td>3</td><td colspan="2">安全和功能检验
（检测）报告</td><td colspan="3"></td><td colspan="2"></td></tr>
<tr><td>4</td><td colspan="2">观感质量验收</td><td colspan="3"></td><td colspan="2"></td></tr>
<tr><td rowspan="5">验
收
单
位</td><td colspan="2">分包单位</td><td colspan="5">施工项目负责人　　年　月　日</td></tr>
<tr><td colspan="2">施工单位</td><td colspan="5">施工项目负责人　　年　月　日</td></tr>
<tr><td colspan="2">勘察单位</td><td colspan="5">项目负责人　　年　月　日</td></tr>
<tr><td colspan="2">设计单位</td><td colspan="5">项目负责人　　年　月　日</td></tr>
<tr><td colspan="2">监理（建设）单位</td><td colspan="5">总监理工程师
（建设单位项目专业负责人）　　年　月　日</td></tr>
</table>

签章说明

【用途】 本表系施工单位在分部（子分部）工程完成后，有分包单位时，由分包单位的项目负责人、施工单位的项目负责人、勘察单位的项目负责人、设计单位的项目负责人、监理（建设）单位的总监理工程师（建设单位项目专业负责人）对分部（子分部）工程质量验收记录表。分部（子分部）工程应对质量控制资料、安全和功能检验（检测）报告、观感质量验收进行核查与验收。本表由施工单位根据验收结果填写。

【内容】 分部（子分部）工程质量验收记录表的内容包括三个部分：

一是施工单位填写分部（子分部）工程质量验收概况部分；

二是分部（子分部）工程质量验收的内容、数量与检查评定及验收意见；

三是验收单位的责任制。

【签章】 分部（子分部）工程质量验收记录表，分包单位的施工项目负责人、施工单位的施工项目负责人、勘察单位的项目负责人、设计单位的项目负责人、监理（建设）单位的总监理工程师（建设单位项目专业负责人）分别本人签字，同时分别填写 年 月 日。

【几点说明】

(1) 分部（子分部）工程验收要点

1) 检验批、分项工程数量计算正确，应参加验收的检验批、分项工程数量齐全，质量符合相应专业规范的要求，检查每个分项工程验收是否正确。注意查对所含分项工程，有没有漏、缺的分项工程没有归纳进来，或是没有进行验收。

2) 地基与基础、主体分部工程，勘察、设计单位必须参加验收并由项目负责人签字。其他分部勘察、设计单位根据日常掌握的质量状况可派员参加也可不派员参加验收，但必须签字认可。

3) 质量控制资料应完整、齐全且必须符合相应标准要求。

4) 地基与基础、主体结构和设备安装等分部工程有关安全及功能的检验和抽样检测结果应符合有关规定。

5) 注意检查分项（检验批）工程的资料完整不完整，每个验收资料的内容是否有缺漏项，以及分项验收人员的签字是否齐全及符合规定。

6) 观感质量验收应符合要求。

7) 参加验收的单位只填写单位名称、项目经理分别签字，项目负责人分别签字，不盖章。

(2) 分部（子分部）工程质量应由总监理工程师（建设单位项目专业负责人）组织施工项目经理和有关勘察、设计单位项目负责人进行验收。

(3) 分部（子分部）工程质量验收合格应符合下列规定：

1) 分部（子分部）工程所含分项工程的质量均应验收合格。

2) 质量控制资料应完整。

3) 地基与基础、主体结构和设备安装等分部工程有关安全及功能的检验和抽样检测结果应符合有关规定。

4) 观感质量验收应符合要求。

注：1. 分部工程的验收在其所含各分项工程验收的基础上进行。

2. 观感质量验收分部工程必须进行。观感质量验收往往难以定量，可以人的主观印象判断，不评合格或不合格，只综合验出质量评价。检查方法、内容、结论应在相应分部工程的相应部分中阐述。

2.2.4.14-1 工程资料移交证书

CN414-1

装饰装修工程
工程资料移交证书

工程名称： 编号：

<table>
<tr><td colspan="2">致____________________：
兹证明施工单位____________________施工的
____________________工程，已按合同的要求完成，并验收合格，
即日起该工程资料移交____________________单位。
附件：工程资料移交目录</td></tr>
<tr><td>分包单位（施工项目负责人）盖章</td><td>监理单位（签字、盖章）</td></tr>
<tr><td>年 月 日</td><td>年 月 日</td></tr>
<tr><td>总包单位（施工项目负责人）盖章</td><td>建设单位（签字、盖章）</td></tr>
<tr><td>年 月 日</td><td>年 月 日</td></tr>
</table>

签章说明

【用途】 本表系施工单位的承建工程已按合同要求完成并验收合格，分包单位向总包单位或总包单位向建设单位进行工程资料移交时填写的移交证书。本表由移交单位填写，相关单位进行责任制的签字和加盖公章。

【内容】 工程资料移交证书的内容包括两个部分：

一是移交单位填写的工程资料移交证书的提请部分，应提供附件工程资料移交目录；

二是相关单位责任制的签字和加盖公章。

【签章】 工程资料移交证书，分包单位（施工项目负责人）加盖公章；监理单位的代表签字并加盖公章；总包单位（施工项目负责人）加盖公章；建设单位的代表签字并加盖公章，同时分别填写 年 月 日。

2.2.4.14-2 工程资料移交目录

CN414-2

装饰装修工程
工程资料移交目录

工程名称： 编号：

序号	案卷题名	数量						备注
		文字材料		图样材料		综合卷		
		册	张	册	张	册	张	

签章说明

【用途】 本表系施工单位承建的工程已按合同要求完成并已验收合格，分包单位向总包单位或总包单位向建设单位进行工程资料移交时填写的工程资料移交目录。本表由移交单位填写。

【内容】 工程资料移交目录按移交文件的案卷题名依序填报。应分别依序填写案卷题名的文字材料、图样材料、综合卷的数量。

2.2.5 安全管理

2.2.5.1 ＿＿＿＿＿工程安全、消防协议

CN501

编号：

装饰装修工程

＿＿＿＿＿＿＿工程

安全、消防协议

施工项目负责人（签章）＿＿＿＿＿＿＿＿＿

年　月　日

签章说明

【用途】 本表为施工单位编制的＿＿＿＿＿工程安全、消防协议的封页，该表应附：安全、消防协议原文。

【内容】 封页内容为表的名目和责任制，填写封页的 年 月 日。

【签章】 填写施工项目负责人姓名及加盖印章。

2.2.5.2 ________工程安全、消防管理制度和管理办法

CN502

编号：

装饰装修工程

________工程

安全、消防管理制度和管理办法

施工项目负责人（签章）____________

年 月 日

签章说明

【用途】 本表为施工单位编制的________工程安全、消防管理制度和管理办法的封页，该表应附：安全、消防管理制度和管理办法原文。

【内容】 封页内容为表的名目和责任制，填写封页的 年 月 日。

【签章】 填写施工项目负责人姓名及加盖印章。

2.2.5.3 ________工程安全、消防施工方案

CN503

编号：

装饰装修工程

________工程

安全、消防施工方案

编 制
（施工项目负责人签章）________________

审 核________________________

批 准________________________

年 月 日

签章说明

【用途】 本表为施工单位编制的________安全、消防施工方案的封页，该表应附：________工程安全、消防施工方案正文。

【内容】 封页内容为填写编制、审核、批准人姓名。

【签章】 填写编制（施工项目负责人）、审核、批准人姓名。

2.2.5.4 ________工程企业职工伤亡事故处理文件

CN504

编号：

装饰装修工程

________工程

企业职工伤亡事故处理文件

施工项目负责人（签章）________________

年 月 日

签章说明

【用途】 本表为施工单位编制的________工程企业职工伤亡事故处理文件的封页，该表应附：企业职工伤亡事故处理文件原文。

【内容】 封页内容为表的名目和责任制，填写封页的 年 月 日。

【签章】 填写施工项目负责人姓名及加盖印章。

2.2.5.5　________工程安全生产事故应急预案

CN505

编号：

装饰装修工程

________工程

安全生产事故应急预案

编　　制
（施工项目负责人签章）________________

审　　核________________________

批　　准________________________

年　　月　　日

签章说明

【用途】 本表为施工单位编制的________安全生产事故应急预案的封页，该表应附：安全生产事故应急预案正文。

【内容】 封页内容为填写编制、审核、批准人姓名。

【签章】 填写编制（施工项目负责人）、审核、批准人姓名。

2.2.6 现场环保文明施工管理

2.2.6.1 ________工程施工环境保护措施及管理方案

CN601

编号：

装饰装修工程

________工程

施工环境保护措施及管理方案

编　　制
（施工项目负责人签章）________________

审　　核________________________

批　　准________________________

年　　月　　日

签章说明

【用途】 本表为施工单位编制的________施工环境保护措施及管理方案的封页，该表应附：施工环境保护措施及管理方案原文。

【内容】 封页内容为填写编制、审核、批准人姓名。

【签章】 填写编制（施工项目负责人）、审核、批准人姓名。

2.2.6.2 ________工程施工现场文明施工措施

CN602

编号：

装饰装修工程

____________工程

施工现场文明施工措施

施工项目负责人（签章）______________

年　　月　　日

签章说明

【用途】 本表为施工单位编制的________工程施工现场文明施工措施的封页，该表应附：施工现场文明施工措施原文。

【内容】 封页内容为表的名目和责任制，填写封页的　年　月　日。

【签章】 填写施工项目负责人姓名及加盖印章。

2.2.7 成本费用管理

2.2.7.1 成本计划报告

CN701

装饰装修工程

成本计划报告

工程名称： 编号：

合同额 （单位：元）		承包金额 （单位：元）	
序号	费用明细	金额（单位：元）	支付时间
1			
2			
3			
4			
5			
6			
7			
8			
9			
10			
11			
12			
13			
14	合 计		

编制人：______________________ 年 月 日

审核人（施工项目负责人）：____________ 年 月 日

审批人：______________________ 年 月 日

签章说明

【用途】 本表系施工单位根据工程预算和实际编制的成本计划报告表，是控制工程成本的基础文件。

【内容】 成本计划报告的内容包括费用明细（材料、人工、费用等）、金额、支付时间和责任制。

【签章】 成本计划报告的编制人签字；审核人（施工项目负责人）签字；审批人签字；同时分别填写 年 月 日。

2.2.7.2 （ ）月工、料、机动态表

CN702

装饰装修工程
（ ）月工、料、机动态表

工程名称： 编号：

人工	工 种							其 他	合 计
	人 数								
	持证人数								
主要材料	名称	单位	上月库存量		本月进场量		本月消耗量	本月库存量	
主要机械	名 称		生产厂家				规格型号	数 量	
附 件									
施工单位（公章）			年 月 日				施工项目负责人（签章）	年 月 日	

签章说明

【用途】 本表为施工单位编制的（ ）月工、料、机动态表，动态表每月对工、料、机实施，编制一次调整的动态表，以保证工程施工需要。

【内容】（ ）月工、料、机动态表内容包括两个部分：

一是施工单位编制的人工的工种、人数和持证人数；主要材料的上月库存量、本月进场量、本月消耗量、本月库存量；主要机械的名称、生产厂家、规格型号及使用数量。

二是施工单位的责任制。

【签章】（ ）月工、料、机动态表施工单位加盖公章，施工项目负责人必须本人签章，同时分别填写该表提出的 年 月 日。

2.2.7.3 （ ）工程进度款报告

CN703

装饰装修工程
（ ）工程进度款报告

工程名称： 编号：

致________________________（监理单位）：

兹申报_____年____月份完成的量________________________，请予以核定。

附件：月完成工作量统计报表。

施工单位（公章）： 施工项目负责人（签章）：

年 月 日 年 月 日

经审核以下项目工作量有差异，应以核定工作量为准。本月度认定工程进度款为：

施工单位申报数（ ）＋ 监理单位核定差别数（ ）＝ 本月工程进度款数（ ）。

统计表序号	项目名称	单位	申报表			核定数		
			数量	单价（元）	合计（元）	数量	单价（元）	合计（元）
合计								

监理工程师（签章）：

年 月 日

监理单位（公章）： 总监理工程师（签章）：

年 月 日 年 月 日

签章说明

【用途】（ ）工程进度款报告是承包单位根据合同规定，对每月已完工程或其他与工程有关的付款事宜，填报的工程款支付提请核定的申请，经项目监理机构审查确认工程计量和付款额无误后，由项目监理机构向建设单位转呈的支付证明。

【内容】（ ）工程进度款报告的内容包括三个部分：

一是施工单位对（ ）工程进度款报告的提请文件，提请文件应附（ ）工程进度款报告应附月完成工作量统计报表；施工单位统计报送的工程量必须是经专业监理工程师质量验收合格的工程，才能按施工合同的约定填报工程量清单；施工单位报送的工程量清单，专业监理工程师必须按施工合同的约定进行现场计量复核，并报总监理工程师审定。

二是监理单位的审核内容，审核工作量的差异，监理工程师应将其逐项记入表内。

（ ）工程进度款报告，专业监理工程师必须填写审查意见；总监理工程师必须填写审批意见；建设单位必须填写批复意见。

三是施工、监理单位的责任制。

【签章】（ ）工程进度款报告施工单位应加盖公章，施工项目负责人签章；监理单位加盖公章，监理工程师签章、总监理工程师签章，同时分别填写报告提出的 年 月 日。

2.2.7.4 工程变更费用报告

CN704

装饰装修工程
工程变更费用报告

工程名称：　　　　　　　　　　　　　　　　　　　　　　　　　　编号：

致＿＿＿＿＿＿＿＿＿＿＿＿＿＿＿（监理单位）：

根据第（　　　　　　　）号工程变更单，申请费用如下表，请审核。

项目名称	变更前			变更后			工程款
	工程量	单价	合价	工程量	单价	合价	增(+)减(-)

施工单位（公章）：　　　　　　　　　　施工项目负责人（签章）：

年　月　日　　　　　　　　　　年　月　日

监理工程师审核意见：

监理工程师（签章）：

年　月　日

监理单位（公章）：　　　　　　　　　　总监理工程师（签章）：

年　月　日　　　　　　　　　　年　月　日

签章说明

【用途】 工程变更费用报告是指由于建设、设计、监理、施工任何一方提出的工程变更，经建设、设计、监理、施工方的代表研究同意并确认其工程数量后，将其计算出的工程价款提请报审、确认和批复的报审表。本表由施工单位填报。

【内容】

(1) 发生工程变更，无论是由设计单位、建设单位或承包单位提出的，均应经过建设单位、设计单位、施工单位和监理单位的代表签认，并通过项目总监理工程师下达变更指令后，施工单位方可进行施工和费用计算和申请。

(2) 工程变更费用报告的内容包括两个部分：

一是施工单位的提请文件。施工单位提请的工程变更费用报告，应附有工程变更前与变更后的工程量单价、合价等的有关数据。提供的数据应真实，对任何不符合实际的资料，施工单位不得记入报告，监理单位也不得批准；未经监理工程师审查同意，擅自变更设计或修改施工方案进行施工而计量的费用，工序施工完成后，未经监理工程师验收或验收不合格而计量的费用，均不得计入变更费用报告中。

二是施工、监理单位的责任制。

【签章】 工程变更费用报告，施工单位应加盖公章，施工项目负责人签章；监理单位应加盖公章，监理工程师签章，总监理工程师签章，同时分别填写报告提出的　年　月　日。

2.2.7.5 费用索赔申请表

CN705

装饰装修工程
费用索赔申请表

工程名称： 编号：

致____________________（监理单位）： 根据施工合同第____________________________条款的定，由于__________________________________的原因，我方要求索赔金额共计人民币（大写）__________元，请批准。 索赔的详细理由及经过： 索赔金额的计算： 附件：证明材料 施工单位（公章）： 施工项目负责人（签章）： 年 月 日 年 月 日

注：本表由承包单位填报，建设单位、监理单位、承包单位各存一份。

签章说明

【用途】 费用索赔申请表是施工单位向监理单位提出索赔的申请，提请监理单位审查、确认和批复。包括工期索赔和费用索赔等。本表由施工单位填报。

【内容】

（1）施工单位提请报审费用索赔提供：索赔的详细理由及经过、索赔金额的计算、证明材料，上述内容均必须齐全真实，对任何形式的不符合费用索赔的内容，施工单位不得提出申请。

（2）监理单位必须认真审查施工单位报送的资料，填写复查意见，索赔金额的计算可以付附页计算依据。

（3）提出索赔的基本条件

根据合同法关于赔偿损失的规定及建设工程施工合同条件的约定，必须注意分清：建设单位原因、施工单位原因、不可抗力或其他原因。

非施工单位原因造成的索赔事件，造成施工单位的直接经济损失；

索赔金额应附计算资料和证明材料。

【签章】 费用索赔申请表施工单位应加盖公章，施工项目负责人签章，同时填写报告提出的 年 月 日。

2.2.7.6　工程款支付报告

CN706

装饰装修工程
工程款支付报告

工程名称：　　　　　　　　　　　　　　　　　　　　　　　　　编号：

致＿＿＿＿＿＿＿＿＿＿＿＿＿＿＿＿＿＿（监理单位）： 我方已完成了＿＿＿＿＿＿＿＿＿＿＿＿＿＿＿＿＿＿＿＿＿＿＿＿＿＿工作，按施工合同的规定，建设单位应在＿＿年＿＿月＿＿日前支付该项工程款共计（大写）＿＿＿＿＿＿＿＿，（小写）＿＿＿＿＿元，现报上＿＿＿＿＿＿＿＿＿＿＿＿＿＿＿＿＿＿＿＿工程付款申请表，请予以审查并开具工程款支付证书。 附件： 1. 工程量清单 2. 计算方法 施工单位（公章）：　　　　　　　　　　　　　　　　施工项目负责人（签章）： 　　　　年　　月　　日　　　　　　　　　　　　　　　　　　　年　　月　　日

签章说明

【用途】　工程款支付报告是施工单位根据自检合格的工程，经监理单位复查验收合格，按规定方法经过工程量计算，填报的工程款支付报告。工程款支付报告由施工单位填报。

【内容】

（1）施工单位提请工程款支付报告时，提供的附件：工程量清单、计算方法必须齐全、真实，对任何形式的不符合工程款支付报告的内容，施工单位不得提出申请。

（2）工程款支付报告中包括合同内工作量、工程变更增减费用、批准的索赔费用、应扣除的预付款、保留金及合同中约定的其他费用。

（3）工程款支付报告一般按以下程序执行：检验批验收合格→施工单位申请批准计量→监理工程师审批计量→施工单位提出支付申请→监理单位审批支付申请→总监核定支付申请→总监签发支付证书→建设单位审核→向施工单位付款。

注：各环节中的审批，凡未获同意，均需说明原因重新报批。

【签章】　工程款支付报告施工单位应加盖公章，施工项目负责人签章，同时填写报告提出的　年　月　日。

2.2.7.7 工程变更单

CN707

装饰装修工程
工程变更单

工程名称： 编号：

<table>
<tr><td colspan="4">致＿＿＿＿＿＿＿＿＿＿＿＿＿＿＿＿：
由于＿＿＿＿＿＿＿＿＿＿＿＿＿＿＿＿＿＿＿＿＿＿＿＿＿＿＿＿＿＿
＿＿＿＿＿＿＿＿＿＿＿＿＿＿＿＿＿＿＿＿＿＿的原因，兹提出＿＿＿＿＿＿
＿＿＿＿＿＿＿＿＿＿＿＿＿＿＿＿＿＿＿＿＿＿＿＿＿＿＿＿＿＿＿＿
工程变更（内容详见附件），请予以审批。
附件：
提出单位（公章）： 提出单位负责人（签章）：
年 月 日 年 月 日</td></tr>
<tr><td colspan="4">一致意见：</td></tr>
<tr><td>建设单位代表
（签 字）
年 月 日</td><td>设计单位代表
（签 字）
年 月 日</td><td>施工单位代表
（施工项目负责人）
（签 章）
年 月 日</td><td>监理单位代表
（签 字）
年 月 日</td></tr>
</table>

签章说明

【用途】 工程变更单是指由于建设、设计、监理、施工任何一方提出的工程变更，经建设、设计、监理、施工方代表一致同意并确认的工程变更单。本表由施工单位填报。应提供的附件资料，附件资料应齐全、真实。

【内容】

（1）发生工程变更，无论是由设计单位、建设单位或承包单位提出的，均应经过建设单位、设计单位、承包单位和监理单位的代表签认，并通过项目总监理工程师下达变更指令后，承包单位方可进行施工。

（2）提请报审的工程变更

图纸会审时提出的变更并已实施的；建设单位提出的工程变更并已实施的；由于施工环境、施工技术等原因，施工单位已提请审查并已经建设、监理单位批准且已实施的工程变更；其他原因提出工程变更已经建设、设计、施工、监理各方同意并已实施的工程变更。

（3）本表的内容包括两个部分：

一是提出工程变更单位的提请文件；提请文件应附有附件资料。

二是建设单位、设计单位、施工单位（施工项目负责人）、监理单位代表的责任制。

【签章】 工程变更单，建设单位代表签字；设计单位代表签字；施工单位代表（施工项目负责人）签章；监理单位代表签字。同时分别填写签发的 年 月 日。

2.2.7.8　工程洽商记录

CN708

装饰装修工程

工程洽商记录

工程名称：　　　　　　　　　　　　　　　　　　　　　　编号：

提出单位名称			专业名称	
内容摘要				
序号	图　号	洽　商　内　容		
签字栏	建设单位	监理单位	设计单位	施工单位（施工项目负责人）
	年　月　日	年　月　日	年　月　日	年　月　日

签章说明

【用途】 工程洽商记录是施工过程中，由于设计图纸本身差错，设计图纸与实际情况不符，施工条件变化，原材料的规格、品种、质量不符合设计要求，及职工提出合理化建议等原因，需要对设计图纸部分内容进行修改的工程洽商记录。

【内容】 （1）洽商记录应内容明确、具体，及时办理，洽商记录应按签订日期先后顺序编号，要求责任制明确签字齐全。

（2）当洽商与分包单位工作有关时，应及时通知分包单位参加洽商讨论，必要时（合同允许）参加会签。

（3）工程洽商记录的内容包括两个部分：

一是工程洽商记录的洽商内容部分；

二是建设单位、监理单位、设计单位、施工单位（施工项目负责人）的责任制。

【签章】 工程洽商记录，建设单位代表签字；监理单位代表签字；设计单位代表签字；施工单位（施工项目负责人）的代表签字。同时分别填写恰商记录提出的　年　月　日。

2.2.7.9 竣工结算申请表

CN709

装饰装修工程
竣工结算申请表

工程名称： 编号：

致________________________（监理单位）：

我方已完成了____工作，按施工合同的规定，建设单位已在____年___月___日支付该工程款共计（大写）____________（小写：____________），现报上______________________________工程竣工结算表，请予以审查并开具工程款支付证书。

附件：

施工单位（公章）： 施工项目负责人（签章）：

年 月 日 年 月 日

签章说明

【用途】 本表系施工单位已完成合同约定和施工图设计的全部内容向建设单位请求审查和开具竣工结算而提出的申请表。申请表应附有工程竣工结算附件资料，本表由施工单位提出。

【内容】

（1）竣工结算申请表应在工程竣工报告确认后依据施工合同及有关规定进行。

（2）竣工结算申请表应包括：合同工程价款、工程变更价款、费用索赔合计金额、依据合同规定承包单位应得的其他款项；

（3 应提供附件；

注：工程竣工结算审核内容包括：合同工程价款、工程变更价款、费用索赔合计金额、依据合同规定承包单位应得的其他款项；工程竣工结算的价款总额；建设单位已支付工程款、建设单位向承包单位的费用索赔合计金额、质量保修金额、依据合同规定应扣承包单位的其他款项；建设单位应支付金额。

【签章】 竣工结算申请表施工单位应加盖公章，施工项目负责人签章；同时分别填写申请表提出的 年 月 日。

2.2.7.10　工程经济分析报告

CN710

编号：

装饰装修工程

工程经济分析报告

工程名称____________________

编　　制____________________

审　　核
（施工项目负责人）____________________

年　　月　　日

签章说明

【用途】 本表为施工单位编制的工程经济分析报告的封页，该表应附工程经济分析报告原文。

【内容】 封页内容为填写工程名称、编制、审核姓名。

【签章】 填写工程名称，工程名称应填写全称。填写编制、审核（施工项目负责人）人姓名。

2.2.7.11 工程结算审计表

CN711

装饰装修工程
工 程 结 算 审 计 表

工程名称： 编号：

序号	工程项目	送审金额(元)	审定金额(元)	审减金额(元)	备　注
	合　计				

建设单位：	施工单位：	审核单位：
（公章） 负责人(签章) 年 月 日	（公章） 施工项目负责人(签章) 年 月 日	（公章） 负责人(签章) 年 月 日
备注：送审金额 ＋ 审增金额 － 审减金额 ＝ 审定金额		

说明：本表为单位工程结算时，施工单位提交给建设单位的工程结算资料，经建设单位审查同意后，提交工程结算审计单位进行审核时提供的工程结算审计表。

第三篇

竣　工　图

竣　工　图

竣工图是指建筑工程完成后，由建设单位组织设计、施工单位按照建筑工程竣工的实貌编制的工程图纸。

1　竣工图的编制

（1）竣工图的基本要求

1）竣工图均按单位工程进行整理。

2）竣工图由建设单位组织施工、设计、监理单位在施工过程中及时编制。凡竣工图不准确、不完整的不能交工验收。

3）竣工图的编制必须认真负责，一丝不苟。室外管网的竣工图施工中修改较多，一旦隐蔽后查找极为困难，因此竣工图必须严格根据修改变更情况认真绘制。

4）竣工图由施工单位在新编制的竣工图上加盖"竣工图"标志。竣工图图签包括有：编制单位名称、制图人、审核人、技术负责人和编制日期等基本内容。

编制单位、制图人、审核人、技术负责人对竣工图负责。竣工图图签如表C5-1。

竣工图图签　　　　**表C5-1**

竣　工　图			
施工单位			
编制人		审核人	
技术负责人		编制日期	
监理单位			
总　监		现场监理	
20	20	20	20
80			

（2）竣工图的编制方法

1）凡按图施工注有变动的，由施工单位（包括分包施工单位）在原施工图上加盖"竣工图"标志后，即可作为竣工图。

2）虽有一般性设计变更，但能在原施工图上加以修改补充作为施工图的，可不重新绘制竣工图。由施工单位负责在原施工图上注明修改的部分，并附加设计变更或洽商记录的复印本及施工说明，加盖"竣工图"标志后作为竣工图。

3）凡结构形式改变、工艺改变、平面布置改变、项目改变以及其他重大改变，应重新绘制改变后的竣工图。由施工单位负责在新图上加盖"竣工图"标志后作为竣工图。

4）专业竣工图应包括各部位、各专业深化（二次）设计的相关内容，不得缺漏项、重复。

5）编制竣工图，必须采用不褪色的绘图墨水。

6）编制竣工图的改绘要求

具体的改绘方法可视图面、改动范围和位置、繁简程度等实际情况而定。

①当需要取消时：可有杠改法或叉改法。即在施工蓝图上将被修改的地方用×或一将其划掉，在其侧注明见×年×月×日洽商×条。

②当需要部分增改、改绘时：

a. 可在原图的空白处，按绘图的要求从新绘制；

b. 原蓝图无空白处时，可把应绘部位按绘图要求绘制在另一张硫酸纸上晒成蓝图。

③当需重新绘制竣工图时：应按国家制图标准绘制竣工图规定绘图，重新绘制时，要求原图内容完整无误，修改内容也能准确、真实地反映在竣工图上。绘制竣工图要按建筑制图规定和要求进行，必须参照原施工图和该专业的统一图示，并在底图下角绘制竣工图图签。

④在二底图上修改的要求：

a. 在二底图上修改，要求在图纸上作一修改备考表，以做到修改的内容与洽商变更的内容相对照。可将修改内容简要地注明在此备考表中，应做到不看洽商原件即知修改的部位和基本内容；

b. 修改的部位用语言描述不清楚时，也可用细实线在图上画出修改范围；

c. 以修改后的二底图或蓝图做为竣工图，要在二底图或蓝图上加盖竣工图章。没有改动的二底图转做竣工图也要加盖竣工图章；

d. 如果二底图修改次数较多，个别图面可能出现模糊不清等技术问题，必须进行技术处理或重新绘制，以期达到图面整洁、字迹清楚等质量要求。

⑤加写必须的说明

凡设计变更、洽商的内容应当在竣工图上修改的，均应用绘图方法改绘在蓝图上，一律不再加写说明。如果修改后的图纸仍然有些内容没有表示清楚，可用精炼的语言适当加以说明。

a. 一张图上某一种设备、门窗等型号的改变，涉及多处，修改时要对所有涉及的地方全部加以改绘，其修改依据可标注在一个修改处，但需在此处加以简单说明；

b. 钢筋的代换，混凝土强度等级改变，墙、板、内外装修材料的变化，由建设单位自理的部分等在图上修改难以用作图方法表达清楚时，可加注或用索引的形式加以说明；

c. 凡涉及说明类型的洽商，应在相应的图纸上使用设计规范用语反映洽商内容。

7）修改时应注意的问题

①原施工图纸目录必须加盖竣工图章，作为竣工图归档，凡有作废的图纸、补充的图纸、增加的图纸、修改的图纸，均要在原施工图目录上标注清楚。即作废的图纸在目录上扛掉，补充的图纸在目录上列出图页、图号。

②按施工图施工而没有任何变更的图纸，在原施工图上加盖竣工图章，作为竣工图。

③如某一张施工图由于改变大，设计单位重新绘制了修改图的，应以修改图代替原图，原图不再归档。

④凡是洽商图作为竣工图，必须进行必要的制作。

如洽商图是按正规设计图纸要求进行绘制的可直接作为竣工图，但需统一编写图名图号，并加盖竣工图章，作为补图。并在说明中注明此图是哪张图哪个部位的修改图，还要在原图修改部位标注修改范围，并标明见补图的图号。

如洽商图未按正规设计要求绘制，均应按制图规定另行绘制竣工图，其余要求同上。

⑤某一条洽商可能涉及二张或二张以上图纸，某一局部变化可能引起系统变化等，凡涉及的图纸和部位均应按规定修改，不能只改其一，不改其二。

⑥不允许将洽商的附图原封不动地贴在或附在竣工图上作为修改，也不允许洽商的内容抄在蓝图上作为修改。凡修改的内容均应改绘在蓝图上或用作补图的办法附在本专业图纸之后。

⑦某一张图纸，根据规定的要求，需要重新绘制竣工图时，应按绘制竣工图的要求制图。

8）竣工图章（签）

①所有竣工图均应加盖竣工图章，用不易褪色的红印泥加盖；

②竣工图章（签）的位置

用蓝图改绘的竣工图，竣工图章加盖在原图签右上方，如有内容，找一内容比较少的位置加盖。

用二底图修改的竣工图，应将竣工图章盖在原图签右上方；

重新绘制的竣工图，应绘制竣工图图签，图签位置在图纸右下角。

③竣工图章（签）是竣工图的标志和依据，要按规定填写图章（签）上各项内容。加盖竣工图章（签）后，原施工图转化为竣工图，编制单位、制图人、审核人、技术负责人要对本竣工图负责。

④原施工蓝图的封面、图纸目录也要加盖竣工图章，做为竣工图归档，并置于各专业图纸之前。但重新绘制的竣工图的封面、图纸目录，可不绘制竣工图签。

2　竣工图的内容

竣工图应按专业、系统进行整理，包括以下内容：

（1）工程总体布置图、位置图，地形复杂者应附竖向布置图；

（2）总图（室外）工程竣工图；

（3）建筑专业竣工图；

（4）结构竣工图；

（5）装饰装修竣工图；

（6）给水排水竣工图；

（7）消防竣工图；

（8）燃气竣工图；

（9）电气竣工图；

（10）建筑智能化竣工图（建筑智能化系统，如楼宇自控、保安监控、综合布线、共用电视天线等）；

（11）采暖竣工图；

（12）通风与空调竣工图；

（13）电梯竣工图；

（14）工艺竣工图等。

3　竣工图的折叠

竣工图的折叠，不同幅面的竣工图纸应按《技术制图复制图的折叠方法》（GB/T 10609.3—89），统一折成 A4 幅面（297mm×210mm），图标栏露在外面。